清华大学985名优教材立项资助

清華大學 计算机系列教材

邓俊辉 编著

数据结构(C++语言版)

(第3版)

清华大学出版社
北京

内容简介

本书主教材按照面向对象程序设计的思想，根据作者多年的教学积累，系统地介绍各类数据结构的功能、表示和实现，对比各类数据结构适用的应用环境；结合实际问题展示算法设计的一般性模式与方法、算法实现的主流技巧，以及算法效率的评判依据和分析方法；以高度概括的体例为线索贯穿全书，并通过对比和类比揭示数据结构与算法的内在联系，帮助读者形成整体性认识。

习题解析涵盖验证型、拓展型、反思型、实践型和研究型习题，总计 290 余道大题、525 道小题，激发读者的求知欲，培养自学能力和独立思考习惯。主教材和习题解析共计配有 340 多组、400 余幅插图结合简练的叙述，40 多张表格列举简明的规范、过程及要点，280 余段代码及算法配合详尽而简洁的注释，使深奥抽象的概念和过程得以具体化且便于理解和记忆；推荐 20 余册经典的专著与教材，提供 40 余篇重点的学术论文，便于读者进一步钻研和拓展。

结合学生基础、专业方向、教学目标及允许课时总量等各种因素，本书推荐了若干种典型的教学进度及学时分配方案，供授课教师视具体情况参考和选用。

勘误表、插图、代码以及配套讲义等相关教学资料，均以电子版形式向公众开放，读者可从本书主页直接下载：http://dsa.cs.tsinghua.edu.cn/～deng/ds/dsacpp/。

图书在版编目(CIP)数据

数据结构：C++ 语言版/邓俊辉编著. --3 版. —北京：清华大学出版社，2013(2025.2 重印)
(清华大学计算机系列教材)
ISBN 978-7-302-33064-6

Ⅰ. ①数… Ⅱ. ①邓… Ⅲ. ①数据结构－高等学校－教材 ②C 语言－程序设计－高等学校－教材 Ⅳ. ①TP311.12 ②TP312

中国版本图书馆 CIP 数据核字(2013)第 151075 号

责任编辑：龙启铭
封面设计：常雪影
责任校对：白 蕾
责任印制：沈 露

出版发行：清华大学出版社
网 址：https://www.tup.com.cn，https://www.wqxuetang.com
地 址：北京清华大学学研大厦 A 座　**邮 编：**100084
社 总 机：010-83470000　**邮 购：**010-62786544
投稿与读者服务：010-62776969，c-service@tup.tsinghua.edu.cn
质量反馈：010-62772015，zhiliang@tup.tsinghua.edu.cn
印 装 者：三河市龙大印装有限公司
经 销：全国新华书店
开 本：185mm×260mm　**印 张：**25.75　**字 数：**674 千字
版 次：2010 年 8 月第 1 版　2013 年 9 月第 3 版　**印 次：**2025 年 2 月第 27 次印刷
定 价：59.00 元

产品编号：053581-02

丛书序

“清华大学计算机系列教材”已经出版发行了30余种，包括计算机科学与技术专业的基础数学、专业技术基础和专业等课程的教材，覆盖了计算机科学与技术专业本科生和研究生的主要教学内容。这是一批至今发行数量很大并赢得广大读者赞誉的书籍，是近年来出版的大学计算机专业教材中影响比较大的一批精品。

本系列教材的作者都是我熟悉的教授与同事，他们长期在第一线担任相关课程的教学工作，是一批很受本科生和研究生欢迎的任课教师。编写高质量的计算机专业本科生（和研究生）教材，不仅需要作者具备丰富的教学经验和科研实践，还需要对相关领域科技发展前沿的正确把握和了解。正因为本系列教材的作者们具备了这些条件，才有了这批高质量优秀教材的产生。可以说，教材是他们长期辛勤工作的结晶。本系列教材出版发行以来，从其发行的数量、读者的反映、已经获得的国家级与省部级的奖励，以及在各个高等院校教学中所发挥的作用上，都可以看出本系列教材所产生的社会影响与效益。

计算机学科发展异常迅速，内容更新很快。作为教材，一方面要反映本领域基础性、普遍性的知识，保持内容的相对稳定性；另一方面，又需要跟踪科技的发展，及时地调整和更新内容。本系列教材都能按照自身的需要及时地做到这一点。如王爱英教授等编著的《计算机组成与结构》、戴梅萼教授等编著的《微型计算机技术及应用》都已经出版了第四版，严蔚敏教授的《数据结构》也出版了三版，使教材既保持了稳定性，又达到了先进性的要求。

本系列教材内容丰富，体系结构严谨，概念清晰，易学易懂，符合学生的认知规律，适合于教学与自学，深受广大读者的欢迎。系列教材中多数配有丰富的习题集、习题解答、上机及实验指导和电子教案，便于学生理论联系实际地学习相关课程。

随着我国进一步的开放，我们需要扩大国际交流，加强学习国外的先进经验。在大学教材建设上，我们也应该注意学习和引进国外的先进教材。但是，“清华大学计算机系列教材”的出版发行实践以及它所取得的效果告诉我们，在当前形势下，编写符合国情的具有自主版权的高质量教材仍具有重大意义和价值。它与国外原版教材不仅不矛盾，而且是相辅相成的。本系列教材的出版还表明，针对某一学科培养的要求，在教育部等上级部门的指导下，有计划地组织任课教师编写系列教材，还能促进对该学科科学、合理的教学体系和内容的研究。

我希望今后有更多、更好的我国优秀教材出版。

清华大学计算机系教授
中国科学院院士
张钹

序

为适应快速发展的形势，计算机专业基础课的教学必须走内涵发展的道路，扎实的理论基础、计算思维能力和科学的方法论是支撑该学科从业人员进行理性思维和理性实践的重要基础。“程序设计基础”、“面向对象技术”、“离散数学”以及“数据结构”等相关课程，构成了清华大学计算机系专业基础课程体系中的一条重要脉络。近年来为强化学生在计算思维和实践能力方面的训练力度，课程组通过研究，探索和实践，着力对该课程系列的教学目标、内容、方法和各门课的分工，以及如何衔接等进行科学而系统的梳理，进一步明确了教学改革的方向。在这样的背景下，由邓俊辉撰写的《数据结构（C++语言版）》正式出版了。

为了体现教材的先进性，作者研读并参考了计算学科教学大纲（ACM/IEEE Computing Curricula），结合该课程教学的国际发展趋势和对计算机人才培养的实际需求，对相关知识点做了精心取舍，从整体考虑加以编排，据难易程度对各章节内容重新分类，给出了具体的教学计划方案。

为了不失系统性，作者依据多年的教学积累，对各种数据结构及其算法，按照分层的思想精心进行归纳和整理，并从数据访问方式、数据逻辑结构、算法构成模式等多个角度，理出线索加以贯穿，使之构成一个整体，使学生在学习数据结构众多知识点的同时，获得对这门学问相关知识结构的系统性和全局性的认识。

计算机学科主张“抽象第一”，这没有错，但弄不好会吓倒或难倒学生。本书从具体实例入手,运用“转换-化简”、“对比-类比”等手法，借助大量插图和表格，图文并茂地展示数据结构组成及其算法运转的内在过程与规律，用形象思维帮助阐释抽象过程，给出几乎所有算法的具体实现，并通过多种版本做剖析和对比，引领读者通过学习提升抽象思维能力。

计算机学科实践性极强，不动手是学不会的。为了强化实践，本书除了每章都布置人人必做的习题和思考题外，还有不少于授课学时的上机编程要求，旨在培养学生理性思维和理性实践的动脑动手能力。

《中国计算机科学与技术学科教程2002》曾批评国内有关程序设计类的课，一是淡化算法，二是“一开始就扎进程序设计的语言细节中去”。本书十分重视从算法的高度来讲述数据结构与算法的相互依存关系，在书的开篇就用极其精彩的例子讲清了算法效率和算法复杂度度量的基本概念和方法，这就给全书紧密结合算法来讲数据结构打下了很好的基础。

这本书是精心策划和撰写的，结构严整，脉络清晰，行文流畅，可读性强。全书教学目标明确，内容丰富，基本概念和基本方法的阐述深入浅出，最大的特点是将算法知识、数据结构和编程实践有机地融为一体。我以为，引导学生学好本书，对于奠定扎实的学科基础，提高计算思维能力能够起到良好的作用。

清华大学计算机系教授

吴文虎

2011年9月

第3版说明

在第2版的基础上，本书第3版推出了配套的《习题解析》，故在体例上也做了相应的调整，主要包括以下方面：

- 原各章所附习题，均统一摘出并汇编为《习题解析》；除了部分实践型和研究型习题，大部分习题均提供了详尽的分析和解答。
- 删除了少量习题，同时也补充了若干。大题的总数，已增至292道；因多数习题都是逐层递进式的，小题的总数已超过500道。
- 关于伸展树性能分摊分析的原8.1.4小节，作为习题转入《习题解析》。
- 图灵机模型、RAM模型等基本概念，以及（线性）归约、封底估算及基本技巧，也结合对应的习题予以介绍。

同时，结合读者反馈以及新一轮教学实践效果，也在以下方面做了相应修订：

- 1.4节补充了对记忆策略与动态规划策略的介绍，并通过实例展示二者的联系与区别。
- 鉴于前四章已经充分地展示了相关技巧，后续Bintree和Dictionary等结构不再过于严格地封装，使读者更好地将注意力集中于这些结构的机理本身。
- 通过多重继承，统一了ComplHeap、LeftHeap、ListHeap等结构的实现方式，使之封装更紧凑、代码更简洁。
- 精简了Vector<T>::mergesort()、GraphMatrix::insert()、Splay::splay()、RedBlack::solveDoubleRed()、trivialMedian()等算法的实现。
- 关于函数调用栈、栈与递归、Huffman编码算法等各节的叙述与讲解，也尽可能地做了精简。
- 统一了“环路”、“众数”、“最左/右侧通路”、“波峰集”、“输入/输出敏感”等概念。
- 严格了“完全二叉树”等概念以及“黑高度”等指标的定义。
- 参照BFS和DFS的实现方式改进PFS框架，使之支持多个连通域（或可达域）。
- 借助几何分布等概率模型，简化对跳转表、散列表的平均性能分析。
- 插图、表格、代码等均有大幅增加，关键词索引项进一步细化。
- 增加了若干重要的参考文献。
- 修正了原书及代码中的若干错误，详细对比请见勘误表。

最后，鉴于第3版采用双色印刷方式，故在版面及样式等方面也做了相应的调整。

第2版说明

本书的初稿完成于2009年冬季，随后在清华大学经过了三个学期共四个课堂的试用，根据各方的反馈意见做过调整补充之后，第1版于2011年夏季由清华大学出版社正式出版发行。此后，又在清华大学经过两个学期共三个课堂的教学实践，并汇总读者的反馈进一步修订完善之后，第2版终于2012年夏季出版发行，也就是目前读者所看到的这个版本。

第2版继承并强化了此前版本的叙述风格，基本保留了总体的体例结构，同时在针对性、简洁性、实用性和拓展性等方面，也做了大量的修改、删节与扩充。与此前的版本相比较，主要的变化包括以下几个方面：

- 针对多种数据结构的算法实现及其性能分析，精简了行文叙述与代码实现，比如有序向量的查找、树和图的遍历、Huffman编码、平衡二叉搜索树的重平衡、二叉堆的调整等。
- 更换并补充了大量的实例和插图，比如向量、词典、关联数组、高级平衡二叉搜索树和优先级队列等数据结构，以及表达式求值、KMP、BM、平衡二叉搜索树的重平衡、字符串散列、快速排序、中位数及众数等算法的原理及过程等等，插图增至260多组。
- 重写了多个章节的总结部分，比如针对各类查找算法、串匹配算法，就其性能特点均做了统一的归纳与梳理，指明其中的关键因素以及不同的适用范围。
- 进一步规范和统一了几个基本概念的定义及其表述方式，使得各章节之间的相互引述更趋一致，比如栈混洗、真二叉树、完全二叉树、满树、闭散列策略等概念的定义，以及遍历序列、红黑树不同类型节点等概念的图解示意方式。
- 细化了针对一些关键知识点的讲解，比如第1章的渐进复杂度层次和伪复杂度、第8章中B-树及kd-树的引入动机、第11章中BM算法好后缀策略中的gs[]表构造算法等。
- 添加了大量的习题，总量已超过280道。在帮助读者梳理主要知识点、加深对讲解内容理解的同时，还从以下方面为他们的进一步拓展，提供了必要的线索：插入排序算法性能与逆序对的关系、选择排序算法性能与循环节的关系、插值查找、指数查找、马鞍查找、CBA式排序算法平均性能的下界、栈混洗甄别、栈堆、队堆、算术表达式的组合搜索、键树、关联矩阵、Prim算法与Krusal算法的正确性、欧氏最小支撑树、并查集、计数排序、四叉树、八叉树、范围树、优先级搜索树、树堆、AVL树节点删除算法的平均性能、AVL树的合并与分裂、堆节点插入算法的平均性能、支持重复元素的二叉搜索树、双向平方试探、轴点构造算法版本C、希尔排序算法的正确性，等等。
- 提供了一批相关的参考文献，包括经典的教材专著20余册、拓展的学术论文30余篇。
- 修正了多处排版问题及若干实质错误。请此前版本的读者下载勘误表并做相应更正，同时感谢我的读者、学生和同行，他们的意见与建议是本教材不断完善的保证。

第1版前言

背景

伴随着计算学科（Computing Discipline）近年来的迅猛发展，相关专业方向不断细化和分化，相应地在计算机教育方面，人才培养的定位与目标呈现明显的多样化趋势，在知识结构与专业素养方面对人才的要求也在广度与深度上拓展到空前的水平。以最新版计算学科教学大纲（ACM/IEEE Computing Curricula，以下简称CC大纲）为例，2001年制定的CC2001因只能覆盖狭义的计算机科学方向而更多地被称作CS2001。所幸的是，CC2001的意义不仅在于针对计算机科学方向的本科教学提出了详细的指导意见，更在于构建了一个开放的CC2001框架（CC2001 Model）。按照这一规划，首先应该顺应计算学科总体发展的大势，沿着计算机科学（CS）、计算机工程（CE）、信息系统（IS）、信息技术（IT）和软件工程（SE）以及更多潜在的新学科方向，以分卷的形式制订相应的教学大纲计划，同时以综述报告的形式概括统领；另外，不宜仍拘泥于十年的周期，而应更为频繁地调整和更新大纲，以及时反映计算领域研究的最新进展，满足应用领域对人才的现实需求。

饶有意味的是，无论从此后发表的综述报告还是各分卷报告都可看出，作为计算学科知识结构的核心与技术体系的基石，数据结构与算法的基础性地位不仅没有动摇，反而得到进一步的强化和突出，依然是计算学科研究开发人员的必备素养，以及相关应用领域专业技术人员的看家本领。以CC大纲的综述报告（Computing Curricula 2005 - The Overview Report）为例，在针对以上五个专业方向本科学位所归纳的共同要求中，数据结构与算法作为程序设计概念与技能的核心，紧接在数学基础之后列第二位。这方面的要求可进一步细分为五个层次：对数据结构与算法核心地位的充分理解与认同，从软件视角对处理器、存储器及显示器等硬件资源的透彻理解，通过编程以软件方式实现数据结构与算法的能力，基于恰当的数据结构与算法设计并实现大型结构化组件及其之间通讯接口的能力，运用软件工程的原理与技术确保软件鲁棒性、可靠性及其面向特定目标受众的针对性的能力。

自20世纪末起，我有幸参与和承担清华大学计算机系以及面向全校“数据结构”课程的教学工作，在学习和吸收前辈们丰富而宝贵教学经验的同时，通过悉心体会与点滴积累，逐步摸索和总结出一套较为完整的教学方法。作为数据结构与算法一线教学工作者中的一员，我与众多的同行一样，在为此类课程的重要性不断提升而欢欣鼓舞的同时，更因其对计算学科人才培养决定性作用的与日俱增而倍感责任重大。尽管多年来持续推进的教学改革已经取得巨大的进展，但面对新的学科发展形势和社会发展需求，为从根本上提高我国计算机理论及应用人才的培养质量，我们的教学理念、教学内容与教学方法仍然有待于进一步突破。

与学校“高素质、高层次、多样化、创造性”人才培养总体目标相呼应，我所在的清华大学计算机系长期致力于培养“面向基础或应用基础的科学技术问题，具备知识创新、技术创新或集成创新能力的研究型人才”。沿着这个大方向，近年来我与同事们从讲授、研讨、作业、实践、考核和教材等方面入手，在系统归纳已有教学资源和成果的基础上，着力推进数据结构的课程建设与改革。其中，教材既为所授知识提供了物化的载体，也为传授过程指明了清晰的脉络，更为教师与学生之间的交流建立了统一的平台，其重要性不言而喻。继2006年出版《数据结构与算法（Java语言描述）》之后，本教材的出版也是作者对自己数据结构与算法教学工作的又一次系统总结与深入探索。

原则

在读者群体定位、体例结构编排以及环节内容取舍等方面，全书尽力贯彻以下原则。

■ **兼顾基础不同、目标不同的多样化读者群体**

全书12章按四大部分组织，既相对独立亦彼此呼应，难度较大的章节以星号标注，教员与学生可视具体情况灵活取舍。其中第1章绪论旨在尽快地将背景各异的读者引导至同一起点，为此将系统地引入计算与算法的一般性概念，确立时空复杂度的度量标准，并以递归为例介绍算法设计的一般模式；第2至7章为基础部分，涵盖序列、树、图、初级搜索树等基本数据结构及其算法的实现方法及性能分析，这也是多数读者在实际工作中最常涉及的内容，属于研读的重点；第8至10章为进阶部分，介绍高级搜索树、词典和优先级队列等高级数据结构，这部分内容对更加注重计算效率的读者将很有帮助；最后两章分别以串匹配和高级排序算法为例，着重介绍算法性能优化以及针对不同应用需求的调校方法与技巧，这部分内容可以帮助读者深入理解各类数据结构与算法在不同实际环境中适用性的微妙差异。

■ **注重整体认识，着眼系统思维**

全书体例参照现代数据结构普遍采用的分类规范进行编排，其间贯穿以具体而本质的线索，帮助读者在了解各种具体数据结构之后，通过概括与提升形成对数据结构家族的整体性认识。行文从多个侧面体现"转换-化简"的技巧，引导读者逐步形成和强化计算思维（computational thinking）的意识与习惯，从方法论的高度掌握利用计算机求解问题的一般性规律与方法。

比如从逻辑结构的角度，按照线性、半线性和非线性三个层次对数据结构进行分类，并以遍历算法为线索，点明不同层次之间相互转换的技巧。又如，通过介绍动态规划、减而治之、分而治之等算法策略，展示如何将人所擅长的概括化简思维方式与计算机强大的枚举迭代能力相结合，高效地求解实际应用问题。再如，从数据元素访问形式的角度，按照循秩访问、循位置访问或循链接访问、循关键码访问、循值访问、循优先级访问等方式，对各种数据结构做了归类，并指明它们之间的联系与区别。

通过引入代数判定树模型以及对应的下界等概念，并讲解如何针对具体计算模型确定特定问题的复杂度下界，破除了部分读者对计算机计算能力的盲目迷信。按照CC大纲综述报告的归纳结论，这也是对计算学科所有专业本科毕业生共同要求中的第三点——不仅需要了解计算机技术可以做什么（possibilities）以及如何做，更需要了解不能做什么（limitations）以及为什么不能做。

■ **尊重认知规律，放眼拓展提升**

在相关学科众多的专业基础课程中，数据结构与算法给学生留下的印象多是内容深、难度大，而如何让学生打消畏难情绪从而学有所乐、学有所获，则是摆在每位任课教师面前的课题。计算机教学有其独特的认知规律，整个过程大致可以分为记忆（remember）、理解（understand）、应用（apply）、分析（analyze）、评估（evaluate）和创造（create）等若干阶段，本书也按照这一脉络，在叙述方式上做了一些粗浅的尝试。

为加深记忆与理解，凡重要的知识点均配有插图。全书共计230多组300余幅插图，借助视觉通道，从原理、过程、实例等角度使晦涩抽象的知识点得以具体化、形象化，也就是鲁迅先生“五到”读书法中的第一条“眼到”。

为加深对类似概念或系列概念的综合理解，完成认识上的提升，还普遍采用“对比”的手法。例如，优先级队列接口不同实现方式之间的性能对比、快速排序算法不同版本在适用范围上的对比，等等。又如，通过Dijkstra算法和Prim算法的横向对比，提炼和抽象出更具一般性的优先级搜索框架，并反过来基于这一认识实现统一的搜索算法模板。

为强化实践能力的培养，多从具体的应用问题入手，经逐步分析导出具体的解决方法。所列230余段代码，均根据讲述的侧重按模块划分，在力求简洁的同时也配有详实的备注解说。读者可以下载代码，边阅读边编译执行，真正做到“手到”和“心到”。几乎所有实现的数据结构均符合对应的抽象数据类型接口标准，在强化接口规范的同时，从习惯与方式上为读者日后的团队协作做铺垫与准备。

在分析与评估方面，介绍了算法复杂度的典型层次及分析技巧，包括常规的最坏情况和平均情况分析，以及分摊分析。针对递归算法，还着重介绍了递归跟踪法与递推方程法。另外从实用的角度，还引入了稳定性、就地性等更为精细的性能评估尺度，并结合部分算法做了相关的分析对比。

数据结构与算法这二者之间相辅相成的关系，也是本书着重体现的一条重要线索。为此，本书的体例与多数同类教材不尽相同。以排序算法为例，除最后一章外，大部分排序算法都作为对应数据结构的应用实例，分散编入相应的章节：其中起泡排序、归并排序、插入排序、选择排序等算法以排序器的形式归入序列部分；桶排序和基数排序归入散列部分；而堆排序则归入优先级队列部分。再如，图算法及其基本实现均前置到第6章，待到后续章节引入高级数据结构时再介绍其优化方法，如此前后呼应。行文讲述中也着力突出数据结构对高效算法的支撑作用，以及源自应用的算法问题对数据结构发展的反向推动作用，优先级队列之于Huffman编码算法、完全二叉堆之于就地堆排序、伸展树之于基于局部性原理的缓存算法、散列表之于数值空间与样本空间规模差异的弥合算法等，均属于这方面的实例。

与许多课程的规律类似，习题对于数据结构与算法而言也是强化和提升学习效果的必由之途，否则无异于“入宝山而空返”。本书各章均针对性地附有大量习题，累计逾270道。当然，好的习题不应仅限于对讲授内容的重复与堆砌，而应更多地侧重于拓展与反思。其中，拓展型习题既包括对书中数据结构接口的扩充、算法性能的改进，也包括通过查阅文献资料补充相关的知识点。另外，一些难度极大或者难度不大但过程繁琐的内容，在这里也以习题的形式留待课后进一步探讨。在求知求真的过程中，质疑与批判是难能可贵的精神，反诘与反思更是创造创新的起点。从吸收到反思，在某种意义上也就是学习（learning）与反学习（unlearning）反复迭代、不断上升的过程。为此，部分习题的答案并非简单地重复正文的结论，甚至并不具有固定的答案，以给读者日后灵活的运用与创新留下足够的空间。

说明

书中凡重要的专业词汇均注有原文，插图中的标注也多以英文给出，因为作者认为这都是进一步钻研以及与国际同行交流的基础。公式多采用接近代码的风格，而非严格的数学格式，以利于按照代码注释的方式描述和理解算法。

书中涉及的所有代码以及大量尚未在书中列出的辅助代码，均按Visual Studio工程形式分成50多组，并统一到名为DSACPP的解决方案之下，完整的代码包可从本书主页下载后直接编译执行。

为精简篇幅、突出重点，在一定程度上牺牲了软件规范性甚至计算效率，读者不必盲目效仿。比如，为尽量利用页面宽度和便于投影式播放，全文源代码统一采用Java风格编排，但代码的层次感却因此有所削弱，代码片段的切分也有过度之嫌。同样出于简化的考虑，代码中一些本可优化但可能影响总体思路的细节也被忽略。另外，对错误与意外的处理也采用了简化的处理方式。

限于本人的水平与经验，书中一定不乏纰漏与谬误之处，恳请读者及专家批评指正。

邓俊辉

2011年夏末于清华园

教学计划编排方案建议

采用本书作为教材时，视学生基础、专业方向、教学目标及允许课时总量的不同，授课教师可参照以下典型方案分配课内学时，通常还需另外设置约50%的课外编程实验学时。

教学内容 \ 教学方案与课内学时分配			方案A	方案B	方案C	方案D	方案E	方案F	方案G
部分	章	节（视学时可省带*小节）	64	48	64	64	48	32	48
一 基础知识	第1章 绪论	1.1~1.3 + 1.5	2.5	2.5	3.5	4.5	3.5	2.5	3
		1.4*	1.5	1.5	2	2.5	2.5		2
二 基本数据结构	第2章 向量	2.1 ~ 2.6	3	3	3	4	3	2.5	3
		2.7*	1		1.5	2	1		
		2.8	2	2	2	3	2	2	2
	第3章 列表	3.1 ~ 3.4	2	2	3	4	3	2	3
		3.5	2	2	3	4	3	2	3
	第4章 栈与队列	4.1 ~ 4.3	2	2	2	3	2	2	2
		4.4*	3	3	3	3	3		3
		4.5 ~ 4.6	1	1	1	2	1	2	1
	第5章 二叉树	5.1 + 5.3	2	2	2	2	2	2	2
		5.4	2	2	3	3	3	2	2
		5.2 + 5.5	2	2	3	3	3		3
	第6章 图	6.1 ~ 6.4	1.5	1.5	2	2	2	2	2
		6.5 ~ 6.8	2.5	2.5	2	4	3	3	3
		6.9*	1	1	2	2			
		6.10 ~ 6.12	2	2	2	4	3	2	2
	第7章 搜索树	7.1 ~ 7.2	2	2	3	6	4	3	3
		7.3 ~ 7.4	2	2	3	6	4	3	3
三 高级数据结构	第8章 高级搜索树	8.1 ~ 8.2	2	2	3				
		8.3* ~ 8.4*	3		3				
	第9章 词典	9.1 + 9.3	2	2	2				
		9.2* + 9.4*	4		4				
	第10章 优先级队列	10.1 ~ 10.2	4	4	4				
		10.3*	2		2				
四 算法	第11章 串	11.1 ~ 11.3	2	2					2
		11.4* ~ 11.5*	2						2
	第12章 排序	12.1	2	2					2
		12.2* ~ 12.3*	4						

本书所有相关教学资料均向公众开放，包括勘误表、插图、代码以及配套讲义等。欢迎访问教材主页：http://dsa.cs.tsinghua.edu.cn/~deng/dsacpp/

致 谢

感谢严蔚敏教授，廿多年前是她引领我进入数据结构的殿堂；感谢吴文虎教授，在追随他参与信息学相关竞赛组织工作的过程中，我更加切实地感受到了算法之宏之美。感谢殷人昆、王宏、朱仲涛、徐明星、尹霞等老师，在与他们的教学合作过程中我获益良多。感谢众多的同行，与他们的交流和探讨每每令我思路顿开。感谢数以千计的学生，他们是我写作的最终动机与不竭动力，无论是在课堂或是课后，与他们相处的时光都属于我在清华园最美好的记忆。

历年的助教研究生不仅出色地完成了繁重的课外辅导与资源建设工作，他们丰富的想象力和创造力更是我重要的灵感来源，在此我要感谢他们对我的帮助！

截至2012年秋季，按担任助教时间先后，他们分别是：

王智、李云翀、赵乐、肖晶、刘汝佳、高岳、沈超慧、李锐喆

于泽、白彦冰、夏龙、向阳、姚姜源、刘雨辰、姜禹、方宇剑

在本书各版次的使用过程中，收到了学生及读者的大量反馈，其中杨凯峪、李雨田、许婷婷、郑斯陶、石梦凯、陈逸翀、王紫、朱剑男、李仁杰、许建林、吴育昕、刘苏齐、陈键飞、唐骞璘、徐霜晴等同学，分别指出了多处纰漏及错误。王笑尘同学作为第3版的试验读者，杨凯峪、李雨田同学作为配套《习题解析》的试验读者，均提出了许多很好的修改建议。清华美院的郭清华同学，对第3版的版式和色调设计提出了极具价值的建议。在此也谨向他们表示感谢！

感谢清华大学出版社的各位编辑，正是依靠他们的鼎力支持，本书才得以顺利出版。特别感谢龙启铭先生，他出色而高效的协调工作，使我得以将更多精力集中于书稿本身；在体例编排及编写风格等方面，他的许多建议都极具价值。

本教材第3版的撰写工作，得到了“清华大学985名优教材”立项资助，在此谨向清华大学，特别是校、系教务部门的大力支持表示感谢！

简要目录

详细目录

t

第1章

绪论

作为万物之灵的人，与动物的根本区别在于理性，而计算则是理性的一种重要而具体的表现形式。计算机是人类从事计算的工具，是抽象计算模型的具体物化。基于图灵模型的现代计算机，既是人类现代文明的标志与基础，更是人脑思维的拓展与延伸。

尽管计算机的性能日益提高，但这种能力在解决实际应用问题时能否真正得以发挥，决定性的关键因素仍在于人类自身。具体地，通过深入思考与分析获得对问题本质的透彻理解，按照长期积淀而成的框架与模式设计出合乎问题内在规律的算法，选用、改进或定制足以支撑算法高效实现的数据结构，并在真实的应用环境中充分测试、调校和改进，构成了应用计算机高效求解实际问题的典型流程与不二法门。任何一位有志于驾驭计算机的学生，都应该从这些方面入手，不断学习，反复练习，勤于总结。

本章将介绍与计算相关的基本概念，包括算法构成的基本要素、算法效率的衡量尺度、计算复杂度的分析方法与界定技巧、算法设计的基本框架与典型模式，这些也构成了全书所讨论的各类数据结构及相关算法的基础与出发点。

§1.1 计算机与算法

1946年问世的ENIAC开启了现代电子数字计算机的时代，计算机科学（computer science）也在随后应运而生。计算机科学的核心在于研究计算方法与过程的规律，而不仅仅是作为计算工具的计算机本身，因此E. Dijkstra及其追随者更倾向于将这门科学称作计算科学（computing science）。

实际上，人类使用不同工具从事计算的历史可以追溯到更为久远的时代，计算以及计算工具始终与我们如影相随地穿越漫长的时光岁月，不断推动人类及人类社会的进化发展。从最初颜色各异的贝壳、长短不一的刻痕、周载轮回的日影、粗细有别的绳结，以至后来的直尺、圆规和算盘，都曾经甚至依然是人类有力的计算工具。

1.1.1 古埃及人的绳索

古埃及人以其复杂而浩大的建筑工程而著称于世，在长期规划与实施此类工程的过程中，他们逐渐归纳并掌握了基本的几何度量和测绘方法。考古研究发现，公元前2000年的古埃及人已经知道如何解决如下实际工程问题：通过直线l上给定的点A，作该直线的垂线。

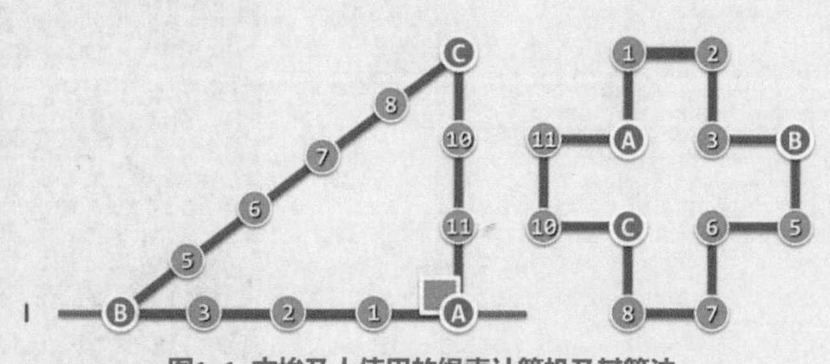

图1.1 古埃及人使用的绳索计算机及其算法

他们所采用的方法，原理及过程如图1.1所示，翻译成现代的算法语言可描述如下。

```
perpendicular(l, A)
输入：直线l及其上一点A
输出：经过A且垂直于l的直线
1. 取12段等长绳索，依次首尾联结成环 //联结处称作“结”，按顺时针方向编号为：0, 1, ..., 11
2. 奴隶A看管0号结，将其固定于点A处
3. 奴隶B牵动4号结，将绳索沿直线l方向尽可能地拉直
4. 奴隶C牵动9号结，将绳索尽可能地拉直
5. 经过0号和9号结，绘制一条直线
```

算法1.1 过直线上给定点作直角

以上由古埃及人发明、由奴隶与绳索组成的这套计算工具，乍看起来与现代的电子计算机相去甚远。但就本质而言，二者之间的相似之处远多于差异，它们同样都是用于支持和实现计算过程的物理机制，亦即广义的计算机。因此就这一意义而言，将其称作“绳索计算机”毫不过分。

1.1.2 欧几里得的尺规

欧几里得几何是现代公理系统的鼻祖。从计算的角度来看，针对不同的几何问题，欧氏几何都分别给出了一套几何作图流程，也就是具体的算法。比如，经典的线段三等分过程可描述为如算法1.2所示。该算法的一个典型的执行实例如图1.2所示。

```
tripartition(AB)
输入：线段AB
输出：将AB三等分的两个点C和D
1. 从A发出一条与AB不重合的射线ρ
2. 任取ρ上三点C'、D'和B'，使|AC'| = |C'D'| = |D'B'|
3. 联接B'B
4. 过D'做B'B的平行线，交AB于D
5. 过C'做B'B的平行线，交AB于C
```

算法1.2 三等分给定线段

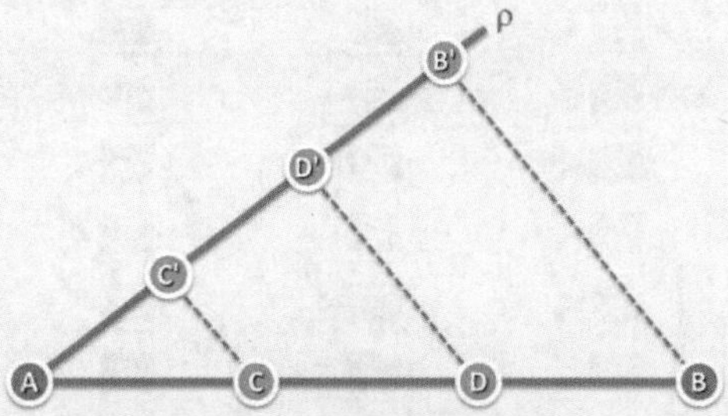

图1.2 古希腊人的尺规计算机

在以上算法中，输入为所给的直线段AB，输出为将其三等分的C和D点。我们知道，欧氏几何还给出了大量过程与功能更为复杂的几何作图算法，为将这些算法变成可行的实际操作序列，欧氏几何使用了两种相互配合的基本工具：不带刻度的直尺，以及半径跨度不受限制的圆规。同样地，从计算的角度来看，由直尺和圆规构成的这一物理机制也不妨可以称作“尺规计算机”。在尺规计算机中，可行的基本操作不外乎以下五类：

```
1 过两个点作一直线
2 确定两条直线的交点
3 以任一点为圆心，以任意半径作一个圆
4 确定任一直线和任一圆的交点（若二者的确相交）
5 确定两个圆的交点（若二者的确相交）
```

每一欧氏作图算法均可分解为一系列上述操作的组合，故称之为基本操作恰如其分。

1.1.3 起泡排序

D. Knuth[3]曾指出，四分之一以上的CPU时间都用于执行同一类型的计算：按照某种约定的次序，将给定的一组元素顺序排列，比如将n个整数按通常的大小次序排成一个非降序列。这类操作统称排序（sorting）。

就广义而言，我们今天借助计算机所完成的计算任务中，有更高的比例都可归入此类。例如，从浩如烟海的万维网中找出与特定关键词最相关的前100个页面，就是此类计算的一种典型形式。排序问题在算法设计与分析中扮演着重要的角色，以下不妨首先就此做一讨论。为简化起见，这里暂且只讨论对整数的排序。

■ 局部有序与整体有序

在由一组整数组成的序列A[0, n - 1]中，满足A[i - 1] ≤ A[i]的相邻元素称作顺序的；否则是逆序的。不难看出，有序序列中每一对相邻元素都是顺序的，亦即，对任意1 ≤ i < n都有A[i - 1] ≤ A[i]；反之，所有相邻元素均顺序的序列，也必然整体有序。

■ 扫描交换

由有序序列的上述特征，我们可以通过不断改善局部的有序性实现整体的有序：从前向后依次检查每一对相邻元素，一旦发现逆序即交换二者的位置。对于长度为n的序列，共需做n - 1次比较和不超过n - 1次交换，这一过程称作一趟扫描交换。

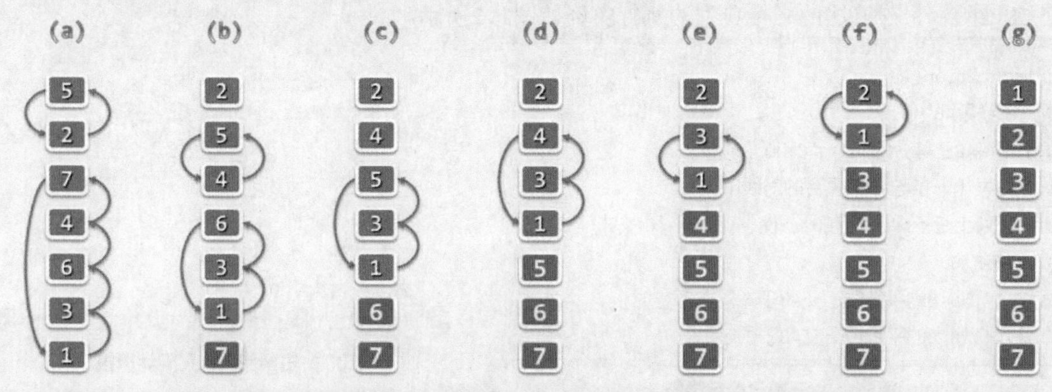

图1.3 通过6趟扫描交换对七个整数排序（其中已就位的元素，以桔黄色示意）

以图1.3(a)中由7个整数组成的序列A[0, 6] = { 5, 2, 7, 4, 6, 3, 1 }为例。

在第一趟扫描交换过程中，{ 5, 2 }交换位置，{ 7, 4, 6, 3, 1 }循环交换位置，扫描交换后的结果如图(b)所示。

■ 起泡排序

可见，经过这样的一趟扫描，序列未必达到整体有序。果真如此，则可对该序列再做一趟扫描交换，比如，图(b)再经一趟扫描交换的结果如图(c)。事实上，很有可能如图(c~f)所示，需要反复进行多次扫描交换，直到如图(g)所示，在序列中不再含有任何逆序的相邻元素。多数的这类交换操作，都会使得越小（大）的元素朝上（下）方移动（习题[1-3]），直至它们抵达各自应处的位置（就位）。

排序过程中，所有元素朝各自最终位置亦步亦趋的移动过程，犹如气泡在水中的上下沉浮，起泡排序（bubblesort）算法也因此得名。

■ 实现

上述起泡排序的思路，可准确描述和实现为如代码1.1所示的函数bubblesort1A()。

```
1 void bubblesort1A ( int A[], int n ) { //起泡排序算法（版本1A）：0 <= n
2    bool sorted = false; //整体排序标志，首先假定尚未排序
3    while ( !sorted ) { //在尚未确认已全局排序之前，逐趟进行扫描交换
4       sorted = true; //假定已经排序
5       for ( int i = 1; i < n; i++ ) { //自左向右逐对检查当前范围A[0, n)内的各相邻元素
6          if ( A[i - 1] > A[i] ) { //一旦A[i - 1]与A[i]逆序，则
7             swap ( A[i - 1], A[i] ); //交换之，并
8             sorted = false; //因整体排序不能保证，需要清除排序标志
9          }
10      }
11      n--; //至此末元素必然就位，故可以缩短待排序序列的有效长度
12   }
13 } //借助布尔型标志位sorted，可及时提前退出，而不致总是蛮力地做n - 1趟扫描交换
```

代码1.1 整数数组的起泡排序

1.1.4 算法

以上三例都可称作算法。那么，究竟什么是算法呢？所谓算法，是指基于特定的计算模型，旨在解决某一信息处理问题而设计的一个指令序列。比如，针对“过直线上一点作垂直线”这一问题，基于由绳索和奴隶构成的计算模型，由古埃及人设计的算法1.1；针对“三等分线段”这一问题，基于由直尺和圆规构成的计算模型，由欧几里得设计的算法1.2；以及针对“将若干元素按大小排序”这一问题，基于图灵机模型而设计的bubblesort1A()算法，等等。

一般地，本书所说的算法还应必须具备以下要素。

■ 输入与输出

待计算问题的任一实例，都需要以某种方式交给对应的算法，对所求解问题特定实例的这种描述统称为输入（input）。对于上述三个例子而言，输入分别是“某条直线及其上一点”、“某条线段”以及“由n个整数组成的某一序列”。其中，第三个实例的输入具体地由A[]与n共同描述和定义，前者为存放待排序整数的数组，后者为整数的总数。

经计算和处理之后得到的信息，即针对输入问题实例的答案，称作输出（output）。比如，对于上述三个例子而言，输出分别是“垂直线”、“三等分点”以及“有序序列”。在物理上，输出有可能存放于单独的存储空间中，也可能直接存放于原输入所占的存储空间中。比如，第三个实例即属于后一情形，经排序的整数将按非降次序存放在数组A[]中。

■ 基本操作、确定性与可行性

所谓确定性和可行性是指，算法应可描述为由若干语义明确的基本操作组成的指令序列，且每一基本操作在对应的计算模型中均可兑现。以上述算法1.1为例，整个求解过程可以明白无误地描述为一系列借助绳索可以兑现的基本操作，比如“取等长绳索”、“联结绳索”、“将绳结固定于指定点”以及“拉直绳索”等。再如算法1.2中，“从一点任意发出一条射线”、“在直线上任取三个等距点”、“联接指定两点”等，也都属于借助尺规可以兑现的基本操作。

细心的读者可能会注意到，算法1.2所涉及的操作并不都是基本的，比如，最后两句都要求“过直线外一点作其平行线”，这本身就是另一几何作图问题。幸运的是，借助基本操作的适当组合，这一子问题也可圆满解决，对应的算法则不妨称作是算法1.2的“子算法”。

从现代程序设计语言的角度，可以更加便捷而准确地理解算法的确定性与可行性。具体地，一个算法满足确定性与可行性，当且仅当它可以通过程序设计语言精确地描述，比如，起泡排序算法可以具体地描述和实现为代码1.1中的函数bubblesort1A()，其中“读取某一元素的内容”、“修改某一元素的内容”、“比较两个元素的大小”、“逻辑表达式求值”以及“根据逻辑判断确定分支转向”等等，都属于现代电子计算机所支持的基本操作。

■ 有穷性与正确性

不难理解，任意算法都应在执行有限次基本操作之后终止并给出输出，此即所谓算法的有穷性（finiteness）。进一步地，算法不仅应该迟早会终止，而且所给的输出还应该能够符合由问题本身在事先确定的条件，此即所谓算法的正确性（correctness）。

对以上前两个算法实例而言，在针对任一输入实例的计算过程中，每条基本操作语句仅执行一次，故其有穷性不证自明。另外，根据勾股定理以及平行等比原理，其正确性也一目了然。然而对于更为复杂的算法，这两条性质的证明往往颇需费些周折（习题[1-27]和[1-28]），有些问题甚至尚无定论（习题[1-29]）。即便是简单的起泡排序，bubblesort1A()算法的有穷性和正确性也不是由代码1.1自身的结构直接保证的。以下就以此为例做一分析。

■ 起泡排序

图1.3给出了bubblesort1A()的一次具体执行过程和排序结果，然而严格地说，这远不足以证明起泡排序就是一个名副其实的算法。比如，对于任意一组整数，经过若干趟的起泡交换之后该算法是否总能完成排序？事实上，即便是其有穷性也值得怀疑。就代码结构而言，只有在前一趟扫描交换中未做任何元素交换的情况下，外层循环才会因条件“!sorted”不再满足而退出。但是，这一情况对任何输入实例都总能出现吗？反过来，是否存在某一（某些）输入序列，无论做多少趟起泡交换也无济于事？这种担心并非毫无道理。细心的读者或许已注意到，在起泡交换的过程中，尽管多数时候元素会朝着各自的最终位置不断靠近，但有的时候某些元素也的确会暂时朝着远离自己应处位置的方向移动（习题[1-3]）。

证明算法有穷性和正确性的一个重要技巧，就是从适当的角度审视整个计算过程，并找出其所具有的某种不变性和单调性。其中的单调性通常是指，问题的有效规模会随着算法的推进不断递减。不变性则不仅应在算法初始状态下自然满足，而且应与最终的正确性相呼应——当问题的有效规模缩减到0时，不变性应随即等价于正确性。

那么，具体到bubblesort1A()算法，其单调性和不变性应如何定义和体现呢？

反观图1.3不难看出，每经过一趟扫描交换，尽管并不能保证序列立即达到整体有序，但从“待求解问题的规模”这一角度来看，整体的有序性必然有所改善。以全局最大的元素（图1.3中的整数7）为例，在第一趟扫描交换的过程中，一旦触及该元素，它必将与后续的所有元素依次交换。于是如图1.3(b)所示，经过第一趟扫描之后，该最大元素必然就位；而且在此后的各趟扫描交换中，该元素将绝不会参与任何交换。这就意味着，经过一趟扫描交换之后，我们只需要关注前面更小的那n - 1个元素。实际上，这一结论对后续的各趟扫描交换也都成立——考查图1.3(c~g)中的元素6~2，不难验证这一点。

于是，起泡排序算法的不变性和单调性可分别概括为：**经过k趟扫描交换之后，最大的前k个元素必然就位；经过k趟扫描交换之后，待求解问题的有效规模将缩减至n - k**。

反观如代码1.1所示的bubblesort1A()算法，外层while循环会不断缩减待排序序列的有效长度n。现在我们已经可以理解，该算法之所以能够如此处理，正是基于以上不变性和单调性。

特别地，初始状态下k = 0，这两条性质都自然满足。另一方面，由以上单调性可知，无论如何，至多经n - 1趟扫描交换后，问题的有效规模必将缩减至1。此时，仅含单个元素的序列，有序性不言而喻；而由该算法的不变性，其余n - 1个元素在此前的n - 1步迭代中业已相继就位。因此，算法不仅必然终止，而且输出序列必然整体有序，其有穷性与正确性由此得证。

■ 退化与鲁棒性

同一问题往往不限于一种算法，而同一算法也常常会有多种实现方式，因此除了以上必须具备的基本属性，在应用环境中还需从实用的角度对不同算法及其不同版本做更为细致考量和取舍。这些细致的要求尽管应纳入软件工程的范畴，但也不失为成熟算法的重要标志。

比如其中之一就是，除一般性情况外，实用的算法还应能够处理各种极端的输入实例。仍以排序问题为例，极端情况下待排序序列的长度可能不是正数（参数n = 0甚至n < 0），或者反过来长度达到或者超过系统支持的最大值（n = INT_MAX），或者A[]中的元素不见得互异甚至全体相等，以上种种都属于所谓的退化（degeneracy）情况。算法所谓的鲁棒性（robustness），就是要求能够尽可能充分地应对此类情况。请读者自行验证，对于以上退化情况，代码1.1中bubblesort1A()算法依然可以正确返回而不致出现异常。

■ 重用性

从实用角度评判不同算法及其不同实现方式时，可采用的另一标准是：算法的总体框架能否便捷地推广至其它场合。仍以起泡排序为例。实际上，起泡算法的正确性与所处理序列中元素的类型关系不大，无论是对于float、char或其它类型，只要元素之间可以比较大小，算法的整体框架就依然可以沿用。算法模式可推广并适用于不同类型基本元素的这种特性，即是重用性的一种典型形式。很遗憾，代码1.1所实现的bubblesort1A()算法尚不满足这一要求；而稍后的第2章和第3章，将使包括起泡排序在内的各种排序算法具有这一特性。

1.1.5 算法效率

■ 可计算性

相信本书的读者已经学习并掌握了至少一种高级程序设计语言，如C、C++或Java等。学习程序设计语言的目的，在于学会如何编写合法（即合乎特定程序语言的语法）的程序，从而保证编写的程序或者能够经过编译和链接生成执行代码，或者能够由解释器解释执行。然而从通过计算有效解决实际问题的角度来看，这只是第一个层次，仅仅做到语法正确还远远不够。很遗憾，算法所应具备的更多基本性质，合法的程序并非总是自然具备。

以前面提到的有穷性为例，完全合乎语法的程序却往往未必能够满足。相信每一位编写过程序的读者都有过这样的体验：很多合法的程序可以顺利编译链接，但在实际运行的过程中却因无穷循环或递归溢出导致异常。更糟糕的是，就大量的应用问题而言，根本就不可能设计出必然终止的算法。从这个意义讲，它们都属于不可解的问题。当然，关于此类问题的界定和研究，应归入可计算性（computability）理论的范畴，本书将不予过多涉及。

■ 难解性

实际上我们不仅需要确定，算法对任何输入都能够在有穷次操作之后终止，而且更加关注该过程所需的时间。很遗憾，很多算法即便满足有穷性，但在终止之前所花费的时间成本却太高。比如，理论研究的成果显示，大量问题的最低求解时间成本，都远远超出目前实际系统所能提供的计算能力。同样地，此类难解性（intractability）问题，在本书中也不予过多讨论。

■ 计算效率

在“编写合法程序”这一基础之上，本书将更多地关注于非“不可解和难解”的一般性问题，并讨论如何高效率地解决这一层面的计算问题。为此，首先需要确立一种尺度，用以从时间和空间等方面度量算法的计算成本，进而依此尺度对不同算法进行比较和评判。当然，更重要的是研究和归纳算法设计与实现过程中的一般性规律与技巧，以编写出效率更高、能够处理更大规模数据的程序。这两点既是本书的基本主题，也是贯穿始终的主体脉络。

■ 数据结构

由上可知，无论是算法的初始输入、中间结果还是最终输出，在计算机中都可以数据的形式表示。对于数据的存储、组织、转移及变换等操作，不同计算模型和平台环境所支持的具体形式不尽相同，其执行效率将直接影响和决定算法的整体效率。数据结构这一学科正是以“数据”这一信息的表现形式为研究对象，旨在建立支持高效算法的数据信息处理策略、技巧与方法。要做到根据实际应用需求自如地设计、实现和选用适当的数据结构，必须首先对算法设计的技巧以及相应数据结构的特性了然于心，这些也是本书的重点与难点。

§1.2 复杂度度量

算法的计算成本涵盖诸多方面，为确定计算成本的度量标准，我们不妨先从计算速度这一主要因素入手。具体地，如何度量一个算法所需的计算时间呢？

1.2.1 时间复杂度

上述问题并不容易直接回答，原因在于，运行时间是由多种因素综合作用而决定的。首先，即使是同一算法，对于不同的输入所需的运行时间并不相同。以排序问题为例，输入序列的规模、其中各元素的数值以及次序均不确定，这些因素都将影响到排序算法最终的运行时间。为针对运行时间建立起一种可行、可信的评估标准，我们不得不首先考虑其中最为关键的因素。其中，问题实例的规模往往是决定计算成本的主要因素。一般地，问题规模越接近，相应的计算成本也越接近；而随着问题规模的扩大，计算成本通常也呈上升趋势。

如此，本节开头所提的问题即可转化为：随着输入规模的扩大，算法的执行时间将如何增长？执行时间的这一变化趋势可表示为输入规模的一个函数，称作该算法的时间复杂度（time complexity）。具体地，特定算法处理规模为n的问题所需的时间可记作T(n)。

细心的读者可能注意到，根据规模并不能唯一确定具体的输入，规模相同的输入通常都有多个，而算法对其进行处理所需时间也不尽相同。仍以排序问题为例，由n个元素组成的输入序列有n!种，有时所有元素都需交换，有时却无需任何交换（习题[1-3]）。故严格说来，以上定义的T(n)并不明确。为此需要再做一次简化，即从保守估计的角度出发，在规模为n的所有输入中选择执行时间最长者作为T(n)，并以T(n)度量该算法的时间复杂度。

1.2.2 渐进复杂度

至此，对于同一问题的两个算法A和B，通过比较其时间复杂度$T_A(n)$和$T_B(n)$，即可评价二者对于同一输入规模n的计算效率高低。然而，藉此还不足以就其性能优劣做出总体性的评判，比如对于某些问题，一些算法更适用于小规模输入，而另一些则相反（习题[1-5]）。

幸运的是，在评价算法运行效率时，我们往往可以忽略其处理小规模问题时的能力差异，转而关注其在处理更大规模问题时的表现。其中的原因不难理解，小规模问题所需的处理时间本来就相对更少，故此时不同算法的实际效率差异并不明显；而在处理更大规模的问题时，效率的些许差异都将对实际执行效果产生巨大的影响。这种着眼长远、更为注重时间复杂度的总体变化趋势和增长速度的策略与方法，即所谓的渐进分析（asymptotic analysis）。

那么，针对足够大的输入规模n，算法执行时间T(n)的渐进增长速度，应如何度量和评价呢？

■ 大$\mathcal{O}$记号

同样地出于保守的估计，我们首先关注T(n)的渐进上界。为此可引入所谓“大$\mathcal{O}$记号”（big-$\mathcal{O}$ notation）。具体地，若存在正的常数c和函数f(n)，使得对任何n >> 2都有

$$T(n) \leq c \cdot f(n)$$

则可认为在n足够大之后，f(n)给出了T(n)增长速度的一个渐进上界。此时，记之为：

$$T(n) = \mathcal{O}(f(n))$$

由这一定义，可导出大$\mathcal{O}$记号的以下性质：

(1) 对于任一常数c > 0，有$\mathcal{O}(f(n)) = \mathcal{O}(c \cdot f(n))$

(2) 对于任意常数a > b > 0，有$\mathcal{O}(n^a + n^b) = \mathcal{O}(n^a)$

前一性质意味着，在大$\mathcal{O}$记号的意义下，函数各项正的常系数可以忽略并等同于1。后一性质则意味着，多项式中的低次项均可忽略，只需保留最高次项。可以看出，大$\mathcal{O}$记号的这些性质的确体现了对函数总体渐进增长趋势的关注和刻画。

■ 环境差异

在实际环境中直接测得的执行时间T(n)，虽不失为衡量算法性能的一种指标，但作为评判不同算法性能优劣的标准，其可信度值得推敲。事实上，即便是同一算法、同一输入，在不同的硬件平台上、不同的操作系统中甚至不同的时间，所需要的计算时间都不尽相同。因此，有必要按照超脱于具体硬件平台和软件环境的某一客观标准，来度量算法的时间复杂度，并进而评价不同算法的效率差异。

■ 基本操作

一种自然且可行的解决办法是，将时间复杂度理解为算法中各条指令的执行时间之和。在图灵机（Turing Machine, TM）和随机存储机（Random Access Machine, RAM）等计算模型[4]中，指令语句均可分解为若干次基本操作，比如算术运算、比较、分支、子程序调用与返回等；而在大多数实际的计算环境中，每一次这类基本操作都可在常数时间内完成。

如此，不妨将T(n)定义为算法所执行基本操作的总次数。也就是说，T(n)决定于组成算法的所有语句各自的执行次数，以及其中所含基本操作的数目。以代码1.1中起泡排序bubblesort1A()算法为例，若将该算法处理长度为n的序列所需的时间记作T(n)，则按照上述分析，只需统计出该算法所执行基本操作的总次数，即可确定T(n)的上界。

■ **起泡排序**

bubblesort1A()算法由内、外两层循环组成。内循环从前向后，依次比较各对相邻元素，如有必要则将其交换。故在每一轮内循环中，需要扫描和比较n - 1对元素，至多需要交换n - 1对元素。元素的比较和交换，都属于基本操作，故每一轮内循环至多需要执行2(n - 1)次基本操作。另外，根据1.1.4节对该算法正确性的分析结论，外循环至多执行n - 1轮。因此，总共需要执行的基本操作不会超过$2(n-1)^2$次。若以此来度量该算法的时间复杂度，则有

$$T(n) = \mathcal{O}(2(n-1)^2)$$

根据大$\mathcal{O}$记号的性质，可进一步简化和整理为：

$$T(n) = \mathcal{O}(2n^2 - 4n + 2) = \mathcal{O}(2n^2) = \mathcal{O}(n^2)$$

■ **最坏、最好与平均情况**

由上可见，以大$\mathcal{O}$记号形式表示的时间复杂度，实质上是对算法执行时间的一种保守估计——对于规模为n的任意输入，算法的运行时间都不会超过$\mathcal{O}(f(n))$。比如，“起泡排序算法复杂度$T(n) = \mathcal{O}(n^2)$”意味着，该算法处理任何序列所需的时间绝不会超过$\mathcal{O}(n^2)$。的确需要这么长计算时间的输入实例，称作最坏实例或最坏情况（worst case）。

需强调的是，这种保守估计并不排斥更好情况甚至最好情况（best case）的存在和出现。比如，对于某些输入序列，起泡排序算法的内循环的执行轮数可能少于n-1，甚至只需执行一轮（习题[1-3]）。当然，有时也需要考查所谓的平均情况（average case），也就是按照某种约定的概率分布，将规模为n的所有输入对应的计算时间加权平均。

比较而言，“最坏情况复杂度”是人们最为关注且使用最多的，在一些特殊的场合甚至成为唯一的指标。比如控制核电站运转、管理神经外科手术室现场的系统而言，从最好或平均角度评判算法的响应速度都不具有任何意义，在最坏情况下的响应速度才是唯一的指标。

■ **大Ω记号**

为了对算法的复杂度最好情况做出估计，需要借助另一个记号。如果存在正的常数c和函数g(n)，使得对于任何n >> 2都有

$$T(n) \geq c \cdot g(n)$$

就可以认为，在n足够大之后，g(n)给出了T(n)的一个渐进下界。此时，我们记之为：

$$T(n) = \Omega(g(n))$$

这里的Ω称作“大Ω记号”（big-omega notation）。与大$\mathcal{O}$记号恰好相反，大Ω记号是对算法执行效率的乐观估计——对于规模为n的任意输入，算法的运行时间都不低于Ω(g(n))。比如，即便在最好情况下，起泡排序也至少需要T(n) = Ω(n)的计算时间（习题[1-4]）。

■ **大Θ记号**

借助大$\mathcal{O}$记号、大Ω记号，可以对算法的时间复杂度作出定量的界定，亦即，从渐进的趋势看，T(n)介于Ω(g(n))与$\mathcal{O}(f(n))$之间。若恰巧出现g(n) = f(n)的情况，则可以使用另一记号来表示。

如果存在正的常数$c_1 < c_2$和函数h(n)，使得对于任何n >> 2都有

$$c_1 \cdot h(n) \leq T(n) \leq c_2 \cdot h(n)$$

就可以认为在n足够大之后，h(n)给出了T(n)的一个确界。此时，我们记之为：

$$T(n) = \Theta(h(n))$$

这里的Θ称作“大Θ记号”（big-theta notation），它是对算法复杂度的准确估计——对于规模为n的任何输入，算法的运行时间T(n)都与Θ(h(n))同阶。

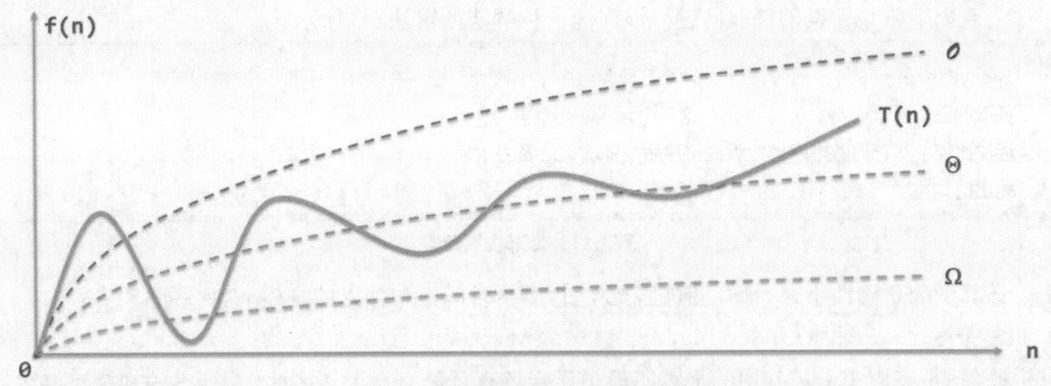

图1.4 大O记号、大Ω记号和大Θ记号

以上主要的这三种渐进复杂度记号之间的联系与区别，可直观地由图1.4示意。

1.2.3 空间复杂度

除了执行时间的长短，算法所需存储空间的多少也是衡量其性能的一个重要方面，此即所谓的空间复杂度（space complexity）。实际上，以上针对时间复杂度所引入的几种渐进记号，也适用于对空间复杂度的度量，其原理及方法基本相同，不再赘述。

需要注意的是，为了更为客观地评价算法性能的优劣，除非特别申明，空间复杂度通常并不计入原始输入本身所占用的空间——对于同一问题，这一指标对任何算法都是相同的。反之，其它（如转储、中转、索引、映射、缓冲等）各个方面所消耗的空间，则都应计入。

另外，很多时候我们都是更多地甚至仅仅关注于算法的时间复杂度，而不必对空间复杂度做专门的考查。这种简便评测方式的依据，来自于以下事实：就渐进复杂度的意义而言，在任一算法的任何一次运行过程中所消耗的存储空间，都不会多于其间所执行基本操作的累计次数。

实际上根据定义，每次基本操作所涉及的存储空间，都不会超过常数规模；纵然每次基本操作所占用或访问的存储空间都是新开辟的，整个算法所需的空间总量，也不过与基本操作的次数同阶。从这个意义上说，时间复杂度本身就是空间复杂度的一个天然的上界。

当然，对空间复杂度的分析也有其自身的意义，尤其在对空间效率非常在乎的应用场合中，或当问题的输入规模极为庞大时，由时间复杂度所确立的平凡上界已经难以令人满意。这类情况下，人们将更为精细地考查不同算法的空间效率，并尽力在此方面不断优化。本书的后续章节，将结合一些实际问题介绍相关的方法与技巧。

§1.3 复杂度分析

在明确了算法复杂度的度量标准之后，如何分析具体算法的复杂度呢？1.2.2节所引入的三种记号中，大O记号是最基本的，也是最常用到的。从渐进分析的角度，大O记号将各算法的复杂度由低到高划分为若干层次级别。以下依次介绍若干典型的复杂度级别，并介绍主要的分析方法与技巧。读者可参照以下介绍的方法，做进一步的练习（习题[1-30]和[1-32]）。

1.3.1 常数$\mathcal{O}(1)$

■ 问题与算法

考查如下常规元素的选取问题，该问题一种解法如算法1.3所示。

```
ordinaryElement(S[], n) //从n ≥ 3个互异整数中，除最大、最小者以外，任取一个“常规元素”
   任取的三个元素x, y, z ∈ S; //这三个元素亦必互异
   通过比较，对它们做排序; //设经排序后，依次重命名为：a < b < c
   输出b;
```

算法1.3 取非极端元素

该算法的正确性不言而喻，但它需要运行多少时间？与输入的规模n有何联系？

■ 复杂度

既然S是有限集，故其中的最大、最小元素各有且仅有一个。因此，无论S的规模有多大，在任意三个元素中至少都有一个是非极端元素。不妨取前三个元素x = S[0]、y = S[1]和z = S[2]，这一步只需执行三次（从特定单元读取元素的）基本操作，耗费$\mathcal{O}(3)$时间。接下来，为确定这三个元素的大小次序，最多需要做三次比较（习题[2-37]），也需$\mathcal{O}(3)$时间。最后，输出居中的非极端元素只需$\mathcal{O}(1)$时间。因此综合起来，算法1.3的运行时间为：

$$T(n) = \mathcal{O}(3) + \mathcal{O}(3) + \mathcal{O}(1) = \mathcal{O}(7) = \mathcal{O}(1)$$

运行时间可表示和度量为$T(n) = \mathcal{O}(1)$的这一类算法，统称作“常数时间复杂度算法”（constant-time algorithm）。此类算法已是最为理想的，因为不可能奢望“不劳而获”。

一般地，仅含一次或常数次基本操作的算法（如算法1.1和算法1.2）均属此类。此类算法通常不含循环、分支、子程序调用等，但也不能仅凭语法结构的表面形式一概而论（习题[1-7]）。

采用1.2.3节的分析方法不难看出，除了输入数组等参数之外，该算法仅需常数规模的辅助空间。此类仅需$\mathcal{O}(1)$辅助空间的算法，亦称作就地算法（in-place algorithm）。

1.3.2 对数$\mathcal{O}(\log n)$

■ 问题与算法

考查如下问题：对于任意非负整数，统计其二进制展开中数位1的总数。

该问题的一个算法可实现如代码1.2所示。该算法使用一个计数器ones记录数位1的数目，其初始值为0。随后进入一个循环：通过二进制位的与（and）运算，检查n的二进制展开的最低位，若该位为1则累计至ones。由于每次循环都将n的二进制展开右移一位，故整体效果等同于逐个检验所有数位是否为1，该算法的正确性也不难由此得证。

以$n = 441_{(10)} = 110111001_{(2)}$为例，采用以上算法，变量n与计数器ones在计算过程中的演变过程如表1.1所示。

表1.1 countOnes(441)的执行过程

十 进 制	二 进 制	数位1计数
441	110111001	0
220	11011100	1
110	1101110	1
55	110111	1
27	11011	2
13	1101	3
6	110	4
3	⍰1	4
1	1	5
0	0	6

```
1 int countOnes ( unsigned int n ) { //统计整数二进制展开中数位1的总数：O(logn)
2    int ones = 0; //计数器复位
3    while ( 0 < n ) { //在n缩减至0之前，反复地
4       ones += ( 1 & n ); //检查最低位，若为1则计数
5       n >>= 1; //右移一位
6    }
7    return ones; //返回计数
8 } //等效于glibc的内置函数int __builtin_popcount (unsigned int n)
```

代码1.2 整数二进制展开中数位1总数的统计

■ 复杂度

根据右移运算的性质，每右移一位，n都至少缩减一半。也就是说，至多经过$1 + \lfloor \log_2 n \rfloor$次循环，n必然缩减至0，从而算法终止。实际上从另一角度来看，$1 + \lfloor \log_2 n \rfloor$恰为n二进制展开的总位数，每次循环都将其右移一位，总的循环次数自然也应是$1 + \lfloor \log_2 n \rfloor$。后一解释，也可以从表1.1中n的二进制展开一列清晰地看出。

无论是该循环体之前、之内还是之后，均只涉及常数次（逻辑判断、位与运算、加法、右移等）基本操作。因此，countOnes()算法的执行时间主要由循环的次数决定，亦即：

$$\mathcal{O}(1 + \lfloor \log_2 n \rfloor) = \mathcal{O}(\lfloor \log_2 n \rfloor) = \mathcal{O}(\log_2 n)$$

由大$\mathcal{O}$记号定义，在用函数$\log_r n$界定渐进复杂度时，常底数r的具体取值无所谓（习题[1-8]），故通常不予专门标出而笼统地记作$\log n$。比如，尽管此处底数为常数2，却可直接记作$\mathcal{O}(\log n)$。此类算法称作具有“对数时间复杂度”（logarithmic-time algorithm）。

实际上，代码1.2中的countOnes()算法仍有巨大的改进余地（习题[1-12]）。

■ 对数多项式复杂度

更一般地，凡运行时间可以表示和度量为$T(n) = \mathcal{O}(\log^c n)$形式的这一类算法（其中常数$c > 0$），均统称作“对数多项式时间复杂度的算法”（polylogarithmic-time algorithm）。上述$\mathcal{O}(\log n)$即$c = 1$的特例。此类算法的效率虽不如常数复杂度算法理想，但从多项式的角度看仍能无限接近于后者（习题[1-9]），故也是极为高效的一类算法。

1.3.3 线性$\mathcal{O}(n)$

■ 问题与算法

考查如下问题：计算给定n个整数的总和。该问题可由代码1.3中的算法sumI()解决。

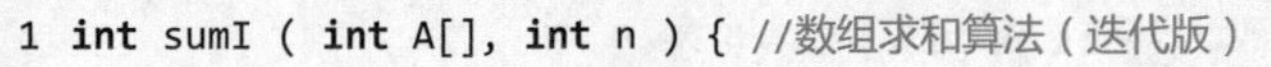

```
1 int sumI ( int A[], int n ) { //数组求和算法（迭代版）
2    int sum = 0; //初始化累计器，O(1)
3    for ( int i = 0; i < n; i++ ) //对全部共O(n)个元素，逐一
4       sum += A[i]; //累计，O(1)
5    return sum; //返回累计值，O(1)
6 } //O(1) + O(n)*O(1) + O(1) = O(n+2) = O(n)
```

代码1.3 数组元素求和算法sumI()

■ 复杂度

sumI()算法的正确性一目了然，它需要运行多少时间呢？

首先，对s的初始化需要$\mathcal{O}(1)$时间。算法的主体部分是一个循环，每一轮循环中只需进行一次累加运算，这属于基本操作，可在$\mathcal{O}(1)$时间内完成。每经过一轮循环，都将一个元素累加至s，故总共需要做n轮循环，于是该算法的运行时间应为：

$$\mathcal{O}(1) + \mathcal{O}(1)\times n = \mathcal{O}(n + 1) = \mathcal{O}(n)$$

凡运行时间可以表示和度量为$T(n) = \mathcal{O}(n)$形式的这一类算法，均统称作“线性时间复杂度算法”（linear-time algorithm）。比如，算法1.2只需略加修改，即可解决“n等分给定线段”问题，这个通用版本相对于输入n就是一个线性时间复杂度的算法。

也就是说，对于输入的每一单元，此类算法平均消耗常数时间。就大多数问题而言，在对输入的每一单元均至少访问一次之前，不可能得出解答。以数组求和为例，在尚未得知每一元素的具体数值之前，绝不可能确定其总和。故就此意义而言，此类算法的效率亦足以令人满意。

1.3.4 多项式$\mathcal{O}(polynomial(n))$

若运行时间可以表示和度量为$T(n) = \mathcal{O}(f(n))$的形式，而且f(x)为多项式，则对应的算法称作“多项式时间复杂度算法”（polynomial-time algorithm）。比如根据1.2.2节的分析，1.1.3节所实现起泡排序bubblesort1A()算法的时间复杂度应为$T(n) = \mathcal{O}(n^2)$，故该算法即属于此类。当然，以上所介绍的线性时间复杂度算法，也属于多项式时间复杂度算法的特例，其中线性多项式$f(n) = n$的次数为1。

在算法复杂度理论中，多项式时间复杂度被视作一个具有特殊意义的复杂度级别。多项式级的运行时间成本，在实际应用中一般被认为是可接受的或可忍受的。某问题若存在一个复杂度在此范围以内的算法，则称该问题是可有效求解的或易解的（tractable）。

请注意，这里仅要求多项式的次数为一个正的常数，而并未对其最大取值范围设置任何具体上限，故实际上该复杂度级别涵盖了很大的一类算法。比如，从理论上讲，复杂度分别为$\mathcal{O}(n^2)$和$\mathcal{O}(n^{2012})$算法都同属此类，尽管二者实际的计算效率有天壤之别。之所以如此，是因为相对于以下的指数级复杂度，二者之间不超过多项式规模的差异只是小巫见大巫。

1.3.5 指数$\mathcal{O}(2^n)$

问题与算法

考查如下问题：在禁止超过1位的移位运算的前提下，对任意非负整数n，计算幂2^n。

```
1 __int64 power2BF_I ( int n ) { //幂函数2^n算法（蛮力迭代版），n >= 0
2    __int64 pow = 1; //O(1)：累积器初始化为2^0
3    while ( 0 < n -- ) //O(n)：迭代n轮，每轮都
4       pow <<= 1; //O(1)：将累积器翻倍
5    return pow; //O(1)：返回累积器
6 } //O(n) = O(2^r)，r为输入指数n的比特位数
```

代码1.4 幂函数算法（蛮力迭代版）

■ 复杂度

如代码1.4所示的算法power2BF_I()由n轮迭代组成，各需做一次累乘和一次递减，均属于基本操作，故整个算法共需$\mathcal{O}(n)$时间。若以输入指数n的二进制位数$r = 1 + \lfloor \log_2 n \rfloor$作为输入规模，则运行时间为$\mathcal{O}(2^r)$。稍后在1.4.3节我们将看到，该算法仍有巨大的改进余地。

一般地，凡运行时间可以表示和度量为$T(n) = \mathcal{O}(a^n)$形式的算法（$a > 1$），均属于“指数时间复杂度算法”（exponential-time algorithm）。

■ 从多项式到指数

从常数、对数、线性、平方到多项式时间复杂度，算法效率的差异还在可接受的范围。然而，在多项式与指数时间复杂度之间，却有着一道巨大的鸿沟。当问题规模较大后，指数复杂度算法的实际效率将急剧下降，计算时间之长很快就会达到令人难以忍受的地步。因此通常认为，指数复杂度算法无法真正应用于实际问题中，它们不是有效算法，甚至不能称作算法。相应地，不存在多项式复杂度算法的问题，也称作难解的（intractable）问题。

需注意的是，在问题规模不大时，指数复杂度反而可能在较长一段区间内均低于多项式复杂度。比如，在$1 \le n \le 116,690$以内，指数复杂度1.0001^n反而低于多项式复杂度$n^{1.0001}$；但前者迟早必然超越后者，且随着n的进一步增大，二者的差距无法保持在多项式倍的范围。因此，从渐进复杂度的角度看，多项式与指数是无法等量齐观的两个截然不同的量级。

实际上很遗憾，绝大多数计算问题并不存在多项式时间的算法（习题[1-16]、[1-23]和[1-27]），也就是说，试图求解此类问题的任一算法，都至少需要运行指数量级的时间。特别地，很多问题甚至需要无穷的时间，由于有穷性不能满足或者尚未得到证明（习题[1-29]），也可以说不存在解决这些问题的算法。不过，这类问题均不属于本书的讨论范围。

1.3.6 复杂度层次

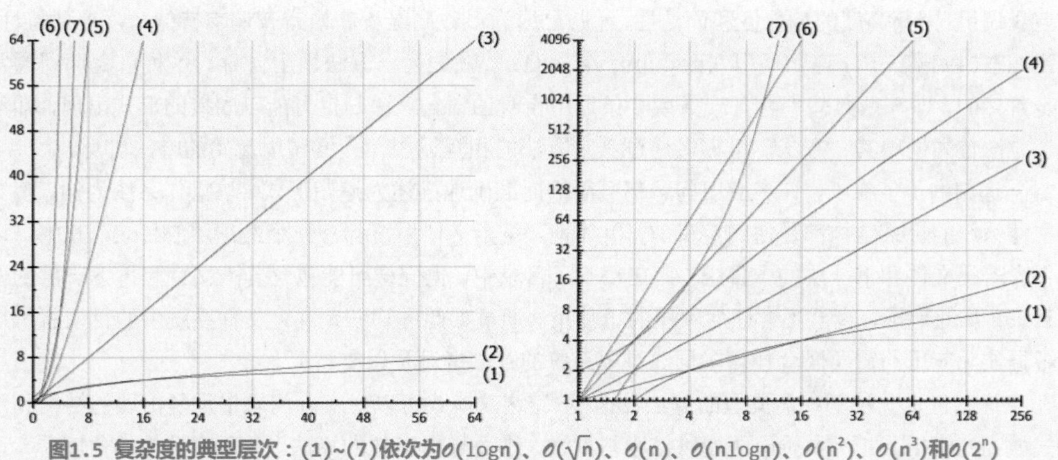

图1.5 复杂度的典型层次：(1)~(7)依次为$\mathcal{O}(\log n)$、$\mathcal{O}(\sqrt{n})$、$\mathcal{O}(n)$、$\mathcal{O}(n\log n)$、$\mathcal{O}(n^2)$、$\mathcal{O}(n^3)$和$\mathcal{O}(2^n)$

利用大$\mathcal{O}$记号，不仅可以定量地把握算法复杂度的主要部分，而且可以定性地由低至高将复杂度划分为若干层次。典型的复杂度层次包括$\mathcal{O}(1)$、$\mathcal{O}(\log^* n)$、$\mathcal{O}(\log\log n)$、$\mathcal{O}(\log n)$、$\mathcal{O}(\text{sqrt}(n))$、$\mathcal{O}(n)$、$\mathcal{O}(n\log^* n)$、$\mathcal{O}(n\log\log n)$、$\mathcal{O}(n\log n)$、$\mathcal{O}(n^2)$、$\mathcal{O}(n^3)$、$\mathcal{O}(n^c)$、$\mathcal{O}(2^n)$等，图1.5绘出了其中七个层次复杂度函数对应的渐进增长趋势。

请注意，在图1.5的左图中，层次(7)的2^n显得比层次(6)的n^3更低，但这只是在问题规模n较小时的暂时现象。从覆盖更大范围的右图可以看出，当问题规模不小于10之后，层次(7)的复杂度将远远高于层次(6)。另外，右图还采用了双对数坐标，将层次(6)、(5)、(3)和(2)表示为直线，从而更为清晰地显示出各层次之间的高低关系。

1.3.7 输入规模

对算法复杂度的界定，都是相对于问题的输入规模而言的。然而，细心的读者可能已经注意到，不同的人在不同场合下关于“输入规模”的理解、定义和度量可能不尽相同，因此也可能导致复杂度分析的结论有所差异。比如，1.3.2节中关于“countOnes()算法的复杂度为$\mathcal{O}(\log n)$”的结论，是相对于输入整数本身的数值n而言；而若以n二进制展开的宽度$r = 1 + \lfloor \log_2 n \rfloor$作为输入规模，则应为线性复杂度$\mathcal{O}(r)$。再如，1.3.5节中关于“power2BF_I()算法的复杂度为$\mathcal{O}(2^r)$”的结论，是相对于输入指数n的二进制数位r而言；而若以n本身的数值作为输入规模，却应为线性复杂度$\mathcal{O}(n)$。

严格地说，所谓待计算问题的输入规模，应严格定义为“用以描述输入所需的空间规模”。因此就上述两个例子而言，将输入参数n二进制展开的宽度r作为输入规模更为合理。也就是说，将这两个算法的复杂度界定为$\mathcal{O}(r)$和$\mathcal{O}(2^r)$更妥。对应地，以输入参数n本身的数值作为基准而得出的$\mathcal{O}(\log n)$和$\mathcal{O}(n)$复杂度，则应分别称作伪对数的（pseudo-logarithmic）和伪线性的（pseudo-linear）复杂度。

§1.4 *递归

分支转向是算法的灵魂；函数和过程及其之间的相互调用，是在经过抽象和封装之后，实现分支转向的一种重要机制；而递归则是函数和过程调用的一种特殊形式，即允许函数和过程进行自我调用。因其高度的抽象性和简洁性，递归已成为多数高级程序语言普遍支持的一项重要特性。比如在C++语言中，递归调用（recursive call）就是某一方法调用自身。这种自我调用通常是直接的，即在函数体中包含一条或多条调用自身的语句。递归也可能以间接的形式出现，即某个方法首先调用其它方法，再辗转通过其它方法的相互调用，最终调用起始的方法自身。

递归的价值在于，许多应用问题都可简洁而准确地描述为递归形式。以操作系统为例，多数文件系统的目录结构都是递归定义的。具体地，每个文件系统都有一个最顶层的目录，其中可以包含若干文件和下一层的子目录；而在每一子目录中，也同样可能包含若干文件和再下一层的子目录；如此递推，直至不含任何下层的子目录。通过如此的递归定义，文件系统中的目录就可以根据实际应用的需要嵌套任意多层（只要系统的存储资源足以支持）。

递归也是一种基本而典型的算法设计模式。这一模式可以对实际问题中反复出现的结构和形式做高度概括，并从本质层面加以描述与刻画，进而导出高效的算法。从程序结构的角度看，递归模式能够统筹纷繁多变的具体情况，避免复杂的分支以及嵌套的循环，从而更为简明地描述和实现算法，减少代码量，提高算法的可读性，保证算法的整体效率。

以下将从递归的基本模式入手，循序渐进地介绍如何选择和应用（线性递归、二分递归和多分支递归等）不同的递归形式，以实现（遍历、分治等）算法策略，以及如何利用递归跟踪和递推方程等方法分析递归算法的复杂度。

1.4.1 线性递归

■ 数组求和

仍以1.3.3节的数组求和问题为例。易见，若n = 0则总和必为0，这也是最终的平凡情况；否则一般地，总和可理解为前n - 1个整数（A[0, n - 1)）之和，再加上末元素（A[n - 1]）。按这一思路，可基于线性递归模式，设计出另一sum()算法如代码1.5所示。

```
1 int sum ( int A[], int n ) { //数组求和算法（线性递归版）
2    if ( 1 > n ) //平凡情况，递归基
3       return 0; //直接（非递归式）计算
4    else //一般情况
5       return sum ( A, n - 1 ) + A[n - 1]; //递归：前n - 1项之和，再累计第n - 1项
6 } //O(1)*递归深度 = O(1)*(n + 1) = O(n)
```

代码1.5 数组求和算法（线性递归版）

由此实例，可以看出保证递归算法有穷性的基本技巧：首先判断并处理n = 0之类的平凡情况，以免因无限递归而导致系统溢出。这类平凡情况统称“递归基”（base case of recursion）。平凡情况可能有多种，但至少要有一种（比如此处），且迟早必然会出现。

■ 线性递归

算法sum()可能朝着更深一层进行自我调用，且每一递归实例对自身的调用至多一次。于是，每一层次上至多只有一个实例，且它们构成一个线性的次序关系。此类递归模式因而称作“线性递归”（linear recursion），它也是递归的最基本形式。

这种形式中，应用问题总可分解为两个独立的子问题：其一对应于单独的某个元素，故可直接求解（比如A[n - 1]）；另一个对应于剩余部分，且其结构与原问题相同（比如A[0, n - 1)）。另外，子问题的解经简单的合并（比如整数相加）之后，即可得到原问题的解。

■ 减而治之

线性递归的模式，往往对应于所谓减而治之（decrease-and-conquer）的算法策略：递归每深入一层，待求解问题的规模都缩减一个常数，直至最终蜕化为平凡的小（简单）问题。

按照减而治之策略，此处随着递归的深入，调用参数将单调地线性递减。因此无论最初输入的n有多大，递归调用的总次数都是有限的，故算法的执行迟早会终止，即满足有穷性。当抵达递归基时，算法将执行非递归的计算（这里是返回0）。

1.4.2 递归分析

递归算法时间和空间复杂度的分析与常规算法很不一样，有其自身的规律和特定的技巧，以下介绍递归跟踪与递推方程这两种主要的方法。

■ 递归跟踪

作为一种直观且可视的方法，递归跟踪（recursion trace）可用以分析递归算法的总体运行时间与空间。具体地，就是按照以下原则，将递归算法的执行过程整理为图的形式：

① 算法的每一递归实例都表示为一个方框，其中注明了该实例调用的参数
② 若实例M调用实例N，则在M与N对应的方框之间添加一条有向联线

按上述约定，代码1.5中sum()算法的递归跟踪如图1.6所示。其中，sum()算法的每一递归实例分别对应于一个方框，并标有相应的调用参数。每发生一次递归调用，就从当前实例向下引出一条有向边，指向下层对应于新实例的方框。

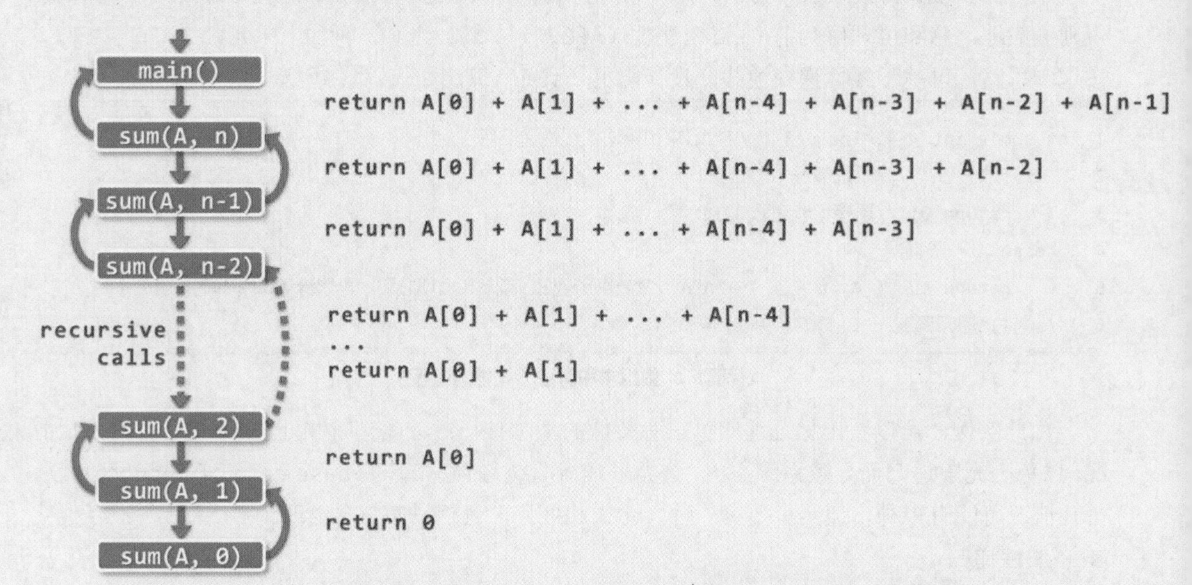

图1.6 对sum(A, 5)的递归跟踪分析

该图清晰地给出了算法执行的整个过程：首先对参数n进行调用，再转向对参数n - 1的调用，再转向对参数n - 2的调用，...，直至最终的参数0。在抵达递归基后不再递归，而是将平凡的解（长度为0数组的总和0）返回给对参数1的调用；累加上A[0]之后，再返回给对参数2的调用；累加上A[1]之后，继续返回给对参数3的调用；...；如此依次返回，直到最终返回给对参数n的调用，此时，只需累加A[n - 1]即得到整个数组的总和。

从图1.6可清楚地看出，整个算法所需的计算时间，应该等于所有递归实例的创建、执行和销毁所需的时间总和。其中，递归实例的创建、销毁均由操作系统负责完成，其对应的时间成本通常可以近似为常数，不会超过递归实例中实质计算步骤所需的时间成本，故往往均予忽略。为便于估算，启动各实例的每一条递归调用语句所需的时间，也可以计入被创建的递归实例的账上，如此我们只需统计各递归实例中非递归调用部分所需的时间。

具体地，就以上的sum()算法而言，每一递归实例中非递归部分所涉及的计算无非三类（判断n是否为0、累加sum(n - 1)与A[n - 1]、返回当前总和），且至多各执行一次。鉴于它们均属于基本操作，每个递归实例实际所需的计算时间都应为常数$\mathcal{O}(3)$。由图1.6还可以看出，对于长度为n的输入数组，递归深度应为n + 1，故整个sum()算法的运行时间为：

$$(n+1) \times O(3) = O(3 \cdot (n+1)) = O(n)$$

那么，sum()算法的空间复杂度又是多少呢？由图1.6不难看出，在创建了最后一个递归实例（即到达递归基）时，占用的空间量达到最大——准确地说，等于所有递归实例各自所占空间量的总和。这里每一递归实例所需存放的数据，无非是调用参数（数组A的起始地址和长度n）以及用于累加总和的临时变量。这些数据各自只需常数规模的空间，其总量也应为常数。故此可知，sum()算法的空间复杂度线性正比于其递归的深度，亦即$\mathcal{O}(n)$。

■ 递推方程

递归算法的另一常用分析方法，即递推方程（recurrence equation）法。与递归跟踪分析相反，该方法无需绘出具体的调用过程，而是通过对递归模式的数学归纳，导出复杂度定界函数的递推方程（组）及其边界条件，从而将复杂度的分析，转化为递归方程（组）的求解。

在总体思路上，该方法与微分方程法颇为相似：很多复杂函数的显式表示通常不易直接获得，但是它们的微分形式却往往遵循某些相对简洁的规律，通过求解描述这些规律的一组微分方程，即可最终导出原函数的显式表示。微分方程的解通常并不唯一，除非给定足够多的边界条件。类似地，为使复杂度定界函数的递推方程能够给出确定的解，也需要给定某些边界条件。以下我们将看到，这类边界条件往往可以通过对递归基的分析而获得。

仍以代码1.5 中线性递归版sum()算法为例，将该算法处理长度为n的数组所需的时间成本记作T(n)。我们将该算法的思路重新表述如下：为解决问题sum(A, n)，需递归地解决问题sum(A, n - 1)，然后累加上A[n - 1]。按照这一新的理解，求解sum(A, n)所需的时间，应该等于求解sum(A, n - 1)所需的时间，另加一次整数加法运算所需的时间。

根据以上分析，可以得到关于T(n)的如下一般性的递推关系：

$T(n) = T(n-1) + O(1) = T(n-1) + c_1$ ....（其中c_1为常数）

另一方面，当递归过程抵达递归基时，求解平凡问题sum(A, 0)只需（用于直接返回0的）常数时间。如此，即可获得如下边界条件：

$T(0) = O(1) = c_2$ ....（其中c_2为常数）

联立以上两个方程，最终可以解得：

$T(n) = c_1 n + c_2 = O(n)$

这一结论与递归跟踪分析殊途同归。

另外，运用以上方法，同样也可以界定sum()算法的空间复杂度（习题[1-18]）。

1.4.3 递归模式

■ 多递归基

为保证有穷性，递归算法都必须设置递归基，且确保总能执行到。为此，针对每一类可能出现的平凡情况，都需设置对应的递归基，故同一算法的递归基可能（显式或隐式地）不止一个。

以下考查数组倒置问题，也就是将数组中各元素的次序前后翻转。比如，若输入数组为：

A[] = { 3, 1, 4, 1, 5, 9, 2, 6 }

则倒置后为：

A[] = { 6, 2, 9, 5, 1, 4, 1, 3 }

这里先介绍该问题的一个递归版算法，1.4.4节还将介绍另一等效的迭代版算法。无论何种实现，均由如下reverse()函数作为统一的启动入口。


```
1 void reverse ( int*, int, int ); //重载的倒置算法原型
2 void reverse ( int* A, int n ) //数组倒置（算法的初始入口，调用的可能是reverse()的递归版或迭代版）
3 { reverse ( A, 0, n - 1 ); } //由重载的入口启动递归或迭代算法
```

代码1.6 数组倒置算法的统一入口

借助线性递归不难解决这一问题，为此只需注意到并利用如下事实：为得到整个数组的倒置，可以先对换其首、末元素，然后递归地倒置除这两个元素以外的部分。按照这一思路，可实现如代码1.7所示的算法。通过递归跟踪可以证明（习题[1-31]），其时间复杂度为$\mathcal{O}$(n)。

```
1 void reverse ( int* A, int lo, int hi ) { //数组倒置（多递归基递归版）
2    if ( lo < hi ) {
3       swap ( A[lo], A[hi] ); //交换A[lo]和A[hi]
4       reverse ( A, lo + 1, hi - 1 ); //递归倒置A(lo, hi)
5    } //else隐含了两种递归基
6 } //O(hi - lo + 1)
```

代码1.7 数组倒置的递归算法

■ 实现递归

在设计递归算法时，往往需要从多个角度反复尝试，方能确定对问题的输入及其规模的最佳划分方式。有时，还可能需要从不同的角度重新定义和描述原问题，使得经分解所得的子问题与原问题具有相同的语义形式。

例如，在代码1.7线性递归版reverse()算法中，通过引入参数lo和hi，使得对全数组以及其后各子数组的递归调用都统一为相同的语法形式。另外，还利用C++的函数重载（overload）机制定义了名称相同、参数表有别的另一函数reverse(A, n)，作为统一的初始入口。

■ 多向递归

递归算法中，不仅递归基可能有多个，递归调用也可能有多种可供选择的分支。以下的简单实例中，每一递归实例虽有多个可能的递归方向，但只能从中选择其一，故各层次上的递归实例依然构成一个线性次序关系，这种情况依然属于线性递归。至于一个递归实例可能执行多次递归调用的情况，稍后将于1.4.5节再做介绍。

再次讨论1.3.5节中，计算幂函数power(2, n) = 2^n的问题。按照线性递归的构思，该函数可以重新定义和表述如下：

$$power2(n) = \begin{cases} 1 & (n = 0) \\ power2(n-1) \times 2 & (else) \end{cases}$$

由此不难直接导出一个线性递归的算法，其复杂度与代码1.4中蛮力的power2BF_I()算法完全一样，总共需要做$\mathcal{O}$(n)次递归调用（习题[1-13]）。但实际上，若能从其它角度分析该函数并给出新的递归定义，完全可以更为快速地完成幂函数的计算。以下就是一例：

$$power2(n) = \begin{cases} 1 & (n = 0) \\ power2(\lfloor n/2 \rfloor)^2 \times 2 & (n > 0 \ and \ odd) \\ power2(\lfloor n/2 \rfloor)^2 & (n > 0 \ and \ even) \end{cases}$$

按照这一新的表述和理解，可按二进制展开n之后的各比特位，通过反复的平方运算和加倍运算得到power2(n)。比如：

$2\text{^}1 = 2\text{^}001_{(2)} = (2\text{^}2\text{^}2)^0 \times (2\text{^}2)^0 \times 2^1 = (((1 \times 2^0)\text{^}2 \times 2^0)\text{^}2 \times 2^1)$

$2\text{^}2 = 2\text{^}010_{(2)} = (2\text{^}2\text{^}2)^0 \times (2\text{^}2)^1 \times 2^0 = (((1 \times 2^0)\text{^}2 \times 2^1)\text{^}2 \times 2^0)$

$2\text{^}3 = 2\text{^}011_{(2)} = (2\text{^}2\text{^}2)^0 \times (2\text{^}2)^1 \times 2^1 = (((1 \times 2^0)\text{^}2 \times 2^1)\text{^}2 \times 2^1)$

```
2^4 = 2^100(2) = (2^2^2)^1 × (2^2)^0 × 2^0 = (((1 × 2^1)^2 × 2^0)^2 × 2^0)
2^5 = 2^101(2) = (2^2^2)^1 × (2^2)^0 × 2^1 = (((1 × 2^1)^2 × 2^0)^2 × 2^1)
2^6 = 2^110(2) = (2^2^2)^1 × (2^2)^1 × 2^0 = (((1 × 2^1)^2 × 2^1)^2 × 2^0)
2^7 = 2^111(2) = (2^2^2)^1 × (2^2)^1 × 2^1 = (((1 × 2^1)^2 × 2^1)^2 × 2^1)
...
```

一般地，若n的二进制展开式为$b_1b_2b_3...b_k$，则有

$$2\text{\^{}}n = (...(((1 \times 2^{b1})\text{\^{}}2 \times 2^{b2})\text{\^{}}2 \times 2^{b3})\text{\^{}}2 ... \times 2^{bk})$$

若n_{k-1}和n_k的二进制展开式分别为$b_1b_2...b_{k-1}$和$b_1b_2...b_{k-1}b_k$，则有

$$2\text{\^{}}n_k = (2\text{\^{}}n_{k-1})\text{\^{}}2 \times 2^{bk}$$

由此可以归纳得出如下递推式：

$$power2(n_k) = \begin{cases} (power2(n_{k-1}))^2 \times 2 & (b_k = 1) \\ (power2(n_{k-1}))^2 & (b_k = 0) \end{cases}$$

基于这一递推式，即可如代码1.8所示，实现幂函数的多向递归版本power2()：

```
1 inline __int64 sqr ( __int64 a ) { return a * a; }
2 __int64 power2 ( int n ) { //幂函数2^n算法（优化递归版），n >= 0
3   if ( 0 == n ) return 1; //递归基；否则，视n的奇偶分别递归
4   return ( n & 1 ) ? sqr ( power2 ( n >> 1 ) ) << 1 : sqr ( power2 ( n >> 1 ) );
5 } //O(logn) = O(r)，r为输入指数n的比特位数
```

代码1.8 优化的幂函数算法（线性递归版）

针对输入参数n为奇数或偶数的两种可能，这里分别设有不同的递归方向。尽管如此，每个递归实例都只能沿其中的一个方向深入到下层递归，整个算法的递归跟踪分析图的拓扑结构仍然与图1.6类似，故依然属于线性递归。可以证明（习题[1-31]），该算法的时间复杂度为：

$$O(\log n) \times O(1) = O(\log n) = O(r)$$

与此前代码1.4中蛮力版本的$O(n) = O(2^r)$相比，计算效率得到了极大提高。

1.4.4 递归消除

由上可见，按照递归的思想可使我们得以从宏观上理解和把握应用问题的实质，深入挖掘和洞悉算法过程的主要矛盾和一般性模式，并最终设计和编写出简洁优美且精确紧凑的算法。然而，递归模式并非十全十美，其众多优点的背后也隐含着某些代价。

■ 空间成本

首先，从递归跟踪分析的角度不难看出，递归算法所消耗的空间量主要取决于递归深度（习题[1-17]），故较之同一算法的迭代版，递归版往往需耗费更多空间，并进而影响实际的运行速度。另外，就操作系统而言，为实现递归调用需要花费大量额外的时间以创建、维护和销毁各递归实例，这些也会令计算的负担雪上加霜。有鉴于此，在对运行速度要求极高、存储空间需精打细算的场合，往往应将递归算法改写成等价的非递归版本。

一般的转换思路，无非是利用栈结构（第4章）模拟操作系统的工作过程。这类的通用方法已超出本书的范围，以下仅针对一种简单而常见的情况，略作介绍。

■ 尾递归及其消除

在线性递归算法中，若递归调用在递归实例中恰好以最后一步操作的形式出现，则称作尾递归（tail recursion）。比如代码1.7中reverse(A, lo, hi)算法的最后一步操作，是对去除了首、末元素之后总长缩减两个单元的子数组进行递归倒置，即属于典型的尾递归。实际上，属于尾递归形式的算法，均可以简捷地转换为等效的迭代版本。

仍以代码1.7中reverse(A, lo, hi)算法为例。如代码1.9所示，首先在起始位置插入一个跳转标志next，然后将尾递归语句调用替换为一条指向next标志的跳转语句。

```
1 void reverse ( int* A, int lo, int hi ) { //数组倒置（直接改造而得的迭代版）
2 next: //算法起始位置添加跳转标志
3    if ( lo < hi ) {
4       swap ( A[lo], A[hi] ); //交换A[lo]和A[hi]
5       lo++; hi--; //收缩待倒置区间
6       goto next; //跳转至算法体的起始位置，迭代地倒置A(lo, hi)
7    } //else隐含了迭代的终止
8 } //O(hi - lo + 1)
```

代码1.9 由递归版改造而得的数组倒置算法（迭代版）

新的迭代版与原递归版功能等效，但其中使用的goto语句有悖于结构化程序设计的原则。这一语句虽仍不得不被C++等高级语言保留，但最好还是尽力回避。为此可如代码1.10所示，将next标志与if判断综合考查，并代之以一条逻辑条件等价的while语句。

```
1 void reverse ( int* A, int lo, int hi ) { //数组倒置（规范整理之后的迭代版）
2    while ( lo < hi ) //用while替换跳转标志和if，完全等效
3       swap ( A[lo++], A[hi--] ); //交换A[lo]和A[hi]，收缩待倒置区间
4 } //O(hi - lo + 1)
```

代码1.10 进一步调整代码1.9的结构，消除goto语句

请注意，尾递归的判断应依据对算法实际执行过程的分析，而不仅仅是算法外在的语法形式。比如，递归语句出现在代码体的最后一行，并不见得就是尾递归；严格地说，只有当该算法（除平凡递归基外）任一实例都终止于这一递归调用时，才属于尾递归。以代码1.5中线性递归版sum()算法为例，尽管从表面看似乎最后一行是递归调用，但实际上却并非尾递归——实质的最后一次操作是加法运算。有趣的是，此类算法的非递归化转换方法仍与尾递归如出一辙，相信读者不难将其改写为类似于代码1.3中sumI()算法的迭代版本。

1.4.5 二分递归

■ 分而治之

面对输入规模庞大的应用问题，每每感慨于头绪纷杂而无从下手的你，不妨从先哲孙子的名言中获取灵感——“凡治众如治寡，分数是也”。是的，解决此类问题的有效方法之一，就是将其分解为若干规模更小的子问题，再通过递归机制分别求解。这种分解持续进行，直到子问题规模缩减至平凡情况。这也就是所谓的分而治之（divide-and-conquer）策略。

与减而治之策略一样，这里也要求对原问题重新表述，以保证子问题与原问题在接口形式上的一致。既然每一递归实例都可能做多次递归，故称作"多路递归"（multi-way recursion）。通常都是将原问题一分为二，故称作"二分递归"（binary recursion）。需强调的是，无论是分解为两个还是更大常数个子问题，对算法总体的渐进复杂度并无实质影响。

■ 数组求和

以下就采用分而治之的策略，按照二分递归的模式再次解决数组求和问题。新算法的思路是：以居中的元素为界将数组一分为二；递归地对子数组分别求和；最后，子数组之和相加即为原数组的总和。具体过程可描述如代码1.11，算法入口的调用形式为sum(A, 0, n)。

```
1 int sum ( int A[], int lo, int hi ) { //数组求和算法（二分递归版，入口为sum(A, 0, n - 1)）
2    if ( lo == hi ) //如遇递归基（区间长度已降至1），则
3       return A[lo]; //直接返回该元素
4    else { //否则（一般情况下lo < hi），则
5       int mi = ( lo + hi ) >> 1; //以居中单元为界，将原区间一分为二
6       return sum ( A, lo, mi ) + sum ( A, mi + 1, hi ); //递归对各子数组求和，然后合计
7    }
8 } //O(hi - lo + 1)，线性正比于区间的长度
```

代码1.11 通过二分递归计算数组元素之和

该算法的正确性无需解释。为分析其复杂度，不妨只考查n = 2^m形式的长度。

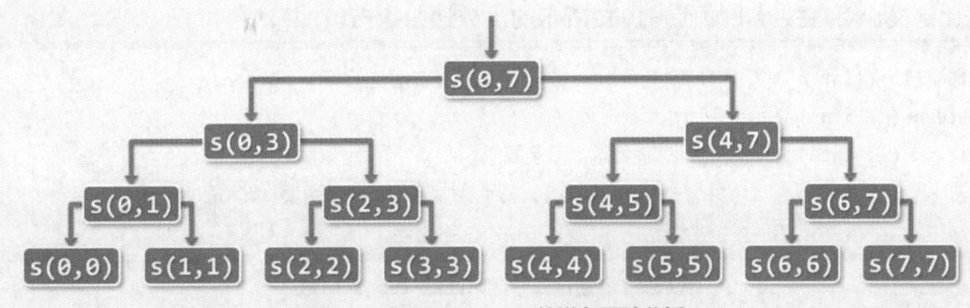

图1.7 对sum(A, 0, 7)的递归跟踪分析

图1.7针对n = 8的情况给出了sum(A, 0, 7)执行过程的递归跟踪。其中各方框都标注有对应的lo和hi值，即子数组区间的起、止单元。可见，按照调用的关系及次序，该方法的所有实例构成一个层次结构（即第5章将介绍的二叉树）。沿着这个层次结构每下降一层，每个递归实例sum(lo, hi)都分裂为一对更小的实例sum(lo, mi)和sum(mi + 1, hi)——准确地说，每经过一次递归调用，子问题对应的数组区间长度hi - lo + 1都将减半。

算法启动后经连续m = $\log_2 n$次递归调用，数组区间的长度从最初的n首次缩减至1，并到达第一个递归基。实际上，刚到达任一递归基时，已执行的递归调用总是比递归返回多m = $\log_2 n$次。更一般地，到达区间长度为2^k的任一递归实例之前，已执行的递归调用总是比递归返回多m-k次。因此，递归深度（即任一时刻的活跃递归实例的总数）不会超过m + 1。鉴于每个递归实例仅需常数空间，故除数组本身所占的空间，该算法只需要$\mathcal{O}$(m + 1) = $\mathcal{O}$(logn)的附加空间。我们还记得，代码1.5 中线性递归版sum()算法共需$\mathcal{O}$(n)的附加空间，就这一点而言，新的二分递归版sum()算法有很大改进。

与线性递归版sum()算法一样，此处每一递归实例中的非递归计算都只需要常数时间。递归实例共计2n - 1个，故新算法的运行时间为$\mathcal{O}$(2n - 1) = $\mathcal{O}$(n)，与线性递归版相同。

此处每个递归实例可向下深入递归两次，故属于多路递归中的二分递归。二分递归与此前介绍的线性递归有很大区别。比如，在线性递归中整个计算过程仅出现一次递归基，而在二分递归过程中递归基的出现相当频繁，总体而言有超过半数的递归实例都是递归基。

■ 效率

当然，并非所有问题都适宜于采用分治策略。实际上除了递归，此类算法的计算消耗主要来自两个方面。首先是子问题划分，即把原问题分解为形式相同、规模更小的多个子问题，比如代码1.11中sum()算法将待求和数组分为前、后两段。其次是子解答合并，即由递归所得子问题的解，得到原问题的整体解，比如由子数组之和累加得到整个数组之和。

为使分治策略真正有效，不仅必须保证以上两方面的计算都能高效地实现，还必须保证子问题之间相互独立——各子问题可独立求解，而无需借助其它子问题的原始数据或中间结果。否则，或者子问题之间必须传递数据，或者子问题之间需要相互调用，无论如何都会导致时间和空间复杂度的无谓增加。以下就以Fibonacci数列的计算为例说明这一点。

■ Fibonacci数：二分递归

考查Fibonacci数列第n项fib(n)的计算问题，该数列递归形式的定义如下：

$$\text{fib}(n) = \begin{cases} n & (\text{若}n \leq 1) \\ \text{fib}(n-1) + \text{fib}(n-2) & (\text{若}n \geq 2) \end{cases}$$

据此定义，可直接导出如代码1.12所示的二分递归版fib()算法：

```
1 __int64 fib ( int n ) { //计算Fibonacci数列的第n项（二分递归版）：O(2^n)
2    return ( 2 > n ) ?
3           ( __int64 ) n //若到达递归基，直接取值
4           : fib ( n - 1 ) + fib ( n - 2 ); //否则，递归计算前两项，其和即为正解
5 }
```

代码1.12 通过二分递归计算Fibonacci数

基于Fibonacci数列原始定义的这一实现，不仅正确性一目了然，而且简洁自然。然而不幸的是，在这种场合采用二分递归策略的效率极其低下。实际上，该算法需要运行$\mathcal{O}(2^n)$时间才能计算出第n个Fibonacci数。这一指数复杂度的算法，在实际环境中毫无价值。

为确切地界定该算法的复杂度，不妨将计算fib(n)所需的时间记作T(n)。按该算法的思路，为计算出fib(n)，先花费T(n - 1)时间计算fib(n - 1)，再花费T(n - 2)时间计算fib(n - 2)，最后花费一个单位的时间将它们累加起来。由此，可得T(n)的递推式如下：

$$T(n) = \begin{cases} 1 & (\text{若}n \leq 1) \\ T(n-1) + T(n-2) + 1 & (\text{否则}) \end{cases}$$

若令S(n) = [T(n) + 1]/2，则有：

$$S(n) = \begin{cases} 1 & (\text{若}n \leq 1) \\ S(n-1) + S(n-2) & (\text{否则}) \end{cases}$$

我们发现，S(n)的递推形式与fib(n)完全一致，只是起始项不同：

$$S(0) = (T(0) + 1) / 2 = 1 = fib(1)$$
$$S(1) = (T(1) + 1) / 2 = 1 = fib(2)$$

亦即，S(n)整体上相对于fib(n)提前了一个单元。由此可知：

$$S(n) = fib(n + 1) = (\Phi^{n+1} - \hat{\Phi}^{n+1})/\sqrt{5},\ \Phi = (1 + \sqrt{5})/2,\ \hat{\Phi} = (1 - \sqrt{5})/2$$

$$T(n) = 2 \cdot S(n) - 1 = 2 \cdot fib(n + 1) - 1 = \mathcal{O}(\Phi^{n+1}) = \mathcal{O}(2^n)$$

这一版本fib()算法的时间复杂度高达指数量级，究其原因在于，计算过程中所出现的递归实例的重复度极高——只需画出递归跟踪分析图的前几层，即不难验证这一点。若需更为精确的界定，可以借助递推方程（习题[1-19]），将得到相同的结论。

■ 优化策略

为消除递归算法中重复的递归实例，一种自然而然的思路和技巧，可以概括为：

借助一定量的辅助空间，在各子问题求解之后，及时记录下其对应的解答

比如，可以从原问题出发自顶而下，每当遇到一个子问题，都首先查验它是否已经计算过，以期通过直接调阅记录获得解答，从而避免重新计算。也可以从递归基出发，自底而上递推地得出各子问题的解，直至最终原问题的解。前者即所谓的制表（tabulation）或记忆（memoization）策略，后者即所谓的动态规划（dynamic programming）策略。

■ Fibonacci数：线性递归

为应用上述制表的策略，首先需从改造Fibonacci数的递归定义入手。

反观代码1.12，原fib()算法之所以采用二分递归模式，完全是因为受到该问题原始定义的表面特征——fib(n)由fib(n - 1)和fib(n - 2)共同决定——的误导。然而不难看出，子问题fib(n - 1)和fib(n - 2)实际上并非彼此独立。比如，只要转而采用定义如下的递归函数，计算一对相邻的Fibonacci数：

(fib(k-1), fib(k))

即可如代码1.13所示，得到效率更高（习题[1-21]）的线性递归版fib()算法。

```
1 __int64 fib ( int n, __int64& prev ) { //计算Fibonacci数列第n项（线性递归版）：入口形式fib(n, prev)
2   if ( 0 == n ) //若到达递归基，则
3     { prev = 1; return 0; } //直接取值：fib(-1) = 1, fib(0) = 0
4   else { //否则
5     __int64 prevPrev; prev = fib ( n - 1, prevPrev ); //递归计算前两项
6     return prevPrev + prev; //其和即为正解
7   }
8 } //用辅助变量记录前一项，返回数列的当前项，O(n)
```

代码1.13 通过线性递归计算Fibonacci数

请注意，原二分递归版本中对应于fib(n - 2)的另一次递归，在这里被省略掉了。其对应的解答，可借助形式参数的机制，通过变量prevPrev“调阅”此前的记录直接获得。

该算法呈线性递归模式，递归的深度线性正比于输入n，前后共计仅出现$\mathcal{O}(n)$个递归实例，累计耗时不超过$\mathcal{O}(n)$。遗憾的是，该算法共需使用$\mathcal{O}(n)$规模的附加空间。如何进一步改进呢？

■ **Fibonacci数：迭代**

反观以上线性递归版fib()算法可见，其中所记录的每一个子问题的解答，只会用到一次。在该算法抵达递归基之后的逐层返回过程中，每向上返回一层，以下各层的解答均不必继续保留。

若将以上逐层返回的过程，等效地视作从递归基出发，按规模自小而大求解各子问题的过程，即可采用动态规划的策略，将以上算法进一步改写为如代码1.14所示的迭代版。

```
1 __int64 fibI ( int n ) { //计算Fibonacci数列的第n项（迭代版）：O(n)
2    __int64 f = 1, g = 0; //初始化：fib(-1)、fib(0)
3    while ( 0 < n-- ) { g += f; f = g - f; } //依据原始定义，通过n次加法和减法计算fib(n)
4    return g; //返回
5 }
```

代码1.14 基于动态规划策略计算Fibonacci数

这里仅使用了两个中间变量f和g，记录当前的一对相邻Fibonacci数。整个算法仅需线性步的迭代，时间复杂度为$\mathcal{O}(n)$。更重要的是，该版本仅需常数规模的附加空间，空间效率也有了极大提高。

§1.5 抽象数据类型

各种数据结构都可看作是由若干数据项组成的集合，同时对数据项定义一组标准的操作。现代数据结构普遍遵从“信息隐藏”的理念，通过统一接口和内部封装，分层次从整体上加以设计、实现与使用。

所谓封装，就是将数据项与相关的操作结合为一个整体，并将其从外部的可见性划分为若干级别，从而将数据结构的外部特性与其内部实现相分离，提供一致且标准的对外接口，隐藏内部的实现细节。于是，数据集合及其对应的操作可超脱于具体的程序设计语言、具体的实现方式，即构成所谓的抽象数据类型（abstract data type, ADT）。抽象数据类型的理论催生了现代面向对象的程序设计语言，而支持封装也是此类语言的基本特征。

本书将尽可能遵循抽象数据类型的规范来设计、实现并分析各种数据结构。具体地，将从各数据结构的对外功能接口（interface）出发，以C++语言为例逐层讲解其内部具体实现（implementation）的原理、方法与技巧，并就不同实现方式的效率及适用范围进行分析与比较。为体现数据结构的通用性，也将普遍采用模板类的描述模式。

第2章

向量

数据结构是数据项的结构化集合，其结构性表现为数据项之间的相互联系及作用，也可以理解为定义于数据项之间的某种逻辑次序。根据这种逻辑次序的复杂程度，大致可以将各种数据结构划分为线性结构、半线性结构与非线性结构三大类。在线性结构中，各数据项按照一个线性次序构成一个整体。最为基本的线性结构统称为序列（sequence），根据其中数据项的逻辑次序与其物理存储地址的对应关系不同，又可进一步地将序列区分为向量（vector）和列表（list）。在向量中，所有数据项的物理存放位置与其逻辑次序完全吻合，此时的逻辑次序也称作秩（rank）；而在列表中，逻辑上相邻的数据项在物理上未必相邻，而是采用间接定址的方式通过封装后的位置（position）相互引用。

本章的讲解将围绕向量结构的高效实现而逐步展开，包括其作为抽象数据类型的接口规范以及对应的算法，尤其是高效维护动态向量的技巧。此外，还将针对有序向量，系统介绍经典的查找与排序算法，并就其性能做一分析对比，这也是本章的重点与难点所在。最后，还将引入复杂度下界的概念，并通过建立比较树模型，针对基于比较式算法给出复杂度下界的统一界定方法。

§2.1 从数组到向量

2.1.1 数组

C、C++和Java等程序设计语言，都将数组作为一种内置的数据类型，支持对一组相关元素的存储组织与访问操作。具体地，若集合S由n个元素组成，且各元素之间具有一个线性次序，则可将它们存放于起始于地址A、物理位置连续的一段存储空间，并统称作数组（array），通常以A作为该数组的标识。具体地，数组A[]中的每一元素都唯一对应于某一下标编号，在多数高级程序设计语言中，一般都是从0开始编号，依次是0号、1号、2号、...、n-1号元素，记作：

$$A = \{ a_0, a_1, ..., a_{n-1} \} \quad \text{或者}$$

$$A[0, n) = \{ A[0], A[1], ..., A[n - 1] \}$$

其中，对于任何$0 \leq i < j < n$，A[i]都是A[j]的前驱（predecessor），A[j]都是A[i]的后继（successor）。特别地，对于任何$i \geq 1$，A[i - 1]称作A[i]的直接前驱（immediate predecessor）；对于任何$i \leq n - 2$，A[i + 1]称作A[i]的直接后继（immediate successor）。任一元素的所有前驱构成其前缀（prefix），所有后继构成其后缀（suffix）。

采用这一编号规范，不仅可以使得每个元素都通过下标唯一指代，而且可以使我们直接访问到任一元素。这里所说的“访问”包含读取、修改等基本操作，而“直接”则是指这些操作都可以在常数时间内完成——只要从数组所在空间的起始地址A出发，即可根据每一元素的编号，经过一次乘法运算和一次加法运算，获得待访问元素的物理地址。具体地，若数组A[]存放空间的起始地址为A，且每个元素占用s个单位的空间，则元素A[i]对应的物理地址为：

$$A + i \times s$$

因其中元素的物理地址与其下标之间满足这种线性关系，故亦称作线性数组（linear array）。

2.1.2 向量

按照面向对象思想中的数据抽象原则，可对以上的数组结构做一般性推广，使得其以上特性更具普遍性。向量（vector）就是线性数组的一种抽象与泛化，它也是由具有线性次序的一组元素构成的集合$V = \{ v_0, v_1, ..., v_{n-1} \}$，其中的元素分别由秩相互区分。

各元素的秩（rank）互异，且均为[0, n)内的整数。具体地，若元素e的前驱元素共计r个，则其秩就是r。以此前介绍的线性递归为例，运行过程中所出现过的所有递归实例，按照相互调用的关系可构成一个线性序列。在此序列中，各递归实例的秩反映了它们各自被创建的时间先后，每一递归实例的秩等于早于它出现的实例总数。反过来，通过r亦可唯一确定$e = v_r$。这是向量特有的元素访问方式，称作“循秩访问”（call-by-rank）。

经如此抽象之后，我们不再限定同一向量中的各元素都属于同一基本类型，它们本身可以是来自于更具一般性的某一类的对象。另外，各元素也不见得同时具有某一数值属性，故而并不保证它们之间能够相互比较大小。

以下首先从向量最基本的接口出发，设计并实现与之对应的向量模板类。然后在元素之间具有大小可比性的假设前提下，通过引入通用比较器或重载对应的操作符明确定义元素之间的大小判断依据，并强制要求它们按此次序排列，从而得到所谓有序向量，并介绍和分析此类向量的相关算法及其针对不同要求的各种实现版本。

§2.2 接口

2.2.1 ADT接口

作为一种抽象数据类型，向量对象应支持如下操作接口。

表2.1 向量ADT支持的操作接口

操作接口	功能	适用对象
size()	报告向量当前的规模（元素总数）	向量
get(r)	获取秩为r的元素	向量
put(r, e)	用e替换秩为r元素的数值	向量
insert(r, e)	e作为秩为r元素插入，原后继元素依次后移	向量
remove(r)	删除秩为r的元素，返回该元素中原存放的对象	向量
disordered()	判断所有元素是否已按非降序排列	向量
sort()	调整各元素的位置，使之按非降序排列	向量
find(e)	查找等于e且秩最大的元素	向量
search(e)	查找目标元素e，返回不大于e且秩最大的元素	有序向量
deduplicate()	剔除重复元素	向量
uniquify()	剔除重复元素	有序向量
traverse()	遍历向量并统一处理所有元素，处理方法由函数对象指定	向量

以上向量操作接口，可能有多种具体的实现方式，计算复杂度也不尽相同。而在引入秩的概念并将外部接口与内部实现分离之后，无论采用何种具体的方式，符合统一外部接口规范的任一实现均可直接地相互调用和集成。

2.2.2 操作实例

按照表2.1定义的ADT接口，表2.2给出了一个整数向量从被创建开始，通过ADT接口依次实施一系列操作的过程。请留意观察，向量内部各元素秩的逐步变化过程。

表2.2 向量操作实例

操作	输出	向量组成（自左向右）
初始化		
insert(0, 9)		9
insert(0, 4)		4 9
insert(1, 5)		4 5 9
put(1, 2)		4 2 9
get(2)	9	4 2 9
insert(3, 6)		4 2 9 6
insert(1, 7)		4 7 2 9 6
remove(2)	2	4 7 9 6
insert(1, 3)		4 3 7 9 6
insert(3, 4)		4 3 7 4 9 6
size()	6	4 3 7 4 9 6
disordered()	3	4 3 7 4 9 6
find(9)	4	4 3 7 4 9 6
find(5)	-1	4 3 7 4 9 6
sort()		3 4 4 6 7 9
disordered()	0	3 4 4 6 7 9
search(1)	-1	3 4 4 6 7 9
search(4)	2	3 4 4 6 7 9
search(8)	4	3 4 4 6 7 9
search(9)	5	3 4 4 6 7 9
search(10)	5	3 4 4 6 7 9
uniquify()		3 4 6 7 9
search(9)	4	3 4 6 7 9

2.2.3 Vector模板类

按照表2.1确定的向量ADT接口，可定义Vector模板类如代码2.1所示。

```
1 typedef int Rank; //秩
2 #define DEFAULT_CAPACITY  3 //默认的初始容量（实际应用中可设置为更大）
3
4 template <typename T> class Vector { //向量模板类
5 protected:
6    Rank _size; int _capacity;  T* _elem; //规模、容量、数据区
7    void copyFrom ( T const* A, Rank lo, Rank hi ); //复制数组区间A[lo, hi)
8    void expand(); //空间不足时扩容
9    void shrink(); //装填因子过小时压缩
10   bool bubble ( Rank lo, Rank hi ); //扫描交换
11   void bubbleSort ( Rank lo, Rank hi ); //起泡排序算法
12   Rank max ( Rank lo, Rank hi ); //选取最大元素
13   void selectionSort ( Rank lo, Rank hi ); //选择排序算法
14   void merge ( Rank lo, Rank mi, Rank hi ); //归并算法
15   void mergeSort ( Rank lo, Rank hi ); //归并排序算法
16   Rank partition ( Rank lo, Rank hi ); //轴点构造算法
17   void quickSort ( Rank lo, Rank hi ); //快速排序算法
18   void heapSort ( Rank lo, Rank hi ); //堆排序（稍后结合完全堆讲解）
19 public:
```

```
20 // 构造函数
21    Vector ( int c = DEFAULT_CAPACITY, int s = 0, T v = 0 ) //容量为c、规模为s、所有元素初始为v
22    { _elem = new T[_capacity = c]; for ( _size = 0; _size < s; _elem[_size++] = v ); } //s<=c
23    Vector ( T const* A, Rank n ) { copyFrom ( A, 0, n ); } //数组整体复制
24    Vector ( T const* A, Rank lo, Rank hi ) { copyFrom ( A, lo, hi ); } //区间
25    Vector ( Vector<T> const& V ) { copyFrom ( V._elem, 0, V._size ); } //向量整体复制
26    Vector ( Vector<T> const& V, Rank lo, Rank hi ) { copyFrom ( V._elem, lo, hi ); } //区间
27 // 析构函数
28    ~Vector() { delete [] _elem; } //释放内部空间
29 // 只读访问接口
30    Rank size() const { return _size; } //规模
31    bool empty() const { return !_size; } //判空
32    int disordered() const; //判断向量是否已排序
33    Rank find ( T const& e ) const { return find ( e, 0, _size ); } //无序向量整体查找
34    Rank find ( T const& e, Rank lo, Rank hi ) const; //无序向量区间查找
35    Rank search ( T const& e ) const //有序向量整体查找
36    { return ( 0 >= _size ) ? -1 : search ( e, 0, _size ); }
37    Rank search ( T const& e, Rank lo, Rank hi ) const; //有序向量区间查找
38 // 可写访问接口
39    T& operator[] ( Rank r ) const; //重载下标操作符，可以类似于数组形式引用各元素
40    Vector<T> & operator= ( Vector<T> const& ); //重载赋值操作符，以便直接克隆向量
41    T remove ( Rank r ); //删除秩为r的元素
42    int remove ( Rank lo, Rank hi ); //删除秩在区间[lo, hi)之内的元素
43    Rank insert ( Rank r, T const& e ); //插入元素
44    Rank insert ( T const& e ) { return insert ( _size, e ); } //默认作为末元素插入
45    void sort ( Rank lo, Rank hi ); //对[lo, hi)排序
46    void sort() { sort ( 0, _size ); } //整体排序
47    void unsort ( Rank lo, Rank hi ); //对[lo, hi)置乱
48    void unsort() { unsort ( 0, _size ); } //整体置乱
49    int deduplicate(); //无序去重
50    int uniquify(); //有序去重
51 // 遍历
52    void traverse ( void (* ) ( T& ) ); //遍历（使用函数指针，只读或局部性修改）
53    template <typename VST> void traverse ( VST& ); //遍历（使用函数对象，可全局性修改）
54 }; //Vector
```

代码2.1 向量模板类Vector

这里通过模板参数T，指定向量元素的类型。于是，以Vector<int>或Vector<float>之类的形式，可便捷地引入存放整数或浮点数的向量；而以Vector<Vector<char>>之类的形式，则可直接定义存放字符的二维向量等。这一技巧有利于提高数据结构选用的灵活性和运行效率，并减少出错，因此将在本书中频繁使用。

在表2.1所列基本操作接口的基础上，这里还扩充了一些接口。比如，基于size()直接实现

的判空接口empty()，以及区间删除接口remove(lo, hi)、区间查找接口find(e, lo, hi)等。它们多为上述基本接口的扩展或变型，可使代码更为简洁易读，并提高计算效率。

这里还提供了sort()接口，以将向量转化为有序向量。为此可有多种排序算法供选用，本章及后续章节，将陆续介绍它们的原理、实现并分析其效率。排序之后，向量的很多操作都可更加高效地完成，其中最基本和最常用的莫过于查找。因此，这里还针对有序向量提供了search()接口，并将详细介绍若干种相关的算法。为便于对sort()算法的测试，这里还设有一个unsort()接口，以将向量随机置乱。在讨论这些接口之前，我们首先介绍基本接口的实现。

§2.3 构造与析构

由代码2.1可见，向量结构在内部维护一个元素类型为T的私有数组_elem[]：其容量由私有变量_capacity指示；有效元素的数量（即向量当前的实际规模），则由_size指示。此外还进一步地约定，在向量元素的秩、数组单元的逻辑编号以及物理地址之间，具有如下对应关系：

向量中秩为r的元素，对应于内部数组中的_elem[r]，其物理地址为_elem + r

因此，向量对象的构造与析构，将主要围绕这些私有变量和数据区的初始化与销毁展开。

2.3.1 默认构造方法

与所有的对象一样，向量在使用之前也需首先被系统创建——借助构造函数（constructor）做初始化（initialization）。由代码2.1可见，这里为向量重载了多个构造函数。

其中默认的构造方法是，首先根据创建者指定的初始容量，向系统申请空间，以创建内部私有数组_elem[]；若容量未明确指定，则使用默认值DEFAULT_CAPACITY。接下来，鉴于初生的向量尚不包含任何元素，故将指示规模的变量_size初始化为0。

整个过程顺序进行，没有任何迭代，故若忽略用于分配数组空间的时间，共需常数时间。

2.3.2 基于复制的构造方法

向量的另一典型创建方式，是以某个已有的向量或数组为蓝本，进行（局部或整体的）克隆。代码2.1中虽为此功能重载了多个接口，但无论是已封装的向量或未封装的数组，无论是整体还是区间，在入口参数合法的前提下，都可归于如代码2.2所示的统一的copyFrom()方法：

```
1 template <typename T> //元素类型
2 void Vector<T>::copyFrom ( T const* A, Rank lo, Rank hi ) { //以数组区间A[lo, hi)为蓝本复制向量
3    _elem = new T[_capacity = 2 * ( hi - lo ) ]; _size = 0; //分配空间，规模清零
4    while ( lo < hi ) //A[lo, hi)内的元素逐一
5       _elem[_size++] = A[lo++]; //复制至_elem[0, hi - lo)
6 }
```

代码2.2 基于复制的向量构造器

copyFrom()首先根据待复制区间的边界，换算出新向量的初始规模；再以双倍的容量，为内部数组_elem[]申请空间。最后通过一趟迭代，完成区间A[lo, hi)内各元素的顺次复制。

若忽略开辟新空间所需的时间，运行时间应正比于区间宽度，即$\mathcal{O}$(hi - lo) = $\mathcal{O}$(_size)。

需强调的是，由于向量内部含有动态分配的空间，默认的运算符"="不足以支持向量之间的直接赋值。例如，6.3节将以二维向量形式实现图邻接表，其主向量中的每一元素本身都是一维向量，故通过默认赋值运算符，并不能复制向量内部的数据区。

为适应此类赋值操作的需求，可如代码2.3所示，重载向量的赋值运算符。

```
1 template <typename T> Vector<T>& Vector<T>::operator= ( Vector<T> const& V ) { //重载
2    if ( _elem ) delete [] _elem; //释放原有内容
3    copyFrom ( V._elem, 0, V.size() ); //整体复制
4    return *this; //返回当前对象的引用，以便链式赋值
5 }
```

代码2.3 重载向量赋值操作符

2.3.3 析构方法

与所有对象一样，不再需要的向量，应借助析构函数（destructor）及时清理（cleanup），以释放其占用的系统资源。与构造函数不同，同一对象只能有一个析构函数，不得重载。

向量对象的析构过程，如代码2.1中的方法~Vector()所示：只需释放用于存放元素的内部数组_elem[]，将其占用的空间交还操作系统。_capacity和_size之类的内部变量无需做任何处理，它们将作为向量对象自身的一部分被系统回收，此后既无需也无法被引用。

若不计系统用于空间回收的时间，整个析构过程只需$O(1)$时间。

同样地，向量中的元素可能不是程序语言直接支持的基本类型。比如，可能是指向动态分配对象的指针或引用，故在向量析构之前应该提前释放对应的空间。出于简化的考虑，这里约定并遵照“谁申请谁释放”的原则。究竟应释放掉向量各元素所指的对象，还是需要保留这些对象，以便通过其它指针继续引用它们，应由上层调用者负责确定。

§2.4 动态空间管理

2.4.1 静态空间管理

内部数组所占物理空间的容量，若在向量的生命期内不允许调整，则称作静态空间管理策略。很遗憾，该策略的空间效率难以保证。一方面，既然容量固定，总有可能在此后的某一时刻，无法加入更多的新元素——即导致所谓的上溢（overflow）。例如，若使用向量来记录网络访问日志，则由于插入操作远多于删除操作，必然频繁溢出。注意，造成此类溢出的原因，并非系统不能提供更多的空间。另一方面反过来，即便愿意为降低这种风险而预留出部分空间，也很难在程序执行之前，明确界定一个合理的预留量。以上述copyFrom()方法为例，即便将容量取作初始规模的两倍，也只能保证在此后足够长的一段时间内（而并非永远）不致溢出。

向量实际规模与其内部数组容量的比值（即_size/_capacity），亦称作装填因子（load factor），它是衡量空间利用率的重要指标。从这一角度，上述难题可归纳为：

如何才能保证向量的装填因子既不致于超过1，也不致于太接近于0？

为此，需要改用动态空间管理策略。其中一种有效的方法，即使用所谓的可扩充向量。

2.4.2 可扩充向量

经过一段时间的生长，每当身体无法继续为其外壳所容纳，蝉就会蜕去外壳，同时换上一身更大的外壳。扩充向量（extendable vector）的原理，与之相仿。若内部数组仍有空余，则操作可照常执行。每经一次插入（删除），可用空间都会减少（增加）一个单元（图2.1(a)）。一旦可用空间耗尽（图(b)），就动态地扩大内部数组的容量。这里的难点及关键在于：

如何实现扩容？新的容量取作多少才算适宜？

首先解决前一问题。直接在原有物理空间的基础上追加空间？这并不现实。数组特有的定址方式要求，物理空间必须地址连续，而我们却无法保证，其尾部总是预留了足够空间可供拓展。

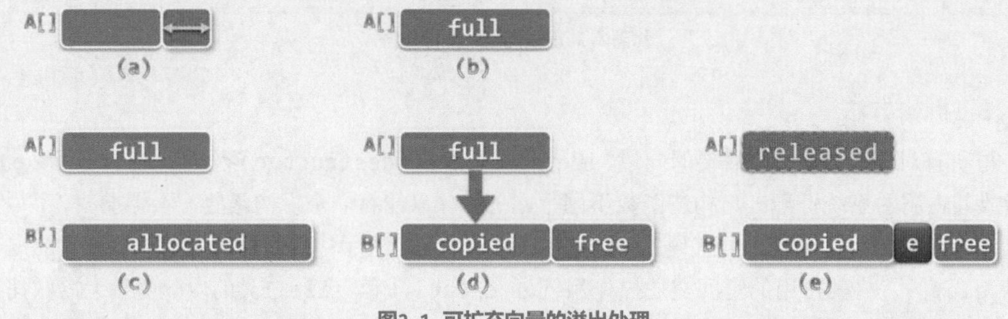

图2.1 可扩充向量的溢出处理

一种可行的方法，如图2.1(c~e)所示。我们需要另行申请一个容量更大的数组B[]（图(c)），并将原数组中的成员集体搬迁至新的空间（图(d)），此后方可顺利地插入新元素e而不致溢出（图(e)）。当然，原数组所占的空间，需要及时释放并归还操作系统。

2.4.3 扩容

基于以上策略的扩容算法expand()，可实现如代码2.4所示。

```
1 template <typename T> void Vector<T>::expand() { //向量空间不足时扩容
2    if ( _size < _capacity ) return; //尚未满员时，不必扩容
3    if ( _capacity < DEFAULT_CAPACITY ) _capacity = DEFAULT_CAPACITY; //不低于最小容量
4    T* oldElem = _elem;  _elem = new T[_capacity <<= 1]; //容量加倍
5    for ( int i = 0; i < _size; i++ )
6       _elem[i] = oldElem[i]; //复制原向量内容（T为基本类型，或已重载赋值操作符'='）
7    delete [] oldElem; //释放原空间
8 }
```

代码2.4 向量内部数组动态扩容算法expand()

实际上，在调用insert()接口插入新元素之前，都要先调用该算法，检查内部数组的可用容量。一旦当前数据区已满（_size == _capacity），则将原数组替换为一个更大的数组。

请注意，新数组的地址由操作系统分配，与原数据区没有直接的关系。这种情况下，若直接引用数组，往往会导致共同指向原数组的其它指针失效，成为野指针（wild pointer）；而经封装为向量之后，即可继续准确地引用各元素，从而有效地避免野指针的风险。

这里的关键在于，新数组的容量总是取作原数组的两倍——这正是上述后一问题的答案。

2.4.4 分摊分析

■ 时间代价

与常规数组实现相比，可扩充向量更加灵活：只要系统尚有可用空间，其规模将不再受限于初始容量。不过，这并非没有代价——每次扩容，元素的搬迁都需要花费额外的时间。

准确地，每一次由n到2n的扩容，都需要花费$\mathcal{O}(2n) = \mathcal{O}(n)$时间——这也是最坏情况下，单次插入操作所需的时间。表面看来，这一扩容策略似乎效率很低，但这不过是一种错觉。

请注意，按照此处的约定，每花费$\mathcal{O}(n)$时间实施一次扩容，数组的容量都会加倍。这就意味着，至少要再经过n次插入操作，才会因为可能溢出而再次扩容。也就是说，随着向量规模的不断扩大，在执行插入操作之前需要进行扩容的概率，也将迅速降低。故就某种平均意义而言，用于扩容的时间成本不至很高。以下不妨就此做一严格的分析。

■ 分摊复杂度

这里，不妨考查对可扩充向量的足够多次连续操作，并将其间所消耗的时间，分摊至所有的操作。如此分摊平均至单次操作的时间成本，称作分摊运行时间（amortized running time）。

请注意，这一指标与平均运行时间（average running time）有着本质的区别（习题[2-1]）。后者是按照某种假定的概率分布，对各种情况下所需执行时间的加权平均，故亦称作期望运行时间（expected running time）。而前者则要求，参与分摊的操作必须构成和来自一个真实可行的操作序列，而且该序列还必须足够地长。

相对而言，分摊复杂度可以针对计算成本和效率，做出更为客观而准确的估计。比如在这里，在任何一个可扩充向量的生命期内，在任何足够长的连续操作序列中，以任何固定间隔连续出现上述最坏情况的概率均为0，故常规的平均复杂度根本不具任何参考意义。作为评定算法性能的一种重要尺度，分摊分析（amortized analysis）的相关方法与技巧将在后续章节陆续介绍。

■ $\mathcal{O}(1)$分摊时间

以可扩充向量为例，可以考查对该结构的连续n次（查询、插入或删除等）操作，将所有操作中用于内部数组扩容的时间累计起来，然后除以n。只要n足够大，这一平均时间就是用于扩容处理的分摊时间成本。以下我们将看到，即便排除查询和删除操作而仅考查插入操作，在可扩充向量单次操作中，用于扩容处理的分摊时间成本也不过$\mathcal{O}(1)$。

假定数组的初始容量为某一常数N。既然是估计复杂度的上界，故不妨设向量的初始规模也为N——即将溢出。另外不难看出，除插入操作外，向量其余的接口操作既不会直接导致溢出，也不会增加此后溢出的可能性，因此不妨考查最坏的情况，假设在此后需要连续地进行n次insert()操作，n >> N。首先定义如下函数：

```
size(n)  =  连续插入n个元素后向量的规模
capacity(n)  =  连续插入n个元素后数组的容量
T(n) = 为连续插入n个元素而花费于扩容的时间
```

其中，向量规模从N开始随着操作的进程逐步递增，故有：

```
size(n)  =  N + n
```

既然不致溢出，故装填因子绝不会超过100%。同时，这里的扩容采用了“懒惰”策略——只有在的确即将发生溢出时，才不得不将容量加倍——因此装填因子也始终不低于50%。

概括起来，始终应有：

$$size(n) \le capacity(n) < 2 \cdot size(n)$$

考虑到N为常数，故有：

$$capacity(n) = \Theta(size(n)) = \Theta(n)$$

容量以2为比例按指数速度增长，在容量达到capacity(n)之前，共做过$\Theta(\log_2 n)$次扩容，每次扩容所需时间线性正比于当时的容量（或规模），且同样以2为比例按指数速度增长。因此，消耗于扩容的时间累计不过：

$$T(n) = 2N + 4N + 8N + \ldots + capacity(n) < 2 \cdot capacity(n) = \Theta(n)$$

将其分摊到其间的连续n次操作，单次操作所需的分摊运行时间应为$\mathcal{O}(1)$。

■ **其它扩容策略**

以上分析确凿地说明，基于加倍策略的动态扩充数组不仅可行，而且就分摊复杂度而言效率也足以令人满意。当然，并非任何扩容策略都能保证如此高的效率。比如，早期可扩充向量多采用另一策略：一旦有必要，则追加固定数目的单元。实际上，无论采用的固定常数多大，在最坏情况下，此类数组单次操作的分摊时间复杂度都将高达$\Omega(n)$（习题[2-3]）。

2.4.5 缩容

导致低效率的另一情况是，向量的实际规模可能远远小于内部数组的容量。比如在连续的一系列操作过程中，若删除操作远多于插入操作，则装填因子极有可能远远小于100%，甚至非常接近于0。当装填因子低于某一阈值时，我们称数组发生了下溢（underflow）。

尽管下溢不属于必须解决的问题，但在格外关注空间利用率的场合，发生下溢时也有必要适当缩减内部数组容量。代码2.5给出了一个动态缩容shrink()算法：

```
1 template <typename T> void Vector<T>::shrink() { //装填因子过小时压缩向量所占空间
2    if ( _capacity < DEFAULT_CAPACITY << 1 ) return; //不致收缩到DEFAULT_CAPACITY以下
3    if ( _size << 2 > _capacity ) return; //以25%为界
4    T* oldElem = _elem;  _elem = new T[_capacity >>= 1]; //容量减半
5    for ( int i = 0; i < _size; i++ ) _elem[i] = oldElem[i]; //复制原向量内容
6    delete [] oldElem; //释放原空间
7 }
```

代码2.5 向量内部功能shrink()

可见，每次删除操作之后，一旦空间利用率已降至某一阈值以下，该算法随即申请一个容量减半的新数组，将原数组中的元素逐一搬迁至其中，最后将原数组所占空间交还操作系统。这里以25%作为装填因子的下限，但在实际应用中，为避免出现频繁交替扩容和缩容的情况，可以选用更低的阈值，甚至取作0（相当于禁止缩容）。

与expand()操作类似，尽管单次shrink()操作需要线性量级的时间，但其分摊复杂度亦为$\mathcal{O}(1)$（习题[2-4]）。实际上shrink()过程等效于expand()的逆过程，这两个算法相互配合，在不致实质地增加接口操作复杂度的前提下，保证了向量内部空间的高效利用。当然，就单次扩容或缩容操作而言，所需时间的确会高达$\Omega(n)$，因此在对单次操作的执行速度极其敏感的应用场合以上策略并不适用，其中缩容操作甚至可以完全不予考虑。

§2.5 常规向量

2.5.1 直接引用元素

与数组直接通过下标访问元素的方式（形如“A[i]”）相比，向量ADT所设置的get()和put()接口都显得不甚自然。毕竟，前一访问方式不仅更为我们所熟悉，同时也更加直观和便捷。那么，在经过封装之后，对向量元素的访问可否沿用数组的方式呢？答案是肯定的。

解决的方法之一就是重载操作符“[]”，具体实现如代码2.6所示。

```
1 template <typename T> T& Vector<T>::operator[] ( Rank r ) const //重载下标操作符
2 { return _elem[r]; } // assert: 0 <= r < _size
```

代码2.6 重载向量操作符[]

2.5.2 置乱器

■ 置乱算法

可见，经重载后操作符“[]”返回的是对数组元素的引用，这就意味着它既可以取代get()操作（通常作为赋值表达式的右值），也可以取代set()操作（通常作为左值）。例如，采用这种形式，可以简明清晰地描述和实现如代码2.7所示的向量置乱算法。

```
1 template <typename T> void permute ( Vector<T>& V ) { //随机置乱向量，使各元素等概率出现于各位置
2    for ( int i = V.size(); i > 0; i-- ) //自后向前
3       swap ( V[i - 1], V[rand() % i] ); //V[i - 1]与V[0, i)中某一随机元素交换
4 }
```

代码2.7 向量整体置乱算法permute()

该算法从待置乱区间的末元素开始，逆序地向前逐一处理各元素。如图2.2(a)所示，对每一个当前元素V[i - 1]，先通过调用rand()函数在[0, i)之间等概率地随机选取一个元素，再令二者互换位置。注意，这里的交换操作swap()，隐含了三次基于重载操作符“[]”的赋值。

于是如图(b)所示，每经过一步这样的迭代，置乱区间都会向前拓展一个单元。因此经过$\mathcal{O}(n)$步迭代之后，即实现了整个向量的置乱。

图2.2 向量整体置乱算法permute()的迭代过程

在软件测试、仿真模拟等应用中，随机向量的生成都是一项至关重要的基本操作，直接影响到测试的覆盖面或仿真的真实性。从理论上说，使用这里的算法permute()，不仅可以枚举出同一向量所有可能的排列，而且能够保证生成各种排列的概率均等（习题[2-6]）。

■ 区间置乱接口

为便于对各种向量算法的测试与比较，这里不妨将以上permute()算法封装至向量ADT中，并如代码2.8所示，对外提供向量的置乱操作接口Vector::unsort()。

```
1 template <typename T> void Vector<T>::unsort ( Rank lo, Rank hi ) { //等概率随机置乱区间[lo, hi)
2    T* V = _elem + lo; //将子向量_elem[lo, hi)视作另一向量V[0, hi - lo)
3    for ( Rank i = hi - lo; i > 0; i-- ) //自后向前
4       swap ( V[i - 1], V[rand() % i] ); //将V[i - 1]与V[0, i)中某一元素随机交换
5 }
```

代码2.8 向量区间置乱接口unsort()

通过该接口，可以均匀地置乱任一向量区间[lo, hi)内的元素，故通用性有所提高。可见，只要将该区间等效地视作另一向量V，即可从形式上完整地套用以上permute()算法的流程。

尽管如此，还请特别留意代码2.7与代码2.8的细微差异：后者是通过下标，直接访问内部数组的元素；而前者则是借助重载的操作符“[]”，通过秩间接地访问向量的元素。

2.5.3 判等器与比较器

从算法的角度来看，“判断两个对象是否相等”与“判断两个对象的相对大小”都是至关重要的操作，它们直接控制着算法执行的分支方向，因此也是算法的“灵魂”所在。在本书中为了以示区别，前者多称作“比对”操作，后者多称作“比较”操作。当然，这两种操作之间既有联系也有区别，不能相互替代。比如，有些对象只能比对但不能比较；反之，支持比较的对象未必支持比对。不过，出于简化的考虑，在很多场合并不需要严格地将二者区分开来。

算法实现的简洁性与通用性，在很大程度上体现于：针对整数等特定数据类型的某种实现，可否推广至可比较或可比对的任何数据类型，而不必关心如何定义以及判定其大小或相等关系。若能如此，我们就可以将比对和比较操作的具体实现剥离出来，直接讨论算法流程本身。

为此，通常可以采用两种方法。其一，将比对操作和比较操作分别封装成通用的判等器和比较器。其二，在定义对应的数据类型时，通过重载"<"和"=="之类的操作符，给出大小和相等关系的具体定义及其判别方法。本书将主要采用后一方式。为节省篇幅，这里只给出涉及到的比较和判等操作符，读者可以根据实际需要，参照给出的代码加以扩充。

```
1 template <typename T> static bool lt ( T* a, T* b ) { return lt ( *a, *b ); } //less than
2 template <typename T> static bool lt ( T& a, T& b ) { return a < b; } //less than
3 template <typename T> static bool eq ( T* a, T* b ) { return eq ( *a, *b ); } //equal
4 template <typename T> static bool eq ( T& a, T& b ) { return a == b; } //equal
```

代码2.9 重载比较器以便比较对象指针

在一些复杂的数据结构中，内部元素本身的类型可能就是指向其它对象的指针；而从外部更多关注的，则往往是其所指对象的大小。若不加处理而直接根据指针的数值（即被指对象的物理地址）进行比较，则所得结果将毫无意义。

为此，这里不妨通过如代码2.9所示的机制，将这种情况与一般情况予以区分，并且约定在这种情况下，统一按照被指对象的大小做出判断。

2.5.4 无序查找

■ 判等器

代码2.1中Vector::find(e)接口，功能语义为“查找与数据对象e相等的元素”。这同时也暗示着，向量元素可通过相互比对判等——比如，元素类型T或为基本类型，或已重载操作符“==”或“!=”。这类仅支持比对，但未必支持比较的向量，称作无序向量（unsorted vector）。

■ 顺序查找

在无序向量中查找任意指定元素e时，因为没有更多的信息可以借助，故在最坏情况下——比如向量中并不包含e时——只有在访遍所有元素之后，才能得出查找结论。

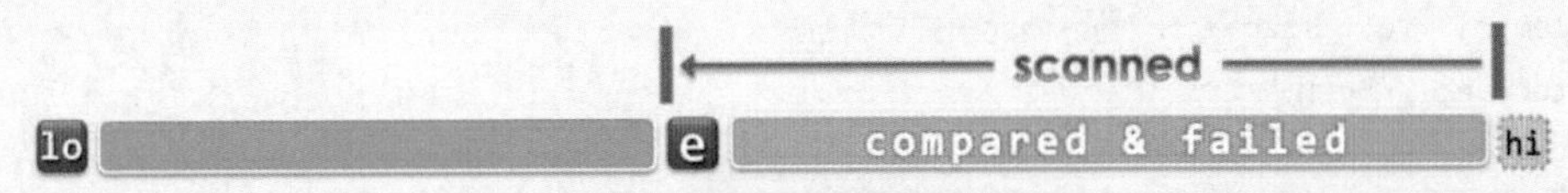

图2.3 无序向量的顺序查找

因此不妨如图2.3所示，从末元素出发，自后向前地逐一取出各个元素并与目标元素e进行比对，直至发现与之相等者（查找成功），或者直至检查过所有元素之后仍未找到相等者（查找失败）。这种依次逐个比对的查找方式，称作顺序查找（sequential search）。

■ 实现

针对向量的整体或区间，代码2.1分别定义了一个顺序查找操作的入口，其中前者作为特例，可直接通过调用后者而实现。因此，只需如代码2.10所示，实现针对向量区间的查找算法。

```
1 template <typename T> //无序向量的顺序查找：返回最后一个元素e的位置；失败时，返回lo - 1
2 Rank Vector<T>::find ( T const& e, Rank lo, Rank hi ) const { //assert: 0 <= lo < hi <= _size
3    while ( ( lo < hi-- ) && ( e != _elem[hi] ) ); //从后向前，顺序查找
4    return hi; //若hi < lo，则意味着失败；否则hi即命中元素的秩
5 }
```

代码2.10 无序向量元素查找接口find()

其中若干细微之处，需要体会。比如，当同时有多个命中元素时，本书统一约定返回其中秩最大者——稍后介绍的查找接口find()亦是如此——故这里采用了自后向前的查找次序。如此，一旦命中即可立即返回，从而省略掉不必要的比对。另外，查找失败时约定统一返回-1。这不仅简化了对查找失败情况的判别，同时也使此时的返回结果更加易于理解——只要假想着在秩为-1处植入一个与任何对象都相等的哨兵元素，则返回该元素的秩当且仅当查找失败。

最后还有一处需要留意。while循环的控制逻辑由两部分组成，首先判断是否已抵达通配符，再判断当前元素与目标元素是否相等。得益于C/C++语言中逻辑表达式的短路求值特性，在前一判断非真后循环会立即终止，而不致因试图引用已越界的秩（-1）而出错。

■ 复杂度

最坏情况下，查找终止于首元素_elem[lo]，运行时间为$\mathcal{O}$(hi - lo) = $\mathcal{O}$(n)。最好情况下，查找命中于末元素_elem[hi - 1]，仅需$\mathcal{O}$(1)时间。对于规模相同、内部组成不同的输入，渐进运行时间却有本质区别，故此类算法也称作输入敏感的（input sensitive）算法。

2.5.5 插入

■ 实现

按照代码2.1的ADT定义，插入操作insert(r, e)负责将任意给定的元素e插到任意指定的秩为r的单元。整个操作的过程，可具体实现如代码2.11所示。

```
1 template <typename T> //将e作为秩为r元素插入
2 Rank Vector<T>::insert ( Rank r, T const& e ) { //assert: 0 <= r <= size
3    expand(); //若有必要，扩容
4    for ( int i = _size; i > r; i-- ) _elem[i] = _elem[i-1]; //自后向前，后继元素顺次后移一个单元
5    _elem[r] = e; _size++; //置入新元素并更新容量
6    return r; //返回秩
7 }
```

代码2.11 向量元素插入接口insert()

如图2.4所示，插入前须首先调用expand()算法核对是否即将溢出，若有必要（图(a)）则加倍扩容（图(b)）。为保证数组元素的物理地址连续，随后需要将后缀_elem[r, _size)（若非空）整体后移一个单元（图(c)）。这些后继元素自后向前的搬迁次序不能颠倒，否则会因元素被覆盖而造成数据丢失。在单元_elem[r]腾出之后，方可将待插入对象e置入其中（图(d)）。

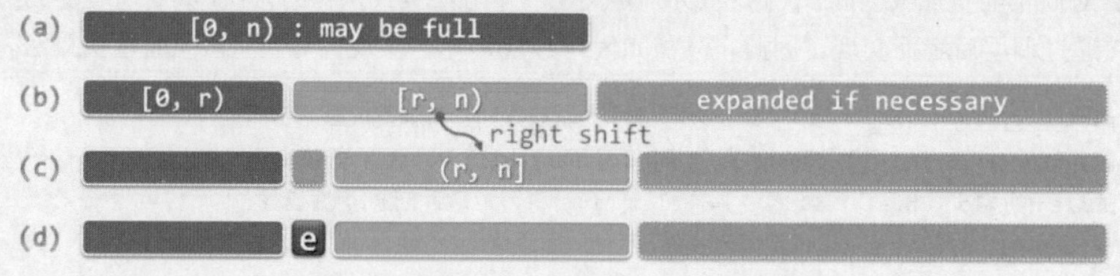

图2.4 向量元素插入操作insert(r, e)的过程

■ 复杂度

时间主要消耗于后继元素的后移，线性正比于后缀的长度，故总体为$\mathcal{O}$(_size - r + 1)。

可见，新插入元素越靠后（前）所需时间越短（长）。特别地，r取最大值_size时为最好情况，只需$\mathcal{O}(1)$时间；r取最小值0时为最坏情况，需要$\mathcal{O}$(_size)时间。一般地，若插入位置等概率分布，则平均运行时间为$\mathcal{O}$(_size) = $\mathcal{O}(n)$（习题[2-9]），线性正比于向量的实际规模。

2.5.6 删除

删除操作重载有两个接口，remove(lo, hi)用以删除区间[lo, hi)内的元素，而remove(r)用以删除秩为r的单个元素。乍看起来，利用后者即可实现前者：令r从hi - 1到lo递减，反复调用remove(r)。不幸的是，这一思路似是而非。

因数组中元素的地址必须连续，故每删除一个元素，所有后继元素都需向前移动一个单元。若后继元素共有m = _size - hi个，则对remove(r)的每次调用都需移动m次；对于整个区间，元素移动的次数累计将达到m*(hi - lo)，为后缀长度和待删除区间宽度的乘积。

实际可行的思路恰好相反，应将单元素删除视作区间删除的特例，并基于后者来实现前者。

稍后就会看到，如此可将移动操作的总次数控制在O(m)以内，而与待删除区间的宽度无关。

■ 区间删除：remove(lo, hi)

向量区间删除接口remove(lo, hi)，可实现如代码2.12所示。

```
1 template <typename T> int Vector<T>::remove ( Rank lo, Rank hi ) { //删除区间[lo, hi)
2    if ( lo == hi ) return 0; //出于效率考虑，单独处理退化情况，比如remove(0, 0)
3    while ( hi < _size ) _elem[lo++] = _elem[hi++]; //[hi, _size)顺次前移hi - lo个单元
4    _size = lo; //更新规模，直接丢弃尾部[lo, _size = hi)区间
5    shrink(); //若有必要，则缩容
6    return hi - lo; //返回被删除元素的数目
7 }
```

代码2.12 向量区间删除接口remove(lo, hi)

设[lo, hi)为向量（图2.5(a)）的合法区间（图(b)），则其后缀[hi, n)需整体前移hi - lo个单元（图(c)）。与插入算法同理，这里后继元素自前向后的移动次序也不能颠倒（习题[2-10]）。

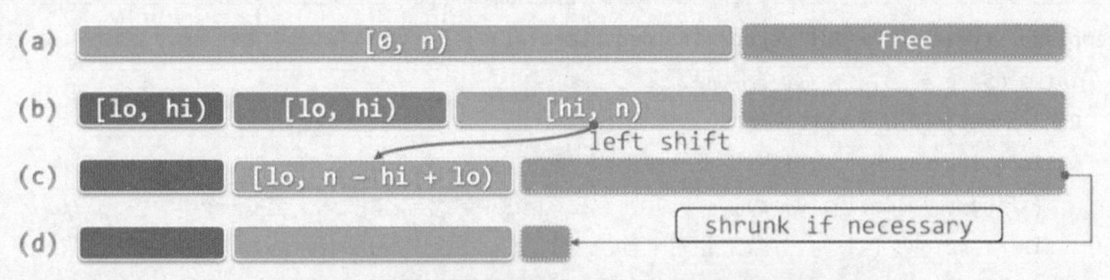

图2.5 向量区间删除操作remove(lo, hi)的过程

向量规模更新为_size - hi + lo后，有的时候还要调用shrink()做缩容处理（图(d)）。

■ 单元素删除remove(r)

利用以上remove(lo, hi)通用接口，通过重载即可实现如下另一同名接口remove(r)。

```
1 template <typename T> T Vector<T>::remove ( Rank r ) { //删除向量中秩为r的元素，0 <= r < size
2    T e = _elem[r]; //备份被删除元素
3    remove ( r, r + 1 ); //调用区间删除算法，等效于对区间[r, r + 1)的删除
4    return e; //返回被删除元素
5 }
```

代码2.13 向量单元素删除接口remove()

■ 复杂度

remove(lo, hi)的计算成本，主要消耗于后续元素的前移，线性正比于后缀的长度，总体不过O(m + 1) = O(_size - hi + 1)。这与此前的预期完全吻合：区间删除操作所需的时间，应该仅取决于后继元素的数目，而与被删除区间本身的宽度无关。特别地，基于该接口实现的单元素删除接口remove(r)需耗时O(_size - r)。也就是说，被删除元素在向量中的位置越靠后（前）所需时间越短（长），最好为O(1)，最坏为O(n) = O(_size)。

■ 错误及意外处理

请注意，上述操作接口对输入都有一定的限制和约定。其中指定的待删除区间，必须落在合法范围[0, _size)之内，为此输入参数必须满足0 ≤ lo ≤ hi ≤ _size。

一般地，输入参数超出接口所约定合法范围的此类问题，都属于典型的错误（error）或意外（exception）。除了以注释的形式加以说明，还应该尽可能对此类情况做更为周全的处理。

尽管如此，本书还是沿用了相对简化的处置方式，将入口参数合法性检查的责任统一交由上层调用例程，这也是出于对本书的重点——算法效率、讲解重点以及叙述简洁——的优先考虑。当然，在充分掌握了本书的内容之后，读者不妨再按照软件工程的规范，就此做进一步的完善。

2.5.7 唯一化

很多应用中，在进一步处理之前都要求数据元素互异。以网络搜索引擎为例，多个计算节点各自获得的局部搜索结果，需首先剔除其中重复的项目，方可合并为一份完整的报告。类似地，所谓向量的唯一化处理，就是剔除其中的重复元素，即表2.1所列deduplicate()接口的功能。

■ 实现

视向量是否有序，该功能有两种实现方式，以下首先介绍针对无序向量的唯一化算法。

```
1 template <typename T> int Vector<T>::deduplicate() { //删除无序向量中重复元素（高效版）
2    int oldSize = _size; //记录原规模
3    Rank i = 1; //从_elem[1]开始
4    while ( i < _size ) //自前向后逐一考查各元素_elem[i]
5       ( find ( _elem[i], 0, i ) < 0 ) ? //在其前缀中寻找与之雷同者（至多一个）
6       i++ : remove ( i ); //若无雷同则继续考查其后继，否则删除雷同者
7    return oldSize - _size; //向量规模变化量，即被删除元素总数
8 }
```

代码2.14 无序向量清除重复元素接口deduplicate()

如代码2.14所示，该算法自前向后逐一考查各元素_elem[i]，并通过调用find()接口，在其前缀中寻找与之雷同者。若找到，则随即删除；否则，转而考查当前元素的后继。

■ 正确性

算法的正确性由以下不变性保证：

> 在while循环中，在当前元素的前缀_elem[0, i)内，所有元素彼此互异

初次进入循环时i = 1，只有唯一的前驱_elem[0]，故不变性自然满足。

图2.6 无序向量deduplicate()算法原理

一般地如图2.6(a)所示，假设在转至元素e = _elem[i]之前不变性一直成立。于是，经过针对该元素的一步迭代之后，无非两种结果：

1）若元素e的前缀_elem[0, i)中不含与之雷同的元素，则如图(b)，在做过i++之后，新的前缀_elem[0, i)将继续满足不变性，而且其规模增加一个单位。

2）反之，若含存在与e雷同的元素，则由此前一直满足的不变性可知，这样的雷同元素不超过一个。因此如图(c)，在删除e之后，前缀_elem[0, i)依然保持不变性。

■ 复杂度

由图2.6(a)和(b)也可看出该算法过程所具有的单调性：

随着循环的不断进行，当前元素的后继持续地严格减少

因此，经过n - 2步迭代之后该算法必然终止。

这里所需的时间，主要消耗于find()和remove()两个接口。根据2.5.4节的结论，前一部分时间应线性正比于查找区间的宽度，即前驱的总数；根据2.5.6节的结论，后一部分时间应线性正比于后继的总数。因此，每步迭代所需时间为$\mathcal{O}(n)$，总体复杂度应为$\mathcal{O}(n^2)$。

经预排序转换之后，借助2.6.3节将要介绍的相关算法，还可以进一步提高向量唯一化处理的效率（习题[2-12]）。

2.5.8 遍历

■ 功能

在很多算法中，往往需要将向量作为一个整体，对其中所有元素实施某种统一的操作，比如输出向量中的所有元素，或者按照某种运算流程统一修改所有元素的数值（习题[2-13]）。针对此类操作，可为向量专门设置一个遍历接口traverse()。

■ 实现

向量的遍历操作接口，可实现如代码2.15所示。

```
1 template <typename T> void Vector<T>::traverse ( void ( *visit ) ( T& ) ) //借助函数指针机制
2 { for ( int i = 0; i < _size; i++ ) visit ( _elem[i] ); } //遍历向量
3
4 template <typename T> template <typename VST> //元素类型、操作器
5 void Vector<T>::traverse ( VST& visit ) //借助函数对象机制
6 { for ( int i = 0; i < _size; i++ ) visit ( _elem[i] ); } //遍历向量
```

代码2.15 向量遍历接口traverse()

可见，traverse()遍历的过程，实质上就是自前向后地逐一对各元素实施同一基本操作。而具体采用何种操作，可通过两种方式指定。前一种方式借助函数指针*visit()指定某一函数，该函数只有一个参数，其类型为对向量元素的引用，故通过该函数即可直接访问或修改向量元素。另外，也可以函数对象的形式，指定具体的遍历操作。这类对象的操作符“()”经重载之后，在形式上等效于一个函数接口，故此得名。

相比较而言，后一形式的功能更强，适用范围更广。比如，函数对象的形式支持对向量元素的关联修改。也就是说，对各元素的修改不仅可以相互独立地进行，也可以根据某个（些）元素的数值相应地修改另一元素。前一形式虽也可实现这类功能，但要繁琐很多。

■ 实例

在代码2.16中，Increase<T>()即是按函数对象形式指定的基本操作，其功能是将作为参数的引用对象的数值加一（假定元素类型T可直接递增或已重载操作符"++"）。于是可如

increase()函数那样，以此基本操作做遍历即可使向量内所有元素的数值同步加一。

```
1 template <typename T> struct Increase //函数对象：递增一个T类对象
2    {  virtual void operator() ( T& e ) { e++; }  }; //假设T可直接递增或已重载++
3
4 template <typename T> void increase ( Vector<T> & V ) //统一递增向量中的各元素
5 {  V.traverse ( Increase<T>() );  } //以Increase<T>()为基本操作进行遍历
```

代码2.16 基于遍历实现increase()功能

■ 复杂度

遍历操作本身只包含一层线性的循环迭代，故除了向量规模的因素之外，遍历所需时间应线性正比于所统一指定的基本操作所需的时间。比如在上例中，统一的基本操作Increase<T>()只需常数时间，故这一遍历的总体时间复杂度为$\mathcal{O}$(n)。

§2.6 有序向量

若向量S[0, n)中的所有元素不仅按线性次序存放，而且其数值大小也按此次序单调分布，则称作有序向量（sorted vector）。例如，所有学生的学籍记录可按学号构成一个有序向量（学生名单），使用同一跑道的所有航班可按起飞时间构成一个有序向量（航班时刻表），第二十九届奥运会男子跳高决赛中各选手的记录可按最终跳过的高度构成一个（非增）序列（名次表）。与通常的向量一样，有序向量依然不要求元素互异，故通常约定其中的元素自前（左）向后（右）构成一个非降序列，即对任意$0 \le i < j < n$都有$S[i] \le S[j]$。

2.6.1 比较器

当然，除了与无序向量一样需要支持元素之间的“判等”操作，有序向量的定义中实际上还隐含了另一更强的先决条件：各元素之间必须能够比较大小。这一条件构成了有序向量中“次序”概念的基础，否则所谓的“有序”将无从谈起。

多数高级程序语言所提供的基本数据类型都满足上述条件，比如C++语言中的整型、浮点型和字符型等，然而字符串、复数、矢量以及更为复杂的类型，则未必直接提供了某种自然的大小比较规则。采用很多方法，都可以使得大小比较操作对这些复杂数据对象可以明确定义并且可行，比如最常见的就是在内部指定某一（些）可比较的数据项，并由此确立比较的规则。这里沿用2.5.3节的约定，假设复杂数据对象已经重载了"<"和"<="等操作符。

2.6.2 有序性甄别

作为无序向量的特例，有序向量自然可以沿用无序向量的查找算法。然而，得益于元素之间的有序性，有序向量的查找、唯一化等操作都可更快地完成。因此在实施此类操作之前，都有必要先判断当前向量是否已经有序，以便确定是否可采用更为高效的接口。

```
1 template <typename T> int Vector<T>::disordered() const { //返回向量中逆序相邻元素对的总数
2    int n = 0; //计数器
3    for ( int i = 1; i < _size; i++ ) //逐一检查_size - 1对相邻元素
```

```
4         if ( _elem[i - 1] > _elem[i] ) n++; //逆序则计数
5     return n; //向量有序当且仅当n = 0
6 }
```

代码2.17 有序向量甄别算法disordered()

代码2.17即为有序向量的一个甄别算法，其原理与1.1.3节起泡排序算法相同：顺序扫描整个向量，逐一比较每一对相邻元素——向量已经有序，当且仅当它们都是顺序的。

2.6.3 唯一化

相对于无序向量，有序向量中清除重复元素的操作更为重要。正如2.5.7节所指出的，出于效率的考虑，为清除无序向量中的重复元素，一般做法往往是首先将其转化为有序向量。

■ 低效版

```
1 template <typename T> int Vector<T>::uniquify() { //有序向量重复元素剔除算法（低效版）
2     int oldSize = _size; int i = 1; //当前比对元素的秩，起始于首元素
3     while ( i < _size ) //从前向后，逐一比对各对相邻元素
4         _elem[i - 1] == _elem[i] ? remove ( i ) : i++; //若雷同，则删除后者；否则，转至后一元素
5     return oldSize - _size; //向量规模变化量，即被删除元素总数
6 }
```

代码2.18 有序向量uniquify()接口的平凡实现

唯一化算法可实现如代码2.18所示，其正确性基于如下事实：有序向量中的重复元素必然前后紧邻。于是，可以自前向后地逐一检查各对相邻元素：若二者雷同则调用remove()接口删除靠后者，否则转向下一对相邻元素。如此，扫描结束后向量中将不再含有重复元素。

这里的运行时间，主要消耗于while循环，共需迭代_size - 1 = n - 1步。此外，在最坏情况下，每次循环都需执行一次remove()操作，由2.3节的分析结论，其复杂度线性正比于被删除元素的后继元素总数。因此如图2.7所示，当大量甚至所有元素均雷同时，用于所有这些remove()操作的时间总量将高达：

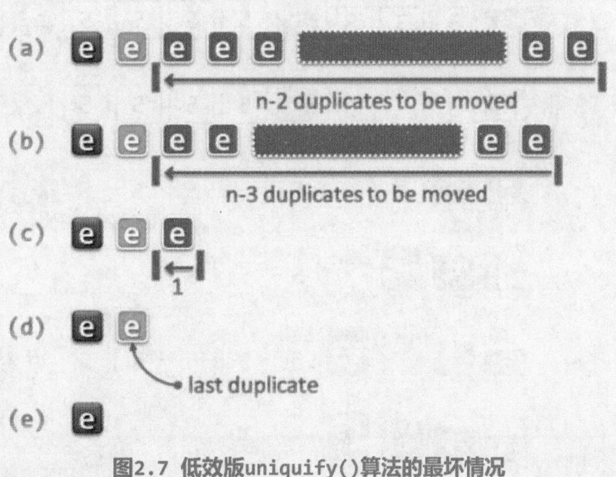

图2.7 低效版uniquify()算法的最坏情况

$$(n - 2) + (n - 3) + ... + 2 + 1 = \mathcal{O}(n^2)$$

这一效率竟与向量未排序时相同，说明该方法未能充分利用此时向量的有序性。

■ 改进思路

稍加分析即不难看出，以上唯一化过程复杂度过高的根源是，在对remove()接口的各次调用中，同一元素可能作为后继元素向前移动多次，且每次仅移动一个单元。

图2.8 有序向量中的重复元素可批量删除

如上所言，此时的每一组重复元素，都必然前后紧邻地集中分布。因此如图2.8所示，可以区间为单位成批地删除前后紧邻的各组重复元素，并将其后继元素（若存在）统一地大跨度前移。具体地，若V[lo, hi)为一组紧邻的重复元素，则所有的后继元素V[hi, _size)可统一地整体前移hi - lo - 1个单元。

■ 高效版

按照上述思路，可如代码2.19所示得到唯一化算法的新版本。

```
1 template <typename T> int Vector<T>::uniquify() { //有序向量重复元素剔除算法（高效版）
2    Rank i = 0, j = 0; //各对互异“相邻”元素的秩
3    while ( ++j < _size ) //逐一扫描，直至末元素
4       if ( _elem[i] != _elem[j] ) //跳过雷同者
5          _elem[++i] = _elem[j]; //发现不同元素时，向前移至紧邻于前者右侧
6    _size = ++i; shrink(); //直接截除尾部多余元素
7    return j - i; //向量规模变化量，即被删除元素总数
8 }
```

代码2.19 有序向量uniquify()接口的高效实现

图2.9针对一个有序向量的实例，完整地给出了该算法对应的执行过程。

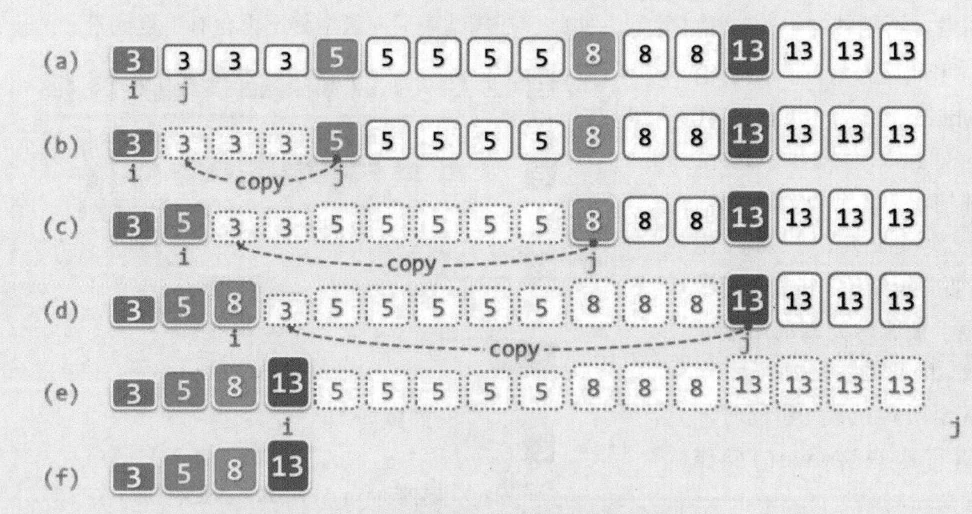

图2.9 在有序向量中查找互异的相邻元素

同样地，既然各组重复元素必然彼此相邻地构成一个子区间，故只需依次保留各区间的起始元素。于是，这里引入了变量i和j。每经过若干次移动，i和j都将分别指向下一对相邻子区间的首元素；在将后者转移至前者的后继位置之后，即可重复上述过程。具体地如图(a)所示，初始时i = 0和j = 1分别指向最靠前两个元素。

接下来，逐位后移j，直至指向A[j=4] = 5 ≠ A[i=0]。如图(b)，此时可见，i和j的确分别指向3和5所在分组的首元素。接下来，令i = 1，并将A[j=4] = 5前移至A[i=1]处。此时的i指向刚被前移的A[1] = 5；令j = j + 1 = 5指向待扫描的下一元素A[5] = 5，并继续比较。如图(c)，此轮比较终止于 A[j=9] = 8 ≠ A[i=1] = 5。

于是，令i = i + 1 = 2，并将A[j=9] = 8前移至A[i=2]处。此时的i指向刚被前移的A[2] = 8；令j = j + 1 = 10指向待扫描的下一元素A[10] = 8，并继续比较。如图(d)，此轮比较终止于A[12] = 13 ≠ A[i=2] = 8。于是，令i = i + 1 = 3，并将A[j=12] = 13前移至A[i=3]处。此时的i指向刚被前移的A[3] = 13；令j = j + 1 = 13指向待扫描的下一元素A[13] = 13，并继续比较。如图(e)，至j = 16 ≥ _size时，循环结束。最后如图(f)，只需将向量规模更新为_size = i + 1 = 4，算法随即结束。鉴于在删除重复元素之后内部数组的空间利用率可能下降很多，故需调用shrink()，如有必要则做缩容处理。

■ 复杂度

while循环的每一步迭代，仅需对元素数值做一次比较，向后移动一到两个位置指针，并至多向前复制一个元素，故只需常数时间。而在整个算法过程中，每经过一步迭代秩j都必然加一，鉴于j不能超过向量的规模n，故共需迭代n次。由此可知，uniquify()算法的时间复杂度应为$\mathcal{O}(n)$，较之uniquifySlow()的$\mathcal{O}(n^2)$，效率整整提高了一个线性因子。

反过来，在遍历所有元素之前不可能确定是否有重复元素，故就渐进复杂度而言，能在$\mathcal{O}(n)$时间内完成向量的唯一化已属最优。当然，之所以能够做到这一点，关键在于向量已经排序。

2.6.4 查找

有序向量S中的元素不再随机分布，秩r是S[r]在S中按大小的相对位次，位于S[r]前（后）方的元素均不致于更大（小）。当所有元素互异时，r即是S中小于S[r]的元素数目。一般地，若小于、等于S[r]的元素各有i、k个，则该元素及其雷同元素应集中分布于S[i, i + k)。

利用上述性质，有序向量的查找操作可以更加高效地完成。尽管在最坏情况下，无序向量的查找操作需要线性时间，但我们很快就会看到，有序向量的这一效率可以提升至$\mathcal{O}(\log n)$。

为区别于无序向量的查找接口find()，有序向量的查找接口将统一命名为search()。与find()一样，代码2.1也针对有序向量的整体或区间查找重载了两个search()接口，且前者作为特例可直接调用后者。因此，只需如代码2.20所示实现其中的区间查找接口。

```
1 template <typename T> //在有序向量的区间[lo, hi)内，确定不大于e的最后一个节点的秩
2 Rank Vector<T>::search ( T const& e, Rank lo, Rank hi ) const { //assert: 0 <= lo < hi <= _size
3    return ( rand() % 2 ) ? //按各50%的概率随机使用二分查找或Fibonacci查找
4           binSearch ( _elem, e, lo, hi ) : fibSearch ( _elem, e, lo, hi );
5 }
```

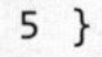

代码2.20 有序向量各种查找算法的统一search()接口

鉴于有序查找的算法多样且具特点，为便于测试，这里的接口不妨随机选择查找算法。实际应用中可根据问题的特点具体确定，并做适当微调。以下将介绍两类典型的查找算法。

2.6.5 二分查找（版本A）

■ 减而治之

循秩访问的特点加上有序性，使得我们可将“减而治之” 策略运用于有序向量的查找。具体地如图2.10所示，假设在区间S[lo, hi)中查找目标元素e。

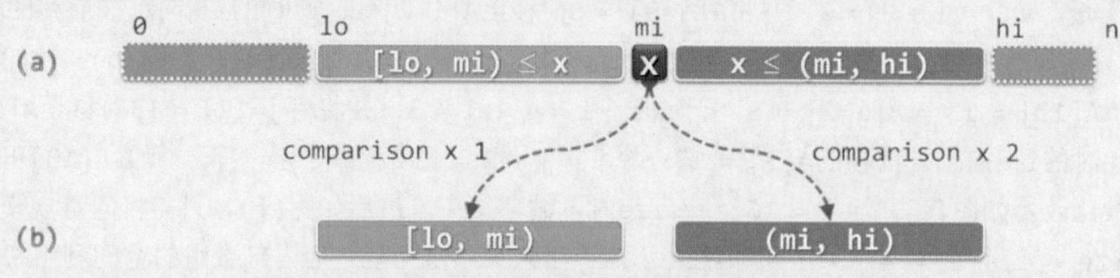

图2.10 基于减治策略的有序向量二分查找算法（版本A）

以任一元素S[mi] = x为界，都可将区间分为三部分，且根据此时的有序性必有：

S[lo, mi) ≤ S[mi] ≤ S(mi, hi)

于是，只需将目标元素e与x做一比较，即可视比较结果分三种情况做进一步处理：

1）若e < x，则目标元素e若存在，必属于左侧子区间S[lo, mi)，故可深入其中继续查找；

2）若x < e，则e若存在，必属于右侧子区间S(mi, hi)，故也可深入其中继续查找；

3）若e = x，则意味着已经在此处命中，故查找随即终止。

也就是说，每经过至多两次比较操作，我们或者已经找到目标元素，或者可以将查找问题简化为一个规模更小的新问题。如此，借助递归机制即可便捷地描述和实现此类算法。

实际上，以下将要介绍的各种查找算法都可归入这一模式，不同点仅在于其对切分点mi的选取策略，以及每次深入递归之前所做比较操作的次数。

■ 实现

按上述思路实现的第一个算法如代码2.21所示。为区别于稍后将要介绍的同类算法的其它版本，不妨将其记作版本A。

```
1 // 二分查找算法（版本A）：在有序向量的区间[lo, hi)内查找元素e，0 <= lo <= hi <= _size
2 template <typename T> static Rank binSearch ( T* A, T const& e, Rank lo, Rank hi ) {
3    while ( lo < hi ) { //每步迭代可能要做两次比较判断，有三个分支
4       Rank mi = ( lo + hi ) >> 1; //以中点为轴点
5       if      ( e < A[mi] ) hi = mi; //深入前半段[lo, mi)继续查找
6       else if ( A[mi] < e ) lo = mi + 1; //深入后半段(mi, hi)继续查找
7       else                  return mi; //在mi处命中
8    } //成功查找可以提前终止
9    return -1; //查找失败
10 } //有多个命中元素时，不能保证返回秩最大者；查找失败时，简单地返回-1，而不能指示失败的位置
```

代码2.21 二分查找算法（版本A）

为在有序向量区间[lo, hi)内查找元素e，该算法以中点mi = (lo + hi) / 2为界，将其大致平均地分为前、后两个子向量。随后通过一至两次比较操作，确定问题转化的方向。通过快捷的整数移位操作回避了相对更加耗时的除法运算。另外，通过引入lo、hi和mi等变量，将减

治算法通常的递归模式改成了迭代模式。

■ 实例

如图2.11左侧所示，设通过调用search(8, 0, 7)，在有序向量区间S[0, 7)内查找目标元素8。第一步迭代如图(a1)所示，取mi = (0 + 7)/2 = 3，经过1次失败的比较另加1次成功的比较后确认S[mi = 3] = 7 < 8，故深入后半段S[4, 7)。第二步迭代如图(a2)所示，取mi = (4 + 7)/2 = 5，经过1次成功的比较后确认8 < S[mi = 5] = 9，故深入前半段S[4, 5)。最后一步迭代如图(a3)所示，取mi = (4 + 5)/2 = 4，经过2次失败的比较后确认8 = S[mi = 4]。前后总共经过3步迭代和5次比较操作，最终通过返回合法的秩mi = 4，指示对目标元素8的查找在元素S[4]处成功命中。

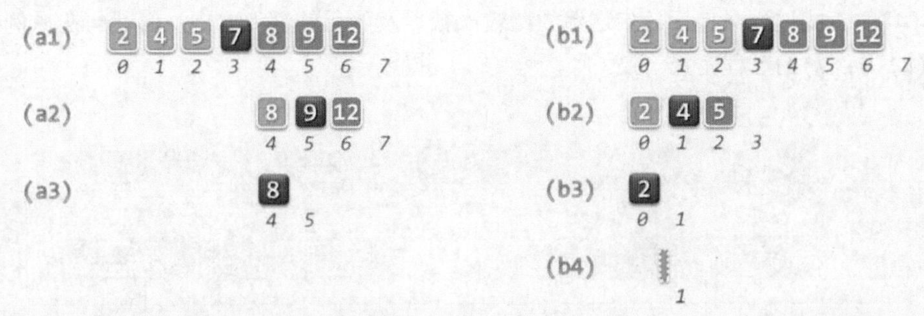

图2.11 二分查找算法（版本A）实例：search(8, 0, 7)成功，search(3, 0, 7)失败

再如图2.11右侧所示，设通过调用search(3, 0, 7)，在同一向量区间内查找目标元素3。第一步迭代如图(b1)所示，取mi = (0 + 7) / 2 = 3，经过1次成功的比较后确认3 < S[mi = 3] = 7，故深入前半段S[0, 3)。第二步迭代如图(b2)所示，取mi = (0 + 3) / 2 = 1，经过1次成功的比较后确认3 < S[mi = 1] = 4，故深入前半段S[0, 1)。第三步迭代如图(b3)所示，取mi = (0 + 1) / 2 = 0，经过1次失败的比较另加1次成功的比较后确认S[mi = 0] = 2 < 3，故深入“后半段”S[1, 1)。此时因为lo = 1 = hi，故最后一步迭代实际上并不会执行；while循环退出后，算法通过返回非法的秩-1指示查找失败。纵观整个查找过程，前后总共经过4步迭代和4次比较操作。

■ 复杂度

以上算法采取的策略可概括为，以“当前区间内居中的元素”作为目标元素的试探对象。从应对最坏情况的保守角度来看，这一策略是最优的——每一步迭代之后无论沿着哪个方向深入，新问题的规模都将缩小一半。因此，这一策略亦称作二分查找（binary search）。

也就是说，随着迭代的不断深入，有效的查找区间宽度将按1/2的比例以几何级数的速度递减。于是，经过至多$\log_2$(hi - lo)步迭代后，算法必然终止。鉴于每步迭代仅需常数时间，故总体时间复杂度不超过：

$$\mathcal{O}(\log_2(hi - lo)) = \mathcal{O}(\log n)$$

与代码2.10中顺序查找算法的$\mathcal{O}$(n)复杂度相比，$\mathcal{O}$(logn)几乎改进了一个线性因子。

■ 查找长度

以上迭代过程所涉及的计算，主要分为两类：元素的大小比较、秩的算术运算及其赋值。虽然二者均属于$\mathcal{O}$(1)复杂度的基本操作，但元素的秩无非是（无符号）整数，而向量元素的类型则通常更为复杂，甚至复杂到未必能够保证在常数时间内完成（习题[2-17]）。因此就时间复杂度的常系数而言，前一类计算的权重远远高于后者，而查找算法的整体效率也更主要地取决于其中所执行的元素大小比较操作的次数，即所谓查找长度（search length）。

通常，可针对查找成功或失败等情况，从最好、最坏和平均情况等角度，分别测算查找长度，并凭此对查找算法的总体性能做一评估。

■ 成功查找长度

对于长度为n的有序向量，共有n种可能的成功查找，分别对应于某一元素。实际上，每一种成功查找所对应的查找长度，仅取决于n以及目标元素所对应的秩，而与元素的具体数值无关。比如，回顾图2.11中的实例不难看出，无论怎样修改那7个元素的数值，只要它们依然顺序排列，则针对S[4]的查找过程（包括各步迭代的比较次数以及随后的深入方向）必然与在原例中执行search(8, 0, 7)的过程完全一致。

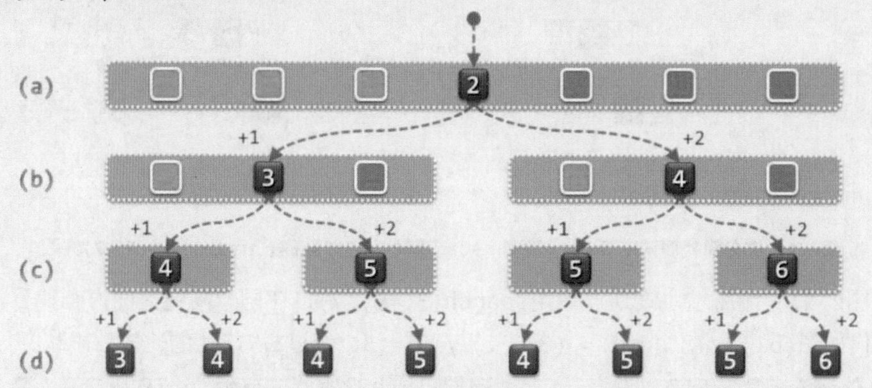

图2.12 二分查找算法（版本A）各种情况所对应的查找长度（成功、失败分别以红色、紫色节点示意）

当n = 7时由图2.12不难验证，各元素所对应的成功查找长度分别应为：

{ 4, 3, 5, 2, 5, 4, 6 }

若假定查找的目标元素按等概率分布，则平均查找长度即为：

(4 + 3 + 5 + 2 + 5 + 4 + 6) / 7 = 29 / 7 = 4.14

为了估计出一般情况下的成功查找长度，不失一般性地，仍在等概率条件下考查长度为$n = 2^k - 1$的有序向量，并将其对应的平均成功查找长度记作$c_{average}(k)$，将所有元素对应的查找长度总和记作$C(k) = c_{average}(k)\cdot(2^k - 1)$。

特别地，当k = 1时向量长度n = 1，成功查找仅有一种情况，故有边界条件：

$$c_{average}(1) = C(1) = 2$$

以下采用递推分析法。对于长度为$n = 2^k - 1$的有序向量，每步迭代都有三种可能的分支：经过1次成功的比较后，转化为一个规模为$2^{k-1} - 1$的新问题（图2.12中的左侧分支）；经2次失败的比较后，终止于向量中的某一元素，并确认在此处成功命中；经1次失败的比较另加1次成功的比较后，转化为另一个规模为$2^{k-1} - 1$的新问题（图2.12中的右侧分支）。

根据以上递推分析的结论，可得递推式如下：

$$C(k) = [C(k - 1) + (2^{k-1} - 1)] + 2 + [C(k - 1) + 2\times(2^{k-1} - 1)] \quad \text{（式2-1）}$$
$$= 2\cdot C(k - 1) + 3\cdot 2^{k-1} - 1$$

若令：

$$F(k) = C(k) - 3k \cdot 2^{k-1} - 1$$

则有：

$$F(1) = -2$$

$$F(k) = 2 \cdot F(k - 1) = 2^2 \cdot F(k - 2) = 2^3 \cdot F(k - 3) = ...$$

$$= 2^{k-1} \cdot F(1) = -2^k$$

于是：

$$C(k) = F(k) + 3k \times 2^{k-1} + 1$$

$$= -2^k + 3k \times 2^{k-1} + 1$$

$$= (3k/2 - 1) \cdot (2^k - 1) + 3k/2$$

进而：

$$c_{average}(k) = C(k) / (2^k - 1)$$

$$= 3k/2 - 1 + 3k/2/(2^k - 1)$$

$$= 3k/2 - 1 + \mathcal{O}(\varepsilon)$$

也就是说，若忽略末尾趋于收敛的波动项，平均查找长度应为：

$$\mathcal{O}(1.5k) = \mathcal{O}(1.5 \cdot \log_2 n)$$

■ 失败查找长度

按照代码2.21，失败查找的终止条件必然是“$lo \geq hi$”，也就是说，只有在有效区间宽度缩减至0时，查找方以失败告终。因此，失败查找的时间复杂度应为确定的$\Theta(\log n)$。

不难发现，就各步迭代后分支方向的组合而言，失败查找可能的情况，恰好比成功查找可能的情况多出一种。例如在图2.12中，失败查找共有7 + 1 = 8种可能。由图2.12不难验证，各种可能所对应的查找长度分别为：

{ 3, 4, 4, 5, 4, 5, 5, 6 }

其中，最好情况下需要做3次元素比较，最坏情况下需要做6次元素比较。若同样地假定待查找目标元素按等概率分布，则平均查找长度应为：

$$(3 + 4 + 4 + 5 + 4 + 5 + 5 + 6) / 8 = 36 / 8 = 4.50$$

仿照以上对平均成功查找长度的递推分析方法，不难证明（习题[2-20]），一般情况下的平均失败查找长度亦为$\mathcal{O}(1.5 \cdot \log_2 n)$。

■ 不足

尽管二分查找算法（版本A）即便在最坏情况下也可保证$\mathcal{O}(\log n)$的渐进时间复杂度，但就其常系数1.5而言仍有改进余地。以成功查找为例，即便是迭代次数相同的情况，对应的查找长度也不尽相等。究其根源在于，在每一步迭代中为确定左、右分支方向，分别需要做1次或2次元素比较，从而造成不同情况所对应查找长度的不均衡。尽管该版本从表面上看完全均衡，但我们通过以上细致的分析已经看出，最短和最长分支所对应的查找长度相差约两倍。

那么，能否实现更好的均衡呢？具体又应如何实现呢？

2.6.6 Fibonacci查找

■ 递推方程

递推方程法既是复杂度分析的重要方法，也是我们优化算法时确定突破口的有力武器。为改进以上二分查找算法的版本A，不妨从刻画查找长度随向量长度递推变化的式2-1入手。

实际上，最终求解所得到的平均复杂度，在很大程度上取决于这一等式。更准确地讲，主要取决于$(2^{k-1} - 1)$和$2 \times (2^{k-1} - 1)$两项，其中的$(2^{k-1} - 1)$为子向量的宽度，而系数1和2则是算法为深入前、后子向量，所需做的比较操作次数。以此前的二分查找算法版本A为例，之所以存在均衡性方面的缺陷，根源正在于这两项的大小不相匹配。

基于这一理解，不难找到解决问题的思路，具体地不外乎两种：

> 其一，调整前、后区域的宽度，适当地加长（缩短）前（后）子向量
> 其二，统一沿两个方向深入所需要执行的比较次数，比如都统一为一次

后一思路的实现将在稍后介绍，以下首先介绍前一思路的具体实现。

■ 黄金分割

实际上，减治策略本身并不要求子向量切分点mi必须居中，故按上述改进思路，不妨按黄金分割比来确定mi。为简化起见，不妨设向量长度n = fib(k) - 1。

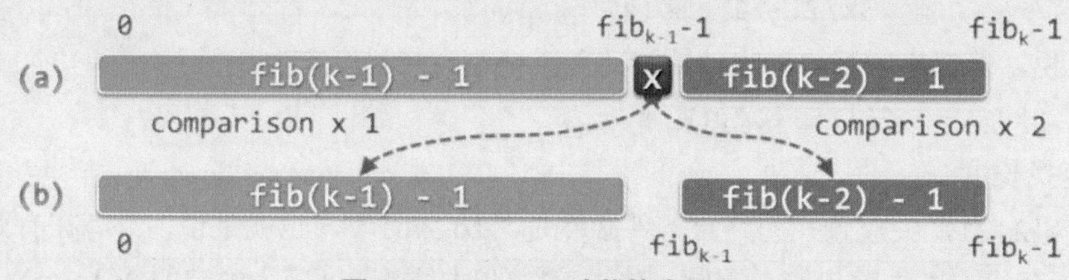

图2.13 Fibonacci查找算法原理

于是如图2.13所示，fibSearch(e, 0, n)查找可以mi = fib(k - 1) - 1作为前、后子向量的切分点。如此，前、后子向量的长度将分别是：

fib(k - 1) - 1

fib(k - 2) - 1 = (fib(k) - 1) - (fib(k - 1) - 1) - 1

于是，无论朝哪个方向深入，新向量的长度从形式上都依然是某个Fibonacci数减一，故这一处理手法可以反复套用，直至因在S[mi]处命中或向量长度收缩至零而终止。这种查找算法，亦称作Fibonacci查找（Fibonaccian search）。

■ 实现

按照以上思路，可实现Fibonacci查找算法如代码2.22所示。

```
1 #include "..\fibonacci\Fib.h" //引入Fib数列类
2 // Fibonacci查找算法（版本A）：在有序向量的区间[lo, hi)内查找元素e，0 <= lo <= hi <= _size
3 template <typename T> static Rank fibSearch ( T* A, T const& e, Rank lo, Rank hi ) {
4    Fib fib ( hi - lo ); //用O(log_phi(n = hi - lo)时间创建Fib数列
5    while ( lo < hi ) { //每步迭代可能要做两次比较判断，有三个分支
6       while ( hi - lo < fib.get() ) fib.prev(); //通过向前顺序查找（分摊O(1)）——至多迭代几次？
7       Rank mi = lo + fib.get() - 1; //确定形如Fib(k) - 1的轴点
8       if      ( e < A[mi] ) hi = mi; //深入前半段[lo, mi)继续查找
9       else if ( A[mi] < e ) lo = mi + 1; //深入后半段(mi, hi)继续查找
10      else                  return mi; //在mi处命中
11   } //成功查找可以提前终止
```

```
12     return -1; //查找失败
13 } //有多个命中元素时，不能保证返回秩最大者；失败时，简单地返回-1，而不能指示失败的位置
```

代码2.22 Fibonacci查找算法

算法主体框架与二分查找大致相同，主要区别在于以黄金分割点取代中点作为切分点。为此，需要借助Fib对象（习题[1-22]），实现对Fibonacci数的高效设置与获取。

尽管以下的分析多以长度为fib(k) - 1的向量为例，但这一实现完全可适用于长度任意的向量中的任意子向量。为此，只需在进入循环之前调用构造器Fib(n = hi - lo)，将初始长度设置为“不小于n的最小Fibonacci项”。这一步所需花费的$\mathcal{O}(\log_\Phi n)$时间，分摊到后续的$\mathcal{O}(\log_\Phi n)$步迭代中，并不影响算法整体的渐进复杂度。

■ 定性比较

可见，Fibonacci查找倾向于适当加长（缩短）需1次（2次）比较方可确定的前端（后端）子向量。故定性地粗略估计，应可（在常系数的意义上）进一步提高查找的效率。

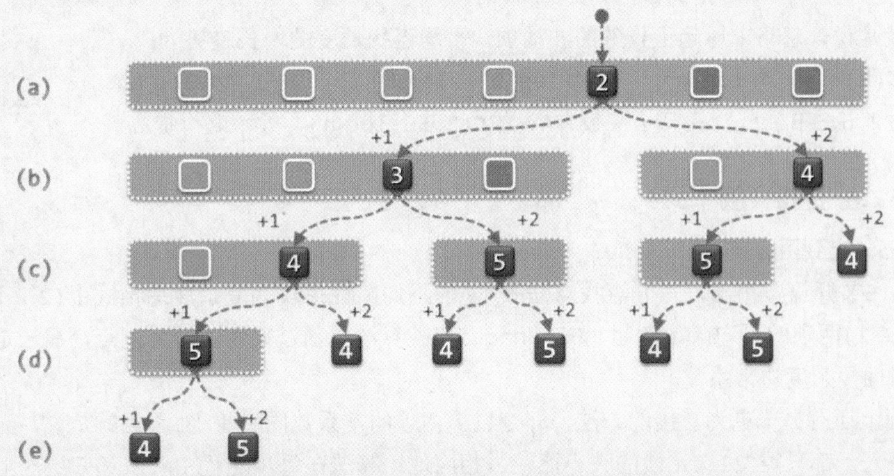

图2.14 Fibonacci查找算法各种情况所对应的查找长度（成功、失败分别以红色、紫色节点示意）

作为验证，不妨仍以n = fib(6) - 1 = 7为例，就平均查找长度与二分查找做一对比。

如图2.14所示，7种成功情况、8种失败情况的查找长度分别为：

{ 5, 4, 3, 5, 2, 5, 4 }

{ 4, 5, 4, 4, 5, 4, 5, 4 }

若依然假定各种情况出现的概率相等，则平均成功查找长度和平均失败查找长度应分别为：

(5 + 4 + 3 + 5 + 2 + 5 + 4) / 7 = 28 / 7 = 4.00

(4 + 5 + 4 + 4 + 5 + 4 + 5 + 4) / 8 = 35 / 8 = 4.38

相对于二分查找算法版本A实例（图2.12）的4.14和4.50，的确有所改进。

■ 定量分析

参照2.6.5节的方法，也可对Fibonacci查找算法的成功查找长度做出最更为精确的分析。其中关于最好、最坏情况的结论完全一致，故以下仅讨论等概率条件下的平均情况。

依然将长度为n = fib(k) - 1的有序向量的平均成功查找长度记作$c_{average}(k)$，将所有元素对应的查找长度总和记作$C(k) = c_{average}(k) \cdot (fib(k) - 1)$。

同理，可得边界条件及递推式如下：

$$c_{average}(2) = C(2) = 0$$

$$c_{average}(3) = C(3) = 2$$

$$C(k) = [\ C(k-1) + (fib(k-1) - 1)\ ] + 2 + [\ C(k-2) + 2\times(fib(k-2) - 1)\ ]$$
$$= C(k-2) + C(k-1) + fib(k-2) + fib(k) - 1$$

结合以上边界条件，可以解得：

$$C(k) \overset{①}{=} k\cdot fib(k) - fib(k+2) + 1$$
$$= (k - \Phi^2)\cdot fib(k) + 1 + \mathcal{O}(\varepsilon)$$

其中，$\Phi = (\sqrt{5} + 1) / 2 = 1.618$

于是

$$c_{average}(k) = C(k)/(fib(k) - 1)$$
$$= k - \Phi^2 + 1 + (k - \Phi^2)/(fib(k) - 1) + \mathcal{O}(\varepsilon)$$
$$= k - \Phi^2 + 1 + \mathcal{O}(\varepsilon)$$

也就是说，忽略末尾趋于收敛的波动项，平均查找长度的增长趋势为：

$$\mathcal{O}(k) = \mathcal{O}(\log_\Phi n) = \mathcal{O}(\log_\Phi 2 \cdot \log_2 n) = \mathcal{O}(1.44\cdot\log_2 n)$$

较之2.6.5节二分查找算法（版本A）的$\mathcal{O}(1.50\cdot\log_2 n)$，效率略有提高。

2.6.7 二分查找（版本B）

■ 从三分支到两分支

2.6.6节开篇曾指出，二分查找算法版本A的不均衡性体现为复杂度递推式中$(2^{k-1} - 1)$和$2\times(2^{k-1} - 1)$两项的不均衡。为此，Fibonacci查找算法已通过采用黄金分割点，在一定程度上降低了时间复杂度的常系数。

实际上还有另一更为直接的方法，即令以上两项的常系数同时等于1。也就是说，无论朝哪个方向深入，都只需做1次元素的大小比较。相应地，算法在每步迭代中（或递归层次上）都只有两个分支方向，而不再是三个。

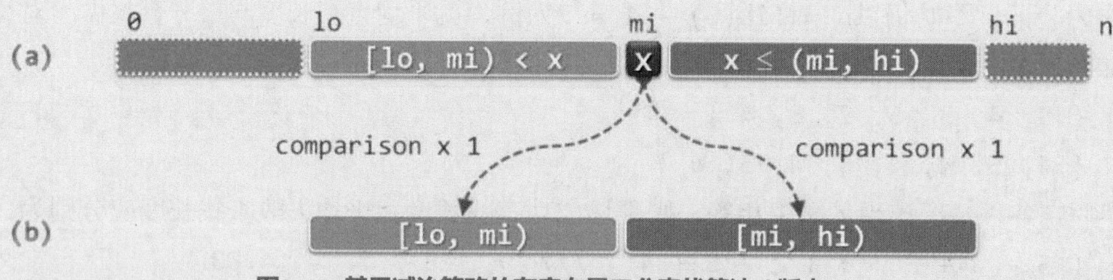

图2.15 基于减治策略的有序向量二分查找算法（版本B）

具体过程如图2.15所示，与二分查找算法的版本A基本类似。不同之处是，在每个切分点A[mi]处，仅做一次元素比较。具体地，若目标元素小于A[mi]，则深入前端子向量A[lo, mi)继续查找；否则，深入后端子向量A[mi, hi)继续查找。

① 令$F(k) = -C(k) + k\cdot fib(k) + 1$，则有$F(0) = 1$，$F(1) = 2$，$F(k) = F(k-1) + F(k-2) = fib(k+2)$

■ 实现

按照上述思路，可将二分查找算法改进为如代码2.23所示的版本B。

```
1 // 二分查找算法（版本B）：在有序向量的区间[lo, hi)内查找元素e，0 <= lo <= hi <= _size
2 template <typename T> static Rank binSearch ( T* A, T const& e, Rank lo, Rank hi ) {
3    while ( 1 < hi - lo ) { //每步迭代仅需做一次比较判断，有两个分支；成功查找不能提前终止
4       Rank mi = ( lo + hi ) >> 1; //以中点为轴点
5       ( e < A[mi] ) ? hi = mi : lo = mi; //经比较后确定深入[lo, mi)或[mi, hi)
6    } //出口时hi = lo + 1，查找区间仅含一个元素A[lo]
7    return ( e == A[lo] ) ? lo : -1 ; //查找成功时返回对应的秩；否则统一返回-1
8 } //有多个命中元素时，不能保证返回秩最大者；查找失败时，简单地返回-1，而不能指示失败的位置
```

代码2.23 二分查找算法（版本B）

请再次留意与代码2.21中版本A的差异。首先，每一步迭代只需判断是否e < A[mi]，即可相应地更新有效查找区间的右边界（hi = mi）或左边界（lo = mi）。另外，只有等到区间的宽度已不足2个单元时迭代才会终止，最后再通过一次比对判断查找是否成功。

■ 性能

尽管版本B中的后端子向量需要加入A[mi]，但得益于mi总是位于中央位置，整个算法$\mathcal{O}$(logn)的渐进复杂度不受任何影响。

在这一版本中，只有在向量有效区间宽度缩短至1个单元时算法才会终止，而不能如版本A那样，一旦命中就能及时返回。因此，最好情况下的效率有所倒退。当然，作为补偿，最坏情况下的效率相应地有所提高。实际上无论是成功查找或失败查找，版本B各分支的查找长度更加接近，故整体性能更趋稳定。

■ 进一步的要求

在更多细微之处，此前实现的二分查找算法（版本A和B）及Fibonacci查找算法仍有改进的余地。比如，当目标元素在向量中重复出现时，它们只能“随机”地报告其一——具体选取何者，取决于算法的分支策略以及当时向量的组成。然而在很多场合中，在重复元素之间往往会隐含地定义有某种优先级次序，而且算法调用者的确可能希望得到其中优先级最高者。比如按照表2.1中约定的语义，在同时有多个元素命中时，向量的search()接口应以它们的秩为优先级，并返回其中优先级最高（即最靠后者）。

这种进一步的要求并非多余。以有序向量的插入操作为例，若通过查找操作不仅能够确定可行的插入位置，而且能够在同时存在多个可行位置时保证返回其中的秩最大者，则不仅可以尽可能低减少需要移动的后继元素，更可保证重复的元素在向量中能够按照其插入的相对次序排列。对于向量的插入排序等算法（习题[3-8]）的稳定性而言，这一性质至关重要。

另外，对失败查找的处理方式也可以改进。查找失败时，以上算法都是简单地统一返回一个标识“-1”。同样地，若在插入新元素e之前通过查找确定适当的插入位置，则希望在查找失败时返回不大（小）于e的最后（前）一个元素，以便将e作为其后继（前驱）插入向量。同样地，此类约定也使得插入排序等算法的实现更为便捷和自然。

2.6.8 二分查找（版本C）

■ 实现

在版本B的基础上略作修改，即可得到如代码2.24所示二分查找算法的版本C。

```
1 // 二分查找算法（版本C）：在有序向量的区间[lo, hi)内查找元素e，0 <= lo <= hi <= _size
2 template <typename T> static Rank binSearch ( T* A, T const& e, Rank lo, Rank hi ) {
3    while ( lo < hi ) { //每步迭代仅需做一次比较判断，有两个分支
4       Rank mi = ( lo + hi ) >> 1; //以中点为轴点
5       ( e < A[mi] ) ? hi = mi : lo = mi + 1; //经比较后确定深入[lo, mi)或(mi, hi)
6    } //成功查找不能提前终止
7    return --lo; //循环结束时，lo为大于e的元素的最小秩，故lo - 1即不大于e的元素的最大秩
8 } //有多个命中元素时，总能保证返回秩最大者；查找失败时，能够返回失败的位置
```

代码2.24 二分查找算法（版本C）

该版本的主体结构与版本B一致，故不难理解，二者的时间复杂度相同。

■ 正确性

版本C与版本B的差异，主要有三点。首先，只有当有效区间的宽度缩短至0（而不是1）时，查找方告终止。另外，在每次转入后端分支时，子向量的左边界取作mi + 1而不是mi。

表面上看，后一调整存在风险——此时只能确定切分点A[mi] ≤ e，“贸然”地将A[mi]排除在进一步的查找范围之外，似乎可能因遗漏这些元素，而导致本应成功的查找以失败告终。

然而这种担心大可不必。通过数学归纳可以证明，版本C中的循环体，具有如下不变性：

A[0, lo)中的元素皆不大于e；A[hi, n)中的元素皆大于e

首次迭代时，lo = 0且hi = n，A[0, lo)和A[hi, n)均空，不变性自然成立。

如图2.16(a)所示，设在某次进入循环时以上不变性成立，以下无非两种情况。若e < A[mi]，则如图(b)，在令hi = mi并使A[hi, n)向左扩展之后，该区间内的元素皆不小于A[mi]，当然也仍然大于e。反之，若A[mi] ≤ e，则如图(c)，在令lo = mi + 1并使A[0, lo)向右拓展之后，该区间内的元素皆不大于A[mi]，当然也仍然不大于e。总之，上述不变性必然得以延续。

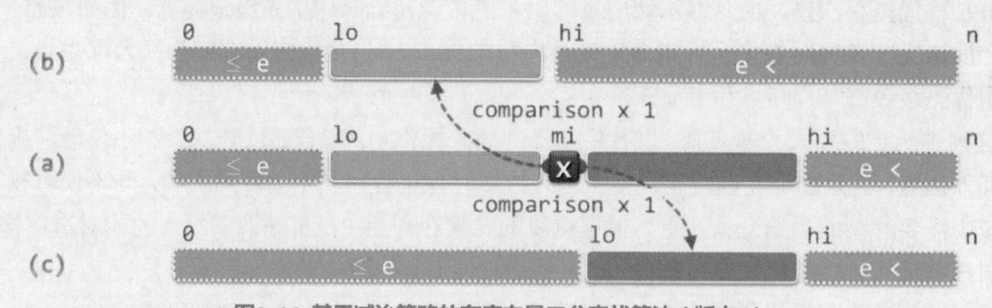

图2.16 基于减治策略的有序向量二分查找算法（版本C）

循环终止时，lo = hi。考查此时的元素A[lo - 1]和A[lo]：作为A[0, lo)内的最后一个元素，A[lo - 1]必不大于e；作为A[lo, n) = A[hi, n)内的第一个元素，A[lo]必大于e。也就是说，A[lo - 1]即是原向量中不大于e的最后一个元素。因此在循环结束之后，无论成功与否，只需返回lo - 1即可——这也是版本C与版本B的第三点差异。

§2.7 *排序与下界

2.7.1 有序性

从数据处理的角度看，有序性在很多场合都能够极大地提高计算的效率。以查找算法为例，对于无序向量，正如此前的分析结论，代码2.10中Vector::find()算法$\mathcal{O}(n)$的复杂度已属最优。而对于有序向量，代码2.20中Vector::search()接口的效率，则可优化到$\mathcal{O}(\log n)$。我们知道，为此需要借助二分查找策略，而之所以这一策略可行，正是因为所有元素已按次序排列。

2.7.2 排序及其分类

由以上介绍可见，有序向量的诸如查找等操作，效率远高于一般向量。因此在解决许多应用问题时我们普遍采用的一种策略就是，首先将向量转换为有序向量，再调用有序向量支持的各种高效算法。这一过程的本质就是向量的排序。为此，正如2.6.1节所指出的，向量元素之间必须能够定义某种全序关系，以保证它们可相互比较大小。

排序算法是个庞大的家族，可从多个角度对其中的成员进行分类。比如，根据其处理数据的规模与存储的特点不同，可分为内部排序算法和外部排序算法：前者处理的数据规模相对不大，内存足以容纳；后者处理的数据规模很大，必须将借助外部甚至分布式存储器，在排序计算过程的任一时刻，内存中只能容纳其中一小部分数据。

又如，根据输入形式的不同，排序算法也可分为离线算法（offline algorithm）和在线算法（online algorithm）。前一情况下，待排序的数据以批处理的形式整体给出；而在网络计算之类的环境中，待排序的数据通常需要实时生成，在排序算法启动后数据才陆续到达。再如，针对所依赖的体系结构不同，又可分为串行和并行两大类排序算法。另外，根据排序算法是否采用随机策略，还有确定式和随机式之分。

本书讨论的范围，主要集中于确定式串行脱机的内部排序算法。

2.7.3 下界

根据1.2.2节的分析，1.1.3节起泡排序算法的复杂度为$\mathcal{O}(n^2)$。那么，这一效率是否已经足够高？能否以更快的速度完成排序？实际上，在着手优化算法之前，这都是首先必须回答的问题。以下结合具体实例，从复杂度下界的角度介绍回答此类问题的一般性方法。

■ 苹果鉴别

考虑如下问题：三只苹果外观一样，其中两只重量相同另一只不同，利用一架天平如何从中找出重量不同的那只？一种直观的方法可以描述为算法2.1。

```
identifyApple(A, B, C)
输入：三只苹果A、B和C，其中两只重量相同，另一只不同
输出：找出重量不同的那只苹果
{
   称量A和B；若A和B重量相等，则返回C；
   称量A和C；若A和C重量相等，则返回B；
   否则，返回A；
}
```

算法2.1 从三个苹果中选出重量不同者

该算法的可行性、正确性毋庸置疑。该算法在最好情况下仅需执行一次比对操作，最坏情况下两次。那么，是否存在其它算法，即便在最坏情况下也至多只需一次比对呢？

■ 复杂度下界

尽管很多算法都可以优化，但有一个简单的事实却往往为人所忽略：对任一特定的应用问题，随着算法的不断改进，其效率的提高必然存在某一极限。毕竟，我们不能奢望不劳而获。这一极限不仅必然存在，而且其具体的数值，应取决于应用问题本身以及所采用的计算模型。

一般地，任一问题在最坏情况下的最低计算成本，即为该问题的复杂度下界（lower bound）。一旦某一算法的性能达到这一下界，即意味着它已是最坏情况下最优的（worst-case optimal）。可见，尽早确定一个问题的复杂度下界，对相关算法的优化无疑会有巨大的裨益。比如上例所提出的问题，就是从最坏情况的角度，质疑“2次比对操作”是否为解决这一问题的最低复杂度。

以下结合比较树模型，介绍界定问题复杂度下界的一种重要方法。

2.7.4 比较树

■ 基于比较的分支

如果用节点（圆圈）表示算法过程中的不同状态，用有方向的边（直线段或弧线段）表示不同状态之间的相互转换，就可以将以上算法2.1转化为图2.17的树形结构（第5章）。

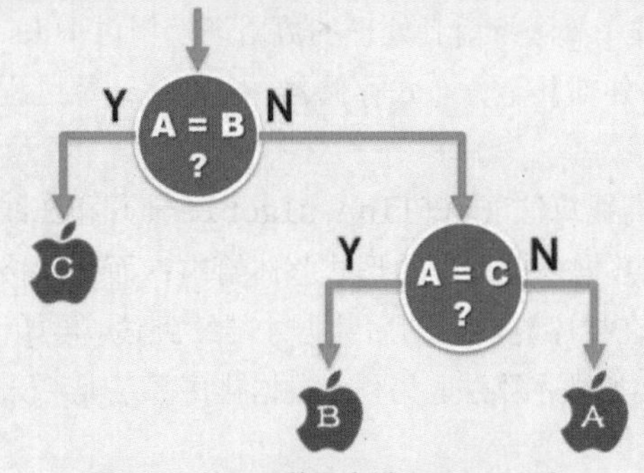

图2.17 从三只苹果中挑出重量不同者

这一转化方法也可以推广并应用于其它算法。一般地，树根节点对应于算法入口处的起始状态（如此处三个苹果已做好标记）；内部节点（即非末端节点，图中以白色大圈示意）对应于过程中的某步计算，通常属于基本操作；叶节点（即末端节点，图中以黑色小圈示意）则对应于经一系列计算后某次运行的终止状态。如此借助这一树形结构，可以涵盖对应算法所有可能的执行流程。

仍以图2.17为例，从根节点到叶节点C的路径对应于，在经过一次称量比较并确定A与B等重后，即可断定C是所要查找的苹果。再如，从根节点到叶节点B的路径对应于，在经过两次称量比较并确定A与B不等重、A与C等重之后，即可判定B是所要查找的苹果。

■ 比较树

算法所有可能的执行过程，都可涵盖于这一树形结构中。具体地，该树具有以下性质：

① 每一内部节点各对应于一次比对（称量）操作；

② 内部节点的左、右分支，分别对应于在两种比对结果（是否等重）下的执行方向；

③ 叶节点（或等效地，根到叶节点的路径）对应于算法某次执行的完整过程及输出；

④ 反过来，算法的每一运行过程都对应于从根到某一叶节点的路径。

按上述规则与算法相对应的树，称作比较树（comparison tree）。

不难理解，无论什么算法，只要其中的分支都如算法2.1那样，完全取决于不同变量或常量的比对或比较结果，则该算法所有可能的执行过程都可表示和概括为一棵比较树。反之，凡可如此描述的算法，都称作基于比较式算法（comparison-based algorithm），简称CBA式算法。比如在本书中，除散列之外的算法大多属于此类。

以下我们将看到，CBA式算法在最坏情况下的最低执行成本，可由对应的比较树界定。

2.7.5 估计下界

■ 最小树高

考查任一CBA式算法A，设CT(A)为与之对应的一棵比较树。

根据比较树的性质，算法A每一次运行所需的时间，将取决于其对应叶节点到根节点的距离（称作叶节点的深度）；而算法A在最坏情况下的运行时间，将取决于比较树中所有叶节点的最大深度（称作该树的高度，记作h(CT(A))）。因此就渐进的意义而言，算法A的时间复杂度应不低于Ω(h(CT(A)))。

对于存在CBA式算法的计算问题，既然其任一CBA式算法均对应于某棵比较树，该问题的复杂度下界就应等于这些比较树的最小高度。问题在于，如何估计这些比较树的最小高度呢？

为此，只需考查树中所含叶节点（可能的输出结果）的数目。具体地，在一棵高度为h的二叉树中，叶节点的数目不可能多于2^h。因此反过来，若某一问题的输出结果不少于N种，则比较树中叶节点也不可能少于N个，树高h不可能低于$\log_2 N$（习题[7-3]）。

■ 苹果鉴别

仍以算法2.1为例。就该问题而言，可能的输出结果共计N = 3种（不同的苹果分别为A、B或C），故解决该问题的任一CBA式算法所对应比较树的高度为：

$$h \geq \lceil \log_2 3 \rceil = 2$$

因此，只要是采用CBA式算法来求解该问题，则无论如何优化，在最坏情况下都至少需要2次称量——尽管最好情况下的确仍可能仅需1次。这也意味着，算法2.1虽平淡无奇，却已是解决苹果鉴别问题的最佳CBA式算法。

■ 排序

再以CBA式排序算法为例。就n个元素的排序问题而言，可能的输出共有N = n!种。与上例略有不同之处在于，元素之间不仅可以判等而且可以比较大小，故此时的比较树应属于三叉树，即每个内部节点都有三个分支（分别对应小于、相等和大于的情况）。不过，这并不影响上述分析方法的运用。按照以上思路，任一CBA式排序算法所对应比较树的高度应为：

$$h \geq \lceil \log_3(n!) \rceil = \lceil \log_3 e \cdot \ln(n!) \rceil =^{②} \Omega(n\log n)$$

可见，最坏情况下CBA式排序算法至少需要Ω(nlogn)时间，其中n为待排序元素数目。

需强调的是，这一Ω(nlogn)下界是针对比较树模型而言的。事实上，还有很多不属此类的排序算法（比如9.4.1节的桶排序算法和9.4.3节的基数排序算法），而且其中一些算法在最坏情况下的运行时间，有可能低于这一下界，但与上述结论并不矛盾。

§2.8 排序器

2.8.1 统一入口

鉴于排序在算法设计与实际应用中的重要地位和作用，排序操作自然应当纳入向量基本接口的范围。这类接口也是将无序向量转换为有序向量的基本方法和主要途径。

② 由Stirling逼近公式，$n! \sim \sqrt{2\pi n} \cdot (n/e)^n$

```
1 template <typename T> void Vector<T>::sort ( Rank lo, Rank hi ) { //向量区间[lo, hi)排序
2    switch ( rand() % 5 ) { //随机选取排序算法。可根据具体问题的特点灵活选取或扩充
3       case 1:  bubbleSort ( lo, hi ); break; //起泡排序
4       case 2:  selectionSort ( lo, hi ); break; //选择排序(习题)
5       case 3:  mergeSort ( lo, hi ); break; //归并排序
6       case 4:  heapSort ( lo, hi ); break; //堆排序(稍后介绍)
7       default: quickSort ( lo, hi ); break; //快速排序(稍后介绍)
8    }
9 }
```

代码2.25 向量排序器接口

针对任意合法向量区间的排序需求，代码2.25定义了统一的入口，并提供起泡排序、选择排序（习题[3-9]）、归并排序、堆排序（10.2.5节）和快速排序（12.1节）等多种算法。为便于测试和对比，这里暂以随机方式确定每次调用的具体算法。在了解这些算法各自所长之后，读者可结合各自具体的应用，根据实际需求灵活地加以选用。

以下先将起泡排序算法集成至向量ADT中，然后讲解归并排序算法的原理、实现。

2.8.2 起泡排序

起泡排序算法已在1.1.3节讲解并实现，这里只需将其集成至向量ADT中。

■ 起泡排序

```
1 template <typename T> //向量的起泡排序
2 void Vector<T>::bubbleSort ( Rank lo, Rank hi ) //assert: 0 <= lo < hi <= size
3 { while ( !bubble ( lo, hi-- ) ); } //逐趟做扫描交换，直至全序
```

代码2.26 向量的起泡排序

代码2.26给出了起泡排序算法的主体框架，其功能等效于代码1.1中的外层循环：反复调用单趟扫描交换算法，直至逆序现象完全消除。

■ 扫描交换

单趟扫描交换算法，可实现如代码2.27所示。

```
1 template <typename T> bool Vector<T>::bubble ( Rank lo, Rank hi ) { //一趟扫描交换
2   bool sorted = true; //整体有序标志
3   while ( ++lo < hi ) //自左向右，逐一检查各对相邻元素
4      if ( _elem[lo - 1] > _elem[lo] ) { //若逆序，则
5         sorted = false; //意味着尚未整体有序，并需要
6         swap ( _elem[lo - 1], _elem[lo] ); //通过交换使局部有序
7      }
8   return sorted; //返回有序标志
9 }
```

代码2.27 单趟扫描交换

该算法的功能等效于第5页代码1.1中bubblesort1A()的内层循环：依次比较各对相邻元素，每当发现逆序即令二者彼此交换；一旦经过某趟扫描之后未发现任何逆序的相邻元素，即意味着排序任务已经完成，则通过返回标志“sorted”，以便主算法及时终止。

■ 重复元素与稳定性

稳定性（stability）是对排序算法更为细致的要求，重在考查算法对重复元素的处理效果。具体地，在将向量A转换为有序向量S之后，设A[i]对应于S[k_i]。若对于A中每一对重复元素A[i] = A[j]（相应地S[k_i] = S[k_j]），都有i < j当且仅当k_i < k_j，则称该排序算法是稳定算法（stable algorithm）。简而言之，稳定算法的特征是，重复元素之间的相对次序在排序前后保持一致。反之，不具有这一特征的排序算法都是不稳定算法（unstable algorithm）。

比如，依此标准反观起泡排序可以发现，该算法过程中元素相对位置有所调整的唯一可能是，某元素_elem[i - 1]严格大于其后继_elem[i]。也就是说，在这种亦步亦趋的交换过程中，重复元素虽可能相互靠拢，但绝对不会相互跨越。由此可知，起泡排序属于稳定算法。

稳定的排序算法，可用以实现同时对多个关键码按照字典序的排序。比如，后面9.4.3节基数排序算法的正确性，就完全建立在桶排序稳定性的基础之上。

若需兼顾其它方面的性能，以上起泡排序仍有改进的余地（习题[2-25]）。

2.8.3 归并排序

■ 历史与发展

归并排序[③]（mergesort）的构思朴实却亦深刻，作为一个算法既古老又仍不失生命力。在排序算法发展的历史上，归并排序具有特殊的地位，它是第一个可以在最坏情况下依然保持$\mathcal{O}$(nlogn)运行时间的确定性排序算法。

时至今日，在计算机早期发展过程中曾经出现的一些难题在更大尺度上再次呈现，归并排序因此重新焕发青春。比如，早期计算机的存储能力有限，以至于高速存储器不能容纳所有的数据，或者只能使用磁带机或卡片之类的顺序存储设备，这些既促进了归并排序的诞生，也为该算法提供了施展的舞台。信息化无处不在的今天，我们再次发现，人类所拥有信息之庞大，不仅迫使我们更多地将它们存放和组织于分布式平台之上，而且对海量信息的处理也必须首先考虑，如何在跨节点的环境中高效地协同计算。因此在许多新算法和技术的背后，都可以看到归并排序的影子。

■ 有序向量的二路归并

与起泡排序通过反复调用单趟扫描交换类似，归并排序也可以理解为是通过反复调用所谓二路归并（2-way merge）算法而实现的。所谓二路归并，就是将两个有序序列合并成为一个有序序列。这里的序列既可以是向量，也可以是第3章将要介绍的列表，这里首先考虑有序向量。归并排序所需的时间，也主要决定于各趟二路归并所需时间的总和。

二路归并属于迭代式算法。每步迭代中，只需比较两个待归并向量的首元素，将小者取出并追加到输出向量的末尾，该元素在原向量中的后继则成为新的首元素。如此往复，直到某一向量为空。最后，将另一非空的向量整体接至输出向量的末尾。

③ 由冯•诺依曼于1945年在EDVAC上首次编程实现

如图2.18(a)所示，设拟归并的有序向量为{ 5, 8, 13, 21 }和{ 2, 4, 10, 29 }。

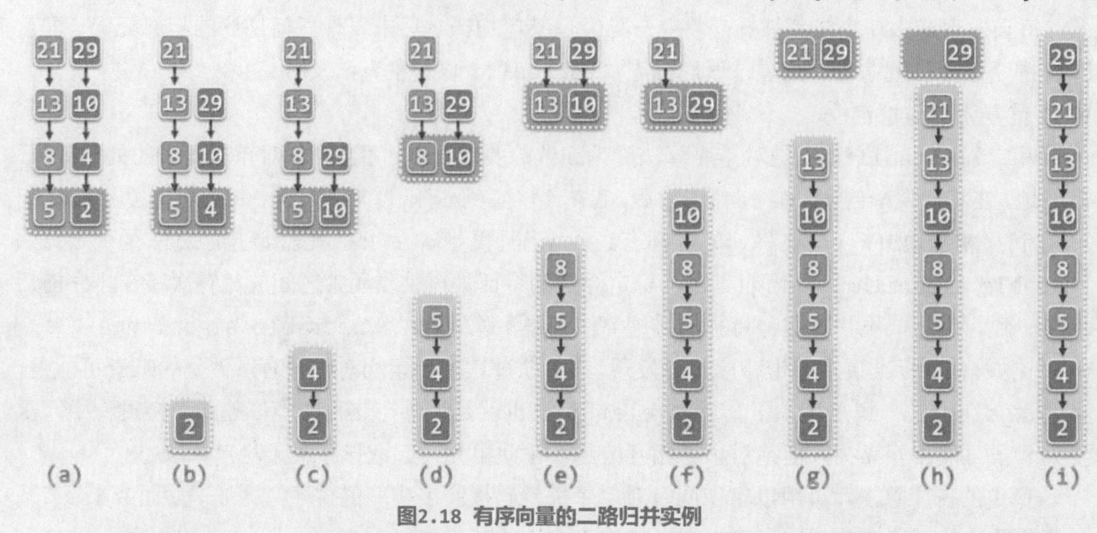

图2.18 有序向量的二路归并实例

第一步迭代经比较，取出右侧向量首元素2并归入输出向量，同时其首元素更新为4(图(b))。此后各步迭代均与此类似，都需比较首元素，将小者取出，并更新对应的首元素（图(c~h)）。如此，即可最终实现整体归并（图(i)）。

可见，二路归并算法在任何时刻只需载入两个向量的首元素，故除了归并输出的向量外，仅需要常数规模的辅助空间。另外，该算法始终严格地按顺序处理输入和输出向量，故特别适用于使用磁带机等顺序存储器的场合。

■ 分治策略

归并排序的主体结构属典型的分治策略，可递归地描述和实现如代码2.28所示。

```
1 template <typename T> //向量归并排序
2 void Vector<T>::mergeSort ( Rank lo, Rank hi ) { //0 <= lo < hi <= size
3    if ( hi - lo < 2 ) return; //单元素区间自然有序，否则...
4    int mi = ( lo + hi ) / 2; //以中点为界
5    mergeSort ( lo, mi ); mergeSort ( mi, hi ); //分别排序
6    merge ( lo, mi, hi ); //归并
7 }
```

代码2.28 向量的归并排序

可见，为将向量S[lo, hi)转换为有序向量，可以均匀地将其划分为两个子向量：

S[lo, mi) = { S[lo], S[lo+1], ..., S[mi-1] }

S[mi, hi) = { S[mi], S[mi+1], ..., S[hi-1] }

以下，只要通过递归调用将二者分别转换为有序向量，即可借助以上的二路归并算法，得到与原向量S对应的整个有序向量。

请注意，这里的递归终止条件是当前向量长度：

n = hi - lo = 1

既然仅含单个元素的向量必然有序，这一处理分支自然也就可以作为递归基。

■ 实例

归并算法的一个完整实例，如图2.19所示。从递归的角度，也可将图2.19看作对该算法的递归跟踪，其中绘出了所有的递归实例，并按照递归调用关系将其排列成一个层次化结构。

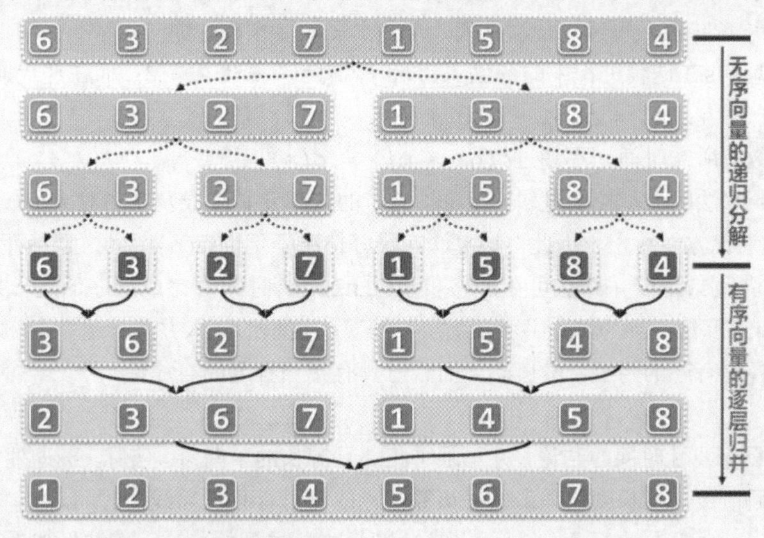

图2.19 归并排序实例：S = { 6, 3, 2, 7, 1, 5, 8, 4 }

可以看出，上半部分对应于递归的不断深入过程：不断地均匀划分（子）向量，直到其规模缩减至1从而抵达递归基。此后如图中下半部分所示，开始递归返回。通过反复调用二路归并算法，相邻且等长的子向量不断地捉对合并为规模更大的有序向量，直至最终得到整个有序向量。由此可见，归并排序可否实现、可否高效实现，关键在于二路归并算法。

■ 二路归并接口的实现

针对有序向量结构，代码2.29给出了二路归并算法的一种实现。

```
1 template <typename T> //有序向量的归并
2 void Vector<T>::merge ( Rank lo, Rank mi, Rank hi ) { //各自有序的子向量[lo, mi)和[mi, hi)
3    T* A = _elem + lo; //合并后的向量A[0, hi - lo) = _elem[lo, hi)
4    int lb = mi - lo; T* B = new T[lb]; //前子向量B[0, lb) = _elem[lo, mi)
5    for ( Rank i = 0; i < lb; B[i] = A[i++] ); //复制前子向量
6    int lc = hi - mi; T* C = _elem + mi; //后子向量C[0, lc) = _elem[mi, hi)
7    for ( Rank i = 0, j = 0, k = 0; ( j < lb ) || ( k < lc ); ) { //B[j]和C[k]中的小者续至A末尾
8       if ( ( j < lb ) && ( ! ( k < lc ) || ( B[j] <= C[k] ) ) ) A[i++] = B[j++];
9       if ( ( k < lc ) && ( ! ( j < lb ) || ( C[k] <  B[j] ) ) ) A[i++] = C[k++];
10   }
11   delete [] B; //释放临时空间B
12 } //归并后得到完整的有序向量[lo, hi)
```

代码2.29 有序向量的二路归并

这里约定，参与归并的子向量在原向量中总是前、后相邻的，故借助三个入口参数即可界定其范围[lo, mi)和[mi, hi)。另外，为保证归并所得的子向量能够原地保存以便继续参与更高层的归并，这里使用了临时数组B[]存放前一向量[lo, mi)的副本（习题[2-28]）。

■ 归并时间

不难看出，以上二路归并算法merge()的渐进时间成本，取决于其中循环迭代的总次数。

实际上，每经过一次迭代，B[j]和C[k]之间的小者都会被移出并接至A的末尾（习题[2-29]和[2-30]）。这意味着，每经过一次迭代，总和s = j + k都会加一。

考查这一总和s在迭代过程中的变化。初始时，有s = 0 + 0 = 0；而在迭代期间，始终有：

$$s < lb + lc = (mi - lo) + (hi - mi) = hi - lo$$

因此，迭代次数及所需时间均不超过$\mathcal{O}(hi - mi) = \mathcal{O}(n)$。

反之，按照算法的流程控制逻辑，无论子向量的内部元素组成及其相对大小如何，只有待到s = hi - lo时迭代方能终止。因此，该算法在最好情况下仍需$\Omega(n)$时间，概括而言应为$\Theta(n)$。

请注意，借助二路归并算法可在严格少于$\Omega(nlogn)$时间内完成排序的这一事实，与此前2.7.3节关于排序算法下界的结论并不矛盾——毕竟，这里的输入并非一组完全随机的元素，而是已经划分为各自有序的两组，故就总体而言已具有相当程度的有序性。

■ 推广

二路归并只需线性时间的结论，并不限于相邻且等长的子向量。实际上，即便子向量在物理空间上并非前后衔接，且长度相差悬殊，该算法也依然可行且仅需线性时间。

更重要地，正如我们在后面（82页代码3.22）将要看到的，这一算法框架也可应用于另一类典型的序列结构——列表——而且同样可以达到线性的时间效率。

■ 排序时间

那么，基于以上二路归并的线性算法，归并排序算法的时间复杂度又是多少呢？

不妨采用递推方程分析法，为此首先将归并排序算法处理长度为n的向量所需的时间记作T(n)。根据算法构思与流程，为对长度为n的向量归并排序，需递归地对长度各为n/2的两个子向量做归并排序，再花费线性时间做一次二路归并。如此，可得以下递推关系：

$$T(n) = 2\times T(n/2) + \mathcal{O}(n)$$

另外，当子向量长度缩短到1时，递归即可终止并直接返回该向量。故有边界条件

$$T(1) = \mathcal{O}(1)$$

联立以上递推式，可以解得（习题[2-26]）：

$$T(n) = \mathcal{O}(nlogn)$$

也就是说，归并排序算法可在$\mathcal{O}(nlogn)$时间内对长度为n的向量完成排序。因二路归并算法的效率稳定在$\Theta(n)$，故更准确地讲，归并排序算法的时间复杂度应为$\Theta(nlogn)$。

实际上，利用图2.19中算法整个执行过程的递归跟踪图，也可殊途同归。为此只需如该图所示，按照规模大小将各递归实例分层排列。既然每次二路归并均只需线性时间，故同层的所有二路归并累计也只需线性时间（当然，这两个“线性”的含义不同：前者是指线性正比于一对待归并子向量长度之和，后者则是指线性正比于所有参与归并的子向量长度之和）。由图不难看出，原向量中每个元素在同一层次恰好出现一次，故同层递归实例所消耗时间之和应为$\Theta(n)$。另外，递归实例的规模以2为倍数按几何级数逐层变化，故共有$\Theta(\log_2 n)$层，共计$\Theta(nlogn)$时间。

第3章

列表

上一章介绍的向量结构中，各数据项的物理存放位置与逻辑次序完全对应，故可通过秩直接访问对应的元素，此即所谓“循秩访问”（call-by-rank）。这种访问方式，如同根据具体的城市名、街道名和门牌号，直接找到某人。本章将要介绍的列表，与向量同属序列结构的范畴，其中的元素也构成一个线性逻辑次序；但与向量极为不同的是，元素的物理地址可以任意。

为保证对列表元素访问的可行性，逻辑上互为前驱和后继的元素之间，应维护某种索引关系。这种索引关系，可抽象地理解为被索引元素的位置（position），故列表元素是“循位置访问”（call-by-position）的；也可形象地理解为通往被索引元素的链接（link），故亦称作“循链接访问”（call-by-link）。这种访问方式，如同通过你的某位亲朋，找到他/她的亲朋、亲朋的亲朋、...。注意，向量中的秩同时对应于逻辑和物理次序，而位置仅对应于逻辑次序。

本章的讲解，将围绕列表结构的高效实现逐步展开，包括其ADT接口规范以及对应的算法。此外还将针对有序列表，系统地介绍排序等经典算法，并就其性能做一分析和对比。

§3.1 从向量到列表

不同数据结构内部的存储与组织方式各异，其操作接口的使用方式及时空性能也不尽相同。在设计或选用数据结构时，应从实际应用的需求出发，先确定功能规范及性能指标。比如，引入列表结构的目的，就在于弥补向量结构在解决某些应用问题时，在功能及性能方面的不足。二者之间的差异，表面上体现于对外的操作方式，但根源则在于其内部存储方式的不同。

3.1.1 从静态到动态

数据结构支持的操作，通常无非静态和动态两类：前者仅从中获取信息，后者则会修改数据结构的局部甚至整体。以第2章基于数组实现的向量结构为例，其size()和get()等静态操作均可在常数时间内完成，而insert()和remove()等动态操作却都可能需要线性时间。究其原因，在于“各元素物理地址连续”的约定——此即所谓的“静态存储”策略。

得益于这种策略，可在$\mathcal{O}(1)$时间内由秩确定向量元素的物理地址；但反过来，在添加（删除）元素之前（之后），又不得不移动$\mathcal{O}(n)$个后继元素。可见，尽管如此可使静态操作的效率达到极致，但就动态操作而言，局部的修改可能引起大范围甚至整个数据结构的调整。

列表（list）结构尽管也要求各元素在逻辑上具有线性次序，但对其物理地址却未作任何限制——此即所谓“动态存储”策略。具体地，在其生命期内，此类数据结构将随着内部数据的需要，相应地分配或回收局部的数据空间。如此，元素之间的逻辑关系得以延续，却不必与其物理次序相关。作为补偿，此类结构将通过指针或引用等机制，来确定各元素的实际物理地址。

例如，链表（linked list）就是一种典型的动态存储结构。其中的数据，分散为一系列称作节点（node）的单位，节点之间通过指针相互索引和访问。为了引入新节点或删除原有节点，只需在局部，调整少量相关节点之间的指针。这就意味着，采用动态存储策略，至少可以大大降低动态操作的成本。

3.1.2 由秩到位置

改用以上动态存储策略之后，在提高动态操作效率的同时，却又不得不舍弃原静态存储策略中循秩访问的方式，从而造成静态操作性能的下降。

以采用动态存储策略的线性结构（比如链表）为例。尽管按照逻辑次序，每个数据元素依然具有秩这一指标，但为了访问秩为r的元素，我们只能顺着相邻元素之间的指针，从某一端出发逐个扫描各元素，经过r步迭代后才能确定该元素的物理存储位置。这意味着，原先只需$\mathcal{O}(1)$时间的静态操作，此时的复杂度也将线性正比于被访问元素的秩，在最坏情况下等于元素总数n；即便在各元素被访问概率相等的情况下，平均而言也需要$\mathcal{O}(n)$时间。

对数据结构的访问方式，应与其存储策略相一致。此时，既然继续延用循秩访问的方式已非上策，就应更多地习惯于通过位置，来指代并访问动态存储结构中的数据元素。与向量中秩的地位与功能类似，列表中的位置也是指代各数据元素的一个标识性指标，借助它可以便捷地（比如在常数时间内）得到元素的物理存储地址。各元素的位置，通常可表示和实现为联接于元素之间的指针或引用。因此，基于此类结构设计算法时，应更多地借助逻辑上相邻元素之间的位置索引，以实现对目标元素的快速定位和访问，并进而提高算法的整体效率。

3.1.3 列表

与向量一样，列表也是由具有线性逻辑次序的一组元素构成的集合：

$$L = \{ a_0, a_1, ..., a_{n-1} \}$$

列表是链表结构的一般化推广，其中的元素称作节点（node），分别由特定的位置或链接指代。与向量一样，在元素之间，也可定义前驱、直接前驱，以及后继、直接后继等关系；相对于任意元素，也有定义对应的前缀、后缀等子集。

§3.2 接口

如上所述，作为列表的基本组成单位，列表节点除需保存对应的数据项，还应记录其前驱和后继的位置，故需将这些信息及相关操作组成列表节点对象，然后参与列表的构建。

本节将给出列表节点类与列表类的接口模板类描述，稍后逐一讲解各接口的具体实现。

3.2.1 列表节点

■ **ADT接口**

作为一种抽象数据类型，列表节点对象应支持以下操作接口。

表3.1 列表节点ADT支持的操作接口

操作接口	功能
data()	当前节点所存数据对象
pred()	当前节点前驱节点的位置
succ()	当前节点后继节点的位置
insertAsPred(e)	插入前驱节点，存入被引用对象e，返回新节点位置
insertAsSucc(e)	插入后继节点，存入被引用对象e，返回新节点位置

■ ListNode模板类

按照表3.1所定义的ADT接口，可定义列表节点模板类如代码3.1所示。出于简洁与效率的考虑，这里并未对ListNode对象做封装处理。列表节点数据项的类型，通过模板参数T指定。

```
1 typedef int Rank; //秩
2 #define ListNodePosi(T) ListNode<T>* //列表节点位置
3
4 template <typename T> struct ListNode { //列表节点模板类（以双向链表形式实现）
5 // 成员
6    T data; ListNodePosi(T) pred; ListNodePosi(T) succ; //数值、前驱、后继
7 // 构造函数
8    ListNode() {} //针对header和trailer的构造
9    ListNode ( T e, ListNodePosi(T) p = NULL, ListNodePosi(T) s = NULL )
10      : data ( e ), pred ( p ), succ ( s ) {} //默认构造器
11 // 操作接口
12   ListNodePosi(T) insertAsPred ( T const& e ); //紧靠当前节点之前插入新节点
13   ListNodePosi(T) insertAsSucc ( T const& e ); //紧随当前节点之后插入新节点
14 };
```

代码3.1 列表节点模板类[①]

每个节点都存有数据对象data。为保证叙述简洁，在不致歧义的前提下，本书将不再区分节点及其对应的data对象。此外，每个节点还设有指针pred和succ，分别指向其前驱和后继。

为了创建一个列表节点对象，只需根据所提供的参数，分别设置节点内部的各个变量。其中前驱、后继节点的位置指针若未予指定，则默认取作NULL。

3.2.2 列表

■ ADT接口

作为一种抽象数据类型，列表对象应支持以下操作接口。

表3.2 列表ADT支持的操作接口

操作接口	功能	适用对象
size()	报告列表当前的规模（节点总数）	列表
first()、last()	返回首、末节点的位置	列表
insertAsFirst(e) insertAsLast(e)	将e当作首、末节点插入	列表
insertA(p, e) insertB(p, e)	将e当作节点p的直接后继、前驱插入	列表

① 请注意，这里所"定义"的ListNodePosi(T)并非真正意义上"列表节点位置"类型。
巧合的是，就在本书第1版即将付印之际，C++.0x标准终于被ISO接纳。
新标准所拓展的特性之一，就是对模板别名（template alias）等语法形式的支持。因此可以期望在不久的将来，C++编译器将能够支持如下更为直接和简明的描述和实现：

```
template <typename T> typedef ListNode<T>* ListNodePosi;
```

操作接口	功能	适用对象
remove(p)	删除位置p处的节点，返回其数值	列表
disordered()	判断所有节点是否已按非降序排列	列表
sort()	调整各节点的位置，使之按非降序排列	列表
find(e)	查找目标元素e，失败时返回NULL	列表
search(e)	查找目标元素e，返回不大于e且秩最大的节点	有序列表
deduplicate()	剔除重复节点	列表
uniquify()	剔除重复节点	有序列表
traverse()	遍历并统一处理所有节点，处理方法由函数对象指定	列表

请留意用以指示插入和删除操作位置的节点p。这里约定，它或者在此前经查找已经确定，或者从此前的其它操作返回或沿用。这些也是列表类结构的典型操作方式。

这里也设置一个disordered()接口，以判断列表是否已经有序。同时，也分别针对有序和无序列表，提供了去重操作的两个版本（deduplicate()和uniquify()），以及查找操作的两个版本（find()和search()）。与向量一样，有序列表的唯一化，比无序列表效率更高。然而正如我们将要看到的，由于只能通过位置指针以局部移动的方式访问节点，尽管有序列表中节点在逻辑上始终按照大小次序排列，其查找操作的效率并没有实质改进（习题[3-1]）。

■ List模板类

按照表3.2定义的ADT接口，可定义List模板类如下。

```
1 #include "listNode.h" //引入列表节点类
2
3 template <typename T> class List { //列表模板类
4
5 private:
6    int _size; ListNodePosi(T) header; ListNodePosi(T) trailer; //规模、头哨兵、尾哨兵
7
8 protected:
9    void init(); //列表创建时的初始化
10   int clear(); //清除所有节点
11   void copyNodes ( ListNodePosi(T), int ); //复制列表中自位置p起的n项
12   void merge ( ListNodePosi(T)&, int, List<T>&, ListNodePosi(T), int ); //归并
13   void mergeSort ( ListNodePosi(T)&, int ); //对从p开始连续的n个节点归并排序
14   void selectionSort ( ListNodePosi(T), int ); //对从p开始连续的n个节点选择排序
15   void insertionSort ( ListNodePosi(T), int ); //对从p开始连续的n个节点插入排序
16
17 public:
18 // 构造函数
19   List() { init(); } //默认
20   List ( List<T> const& L ); //整体复制列表L
21   List ( List<T> const& L, Rank r, int n ); //复制列表L中自第r项起的n项
22   List ( ListNodePosi(T) p, int n ); //复制列表中自位置p起的n项
```

```
23 // 析构函数
24     ~List(); //释放（包含头、尾哨兵在内的）所有节点
25 // 只读访问接口
26     Rank size() const { return _size; } //规模
27     bool empty() const { return _size <= 0; } //判空
28     T& operator[] ( Rank r ) const; //重载，支持循秩访问（效率低）
29     ListNodePosi(T) first() const { return header->succ; } //首节点位置
30     ListNodePosi(T) last() const { return trailer->pred; } //末节点位置
31     bool valid ( ListNodePosi(T) p ) //判断位置p是否对外合法
32     { return p && ( trailer != p ) && ( header != p ); } //将头、尾节点等同于NULL
33     int disordered() const; //判断列表是否已排序
34     ListNodePosi(T) find ( T const& e ) const //无序列表查找
35     { return find ( e, _size, trailer ); }
36     ListNodePosi(T) find ( T const& e, int n, ListNodePosi(T) p ) const; //无序区间查找
37     ListNodePosi(T) search ( T const& e ) const //有序列表查找
38     { return search ( e, _size, trailer ); }
39     ListNodePosi(T) search ( T const& e, int n, ListNodePosi(T) p ) const; //有序区间查找
40     ListNodePosi(T) selectMax ( ListNodePosi(T) p, int n ); //在p及其n-1个后继中选出最大者
41     ListNodePosi(T) selectMax() { return selectMax ( header->succ, _size ); } //整体最大者
42 // 可写访问接口
43     ListNodePosi(T) insertAsFirst ( T const& e ); //将e当作首节点插入
44     ListNodePosi(T) insertAsLast ( T const& e ); //将e当作末节点插入
45     ListNodePosi(T) insertA ( ListNodePosi(T) p, T const& e ); //将e当作p的后继插入
46     ListNodePosi(T) insertB ( ListNodePosi(T) p, T const& e ); //将e当作p的前驱插入
47     T remove ( ListNodePosi(T) p ); //删除合法位置p处的节点,返回被删除节点
48     void merge ( List<T>& L ) { merge ( first(), size, L, L.first(), L._size ); } //全列表归并
49     void sort ( ListNodePosi(T) p, int n ); //列表区间排序
50     void sort() { sort ( first(), _size ); } //列表整体排序
51     int deduplicate(); //无序去重
52     int uniquify(); //有序去重
53     void reverse(); //前后倒置（习题）
54 // 遍历
55     void traverse ( void (* ) ( T& ) ); //遍历，依次实施visit操作（函数指针，只读或局部性修改）
56     template <typename VST> //操作器
57     void traverse ( VST& ); //遍历，依次实施visit操作（函数对象，可全局性修改）
58 }; //List
```


代码3.2 列表模板类

由代码3.2可见，列表结构的实现方式与第2章的向量结构颇为相似：通过模板参数T指定列表元素的类型（同时亦为代码3.1中列表节点数据项的类型）；在内部设置私有变量以记录当前规模等状态信息；基于多种排序算法提供统一的sort()接口，以将列表转化为有序列表。

以下，分别介绍列表的内部结构、基本接口，以及主要算法的具体实现。

§3.3 列表

3.3.1 头、尾节点

List对象的内部组成及逻辑结构如图3.1所示，其中私有的头节点（header）和尾节点（trailer）始终存在，但对外并不可见。对外部可见的数据节点如果存在，则其中的第一个和最后一个节点分别称作首节点（first node）和末节点（last node）。

图3.1 首（末）节点是头（尾）节点的直接后继（前驱）

就内部结构而言，头节点紧邻于首节点之前，尾节点紧邻于末节点之后。这类经封装之后从外部不可见的节点，称作哨兵节点（sentinel node）。由代码3.2中List::valid()关于合法节点位置的判别准则可见，此处的两个哨兵节点从外部被等效地视作NULL。

设置哨兵节点之后，对于从外部可见的任一节点而言，其前驱和后继在列表内部都必然存在，故可简化算法的描述与实现。比如，在代码3.2中为实现first()和last()操作，只需直接返回header->succ或trailer->pred。此外更重要地，哨兵节点的引入，也使得相关算法不必再对各种边界退化情况做专门的处理，从而避免出错的可能，我们稍后将对此有更实际的体会。

尽管哨兵节点也需占用一定的空间，但只不过是常数规模，其成本远远低于由此带来的便利。

3.3.2 默认构造方法

创建List对象时，默认构造方法将调用如代码3.3所示的统一初始化过程init()，在列表内部创建一对头、尾哨兵节点，并适当地设置其前驱、后继指针构成一个双向链表。

```
1 template <typename T> void List<T>::init() { //列表初始化，在创建列表对象时统一调用
2    header = new ListNode<T>; //创建头哨兵节点
3    trailer = new ListNode<T>; //创建尾哨兵节点
4    header->succ = trailer; header->pred = NULL;
5    trailer->pred = header; trailer->succ = NULL;
6    _size = 0; //记录规模
7 }
```

代码3.3 列表类内部方法init()

如图3.2所示，该链表对外的有效部分初始为空，哨兵节点对外不可见，此后引入的新节点都将陆续插入于这一对哨兵节点之间。

图3.2 刚创建的List对象

在列表的其它构造方法中，内部变量的初始化过程与此相同，因此都可统一调用init()过程。该过程仅涉及常数次基本操作，共需运行常数时间。

3.3.3 由秩到位置的转换

鉴于偶尔可能需要通过秩来指定列表节点，可通过重载操作符“[]”，提供一个转换接口。

```
1 template <typename T> //重载下标操作符，以通过秩直接访问列表节点（虽方便，效率低，需慎用）
2 T& List<T>::operator[] ( Rank r ) const { //assert: 0 <= r < size
3    ListNodePosi(T) p = first(); //从首节点出发
4    while ( 0 < r-- ) p = p->succ; //顺数第r个节点即是
5    return p->data; //目标节点，返回其中所存元素
6 }
```

代码3.4 重载列表类的下标操作符

具体地如代码3.4所示，为将任意指定的秩r转换为列表中对应的元素，可从首节点出发，顺着后继指针前进r步。只要秩r合法，该算法的正确性即一目了然。其中每步迭代仅需常数时间，故该算法的总体运行时间应为$\mathcal{O}$(r + 1)，线性正比于目标节点的秩。

相对于向量同类接口的$\mathcal{O}$(1)复杂度，列表的这一效率十分低下——其根源在于，列表元素的存储和访问方式已与向量截然不同。诚然，当r大于n/2时，从trailer出发沿pred指针逆行查找，可以在一定程度上减少迭代次数，但就总体的平均效率而言，这一改进并无实质意义。

3.3.4 查找

■ 实现

在代码3.2中，列表ADT针对整体和区间查找，重载了操作接口find(e)和find(e, p, n)。其中，前者作为特例，可以直接调用后者。因此，只需如代码3.5所示，实现后一接口。

```
1 template <typename T> //在无序列表内节点p（可能是trailer）的n个（真）前驱中，找到等于e的最后者
2 ListNodePosi(T) List<T>::find ( T const& e, int n, ListNodePosi(T) p ) const {
3    while ( 0 < n-- ) //（0 <= n <= rank(p) < _size）对于p的最近的n个前驱，从右向左
4       if ( e == ( p = p->pred )->data ) return p; //逐个比对，直至命中或范围越界
5    return NULL; //p越出左边界意味着区间内不含e，查找失败
6 } //失败时，返回NULL
```

代码3.5 无序列表元素查找接口find()

■ 复杂度

以上算法的思路及过程，与无序向量的顺序查找算法Vector::find()（代码2.10）相仿，故时间复杂度也应是$\mathcal{O}$(n)，线性正比于查找区间的宽度。

3.3.5 插入

■ 接口

为将节点插至列表，可视具体要求的不同，在代码3.6所提供的多种接口中灵活选用。

```
1 template <typename T> ListNodePosi(T) List<T>::insertAsFirst ( T const& e )
2 {  _size++; return header->insertAsSucc ( e );  } //e当作首节点插入
3
```

```
4 template <typename T> ListNodePosi(T) List<T>::insertAsLast ( T const& e )
5 {  _size++; return trailer->insertAsPred ( e );  } //e当作末节点插入
6
7 template <typename T> ListNodePosi(T) List<T>::insertA ( ListNodePosi(T) p, T const& e )
8 {  _size++; return p->insertAsSucc ( e );  } //e当作p的后继插入（After）
9
10 template <typename T> ListNodePosi(T) List<T>::insertB ( ListNodePosi(T) p, T const& e )
11 {  _size++; return p->insertAsPred ( e );  } //e当作p的前驱插入（Before）
```

代码3.6 列表节点插入接口

可见，这些接口的实现，都可转化为列表节点对象的前插入或后插入接口。

■ 前插入

将新元素e作为当前节点的前驱插至列表的过程，可描述和实现如代码3.7所示。

```
1 template <typename T> //将e紧靠当前节点之前插入于当前节点所属列表（设有哨兵头节点header）
2 ListNodePosi(T) ListNode<T>::insertAsPred ( T const& e ) {
3    ListNodePosi(T) x = new ListNode ( e, pred, this ); //创建新节点
4    pred->succ = x; pred = x; //设置正向链接
5    return x; //返回新节点的位置
6 }
```

代码3.7 ListNode::insertAsPred()算法

图3.3给出了整个操作的具体过程。插入新节点之前，列表局部的当前节点及其前驱如图(a)所示。该算法首先如图(b)所示创建新节点new，构造函数同时将其数据项置为e，并令其后继链接succ指向当前节点，令其前驱链接pred指向当前节点的前驱节点。随后如图(c)所示，使new成为当前节点前驱节点的后继，使new成为当前节点的前驱（次序不能颠倒）。最终如图(d)所示，经过如此调整，新节点即被顺利地插至列表的这一局部。

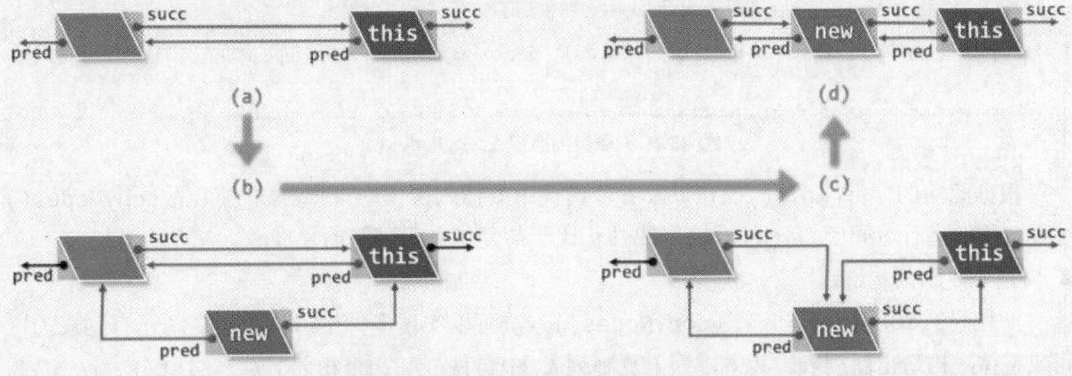

图3.3 ListNode::insertAsPred()算法

请注意，列表规模记录的更新由代码3.6中的上层调用者负责。另外，得益于头哨兵节点的存在，即便当前节点为列表的首节点，其前驱也如图(a)所示必然存在，故不必另做特殊处理。当然，在当前节点即首节点时，前插入接口等效于List::insertAsFirst()。

■ 后插入

将新元素e作为当前节点的后继插至列表的过程，可描述和实现如代码3.8所示。

```
1 template <typename T> //将e紧随当前节点之后插入于当前节点所属列表（设有哨兵尾节点trailer）
2 ListNodePosi(T) ListNode<T>::insertAsSucc ( T const& e ) {
3    ListNodePosi(T) x = new ListNode ( e, this, succ ); //创建新节点
4    succ->pred = x; succ = x; //设置逆向链接
5    return x; //返回新节点的位置
6 }
```

代码3.8 ListNode::insertAsSucc()算法

后插入的操作过程以及最终效果与前插入完全对称，不再赘述。

■ 复杂度

上述两种插入操作过程，仅涉及局部的两个原有节点和一个新节点，且不含任何迭代或递归。若假设当前节点已经定位，不计入此前的查找所消耗的时间，则它们都可在常数时间内完成。

3.3.6 基于复制的构造

与向量一样，列表的内部结构也是动态创建的，故利用默认的构造方法并不能真正地完成新列表的复制创建。为此，需要专门编写相应的构造方法，通过复制某一已有列表来构造新列表。

■ copyNodes()

尽管这里提供了多种形式，以允许对原列表的整体或局部复制，但其实质过程均大同小异，都可概括和转化为如代码3.9所示的底层内部方法copyNodes()。在输入参数合法的前提下，copyNodes()首先调用init()方法，创建头、尾哨兵节点并做相应的初始化处理，然后自p所指节点起，从原列表中取出n个相邻的节点，并逐一作为末节点插至新列表中。

```
1 template <typename T> //列表内部方法：复制列表中自位置p起的n项
2 void List<T>::copyNodes ( ListNodePosi(T) p, int n ) { //p合法，且至少有n-1个真后继节点
3    init(); //创建头、尾哨兵节点并做初始化
4    while ( n-- ) { insertAsLast ( p->data ); p = p->succ; } //将起自p的n项依次作为末节点插入
5 }
```

代码3.9 列表类内部方法copyNodes()

根据此前的分析，init()操作以及各步迭代中的插入操作均只需常数时间，故copyNodes()过程总体的运行时间应为$\mathcal{O}$(n + 1)，线性正比于待复制列表区间的长度n。

■ 基于复制的构造

如代码3.10所示，基于上述copyNodes()方法可以实现多种接口，通过复制已有列表的区间或整体，构造出新列表。其中，为了复制列表L中自秩r起的n个相邻节点，List(L, r, n)需借助重载后的下标操作符，找到待复制区间起始节点的位置，然后再以此节点作为参数调用copyNodes()。根据3.3.3节的分析结论，需要花费$\mathcal{O}$(r + 1)的时间才能将r转换为起始节点的位置，故该复制接口的总体复杂度应为$\mathcal{O}$(r + n + 1)，线性正比于被复制节点的最高秩。由此也可再次看出，在诸如列表之类采用动态存储策略的结构中，循秩访问远非有效的方式。

```
1 template <typename T> //复制列表中自位置p起的n项（assert: p为合法位置，且至少有n-1个后继节点）
2 List<T>::List ( ListNodePosi(T) p, int n ) { copyNodes ( p, n ); }
3
4 template <typename T> //整体复制列表L
5 List<T>::List ( List<T> const& L ) { copyNodes ( L.first(), L._size ); }
6
7 template <typename T> //复制L中自第r项起的n项（assert: r+n <= L._size）
8 List<T>::List ( List<T> const& L, int r, int n ) { copyNodes ( L[r], n ); }
```

代码3.10 基于复制的列表构造方法

3.3.7 删除

■ 实现

在列表中删除指定节点p的算法，可以描述并实现如代码3.11所示。

```
1 template <typename T> T List<T>::remove ( ListNodePosi(T) p ) { //删除合法节点p，返回其数值
2   T e = p->data; //备份待删除节点的数值（假定T类型可直接赋值）
3   p->pred->succ = p->succ; p->succ->pred = p->pred; //后继、前驱
4   delete p; _size--; //释放节点，更新规模
5   return e; //返回备份的数值
6 }
```

代码3.11 列表节点删除接口remove()

图3.4给出了整个操作的具体过程。删除节点之前，列表在位置p附近的局部如图(a)所示。为了删除位置p处的节点，首先如图(b)所示，令其前驱节点与后继节点相互链接。然后如图(c)所示，释放掉已经孤立出来的节点p，同时相应地更新列表规模计数器_size。最终如图(d)所示，经过如此调整之后，原节点p即被顺利地从列表中摘除。

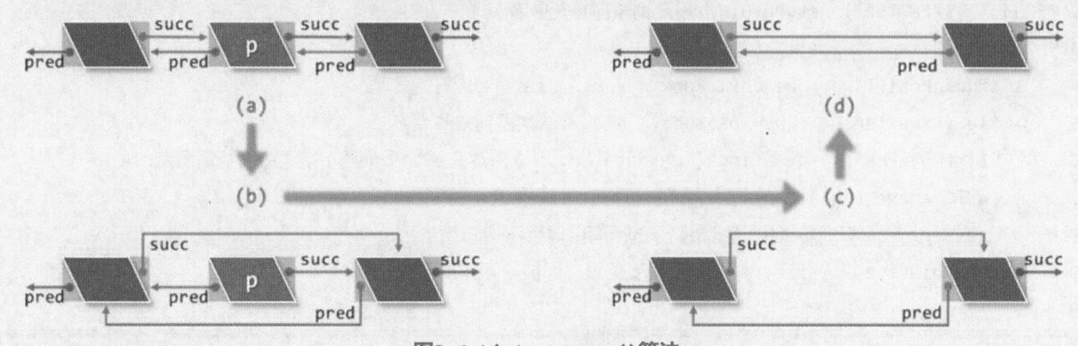

图3.4 List::remove()算法

这里，可以清晰地体会到哨兵节点的作用。不难验证，即便p所指的是列表中唯一对外有效的节点（其前驱和后继都是哨兵节点），remove()算法依然可以正常运转。

■ 复杂度

以上过程仅涉及常数次基本操作，故若不计入此前为查找并确定位置p所消耗的时间，列表的节点删除操作可在常数时间内完成。

3.3.8 析构

■ 释放资源及清除节点

与所有对象一样，列表对象析构时也需如代码3.12所示，将其所占用的资源归还操作系统。

```
1 template <typename T> List<T>::~List() //列表析构器
2 { clear(); delete header; delete trailer; } //清空列表，释放头、尾哨兵节点
```

代码3.12 列表析构方法

可见，列表的析构需首先调用clear()接口删除并释放所有对外部有效的节点，然后释放内部的头、尾哨兵节点。而clear()过程则可描述和实现如代码3.13所示。

```
1 template <typename T> int List<T>::clear() { //清空列表
2    int oldSize = _size;
3    while ( 0 < _size ) remove ( header->succ ); //反复删除首节点，直至列表变空
4    return oldSize;
5 }
```

代码3.13 列表清空方法clear()

■ 复杂度

这里的时间消耗主要来自clear()操作，该操作通过remove()接口反复删除列表的首节点。因此，clear()方法以及整个析构方法的运行时间应为$\mathcal{O}(n)$，线性正比于列表原先的规模。

3.3.9 唯一化

■ 实现

旨在剔除无序列表中重复元素的接口deduplicate()，可实现如代码3.14所示。

```
1 template <typename T> int List<T>::deduplicate() { //剔除无序列表中的重复节点
2    if ( _size < 2 ) return 0; //平凡列表自然无重复
3    int oldSize = _size; //记录原规模
4    ListNodePosi(T) p = header; Rank r = 0; //p从首节点开始
5    while ( trailer != ( p = p->succ ) ) { //依次直到末节点
6       ListNodePosi(T) q = find ( p->data, r, p ); //在p的r个（真）前驱中查找雷同者
7       q ? remove ( q ) : r++; //若的确存在，则删除之；否则秩加一
8    } //assert: 循环过程中的任意时刻，p的所有前驱互不相同
9    return oldSize - _size; //列表规模变化量，即被删除元素总数
10 }
```

代码3.14 无序列表剔除重复节点接口deduplicate()

与算法Vector::deduplicate()（42页代码2.14）类似，这里也是自前向后依次处理各节点p，一旦通过find()接口在p的前驱中查到雷同者，则随即调用remove()接口将其删除。

■ 正确性

向量与列表中元素的逻辑次序一致，故二者的deduplicate()算法亦具有类似的不变性和单调性（习题[3-4]），故正确性均可保证。

■ 复杂度

与无序向量的去重算法一样，该算法总共需做$O(n)$步迭代。由3.3.4节的分析结论，每一步迭代中find()操作所需的时间线性正比于查找区间宽度，即当前节点的秩；由3.3.7节的分析结论，列表节点每次remove()操作仅需常数时间。因此，总体执行时间应为：

$$1 + 2 + 3 + ... + n = n \cdot (n + 1) / 2 = O(n^2)$$

相对于无序向量，尽管此处节点删除操作所需的时间减少，但总体渐进复杂度并无改进。

3.3.10 遍历

列表也提供支持节点批量式访问（习题[3-5]）的遍历接口，其实现如代码3.15所示。

```
1 template <typename T> void List<T>::traverse ( void ( *visit ) ( T& ) ) //借助函数指针机制遍历
2 {  for ( ListNodePosi(T) p = header->succ; p != trailer; p = p->succ ) visit ( p->data );  }
3
4 template <typename T> template <typename VST> //元素类型、操作器
5 void List<T>::traverse ( VST& visit ) //借助函数对象机制遍历
6 {  for ( ListNodePosi(T) p = header->succ; p != trailer; p = p->succ ) visit ( p->data );  }
```

代码3.15 列表遍历接口traverse()

该接口的设计思路与实现方式，与向量的对应接口（2.5.8节）如出一辙，复杂度也相同。

§3.4 有序列表

若列表中所有节点的逻辑次序与其大小次序完全一致，则称作有序列表（sorted list）。为保证节点之间可以定义次序，依然假定元素类型T直接支持大小比较，或已重载相关操作符。与有序向量一致地，这里依然约定采用非降次序。

3.4.1 唯一化

与有序向量同理，有序列表中的雷同节点也必然（在逻辑上）彼此紧邻。利用这一特性，可实现重复节点删除算法如代码3.16所示。位置指针p和q分别指向每一对相邻的节点，若二者雷同则删除q，否则转向下一对相邻节点。如此反复迭代，直至检查过所有节点。

```
1 template <typename T> int List<T>::uniquify() { //成批剔除重复元素，效率更高
2    if ( _size < 2 ) return 0; //平凡列表自然无重复
3    int oldSize = _size; //记录原规模
4    ListNodePosi(T) p = first(); ListNodePosi(T) q; //p为各区段起点，q为其后继
5    while ( trailer != ( q = p->succ ) ) //反复考查紧邻的节点对(p, q)
6       if ( p->data != q->data ) p = q; //若互异，则转向下一区段
7       else remove ( q ); //否则（雷同），删除后者
8    return oldSize - _size; //列表规模变化量，即被删除元素总数
9 }
```

代码3.16 有序列表剔除重复节点接口uniquify()

整个过程的运行时间为$O(_size) = O(n)$，线性正比于列表原先的规模。

3.4.2 查找

■ 实现

有序列表的节点查找算法，可实现如代码3.17所示。

```
1 template <typename T> //在有序列表内节点p（可能是trailer）的n个（真）前驱中，找到不大于e的最后者
2 ListNodePosi(T) List<T>::search ( T const& e, int n, ListNodePosi(T) p ) const {
3 // assert: 0 <= n <= rank(p) < _size
4    while ( 0 <= n-- ) //对于p的最近的n个前驱，从右向左逐个比较
5       if ( ( ( p = p->pred )->data ) <= e ) break; //直至命中、数值越界或范围越界
6 // assert: 至此位置p必符合输出语义约定——尽管此前最后一次关键码比较可能没有意义（等效于与-inf比较）
7    return p; //返回查找终止的位置
8 } //失败时，返回区间左边界的前驱（可能是header）——调用者可通过valid()判断成功与否
```

代码3.17 有序列表查找接口search()

与有序向量类似，无论查找成功与否，返回的位置都应便于后续（插入等）操作的实施。

■ 顺序查找

与2.6.5节至2.6.8节有序向量的各种查找算法相比，该算法完全不同；反过来，除了循环终止条件的细微差异，多数部分反倒与3.3.4节无序列表的顺序查找算法几乎一样。

究其原因在于，尽管有序列表中的节点已在逻辑上按次序单调排列，但在动态存储策略中，节点的物理地址与逻辑次序毫无关系，故无法像有序向量那样自如地应用减治策略，从而不得不继续沿用无序列表的顺序查找策略。

■ 复杂度

与无序向量的查找算法同理：最好情况下的运行时间为$\mathcal{O}(1)$，最坏情况下为$\mathcal{O}(n)$。在等概率的前提下，平均运行时间也是$\mathcal{O}(n)$，线性正比于查找区间的宽度。

§3.5 排序器

3.5.1 统一入口

与无序向量一样，针对无序列表任意合法区间的排序需求，这里也如代码3.18所示，设置了一个统一的排序操作接口。

```
1 template <typename T> void List<T>::sort ( ListNodePosi(T) p, int n ) { //列表区间排序
2    switch ( rand() % 3 ) { //随机选取排序算法。可根据具体问题的特点灵活选取或扩充
3       case 1:  insertionSort ( p, n ); break; //插入排序
4       case 2:  selectionSort ( p, n ); break; //选择排序
5       default: mergeSort ( p, n ); break; //归并排序
6    }
7 }
```

代码3.18 有序列表基于排序的构造方法

这里提供了插入排序、选择排序和归并排序三种算法，并依然以随机方式确定每次调用的具体算法，以便测试和对比。以下，将依次地讲解这几种算法的原理、实现，并分析其复杂度。

3.5.2 插入排序

■ 构思

插入排序（insertionsort）算法适用于包括向量与列表在内的任何序列结构。

算法的思路可简要描述为：始终将整个序列视作并切分为两部分：有序的前缀，无序的后缀；通过迭代，反复地将后缀的首元素转移至前缀中。由此亦可看出插入排序算法的不变性：

> 在任何时刻，相对于当前节点e = S[r]，前缀S[0, r)总是业已有序

算法开始时该前缀为空，不变性自然满足。现假设如图3.5(a)所示前缀S[0, r)已经有序。

接下来，借助有序序列的查找算法，可在该前缀中定位到不大于e的最大元素。于是只需将e从无序后缀中取出，并紧邻于查找返回的位置之后插入，即可如图(b)所示，使得有序前缀的范围扩大至S[0, r]。

如此，该前缀的范围可不断拓展。当其最终覆盖整个序列时，亦即整体有序。

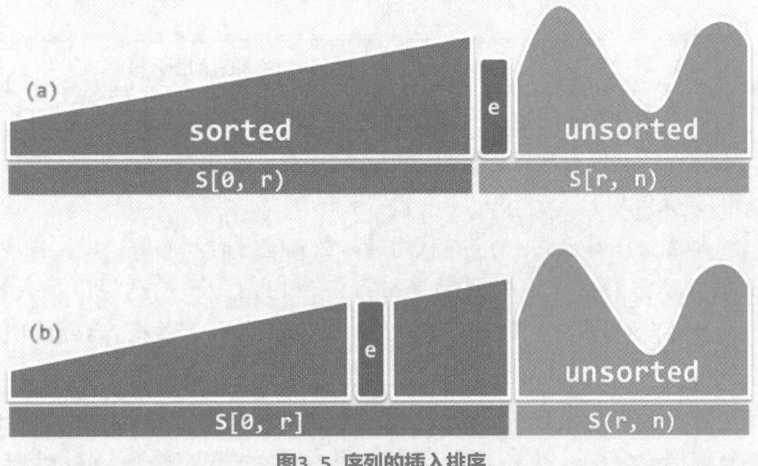

图3.5 序列的插入排序

■ 实例

如表3.3所示，即为序列插入排序算法的一个实例。

表3.3 插入排序算法实例

#迭代	前缀有序子序列	后缀无序子序列
0	^	5 2 7 4 6 3 1
1	5	2 7 4 6 3 1
2	2 5	7 4 6 3 1
3	2 5 7	4 6 3 1
4	2 4 5 7	6 3 1
5	2 4 5 6 7	3 1
6	2 3 4 5 6 7	1
7	1 2 3 4 5 6 7	^

这里，前后共经7步迭代。输入序列中的7个元素以秩为序，先后作为首元素被取出，并插至有序前缀子序列中的适当位置。新近插入的元素均以方框注明，为确定其插入位置而在查找操作过程中接受过大小比较的元素以下划线示意。

■ 实现

依照以上思路，可针对列表实现插入排序算法如代码3.19所示。

```
1 template <typename T> //列表的插入排序算法：对起始于位置p的n个元素排序
2 void List<T>::insertionSort ( ListNodePosi(T) p, int n ) { //valid(p) && rank(p) + n <= size
3    for ( int r = 0; r < n; r++ ) { //逐一为各节点
4       insertA ( search ( p->data, r, p ), p->data ); //查找适当的位置并插入
5       p = p->succ; remove ( p->pred ); //转向下一节点
6    }
7 }
```

代码3.19 列表的插入排序

按3.4.2节的约定，有多个元素命中时search()接口将返回其中最靠后者，排序之后重复元素将保持其原有次序，故以上插入排序算法属于稳定算法。

■ 复杂度

插入排序算法共由n步迭代组成，故其运行时间应取决于，各步迭代中所执行的查找、删除及插入操作的效率。根据此前3.3.5节和3.3.7节的结论，插入操作insertA()和删除操作remove()均只需$\mathcal{O}(1)$时间；而由3.4.2节的结论，查找操作search()所需时间可在$\mathcal{O}(1)$至$\mathcal{O}(n)$之间浮动（从如表3.3所示的实例，也可看出这一点）。

不难验证，当输入序列已经有序时，该算法中的每次search()操作均仅需$\mathcal{O}(1)$时间，总体运行时间为$\mathcal{O}(n)$。但反过来，若输出序列完全逆序，则各次search()操作所需时间将线性递增，累计共需$\mathcal{O}(n^2)$时间。在等概率条件下，平均仍需要$\mathcal{O}(n^2)$时间（习题[3-10]）。

3.5.3 选择排序

选择排序（selectionsort）也适用于向量与列表之类的序列结构。

■ 构思

与插入排序类似，该算法也将序列划分为无序前缀和有序后缀两部分；此外，还要求前缀不大于后缀。如此，每次只需从前缀中选出最大者，并作为最小元素转移至后缀中，即可使有序部分的范围不断扩张。

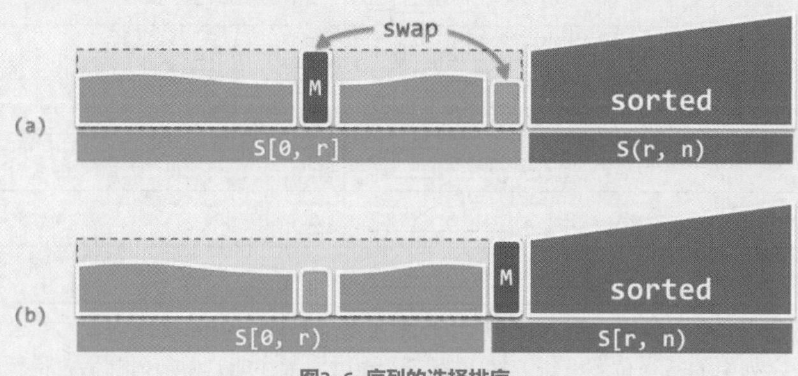

图3.6 序列的选择排序

同样地，上述描述也给出了选择排序算法过程所具有的不变性：

在任何时刻，后缀S(r, n)已经有序，且不小于前缀S[0, r]

在算法的初始时刻，后缀为空，不变性自然满足。如图3.6(a)所示，假设不变性已满足。于是，可调用无序序列的查找算法，从前缀中找出最大者M。接下来，只需将M从前缀中取出并作为首元素插入后缀，即可如图(b)所示，使得后缀的范围扩大，并继续保持有序。

如此，该后缀的范围可不断拓展。当其最终覆盖整个序列时，亦即整体有序。

■ 实例

表3.4 选择排序算法实例

#迭代	前缀无序子序列	后缀有序子序列
0	5 2 [7] 4 6 3 1	^
1	5 2 4 [6] 3 1	[7]
2	[5] 2 4 3 1	[6] 7
3	2 [4] 3 1	[5] 6 7
4	2 [3] 1	[4] 5 6 7
5	[2] 1	[3] 4 5 6 7
6	[1]	[2] 3 4 5 6 7
7	^	[1] 2 3 4 5 6 7

序列选择排序算法的一个实例如表3.4所示。其中，前后共经7步迭代，输入序列中的7个元素按由大到小的次序，依次被从无序前缀子序列中取出，并作为首元素插至初始为空的有序后缀序列中。无序子序列在各步迭代中的最大元素用方框注明。

■ 实现

依照以上思路，可针对列表实现选择排序算法如代码3.20所示。

```
1 template <typename T> //列表的选择排序算法：对起始于位置p的n个元素排序
2 void List<T>::selectionSort ( ListNodePosi(T) p, int n ) { //valid(p) && rank(p) + n <= size
3    ListNodePosi(T) head = p->pred; ListNodePosi(T) tail = p;
4    for ( int i = 0; i < n; i++ ) tail = tail->succ; //待排序区间为(head, tail)
5    while ( 1 < n ) { //在至少还剩两个节点之前，在待排序区间内
6       ListNodePosi(T) max = selectMax ( head->succ, n ); //找出最大者（歧义时后者优先）
7       insertB ( tail, remove ( max ) ); //将其移至无序区间末尾（作为有序区间新的首元素）
8       tail = tail->pred; n--;
9    }
10 }
```

代码3.20 列表的选择排序

其中的selectMax()接口用于在无序列表中定位最大节点，其实现如代码3.21所示。

```
1 template <typename T> //从起始于位置p的n个元素中选出最大者
2 ListNodePosi(T) List<T>::selectMax ( ListNodePosi(T) p, int n ) {
3    ListNodePosi(T) max = p; //最大者暂定为首节点p
4    for ( ListNodePosi(T) cur = p; 1 < n; n-- ) //从首节点p出发，将后续节点逐一与max比较
5       if ( !lt ( ( cur = cur->succ )->data, max->data ) ) //若当前元素不小于max，则
6          max = cur; //更新最大元素位置记录
7    return max; //返回最大节点位置
8 }
```

代码3.21 列表最大节点的定位

■ 复杂度

与插入排序类似地，选择排序亦由n步迭代组成，故其运行时间取决于各步迭代中查找及插入操作的效率。根据3.3.5和3.3.7节的结论，insertB()和remove()均只需$\mathcal{O}(1)$时间。selectMax()每次必须遍历整个无序前缀，耗时应线性正比于前缀长度；全程累计耗时$\mathcal{O}(n^2)$。

实际上进一步地仔细观察之后不难发现，无论输入序列中各元素的大小次序如何，以上n次selectMax()调用的累计耗时总是$\Theta(n^2)$。因此与插入排序算法不同，以上选择排序算法的时间复杂度为固定的$\Theta(n^2)$。也就是说，其最好和最坏情况下的渐进效率相同。

选择排序属于CBA式算法，故相对于2.7.5节所给出的$\Omega(n\log n)$下界，$\Theta(n^2)$的效率应有很大的改进空间。正如我们将在10.2.5节看到的，借助更为高级的数据结构，可以令单次selectMax()操作的复杂度降至$\mathcal{O}(\log n)$，从而使选择排序的整体效率提高至$\mathcal{O}(n\log n)$。

3.5.4 归并排序

2.8.3节介绍过基于二路归并的向量排序算法，其构思也同样适用于列表结构。实际上，有序列表的二路归并不仅可以实现，而且能够达到与有序向量二路归并同样高的效率。

■ 二路归并算法的实现

代码3.22针对有序列表结构，给出了二路归并算法的一种实现。

```
1 template <typename T> //有序列表的归并：当前列表中自p起的n个元素，与列表L中自q起的m个元素归并
2 void List<T>::merge ( ListNodePosi(T) & p, int n, List<T>& L, ListNodePosi(T) q, int m ) {
3 // assert:  this.valid(p) && rank(p) + n <= size && this.sorted(p, n)
4 //          L.valid(q) && rank(q) + m <= L._size && L.sorted(q, m)
5 // 注意：在归并排序之类的场合，有可能 this == L && rank(p) + n = rank(q)
6    ListNodePosi(T) pp = p->pred; //借助前驱（可能是header），以便返回前 ...
7    while ( 0 < m ) //在q尚未移出区间之前
8       if ( ( 0 < n ) && ( p->data <= q->data ) ) //若p仍在区间内且v(p) <= v(q)，则
9          { if ( q == ( p = p->succ ) ) break; n--; } //p归入合并的列表，并替换为其直接后继
10      else //若p已超出右界或v(q) < v(p)，则
11         { insertB ( p, L.remove ( ( q = q->succ )->pred ) ); m--; } //将q转移至p之前
12   p = pp->succ; //确定归并后区间的（新）起点
13 }
```

代码3.22 有序列表的二路归并

作为有序列表的内部接口，List::merge()可以将另一有序列表L中起始于节点q、长度为m的子列表，与当前有序列表中起始于节点p、长度为n的子列表做二路归并。

为便于递归地实现上层的归并排序，在二路归并的这一版本中，归并所得的有序列表依然起始于节点p。在更为通用的场合，不见得需要采用这一约定。

■ 归并时间

代码3.22中二路归并算法merge()的时间成本主要消耗于其中的迭代。该迭代反复地比较两个子列表的首节点p和q，并视其大小相应地令p指向其后继，或将节点q取出并作为p的前驱插入前一子列表。当且仅当后一子列表中所有节点均处理完毕时，迭代才会终止。因此，在最好情况下，共需迭代m次；而在最坏情况下，则需迭代n次。

总体而言，共需$\mathcal{O}(n + m)$时间，线性正比于两个子列表的长度之和。

■ 特例

在List模板类（70页代码3.2）中，作为以上二路归并通用接口的一个特例，还重载并开放了另一个接口List::merge(L)，用以将有序列表L完整地归并到当前有序列表中。

请注意，以上二路归并算法的通用接口，对列表L没有过多的限定，因此同样作为一个特例，该算法也适用于L同为当前列表的情形。此时，待归并的列表实际上是来自同一列表的两个子列表（当然，此时的两个子列表不得相互重叠。也就是说，在两个首节点中，p应是q的前驱，且二者的间距不得小于n）。对以下归并排序算法的简捷实现而言，这一特性至关重要。

■ 分治策略

仿照向量的归并排序算法mergesort()（62页代码2.28），采用分治策略并基于以上有序列表的二路归并算法，可如代码3.23所示，递归地描述和实现列表的归并排序算法。

```
1 template <typename T> //列表的归并排序算法：对起始于位置p的n个元素排序
2 void List<T>::mergeSort ( ListNodePosi(T) & p, int n ) { //valid(p) && rank(p) + n <= size
3    if ( n < 2 ) return; //若待排序范围已足够小，则直接返回；否则...
4    int m = n >> 1; //以中点为界
5    ListNodePosi(T) q = p; for ( int i = 0; i < m; i++ ) q = q->succ; //均分列表
6    mergeSort ( p, m ); mergeSort ( q, n - m ); //对前、后子列表分别排序
7    merge ( p, m, *this, q, n - m ); //归并
8 } //注意：排序后，p依然指向归并后区间的（新）起点
```

代码3.23 列表的归并排序

■ 排序时间

根据该算法的流程，为对长度为n的列表做归并排序，首先需要花费线性时间确定居中的切分节点，然后递归地对长度均为n/2的两个子列表做归并排序，最后还需花费线性的时间做二路归并。因此，仿照2.8.3节对向量归并排序算法的分析方法，同样可知其复杂度应为$\mathcal{O}(n\log n)$。另外，以上列表归并排序算法的递归跟踪过程，与如图2.19所示的向量版本别无二致。故从递归跟踪的角度，亦可得出同样的结论。

请注意，在子序列的划分阶段，向量与列表归并排序算法之间存在细微但本质的区别。前者支持循秩访问的方式，故可在$\mathcal{O}(1)$时间内确定切分中点；后者仅支持循位置访问的方式，故不得不为此花费$\mathcal{O}(n)$时间。幸好在有序子序列的合并阶段二者均需$\mathcal{O}(n)$时间，故二者的渐进时间

复杂度依然相等。

最后，尽管二路归并算法并未对子列表的长度做出任何限制，但这里出于整体效率的考虑，在划分子列表时宁可花费$\mathcal{O}(n)$时间使得二者尽可能接近于等长。反之，若为省略这部分时间而不保证划分的均衡性，则反而可能导致整体效率的下降（习题[3-16]）。

第4章

栈与队列

本章将定制并实现更加基本，且更为常用的两类数据结构——栈与队列。与此前介绍的向量和列表一样，它们也属于线性序列结构，故其中存放的数据对象之间也具有线性次序。相对于一般的序列结构，栈与队列的数据操作范围仅限于逻辑上的特定某端。然而，得益于其简洁性与规范性，它们既成为构建更复杂、更高级数据结构的基础，同时也是算法设计的基本出发点，甚至常常作为标准配置的基本数据结构以硬件形式直接实现。因此无论就工程或理论而言，其基础性地位都是其它结构无法比拟的。

在信息处理领域，栈与队列的身影随处可见。许多程序语言本身就是建立于栈结构之上，无论PostScript或者Java，其实时运行环境都是基于栈结构的虚拟机。再如，网络浏览器多会将用户最近访问过的地址组织为一个栈。这样，用户每访问一个新页面，其地址就会被存放至栈顶；而用户每按下一次“后退”按钮，即可沿相反的次序返回此前刚访问过的页面。类似地，主流的文本编辑器也大都支持编辑操作的历史记录功能，用户的编辑操作被依次记录在一个栈中。一旦出现误操作，用户只需按下“撤销”按钮，即可取消最近一次操作并回到此前的编辑状态。

在需要公平且经济地对各种自然或社会资源做管理或分配的场合，无论是调度银行和医院的服务窗口，还是管理轮耕的田地和轮伐的森林，队列都可大显身手。甚至计算机及其网络自身内部的各种计算资源，无论是多进程共享的CPU时间，还是多用户共享的打印机，也都需要借助队列结构实现合理和优化的分配。

相对于向量和列表，栈与队列的外部接口更为简化和紧凑，故亦可视作向量与列表的特例，因此C++的继承与封装机制在此可以大显身手。得益于此，本章的重点将不再拘泥于对数据结构内部实现机制的展示，并转而更多地从其外部特性出发，结合若干典型的实际问题介绍栈与队列的具体应用。

在栈的应用方面，本章将在1.4节的基础上，结合函数调用栈的机制介绍一般函数调用的实现方式与过程，并将其推广至递归调用。然后以降低空间复杂度的目标为线索，介绍通过显式地维护栈结构解决应用问题的典型方法和基本技巧。此外，还将着重介绍如何利用栈结构，实现基于试探回溯策略的高效搜索算法。在队列的应用方面，本章将介绍如何实现基于轮值策略的通用循环分配器，并以银行窗口服务为例实现基本的调度算法。

§4.1 栈

4.1.1 ADT接口

■ 入栈与出栈

栈（stack）是存放数据对象的一种特殊容器，其中的数据元素按线性的逻辑次序排列，故也可定义首、末元素。不过，尽管栈结构也支持对象的插入和删除操作，但其操作的范围仅限于栈的某一特定端。也就是说，若约定新的元素只能从某一端插入其中，则反过来也只能从这一端删除已有的元素。禁止操作的另一端，称作盲端。

图4.1 一摞椅子即是一个栈

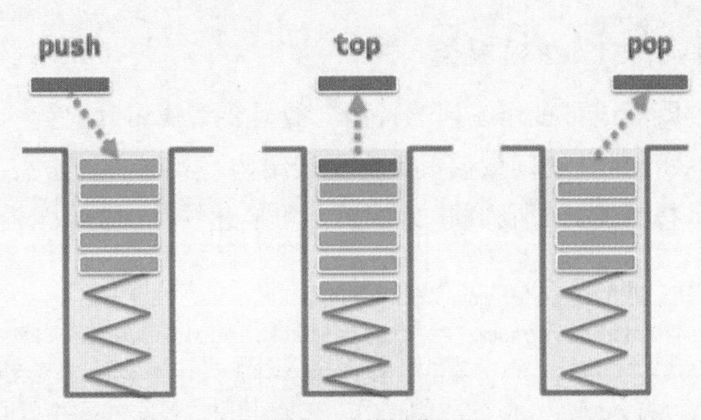

图4.2 栈操作

如图4.1所示，数把椅子叠成一摞即可视作一个栈。为维持这一放置形式，对该栈可行的操作只能在其顶部实施：新的椅子只能叠放到最顶端；反过来，只有最顶端的椅子才能被取走。因此比照这类实例，栈中可操作的一端更多地称作栈顶（stack top），而另一无法直接操作的盲端则更多地称作栈底（stack bottom）。

作为抽象数据类型，栈所支持的操作接口可归纳为表4.1。其中除了引用栈顶的top()等操作外，如图4.2所示，最常用的插入与删除操作分别称作入栈（push）和出栈（pop）。

表4.1 栈ADT支持的操作接口

操作接口	功　能
size()	报告栈的规模
empty()	判断栈是否为空
push(e)	将e插至栈顶
pop()	删除栈顶对象
top()	引用栈顶对象

■　后进先出

由以上关于栈操作位置的约定和限制不难看出，栈中元素接受操作的次序必然始终遵循所谓“后进先出”（last-in-first-out, LIFO）的规律：从栈结构的整个生命期来看，更晚（早）出栈的元素，应为更早（晚）入栈者；反之，更晚（早）入栈者应更早（晚）出栈。

4.1.2　操作实例

表4.2给出了一个存放整数的栈从被创建开始，按以上接口实施一系列操作的过程。

表4.2 栈操作实例

操 作	输 出	栈（左侧为栈顶）	操 作	输 出	栈（左侧为栈顶）
Stack()			push(11)		11 3 7 5
empty()	true		size()	4	11 3 7 5
push(5)		5	push(6)		6 11 3 7 5
push(3)		3 5	empty()	false	6 11 3 7 5
pop()	3	5	push(7)		7 6 11 3 7 5
push(7)		? 5	pop()	7	6 11 3 7 5
push(3)		3 7 5	pop()	6	11 3 7 5
top()	3	3 7 5	top()	11	11 3 7 5
empty()	false	3 7 5	size()	4	11 3 7 5

4.1.3 Stack模板类

既然栈可视作序列的特例，故只要将栈作为向量的派生类，即可利用C++的继承机制，基于2.2.3节定义的向量模板类实现栈结构。当然，这里需要按照栈的习惯，对各接口重新命名。

按照表4.1所列的ADT接口，可描述并实现Stack模板类如代码4.1所示。

```
1 #include "../Vector/Vector.h" //以向量为基类，派生出栈模板类
2 template <typename T> class Stack: public Vector<T> { //将向量的首/末端作为栈底/顶
3 public: //size()、empty()以及其它开放接口，均可直接沿用
4    void push ( T const& e ) { insert ( size(), e ); } //入栈：等效于将新元素作为向量的末元素插入
5    T pop() { return remove ( size() - 1 ); } //出栈：等效于删除向量的末元素
6    T& top() { return ( *this ) [size() - 1]; } //取顶：直接返回向量的末元素
7 };
```

代码4.1 Stack模板类

既然栈操作都限制于向量的末端，参与操作的元素没有任何后继，故由2.5.5节和2.5.6节的分析结论可知，以上栈接口的时间复杂度均为常数。

套用以上思路，也可直接基于3.2.2节的List模板类派生出Stack类（习题[4-1]）。

§4.2 栈与递归

习题[1-17]指出，递归算法所需的空间量，主要决定于最大递归深度。在达到这一深度的时刻，同时活跃的递归实例达到最多。那么，操作系统具体是如何实现函数（递归）调用的？如何记录调用与被调用函数（递归）实例之间的关系？如何实现函数（递归）调用的返回？又是如何维护同时活跃的所有函数（递归）实例的？所有这些问题的答案，都可归结于栈。

4.2.1 函数调用栈

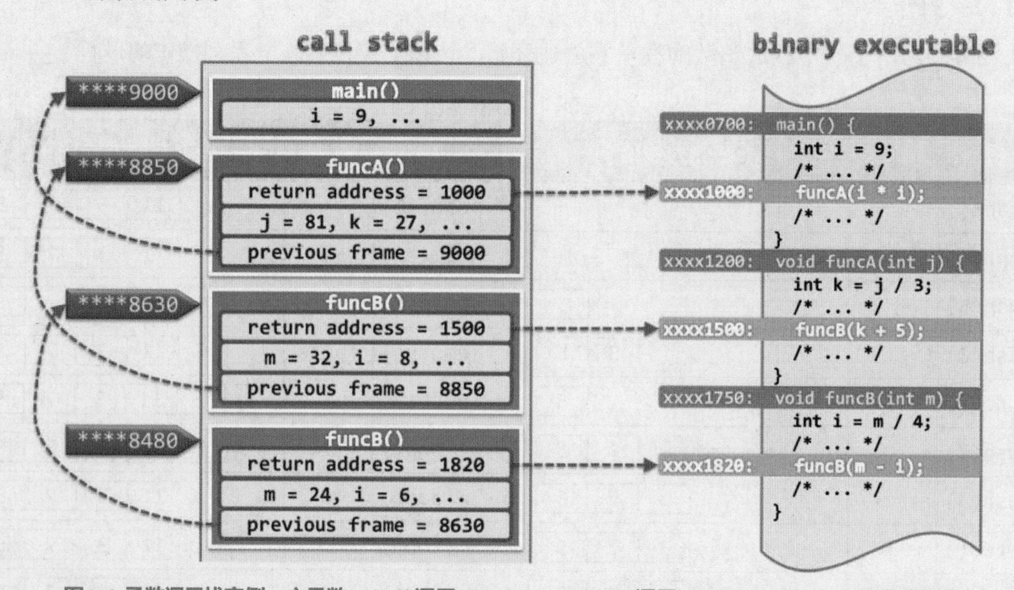

图4.3 函数调用栈实例：主函数main()调用funcA()，funcA()调用funcB()，funcB()再自我调用

在Windows等大部分操作系统中，每个运行中的二进制程序都配有一个调用栈（call stack）或执行栈（execution stack）。借助调用栈可以跟踪属于同一程序的所有函数，记录它们之间的相互调用关系，并保证在每一调用实例执行完毕之后，可以准确地返回。

■ 函数调用

如图4.3所示，调用栈的基本单位是帧（frame）。每次函数调用时，都会相应地创建一帧，记录该函数实例在二进制程序中的返回地址（return address），以及局部变量、传入参数等，并将该帧压入调用栈。若在该函数返回之前又发生新的调用，则同样地要将与新函数对应的一帧压入栈中，成为新的栈顶。函数一旦运行完毕，对应的帧随即弹出，运行控制权将被交还给该函数的上层调用函数，并按照该帧中记录的返回地址确定在二进制程序中继续执行的位置。

在任一时刻，调用栈中的各帧，依次对应于那些尚未返回的调用实例，亦即当时的活跃函数实例（active function instance）。特别地，位于栈底的那帧必然对应于入口主函数main()，若它从调用栈中弹出，则意味着整个程序的运行结束，此后控制权将交还给操作系统。

仿照递归跟踪法，程序执行过程出现过的函数实例及其调用关系，也可构成一棵树，称作该程序的运行树。任一时刻的所有活跃函数实例，在调用栈中自底到顶，对应于运行树中从根节点到最新活跃函数实例的一条调用路径。

此外，调用栈中各帧还需存放其它内容。比如，因各帧规模不一，它们还需记录前一帧的起始地址，以保证其出栈之后前一帧能正确地恢复。

■ 递归

作为函数调用的特殊形式，递归也可借助上述调用栈得以实现。比如在图4.3中，对应于funcB()的自我调用，也会新压入一帧。可见，同一函数可能同时拥有多个实例，并在调用栈中各自占有一帧。这些帧的结构完全相同，但其中同名的参数或变量，都是独立的副本。比如在funcB()的两个实例中，入口参数m和内部变量i各有一个副本。

4.2.2 避免递归

今天，包括C++在内的各种高级程序设计语言几乎都允许函数直接或间接地自我调用，通过递归来提高代码的简洁度和可读性。而Cobol和Fortran等早期的程序语言虽然一开始并未采用栈来实现过程调用，但在其最新的版本中也陆续引入了栈结构来支持过程调用。

尽管如此，系统在后台隐式地维护调用栈的过程中，难以区分哪些参数和变量是对计算过程有实质作用的，更无法以通用的方式对它们进行优化，因此不得不将描述调用现场的所有参数和变量悉数入栈。再加上每一帧都必须保存的执行返回地址以及前一帧起始位置，往往导致程序的空间效率不高甚至极低；同时，隐式的入栈和出栈操作也会令实际的运行时间增加不少。

因此在追求更高效率的场合，应尽可能地避免递归，尤其是过度的递归。实际上，我们此前已经介绍过相应的方法和技巧。例如，在1.4.4节中将尾递归转换为等效的迭代形式；在1.4.5节中采用动态规划策略，将Fibonacci数算法中的二分递归改为线性递归，直至完全消除递归。

既然递归本身就是操作系统隐式地维护一个调用栈而实现的，我们自然也可以通过显式地模拟调用栈的运转过程，实现等效的算法功能。采用这一方式，程序员可以精细地裁剪栈中各帧的内容，从而尽可能降低空间复杂度的常系数。尽管算法原递归版本的高度概括性和简洁性将大打折扣，但毕竟在空间效率方面可以获得足够的补偿。

§4.3 栈的典型应用

4.3.1 逆序输出

在栈所擅长解决的典型问题中，有一类具有以下共同特征：首先，虽有明确的算法，但其解答却以线性序列的形式给出；其次，无论是递归还是迭代实现，该序列都是依逆序计算输出的；最后，输入和输出规模不确定，难以事先确定盛放输出数据的容器大小。因其特有的“后进先出”特性及其在容量方面的自适应性，使用栈来解决此类问题可谓恰到好处。

■ 进制转换

考查如下问题：任给十进制整数n，将其转换为λ进制的表示形式。

比如λ = 8时有： $12345_{(10)} = 30071_{(8)}$

一般地，设 $n = (d_m \ldots d_2\ d_1\ d_0)_{(\lambda)} = d_m\times\lambda^m + \ldots + d_2\times\lambda^2 + d_1\times\lambda^1 + d_0\times\lambda^0$

若记 $n_i = (d_m \ldots d_{i+1}\ d_i)_{(\lambda)}$

则有 $d_i = n_i \% \lambda$ 和 $n_{i+1} = n_i / \lambda$

这一递推关系对应的计算流程如下。可见，其输出的确为长度不定的逆序线性序列。

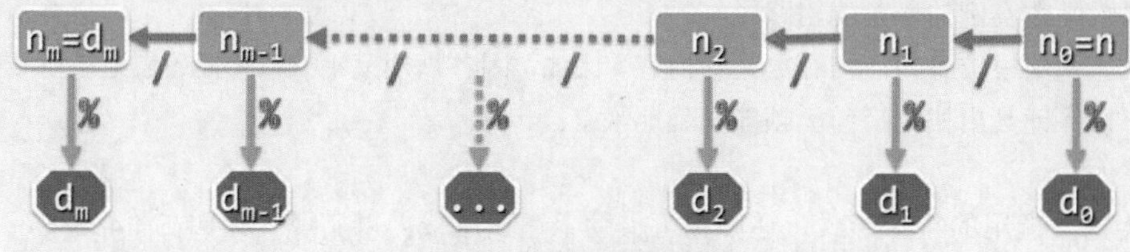

图4.4 进制转换算法流程

■ 递归实现

根据如图4.4所示的计算流程，可得到如代码4.2所示递归式算法。

```
1 void convert ( Stack<char>& S, __int64 n, int base ) { //十进制正整数n到base进制的转换（递归版）
2    static char digit[] //0 < n, 1 < base <= 16，新进制下的数位符号，可视base取值范围适当扩充
3    = { '0', '1', '2', '3', '4', '5', '6', '7', '8', '9', 'A', 'B', 'C', 'D', 'E', 'F' };
4    if ( 0 < n ) { //在尚有余数之前，反复地
5       S.push ( digit[n % base] ); //逆向记录当前最低位，再
6       convert ( S, n / base, base ); //通过递归得到所有更高位
7    }
8 } //新进制下由高到低的各数位，自顶而下保存于栈S中
```

代码4.2 进制转换算法（递归版）

尽管新进制下的各数位须按由低到高次序逐位算出，但只要引入一个栈并将算得的数位依次入栈，则在计算结束后只需通过反复的出栈操作即可由高到低地将其顺序输出。

■ 迭代实现

这里的静态数位符号表在全局只需保留一份，但与一般的递归函数一样，该函数在递归调用栈中的每一帧都仍需记录参数S、n和base。将它们改为全局变量固然可以节省这部分空间，但依然不能彻底地避免因调用栈操作而导致的空间和时间消耗。为此，不妨考虑改写为如代码4.3所示的迭代版本，既能充分发挥栈处理此类问题的特长，又可将空间消耗降至$\mathcal{O}(1)$。

```
1 void convert ( Stack<char>& S, __int64 n, int base ) { //十进制数n到base进制的转换（迭代版）
2    static char digit[] //0 < n, 1 < base <= 16，新进制下的数位符号，可视base取值范围适当扩充
3    = { '0', '1', '2', '3', '4', '5', '6', '7', '8', '9', 'A', 'B', 'C', 'D', 'E', 'F' };
4    while ( n > 0 ) { //由低到高，逐一计算出新进制下的各数位
5       int remainder = ( int ) ( n % base ); S.push ( digit[remainder] ); //余数（当前位）入栈
6       n /= base; //n更新为其对base的除商
7    }
8 } //新进制下由高到低的各数位，自顶而下保存于栈S中
```

代码4.3 进制转换算法（迭代版）

4.3.2 递归嵌套

具有自相似性的问题多可嵌套地递归描述，但因分支位置和嵌套深度并不固定，其递归算法的复杂度不易控制。栈结构及其操作天然地具有递归嵌套性，故可用以高效地解决这类问题。以下先从混洗的角度介绍栈的递归嵌套性，然后再讲解其在具体问题中的应用。

■ 栈混洗

考查三个栈A、B和S。其中，B和S初始为空；A含有n个元素，自顶而下构成输入序列：

$A = < a_1, a_2, ..., a_n]$

这里，分别用尖括号、方括号示意栈顶、栈底，这也是本小节将统一采用的约定。

以下，若只允许通过S.push(A.pop())弹出栈A的顶元素并随即压入栈S中，或通过B.push(S.pop())弹出S的顶元素并随即压入栈B中，则在经过这两类操作各n次之后，栈A和S有可能均为空，原A中的元素均已转入栈B。此时，若将B中元素自底而上构成的序列记作：

$B = [a_{k1}, a_{k2}, ..., a_{kn} >$

则该序列称作原输入序列的一个栈混洗（stack permutation）。

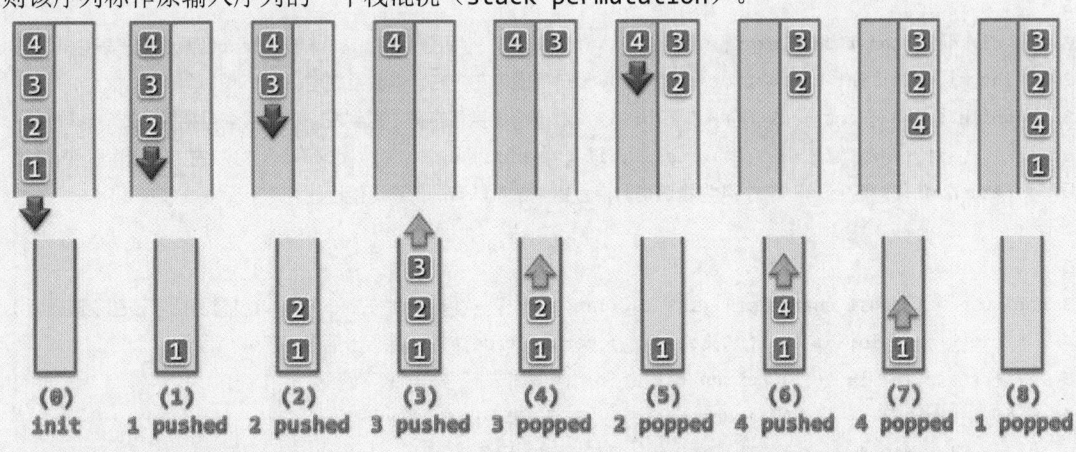

图4.5 栈混洗实例：从< 1, 2, 3, 4]到[3, 2, 4, 1 >（上方左侧为栈A，右侧为栈B；下方为栈S）

如图4.5所示，设最初栈A = < 1, 2, 3, 4]，栈S和B均为空；经过“随机的”8次操作，A中元素全部转入栈B中。此时，栈B中元素所对应的序列[3, 2, 4, 1 >，即是原序列的一个栈混洗。除了“实施出栈操作时栈不得为空”，以上过程并无更多限制，故栈混洗并不唯一。就此例而言，[1, 2, 3, 4 >、[4, 3, 2, 1 >以及[3, 2, 1, 4 >等也是栈混洗。

从图4.5也可看出，一般地对于长度为n的输入序列，每一栈混洗都对应于由栈S的n次push和n次pop构成的某一合法操作序列，比如[3, 2, 4, 1 >即对应于操作序列：

{ push, push, push, pop, pop, push, pop, pop }

反之，由n次push和n次pop构成的任何操作序列，只要满足“任一前缀中的push不少于pop”这一限制，则该序列也必然对应于某个栈混洗（习题[4-4]）。

■ 括号匹配

对源程序的语法检查是代码编译过程中重要而基本的一个步骤，而对表达式括号匹配的检查则又是语法检查中必需的一个环节。其任务是，对任一程序块，判断其中的括号是否在嵌套的意义下完全匹配（简称匹配）。比如在以下两个表达式中，前者匹配，而后者不匹配。

a / (b [i - 1] [j + 1] + c [i + 1] [j - 1]) * 2

a / (b [i - 1] [j + 1]) + c [i + 1] [j - 1]) * 2

■ 递归实现

不妨先只考虑圆括号。用'+'表示表达式的串接。

不难理解，一般地，若表达式S可分解为如下形式：

$$S = S_0 + "(" + S_1 + ")" + S_2 + S_3$$

其中S_0和S_3不含括号，且S_1中左、右括号数目相等，则S匹配当且仅当S_1和S_2均匹配。

按照这一理解，可采用分治策略设计算法如下：将表达式划分为子表达式S_0、S_1和S_2，分别递归地判断S_1和S_2是否匹配。这一构思可具体实现如代码4.4所示。

```
1 void trim ( const char exp[], int& lo, int& hi ) { //删除exp[lo, hi]不含括号的最长前缀、后缀
2    while ( ( lo <= hi ) && ( exp[lo] != '(' ) && ( exp[lo] != ')' ) ) lo++; //查找第一个和
3    while ( ( lo <= hi ) && ( exp[hi] != '(' ) && ( exp[hi] != ')' ) ) hi--; //最后一个括号
4 }
5
6 int divide ( const char exp[], int lo, int hi ) { //切分exp[lo, hi]，使exp匹配仅当子表达式匹配
7    int mi = lo; int crc = 1; //crc为[lo, mi]范围内左、右括号数目之差
8    while ( ( 0 < crc ) && ( ++mi < hi ) ) //逐个检查各字符，直到左、右括号数目相等，或者越界
9       { if ( exp[mi] == ')' )  crc--; if ( exp[mi] == '(' )  crc++;  } //左、右括号分别计数
10   return mi; //若mi <= hi，则为合法切分点；否则，意味着局部不可能匹配
11 }
12
13 bool paren ( const char exp[], int lo, int hi ) { //检查表达式exp[lo, hi]是否括号匹配（递归版）
14    trim ( exp, lo, hi ); if ( lo > hi ) return true; //清除不含括号的前缀、后缀
15    if ( exp[lo] != '(' ) return false; //首字符非左括号，则必不匹配
16    if ( exp[hi] != ')' ) return false; //末字符非右括号，则必不匹配
17    int mi = divide ( exp, lo, hi ); //确定适当的切分点
18    if ( mi > hi ) return false; //切分点不合法，意味着局部以至整体不匹配
19    return paren ( exp, lo + 1, mi - 1 ) && paren ( exp, mi + 1, hi ); //分别检查左、右子表达式
20 }
```

代码4.4 括号匹配算法（递归版）

其中，trim()函数用于截除表达式中不含括号的头部和尾部，即前缀S_0和后缀S_3。divide()函数对表达式做线性扫描，并动态地记录已经扫描的左、右括号数目之差。如此，当已扫过同样多的左、右括号时，即确定了一个合适的切分点mi，并得到子表达式S_1 = exp(lo, mi)和S_2 = exp(mi, hi]。以下，经递归地检查S_1和S_2，即可判断原表达式是否匹配。

在最坏情况下divide()需要线性时间，且递归深度为$\mathcal{O}(n)$，故以上算法共需$\mathcal{O}(n^2)$时间。此外，该方法也难以处理含有多种括号的表达式（习题[4-5]和[4-15]），故有必要进一步优化。

■ 迭代实现

实际上，只要将push、pop操作分别与左、右括号相对应，则长度为n的栈混洗，必然与由n对括号组成的合法表达式彼此对应（习题[4-4]）。比如，栈混洗[3, 2, 4, 1 >对应于表达式"((( )) ( ))"。按照这一理解，借助栈结构，只需扫描一趟表达式，即可在线性时间内，判定其中的括号是否匹配。

这一新的算法，可简明地实现如代码4.5所示。

```
1 bool paren ( const char exp[], int lo, int hi ) { //表达式括号匹配检查，可兼顾三种括号
2    Stack<char> S; //使用栈记录已发现但尚未匹配的左括号
3    for ( int i = lo; i <= hi; i++ ) /* 逐一检查当前字符 */
4       switch ( exp[i] ) { //左括号直接进栈；右括号若与栈顶失配，则表达式必不匹配
5          case '(': case '[': case '{': S.push ( exp[i] ); break;
6          case ')': if ( ( S.empty() ) || ( '(' != S.pop() ) ) return false; break;
7          case ']': if ( ( S.empty() ) || ( '[' != S.pop() ) ) return false; break;
8          case '}': if ( ( S.empty() ) || ( '{' != S.pop() ) ) return false; break;
9          default: break; //非括号字符一律忽略
10      }
11   return S.empty(); //整个表达式扫描过后，栈中若仍残留（左）括号，则不匹配；否则（栈空）匹配
12 }
```

代码4.5 括号匹配算法（迭代版）

新算法的流程控制简单，而且便于推广至多类括号并存的场合。它自左向右逐个考查各字符，忽略所有非括号字符。凡遇到左括号，无论属于哪类均统一压入栈S中。若遇右括号，则弹出栈顶的左括号并与之比对。若二者属于同类，则继续检查下一字符；否则，即可断定表达式不匹配。当然，栈S提前变空或者表达式扫描过后栈S非空，也意味着不匹配。

图4.6给出了一次完整的计算过程。表达式扫描完毕时，栈S恰好为空，故知表达式匹配。

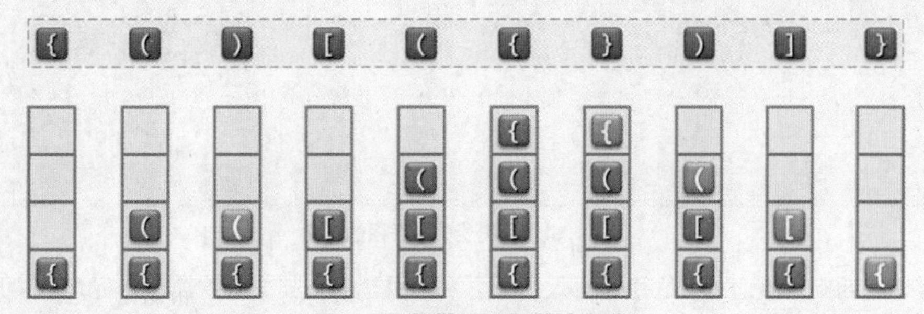

图4.6 迭代式括号匹配算法实例

（上方为输入表达式；下方为辅助栈的演变过程；虚框表示在（右）括号与栈顶（左）括号匹配时对应的出栈操作）

4.3.3 延迟缓冲

在一些应用问题中，输入可分解为多个单元并通过迭代依次扫描处理，但过程中的各步计算往往滞后于扫描的进度，需要待到必要的信息已完整到一定程度之后，才能作出判断并实施计算。在这类场合，栈结构则可以扮演数据缓冲区的角色。

■ 表达式求值

在编译C++程序的预处理阶段，源程序中的所有常量表达式都需首先计算并替换为对应的具体数值。而在解释型语言中，算术表达式的求值也需随着脚本执行过程中反复进行。

比如，在UNIX Shell、DOS Shell和PostScript交互窗口中分别输入：

```
$       echo $(( 0 + ( 1 + 23 ) / 4 * 5 * 67 - 8 + 9 ))
\>      set /a (( 0 + ( 1 + 23 ) / 4 * 5 * 67 - 8 + 9 ))
GS>     0 1 23 add 4 div 5 mul 67 mul add 8 sub 9 add =
```

都将返回“2011”。

可见，不能简单地按照“先左后右”的次序执行表达式中的运算符。关于运算符执行次序的规则（即运算优先级），一部分决定于事先约定的惯例（比如乘除优先于加减），另一部分则决定于括号。也就是说，仅根据表达式的某一前缀，并不能完全确定其中各运算符可否执行以及执行的次序；只有在已获得足够多后续信息之后，才能确定其中哪些运算符可以执行。

■ 优先级表

我们首先如代码4.6所示，将不同运算符之间的运算优先级关系，描述为一张二维表格。

```
 1 #define N_OPTR 9 //运算符总数
 2 typedef enum { ADD, SUB, MUL, DIV, POW, FAC, L_P, R_P, EOE } Operator; //运算符集合
 3 //加、减、乘、除、乘方、阶乘、左括号、右括号、起始符与终止符
 4
 5 const char pri[N_OPTR][N_OPTR] = { //运算符优先等级 [栈顶] [当前]
 6    /*              |-------------------- 当 前 运 算 符 --------------------| */
 7    /*              +      -      *      /      ^      !      (      )      \0 */
 8    /* --  + */    '>',   '>',   '<',   '<',   '<',   '<',   '<',   '>',   '>',
 9    /* |   - */    '>',   '>',   '<',   '<',   '<',   '<',   '<',   '>',   '>',
10    /* 栈  * */    '>',   '>',   '>',   '>',   '<',   '<',   '<',   '>',   '>',
11    /* 顶  / */    '>',   '>',   '>',   '>',   '<',   '<',   '<',   '>',   '>',
12    /* 运  ^ */    '>',   '>',   '>',   '>',   '>',   '<',   '<',   '>',   '>',
13    /* 算  ! */    '>',   '>',   '>',   '>',   '>',   '>',   ' ',   '>',   '>',
14    /* 符  ( */    '<',   '<',   '<',   '<',   '<',   '<',   '<',   '=',   ' ',
15    /* |   ) */    ' ',   ' ',   ' ',   ' ',   ' ',   ' ',   ' ',   ' ',   ' ',
16    /* -- \0 */    '<',   '<',   '<',   '<',   '<',   '<',   '<',   ' ',   '='
17 };
```

代码4.6 运算符优先级关系的定义

在常规的四则运算之外，这里还引入了乘方和阶乘运算。其中阶乘属于一元运算，且优先级最高。为统一算法的处理流程，将左、右括号以及标识表达式尾部的字符'\0'，也视作运算符。

■ 求值算法

基于运算符优先级如上的定义和判定规则，可实现表达式求值算法如代码4.7所示。

```
1 float evaluate ( char* S, char*& RPN ) { //对（已剔除白空格的）表达式S求值，并转换为逆波兰式RPN
2    Stack<float> opnd; Stack<char> optr; //运算数栈、运算符栈
3    optr.push ( '\0' ); //尾哨兵'\0'也作为头哨兵首先入栈
4    while ( !optr.empty() ) { //在运算符栈非空之前，逐个处理表达式中各字符
5       if ( isdigit ( *S ) ) { //若当前字符为操作数，则
6          readNumber ( S, opnd ); append ( RPN, opnd.top() ); //读入操作数，并将其接至RPN末尾
7       } else //若当前字符为运算符，则
8          switch ( orderBetween ( optr.top(), *S ) ) { //视其与栈顶运算符之间优先级高低分别处理
9             case '<': //栈顶运算符优先级更低时
10               optr.push ( *S ); S++; //计算推迟，当前运算符进栈
11               break;
12            case '=': //优先级相等（当前运算符为右括号或者尾部哨兵'\0'）时
13               optr.pop(); S++; //脱括号并接收下一个字符
14               break;
15            case '>': { //栈顶运算符优先级更高时，可实施相应的计算，并将结果重新入栈
16               char op = optr.pop(); append ( RPN, op ); //栈顶运算符出栈并续接至RPN末尾
17               if ( '!' == op ) { //若属于一元运算符
18                  float pOpnd = opnd.pop(); //只需取出一个操作数，并
19                  opnd.push ( calcu ( op, pOpnd ) ); //实施一元计算，结果入栈
20               } else { //对于其它（二元）运算符
21                  float pOpnd2 = opnd.pop(), pOpnd1 = opnd.pop(); //取出后、前操作数
22                  opnd.push ( calcu ( pOpnd1, op, pOpnd2 ) ); //实施二元计算，结果入栈
23               }
24               break;
25            }
26            default : exit ( -1 ); //逢语法错误，不做处理直接退出
27         }//switch
28   }//while
29   return opnd.pop(); //弹出并返回最后的计算结果
30 }
```

代码4.7 表达式的求值及RPN转换

该算法自左向右扫描表达式，并对其中字符逐一做相应的处理。那些已经扫描过但（因信息不足）尚不能处理的操作数与运算符，将分别缓冲至栈opnd和栈optr。一旦判定已缓存的子表达式优先级足够高，便弹出相关的操作数和运算符，随即执行运算，并将结果压入栈opnd。

请留意这里区分操作数和运算符的技巧。一旦当前字符由非数字转为数字，则意味着开始进入一个对应于操作数的子串范围。由于这里允许操作数含有多个数位，甚至可能是小数，故可调用readNumber()函数（习题[4-6]），根据当前字符及其后续的若干字符，利用另一个栈解析出当前的操作数。解析完毕，当前字符将再次聚焦于一个非数字字符。

■ 不同优先级的处置

按照代码4.7，若当前字符为运算符，则在调用orderBetween()函数（习题[4-7]），将其与栈optr的栈顶操作符做一比较之后，即可视二者的优先级高低，分三种情况相应地处置。

1）若当前运算符的优先级更高，则optr中的栈顶运算符尚不能执行

以表达式" 1 + 2 * 3 ... "为例，在扫描到运算符'*'时，optr栈顶运算符为此前的'+'，由于pri['+']['*'] = '<'，当前运算符'*'优先级更高，故栈顶运算符'+'的执行必须推迟。

请注意，由代码4.6定义的优先级表，无论栈顶元素如何，当前操作符为'('的所有情况均统一归入这一处理方式；另外，无论当前操作符如何，栈顶操作符为'('的所有情况也统一按此处理。也就是说，所有左括号及其后紧随的一个操作符都会相继地被直接压入optr栈中，而此前的运算符则一律押后执行——这与左括号应有的功能完全吻合。

2）反之，一旦栈顶运算符的优先级更高，则可以立即弹出并执行对应的运算

以表达式" 1 + 2 * 3 - 4 ... "为例，在扫描到运算符'-'时，optr栈顶运算符为'*'，由于pri['*']['-'] = '>'，意味着当前运算符的优先级更低，故栈顶运算符'*'可立即执行。

类似地，根据代码4.6定义的优先级表，无论栈顶元素如何，当前操作符为')'的情况也几乎全部归入这一处理方式。也就是说，一旦抵达右括号，此前在optr栈缓冲的运算符大都可以逐一弹出并执行——这与右括号应有的功能也完全吻合。

3）当前运算符与栈顶运算符的优先级“相等”

对右括号的上述处理方式，将在optr栈顶出现操作符'('时终止——由代码4.6可知，pri['(')[')'] = '='。此时，将弹出栈顶的'('，然后继续处理')'之后的字符。不难看出，这对左、右括号在表达式中必然相互匹配，其作用在于约束介乎二者之间的那段子表达式的优先级关系，故在其“历史使命”完成之后，算法做如上处置理所应当。

除左、右括号外，还有一种优先级相等的合法情况，即pri['\0']['\0'] = '='。由于在算法启动之初已经首先将字符'\0'压入optr栈，故在整个表达式已被正确解析并抵达表达式结束标识符'\0'时，即出现这一情况。对于合法的表达式，这种情况只在算法终止前出现一次。既然同是需要弹出栈顶，算法不妨将这种情况按照优先级相等的方式处置。

■ 语法检查及鲁棒性

为简洁起见，以上算法假设输入表达式的语法完全正确；否则，有可能会导致荒诞的结果。读者可在此基础上，尝试扩充语法检查以及对各种非法情况的处理功能（习题[4-12]）。

4.3.4 逆波兰表达式

■ RPN

逆波兰表达式（reverse Polish notation, RPN）是数学表达式的一种，其语法规则可概括为：操作符紧邻于对应的（最后一个）操作数之后。比如“1 2 +”即通常习惯的“1 + 2”。

按此规则，可递归地得到更复杂的表达式，比如RPN表达式

```
1 2 + 3 4 ^ *
```

即对应于常规的表达式

```
( 1 + 2 ) * 3 ^ 4
```

RPN表达式亦称作后缀表达式（postfix），原表达式则称作中缀表达式（infix）。尽管RPN表达式不够直观易读，但其对运算符优先级的表述能力，却毫不逊色于常规的中缀表达式；而其在计算效率方面的优势，更是常规表达式无法比拟的。RPN表达式中运算符的执行次序，可更为简捷地确定，既不必在事先做任何约定，更无需借助括号强制改变优先级。具体而言，各运算符被执行的次序，与其在RPN表达式中出现的次序完全吻合。以上面的" 1 2 + 3 4 ^ * "为例，三次运算的次序{ +, ^, * }，与三个运算符的出现次序完全一致。

■ 求值算法

根据以上分析，采用算法4.1即可高效地实现对RPN表达式的求值。

```
rpnEvaluation(expr)
输入：RPN表达式expr（假定语法正确）
输出：表达式数值
{
   引入栈S，用以存放操作数;
   while (expr尚未扫描完毕) {
      从expr中读入下一元素x;
      if (x是操作数) 将x压入S;
      else { //x是运算符
         从栈S中弹出运算符x所需数目的操作数;
         对弹出的操作数实施x运算，并将运算结果重新压入S;
      } //else
   } //while
   返回栈顶; //也是栈底
}
```

算法4.1 RPN表达式求值

可见，除了一个辅助栈外，该算法不需要借助任何更多的数据结构。此外，算法的控制流程也十分简明，只需对RPN表达式做单向的顺序扫描，既无需更多判断，也不含任何分支或回溯。

算法4.1的一次完整运行过程，如表4.3所示。

表4.3 RPN表达式求值算法实例（当前字符以方框注明，操作数栈的底部靠左）

操作数栈	表 达 式	注 解
	0 ! 1 + 2 3 ! 4 + ^ * 5 ! 67 - 8 9 + - -	初始化，引入操作数栈
0	[0] ! 1 + 2 3 ! 4 + ^ * 5 ! 67 - 8 9 + - -	操作数0入栈
1	0 [!] 1 + 2 3 ! 4 + ^ * 5 ! 67 - 8 9 + - -	0出栈，运算'!'结果入栈
1 1	0 ! [1] + 2 3 ! 4 + ^ * 5 ! 67 - 8 9 + - -	操作数1入栈
2	0 ! 1 [+] 2 3 ! 4 + ^ * 5 ! 67 - 8 9 + - -	1和1出栈，运算'+'结果入栈
2 2	0 ! 1 + [2] 3 ! 4 + ^ * 5 ! 67 - 8 9 + - -	操作数2入栈
2 2 3	0 ! 1 + 2 [3] ! 4 + ^ * 5 ! 67 - 8 9 + - -	操作数3入栈
2 2 6	0 ! 1 + 2 3 [!] 4 + ^ * 5 ! 67 - 8 9 + - -	3出栈，运算'!'结果入栈
2 2 6 4	0 ! 1 + 2 3 ! [4] + ^ * 5 ! 67 - 8 9 + - -	操作数4入栈

操作数栈	表 达 式	注 解
2 2 10	0 ! 1 + 2 3 ! 4 + ^ * 5 ! 67 - 8 9 + - -	6和4出栈，运算'+'结果入栈
2 1024	0 ! 1 + 2 3 ! 4 + ^ * 5 ! 67 - 8 9 + - -	2和10出栈，运算'^'结果入栈
2048	0 ! 1 + 2 3 ! 4 + ^ * 5 ! 67 - 8 9 + - -	2和1024出栈，运算'*'结果入栈
2048 5	0 ! 1 + 2 3 ! 4 + ^ * 5 ! 67 - 8 9 + - -	操作数5入栈
2048 120	0 ! 1 + 2 3 ! 4 + ^ * 5 ! 67 - 8 9 + - -	5出栈，运算'!'结果入栈
2048 120 67	0 ! 1 + 2 3 ! 4 + ^ * 5 ! 67 - 8 9 + - -	操作数67入栈
2048 53	0 ! 1 + 2 3 ! 4 + ^ * 5 ! 67 - 8 9 + - -	120和67出栈，运算'-'结果入栈
2048 53 8	0 ! 1 + 2 3 ! 4 + ^ * 5 ! 67 - 8 9 + - -	操作数8入栈
2048 53 8 9	0 ! 1 + 2 3 ! 4 + ^ * 5 ! 67 - 8 9 + - -	操作数9入栈
2048 53 17	0 ! 1 + 2 3 ! 4 + ^ * 5 ! 67 - 8 9 + - -	8和9出栈，运算'+'结果入栈
2048 36	0 ! 1 + 2 3 ! 4 + ^ * 5 ! 67 - 8 9 + - -	53和17出栈，运算'-'结果入栈
2012	0 ! 1 + 2 3 ! 4 + ^ * 5 ! 67 - 8 9 + - -	2048和36出栈，运算'-'结果入栈

可见，只有操作数可能需要借助栈S做缓存，运算符则均可直接执行而不必保留。

另外，只要RPN表达式合法，在整个求值计算的过程中，当前运算符所需的操作数无论多少，都必然恰好按次序存放在当前栈的顶部。当上例处理到运算符'^'时，对应的操作数2和10恰为次栈顶和栈顶；当处理到运算符'*'时，对应的操作数2和1024也恰为次栈顶和栈顶。

■ 手工转换

按照以下步骤，即可完成从中缀表达式到RPN的转换。以如下中缀表达式为例（习题[4-9]）：

(0 ! + 1) * 2 ^ (3 ! + 4) - (5 ! - 67 - (8 + 9))

首先，假设在事先并未就运算符之间的优先级做过任何约定。于是，我们不得不通过增添足够多的括号，以如下方式，显式地指定该表达式的运算次序：

((((0) ! + 1) * (2 ^ ((3) ! + 4))) - (((5) ! - 67) - (8 + 9)))

然后，将各运算符后移，使之紧邻于其对应的右括号的右侧：

((((0) ! 1) + (2 ((3) ! 4) +) ^) * (((5) ! 67) - (8 9) +) -) -

最后抹去所有括号：

0 ! 1 + 2 3 ! 4 + ^ * 5 ! 67 - 8 9 + - -

稍事整理，即得到对应的RPN表达式：

0 ! 1 + 2 3 ! 4 + ^ * 5 ! 67 - 8 9 + - -

可见，操作数之间的相对次序，在转换前后保持不变；而运算符在RPN中所处的位置，恰好就是其对应的操作数均已就绪且该运算可以执行的位置。

■ 自动转换

实际上，95页代码4.7中evaluate()算法在对表达式求值的同时，也顺便完成了从常规表达式到RPN表达式的转换。在求值过程中，该算法借助append()函数（习题[4-8]）将各操作数和运算符适时地追加至串rpn的末尾，直至得到完整的RPN表达式（习题[4-9]）。

这里采用的规则十分简明：凡遇到操作数，即追加至rpn；而运算符只有在从栈中弹出并执行时，才被追加。这一过程，与上述手工转换的方法完全等效，其正确性也因此得以确立。

将RPN自动转换过程与RPN求值过程做一对照，即不难看出，后者只不过是前者的忠实再现。

§4.4 *试探回溯法

4.4.1 试探与回溯

■ 忒修斯的法宝

古希腊神话中半人半牛的怪物弥诺陶洛斯（Minotaur），藏身于一个精心设计、结构极其复杂的迷宫之中。因此，找到并消灭它绝非易事，而此后如何顺利返回而不致困死更是一个难题。不过，在公主阿里阿德涅（Ariadne）的帮助下，英雄忒修斯（Theseus）还是想出了个好办法，他最终消灭了怪物，并带着公主轻松地走出迷宫。

实际上，忒修斯所使用的法宝，只不过是一团普通的线绳。他将线绳的一端系在迷宫的入口处，而在此后不断检查各个角落的过程中，线团始终握在他的手中。线团或收或放，跟随着忒修斯穿梭于蜿蜒曲折的迷宫之中，确保他不致迷路。

忒修斯的高招，与现代计算机中求解很多问题的算法异曲同工。事实上，很多应用问题的解，在形式上都可看作若干元素按特定次序构成的一个序列。以经典的旅行商问题（traveling salesman problem, TSP）为例，其目标是计算出由给定的n个城市构成的一个序列，使得按此序列对这些城市的环游成本（比如机票价格）最低。尽管此类问题本身的描述并不复杂，但遗憾的是，由于所涉及元素（比如城市）的每一排列都是一个候选解，它们往往构成一个极大的搜索空间。通常，其搜索空间的规模与全排列总数大体相当，为$n! = \mathcal{O}(n^n)$。因此若采用蛮力策略，逐一生成可能的候选解并检查其是否合理，则必然无法将运行时间控制在多项式的范围以内。

■ 剪枝

为此，必须基于对应用问题的深刻理解，利用问题本身具有的某些规律尽可能多、尽可能早地排除搜索空间中的候选解。其中一种重要的技巧就是，根据候选解的某些局部特征，以候选解子集为单位批量地排除。通常如图4.7所示，搜索空间多呈树状结构，而被排除的候选解往往隶属于同一分支，故这一技巧也可以形象地称作剪枝（pruning）。

与之对应的算法多呈现为如下模式。从零开始，尝试逐步增加候选解的长度。更准确地，这一过程是在成批地考查具有特定前缀的所有候选解。这种从长度上逐步向目标解靠近的尝试，称作试探（probing）。作为解的局部特征，特征前缀在试探的过程中一旦被发现与目标解不合，则收缩到此前一步的长度，然后继续试探下一可能的组合。特征前缀长度缩减的这类操作，称作回溯（backtracking），其效果等同于剪枝。如此，只要目标解的确存在就迟早会被发现，而且只要剪枝所依据的特征设计得当，计算的效率就会大大提高。

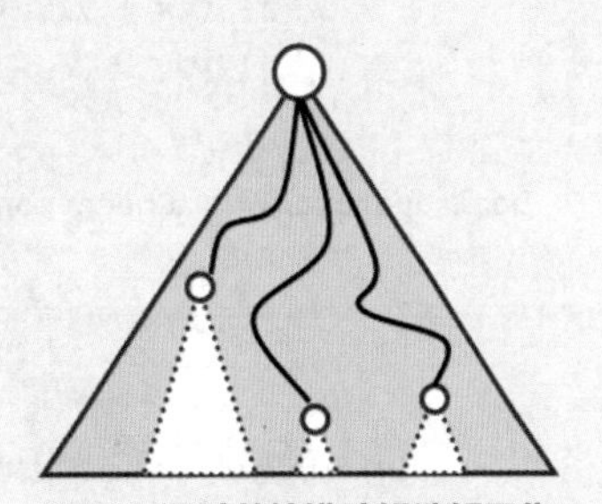

图4.7 通过剪枝排除候选解子集

■ 线绳与粉笔

回到开头的传说故事。不难看出，忒修斯藉以探索迷宫的正是试探回溯法。当然，这一方法的真正兑现还依赖于有形的物质基础——忒修斯的线绳。忒修斯之所以能够在迷宫中有条不紊地进行搜索，首先是得益于这团收放自如的线绳。这一点不难理解，所有算法的实现都必须建立在特定的数据结构之上。

以下两个实例，将介绍如何借助适当的数据结构以高效地实现试探回溯策略。我们将看到，栈结构在此过程中所扮演的正是忒修斯手中线绳的角色。当然，这里还需解决故事中隐含的另一技术难点：如何保证搜索过的部分不被重复搜索。办法之一就是，在剪枝的位置留下某种标记。同样地，这类标记也需兑现为具体的数据结构。倘若建议忒修斯在回溯时不妨用粉笔就地做个记号，那么我们的算法也应配有以数据结构形式实现的“粉笔”。

4.4.2 八皇后

■ 问题描述

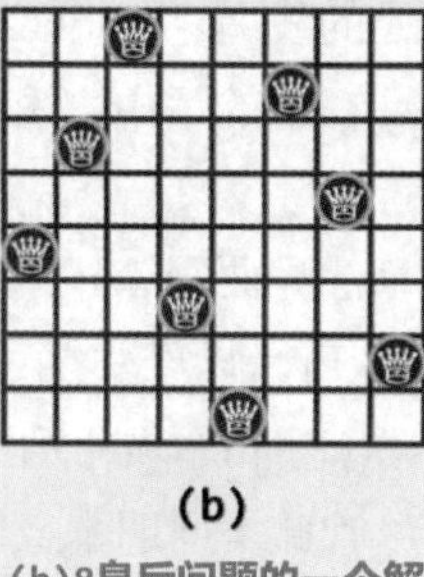

图4.8 (a)皇后的控制范围；(b)8皇后问题的一个解

如图4.8(a)，国际象棋中皇后的势力范围覆盖其所在的水平线、垂直线以及两条对角线。现考查如下问题：在n×n的棋盘上放置n个皇后，如何使得她们彼此互不攻击——此时称她们构成一个可行的棋局。对于任何整数n ≥ 4，这就是n皇后问题。

由鸽巢原理可知，在n行n列的棋盘上至多只能放置n个皇后。反之，n个皇后在n×n棋盘上的可行棋局通常也存在，比如图4.8(b)即为在8×8棋盘上，由8个皇后构成的一个可行棋局。

■ 皇后

皇后是组成棋局和最终解的基本单元，故可如代码4.8所示实现对应的Queen类。

```
1 struct Queen { //皇后类
2    int x, y; //皇后在棋盘上的位置坐标
3    Queen ( int xx = 0, int yy = 0 ) : x ( xx ), y ( yy ) {};
4    bool operator== ( Queen const& q ) const { //重载判等操作符，以检测不同皇后之间可能的冲突
5       return    ( x == q.x ) //行冲突（这一情况其实并不会发生，可省略）
6                 || ( y == q.y ) //列冲突
7                 || ( x + y == q.x + q.y ) //沿正对角线冲突
8                 || ( x - y == q.x - q.y ); //沿反对角线冲突
9    }
10   bool operator!= ( Queen const& q ) const { return ! ( *this == q ); } //重载不等操作符
11 };
```

代码4.8 皇后类

可见，每个皇后对象均由其在棋盘上的位置坐标确定。此外，这里还通过重载判等操作符，实现了对皇后位置是否相互冲突的便捷判断。具体地，这里按照以上棋规，将同行、同列或同对角线的任意两个皇后视作“相等”，于是两个皇后相互冲突当且仅当二者被判作“相等”。

■ 算法实现

基于试探回溯策略，可如代码4.9所示，实现通用的N皇后算法。

既然每行能且仅能放置一个皇后，故不妨首先将各皇后分配至每一行。然后，从空棋盘开始，逐个尝试着将她们放置到无冲突的某列。每放置好一个皇后，才继续试探下一个。若当前皇后在任何列都会造成冲突，则后续皇后的试探都必将是徒劳的，故此时应该回溯到上一皇后。

```
1 void placeQueens ( int N ) { //N皇后算法（迭代版）：采用试探/回溯的策略，借助栈记录查找的结果
2    Stack<Queen> solu; //存放（部分）解的栈
3    Queen q ( 0, 0 ); //从原点位置出发
4    do { //反复试探、回溯
5       if ( N <= solu.size() || N <= q.y ) { //若已出界，则
6          q = solu.pop(); q.y++; //回溯一行，并继续试探下一列
7       } else { //否则，试探下一行
8          while ( ( q.y < N ) && ( 0 <= solu.find ( q ) ) ) //通过与已有皇后的比对
9             { q.y++; nCheck++; } //尝试找到可摆放下一皇后的列
10         if ( N > q.y ) { //若存在可摆放的列，则
11            solu.push ( q ); //摆上当前皇后，并
12            if ( N <= solu.size() ) nSolu++; //若部分解已成为全局解，则通过全局变量nSolu计数
13            q.x++; q.y = 0; //转入下一行，从第0列开始，试探下一皇后
14         }
15      }
16   } while ( ( 0 < q.x ) || ( q.y < N ) ); //所有分支均已或穷举或剪枝之后，算法结束
17 }
```

代码4.9 N皇后算法

这里借助栈solu来动态地记录各皇后的列号。当该栈的规模增至N时，即得到全局解。该栈即可依次给出各皇后在可行棋局中所处的位置。

■ 实例

图4.9给出了利用以上算法，得到四皇后问题第一个解的完整过程。

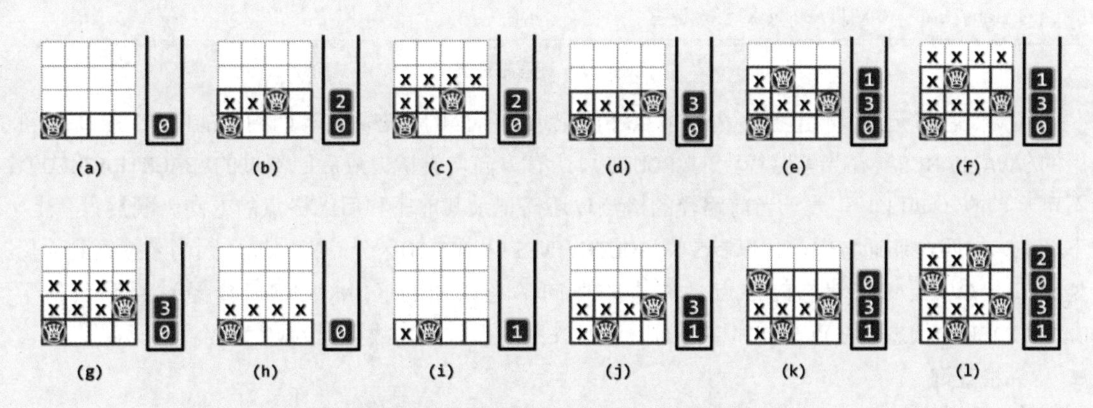

图4.9 四皇后问题求解过程（棋盘右侧为记录解的栈solu）

首先试探第一行皇后，如图(a)所示将其暂置于第0列，同时列号入栈。接下来试探再第二行皇后，如图(b)所示在排除前两列后，将其暂置于第2列，同时列号入栈。然而此后试探第三行皇后时，如图(c)所示发现所有列均有冲突。于是回溯到第二行，并如图(d)所示将第二行皇后调整到第3列，同时更新栈顶列号。后续各步原理相同，直至图(l)栈满时得到一个全局解。

如此不断地试探和回溯，即可得到所有可行棋局。可见，通过剪枝我们对原规模为4! = 24的搜索空间实现了有效的筛选。随着问题规模的增加，这一技巧的优化效果将更为明显。

4.4.3 迷宫寻径

■ 问题描述

路径规划是人工智能的基本问题之一，要求依照约定的行进规则，在具有特定几何结构的空间区域内，找到从起点到终点的一条通路。以下考查该问题的一个简化版本：空间区域限定为由n × n个方格组成的迷宫，除了四周的围墙，还有分布其间的若干障碍物；只能水平或垂直移动。我们的任务是，在任意指定的起始格点与目标格点之间，找出一条通路（如果的确存在）。

■ 迷宫格点

格点是迷宫的基本组成单位，故首先需要实现Cell类如代码4.10所示。

```
1 typedef enum { AVAILABLE, ROUTE, BACKTRACKED, WALL } Status; //迷宫单元状态
2 //原始可用的、在当前路径上的、所有方向均尝试失败后回溯过的、不可使用的（墙）
3
4 typedef enum { UNKNOWN, EAST, SOUTH, WEST, NORTH, NO_WAY } ESWN; //单元的相对邻接方向
5 //未定、东、南、西、北、无路可通
6
7 inline ESWN nextESWN ( ESWN eswn ) { return ESWN ( eswn + 1 ); } //依次转至下一邻接方向
8
9 struct Cell { //迷宫格点
10    int x, y; Status status; //x坐标、y坐标、类型
11    ESWN incoming, outgoing; //进入、走出方向
12 };
13
14 #define LABY_MAX 24 //最大迷宫尺寸
15 Cell laby[LABY_MAX][LABY_MAX]; //迷宫
```

代码4.10 迷宫格点类

可见，除了记录其位置坐标外，格点还需记录其所处的状态。共有四种可能的状态：原始可用的(AVAILABLE)、在当前路径上的(ROUTE)、所有方向均尝试失败后回溯过的(BACKTRACKED)、不可穿越的（WALL）。属于当前路径的格点，还需记录其前驱和后继格点的方向。既然只有上、下、左、右四个连通方向，故以EAST、SOUTH、WEST和NORTH区分。特别地，因尚未搜索到而仍处于初始AVAILABLE状态的格点，邻格的方向都是未知的（UNKNOWN）；经过回溯后处于BACKTRACKED状态的格点，与邻格之间的连通关系均已关闭，故标记为NO_WAY。

■ 邻格查询

在路径试探过程中需反复确定当前位置的相邻格点，可如代码4.11所示实现查询功能。


```
1 inline Cell* neighbor ( Cell* cell ) { //查询当前位置的相邻格点
2    switch ( cell->outgoing ) {
3       case EAST  : return cell + LABY_MAX; //向东
4       case SOUTH : return cell + 1;        //向南
5       case WEST  : return cell - LABY_MAX; //向西
6       case NORTH : return cell - 1;        //向北
```

```
7       default    : exit ( -1 );
8    }
9 }
```

代码4.11 查询相邻格点

■ 邻格转入

在确认某一相邻格点可用之后，算法将朝对应的方向向前试探一步，同时路径延长一个单元。为此，需如代码4.12所示实现相应的格点转入功能。

```
1 inline Cell* advance ( Cell* cell ) { //从当前位置转入相邻格点
2    Cell* next;
3    switch ( cell->outgoing ) {
4       case EAST:  next = cell + LABY_MAX; next->incoming = WEST; break; //向东
5       case SOUTH: next = cell + 1;        next->incoming = NORTH; break; //向南
6       case WEST:  next = cell - LABY_MAX; next->incoming = EAST; break; //向西
7       case NORTH: next = cell - 1;        next->incoming = SOUTH; break; //向北
8       default : exit ( -1 );
9    }
10   return next;
11 }
```

代码4.12 转入相邻格点

■ 算法实现

在以上功能的基础上，可基于试探回溯策略实现寻径算法如代码4.13所示。

```
1 // 迷宫寻径算法：在格单元s至t之间规划一条通路（如果的确存在）
2 bool labyrinth ( Cell Laby[LABY_MAX][LABY_MAX], Cell* s, Cell* t ) {
3    if ( ( AVAILABLE != s->status ) || ( AVAILABLE != t->status ) ) return false; //退化情况
4    Stack<Cell*> path; //用栈记录通路（Theseus的线绳）
5    s->incoming = UNKNOWN; s->status = ROUTE; path.push ( s ); //起点
6    do { //从起点出发不断试探、回溯，直到抵达终点，或者穷尽所有可能
7       Cell* c = path.top(); //检查当前位置（栈顶）
8       if ( c == t ) return true; //若已抵达终点，则找到了一条通路；否则，沿尚未试探的方向继续试探
9       while ( NO_WAY > ( c->outgoing = nextESWN ( c->outgoing ) ) ) //逐一检查所有方向
10         if ( AVAILABLE == neighbor ( c )->status ) break; //试图找到尚未试探的方向
11      if ( NO_WAY <= c->outgoing ) //若所有方向都已尝试过
12         { c->status = BACKTRACKED; c = path.pop(); }//则向后回溯一步
13      else //否则，向前试探一步
14         { path.push ( c = advance ( c ) ); c->outgoing = UNKNOWN; c->status = ROUTE; }
15   } while ( !path.empty() );
16   return false;
17 }
```

代码4.13 迷宫寻径

该问题的搜索过程中，局部解是一条源自起始格点的路径，它随着试探、回溯相应地伸长、缩短。因此，这里借助栈path按次序记录组成当前路径的所有格点，并动态地随着试探、回溯做入栈、出栈操作。路径的起始格点、当前的末端格点分别对应于path的栈底和栈顶，当后者抵达目标格点时搜索成功，此时path所对应的路径即可作为全局解返回。

■　实例

图4.10给出了以上迷宫寻径算法的一次运行实例。

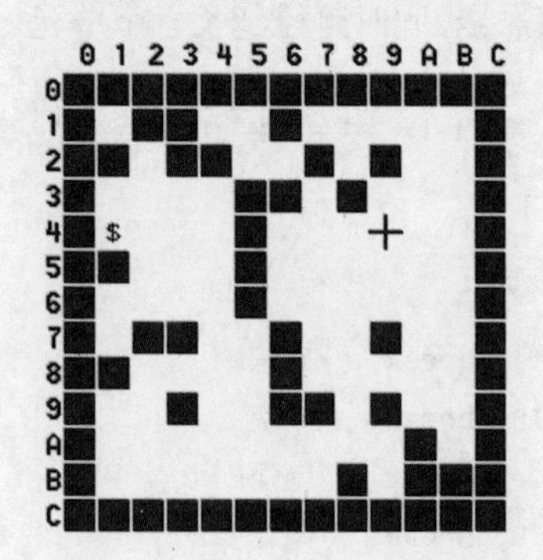

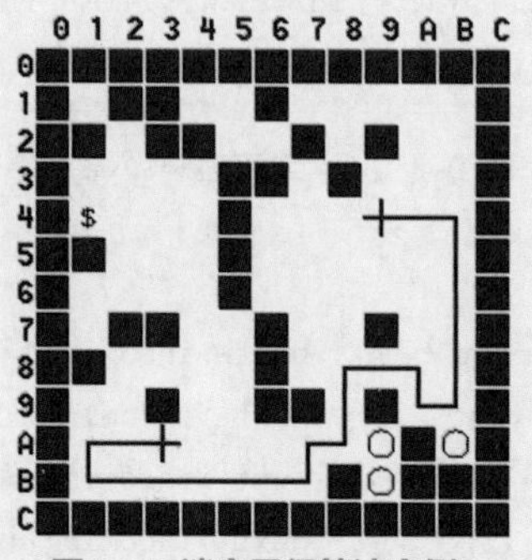

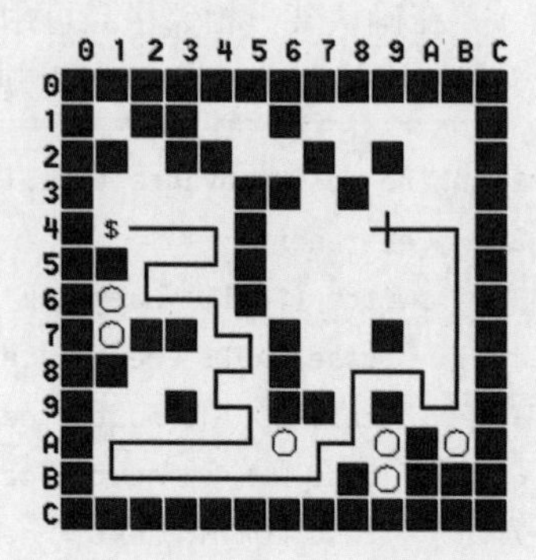

图4.10　迷宫寻径算法实例

左侧为随机生成的13×13迷宫。算法启动时，其中格点分为可用（AVAILABLE，白色）与障碍（WALL，黑色）两种状态。在前一类中，随机指定了起始格点（+）和目标格点（$）。

中图为算法执行过程的某一时刻，可见原先为可用状态的一些格点已经转换为新的状态：转入ROUTE状态的格点，依次联接构成一条（尚未完成的）通路；曾参与构成通路但后因所有前进方向均已尝试完毕而回溯的格点，则进而从ROUTE转入TRIED状态（以圆圈注明）。

如右图所示，经过48步试探和6步回溯，最终找到一条长度为42的通路。通过这一实例亦可看出，在起点与终点之间的确彼此连通时，尽管这一算法可保证能够找出一条通路，但却未必是最短的（习题[4-17]）。

■　正确性

该算法会尝试当前格点的所有相邻格点，因此通过数学归纳可知，若在找到全局解后依然继续查找，则该算法可以抵达与起始格点连通的所有格点。因此，只要目标格点与起始格点的确相互连通，则这一算法必将如右图所示找出一条联接于二者之间的通路。

从算法的中间过程及最终结果都可清晰地看出，这里用以记录通路的栈结构的确相当于忒修斯手中的线绳，它确保了算法可沿着正确地方向回溯。另外，这里给所有回溯格点所做的状态标记则等效于用粉笔做的记号，正是这些标记确保了格点不致被重复搜索，从而有效地避免了沿环路的死循环现象。

■　复杂度

算法的每一步迭代仅需常数时间，故总体时间复杂度线性正比于试探、回溯操作的总数。由于每个格点至多参与试探和回溯各一次，故亦可度量为所有被访问过的格点总数——在图4.10中，也就是最终路径的总长度再加上圆圈标记的数目。

§4.5 队列

4.5.1 概述

■ 入队与出队

与栈一样，队列（queue）也是存放数据对象的一种容器，其中的数据对象也按线性的逻辑次序排列。队列结构同样支持对象的插入和删除，但两种操作的范围分别被限制于队列的两端——若约定新对象只能从某一端插入其中，则只能从另一端删除已有的元素。允许取出元素的一端称作队头（front），而允许插入元素的另一端称作队尾（rear）。

以如图4.11所示顺序盛放羽毛球的球桶为例。通常，我们总是从球托所指的一端将球取出，而从另一端把球纳入桶中。因此如果将球托所指的一端理解为队头，另一端理解为队尾，则桶中的羽毛球即构成一个队列，其中每只球都属于该队列的一个元素。

图4.11 在球桶中顺序排列的一组羽毛球可视作一个队列

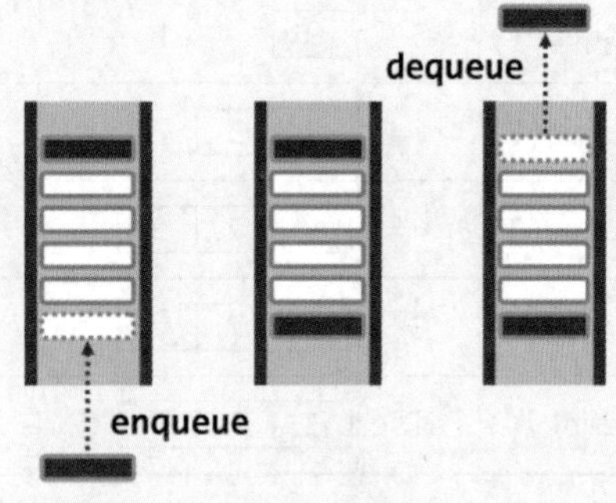

图4.12 队列操作

一般地如图4.12所示，元素的插入与删除也是修改队列结构的两种主要方式，站在被操作对象的角度，分别称作入队（enqueue）和出队（dequeue）操作。

■ 先进先出

由以上的约定和限制不难看出，与栈结构恰好相反，队列中各对象的操作次序遵循所谓先进先出（first-in-first-out, FIFO）的规律：更早（晚）出队的元素应为更早（晚）入队者，反之，更早（晚）入队者应更早（晚）出队。

4.5.2 ADT接口

作为一种抽象数据类型，队列结构必须支持以下操作接口。

表4.4 队列ADT支持的操作接口

操 作	功 能
size()	报告队列的规模（元素总数）
empty()	判断队列是否为空
enqueue(e)	将e插入队尾
dequeue()	删除队首对象
front()	引用队首对象

4.5.3 操作实例

按照表4.4定义的ADT接口，表4.5给出了一个队列从被创建开始，经过一系列操作的过程。

表4.5 队列操作实例（元素均为整型）

操作	输出	队列（右侧为队头）
Queue()		
empty()	true	
enqueue(5)		5
enqueue(3)		3 5
dequeue()	5	3
enqueue(7)		7 3
enqueue(3)		3 7 3
front()	3	3 7 3
empty()	false	3 7 3
enqueue(11)		11 3 7 3
size()	4	11 3 7 3
enqueue(6)		6 11 3 7 3
empty()	false	6 11 3 7 3
enqueue(7)		7 6 11 3 7 3
dequeue()	3	7 6 11 3 7
dequeue()	7	7 6 11 3
front()	3	7 6 11 3
size()	4	7 6 11 3

4.5.4 Queue模板类

既然队列也可视作序列的特例，故只要将队列作为列表的派生类，即可利用C++的继承机制，基于3.2.2节已实现的列表模板类，实现队列结构。同样地，也需要按照队列的习惯对各相关的接口重新命名。按照表4.4所列的ADT接口，可描述并实现Queue模板类如下。

```
1 #include "../List/List.h" //以List为基类
2 template <typename T> class Queue: public List<T> { //队列模板类（继承List原有接口）
3 public: //size()、empty()以及其它开放接口均可直接沿用
4    void enqueue ( T const& e ) { insertAsLast ( e ); } //入队：尾部插入
5    T dequeue() { return remove ( first() ); } //出队：首部删除
6    T& front() { return first()->data; } //队首
7 };
```

代码4.14 Queue模板类

由代码4.14可见，队列的enqueue()操作等效于将新元素作为列表的末元素插入，dequeue()操作则等效于删除列表的首元素，front()操作可直接返回对列表首元素的引用。而size()及empty()等接口，均可直接沿用基类的同名接口。

这里插入和删除操作的位置分别限制于列表的末端和首端，故由3.3.5节的分析结论可知，队列结构以上接口的时间复杂度均为常数。

套用以上思路，也可直接基于2.2.3节的Vector模板类派生出Stack类（习题[4-2]）。

§4.6 队列应用

4.6.1 循环分配器

为在客户（client）群体中共享的某一资源（比如多个应用程序共享同一CPU），一套公平且高效的分配规则必不可少，而队列结构则非常适于定义和实现这样的一套分配规则[①]。

具体地，可以借助队列Q实现一个资源循环分配器，其总体流程大致如算法4.2所示。

```
RoundRobin { //循环分配器
   Queue Q(clients); //参与资源分配的所有客户组成队列Q
   while (!ServiceClosed()) { //在服务关闭之前，反复地
      e = Q.dequeue(); //队首的客户出队，并
      serve(e); //接受服务，然后
      Q.enqueue(e); //重新入队
   }
}
```

算法4.2 利用队列结构实现的循环分配器

在以上所谓轮值（round robin）算法中，首先令所有参与资源分配的客户组成一个队列Q。接下来是一个反复轮回式的调度过程：取出当前位于队头的客户，将资源交予该客户使用；在经过固定的时间之后，回收资源，并令该客户重新入队。得益于队列“先进先出”的特性，如此既可在所有客户之间达成一种均衡的公平，也可使得资源得以充分利用。

这里，每位客户持续占用资源的时间，对该算法的成败至关重要。一方面，为保证响应速度，这一时间值通常都不能过大。另一方面，因占有权的切换也需要耗费一定的时间，故若该时间值取得过小，切换过于频繁，又会造成整体效率的下降。因此，往往需要通过实测确定最佳值。

反过来，在单一客户使用多个资源的场合，队列也可用以保证资源的均衡使用，提高整体使用效率。针式打印机配置的色带，即是这样的一个实例，环形[②]色带收纳于两端开口的色带盒内。在打印过程中，从一端不断卷出的色带，在经过打印头之后，又从另一端重新卷入盒中，并如此往复。可见，此处色带盒的功能等效于一个队列，色带的各部分按照“先进先出”的原则被均衡地使用，整体使用寿命因而得以延长。

4.6.2 银行服务模拟

以下以银行这一典型场景为例，介绍如何利用队列结构实现顾客服务的调度与优化。

通常，银行都设有多个窗口，顾客按到达的次序分别在各窗口排队等待办理业务。为此，可首先定义顾客类Customer如下，以记录顾客所属的队列及其所办业务的服务时长。

```
1 struct Customer { int window; unsigned int time; }; //顾客类：所属窗口（队列）、服务时长
```

代码4.15 顾客对象

① 更复杂条件和需求下的调度分配算法，可参考排队论（queuing theory）的相关资料

② 严格地说，色带是个Möbius环，如此可进一步保证其“两”面都能被均衡使用

顾客在银行中接受服务的整个过程，可由如代码4.16所示的simulate()函数模拟。

```
1 void simulate ( int nWin, int servTime ) { //按指定窗口数、服务总时间模拟银行业务
2    Queue<Customer>* windows = new Queue<Customer>[nWin]; //为每一窗口创建一个队列
3    for ( int now = 0; now < servTime; now++ ) { //在下班之前，每隔一个单位时间
4       if ( rand() % ( 1 + nWin ) ) { //新顾客以nWin/(nWin + 1)的概率到达
5          Customer c ; c.time = 1 + rand() % 98; //新顾客到达，服务时长随机确定
6          c.window = bestWindow ( windows, nWin ); //找出最佳（最短）的服务窗口
7          windows[c.window].enqueue ( c ); //新顾客加入对应的队列
8       }
9       for ( int i = 0; i < nWin; i++ ) //分别检查
10         if ( !windows[i].empty() ) //各非空队列
11            if ( -- windows[i].front().time <= 0 ) //队首顾客的服务时长减少一个单位
12               windows[i].dequeue(); //服务完毕的顾客出列，由后继顾客接替
13   } //for
14   delete [] windows; //释放所有队列（此前，~List()会自动清空队列）
15 }
```

代码4.16 银行服务模拟

这里，首先根据银行所设窗口的数量相应地建立多个队列。以下以单位时间为间隔反复迭代，直至下班。每一时刻都有一位顾客按一定的概率抵达，随机确定所办业务服务时长之后，归入某一“最优”队列。每经单位时间，各队列最靠前顾客（如果有的话）的待服务时长均相应减少一个单位。若时长归零，则意味着该顾客的业务已办理完毕，故应退出队列并由后一位顾客（如果有的话）接替。可见，顾客归入队列和退出队列的事件可分别由enqueue()和dequeue()操作模拟，查询并修改队首顾客时长的事件则可由front()操作模拟。

```
1 int bestWindow ( Queue<Customer> windows[], int nWin ) { //为新到顾客确定最佳队列
2    int minSize = windows[0].size(), optiWin = 0; //最优队列（窗口）
3    for ( int i = 1; i < nWin; i++ ) //在所有窗口中
4       if ( minSize > windows[i].size() ) //挑选出
5          { minSize = windows[i].size(); optiWin = i; } //队列最短者
6    return optiWin; //返回
7 }
```

代码4.17 查找最短队列

为更好地为新到顾客确定一个队列，这里采用了“最短优先”的原则。如代码4.17所示，为此只需遍历所有的队列并通过size()接口比较其规模，即可找到其中的最短者。

第5章

二叉树

通过前面的章节，我们已经了解了一些基本的数据结构。根据其实现方式，这些数据结构大致可以分为两种类型：基于数组的实现与基于链表的实现。正如我们已经看到的，就其效率而言，二者各有长短。具体来说，前一实现方式允许我们通过下标或秩，在常数的时间内找到目标对象；然而，一旦需要对这类结构进行修改，那么无论是插入还是删除，都需要耗费线性的时间。反过来，后一实现方式允许我们借助引用或位置对象，在常数的时间内插入或删除元素；但是为了找出居于特定次序的元素，我们却不得不花费线性的时间，对整个结构进行遍历查找。能否将这两类结构的优点结合起来，并回避其不足呢？本章所讨论的树结构，将正面回答这一问题。

在此前介绍的这些结构中，元素之间都存在一个自然的线性次序，故它们都属于所谓的线性结构（linear structure）。树则不然，其中的元素之间并不存在天然的直接后继或直接前驱关系。不过，正如我们马上就要看到的，只要附加某种约束（比如遍历），也可以在树中的元素之间确定某种线性次序，因此树属于半线性结构（semi-linear structure）。

无论如何，随着从线性结构转入树结构，我们的思维方式也将有个飞跃；相应地，算法设计的策略与模式也会因此有所变化，许多基本的算法也将得以更加高效地实现。以第7章和第8章将要介绍的平衡二叉搜索树为例，若其中包含n个元素，则每次查找、更新、插入或删除操作都可在$\mathcal{O}(\log n)$时间内完成——相对于线性结构，几乎提高了一个线性因子（习题[1-9]）。

树结构有着不计其数的变种，在算法理论以及实际应用中，它们都扮演着最为关键的角色。之所以如此，是因得益于其独特而又普适的逻辑结构。树是一种分层结构，而层次化这一特征几乎蕴含于所有事物及其联系当中，成为其本质属性之一。从文件系统、互联网域名系统和数据库系统，一直到地球生态系统乃至人类社会系统，层次化特征以及层次结构均无所不在。

有趣的是，作为树的特例，二叉树实际上并不失其一般性。本章将指出，无论就逻辑结构或算法功能而言，任何有根有序的多叉树，都可等价地转化并实现为二叉树。因此，本章讲解的重点也将放在二叉树上。我们将以通讯编码算法的实现这一应用实例作为线索贯穿全章。

§5.1 二叉树及其表示

5.1.1 树

■ 有根树

从图论的角度看，树等价于连通无环图。因此与一般的图相同，树也由一组顶点（vertex）以及联接与其间的若干条边（edge）组成。在计算机科学中，往往还会在此基础上，再指定某一特定顶点，并称之为根（root）。在指定根节点之后，我们也称之为有根树（rooted tree）。此时，从程序实现的角度，我们也更多地将顶点称作节点（node）。

■ 深度与层次

由树的连通性，每一节点与根之间都有一条路径相联；而根据树的无环性，由根通往每个节点的路径必然唯一。因此如图5.1所示，沿每个节点v到根r的唯一通路所经过边的数目，称作v的深度（depth），记作depth(v)。依据深度排序，可对所有节点做分层归类。特别地，约定根节点的深度depth(r) = 0，故属于第0层。

■ 祖先、后代与子树

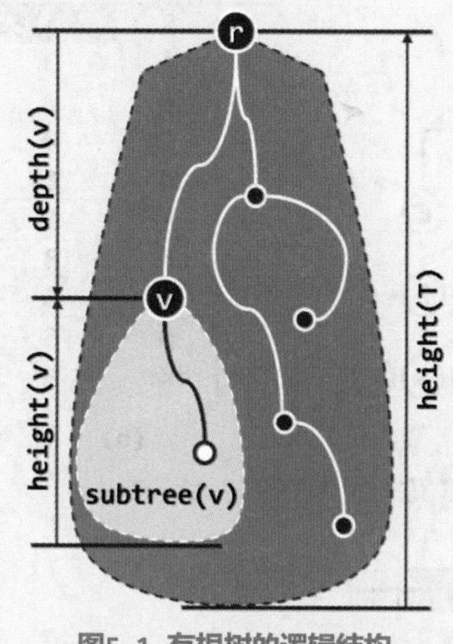

图5.1 有根树的逻辑结构

任一节点v在通往树根沿途所经过的每个节点都是其祖先（ancestor），v是它们的后代（descendant）。特别地，v的祖先/后代包括其本身，而v本身以外的祖先/后代称作真祖先（proper ancestor）/真后代（proper descendant）。

节点v历代祖先的层次，自下而上以1为单位逐层递减；在每一层次上，v的祖先至多一个。特别地，若节点u是v的祖先且恰好比v高出一层，则称u是v的父亲（parent），v是u的孩子（child）。

v的孩子总数，称作其度数或度（degree），记作deg(v)。无孩子的节点称作叶节点（leaf），包括根在内的其余节点皆为内部节点（internal node）。

v所有的后代及其之间的联边称作子树（subtree），记作subtree(v)。在不致歧义时，我们往往不再严格区分节点（v）及以之为根的子树（subtree(v)）。

■ 高度

树T中所有节点深度的最大值称作该树的高度（height），记作height(T)。

不难理解，树的高度总是由其中某一叶节点的深度确定的。特别地，本书约定，仅含单个节点的树高度为0，空树高度为-1。

推而广之，任一节点v所对应子树subtree(v)的高度，亦称作该节点的高度，记作height(v)。特别地，全树的高度亦即其根节点r的高度，height(T) = height(r)。

5.1.2 二叉树

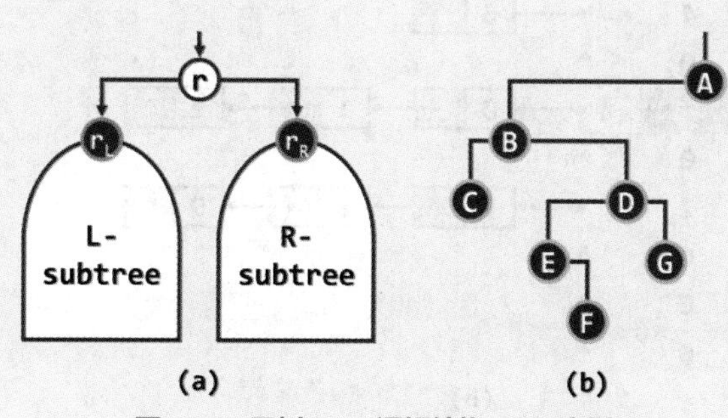

图5.2 二叉树：(a)逻辑结构；(b)实例

如图5.2所示，二叉树（binary tree）中每个节点的度数均不超过2。

因此在二叉树中，同一父节点的孩子都可以左、右相互区分——此时，亦称作有序二叉树（ordered binary tree）。本书所提到的二叉树，默认地都是有序的。

特别地，不含一度节点的二叉树称作真二叉树（proper binary tree）（习题[5-2]）。

5.1.3 多叉树

一般地，树中各节点的孩子数目并不确定。每个节点的孩子均不超过k个的有根树，称作k叉树（k-ary tree）。本节将就此类树结构的表示与实现方法做一简要介绍。

■ 父节点

由如图5.3(a)实例不难看出，在多叉树中，根节点以外的任一节点有且仅有一个父节点。

因此可如图5.3(b)所示，将各节点组织为向量或列表，其中每个元素除保存节点本身的信息（data）外，还需要保存父节点（parent）的秩或位置。可为树根指定一个虚构的父节点-1或NULL，以便统一判断。

如此，所有向量或列表所占的空间总量为$\mathcal{O}(n)$，线性正比于节点总数n。时间方面，仅需常数时间，即可确定任一节点的父节点；但反过来，孩子节点的查找却不得不花费$\mathcal{O}(n)$时间访遍所有节点。

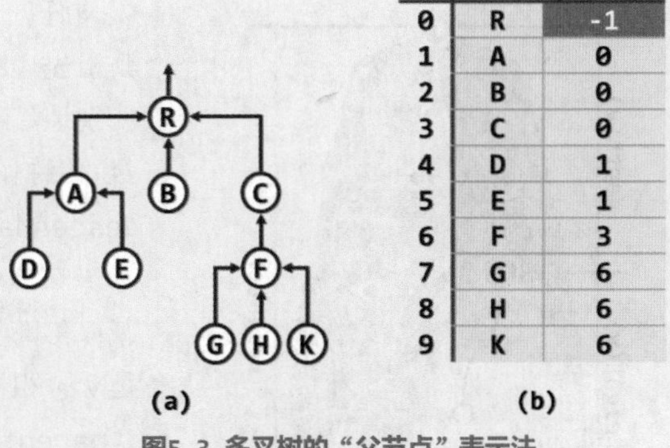

	data	parent
0	R	-1
1	A	0
2	B	0
3	C	0
4	D	1
5	E	1
6	F	3
7	G	6
8	H	6
9	K	6

图5.3 多叉树的“父节点”表示法

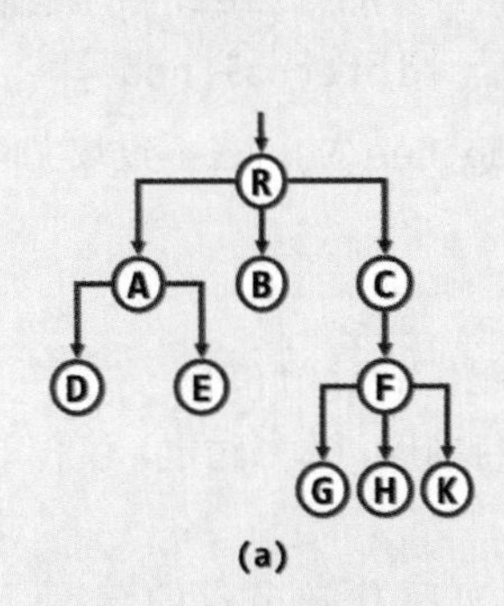

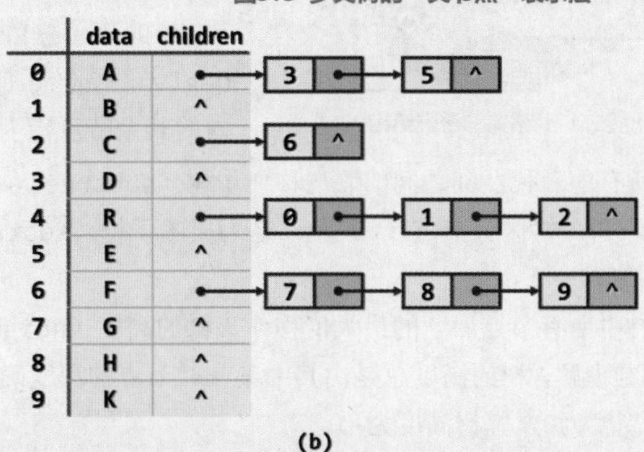

	data	children
0	A	→ 3 → 5 ^
1	B	^
2	C	→ 6 ^
3	D	^
4	R	→ 0 → 1 → 2 ^
5	E	^
6	F	→ 7 → 8 → 9 ^
7	G	^
8	H	^
9	K	^

图5.4 多叉树的“孩子节点”表示法

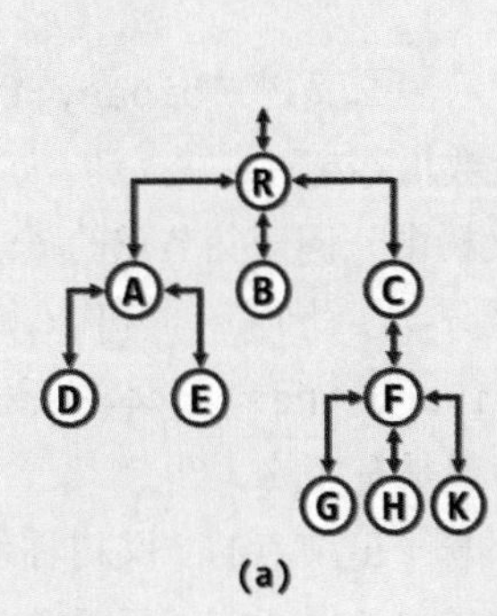

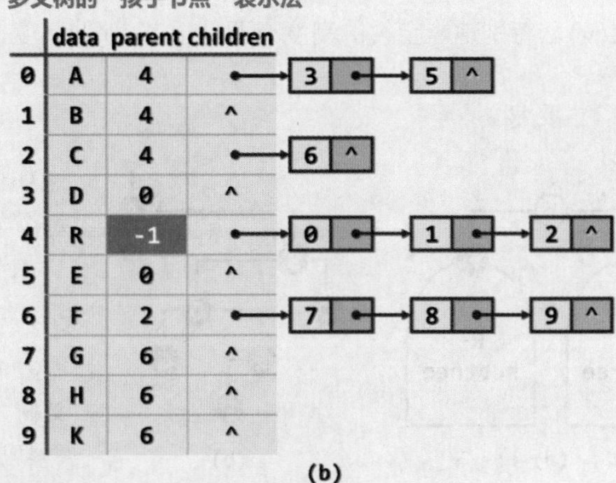

	data	parent	children
0	A	4	→ 3 → 5 ^
1	B	4	^
2	C	4	→ 6 ^
3	D	0	^
4	R	-1	→ 0 → 1 → 2 ^
5	E	0	^
6	F	2	→ 7 → 8 → 9 ^
7	G	6	^
8	H	6	^
9	K	6	^

图5.5 多叉树的“父节点 + 孩子节点”表示法

■ 孩子节点

若注重孩子节点的快速定位，可如图5.4所示，令各节点将其所有的孩子组织为一个向量或列表。如此，对于拥有r个孩子的节点，可在$\mathcal{O}$(r + 1)时间内列举出其所有的孩子。

■ 父节点 + 孩子节点

以上父节点表示法和孩子节点表示法各有所长，但也各有所短。为综合二者的优势，消除缺点，可如图5.5所示令各节点既记录父节点，同时也维护一个序列以保存所有孩子。

尽管如此可以高效地兼顾对父节点和孩子的定位，但在节点插入与删除操作频繁的场合，为动态地维护和更新树的拓扑结构，不得不反复地遍历和调整一些节点所对应的孩子序列。然而，向量和列表等线性结构的此类操作都需耗费大量时间，势必影响到整体的效率。

■ 有序多叉树 = 二叉树

解决上述难题的方法之一，就是采用支持高效动态调整的二叉树结构。为此，必须首先建立起从多叉树到二叉树的某种转换关系，并使得在此转换的意义下，任一多叉树都等价于某棵二叉树。当然，为了保证作为多叉树特例的二叉树有足够的能力表示任何一棵多叉树，我们只需给多叉树增加一项约束条件——同一节点的所有孩子之间必须具有某一线性次序。

仿照有序二叉树的定义，凡符合这一条件的多叉树也称作有序树（ordered tree）。幸运的是，这一附加条件在实际应用问题中往往自然满足。以互联网域名系统所对应的多叉树为例，其中同一域名下的分支通常即按照字典序排列。

■ 长子 + 兄弟

由图5.6(a)的实例可见，有序多叉树中任一非叶节点都有唯一的“长子”，而且从该“长子”出发，可按照预先约定或指定的次序遍历所有孩子节点。因此可如图(b)所示，为每个节点设置两个指针，分别指向其“长子”和下一“兄弟”。

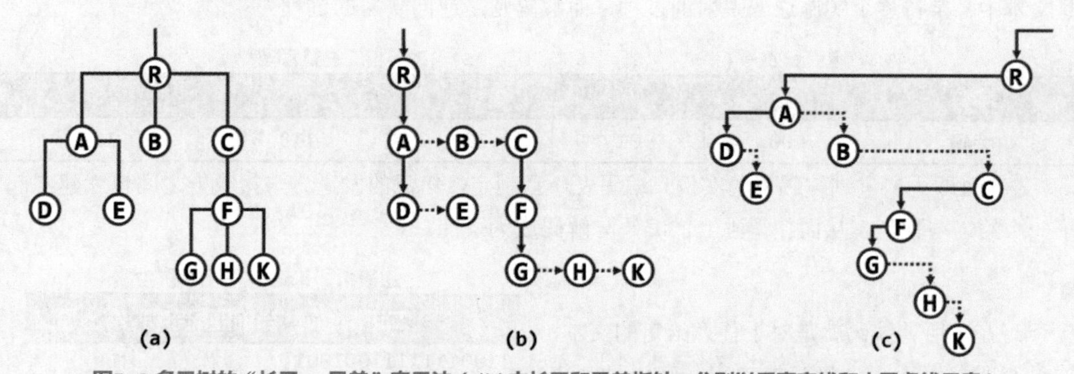

图5.6 多叉树的“长子 + 兄弟”表示法（(b)中长子和兄弟指针，分别以垂直实线和水平虚线示意）

现在，若将这两个指针分别与二叉树节点的左、右孩子指针统一对应起来，则可进一步地将原有序多叉树转换为如图(c)所示的常规二叉树。

在这里，一个饶有趣味的现象出现了：尽管二叉树只是多叉树的一个子集，但其对应用问题的描述与刻画能力绝不低于后者。实际上以下我们还将进一步发现，即便是就计算效率而言，二叉树也并不逊色于一般意义上的树。反过来，得益于其定义的简洁性以及结构的规范性，二叉树所支撑的算法往往可以更好地得到描述，更加简捷地得到实现。二叉树的身影几乎出现在所有的应用领域当中，这也是一个重要的原因。

§5.2 编码树

本章将以通讯编码算法的实现作为二叉树的应用实例。通讯理论中的一个基本问题是，如何在尽可能低的成本下，以尽可能高的速度，尽可能忠实地实现信息在空间和时间上的复制与转移。在现代通讯技术中，无论采用电、磁、光或其它任何形式，在信道上传递的信息大多以二进制比特的形式表示和存在，而每一个具体的编码方案都对应于一棵二叉编码树。

5.2.1 二进制编码

在加载到信道上之前，信息被转换为二进制形式的过程称作编码（encoding）；反之，经信道抵达目标后再由二进制编码恢复原始信息的过程称作解码（decoding）。

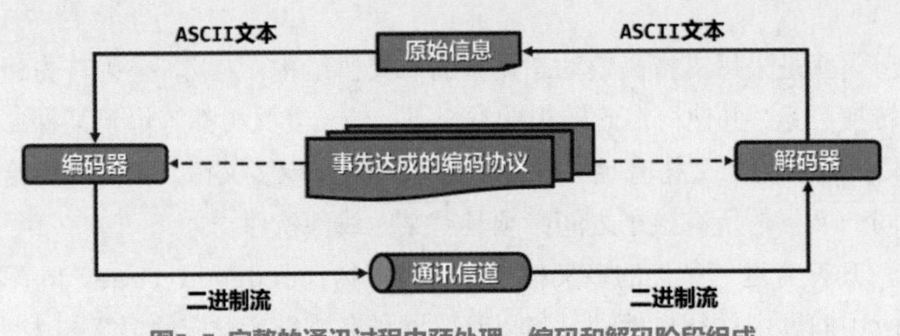

图5.7 完整的通讯过程由预处理、编码和解码阶段组成

如图5.7所示，编码和解码的任务分别由发送方和接收方分别独立完成，故在开始通讯之前，双方应已经以某种形式，就编码规则达成过共同的约定或协议。

■ 生成编码表

原始信息的基本组成单位称作字符，它们都来自于某一特定的有限集合Σ，也称作字符集（alphabet）。而以二进制形式承载的信息，都可表示为来自编码表Γ = { 0, 1 }*的某一特定二进制串。从这个角度理解，每一编码表都是从字符集Σ到编码表Γ的一个单射，编码就是对信息文本中各字符逐个实施这一映射的过程，而解码则是逆向映射的过程。

表5.1 Σ = { 'A', 'E', 'G', 'M', 'S' }的一份二进制编码表

字符	A	E	G	M	S
编码	00	01	10	110	111

表5.1即为二进制编码表的实例。编码表一旦制定，信息的发送方与接收方之间也就建立起了一个约定与默契，从而使得独立的编码与解码成为可能。

■ 二进制编码

现在，所谓编码就是对于任意给定的文本，通过查阅编码表逐一将其中的字符转译为二进制编码，这些编码依次串接起来即得到了全文的编码。比如若待编码文本为"MESSAGE"，则根据由表5.1确定的编码方案，对应的二进制编码串应为"$110^{01}111^{111}00^{10}01$"①。

表5.2 二进制解码过程

二进制编码	当前匹配字符	解出原文
11001111111001001	M	M
01111111001001	E	ME
111111001001	S	MES
11100□001	S	MESS
001001	A	MESSA
1001	G	MESSAG
01	E	MESSAGE

① 这里对各比特位做了适当的上下移位，以便读者区分各字符编码串的范围；在实际编码中，它们并无“高度”的区别

■ 二进制解码

由编码器生成的二进制流经信道送达之后，接收方可以按照事先约定的编码表（表5.1），依次扫描各比特位，并经匹配逐一转译出各字符，从而最终恢复出原始的文本。

仍以二进制编码串"110^{01}111^{111}00^{10}01"为例，其解码过程如表5.2所示。

■ 解码歧义

请注意，编码方案确定之后，尽管编码结果必然确定，但解码过程和结果却不见得唯一。

表5.3 Σ = { 'A', 'E', 'G', 'M', 'S' }的另一份编码表

字 符	A	E	G	M	S
编码	00	01	10	11	111

比如，上述字符集Σ的另一编码方案如表5.3所示，与表5.1的差异在于，字符'M'的编码由"110"改为"11"。此时，原始文本"MESSAGE"经编码得到二进制编码串"11^{01}111^{111}00^{10}01"，但如表5.4左侧和右侧所示，解码方法却至少有两种。

表5.4 按照表5.3"确定"的编码协议，可能有多种解码结果

二进制编码	当前匹配字符	解出原文
1101111111001001	M	M
01111111001001	E	ME
111111001001	S	MES
111001001	S	MESS
001001	A	MESSA
1001	G	MESSAG
01	E	MESSAGE

二进制编码	当前匹配字符	解出原文
1101111111001001	M	M
01111111001001	E	ME
111111001001	M	MEM
1111001001	M	MEMM
11001001	M	MEMMM
001001	A	MEMMMA
1001	G	MEMMMAG
01	E	MEMMMAGE

进一步推敲之后不难发现，按照这份编码表，有时甚至还会出现无法完成解码的情况。

■ 前缀无歧义编码

解码过程之所以会出现上述歧义甚至错误，根源在于编码表制订不当。这里的解码算法采用的是，按顺序对信息比特流做子串匹配的策略，因此为消除匹配的歧义性，任何两个原始字符所对应的二进制编码串，相互都不得是前缀。比如在表5.3中，字符'M'的编码（"11"）即为字符'S'的编码（"111"）的前缀，于是编码串"111111"既可以解释为：

"SS" = "111^{111}"

也可以解释为

"MMM" = "11^{11}11"

反过来，只要各字符的编码串互不为前缀，则即便出现无法解码的错误，也绝对不致歧义。这类编码方案即所谓的"前缀无歧义编码"（prefix-free code），简称PFC编码。此类编码算法，可以明确地将二进制编码串，分割为一系列与各原始字符对应的片段，从而实现无歧义的解码。得益于这一特点，此类算法在整个解码过程中，对信息比特流的扫描不必回溯。

那么，PFC编码的以上特点，可否直观解释？从算法角度看，PFC编码与解码过程，又该如何准确描述？从数据结构角度看，这些过程的实现，需要借助哪些功能接口？支持这些接口的数据结构，又该如何高效率地实现？以下以二叉树结构为模型，逐步解答这些疑问。

5.2.2 二叉编码树

■ 根通路与节点编码

任一编码方案都可描述为一棵二叉树：从根节点出发，每次向左（右）都对应于一个0（1）比特位。于是如图5.8所示，由从根节点到每个节点的唯一通路，可以为各节点v赋予一个互异的二进制串，称作根通路串（root path string），记作rps(v)。当然，|rps(v)| = depth(v)就是v的深度。

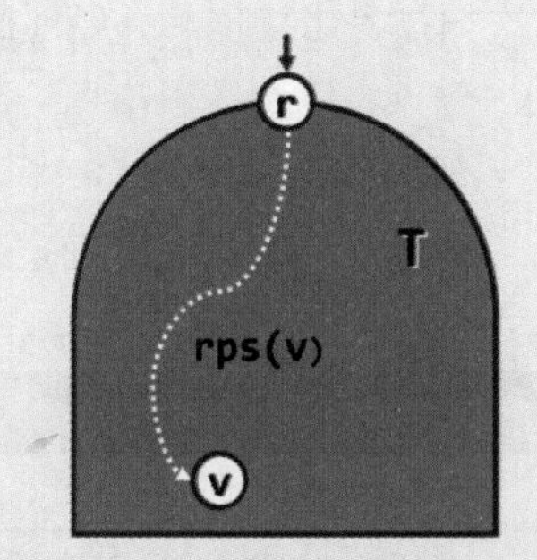

图5.8 二叉树中每个节点都由根通路串唯一确定

若将Σ中的字符分别映射至二叉树的节点，则字符x的二进制编码串即可取作rps(v(x))。以下，在不致引起混淆的前提下，不再区分字符x和与之对应的节点v(x)。于是，rps(v(x))可简记作rps(x)；depth(v(x))可简记作depth(x)。

■ PFC编码树

仍以字符集Σ = { 'A', 'E', 'G', 'M', 'S' }为例，表5.1、表5.3所定义的编码方案分别对应于如图5.9左、右所示的二叉编码树。

易见，rps(u)是rps(v)的前缀，当且仅当节点u是v的祖先，故表5.3中编码方案导致解码歧义的根源在于，在其编码树（图5.9(b)）中字符'M'是'S'的父亲。

反之，只要所有字符都对应于叶节点，歧义现象即自然消除——这也是实现PFC编码的简明策略。比如，图5.9(a)即为一种可行的PFC编码方案。

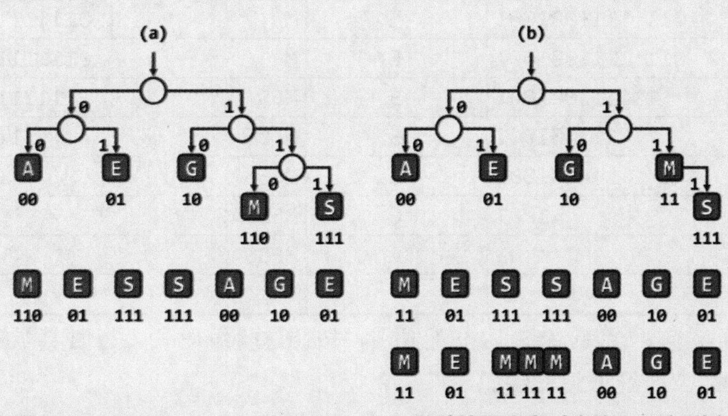

图5.9 Σ = { 'A','E','G','M','S' }两种编码方案对应的二叉编码树

■ 基于PFC编码树的解码

反过来，依据PFC编码树可便捷地完成编码串的解码。依然以图5.9(a)中编码树为例，设对编码串"$110^{01}111^{111}00^{10}01$"解码。从前向后扫描该串，同时在树中相应移动。起始时从树根出发，视各比特位的取值相应地向左或右深入下一层，直到抵达叶节点。比如，在扫描过前三位"110"后将抵达叶节点'M'。此时，可以输出其对应的字符'M'，然后重新回到树根，并继续扫描编码串的剩余部分。比如，再经过接下来的两位"01"后将抵达叶节点'E'，同样地输出字符'E'并回到树根。如此迭代，即可无歧义地解析出原文中的所有字符（习题[5-6]）。

实际上，这一解码过程甚至可以在二进制编码串的接收过程中实时进行，而不必等到所有比特位都到达之后才开始，因此这类算法属于在线算法。

■ PFC编码树的构造

由上可见，PFC编码方案可由PFC编码树来描述，由编码树不仅可以快速生成编码表，而且直接支持高效的解码。那么，任意给定一个字符集Σ，如何构造出PFC编码方案呢？

为此，需要首先解决二叉树本身作为数据结构的描述和实现问题。

§5.3 二叉树的实现

作为图的特殊形式，二叉树的基本组成单元是节点与边；作为数据结构，其基本的组成实体是二叉树节点（binary tree node），而边则对应于节点之间的相互引用。

5.3.1 二叉树节点

■ BinNode模板类

以二叉树节点BinNode模板类，可定义如代码5.1所示。

```
1 #define BinNodePosi(T) BinNode<T>* //节点位置
2 #define stature(p) ((p) ? (p)->height : -1) //节点高度（与“空树高度为-1”的约定相统一）
3 typedef enum { RB_RED, RB_BLACK} RBColor; //节点颜色
4
5 template <typename T> struct BinNode { //二叉树节点模板类
6 // 成员（为简化描述起见统一开放，读者可根据需要进一步封装）
7    T data; //数值
8    BinNodePosi(T) parent; BinNodePosi(T) lc; BinNodePosi(T) rc; //父节点及左、右孩子
9    int height; //高度（通用）
10   int npl; //Null Path Length（左式堆，也可直接用height代替）
11   RBColor color; //颜色（红黑树）
12 // 构造函数
13   BinNode() :
14      parent ( NULL ), lc ( NULL ), rc ( NULL ), height ( 0 ), npl ( 1 ), color ( RB_RED ) { }
15   BinNode ( T e, BinNodePosi(T) p = NULL, BinNodePosi(T) lc = NULL, BinNodePosi(T) rc = NULL,
16            int h = 0, int l = 1, RBColor c = RB_RED ) :
17      data ( e ), parent ( p ), lc ( lc ), rc ( rc ), height ( h ), npl ( l ), color ( c ) { }
18 // 操作接口
19   int size(); //统计当前节点后代总数，亦即以其为根的子树的规模
20   BinNodePosi(T) insertAsLC ( T const& ); //作为当前节点的左孩子插入新节点
21   BinNodePosi(T) insertAsRC ( T const& ); //作为当前节点的右孩子插入新节点
22   BinNodePosi(T) succ(); //取当前节点的直接后继
23   template <typename VST> void travLevel ( VST& ); //子树层次遍历
24   template <typename VST> void travPre ( VST& ); //子树先序遍历
25   template <typename VST> void travIn ( VST& ); //子树中序遍历
26   template <typename VST> void travPost ( VST& ); //子树后序遍历
27 // 比较器、判等器（各列其一，其余自行补充）
28   bool operator< ( BinNode const& bn ) { return data < bn.data; } //小于
29   bool operator== ( BinNode const& bn ) { return data == bn.data; } //等于
30 };
```

代码5.1 二叉树节点模板类BinNode

这里，通过宏BinNodePosi来指代节点位置，以简化后续代码的描述；通过定义宏stature，则可以保证从节点返回的高度值，能够与“空树高度为-1”的约定相统一。

■ 成员变量

如图5.10所示，BinNode节点由多个成员变量组成，它们分别记录了当前节点的父亲和孩子的位置、节点内存放的数据以及节点的高度等指标，这些都是二叉树相关算法赖以实现的基础。

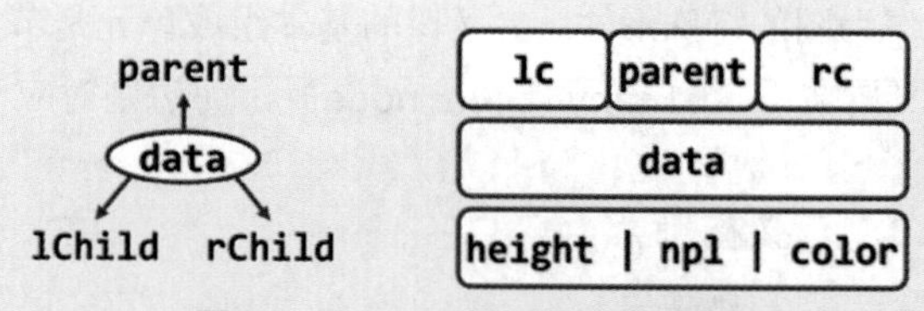

图5.10 BinNode模板类的逻辑结构

其中，data的类型由模板变量T指定，用于存放各节点所对应的数值对象。lc、rc和parent均为指针类型，分别指向左、右孩子以及父节点的位置。如此，既可将各节点联接起来，也可在它们之间漫游移动。比如稍后5.4节将要介绍的遍历算法，就必须借助此类位置变量。当然，通过判断这些变量所指位置是否为NULL，也可确定当前节点的类型。比如，v.parent = NULL当且仅当v是根节点，而v.lc = v.rc = NULL当且仅当v是叶节点。

后续章节将基于二叉树实现二叉搜索树和优先级队列等数据结构，而节点高度height在其中的具体语义也有所不同。比如，8.3节的红黑树将采用所谓的黑高度（black height），而10.3节的左式堆则采用所谓的空节点通路长度（null path length）。尽管后者也可以直接沿用height变量，但出于可读性的考虑，这里还是专门设置了一个变量npl。

有些种类的二叉树还可能需要其它的变量来描述节点状态，比如针对其中节点的颜色，红黑树需要引入一个属于枚举类型RB_Color的变量color。

根据不同应用需求，还可以针对节点的深度增设成员变量depth，或者针对以当前节点为根的子树规模（该节点的后代数目）增设成员变量size。利用这些变量固然可以加速静态的查询或搜索，但为保持这些变量的时效性，在所属二叉树发生结构性调整（比如节点的插入或删除）之后，这些成员变量都要动态地更新。因此，究竟是否值得引入此类成员变量，必须权衡利弊。比如，在二叉树结构改变频繁以至于动态操作远多于静态操作的场合，舍弃深度、子树规模等变量，转而在实际需要时再直接计算这些指标，应是更为明智的选择。

■ 快捷方式

在BinNode模板类各接口以及后续相关算法的实现中，将频繁检查和判断二叉树节点的状态与性质，有时还需要定位与之相关的（兄弟、叔叔等）特定节点，为简化算法描述同时增强可读性，不妨如代码5.2所示将其中常用功能以宏的形式加以整理归纳。

```
1 /******************************************************************************************
2  * BinNode状态与性质的判断
3  ******************************************************************************************/
4 #define IsRoot(x) ( ! ( (x).parent ) )
5 #define IsLChild(x) ( ! IsRoot(x) && ( & (x) == (x).parent->lc ) )
6 #define IsRChild(x) ( ! IsRoot(x) && ( & (x) == (x).parent->rc ) )
7 #define HasParent(x) ( ! IsRoot(x) )
8 #define HasLChild(x) ( (x).lc )
9 #define HasRChild(x) ( (x).rc )
10 #define HasChild(x) ( HasLChild(x) || HasRChild(x) ) //至少拥有一个孩子
11 #define HasBothChild(x) ( HasLChild(x) && HasRChild(x) ) //同时拥有两个孩子
```

```
12 #define IsLeaf(x) ( ! HasChild(x) )
13
14 /******************************************************************************************
15  * 与BinNode具有特定关系的节点及指针
16  ******************************************************************************************/
17 #define sibling(p) /*兄弟*/ \
18    ( IsLChild( * (p) ) ? (p)->parent->rc : (p)->parent->lc )
19
20 #define uncle(x) /*叔叔*/ \
21    ( IsLChild( * ( (x)->parent ) ) ? (x)->parent->parent->rc : (x)->parent->parent->lc )
22
23 #define FromParentTo(x) /*来自父亲的引用*/ \
24    ( IsRoot(x) ? _root : ( IsLChild(x) ? (x).parent->lc : (x).parent->rc ) )
```

代码5.2 以宏的形式对基于BinNode的操作做一归纳整理

5.3.2 二叉树节点操作接口

由于BinNode模板类本身处于底层，故这里也将所有操作接口统一设置为开放权限，以简化描述。同样地，注重数据结构封装性的读者可在此基础之上自行修改扩充。

■ 插入孩子节点

```
1 template <typename T> BinNodePosi(T) BinNode<T>::insertAsLC ( T const& e )
2 { return lc = new BinNode ( e, this ); } //将e作为当前节点的左孩子插入二叉树
3
4 template <typename T> BinNodePosi(T) BinNode<T>::insertAsRC ( T const& e )
5 { return rc = new BinNode ( e, this ); } //将e作为当前节点的右孩子插入二叉树
```

代码5.3 二叉树节点左、右孩子的插入

可见，为将新节点作为当前节点的左孩子插入树中，可如图5.11(a)所示，先创建新节点；再如图(b)所示，将当前节点作为新节点的父亲，并令新节点作为当前节点的左孩子。这里约定，在插入新节点之前，当前节点尚无左孩子。

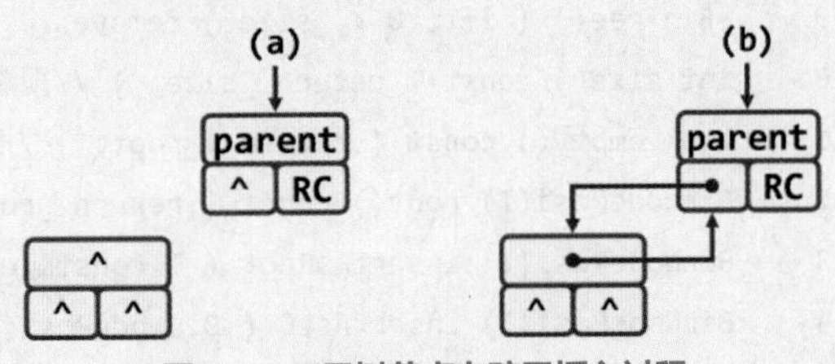

图5.11 二叉树节点左孩子插入过程

右孩子的插入过程完全对称，不再赘述。

■ 定位直接后继

稍后在5.4.3节我们将会看到，通过中序遍历，可在二叉树各节点之间定义一个线性次序。相应地，各节点之间也可定义前驱与后继关系。这里的succ()接口，可以返回当前节点的直接后继（如果存在）。该接口的具体实现，将在129页代码5.16中给出。

■ 遍历

稍后的5.4节，将从递归和迭代两个角度，分别介绍各种遍历算法的不同实现。为便于测试与比较，不妨将这些算法的不同版本统一归入统一的接口中，并在调用时随机选择。

```
1 template <typename T> template <typename VST> //元素类型、操作器
2 void BinNode<T>::travIn ( VST& visit ) { //二叉树中序遍历算法统一入口
3    switch ( rand() % 5 ) { //此处暂随机选择以做测试，共五种选择
4       case 1: travIn_I1 ( this, visit ); break; //迭代版#1
5       case 2: travIn_I2 ( this, visit ); break; //迭代版#2
6       case 3: travIn_I3 ( this, visit ); break; //迭代版#3
7       case 4: travIn_I4 ( this, visit ); break; //迭代版#4
8       default: travIn_R ( this, visit ); break; //递归版
9    }
10 }
```

代码5.4 二叉树中序遍历算法的统一入口

比如，中序遍历算法的五种实现方式（其中travIn_I4留作习题[5-17]），即可如代码5.4所示，纳入统一的BinNode::travIn()接口。其余遍历算法的处理方法类似，不再赘述。

5.3.3 二叉树

■ BinTree模板类

在BinNode模板类的基础之上，可如代码5.5所示定义二叉树BinTree模板类。

```
1 #include "BinNode.h" //引入二叉树节点类
2 template <typename T> class BinTree { //二叉树模板类
3 protected:
4    int _size; BinNodePosi(T) _root; //规模、根节点
5    virtual int updateHeight ( BinNodePosi(T) x ); //更新节点x的高度
6    void updateHeightAbove ( BinNodePosi(T) x ); //更新节点x及其祖先的高度
7 public:
8    BinTree() : _size ( 0 ), _root ( NULL ) { } //构造函数
9    ~BinTree() { if ( 0 < _size ) remove ( _root ); } //析构函数
10   int size() const { return _size; } //规模
11   bool empty() const { return !_root; } //判空
12   BinNodePosi(T) root() const { return _root; } //树根
13   BinNodePosi(T) insertAsRoot ( T const& e ); //插入根节点
14   BinNodePosi(T) insertAsLC ( BinNodePosi(T) x, T const& e ); //e作为x的左孩子（原无）插入
15   BinNodePosi(T) insertAsRC ( BinNodePosi(T) x, T const& e ); //e作为x的右孩子（原无）插入
16   BinNodePosi(T) attachAsLC ( BinNodePosi(T) x, BinTree<T>* &T ); //T作为x左子树接入
17   BinNodePosi(T) attachAsRC ( BinNodePosi(T) x, BinTree<T>* &T ); //T作为x右子树接入
18   int remove ( BinNodePosi(T) x ); //删除以位置x处节点为根的子树，返回该子树原先的规模
19   BinTree<T>* secede ( BinNodePosi(T) x ); //将子树x从当前树中摘除，并将其转换为一棵独立子树
20   template <typename VST> //操作器
21   void travLevel ( VST& visit ) { if ( _root ) _root->travLevel ( visit ); } //层次遍历
22   template <typename VST> //操作器
23   void travPre ( VST& visit ) { if ( _root ) _root->travPre ( visit ); } //先序遍历
```

```
24     template <typename VST> //操作器
25     void travIn ( VST& visit ) { if ( _root ) _root->travIn ( visit ); } //中序遍历
26     template <typename VST> //操作器
27     void travPost ( VST& visit ) { if ( _root ) _root->travPost ( visit ); } //后序遍历
28     bool operator< ( BinTree<T> const& t ) //比较器（其余自行补充）
29     { return _root && t._root && lt ( _root, t._root ); }
30     bool operator== ( BinTree<T> const& t ) //判等器
31     { return _root && t._root && ( _root == t._root ); }
32 }; //BinTree
```

代码5.5 二叉树模板类BinTree

高度更新

二叉树任一节点的高度，都等于其孩子节点的最大高度加一。于是，每当某一节点的孩子或后代有所增减，其高度都有必要及时更新。然而实际上，节点自身很难发现后代的变化，因此这里不妨反过来采用另一处理策略：一旦有节点加入或离开二叉树，则更新其所有祖先的高度。请读者自行验证，这一原则实际上与前一个等效（习题[5-3]）。

在每一节点v处，只需读出其左、右孩子的高度并取二者之间的大者，再计入当前节点本身，就得到了v的新高度。通常，接下来还需要从v出发沿parent指针逆行向上，依次更新各代祖先的高度记录。这一过程可具体实现如代码5.6所示。

```
1 template <typename T> int BinTree<T>::updateHeight ( BinNodePosi(T) x ) //更新节点x高度
2 { return x->height = 1 + max ( stature ( x->lc ), stature ( x->rc ) ); } //具体规则，因树而异
3
4 template <typename T> void BinTree<T>::updateHeightAbove ( BinNodePosi(T) x ) //更新高度
5 { while ( x ) { updateHeight ( x ); x = x->parent; } } //从x出发，覆盖历代祖先。可优化
```

代码5.6 二叉树节点的高度更新

更新每一节点本身的高度，只需执行两次getHeight()操作、两次加法以及两次取最大操作，不过常数时间，故updateHeight()算法总体运行时间也是$\mathcal{O}$(depth(v) + 1)，其中depth(v)为节点v的深度。当然，这一算法还可进一步优化（习题[5-4]）。

在某些种类的二叉树（例如8.3节将要介绍的红黑树）中，高度的定义有所不同，因此这里将updateHeight()定义为保护级的虚方法，以便派生类在必要时重写（override）。

节点插入

二叉树节点可以通过三种方式插入二叉树中，具体实现如代码5.7所示。

```
1 template <typename T> BinNodePosi(T) BinTree<T>::insertAsRoot ( T const& e )
2 { _size = 1; return _root = new BinNode<T> ( e ); } //将e当作根节点插入空的二叉树
3
4 template <typename T> BinNodePosi(T) BinTree<T>::insertAsLC ( BinNodePosi(T) x, T const& e )
5 { _size++; x->insertAsLC ( e ); updateHeightAbove ( x ); return x->lc; } //e插入为x的左孩子
6
7 template <typename T> BinNodePosi(T) BinTree<T>::insertAsRC ( BinNodePosi(T) x, T const& e )
```

```
8 { _size++; x->insertAsRC ( e ); updateHeightAbove ( x ); return x->rc; } //e插入为x的右孩子
```

代码5.7 二叉树根、左、右节点的插入

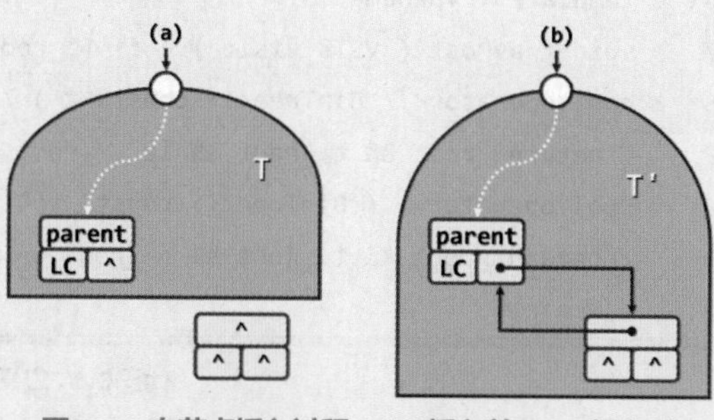

图5.12 右节点插入过程：(a)插入前；(b)插入后

insertAsRoot()接口用于将第一个节点插入空树中，该节点亦随即成为树根。

一般地如图5.12(a)所示，若二叉树T中某节点x的右孩子为空，则可为其添加一个右孩子。可如图(b)所示，调用x->insertAsRC()接口，将二者按照父子关系相互联接，同时通过updateHeightAbove()接口更新x所有祖先的高度，并更新全树规模。

请注意这里的两个同名insertAsRC()接口，它们各自所属的对象类型不同。

左侧节点的插入过程与此相仿，可对称地调用insertAsLC()完成。

■ 子树接入

如代码5.8所示，任一二叉树均可作为另一二叉树中指定节点的左子树或右子树，植入其中。

```
1 template <typename T> //二叉树子树接入算法：将S当作节点x的左子树接入，S本身置空
2 BinNodePosi(T) BinTree<T>::attachAsLC ( BinNodePosi(T) x, BinTree<T>* &S ) { //x->lc == NULL
3    if ( x->lc = S->_root ) x->lc->parent = x; //接入
4    _size += S->_size; updateHeightAbove ( x ); //更新全树规模与x所有祖先的高度
5    S->_root = NULL; S->_size = 0; release ( S ); S = NULL; return x; //释放原树，返回接入位置
6 }
7
8 template <typename T> //二叉树子树接入算法：将S当作节点x的右子树接入，S本身置空
9 BinNodePosi(T) BinTree<T>::attachAsRC ( BinNodePosi(T) x, BinTree<T>* &S ) { //x->rc == NULL
10   if ( x->rc = S->_root ) x->rc->parent = x; //接入
11   _size += S->_size; updateHeightAbove ( x ); //更新全树规模与x所有祖先的高度
12   S->_root = NULL; S->_size = 0; release ( S ); S = NULL; return x; //释放原树，返回接入位置
13 }
```

代码5.8 二叉树子树的接入

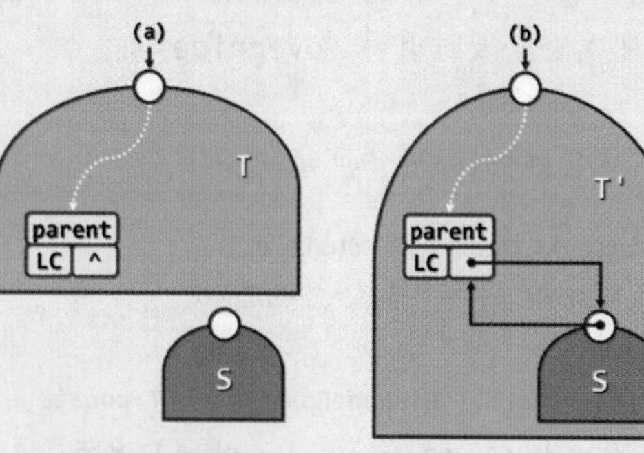

图5.13 右子树接入过程：(a)接入前；(b)接入后

如图5.13(a)，若二叉树T中节点x的右孩子为空，则attachAsRC()接口首先将待植入的二叉树S的根节点作为x的右孩子，同时令x作为该根节点的父亲；然后，更新全树规模以及节点x所有祖先的高度；最后，将树S中除已接入的各节点之外的其余部分归还系统。

左子树接入过程与此类似，可对称地调用attachAsLC()完成。

■ 子树删除

子树删除的过程，与如图5.13所示的子树接入过程恰好相反，不同之处在于，需要将被摘除子树中的节点，逐一释放并归还系统（习题[5-5]）。具体实现如代码5.9所示。

```
1 template <typename T> //删除二叉树中位置x处的节点及其后代，返回被删除节点的数值
2 int BinTree<T>::remove ( BinNodePosi(T) x ) { //assert: x为二叉树中的合法位置
3    FromParentTo ( *x ) = NULL; //切断来自父节点的指针
4    updateHeightAbove ( x->parent ); //更新祖先高度
5    int n = removeAt ( x ); _size -= n; return n; //删除子树x，更新规模，返回删除节点总数
6 }
7 template <typename T> //删除二叉树中位置x处的节点及其后代，返回被删除节点的数值
8 static int removeAt ( BinNodePosi(T) x ) { //assert: x为二叉树中的合法位置
9    if ( !x ) return 0; //递归基：空树
10   int n = 1 + removeAt ( x->lc ) + removeAt ( x->rc ); //递归释放左、右子树
11   release ( x->data ); release ( x ); return n; //释放被摘除节点，并返回删除节点总数
12 }
```

代码5.9 二叉树子树的删除

■ 子树分离

子树分离的过程与以上的子树删除过程基本一致，不同之处在于，需要对分离出来的子树重新封装，并返回给上层调用者。具体实现如代码5.10所示。

```
1 template <typename T> //二叉树子树分离算法：将子树x从当前树中摘除，将其封装为一棵独立子树返回
2 BinTree<T>* BinTree<T>::secede ( BinNodePosi(T) x ) { //assert: x为二叉树中的合法位置
3    FromParentTo ( *x ) = NULL; //切断来自父节点的指针
4    updateHeightAbove ( x->parent ); //更新原树中所有祖先的高度
5    BinTree<T>* S = new BinTree<T>; S->_root = x; x->parent = NULL; //新树以x为根
6    S->_size = x->size(); _size -= S->_size; return S; //更新规模，返回分离出来的子树
7 }
```

代码5.10 二叉树子树的分离

■ 复杂度

就二叉树拓扑结构的变化范围而言，以上算法均只涉及局部的常数个节点。因此，除了更新祖先高度和释放节点等操作，只需常数时间。

§5.4 遍历

对二叉树的访问多可抽象为如下形式：按照某种约定的次序，对节点各访问一次且仅一次。与向量和列表等线性结构一样，二叉树的这类访问也称作遍历（traversal）。遍历之于二叉树的意义，同样在于为相关算法的实现提供通用的框架。此外，这一过程也等效于将半线性的树形结构，转换为线性结构。不过，二叉树毕竟已不再属于线性结构，故相对而言其遍历更为复杂。

为此，以下首先针对几种典型的遍历策略，按照代码5.1和代码5.5所列接口，分别给出相应的递归式实现；然后，再分别介绍其对应的迭代式实现，以提高遍历算法的实际效率。

5.4.1 递归式遍历

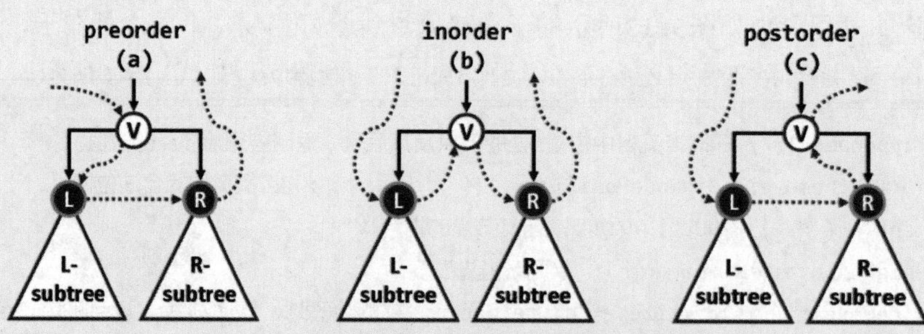

图5.14 二叉树遍历的全局次序由局部次序规则确定

二叉树本身并不具有天然的全局次序，故为实现遍历，首先需要在各节点与其孩子之间约定某种局部次序，从而间接地定义出全局次序。按惯例左孩子优先于右孩子，故若将节点及其孩子分别记作V、L和R，则如图5.14所示，局部访问的次序有VLR、LVR和LRV三种选择。根据节点V在其中的访问次序，这三种策略也相应地分别称作先序遍历、中序遍历和后序遍历，分述如下。

■ 先序遍历

得益于递归定义的简洁性，如代码5.11所示，只需数行即可实现先序遍历算法。

```
1 template <typename T, typename VST> //元素类型、操作器
2 void travPre_R ( BinNodePosi(T) x, VST& visit ) { //二叉树先序遍历算法（递归版）
3    if ( !x ) return;
4    visit ( x->data );
5    travPre_R ( x->lc, visit );
6    travPre_R ( x->rc, visit );
7 }
```

代码5.11 二叉树先序遍历算法（递归版）

为遍历（子）树x，首先核对x是否为空。若x为空，则直接退出——其效果相当于递归基。反之，若x非空，则按照先序遍历关于局部次序的定义，优先访问其根节点x；然后，依次深入左子树和右子树，递归地进行遍历。实际上，这一实现模式也同样可以应用于中序和后序遍历。

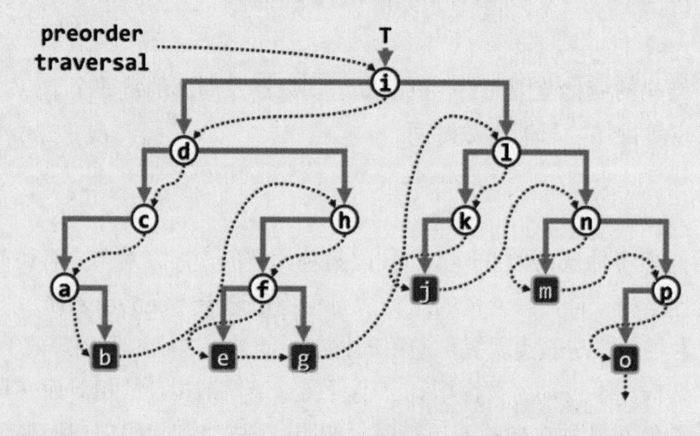

图5.15 二叉树（上）的先序遍历序列（下）

如图5.15所示，经遍历之后，可将节点按某一线性次序排列，称作遍历（生成）序列。

■ 后序遍历

```
1 template <typename T, typename VST> //元素类型、操作器
2 void travPost_R ( BinNodePosi(T) x, VST& visit ) { //二叉树后序遍历算法（递归版）
3    if ( !x ) return;
4    travPost_R ( x->lc, visit );
5    travPost_R ( x->rc, visit );
6    visit ( x->data );
7 }
```

代码5.12 二叉树后序遍历算法（递归版）

仿照以上先序遍历的模式，可如代码5.12所示实现递归版后序遍历算法。

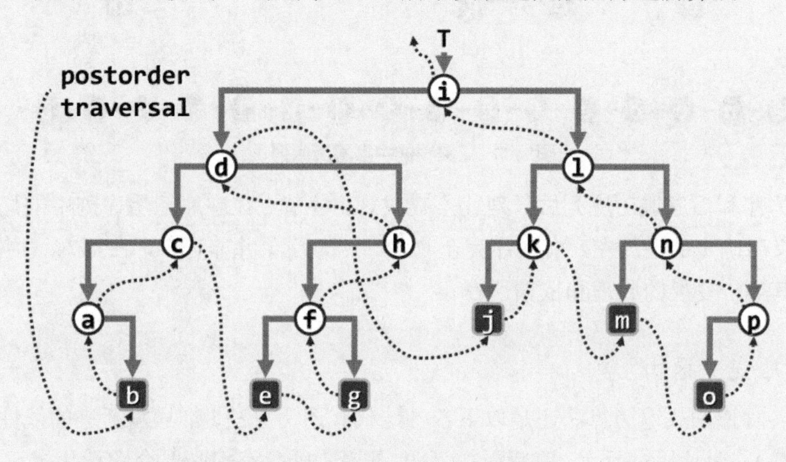

图5.16 二叉树的后序遍历序列

按照后序遍历规则，为遍历非空的（子）树x，将在依次递归遍历其左子树和右子树之后，才访问节点x。对于以上二叉树实例，其完整的后序遍历过程以及生成的遍历序列如图5.16所示。与图5.15做一对比可见，先序遍历序列与后序遍历序列并非简单的逆序关系。

■ 中序遍历

再次仿照以上模式，可实现递归版中序遍历算法如代码5.13所示。

```
1 template <typename T, typename VST> //元素类型、操作器
2 void travIn_R ( BinNodePosi(T) x, VST& visit ) { //二叉树中序遍历算法（递归版）
3    if ( !x ) return;
4    travIn_R ( x->lc, visit );
5    visit ( x->data );
6    travIn_R ( x->rc, visit );
7 }
```

代码5.13 二叉树中序遍历算法（递归版）

按照中序遍历规则，为遍历非空的（子）树x，将依次递归遍历其左子树、访问节点x、递归遍历其右子树。以上二叉树实例的中序遍历过程以及生成的遍历序列，如图5.17所示。

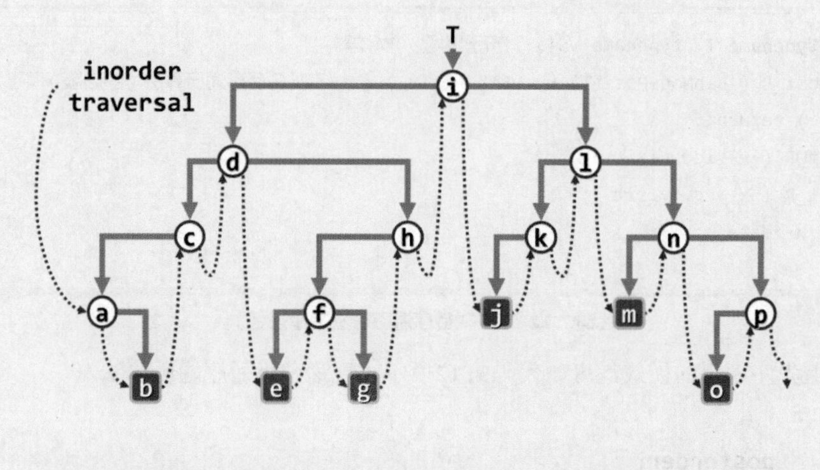

图5.17 二叉树的中序遍历序列

与以上的先序和后序遍历序列做一对比不难发现，各节点在中序遍历序列中的局部次序，与按照有序树定义所确定的全局左、右次序完全吻合。这一现象并非巧合，在第7章和第8章中，这正是搜索树及其等价变换的原理和依据所在。

5.4.2 *迭代版先序遍历

无论以上各种递归式遍历算法还是以下各种迭代式遍历算法，都只需渐进的线性时间（习题[5-9]和[5-11]）；而且相对而言，前者更加简明。既然如此，有何必要介绍迭代式遍历算法呢？

首先，递归版遍历算法时间、空间复杂度的常系数，相对于迭代版更大。同时，从学习的角度来看，从底层实现迭代式遍历，也是加深对相关过程与技巧理解的有效途径。

■ 版本1

观察先序遍历的递归版（代码5.11）可发现，其中针对右子树的递归属于尾递归，左子树的则接近于尾递归。故参照消除尾递归的一般性方法，不难将其改写迭代版（习题[5-10]）。

■ 版本2

很遗憾，以上思路并不容易推广到非尾递归的场合，比如在中序或后序遍历中，至少有一个递归方向严格地不属于尾递归。此时，如下另一迭代式版本的实现思路，则更具参考价值。

如图5.18所示，在二叉树T中，从根节点出发沿着左分支一直下行的那条通路（以粗线示意），称作最左侧通路（leftmost path）。若将沿途节点分别记作L_k，k = 0, 1, 2, ..., d，则最左侧通路终止于没有左孩子末端节点L_d。若这些节点的右孩子和右子树分别记作R_k和T_k，k = 0, 1, 2, ..., d，则该二叉树的先序遍历序列可表示为：

```
preorder(T)  =
    visit(L₀),   visit(L₁), ...,          visit(Ld);
    preorder(Td), ...,         preorder(T₁), preorder(T₀)
```

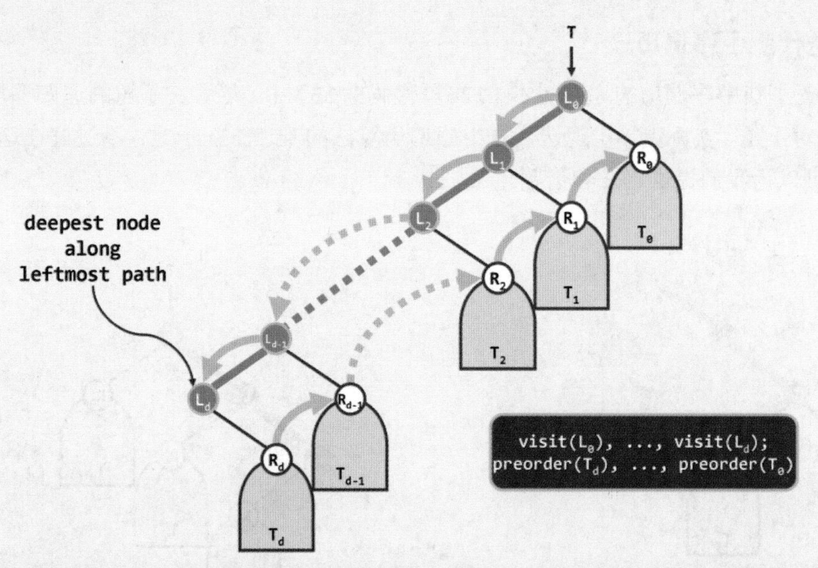

图5.18 先序遍历过程：先沿最左侧通路自顶而下访问沿途节点，再自底而上依次遍历这些节点的右子树

也就是说，先序遍历序列可分解为两段：沿最左侧通路自顶而下访问的各节点，以及自底而上遍历的对应右子树。基于对先序遍历序列的这一理解，可以导出以下迭代式先序遍历算法。

```
1 //从当前节点出发，沿左分支不断深入，直至没有左分支的节点；沿途节点遇到后立即访问
2 template <typename T, typename VST> //元素类型、操作器
3 static void visitAlongLeftBranch ( BinNodePosi(T) x, VST& visit, Stack<BinNodePosi(T)>& S ) {
4    while ( x ) {
5       visit ( x->data ); //访问当前节点
6       S.push ( x->rc ); //右孩子入栈暂存（可优化：通过判断，避免空的右孩子入栈）
7       x = x->lc;  //沿左分支深入一层
8    }
9 }
10
11 template <typename T, typename VST> //元素类型、操作器
12 void travPre_I2 ( BinNodePosi(T) x, VST& visit ) { //二叉树先序遍历算法（迭代版#2）
13    Stack<BinNodePosi(T)> S; //辅助栈
14    while ( true ) {
15       visitAlongLeftBranch ( x, visit, S ); //从当前节点出发，逐批访问
16       if ( S.empty() ) break; //直到栈空
17       x = S.pop(); //弹出下一批的起点
18    }
19 }
```


代码5.14 二叉树先序遍历算法（迭代版#2）

如代码5.14所示，在全树以及其中每一棵子树的根节点处，该算法都首先调用函数VisitAlongLeftBranch()，自顶而下访问最左侧通路沿途的各个节点。这里也使用了一个辅助栈，逆序记录最左侧通路上的节点，以便确定其对应右子树自底而上的遍历次序。

5.4.3 *迭代版中序遍历

如上所述，在中序遍历的递归版本（125页代码5.13）中，尽管右子树的递归遍历是尾递归，但左子树绝对不是。实际上，实现迭代式中序遍历算法的难点正在于此，不过好在迭代式先序遍历的版本2可以为我们提供启发和借鉴。

■ 版本1

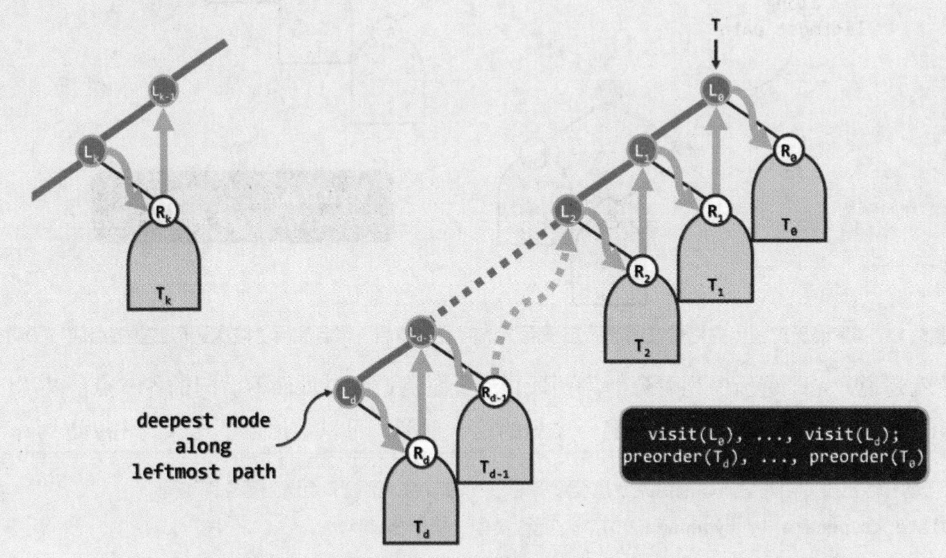

图5.19 中序遍历过程：顺着最左侧通路，自底而上依次访问沿途各节点及其右子树

如图5.19所示，参照迭代式先序遍历版本2的思路，再次考查二叉树T的最左侧通路，并对其中的节点和子树标记命名。于是，T的中序遍历序列可表示为：

$$
\begin{aligned}
\text{inorder}(T) \;=\; & \text{visit}(L_d),\ \text{inorder}(T_d);\\
& \text{visit}(L_{d-1}),\ \text{inorder}(T_{d-1});\\
& \ldots,\ \ldots;\\
& \text{visit}(L_1),\ \text{inorder}(T_1);\\
& \text{visit}(L_0),\ \text{inorder}(T_0)
\end{aligned}
$$

也就是说，沿最左侧通路自底而上，以沿途各节点为界，中序遍历序列可分解为d + 1段。如图5.19左侧所示，各段彼此独立，且均包括访问来自最左侧通路的某一节点L_k，以及遍历其对应的右子树T_k。

基于对中序遍历序列的这一理解，即可导出如代码5.15所示的迭代式中序遍历算法。

```
1 template <typename T> //从当前节点出发，沿左分支不断深入，直至没有左分支的节点
2 static void goAlongLeftBranch ( BinNodePosi(T) x, Stack<BinNodePosi(T)>& S ) {
3    while ( x ) { S.push ( x ); x = x->lc; } //当前节点入栈后随即向左侧分支深入，迭代直到无左孩子
4 }
5
6 template <typename T, typename VST> //元素类型、操作器
7 void travIn_I1 ( BinNodePosi(T) x, VST& visit ) { //二叉树中序遍历算法（迭代版#1）
```

```
8    Stack<BinNodePosi(T)> S; //辅助栈
9    while ( true ) {
10      goAlongLeftBranch ( x, S ); //从当前节点出发，逐批入栈
11      if ( S.empty() ) break; //直至所有节点处理完毕
12      x = S.pop(); visit ( x->data ); //弹出栈顶节点并访问之
13      x = x->rc; //转向右子树
14   }
15 }
```

代码5.15 二叉树中序遍历算法（迭代版#1）

在全树及其中每一棵子树的根节点处，该算法首先调用函数goAlongLeftBranch()，沿最左侧通路自顶而下抵达末端节点L_d。在此过程中，利用辅助栈逆序地记录和保存沿途经过的各个节点，以便确定自底而上各段遍历子序列最终在宏观上的拼接次序。

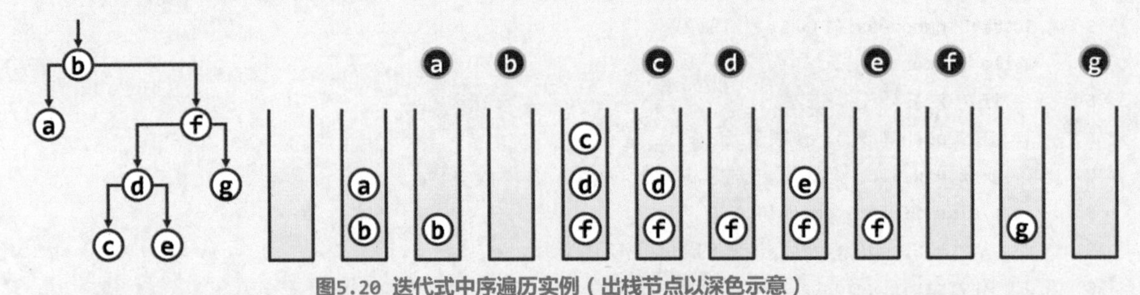

图5.20 迭代式中序遍历实例（出栈节点以深色示意）

图5.20以左侧二叉树为例，给出了中序遍历辅助栈从初始化到再次变空的演变过程。

■ 直接后继及其定位

与所有遍历一样，中序遍历的实质功能也可理解为，为所有节点赋予一个次序，从而将半线性的二叉树转化为线性结构。于是一旦指定了遍历策略，即可与向量和列表一样，在二叉树的节点之间定义前驱与后继关系。其中没有前驱（后继）的节点称作首（末）节点。

对于后面将要介绍的二叉搜索树，中序遍历的作用至关重要。相关算法必需的一项基本操作，就是定位任一节点在中序遍历序列中的直接后继。为此，可实现succ()接口如代码5.16所示。

```
1 template <typename T> BinNodePosi(T) BinNode<T>::succ() { //定位节点v的直接后继
2    BinNodePosi(T) s = this; //记录后继的临时变量
3    if ( rc ) { //若有右孩子，则直接后继必在右子树中，具体地就是
4       s = rc; //右子树中
5       while ( HasLChild ( *s ) ) s = s->lc; //最靠左（最小）的节点
6    } else { //否则，直接后继应是“将当前节点包含于其左子树中的最低祖先”，具体地就是
7       while ( IsRChild ( *s ) ) s = s->parent; //逆向地沿右向分支，不断朝左上方移动
8       s = s->parent; //最后再朝右上方移动一步，即抵达直接后继（如果存在）
9    }
10   return s;
11 }
```

代码5.16 二叉树节点直接后继的定位

这里，共分两大类情况。若当前节点有右孩子，则其直接后继必然存在，且属于其右子树。此时只需转入右子树，再沿该子树的最左侧通路朝左下方深入，直到抵达子树中最靠左（最小）的节点。以图5.20中节点b为例，如此可确定其直接后继为节点c。

反之，若当前节点没有右子树，则若其直接后继存在，必为该节点的某一祖先，且是将当前节点纳入其左子树的最低祖先。于是首先沿右侧通路朝左上方上升，当不能继续前进时，再朝右上方移动一步即可。以图5.20中节点e为例，如此可确定其直接后继为节点f。

作为后一情况的特例，出口时s可能为NULL。这意味着此前沿着右侧通路向上的回溯，抵达了树根。也就是说，当前节点全树右侧通路的终点——它也是中序遍历的终点，没有后继。

■ 版本2

代码5.15经进一步改写之后，可得到如代码5.17所示的另一迭代式中序遍历算法。

```
1 template <typename T, typename VST> //元素类型、操作器
2 void travIn_I2 ( BinNodePosi(T) x, VST& visit ) { //二叉树中序遍历算法（迭代版#2）
3    Stack<BinNodePosi(T)> S; //辅助栈
4    while ( true )
5       if ( x ) {
6          S.push ( x ); //根节点进栈
7          x = x->lc; //深入遍历左子树
8       } else if ( !S.empty() ) {
9          x = S.pop(); //尚未访问的最低祖先节点退栈
10         visit ( x->data ); //访问该祖先节点
11         x = x->rc; //遍历祖先的右子树
12      } else
13         break; //遍历完成
14 }
```

代码5.17 二叉树中序遍历算法（迭代版#2）

虽然版本2只不过是版本1的等价形式，但借助它可便捷地设计和实现以下版本3。

■ 版本3

以上的迭代式遍历算法都需使用辅助栈，尽管这对遍历算法的渐进时间复杂度没有实质影响，但所需辅助空间的规模将线性正比于二叉树的高度，在最坏情况下与节点总数相当。

为此，可对代码5.17版本2继续改进，借助BinNode对象内部的parent指针，如代码5.18所示实现中序遍历的第三个迭代版本。该版本无需使用任何结构，总体仅需$O(1)$的辅助空间，属于就地算法。当然，因需要反复调用succ()，时间效率有所倒退（习题[5-16]）。


```
1 template <typename T, typename VST> //元素类型、操作器
2 void travIn_I3 ( BinNodePosi(T) x, VST& visit ) { //二叉树中序遍历算法（迭代版#3，无需辅助栈）
3    bool backtrack = false; //前一步是否刚从右子树回溯——省去栈，仅O(1)辅助空间
4    while ( true )
5       if ( !backtrack && HasLChild ( *x ) ) //若有左子树且不是刚刚回溯，则
6          x = x->lc; //深入遍历左子树
7       else { //否则——无左子树或刚刚回溯（相当于无左子树）
```

```
8          visit ( x->data ); //访问该节点
9          if ( HasRChild ( *x ) ) { //若其右子树非空，则
10            x = x->rc; //深入右子树继续遍历
11            backtrack = false; //并关闭回溯标志
12         } else { //若右子树空，则
13            if ( ! ( x = x->succ() ) ) break; //回溯（含抵达末节点时的退出返回）
14            backtrack = true; //并设置回溯标志
15         }
16      }
17 }
```

代码5.18 二叉树中序遍历算法（迭代版#3）

可见，这里相当于将原辅助栈替换为一个标志位backtrack。每当抵达一个节点，借助该标志即可判断此前是否刚做过一次自下而上的回溯。若不是，则按照中序遍历的策略优先遍历左子树。反之，若刚发生过一次回溯，则意味着当前节点的左子树已经遍历完毕（或等效地，左子树为空），于是便可访问当前节点，然后再深入其右子树继续遍历。

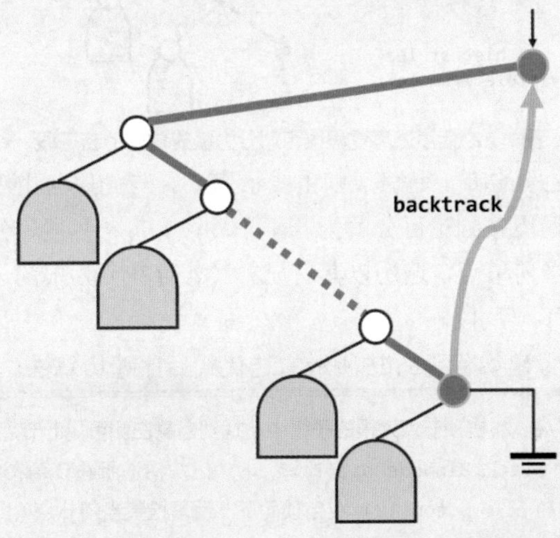

图5.21 中序遍历过程中，在无右孩子的节点处需做回溯

每个节点被访问之后，都应转向其在遍历序列中的直接后继。按照以上的分析，通过检查右子树是否为空，即可在两种情况间做出判断：该后继要么在当前节点的右子树（若该子树非空）中，要么（当右子树为空时）是其某一祖先。如图5.21所示，后一情况即所谓的回溯。

请注意，由succ()返回的直接后继可能是NULL，此时意味着已经遍历至中序遍历意义下的末节点，于是遍历即告完成。

5.4.4 *迭代版后序遍历

在如代码5.12所示后序遍历算法的递归版本中，左、右子树的递归遍历均严格地不属于尾递归，因此实现对应的迭代式算法难度更大。不过，仍可继续套用此前的思路和技巧。我们思考的起点依然是，此时首先访问的是哪个节点？

如图5.22所示，将树T画在二维平面上，并假设所有节点和边均不透明。于是从左侧水平向右看去，未被遮挡的最高叶节点v——称作最高左侧可见叶节点（HLVFL）——即为后序遍历首先访问的节点。请注意，该节点既可能是左孩子，也可能是右孩子，故在图中以垂直边示意它与其父节点之间的联边。

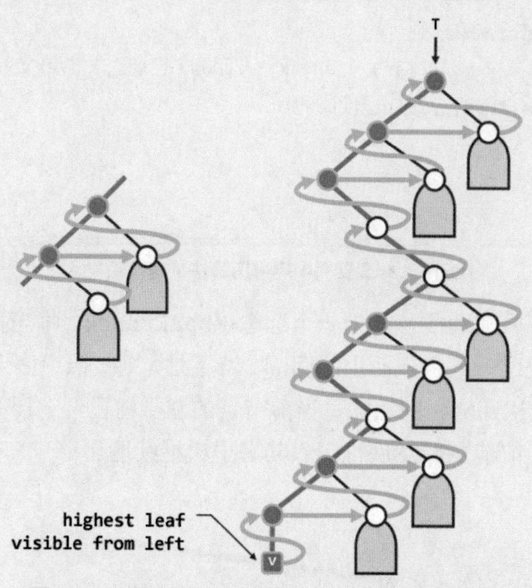

图5.22 后序遍历过程也可划分为模式雷同的若干段

考查联接于v与树根之间的唯一通路（以粗线示意）。与先序与中序遍历类似地，自底而上地沿着该通路，整个后序遍历序列也可分解为若干个片段。每一片段，分别起始于通路上的一个节点，并包括三步：访问当前节点，遍历以其右兄弟（若存在）为根的子树，以及向上回溯至其父节点（若存在）并转入下一片段。

基于以上理解，即可导出如代码5.19所示的迭代式后序遍历算法。

```
1 template <typename T> //在以S栈顶节点为根的子树中，找到最高左侧可见叶节点
2 static void gotoHLVFL ( Stack<BinNodePosi(T)>& S ) { //沿途所遇节点依次入栈
3    while ( BinNodePosi(T) x = S.top() ) //自顶而下，反复检查当前节点（即栈顶）
4       if ( HasLChild ( *x ) ) { //尽可能向左
5          if ( HasRChild ( *x ) ) S.push ( x->rc ); //若有右孩子，优先入栈
6          S.push ( x->lc ); //然后才转至左孩子
7       } else //实不得已
8          S.push ( x->rc ); //才向右
9    S.pop(); //返回之前，弹出栈顶的空节点
10 }
11
12 template <typename T, typename VST>
13 void travPost_I ( BinNodePosi(T) x, VST& visit ) { //二叉树的后序遍历（迭代版）
14    Stack<BinNodePosi(T)> S; //辅助栈
15    if ( x ) S.push ( x ); //根节点入栈
16    while ( !S.empty() ) {
```

```
17        if ( S.top() != x->parent ) //若栈顶非当前节点之父（则必为其右兄），此时需
18           gotoHLVFL ( S ); //在以其右兄为根之子树中，找到HLVFL（相当于递归深入其中）
19        x = S.pop(); visit ( x->data ); //弹出栈顶（即前一节点之后继），并访问之
20     }
21 }
```

代码5.19 二叉树后序遍历算法（迭代版）

可见，在每一棵（子）树的根节点，该算法都首先定位对应的HLVFL节点。同时在此过程中，依然利用辅助栈逆序地保存沿途所经各节点，以确定遍历序列各个片段在宏观上的拼接次序。

图5.23以左侧二叉树为例，给出了后序遍历辅助栈从初始化到再次变空的演变过程。

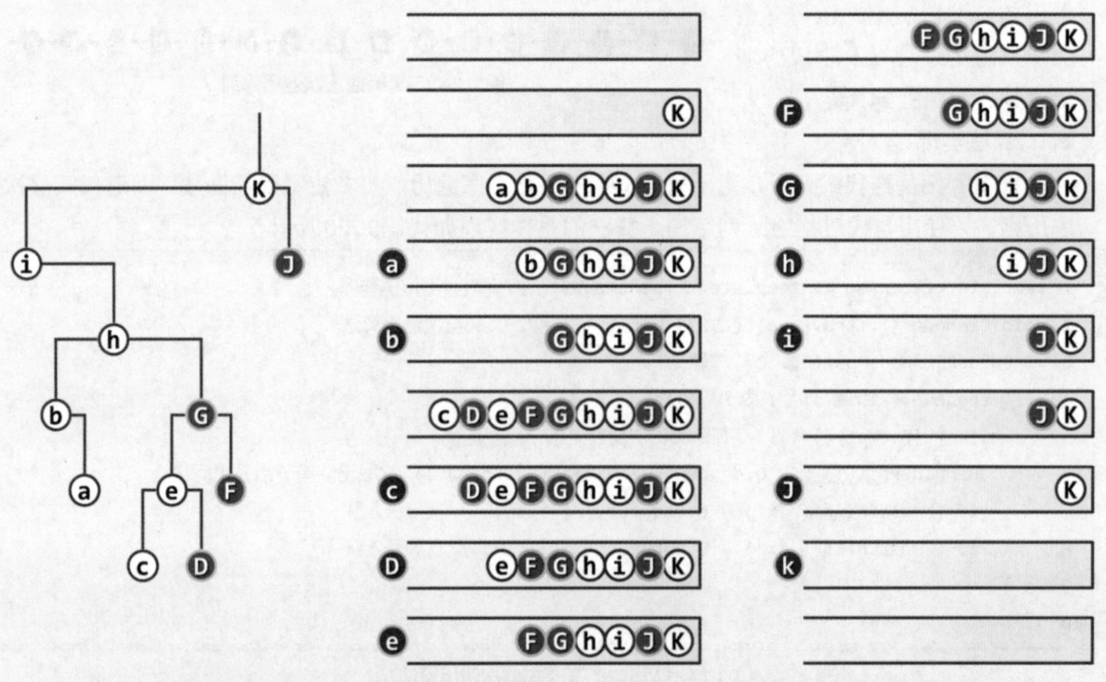

图5.23 迭代式后序遍历实例（出栈节点以深色示意，发生gotoHLVFL()调用的节点以大写字母示意）

请留意此处的入栈规则。在自顶而下查找HLVFL节点的过程中，始终都是尽可能向左，只有在左子树为空时才向右。前一情况下，需令右孩子（若有）和左孩子先后入栈，然后再转向左孩子。后一情况下，只需令右孩子入栈。因此，在主函数travPost_I()的每一步while迭代中，若当前节点node的右兄弟存在，则该兄弟必然位于辅助栈顶。按照后序遍历约定的次序，此时应再次调用gotoHLVFL()以转向以该兄弟为根的子树，并模拟以递归方式对该子树的遍历。

5.4.5 层次遍历

在所谓广度优先遍历或层次遍历（level-order traversal）中，确定节点访问次序的原则可概括为“先上后下、先左后右”——先访问树根，再依次是左孩子、右孩子、左孩子的左孩子、左孩子的右孩子、右孩子的左孩子、右孩子的右孩子、...，依此类推。

当然，有根性和有序性是层次遍历序列得以明确定义的基础。正因为确定了树根，各节点方可拥有深度这一指标，并进而依此排序；有序性则保证孩子有左、右之别，并依此确定同深度节点之间的次序。

为对比效果，同样考查此前图5.15、图5.16和图5.17均采用的二叉树实例。该树完整的层次遍历过程以及生成的遍历序列，如图5.24所示。

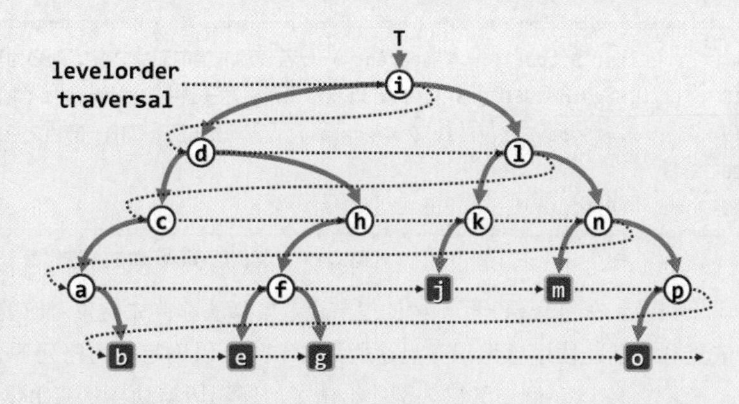

图5.24 二叉树的层次遍历序列

■ 算法实现

此前介绍的迭代式遍历，无论先序、中序还是后序遍历，大多使用了辅助栈，而迭代式层次遍历则需要使用与栈对称的队列结构，算法的具体实现如代码5.20所示。

```
 1 template <typename T> template <typename VST> //元素类型、操作器
 2 void BinNode<T>::travLevel ( VST& visit ) { //二叉树层次遍历算法
 3    Queue<BinNodePosi(T)> Q; //辅助队列
 4    Q.enqueue ( this ); //根节点入队
 5    while ( !Q.empty() ) { //在队列再次变空之前，反复迭代
 6       BinNodePosi(T) x = Q.dequeue(); visit ( x->data ); //取出队首节点并访问之
 7       if ( HasLChild ( *x ) ) Q.enqueue ( x->lc ); //左孩子入队
 8       if ( HasRChild ( *x ) ) Q.enqueue ( x->rc ); //右孩子入队
 9    }
10 }
```

代码5.20 二叉树层次遍历算法

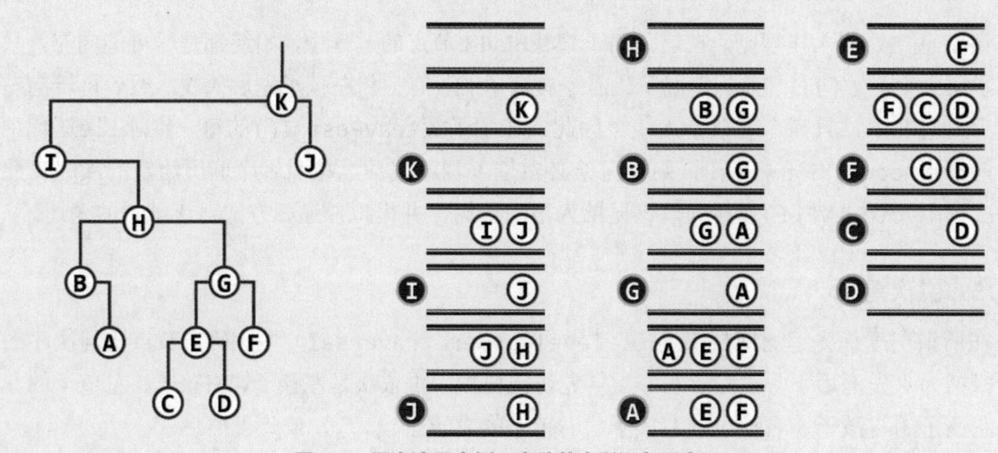

图5.25 层次遍历实例（出队节点以深色示意）

初始化时先令树根入队，随后进入循环。每一步迭代中，首先取出并访问队首节点，然后其左、右孩子（若存在）将顺序入队。一旦在试图进入下一迭代前发现队列为空，遍历即告完成。

图5.25以左侧二叉树为例，给出了层次遍历辅助队列从初始化到再次变空的演变过程。

■ 完全二叉树

反观代码5.20，在层次遍历算法的每一次迭代中，必有一个节点出队（而且不再入队），故累计恰好迭代n次。然而，每次迭代中入队节点的数目并不确定。若在对某棵二叉树的层次遍历过程中，前$\lfloor n/2 \rfloor$次迭代中都有左孩子入队，且前$\lceil n/2 \rceil - 1$次迭代中都有右孩子入队，则称之为完全二叉树（complete binary tree）。

图5.26给出了完全二叉树的实例，及其一般性的宏观拓扑结构特征：叶节点只能出现在最底部的两层，且最底层叶节点均处于次底层叶节点的左侧（习题[5-18]和[5-19]）。由此不难验证，高度为h的完全二叉树，规模应该介于2^h至$2^{h+1} - 1$之间；反之，规模为n的完全二叉树，高度$h = \lfloor \log_2 n \rfloor = \mathcal{O}(\log n)$。另外，叶节点虽不致少于内部节点，但至多多出一个。以图5.26左侧的完全二叉树为例，高度h = 4；共有n = 20个节点，其中内部节点和叶节点各10个。

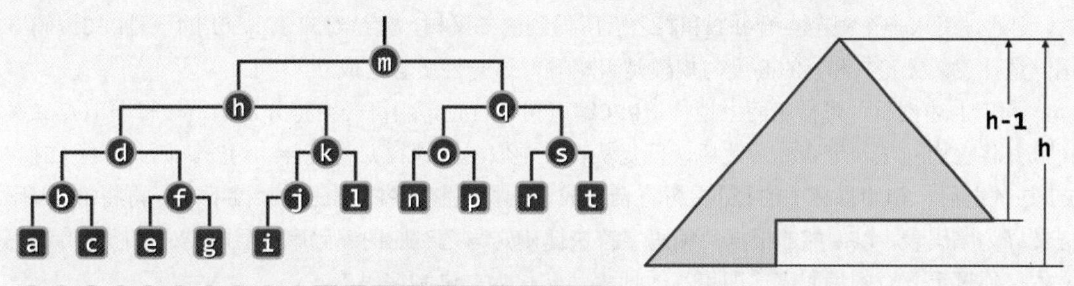

图5.26 完全二叉树实例及其宏观结构

得益于以上特性，完全二叉树可以借助向量结构，实现紧凑存储和高效访问（习题[5-20]）。

■ 满二叉树

完全二叉树的一种特例是，所有叶节点同处于最底层（非底层节点均为内部节点）。于是根据数学归纳法，每一层的节点数都应达到饱和，故将称其为满二叉树（full binary tree）。

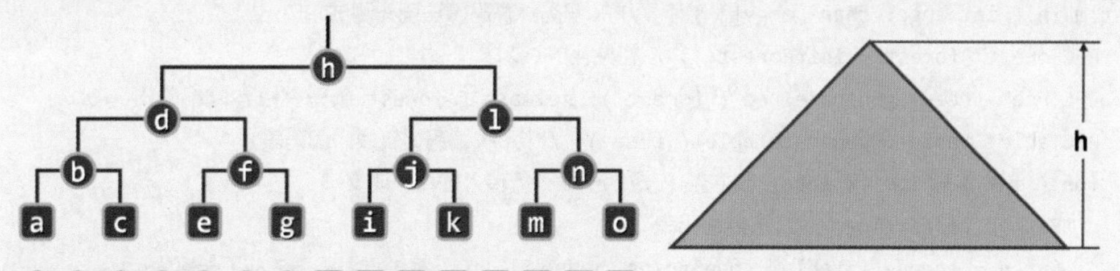

图5.27 满二叉树实例及其宏观结构

类似地不难验证，高度为h的满二叉树由$2^{h+1} - 1$个节点组成，其中叶节点总是恰好比内部节点多出一个。图5.27左侧即为一棵包含n = 15个节点、高度h = 3的满二叉树，其中叶节点8个，内部节点7个；右侧则给出了满二叉树的一般性宏观结构。

§5.5 Huffman编码

5.5.1 PFC编码及解码

以下基于二叉树结构，按照图5.28的总体框架，介绍PFC编码和解码算法的具体实现。

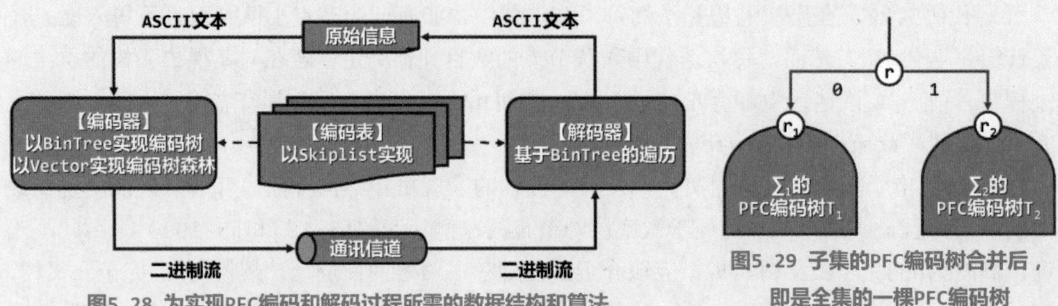

图5.28 为实现PFC编码和解码过程所需的数据结构和算法

图5.29 子集的PFC编码树合并后，即是全集的一棵PFC编码树

如图5.29所示，若字符集Σ_1和Σ_2之间没有公共字符，且PFC编码方案分别对应于二叉树T_1和T_2，则通过引入一个根节点合并T_1和T_2之后所得到的二叉树，就是对应于$\Sigma_1 \cup \Sigma_2$的一种PFC编码方案。请注意，无论T_1和T_2的高度与规模是否相等，这一性质总是成立。

利用上述性质，可自底而上地构造PFC编码树。首先，由每一字符分别构造一棵单节点二叉树，并将它们视作一个森林。此后，反复从森林中取出两棵树并将其合二为一。如此，经$|\Sigma| - 1$步迭代之后，初始森林中的$|\Sigma|$棵树将合并成为一棵完整的PFC编码树。接下来，再将PFC编码树转译为编码表，以便能够根据待编码字符快捷确定与之对应的编码串。至此，对于任何待编码文本，通过反复查阅编码表，即可高效地将其转化为二进制编码串。

与编码过程相对应地，接收方也可以借助同一棵编码树来记录双方约定的编码方案。于是，每当接收到经信道传送过来的编码串后，（只要传送过程无误）接收方都可通过在编码树中反复从根节点出发做相应的漫游，依次完成对信息文本中各字符的解码。

■ 总体框架

以上编码和解码过程可描述为代码5.21，这也是同类编码、解码算法的统一测试入口。

```
1 int main ( int argc, char* argv[] ) { //PFC编码、解码算法统一测试入口
2   PFCForest* forest = initForest(); //初始化PFC森林
3   PFCTree* tree = generateTree ( forest ); release ( forest ); //生成PFC编码树
4   PFCTable* table = generateTable ( tree ); //将PFC编码树转换为编码表
5   for ( int i = 1; i < argc; i++ ) { //对于命令行传入的每一明文串
6     Bitmap codeString; //二进制编码串
7     int n = encode ( table, codeString, argv[i] ); //将根据编码表生成（长度为n）
8     decode ( tree, codeString, n ); //利用编码树，对长度为n的二进制编码串解码（直接输出）
9   }
10  release ( table ); release ( tree ); return 0; //释放编码表、编码树
11 }
```

代码5.21 基于二叉树的PFC编码

■ 数据结构的选取与设计

如代码5.22所示，这里使用向量实现PFC森林，其中各元素分别对应于一棵编码树；使用9.2节将要介绍的跳转表式词典结构实现编码表，其中的词条各以某一待编码字符为关键码，以对应的编码串为数据项；使用位图Bitmap（习题[2-34]）实现各字符的二进制编码串。

```
1 /******************************************************************************************
2  * PFC编码使用的数据结构
3  ******************************************************************************************/
4 #include "../BinTree/BinTree.h" //用BinTree实现PFC树
5 typedef BinTree<char> PFCTree; //PFC树
6
7 #include "../Vector/Vector.h" //用Vector实现PFC森林
8 typedef Vector<PFCTree*> PFCForest; //PFC森林
9
10 #include "../Bitmap/Bitmap.h" //使用位图结构实现二进制编码串
11 #include "../Skiplist/Skiplist.h" //引入Skiplist式词典结构实现
12 typedef Skiplist<char, char*> PFCTable; //PFC编码表，词条格式为：(key = 字符, value = 编码串)
13
14 #define  N_CHAR  (0x80 - 0x20) //只考虑可打印字符
```

代码5.22 实现PFC编码所需的数据结构

以下，分别给出各功能部分的具体实现，请读者对照注解自行分析。

■ 初始化PFC森林

```
1 PFCForest* initForest() { //PFC编码森林初始化
2    PFCForest* forest = new PFCForest; //首先创建空森林，然后
3    for ( int i = 0; i < N_CHAR; i++ ) { //对每一个可打印字符[0x20, 0x80)
4       forest->insert ( i, new PFCTree() ); //创建一棵对应的PFC编码树，初始时其中
5       ( *forest ) [i]->insertAsRoot ( 0x20 + i ); //只包含对应的一个（叶、根）节点
6    }
7    return forest; //返回包含N_CHAR棵树的森林，其中每棵树各包含一个字符
8 }
```

代码5.23 初始化PFC森林

■ 构造PFC编码树

```
1 PFCTree* generateTree ( PFCForest* forest ) { //构造PFC树
2    srand ( ( unsigned int ) time ( NULL ) ); //这里将随机取树合并，故先设置随机种子
3    while ( 1 < forest->size() ) { //共做|forest|-1次合并
4       PFCTree* s = new PFCTree; s->insertAsRoot ( '^' ); //创建新树（根标记为"^"）
5       Rank r1 = rand() % forest->size(); //随机选取r1，且
6       s->attachAsLC ( s->root(), ( *forest ) [r1] ); //作为左子树接入后
7       forest->remove ( r1 ); //随即剔除
8       Rank r2 = rand() % forest->size(); //随机选取r2，且
```

```
 9       s->attachAsRC ( s->root(), ( *forest ) [r2] ); //作为右子树接入后
10       forest->remove ( r2 ); //随即剔除
11       forest->insert ( forest->size(), s ); //合并后的PFC树重新植入PFC森林
12    }
13    return ( *forest ) [0]; //至此，森林中尚存的最后一棵树，即全局PFC编码树
14 }
```

代码5.24 构造PFC编码树

■ 生成PFC编码表

```
 1 void generateCT //通过遍历获取各字符的编码
 2 ( Bitmap* code, int length, PFCTable* table, BinNodePosi ( char ) v ) {
 3    if ( IsLeaf ( *v ) ) //若是叶节点
 4       { table->put ( v->data, code->bits2string ( length ) ); return; }
 5    if ( HasLChild ( *v ) ) //Left = 0
 6       { code->clear ( length ); generateCT ( code, length + 1, table, v->lc ); }
 7    if ( HasRChild ( *v ) ) //right = 1
 8       { code->set ( length ); generateCT ( code, length + 1, table, v->rc ); }
 9 }
10
11 PFCTable* generateTable ( PFCTree* tree ) { //构造PFC编码表
12    PFCTable* table = new PFCTable; //创建以Skiplist实现的编码表
13    Bitmap* code = new Bitmap; //用于记录RPS的位图
14    generateCT ( code, 0, table, tree->root() ); //遍历以获取各字符（叶节点）的RPS
15    release ( code ); return table; //释放编码位图，返回编码表
16 }
```

代码5.25 生成PFC编码表

■ 编码

```
 1 int encode ( PFCTable* table, Bitmap& codeString, char* s ) { //PFC编码算法
 2    int n = 0;
 3    for ( size_t m = strlen ( s ), i = 0; i < m; i++ ) { //对于明文s[]中的每个字符
 4       char** pCharCode = table->get ( s[i] ); //取出其对应的编码串
 5       if ( !pCharCode ) pCharCode = table->get ( s[i] + 'A' - 'a' ); //小写字母转为大写
 6       if ( !pCharCode ) pCharCode = table->get ( ' ' ); //无法识别的字符统一视作空格
 7       printf ( "%s", *pCharCode ); //输出当前字符的编码
 8       for ( size_t m = strlen ( *pCharCode ), j = 0; j < m; j++ ) //将当前字符的编码接入编码串
 9          '1' == * ( *pCharCode + j ) ? codeString.set ( n++ ) : codeString.clear ( n++ );
10    }
11    return n; //二进制编码串记录于codeString中，返回编码串总长
12 }
```

代码5.26 PFC编码

■ 解码

```
1 void decode ( PFCTree* tree, Bitmap& code, int n ) { //PFC解码算法
2    BinNodePosi ( char ) x = tree->root(); //根据PFC编码树
3    for ( int i = 0; i < n; i++ ) { //将编码（二进制位图）
4       x = code.test ( i ) ? x->rc : x->lc; //转译为明码并
5       if ( IsLeaf ( *x ) ) { printf ( "%c", x->data ); x = tree->root(); } //打印输出
6    }
7 }
```

代码5.27 PFC解码

■ 优化

在介绍过PFC及其实现方法后，以下将就其编码效率做一分析，并设计出更佳的编码方法。

同样地，我们依然暂且忽略硬件成本和信道误差等因素，而主要考查如何高效率地完成文本信息的编码和解码。不难理解，在计算资源固定的条件下，不同编码方法的效率主要体现于所生成二进制编码串的总长，或者更确切地，体现于二进制码长与原始文本长度的比率。

那么，面对千变万化、长度不一的待编码文本，从总体上我们应该按照何种尺度来衡量这一因素呢？基于这一尺度，又该应用哪些数据结构来实现相关的算法呢？

5.5.2 最优编码树

在实际的通讯系统中，信道的使用效率是个很重要的问题，这在很大程度上取决于编码算法本身的效率。比如，高效的编码算法生成的编码串应该尽可能地短。那么，如何做到这一点呢？在什么情况下能够做到这一点呢？以下首先来看如何对编码长度做“度量”。

■ 平均编码长度与叶节点平均深度

由5.2.2节的结论，字符x的编码长度|rps(x)|就是其对应叶节点的深度depth(v(x))。于是，各字符的平均编码长度就是编码树T中各叶节点的平均深度（average leaf depth）：

$$\text{ald}(T) = \sum_{x\in\Sigma} |\text{rps}(x)| \,/\, |\Sigma| = \sum_{x\in\Sigma} \text{depth}(x) \,/\, |\Sigma|$$

以如图5.9(a)所示编码树为例，字符'A'、'E'和'G'的编码长度为2，'M'和'S'的编码长度为3，故该编码方案的平均编码长度为：

$$\text{ald}(T) = (2 + 2 + 2 + 3 + 3) / 5 = 2.4$$

既然ald(T)值是反映编码效率的重要指标，我们自然希望这一指标尽可能地小。

■ 最优编码树

同一字符集的所有编码方案中，平均编码长度最小者称作最优方案；对应编码树的ald()值也达到最小，故称之为最优二叉编码树，简称最优编码树（optimal encoding tree）。

对于任一字符集Σ，深度不超过|Σ|的编码树数目有限，故在其中ald()值最小者必然存在。需注意的是，最优编码树不见得唯一（比如，同层节点互换位置后，并不影响全树的平均深度），但从工程的角度看，任取其中一棵即可。

为导出最优编码树的构造算法，以下需从更为深入地了解最优编码树的性质入手。

■ 双子性

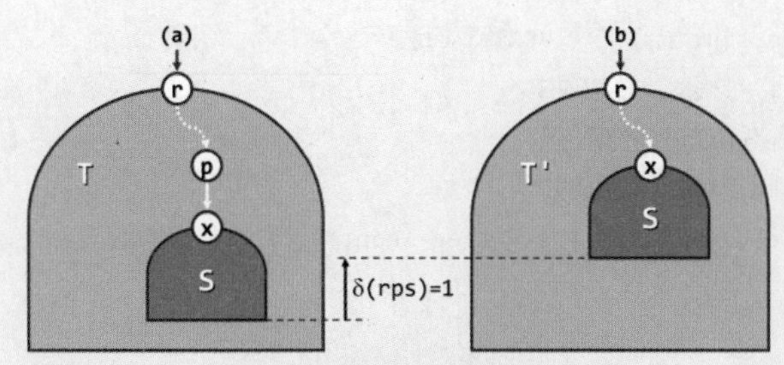

图5.30 最优编码树的双子性

首先，最优二叉编码树必为真二叉树：内部节点的左、右孩子全双（习题[5-2]）。

若不然，如图5.30(a)所示假设在某棵最优二叉编码树T中，内部节点p拥有唯一的孩子x。于是如图(b)，此时只需将节点p删除并代之以子树x，即可得到原字符集的另一棵编码树T'。

不难看出，除了子树x中所有叶节点的编码长度统一缩短1层之外，其余叶节点的编码长度不变，因此相对于T，T'的平均编码长度必然更短——这与T的最优性矛盾。

■ 层次性

最优编码树中，叶节点位置的选取有严格限制——其深度之差不得超过1。

为证明这一重要特性，可如图5.31(a)假设，某棵最优二叉编码树T含有深度之差不小于2的一对叶节点x和y。不失一般性设x更深，并令p为x的父亲。于是由双子性，作为内部节点的p必然还有另一孩子q。

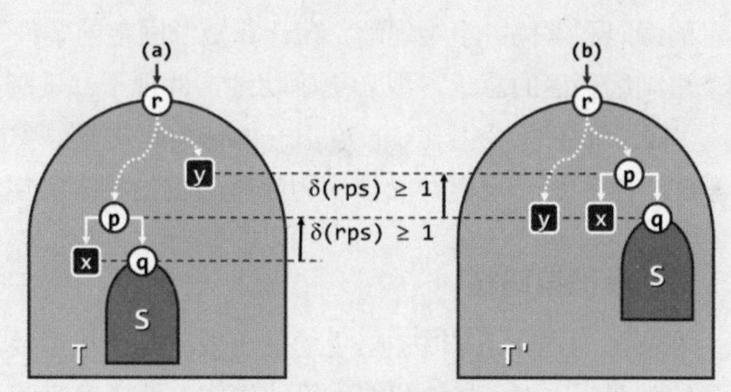

图5.31 最优编码树的层次性

如图(b)所示，令叶节点y与子树p互换位置，从而得到一棵新树T'。易见，T'依然是原字符集的一棵二叉编码树。更重要的是，就深度而言，除了x、y以及子树q中的叶节点外，其余叶节点均保持不变。其中，x的提升量与y的下降量相互抵消，而子树q中的叶节点都至少提升1层。因此相对于T，T'的平均编码长度必然更短——这与T的最优性矛盾。

以上的节点位置互换是一种十分重要的技巧，藉此可从任一编码树出发，不断提高编码效率，直至最优。以图5.32为例，对同一字符集Σ = { 'A', 'I', 'M', 'N' }，左、右两棵编码树的ald()值均为9/4，而经一次交换转换为居中的编码树后，ald()值均降至8/4。

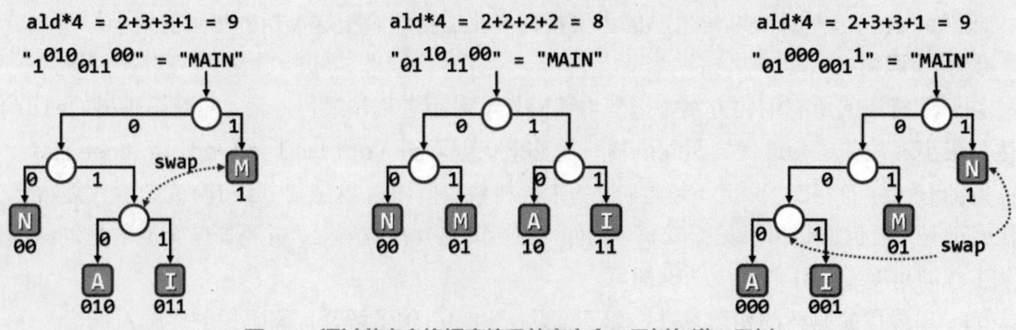

图5.32 通过节点交换提高编码效率完全二叉树与满二叉树

■ 最优编码树的构造

由上可知，最优编码树中的叶节点只能出现于最低两层，故这类树的一种特例就是真完全树。由此，可以直接导出如下构造最优编码树的算法：创建一棵规模为2|Σ| - 1的完全二叉树T，再将Σ中的字符任意分配给T的|Σ|个叶节点。

仍以字符集 Σ = { 'A', 'E', 'G', 'M', 'S' } 为例，只需创建包含2 × 5 - 1 = 9个节点的一棵完全二叉树，并将各字符分配至5个叶节点，即得到一棵最优编码树。再适当交换同深度的节点，即可得到如116页图5.9(a)所示的编码树——由于此类节点交换并不改变平均编码长度，故它仍是一棵最优编码树。

5.5.3 Huffman编码树

■ 字符出现概率

以上最优编码树算法的实际应用价值并不大，除非Σ中各字符在文本串中出现的次数相等。遗憾的是，这一条件往往并不满足，甚至不确定。为此，需要从待编码的文本中取出若干样本，通过统计各字符在其中出现的次数（亦称作字符的频率），估计各字符实际出现的概率。

当然，每个字符x都应满足p(x) ≥ 0，且同一字符集Σ中的所有字符满足$\sum_{x\in\Sigma}$p(x) = 1。

表5.5 在一篇典型的英文文章中，各字母出现的次数

字符	A	B	C	D	E	F	G	H	I	J	K	L	N	O	P	Q	R	S	T	U	V	W	X	Y	Z
次数	623	99	239	290	906	224	136	394	600	5	56	306	586	622	148	10	465	491	732	214	76	164	16	139	13

实际上，多数应用所涉及的字符集Σ中，各字符的出现频率不仅极少相等或相近，而且往往相差悬殊。以如表5.5所示的英文字符集为例，'e'、't'等字符的出现频率通常是'z'、'j'等字符的数百倍。这种情况下，应该从另一角度更为准确地衡量平均编码长度。

■ 带权平均编码长度与叶节点带权平均深度

若考虑字符各自的出现频率，则可将带权平均编码长度取作编码树T的叶节点带权平均深度（weighted average leaf depth），亦即：

wald(T) = $\sum_{x\in\Sigma}$ p(x)·|rps(x)|

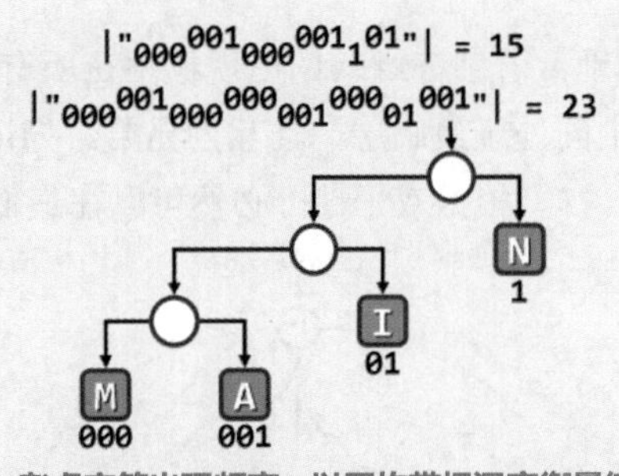

图5.33 考虑字符出现频率，以平均带权深度衡量编码效率

以字符集Σ = { 'A', 'I', 'M', 'N' }为例，若各字符出现的概率依次为2/6、1/6、2/6和1/6（比如文本串"MAMANI"），则按照图5.33的编码方案，各字符对wald(T)的贡献分别为：

3×(2/6) = 1; 2×(1/6) = 1/3; 3×(2/6) = 1; 1×(1/6) = 1/6

相应地，这一编码方案对应的平均带权深度就是：

wald(T) = 1 + 1/3 + 1 + 1/6 = 2.5

若各字符出现的概率依次为3/8、1/8、4/8和0/8（比如文本串"MAMMAMIA"），则有

wald(T) = 3×(3/8) + 2×(1/8) + 3×(4/8) + 1×(0/8) = 2.875

■　**完全二叉编码树 ≠ wald()最短**

那么，wald()值能否进一步降低呢？仍然以Σ = { 'A', 'I', 'M', 'N' }为例。

我们首先想到的是前节提到的完全二叉编码树。如图5.34所示，由于此时各字符的编码长度都是2，故无论其出现概率具体分布如何，其对应的平均带权深度都将为2。

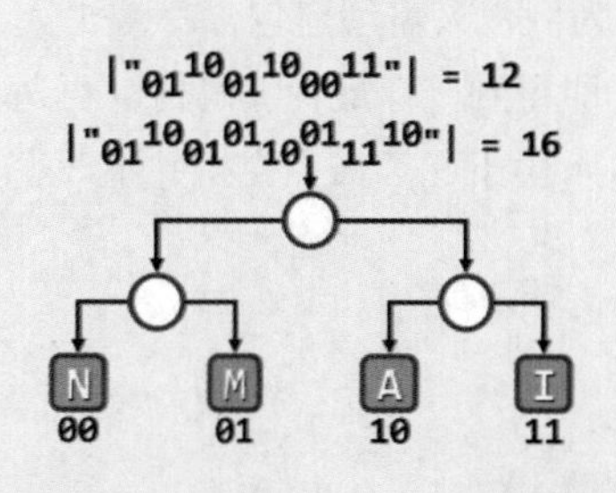

图5.34 若考虑出现频率，完全二叉树或满树未必最优

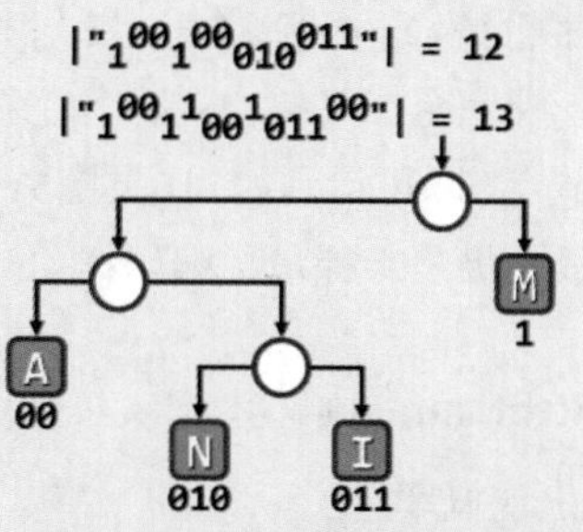

图5.35 若考虑出现频率，最优编码树往往不是完全二叉树

然而，在考虑各字符出现概率的不同之后，某些非完全二叉编码树的wald()值却可能更小。以图5.35的二叉编码树为例，当各字符频率与"MAMANI"相同时，wald(T) = 2，与图5.34方案相当；但当字符频率与"MAMMAMIA"相同时，wald(T) = 1.625，反而更优。

■　**最优带权编码树**

若字符集Σ中各字符的出现频率分布为p()，则wald()值最小的编码方案称作Σ（按照p()分布的）的最优带权编码方案，对应的编码树称作最优带权编码树。当然，与不考虑字符出现概率时同理，此时的最优带权编码树也必然存在（尽管通常并不唯一）。

为得出最优带权编码树的构造算法，以下还是从分析其性质入手。一方面不难验证，此时的最优编玛树依然必须满足双子性。另一方面，尽管最优编玛树不一定仍是完全的（比如在图5.35中，叶节点的深度可能相差2层以上），却依然满足某种意义上的层次性。

■　**层次性**

具体地，若字符x和y的出现概率在所有字符中最低，则必然存在某棵最优带权编码树，使x和y在其中同处于最底层，且互为兄弟。为证明这一重要特性，如图5.36(a)所示任取一棵最优带权编码树T。根据双子性，必然可以在最低层找到一对兄弟节点a和b。不妨设它们不是x和y。

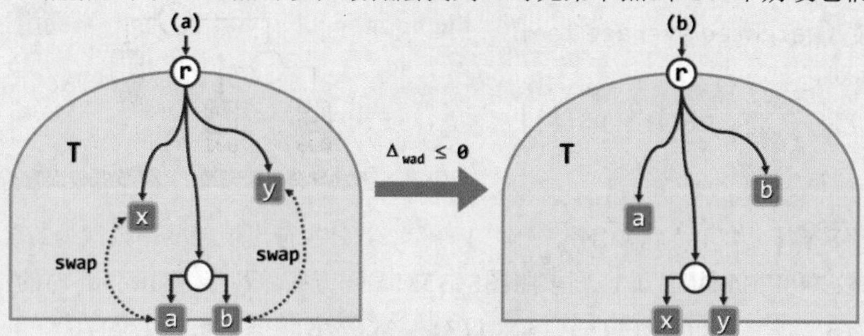

图5.36 最优编码树的层次性

现在，交换a和x，再交换b和y，从而得到该字符集的另一编码树T'，x和y成为其中最低层的一对兄弟。因字符x和y权重最小，故如此交换之后，wald(T')不致增加。于是根据T的最优性，T'必然也是一棵最优编码树。

5.5.4 Huffman编码算法

■ 原理与构思

设字符x和y在Σ中的出现概率最低。考查另一字符集Σ' = (Σ\{x, y}) ∪ {z}，其中新增字符z的出现概率取作被剔除字符x和y之和，即p(z) = p(x) + p(y)，其余字符的概率不变。任取Σ'的一棵最优带权编码树T'，于是根据层次性，只需将T'中与字符z对应的叶节点替换为内部节点，并在其下引入分别对应于x和y的一对叶节点，即可得到Σ的一棵最优带权编码树。

仍以142页图5.35中字符集Σ = { 'A', 'I', 'N', 'M' }为例，设各字符出现的频率与编码串'MAMMAMIA"吻合，则不难验证，图5.37左侧即为Σ的一棵最优带权编码树T。

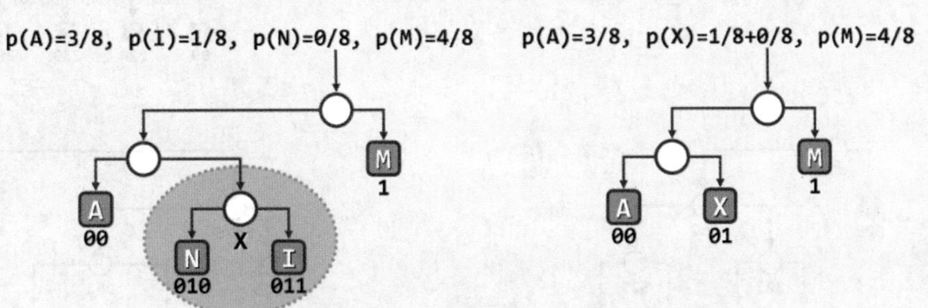

图5.37 最优编码树中底层兄弟节点合并后，依然是最优编码树

现在，将其中出现频率最低的'N'和'I'合并，代之以新字符'X'，且令'X'的出现频率为二者之和 1/8 + 0/8 = 1/8 。若T中也做相应的调整之后，则可得图5.37右侧所示的编码树T'。不难验证，T'是新字符集Σ' = { 'A', 'X', 'M' }的一棵最优带权编码树；反之，在T'中将'X'拆分为'N'和'I'后，亦是Σ的一棵最优带权编码树（习题[5-28]）。

■ 策略与算法

因此，对于字符出现概率已知的任一字符集Σ，都可采用如下算法构造其对应的最优带权编码树：首先，对应于Σ中的每一字符，分别建立一棵单个节点的树，其权重取作该字符的频率，这|Σ|棵树构成一个森林$\mathcal{F}$。接下来，从$\mathcal{F}$中选出权重最小的两棵树，创建一个新节点，并分别以这两棵树作为其左、右子树，如此将它们合并为一棵更高的树，其权重取作二者权重之和。实际上，此后可以将合并后的新树等效地视作一个字符，称作超字符。

这一选取、合并的过程反复进行，每经过一轮迭代，$\mathcal{F}$中的树就减少一棵。当最终$\mathcal{F}$仅包含一棵树时，它就是一棵最优带权编码树，构造过程随即完成。

以上构造过程称作Huffman编码算法[②]，由其生成的编码树称作Huffman编码树（Huffman encoding tree）。需再次强调的是，Huffman编码树只是最优带权编码树中的一棵。

■ 实例

表5.6 由6个字符构成的字符集Σ，以及各字符的出现频率

字符	A	B	C	D	E	F
频率	623	99	239	290	906	224

考查表5.6所列由6各字符构成的字符集Σ。为构造与之相对应的一棵Huffman编码树，在初

② 由David A. Huffman于1952年发明

始化之后共需经过5步迭代，具体过程如图5.38(a~f)所示。

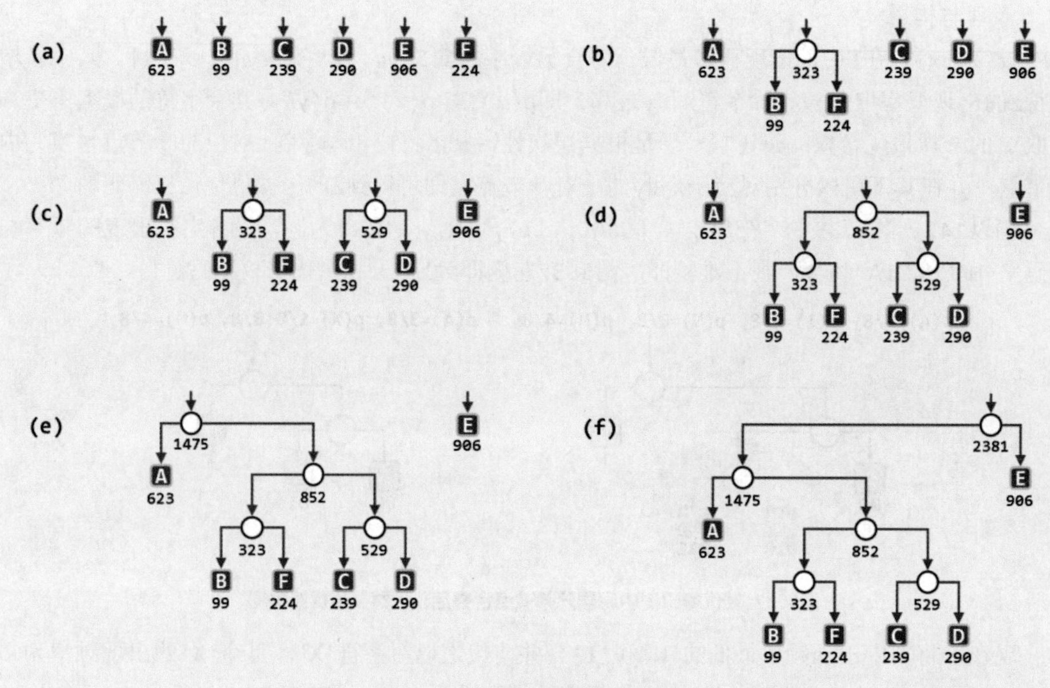

图5.38 Huffman树构造算法实例

请注意，以上构造过程不见得是确定的，在选取、合并子树时都可能出现歧义。幸运的是，这一问题不难解决（习题[5-29]）。

以下，我们分别介绍Huffman编码算法各个环节的具体实现。

■ 总体框架

以上编码和解码过程可描述为代码5.28，这也是同类编码、解码算法的统一测试入口。

```
1 /******************************************************************************************
2  * 无论编码森林由列表、完全堆还是左式堆实现，本测试过程都可适用
3  * 编码森林的实现方式采用优先级队列时，编译前对应的工程只需设置相应标志：
4  *    DSA_PQ_List、DSA_PQ_ComplHeap或DSA_PQ_LeftHeap
5  ******************************************************************************************/
6 int main ( int argc, char* argv[] ) { //Huffman编码算法统一测试
7    int* freq = statistics ( argv[1] ); //根据样本文件，统计各字符的出现频率
8    HuffForest* forest = initForest ( freq ); release ( freq ); //创建Huffman森林
9    HuffTree* tree = generateTree ( forest ); release ( forest ); //生成Huffman编码树
10   HuffTable* table = generateTable ( tree ); //将Huffman编码树转换为编码表
11   for ( int i = 2; i < argc; i++ ) { //对于命令行传入的每一明文串
12      Bitmap* codeString = new Bitmap; //二进制编码串
13      int n = encode ( table, codeString, argv[i] ); //将根据编码表生成（长度为n）
14      decode ( tree, codeString, n ); //利用Huffman编码树，对长度为n的二进制编码串解码
15      release ( codeString );
```

```
16    }
17    release ( table ); release ( tree ); return 0; //释放编码表、编码树
18 }
```

代码5.28 基于二叉树的Huffman编码

■ （超）字符

如前所述，无论是输入的字符还是合并得到的超字符，在构造Huffman编码树过程中都可等效地加以处理——就其本质而言，相关信息无非就是对应的字符及其出现频率。

```
1 #define  N_CHAR  (0x80 - 0x20) //仅以可打印字符为例
2 struct HuffChar { //Huffman（超）字符
3    char ch; int weight; //字符、频率
4    HuffChar ( char c = '^', int w = 0 ) : ch ( c ), weight ( w ) {};
5 // 比较器、判等器（各列其一，其余自行补充）
6    bool operator< ( HuffChar const& hc ) { return weight > hc.weight; } //此处故意大小颠倒
7    bool operator== ( HuffChar const& hc ) { return weight == hc.weight; }
8 };
```

代码5.29 HuffChar结构

因此如代码5.29所示，可相应地定义一个HuffChar类。对于经合并生成的超字符，这里统一用'^'表示，同时其权重weight设为被合并字符的权重之和。作为示例，这里字符集取ASCII字符集在[0x20, 0x80)区间内的子集，包含所有可打印字符。

另外，为便于超字符做权重的比较和判等，这里还重载了相关的操作符。

■ 数据结构的选取与设计

如代码5.30所示，可借助BinTree模板类定义Huffman编码树类型HuffTree。

```
1 #define HuffTree BinTree<HuffChar> //Huffman树，由BinTree派生，节点类型为HuffChar
```

代码5.30 Huffman编码树结构

如代码5.31所示，可借助List模板类定义Huffman森林类型HuffForest。

```
1 #include "../List/List.h" //用List实现
2 typedef List<HuffTree*> HuffForest; //Huffman森林
```

代码5.31 Huffman森林结构

如代码5.32所示，可借助位图类Bitmap（习题[2-34]）定义Huffman二进制编码串类型HuffCode。


```
1 #include "../Bitmap/Bitmap.h" //基于Bitmap实现
2 typedef Bitmap HuffCode; //Huffman二进制编码
```

代码5.32 Huffman二进制编码串

作为PFC编码表的一种，Huffman编码表与代码5.22一样，自然可以由跳转表实现。作为对后面第9章中词典结构的统一测试，这里选择了与跳转表接口相同的散列表结构（9.3节），并

基于该结构实现HuffTable类型。

```
1 #include "../Hashtable/Hashtable.h" //用HashTable实现
2 typedef Hashtable<char, char*> HuffTable; //Huffman编码表
```

代码5.33 Huffman编码表

如代码5.33所示，可以9.3节将要介绍的Hashtable结构来实现HuffTable。其中，词条的关键码key（即带编码的字符）为字符类型char，数值value（即字符对应的二进制编码串）为字符串类型char*。

■ 字符出现频率的样本统计

如代码5.34所示，这里通过对样例文本的统计，对各字符的出现频率做出估计。

```
1 int* statistics ( char* sample_text_file ) { //统计字符出现频率
2    int* freq = new int[N_CHAR];  //以下统计需随机访问，故以数组记录各字符出现次数
3    memset ( freq, 0, sizeof ( int ) * N_CHAR ); //清零
4    FILE* fp = fopen ( sample_text_file, "r" ); //assert: 文件存在且可正确打开
5    for ( char ch; 0 < fscanf ( fp, "%c", &ch ); ) //逐个扫描样本文件中的每个字符
6       if ( ch >= 0x20 ) freq[ch - 0x20]++; //累计对应的出现次数
7    fclose ( fp ); return freq;
8 }
```

代码5.34 Huffman算法：字符出现频率的样本统计

为方便统计过程的随机访问，这里使用了数组freq。样例文件（假设存在且可正常打开）的路径作为函数参数传入。文件打开后顺序扫描，并累计各字符的出现次数。

■ 初始化Huffman森林

```
1 HuffForest* initForest ( int* freq ) { //根据频率统计表，为每个字符创建一棵树
2    HuffForest* forest = new HuffForest; //以List实现的Huffman森林
3    for ( int i = 0; i < N_CHAR; i++ ) { //为每个字符
4       forest->insertAsLast ( new HuffTree ); //生成一棵树，并将字符及其频率
5       forest->last()->data->insertAsRoot ( HuffChar ( 0x20 + i, freq[i] ) ); //存入其中
6    }
7    return forest;
8 }
```

代码5.35 初始化Huffman森林

■ 构造Huffman编码树

根据以上的构思，generateTree()实现为一个循环迭代的过程。

如代码5.36所示，每一步迭代都通过调用minHChar()，从当前的森林中找出权值最小的一对超字符，将它们合并为一个更大的超字符，并重新插入森林。

```
1 HuffTree* minHChar ( HuffForest* forest ) { //在Huffman森林中找出权重最小的（超）字符
2    ListNodePosi ( HuffTree* ) p = forest->first(); //从首节点出发查找
3    ListNodePosi ( HuffTree* ) minChar = p; //最小Huffman树所在的节点位置
```

```
4    int minWeight = p->data->root()->data.weight; //目前的最小权重
5    while ( forest->valid ( p = p->succ ) ) //遍历所有节点
6       if ( minWeight > p->data->root()->data.weight ) //若当前节点所含树更小，则
7          {  minWeight = p->data->root()->data.weight; minChar = p;  } //更新记录
8    return forest->remove ( minChar ); //将挑选出的Huffman树从森林中摘除，并返回
9 }
10
11 HuffTree* generateTree ( HuffForest* forest ) { //Huffman编码算法
12    while ( 1 < forest->size() ) {
13       HuffTree* T1 = minHChar ( forest ); HuffTree* T2 = minHChar ( forest );
14       HuffTree* S = new HuffTree();
15       S->insertAsRoot ( HuffChar ( '^', T1->root()->data.weight + T2->root()->data.weight ) );
16       S->attachAsLC ( S->root(), T1 ); S->attachAsRC ( S->root(), T2 );
17       forest->insertAsLast ( S );
18    } //assert: 循环结束时，森林中唯一（列表首节点中）的那棵树即Huffman编码树
19    return forest->first()->data;
20 }
```

代码5.36 构造Huffman编码树

每迭代一次，森林的规模即减一，故共需迭代n - 1次，直到只剩一棵树。minHChar()每次都要遍历森林中所有的超字符（树），所需时间线性正比于当时森林的规模。因此总体运行时间应为：

$$\mathcal{O}(n) + \mathcal{O}(n - 1) + ... + \mathcal{O}(2) = \mathcal{O}(n^2)$$

■ 生成Huffman编码表

```
1 static void //通过遍历获取各字符的编码
2 generateCT ( Bitmap* code, int length, HuffTable* table, BinNodePosi ( HuffChar ) v ) {
3    if ( IsLeaf ( *v ) ) //若是叶节点（还有多种方法可以判断）
4       {  table->put ( v->data.ch, code->bits2string ( length ) ); return;  }
5    if ( HasLChild ( *v ) ) //Left = 0
6       { code->clear ( length ); generateCT ( code, length + 1, table, v->lc ); }
7    if ( HasRChild ( *v ) ) //Right = 1
8       { code->set ( length ); generateCT ( code, length + 1, table, v->rc ); }
9 }
10
11 HuffTable* generateTable ( HuffTree* tree ) { //将各字符编码统一存入以散列表实现的编码表中
12    HuffTable* table = new HuffTable; Bitmap* code = new Bitmap;
13    generateCT ( code, 0, table, tree->root() ); release ( code ); return table;
14 };
```

代码5.37 生成Huffman编码表

■ 编码

```
1 int encode ( HuffTable* table, Bitmap* codeString, char* s ) { //按照编码表对Bitmap串编码
2    int n = 0; //待返回的编码串总长n
3    for ( size_t m = strlen ( s ), i = 0; i < m; i++ ) { //对于明文中的每个字符
4       char** pCharCode = table->get ( s[i] ); //取出其对应的编码串
5       if ( !pCharCode ) pCharCode = table->get ( s[i] + 'A' - 'a' ); //小写字母转为大写
6       if ( !pCharCode ) pCharCode = table->get ( ' ' ); //无法识别的字符统一视作空格
7       printf ( "%s", *pCharCode ); //输出当前字符的编码
8       for ( size_t m = strlen ( *pCharCode ), j = 0; j < m; j++ ) //将当前字符的编码接入编码串
9          '1' == * ( *pCharCode + j ) ? codeString->set ( n++ ) : codeString->clear ( n++ );
10    }
11    printf ( "\n" ); return n;
12 } //二进制编码串记录于位图codeString中
```

代码5.38 Huffman编码

■ 解码

```
1 void decode ( HuffTree* tree, Bitmap* code, int n ) { //根据编码树对长为n的Bitmap串解码
2    BinNodePosi ( HuffChar ) x = tree->root();
3    for ( int i = 0; i < n; i++ ) {
4       x = code->test ( i ) ? x->rc : x->lc;
5       if ( IsLeaf ( *x ) ) {  printf ( "%c", x->data.ch ); x = tree->root();  }
6    }
7 } //解出的明码，在此直接打印输出；实用中可改为根据需要返回上层调用者
```

代码5.39 Huffman解码

第6章

4.4节曾仿效古希腊英雄忒修斯，以栈等基本数据结构模拟线绳和粉笔，展示了试探回溯策略的应用技巧。实际上，这一技巧可进一步推广至更为一般性的场合，包括可以图结构描述的应用问题，从而导出一系列对应的图算法。

忒修斯取得成功的关键在于，借助线绳掌握迷宫内各通道之间的联接关系。在很多应用中，能否有效描述和利用这类信息，同样至关重要。一般地，这类信息往往可表述为定义于一组对象之间的二元关系，比如城市交通图中，联接于各公交站之间的街道，或者互联网中，联接于IP节点之间的路由，等等。尽管在某种程度上，第5章所介绍的树结构也可用以表示这种二元关系，但仅限于父、子节点之间。相互之间均可能存在二元关系的一组对象，从数据结构的角度分类，属于非线性结构（non-linear structure）。此类一般性的二元关系，属于图论（Graph Theory）的研究范畴。从算法的角度对此类结构的处理策略，与上一章相仿，也是通过遍历将其转化为半线性结构，进而借助树结构已有的处理方法和技巧，最终解决问题。

以下首先简要介绍图的基本概念和术语，已有相关基础的读者可直接跳过。接下来，介绍如何实现作为抽象数据类型的图结构，主要讨论邻接矩阵和邻接表两种实现方式。然后，从遍历的角度介绍将图转化为树的典型方法，包括广度优先搜索和深度优先搜索。进而，分别以拓扑排序和双连通域分解为例，介绍利用基本数据结构并基于遍历模式，设计图算法的主要方法。最后，从“数据结构决定遍历次序”的观点出发，将所有遍历算法概括并统一为最佳优先遍历这一模式。如此，我们不仅能够更加准确和深刻地理解不同图算法之间的共性与联系，更可以学会通过选择和改进数据结构，高效地设计并实现各种图算法——这也是本章的重点与精髓。

§6.1 概述

■ 图

图结构是描述和解决实际应用问题的一种基本而有力的工具。所谓的图（graph），可定义为G = (V, E)。其中，集合V中的元素称作顶点（vertex）；集合E中的元素分别对应于V中的某一对顶点(u, v)，表示它们之间存在某种关系，故亦称作边（edge）[①]。一种直观显示图结构的方法是，用小圆圈或小方块代表顶点，用联接于其间的直线段或曲线弧表示对应的边。

从计算的需求出发，我们约定V和E均为有限集，通常将其规模分别记n = |V|和e = |E|。

■ 无向图、有向图及混合图

若边(u, v)所对应顶点u和v的次序无所谓，则称作无向边（undirected edge），例如表示同学关系的边。反之若u和v不对等，则称(u, v)为有向边（directed edge），例如描述企业与银行之间的借贷关系，或者程序之间的相互调用关系的边。

① 在某些文献中，顶点也称作节点（node），边亦称作弧（arc），本章则统一称作顶点和边。

如此，无向边(u, v)也可记作(v, u)，而有向的(u, v)和(v, u)则不可混淆。这里约定，有向边(u, v)从u指向v，其中u称作该边的起点（origin）或尾顶点（tail），而v称作该边的终点（destination）或头顶点（head）。

若E中各边均无方向，则G称作无向图（undirected graph，简称undigraph）。例如在描述影视演员相互合作关系的图G中，若演员u和v若曾经共同出演过至少一部影片，则在他（她）们之间引入一条边(u, v)。反之，若E中只含有向边，则G称作有向图（directed graph，简称digraph）。例如在C++类的派生关系图中，从顶点u指向顶点v的有向边，意味着类u派生自类v。特别地，若E同时包含无向边和有向边，则G称作混合图（mixed graph）。例如在北京市内交通图中，有些道路是双行的，另一些是单行的，对应地可分别描述为无向边和有向边。

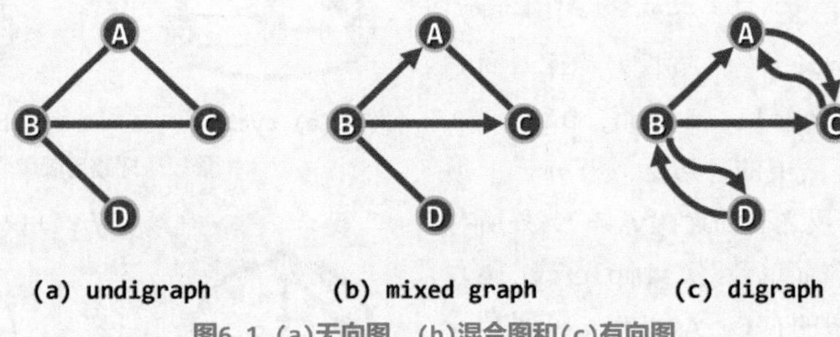

图6.1 (a)无向图、(b)混合图和(c)有向图

相对而言，有向图的通用性更强，因为无向图和混合图都可转化为有向图——如图6.1所示，每条无向边(u, v)都可等效地替换为对称的一对有向边(u, v)和(v, u)。因此，本章将主要针对有向图，介绍图结构及其算法的具体实现。

■ 度

对于任何边e = (u, v)，称顶点u和v彼此邻接（adjacent），互为邻居；而它们都与边e彼此关联（incident）。在无向图中，与顶点v关联的边数，称作v的度数（degree），记作deg(v)。以图6.1(a)为例，顶点{ A, B, C, D }的度数为{ 2, 3, 2, 1 }。

对于有向边e = (u, v)，e称作u的出边（outgoing edge）、v的入边（incoming edge）。v的出边总数称作其出度（out-degree），记作outdeg(v)；入边总数称作其入度（in-degree），记作indeg(v)。在图6.1(c)中，各顶点的出度为{ 1, 3, 1, 1 }，入度为{ 2, 1, 2, 1 }。

■ 简单图

联接于同一顶点之间的边，称作自环（self-loop）。在某些特定的应用中，这类边可能的确具有意义——比如在城市交通图中，沿着某条街道，有可能不需经过任何交叉路口即可直接返回原处。不含任何自环的图称作简单图（simple graph），也是本书主要讨论的对象。

■ 通路与环路

所谓路径或通路（path），就是由m + 1个顶点与m条边交替而成的一个序列：

$$\pi = \{ v_0, e_1, v_1, e_2, v_2, \ldots, e_m, v_m \}$$

且对任何$0 < i \le m$都有$e_i = (v_{i-1}, v_i)$。也就是说，这些边依次地首尾相联。其中沿途边的总数m，亦称作通路的长度，记作$|\pi| = m$。

为简化描述，也可依次给出通路沿途的各个顶点，而省略联接于其间的边，即表示为：

$$\pi = \{ v_0, v_1, v_2, \ldots, v_m \}$$

图6.2(a)中的{ C, A, B, A, D }，即是从顶点C到D的一条通路，其长度为4。可见，尽管通路上的边必须互异，但顶点却可能重复。沿途顶点互异的通路，称作简单通路（simple path）。在图6.2(b)中，{ C, A, D, B }即是从顶点C到B的一条简单通路，其长度为3。

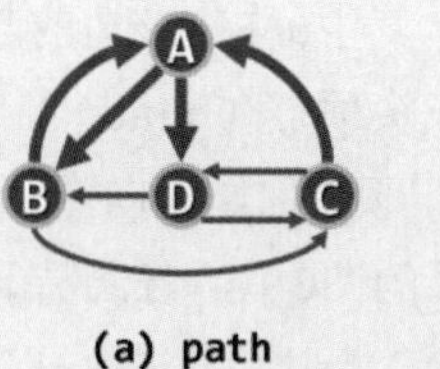

(a) path

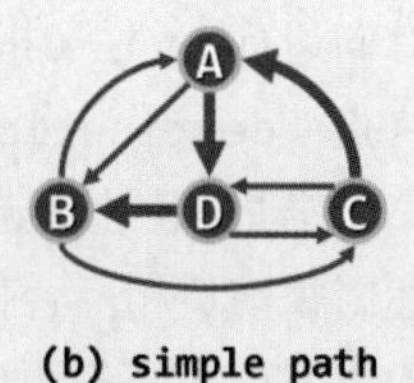

(b) simple path

图6.2 通路与简单通路

特别地，对于长度$m \geq 1$的通路π，若起止顶点相同（即$v_0 = v_m$），则称作环路（cycle），其长度也取作沿途边的总数。图6.3(a)中，{ C, A, B, A, D, B, C }即是一条环路，其长度为6。反之，不含任何环路的有向图，称作有向无环图（directed acyclic graph, DAG）。

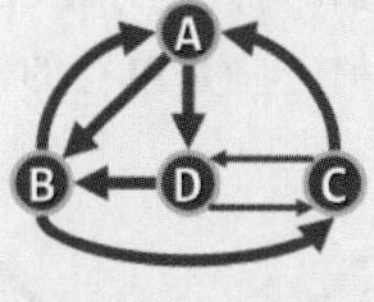

(a) cycle

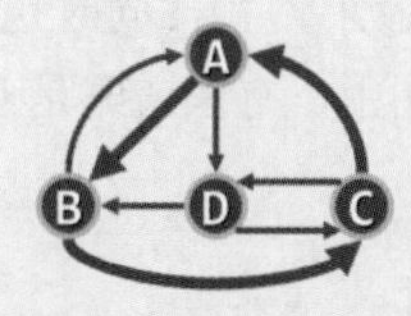

(b) simple cycle

图6.3 环路与简单环路

同样，尽管环路上的各边必须互异，但顶点却也可能重复。反之若沿途除$v_0 = v_m$外所有顶点均互异，则称作简单环路（simple cycle）。例如，图6.3(b)中的{ C, A, B, C }即是一条简单环路，其长度为3。特别地，经过图中各边一次且恰好一次的环路，称作欧拉环路（Eulerian tour）——当然，其长度也恰好等于图中边的总数e。

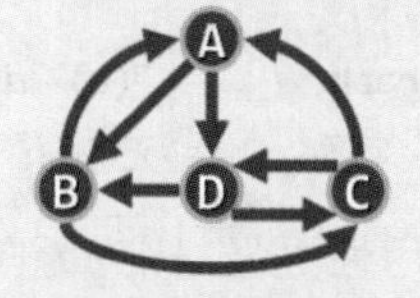

(a) Eulerian tour

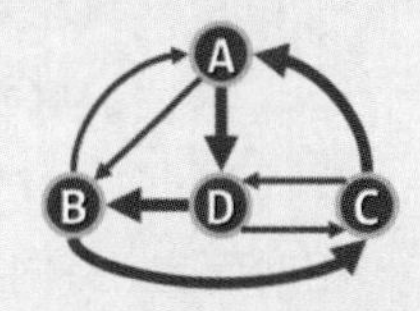

(b) Hamiltonian tour

图6.4 欧拉环路与哈密尔顿环路

图6.4(a)中的{ C, A, B, A, D, C, D, B, C }即是一条欧拉环路，其长度为8。对偶地，经过图中各顶点一次且恰好一次的环路，称作哈密尔顿环路（Hamiltonian tour），其长度亦等于构成环路的边数。图6.4(b)中，{ C, A, D, B, C }即是一条长度为4的哈密尔顿环路。

■ 带权网络

图不仅需要表示顶点之间是否存在某种关系，有时还需要表示这一关系的具体细节。以铁路运输为例，可以用顶点表示城市，用顶点之间的联边，表示对应的城市之间是否有客运铁路联接；同时，往往还需要记录各段铁路的长度、承运能力，以及运输成本等信息。

为适应这类应用要求，需通过一个权值函数，为每一边e指定一个权重（weight），比如wt(e)即为边e的权重。各边均带有权重的图，称作带权图（weighted graph）或带权网络（weighted network），有时也简称网络（network），记作G(V, E, wt())。

■ 复杂度

与其它算法一样，图算法也需要就时间性能和空间性能，进行分析和比较。相应地，问题的输入规模，也应该以顶点数与边数的总和（n + e）来度量。不难看出，无论顶点多少，边数都有可能为0。那么反过来，在包含n个顶点的图中，至多可能包含多少条边呢？

对于无向图，每一对顶点至多贡献一条边，故总共不超过n(n - 1)/2条边，且这个上界由完全图达到。对于有向图，每一对顶点都可能贡献（互逆的）两条边，因此至多可有n(n - 1)条边。总而言之，必有$e = \mathcal{O}(n^2)$。

§6.2 抽象数据类型

6.2.1 操作接口

作为抽象数据类型，图支持的操作接口分为边和顶点两类，分列于表6.1和表6.2。

表6.1 图ADT支持的边操作接口

操作接口	功能描述
e()	边总数|E|
exist(v, u)	判断联边(v, u)是否存在
insert(v, u)	引入从顶点v到u的联边
remove(v, u)	删除从顶点v到u的联边
type(v, u)	边在遍历树中所属的类型
edge(v, u)	边所对应的数据域
weight(v, u)	边的权重

表6.2 图ADT支持的顶点操作接口

操作接口	功能描述
n()	顶点总数|□|
insert(v)	在顶点集V中插入新顶点v
remove(v)	将顶点v从顶点集中删除
inDegree(v) outDegree(v)	顶点v的入度、出度
firstNbr(v)	顶点v的首个邻接顶点
nextNbr(v, u)	在v的邻接顶点中，u的后继
status(v)	顶点v的状态
dTime(v)、fTime(v)	顶点v的时间标签
parent(v)	顶点v在遍历树中的父节点
priority(v)	顶点v在遍历树中的权重

6.2.2 Graph模板类

代码6.1以抽象模板类的形式，给出了图ADT的具体定义。

```
1 typedef enum { UNDISCOVERED, DISCOVERED, VISITED } VStatus; //顶点状态
2 typedef enum { UNDETERMINED, TREE, CROSS, FORWARD, BACKWARD } EType; //边在遍历树中所属的类型
3
4 template <typename Tv, typename Te> //顶点类型、边类型
5 class Graph { //图Graph模板类
6 private:
7    void reset() { //所有顶点、边的辅助信息复位
8       for ( int i = 0; i < n; i++ ) { //所有顶点的
9          status ( i ) = UNDISCOVERED; dTime ( i ) = fTime ( i ) = -1; //状态，时间标签
10         parent ( i ) = -1; priority ( i ) = INT_MAX; //（在遍历树中的）父节点，优先级数
11         for ( int j = 0; j < n; j++ ) //所有边的
12            if ( exists ( i, j ) ) type ( i, j ) = UNDETERMINED; //类型
13      }
14   }
15   void BFS ( int, int& ); //（连通域）广度优先搜索算法
16   void DFS ( int, int& ); //（连通域）深度优先搜索算法
17   void BCC ( int, int&, Stack<int>& ); //（连通域）基于DFS的双连通分量分解算法
18   bool TSort ( int, int&, Stack<Tv>* ); //（连通域）基于DFS的拓扑排序算法
19   template <typename PU> void PFS ( int, PU ); //（连通域）优先级搜索框架
```

```
20 public:
21 // 顶点
22    int n; //顶点总数
23    virtual int insert ( Tv const& ) = 0; //插入顶点，返回编号
24    virtual Tv remove ( int ) = 0; //删除顶点及其关联边，返回该顶点信息
25    virtual Tv& vertex ( int ) = 0; //顶点v的数据（该顶点的确存在）
26    virtual int inDegree ( int ) = 0; //顶点v的入度（该顶点的确存在）
27    virtual int outDegree ( int ) = 0; //顶点v的出度（该顶点的确存在）
28    virtual int firstNbr ( int ) = 0; //顶点v的首个邻接顶点
29    virtual int nextNbr ( int, int ) = 0; //顶点v的（相对于顶点j的）下一邻接顶点
30    virtual VStatus& status ( int ) = 0; //顶点v的状态
31    virtual int& dTime ( int ) = 0; //顶点v的时间标签dTime
32    virtual int& fTime ( int ) = 0; //顶点v的时间标签fTime
33    virtual int& parent ( int ) = 0; //顶点v在遍历树中的父亲
34    virtual int& priority ( int ) = 0; //顶点v在遍历树中的优先级数
35 // 边：这里约定，无向边均统一转化为方向互逆的一对有向边，从而将无向图视作有向图的特例
36    int e; //边总数
37    virtual bool exists ( int, int ) = 0; //边(v, u)是否存在
38    virtual void insert ( Te const&, int, int, int ) = 0; //在顶点v和u之间插入权重为w的边e
39    virtual Te remove ( int, int ) = 0; //删除顶点v和u之间的边e，返回该边信息
40    virtual EType& type ( int, int ) = 0;  //边(v, u)的类型
41    virtual Te& edge ( int, int ) = 0; //边(v, u)的数据（该边的确存在）
42    virtual int& weight ( int, int ) = 0; //边(v, u)的权重
43 // 算法
44    void bfs ( int ); //广度优先搜索算法
45    void dfs ( int ); //深度优先搜索算法
46    void bcc ( int ); //基于DFS的双连通分量分解算法
47    Stack<Tv>* tSort ( int ); //基于DFS的拓扑排序算法
48    void prim ( int ); //最小支撑树Prim算法
49    void dijkstra ( int ); //最短路径Dijkstra算法
50    template <typename PU> void pfs ( int, PU ); //优先级搜索框架
51 };
```

代码6.1 图ADT操作接口

仍为简化起见，这里直接开放了变量n和e。除以上所列的操作接口，这里还明确定义了顶点和边可能处于的若干状态，并通过内部接口reset()复位顶点和边的状态。

图的部分基本算法在此也以操作接口的形式供外部用户直接使用，比如广度优先搜索、深度优先搜索、双连通分量分解、最小支撑树、最短路径等。为求解更多的具体应用问题，读者可照此模式，独立地补充相应的算法。

就功能而言，这些算法均超脱于图结构的具体实现方式，借助统一的顶点和边ADT操作接口直接编写。尽管如此，正如以下即将看到的，图算法的时间、空间性能，却与图结构的具体实现方式紧密相关，在这方面的理解深度，也将反映和决定我们对图结构的驾驭与运用能力。

§6.3 邻接矩阵

6.3.1 原理

邻接矩阵（adjacency matrix）是图ADT最基本的实现方式，使用方阵A[n][n]表示由n个顶点构成的图，其中每个单元，各自负责描述一对顶点之间可能存在的邻接关系，故此得名。

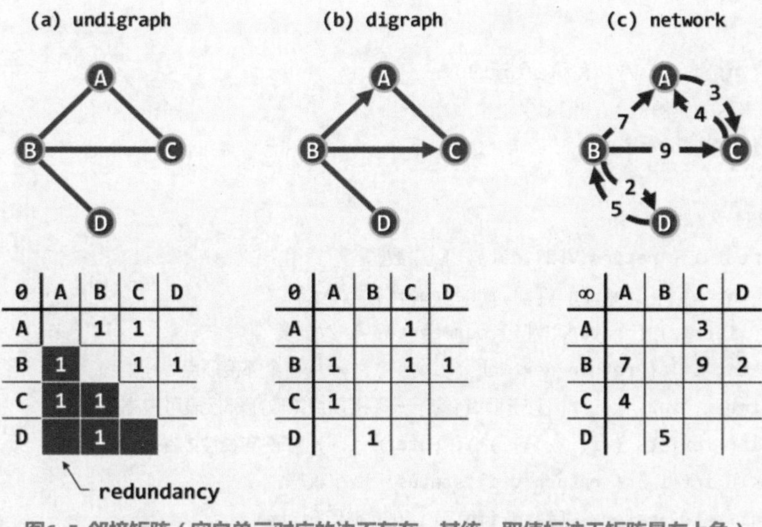

图6.5 邻接矩阵（空白单元对应的边不存在，其统一取值标注于矩阵最左上角）

对于无权图，存在（不存在）从顶点u到v的边，当且仅当A[u][v] = 1（0）。图6.5(a)和(b)即为无向图和有向图的邻接矩阵实例。

这一表示方式，不难推广至带权网络。此时如图(c)所示，矩阵各单元可从布尔型改为整型或浮点型，记录所对应边的权重。对于不存在的边，通常统一取值为∞或0。

6.3.2 实现

基于以上原理与构思实现的图结构如代码6.2所示。

```
1 #include "../Vector/Vector.h" //引入向量
2 #include "../Graph/Graph.h" //引入图ADT
3
4 template <typename Tv> struct Vertex { //顶点对象（为简化起见，并未严格封装）
5    Tv data; int inDegree, outDegree; VStatus status; //数据、出入度数、状态
6    int dTime, fTime; //时间标签
7    int parent; int priority; //在遍历树中的父节点、优先级数
8    Vertex ( Tv const& d = ( Tv ) 0 ) : //构造新顶点
9       data ( d ), inDegree ( 0 ), outDegree ( 0 ), status ( UNDISCOVERED ),
10      dTime ( -1 ), fTime ( -1 ), parent ( -1 ), priority ( INT_MAX ) {} //暂不考虑权重溢出
11 };
12
13 template <typename Te> struct Edge { //边对象（为简化起见，并未严格封装）
14    Te data; int weight; EType type; //数据、权重、类型
15    Edge ( Te const& d, int w ) : data ( d ), weight ( w ), type ( UNDETERMINED ) {} //构造
16 };
17
18 template <typename Tv, typename Te> //顶点类型、边类型
```

```
19 class GraphMatrix : public Graph<Tv, Te> { //基于向量，以邻接矩阵形式实现的图
20 private:
21    Vector< Vertex< Tv > > V; //顶点集（向量）
22    Vector< Vector< Edge< Te > * > > E; //边集（邻接矩阵）
23 public:
24    GraphMatrix() { n = e = 0; } //构造
25    ~GraphMatrix() { //析构
26       for ( int j = 0; j < n; j++ ) //所有动态创建的
27          for ( int k = 0; k < n; k++ ) //边记录
28             delete E[j][k]; //逐条清除
29    }
30 // 顶点的基本操作：查询第i个顶点（0 <= i < n）
31    virtual Tv& vertex ( int i ) { return V[i].data; } //数据
32    virtual int inDegree ( int i ) { return V[i].inDegree; } //入度
33    virtual int outDegree ( int i ) { return V[i].outDegree; } //出度
34    virtual int firstNbr ( int i ) { return nextNbr ( i, n ); } //首个邻接顶点
35    virtual int nextNbr ( int i, int j ) //相对于顶点j的下一邻接顶点（改用邻接表可提高效率）
36    { while ( ( -1 < j ) && ( !exists ( i, --j ) ) ); return j; } //逆向线性试探
37    virtual VStatus& status ( int i ) { return V[i].status; } //状态
38    virtual int& dTime ( int i ) { return V[i].dTime; } //时间标签dTime
39    virtual int& fTime ( int i ) { return V[i].fTime; } //时间标签fTime
40    virtual int& parent ( int i ) { return V[i].parent; } //在遍历树中的父亲
41    virtual int& priority ( int i ) { return V[i].priority; } //在遍历树中的优先级数
42 // 顶点的动态操作
43    virtual int insert ( Tv const& vertex ) { //插入顶点，返回编号
44       for ( int j = 0; j < n; j++ ) E[j].insert ( NULL ); n++; //各顶点预留一条潜在的关联边
45       E.insert ( Vector<Edge<Te>*> ( n, n, ( Edge<Te>* ) NULL ) ); //创建新顶点对应的边向量
46       return V.insert ( Vertex<Tv> ( vertex ) ); //顶点向量增加一个顶点
47    }
48    virtual Tv remove ( int i ) { //删除第i个顶点及其关联边（0 <= i < n）
49       for ( int j = 0; j < n; j++ ) //所有出边
50          if ( exists ( i, j ) ) { delete E[i][j]; V[j].inDegree--; } //逐条删除
51       E.remove ( i ); n--; //删除第i行
52       Tv vBak = vertex ( i ); V.remove ( i ); //删除顶点i
53       for ( int j = 0; j < n; j++ ) //所有入边
54          if ( Edge<Te> * e = E[j].remove ( i ) ) { delete e; V[j].outDegree--; } //逐条删除
55       return vBak; //返回被删除顶点的信息
56    }
57 // 边的确认操作
58    virtual bool exists ( int i, int j ) //边(i, j)是否存在
59    { return ( 0 <= i ) && ( i < n ) && ( 0 <= j ) && ( j < n ) && E[i][j] != NULL; }
60 // 边的基本操作：查询顶点i与j之间的联边（0 <= i, j < n且exists(i, j)）
```

```
61     virtual EType& type ( int i, int j ) { return E[i][j]->type; }  //边(i, j)的类型
62     virtual Te& edge ( int i, int j ) { return E[i][j]->data; } //边(i, j)的数据
63     virtual int& weight ( int i, int j ) { return E[i][j]->weight; } //边(i, j)的权重
64 // 边的动态操作
65     virtual void insert ( Te const& edge, int w, int i, int j ) { //插入权重为w的边e = (i, j)
66        if ( exists ( i, j ) ) return; //确保该边尚不存在
67        E[i][j] = new Edge<Te> ( edge, w ); //创建新边
68        e++; V[i].outDegree++; V[j].inDegree++; //更新边计数与关联顶点的度数
69     }
70     virtual Te remove ( int i, int j ) { //删除顶点i和j之间的联边（exists(i, j)）
71        Te eBak = edge ( i, j ); delete E[i][j]; E[i][j] = NULL; //备份后删除边记录
72        e--; V[i].outDegree--; V[j].inDegree--; //更新边计数与关联顶点的度数
73        return eBak; //返回被删除边的信息
74     }
75 };
```

代码6.2 基于邻接矩阵实现的图结构

可见，这里利用第2章实现并封装的Vector结构，在内部将所有顶点组织为一个向量V[]；同时通过嵌套定义，将所有（潜在的）边组织为一个二维向量E[][]——亦即邻接矩阵。

每个顶点统一表示为Vertex对象，每条边统一表示为Edge对象。

边对象的属性weight统一简化为整型，既可用于表示无权图，亦可表示带权网络。

6.3.3 时间性能

按照代码6.2的实现方式，各顶点的编号可直接转换为其在邻接矩阵中对应的秩，从而使得图ADT中所有的静态操作接口，均只需$\mathcal{O}(1)$时间——这主要是得益于向量“循秩访问”的特长与优势。另外，边的静态和动态操作也仅需$\mathcal{O}(1)$时间——其代价是邻接矩阵的空间冗余。

然而，这种方法并非完美无缺。其不足主要体现在，顶点的动态操作接口均十分耗时。为了插入新的顶点，顶点集向量V[]需要添加一个元素；边集向量E[][]也需要增加一行，且每行都需要添加一个元素。顶点删除操作，亦与此类似。不难看出，这些恰恰也是向量结构固有的不足。

好在通常的算法中，顶点的动态操作远少于其它操作。而且，即便计入向量扩容的代价，就分摊意义而言，单次操作的耗时亦不过$\mathcal{O}(n)$（习题[6-2]）。

6.3.4 空间性能

上述实现方式所用空间，主要消耗于邻接矩阵，亦即其中的二维边集向量E[][]。每个Edge对象虽需记录多项信息，但总体不过常数。根据2.4.4节的分析结论，Vector结构的装填因子始终不低于50%，故空间总量渐进地不超过$\mathcal{O}(n \times n) = \mathcal{O}(n^2)$。

当然，对于无向图而言，仍有改进的余地。如图6.5(a)所示，无向图的邻接矩阵必为对称阵，其中除自环以外的每条边，都被重复地存放了两次。也就是说，近一半的单元都是冗余的。为消除这一缺点，可采用压缩存储等技巧，进一步提高空间利用率（习题[6-4]）。

§6.4 邻接表

6.4.1 原理

即便就有向图而言，$\Theta(n^2)$的空间亦有改进的余地。实际上，如此大的空间足以容纳所有潜在的边。然而实际应用所处理的图，所含的边通常远远少于$\mathcal{O}(n^2)$。比如在平面图之类的稀疏图（sparse graph）中，边数渐进地不超过$\mathcal{O}(n)$，仅与顶点总数大致相当（习题[6-3]）。

由此可见，邻接矩阵的空间效率之所以低，是因为其中大量单元所对应的边，通常并未在图中出现。因静态空间管理策略导致的此类问题，并非首次出现，比如此前的2.4节，就曾指出这类缺陷并试图改进。既然如此，为何不仿照3.1节的思路，将这里的向量替换为列表呢？

是的，按照这一思路，的确可以导出图结构的另一种表示与实现形式。

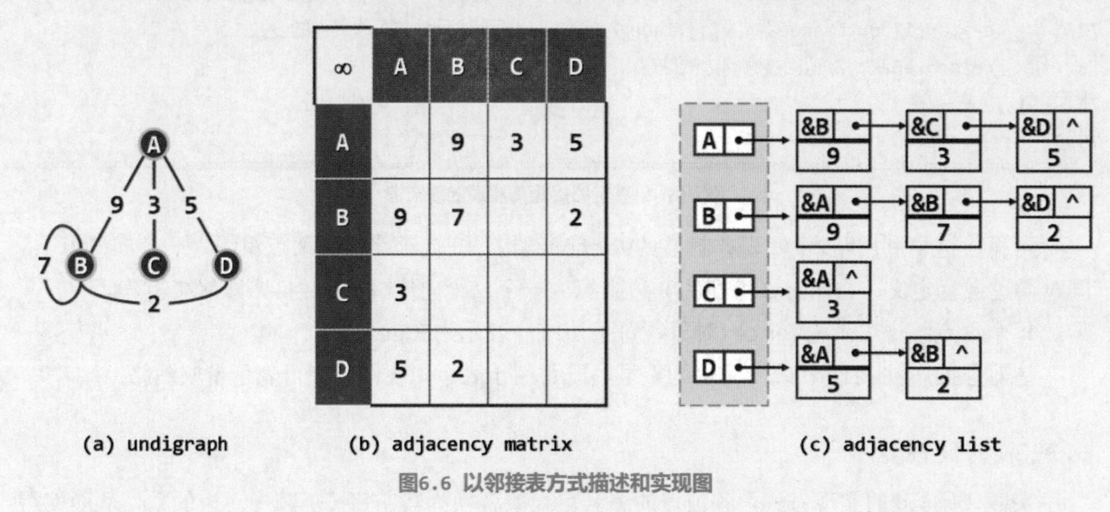

图6.6 以邻接表方式描述和实现图

以如图6.6(a)所示的无向图为例，只需将如图(b)所示的邻接矩阵，逐行地转换为如图(c)所示的一组列表，即可分别记录各顶点的关联边（或等价地，邻接顶点）。这些列表，也因此称作邻接表（adjacency list）。实际上，这种通用方法不难推广至有向图（习题[6-5]）。

6.4.2 复杂度

可见，邻接表所含列表数等于顶点总数n，每条边在其中仅存放一次（有向图）或两次（无向图），故空间总量为$\mathcal{O}(n + e)$，与图自身的规模相当，较之邻接矩阵有很大改进。

当然，空间性能的这一改进，需以某些方面时间性能的降低为代价。比如，为判断顶点v到u的联边是否存在，exists(v, u)需在v对应的邻接表中顺序查找，共需$\mathcal{O}(n)$时间。

与顶点相关操作接口，时间性能依然保持，甚至有所提高。比如，顶点的插入操作，可在$\mathcal{O}(1)$而不是$\mathcal{O}(n)$时间内完成。当然，顶点的删除操作，仍需遍历所有邻接表，共需$\mathcal{O}(e)$时间。

尽管邻接表访问单条边的效率并不算高，却十分擅长于以批量方式，处理同一顶点的所有关联边。在以下图遍历等算法中，这是典型的处理流程和模式。比如，为枚举从顶点v发出的所有边，现在仅需$\Theta(1 + outDegree(v))$而非$\Theta(n)$时间。故总体而言，邻接表的效率较之邻接矩阵更高。因此，本章对以下各算法的复杂度分析，多以基于邻接表的实现方式为准。

§6.5 图遍历算法概述

图算法是个庞大的家族，其中大部分成员的主体框架，都可归结于图的遍历。与5.4节中树的遍历类似，图的遍历也需要访问所有顶点一次且仅一次；此外，图遍历同时还需要访问所有的边一次且仅一次——尽管对树而言这显而易见——并对边做分类，以便后续的处理。

实际上，无论采用何种策略和算法，图的遍历都可理解为，将非线性结构转化为半线性结构的过程。经遍历而确定的边类型中，最重要的一类即所谓的树边，它们与所有顶点共同构成了原图的一棵支撑树（森林），称作遍历树（traversal tree）。以遍历树为背景，其余各种类型的边，也能提供关于原图的重要信息，比如其中所含的环路等。

图中顶点之间可能存在多条通路，故为避免对顶点的重复访问，在遍历的过程中，通常还要动态地设置各顶点不同的状态，并随着遍历的进程不断地转换状态，直至最后的“访问完毕”。图的遍历更加强调对处于特定状态顶点的甄别与查找，故也称作图搜索（graph search）。

与树遍历一样，作为图算法基石的图搜索，本身也必须能够高效地实现。幸运的是，正如我们马上就会看到的，诸如深度优先、广度优先、最佳优先等基本而典型的图搜索，都可以在线性时间内完成。准确地，若顶点数和边数分别为n和e，则这些算法自身仅需$\mathcal{O}(n + e)$时间。既然图搜索需要访问所有的顶点和边，故这已经是我们所能期望的最优的结果。

§6.6 广度优先搜索

6.6.1 策略

各种图搜索之间的区别，体现为边分类结果的不同，以及所得遍历树（森林）的结构差异。其决定因素在于，搜索过程中的每一步迭代，将依照何种策略来选取下一接受访问的顶点。

通常，都是选取某个已访问到的顶点的邻居。同一顶点所有邻居之间的优先级，在多数遍历中不必讲究。因此，实质的差异应体现在，当有多个顶点已被访问到，应该优先从谁的邻居中选取下一顶点。比如，广度优先搜索（breadth-first search, BFS）采用的策略，可概括为：

> 越早被访问到的顶点，其邻居越优先被选用

于是，始自图中顶点s的BFS搜索，将首先访问顶点s；再依次访问s所有尚未访问到的邻居；再按后者被访问的先后次序，逐个访问它们的邻居；...；如此不断。在所有已访问到的顶点中，仍有邻居尚未访问者，构成所谓的波峰集（frontier）。于是，BFS搜索过程也可等效地理解为：

> 反复从波峰集中找到最早被访问到顶点v，若其邻居均已访问到，则将其逐出波峰集；否则，随意选出一个尚未访问到的邻居，并将其加入到波峰集中

不难发现，若将上述BFS策略应用于树结构，则效果等同于层次遍历（5.4.5节）——波峰集内顶点的深度始终相差不超过一，且波峰集总是优先在更浅的层次沿广度方向拓展。实际上，树层次遍历的这些特性，在一定程度上也适用于图的BFS搜索（习题[6-7]）。

由于每一步迭代都有一个顶点被访问，故至多迭代$\mathcal{O}(n)$步。另一方面，因为不会遗漏每个刚被访问顶点的任何邻居，故对于无向图必能覆盖s所属的连通分量（connected component），对于有向图必能覆盖以s为起点的可达分量（reachable component）。倘若还有来自其它连通分量或可达分量的顶点，则不妨从该顶点出发，重复上述过程。

6.6.2 实现

图的广度优先搜索算法，可实现如代码6.3所示。

```
1 template <typename Tv, typename Te> //广度优先搜索BFS算法（全图）
2 void Graph<Tv, Te>::bfs ( int s ) { //assert: 0 <= s < n
3    reset(); int clock = 0; int v = s; //初始化
4    do //逐一检查所有顶点
5       if ( UNDISCOVERED == status ( v ) ) //一旦遇到尚未发现的顶点
6          BFS ( v, clock ); //即从该顶点出发启动一次BFS
7    while ( s != ( v = ( ++v % n ) ) ); //按序号检查，故不漏不重
8 }
9
10 template <typename Tv, typename Te> //广度优先搜索BFS算法（单个连通域）
11 void Graph<Tv, Te>::BFS ( int v, int& clock ) { //assert: 0 <= v < n
12    Queue<int> Q; //引入辅助队列
13    status ( v ) = DISCOVERED; Q.enqueue ( v ); //初始化起点
14    while ( !Q.empty() ) { //在Q变空之前，不断
15       int v = Q.dequeue(); dTime ( v ) = ++clock; //取出队首顶点v
16       for ( int u = firstNbr ( v ); -1 < u; u = nextNbr ( v, u ) ) //枚举v的所有邻居u
17          if ( UNDISCOVERED == status ( u ) ) { //若u尚未被发现，则
18             status ( u ) = DISCOVERED; Q.enqueue ( u ); //发现该顶点
19             type ( v, u ) = TREE; parent ( u ) = v; //引入树边拓展支撑树
20          } else { //若u已被发现，或者甚至已访问完毕，则
21             type ( v, u ) = CROSS; //将(v, u)归类于跨边
22          }
23       status ( v ) = VISITED; //至此，当前顶点访问完毕
24    }
25 }
```

代码6.3 BFS算法

算法的实质功能，由子算法BFS()完成。对该函数的反复调用，即可遍历所有连通或可达域。

仿照树的层次遍历，这里也借助队列Q，来保存已被发现，但尚未访问完毕的顶点。因此，任何顶点在进入该队列的同时，都被随即标记为DISCOVERED（已发现）状态。

BFS()的每一步迭代，都先从Q中取出当前的首顶点v；再逐一核对其各邻居u的状态并做相应处理；最后将顶点v置为VISITED（访问完毕）状态，即可进入下一步迭代。

若顶点u尚处于UNDISCOVERED（未发现）状态，则令其转为DISCOVERED状态，并随即加入队列Q。实际上，每次发现一个这样的顶点u，都意味着遍历树可从v到u拓展一条边。于是，将边(v, u)标记为树边（tree edge），并按照遍历树中的承袭关系，将v记作u的父节点。

若顶点u已处于DISCOVERED状态（无向图），或者甚至处于VISITED状态（有向图），则意味着边(v, u)不属于遍历树，于是将该边归类为跨边（cross edge）（习题[6-11]）。

BFS()遍历结束后，所有访问过的顶点通过parent[]指针依次联接，从整体上给出了原图某一连通或可达域的一棵遍历树，称作广度优先搜索树，或简称BFS树（BFS tree）。

6.6.3 实例

图6.7给出了一个含8个顶点和11条边的有向图，起始于顶点S的BFS搜索过程。请留意观察辅助队列（下方）的演变，顶点状态的变化，边的分类与结果，以及BFS树的生长过程。

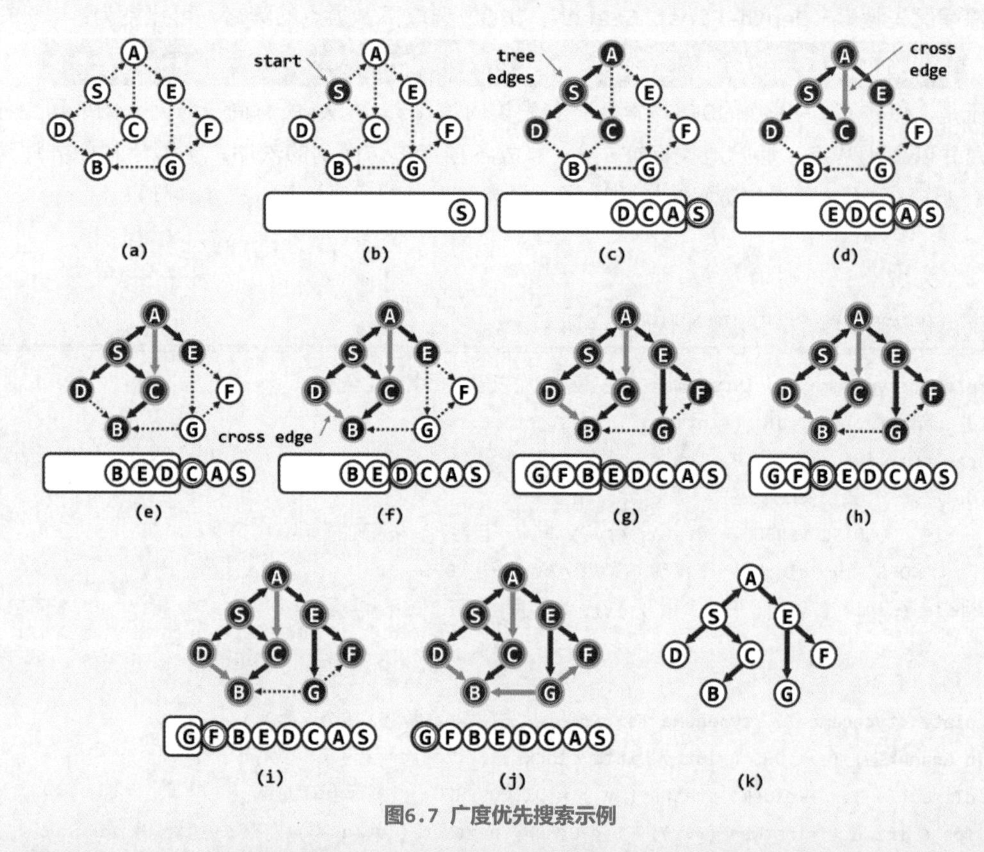

图6.7 广度优先搜索示例

不难看出，BFS(s)将覆盖起始顶点s所属的连通分量或可达分量，但无法抵达此外的顶点。而上层主函数bfs()的作用，正在于处理多个连通分量或可达分量并存的情况。具体地，在逐个检查顶点的过程中，只要发现某一顶点尚未被发现，则意味着其所属的连通分量或可达分量尚未触及，故可从该顶点出发再次启动BFS()，以遍历其所属的连通分量或可达分量。如此，各次BFS()调用所得的BFS树构成一个森林，称作BFS森林（BFS forest）。

6.6.4 复杂度

除作为输入的图本身外，BFS搜索所使用的空间，主要消耗在用于维护顶点访问次序的辅助队列、用于记录顶点和边状态的标识位向量，累计$\mathcal{O}(n) + \mathcal{O}(n) + \mathcal{O}(e) = \mathcal{O}(n + e)$。

时间方面，首先需花费$\mathcal{O}(n + e)$时间复位所有顶点和边的状态。不计对子函数BFS()的调用，bfs()本身对所有顶点的枚举共需$\mathcal{O}(n)$时间。而在对BFS()的所有调用中，每个顶点、每条边均只耗费$\mathcal{O}(1)$时间，累计$\mathcal{O}(n + e)$。综合起来，BFS搜索总体仅需$\mathcal{O}(n + e)$时间。

6.6.5 应用

基于BFS搜索，可有效地解决连通域分解（习题[6-6]）、最短路径（习题[6-8]）等问题。

§6.7 深度优先搜索

6.7.1 策略

深度优先搜索（Depth-First Search, DFS）选取下一顶点的策略，可概括为：

优先选取最后一个被访问到的顶点的邻居

于是，以顶点s为基点的DFS搜索，将首先访问顶点s；再从s所有尚未访问到的邻居中任取其一，并以之为基点，递归地执行DFS搜索。故各顶点被访问到的次序，类似于树的先序遍历（5.4.2节）；而各顶点被访问完毕的次序，则类似于树的后序遍历（5.4.4节）。

6.7.2 实现

深度优先遍历算法可实现如代码6.4所示。

```
1 template <typename Tv, typename Te> //深度优先搜索DFS算法（全图）
2 void Graph<Tv, Te>::dfs ( int s ) { //assert: 0 <= s < n
3    reset(); int clock = 0; int v = s; //初始化
4    do //逐一检查所有顶点
5       if ( UNDISCOVERED == status ( v ) ) //一旦遇到尚未发现的顶点
6          DFS ( v, clock ); //即从该顶点出发启动一次DFS
7    while ( s != ( v = ( ++v % n ) ) ); //按序号检查，故不漏不重
8 }
9
10 template <typename Tv, typename Te> //深度优先搜索DFS算法（单个连通域）
11 void Graph<Tv, Te>::DFS ( int v, int& clock ) { //assert: 0 <= v < n
12    dTime ( v ) = ++clock; status ( v ) = DISCOVERED; //发现当前顶点v
13    for ( int u = firstNbr ( v ); -1 < u; u = nextNbr ( v, u ) ) //枚举v的所有邻居u
14       switch ( status ( u ) ) { //并视其状态分别处理
15          case UNDISCOVERED: //u尚未发现，意味着支撑树可在此拓展
16             type ( v, u ) = TREE; parent ( u ) = v; DFS ( u, clock ); break;
17          case DISCOVERED: //u已被发现但尚未访问完毕，应属被后代指向的祖先
18             type ( v, u ) = BACKWARD; break;
19          default: //u已访问完毕（VISITED，有向图），则视承袭关系分为前向边或跨边
20             type ( v, u ) = ( dTime ( v ) < dTime ( u ) ) ? FORWARD : CROSS; break;
21       }
22    status ( v ) = VISITED; fTime ( v ) = ++clock; //至此，当前顶点v方告访问完毕
23 }
```

代码6.4 DFS算法

算法的实质功能，由子算法DFS()递归地完成。每一递归实例中，都先将当前节点v标记为DISCOVERED（已发现）状态，再逐一核对其各邻居u的状态并做相应处理。待其所有邻居均已处理完毕之后，将顶点v置为VISITED（访问完毕）状态，便可回溯。

若顶点u尚处于UNDISCOVERED（未发现）状态，则将边(v, u)归类为树边（tree edge），并将v记作u的父节点。此后，便可将u作为当前顶点，继续递归地遍历。

若顶点u处于DISCOVERED状态，则意味着在此处发现一个有向环路。此时，在DFS遍历树中u必为v的祖先（习题[6-13]），故应将边(v, u)归类为后向边（back edge）。

这里为每个顶点v都记录了被发现的和访问完成的时刻，对应的时间区间[dTime(v), fTime(v)]均称作v的活跃期（active duration）。实际上，任意顶点v和u之间是否存在祖先/后代的“血缘”关系，完全取决于二者的活跃期是否相互包含（习题[6-12]）。

对于有向图，顶点u还可能处于VISITED状态。此时，只要比对v与u的活跃期，即可判定在DFS树中v是否为u的祖先。若是，则边(v, u)应归类为前向边（forward edge）；否则，二者必然来自相互独立的两个分支，边(v, u)应归类为跨边（cross edge）。

DFS(s)返回后，所有访问过的顶点通过parent[]指针依次联接，从整体上给出了顶点s所属连通或可达分量的一棵遍历树，称作深度优先搜索树或DFS树（DFS tree）。与BFS搜索一样，此时若还有其它的连通或可达分量，则可以其中任何顶点为基点，再次启动DFS搜索。

最终，经各次DFS搜索生成的一系列DFS树，构成了DFS森林（DFS forest）。

6.7.3 实例

图6.8针对含7个顶点和10条边的某有向图，给出了DFS搜索的详细过程。请留意观察顶点时间标签的设置，顶点状态的演变，边的分类和结果，以及DFS树（森林）的生长过程。

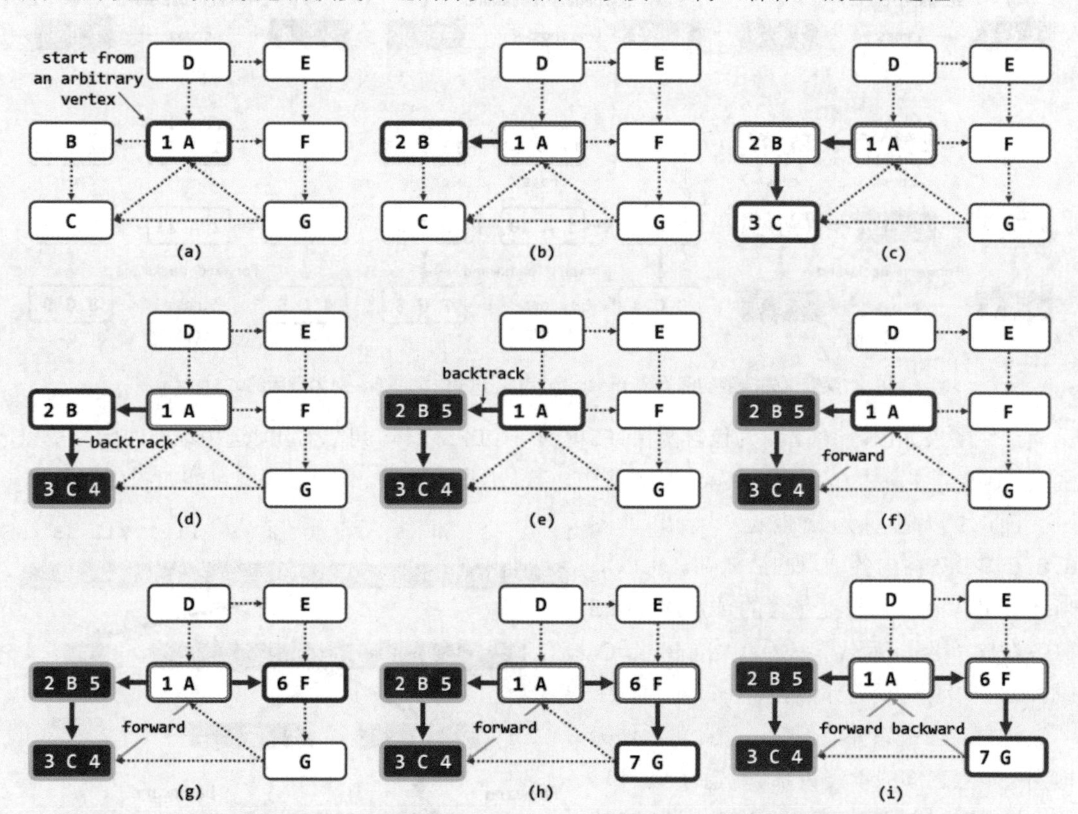

图6.8 深度优先搜索实例（粗边框白色，为当前顶点；细边框白色、双边框白色和黑色，分别为处于UNDISCOVERED、DISCOVERED和VISITED状态的顶点；dTime和fTime标签，分别标注于各顶点的左右）

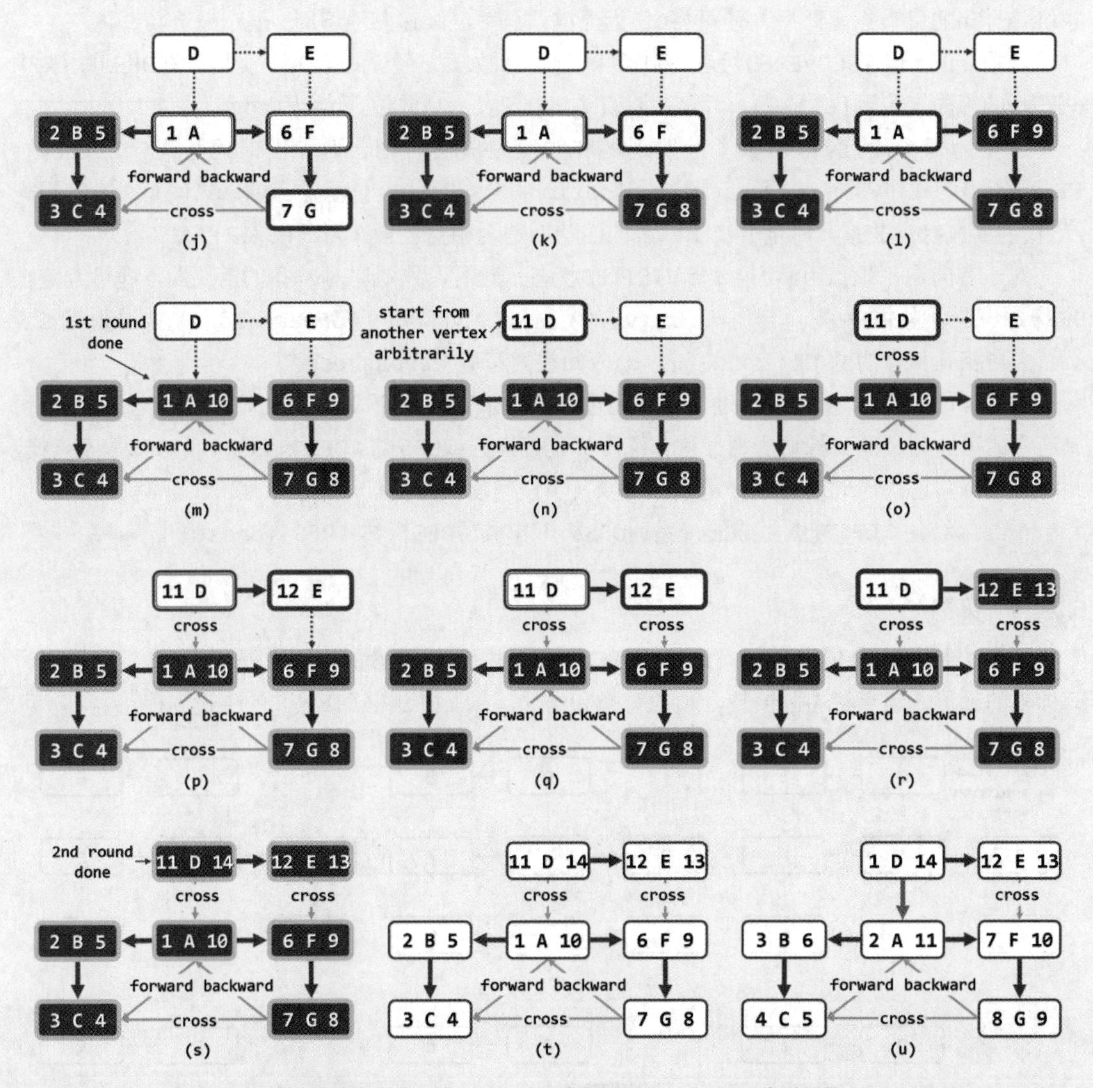

图6.8 深度优先搜索实例（续）：(a~m)对应于DFS(A)，(n~s)为随后的DFS(D)

最终结果如图(t)所示，为包含两棵DFS树的一个DFS森林。可以看出，选用不同的起始基点，生成的DFS树（森林）也可能各异。如本例中，若从D开始搜索，则DFS森林可能如图(u)所示。

图6.9以时间为横坐标，绘出了图6.8(u)中DFS树内各顶点的活跃期。可以清晰地看出，活跃期相互包含的顶点，在DFS树中都是“祖先-后代”关系（比如B之于C，或者D之于F）；反之亦然。

这种对应关系并非偶然，藉此可以便捷地判定节点之间的承袭关系（习题[6-12]）。故无论是对DFS搜索本身，还是对基于DFS的各种算法而言，时间标签都至关重要。

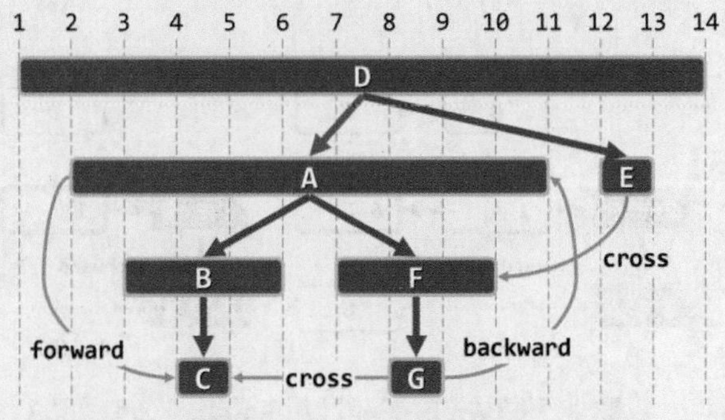

图6.9 活跃期与“祖先-后代”关系之间的对应关系

6.7.4 复杂度

除了原图本身，深度优先搜索算法所使用的空间，主要消耗于各顶点的时间标签和状态标记，以及各边的分类标记，二者累计不超过$\mathcal{O}$(n) + $\mathcal{O}$(e) = $\mathcal{O}$(n + e)。当然，如采用以上代码6.4的直接递归实现方式，操作系统为维护运行栈还需耗费一定量的空间——尽管这部分增量在渐进意义下还不足以动摇以上结论。为此，不妨仿照5.4节的做法，通过显式地引入并维护一个栈结构，将DFS算法改写为迭代版本（习题[6-14]）。

时间方面，首先需要花费$\mathcal{O}$(n + e)时间对所有顶点和边的状态复位。不计对子函数DFS()的调用，dfs()本身对所有顶点的枚举共需$\mathcal{O}$(n)时间。不计DFS()之间相互的递归调用，每个顶点、每条边只在子函数DFS()的某一递归实例中耗费$\mathcal{O}$(1)时间，故累计亦不过$\mathcal{O}$(n + e)时间。综合而言，深度优先搜索算法也可在$\mathcal{O}$(n + e)时间内完成。

6.7.5 应用

深度优先搜索无疑是最为重要的图遍历算法。基于DFS的框架，可以导出和建立大量的图算法。以4.4节英雄忒修斯营救公主的故事为例，为寻找从迷宫入口（起始顶点）至公主所在位置（目标顶点）的通路，可将迷宫内不同位置之间的联接关系表示为一幅图，并将问题转化为起点和终点之间的可达性判定，从而可利用DFS算法便捷地加以解决。非但如此，一旦找到通路，则不仅可以顺利抵达终点与公主会合，还能沿这条通路安全返回。当然，与广度优先搜索一样，深度优先搜索也可用作连通分量的分解，或者有向无环图的判定。

下面仅以拓扑排序和双连通域分解为例，对DFS模式的应用做更为具体的介绍。

§6.8 拓扑排序

6.8.1 应用

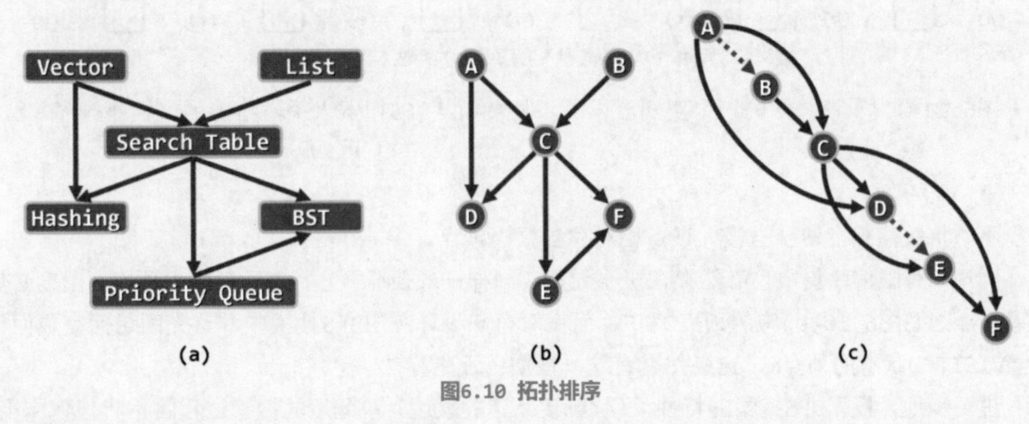

图6.10 拓扑排序

以教材的编写这一实际问题为例。首先，作者可借助有向图结构，整理出相关知识点之间的依赖关系。如图6.10(a)所示，因向量是散列表和查找表的基础知识点，故从Vector发出两条边分别指向Hashing和Search Table；同理，查找表是二叉搜索树的基础知识点，故也从前者引出一条边指向后者；...；诸如此类。那么，如何将这些知识点串联为一份教学计划，以保证在整个授课进程中，每堂课的基础知识点均在此前业已讲授呢？

若将图6.10(a)抽象为图(b)，则不难看出，图(c)就是一份可行的教材目录和授课计划。实际上，许多应用问题，都可转化和描述为这一标准形式：给定描述某一实际应用（图(a)）的有向图（图(b)），如何在与该图“相容”的前提下，将所有顶点排成一个线性序列（图(c)）。

此处的“相容”，准确的含义是：每一顶点都不会通过边，指向其在此序列中的前驱顶点。这样的一个线性序列，称作原有向图的一个拓扑排序（topological sorting）。

6.8.2 有向无环图

那么，拓扑排序是否必然存在？若存在，又是否唯一？这两个问题都不难回答。

在图6.10(c)中，顶点A和B互换之后依然是一个拓扑排序，故知同一有向图的拓扑排序未必唯一。又若在图(b)中引入一条从顶点F指向B的边，使顶点B、C和F构成一个有向环路，则无论如何也不可能得到一个“相容”的线性序列，故拓扑排序也未必存在。

反之，不含环路的有向图——有向无环图——一定存在拓扑排序吗？答案是肯定的。

有向无环图的拓扑排序必然存在；反之亦然。这是因为，有向无环图对应于偏序关系，而拓扑排序则对应于全序关系。在顶点数目有限时，与任一偏序相容的全序必然存在。

实际上，在任一有限偏序集中，必有极值元素（尽管未必唯一）；相应地，任一有向无环图，也必包含入度为零的顶点。否则，每个顶点都至少有一条入边，这意味着图中包含环路。

于是，只要将入度为0的顶点m（及其关联边）从图G中取出，则剩余的G'依然是有向无环图，故其拓扑排序也必然存在。从递归的角度看，一旦得到了G'的拓扑排序，只需将m作为最大顶点插入，即可得到G的拓扑排序。如此，我们已经得到了一个拓扑排序的算法（习题[6-18]）。

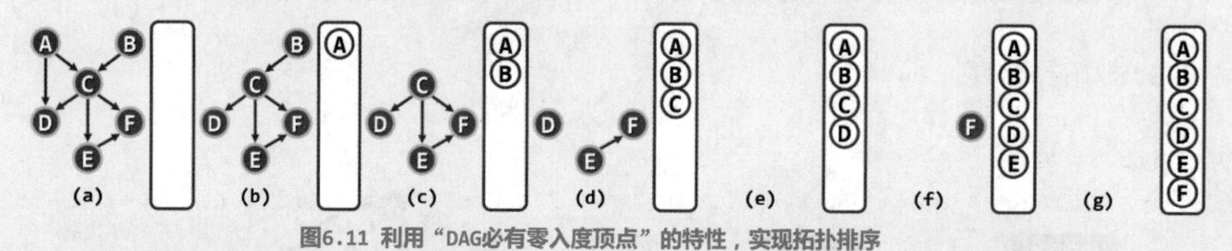

图6.11 利用“DAG必有零入度顶点”的特性，实现拓扑排序

图6.11给出了该算法的一个实例。以下，将转而从BFS搜索入手，给出另一拓扑排序算法。

6.8.3 算法

不妨将关注点，转至与极大顶点相对称的极小顶点。

同理，有限偏序集中也必然存在极小元素（同样，未必唯一）。该元素作为顶点，出度必然为零——比如图6.10(b)中的顶点D和F。而在对有向无环图的DFS搜索中，首先因访问完成而转换至VISITED状态的顶点m，也必然具有这一性质；反之亦然。

进一步地，根据DFS搜索的特性，顶点m（及其关联边）对此后的搜索过程将不起任何作用。于是，下一转换至VISITED状态的顶点可等效地理解为是，从图中剔除顶点m（及其关联边）之后的出度为零者——在拓扑排序中，该顶点应为顶点m的前驱。由此可见，DFS搜索过程中各顶点被标记为VISITED的次序，恰好（按逆序）给出了原图的一个拓扑排序。

此外，DFS搜索善于检测环路的特性，恰好可以用来判别输入是否为有向无环图。具体地，搜索过程中一旦发现后向边，即可终止算法并报告“因非DAG而无法拓扑排序”。

6.8.4 实现

基于DFS搜索框架的拓扑排序算法，可实现如代码6.5所示。

```
1 template <typename Tv, typename Te> //基于DFS的拓扑排序算法
2 Stack<Tv>* Graph<Tv, Te>::tSort ( int s ) { //assert: 0 <= s < n
3    reset(); int clock = 0; int v = s;
4    Stack<Tv>* S = new Stack<Tv>; //用栈记录排序顶点
5    do {
6       if ( UNDISCOVERED == status ( v ) )
7          if ( !TSort ( v, clock, S ) ) { //clock并非必需
8             while ( !S->empty() ) //任一连通域（亦即整图）非DAG
9                S->pop(); break; //则不必继续计算，故直接返回
10         }
11   } while ( s != ( v = ( ++v % n ) ) );
12   return S; //若输入为DAG，则S内各顶点自顶向底排序；否则（不存在拓扑排序），S空
13 }
14
15 template <typename Tv, typename Te> //基于DFS的拓扑排序算法（单趟）
16 bool Graph<Tv, Te>::TSort ( int v, int& clock, Stack<Tv>* S ) { //assert: 0 <= v < n
17    dTime ( v ) = ++clock; status ( v ) = DISCOVERED; //发现顶点v
18    for ( int u = firstNbr ( v ); -1 < u; u = nextNbr ( v, u ) ) //枚举v的所有邻居u
19       switch ( status ( u ) ) { //并视u的状态分别处理
20          case UNDISCOVERED:
21             parent ( u ) = v; type ( v, u ) = TREE;
22             if ( !TSort ( u, clock, S ) ) //从顶点u处出发深入搜索
23                return false; //若u及其后代不能拓扑排序（则全图亦必如此），故返回并报告
24             break;
25          case DISCOVERED:
26             type ( v, u ) = BACKWARD; //一旦发现后向边（非DAG），则
27             return false; //不必深入，故返回并报告
28          default: //VISITED (digraphs only)
29             type ( v, u ) = ( dTime ( v ) < dTime ( u ) ) ? FORWARD : CROSS;
30             break;
31       }
32    status ( v ) = VISITED; S->push ( vertex ( v ) ); //顶点被标记为VISITED时，随即入栈
33    return true; //v及其后代可以拓扑排序
34 }
```

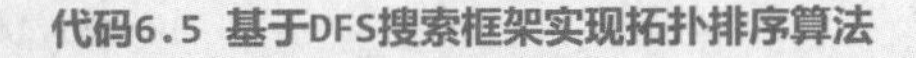

代码6.5 基于DFS搜索框架实现拓扑排序算法

相对于标准的DFS搜索算法，这里增设了一个栈结构。一旦某个顶点被标记为VISITED状态，便随即令其入栈。如此，当搜索终止时，所有顶点即按照被访问完毕的次序——亦即拓扑排序的次序——在栈中自顶而下排列。

6.8.5 实例

图6.12以含6个顶点和7条边的有向无环图为例，给出了以上算法的执行过程。共分三步迭代，分别对应于起始于顶点C、B和A的三趟DFS搜索。请留意观察，各顶点的入栈次序。

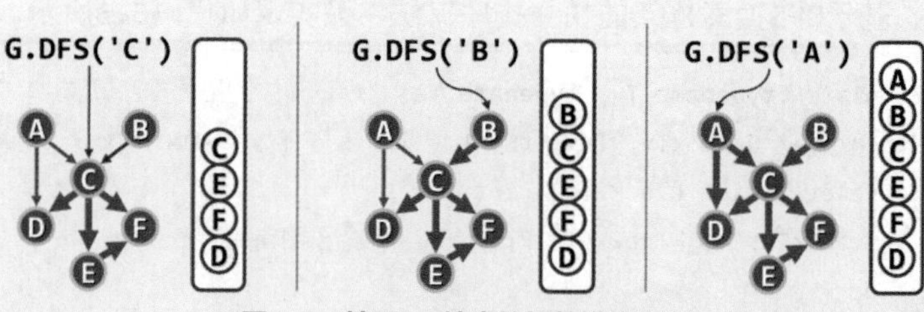

图6.12 基于DFS搜索的拓扑排序实例

另外，对照图6.11中的结果可见，因多个极大、极小元素（入度、出度为零顶点）并存而导致拓扑排序的不唯一性并未消除，而是转由该算法对每趟DFS起点的选择策略决定。

6.8.6 复杂度

这里仅额外引入的栈，规模不超过顶点总数O(n)。总体而言，空间复杂度与基本的深度优先搜索算法同样，仍为O(n + e)。该算法的递归跟踪过程与标准DFS搜索完全一致，且各递归实例自身的执行时间依然保持为O(1)，故总体运行时间仍为O(n + e)。

为与基本的DFS搜索算法做对比，代码6.5保留了代码6.4的通用框架，但并非所有操作都与拓扑排序直接相关。因此通过精简代码，还可进一步地优化（习题[6-19]）。

§6.9 *双连通域分解

6.9.1 关节点与双连通域

考查无向图G。若删除顶点v后G所包含的连通域增多，则v称作切割节点（cut vertex）或关节点（articulation point）。如图6.13中的C即是一个关节点——它的删除将导致连通域增加两块。反之，不含任何关节点的图称作双连通图。任一无向图都可视作由若干个极大的双连通子图组合而成，这样的每一子图都称作原图的一个双连通域（bi-connected component）。例如图6.14(a)中的无向图，可分解为如图(b)所示的三个双连通域。

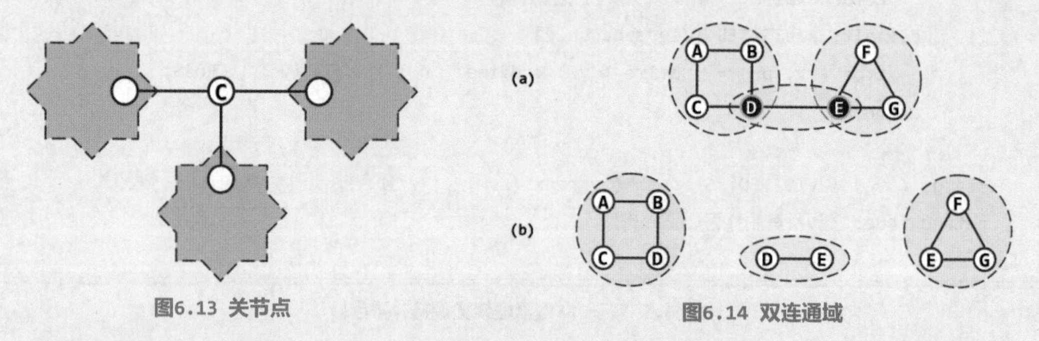

图6.13 关节点

图6.14 双连通域

较之其它顶点，关节点更为重要。在网络系统中它们对应于网关，决定子网之间能否连通。在航空系统中，某些机场的损坏，将同时切断其它机场之间的交通。故在资源总量有限的前提下，找出关节点并重点予以保障，是提高系统整体稳定性和鲁棒性的基本策略。

6.9.2 蛮力算法

那么，如何才能找出图中的关节点呢？

由其定义，可直接导出蛮力算法大致如下：首先，通过BFS或DFS搜索统计出图G所含连通域的数目；然后逐一枚举每个顶点v，暂时将其从图G中删去，并再次通过搜索统计出图G\{v}所含连通域的数目。于是，顶点v是关节点，当且仅当图G\{v}包含的连通域多于图G。

这一算法需执行n趟搜索，耗时$\mathcal{O}$(n(n + e))，如此低的效率无法令人满意。

以下将介绍基于DFS搜索的另一算法，它不仅效率更高，而且可同时对原图做双连通域分解。

6.9.3 可行算法

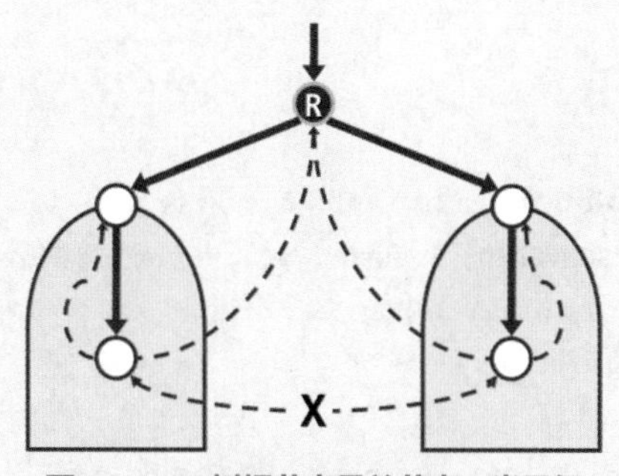

图6.15 DFS树根节点是关节点，当且仅当它拥有多个分支

经DFS搜索生成的DFS树，表面上看似乎“丢失”了原图的一些信息，但实际上就某种意义而言，依然可以提供足够多的信息。

比如，DFS树中的叶节点，绝不可能是原图中的关节点——此类顶点的删除既不致影响DFS树的连通性，也不致影响原图的连通性。此外，DFS树的根节点若至少拥有两个分支，则必是一个关节点。如图6.15所示，在原无向图中，根节点R的不同分支之间不可能通过跨边相联，R是它们之间唯一的枢纽。反之，若根节点仅有一个分支，则与叶节点同理，它也不可能是关节点。

那么，又该如何甄别一般的内部节点是否为关节点呢？

考查图6.16中的内部节点C。若节点C的移除导致其某一棵（比如以D为根的）真子树与其真祖先（比如A）之间无法连通，则C必为关节点。反之，若C的所有真子树都能（如以E为根的子树那样）与C的某一真祖先连通，则C就不可能是关节点。

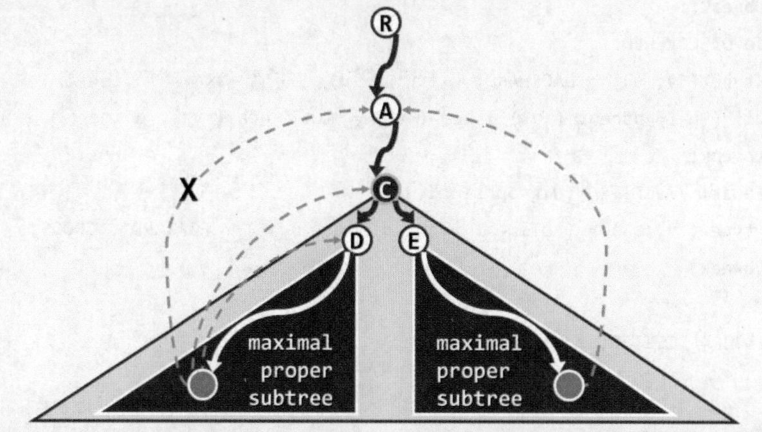

图6.16 内部节点C是关节点，当且仅当C的某棵极大真子树不（经后向边）联接到C的真祖先

当然，在原无向图的DFS树中，C的真子树只可能通过后向边与C的真祖先连通。因此，只要在DFS搜索过程记录并更新各顶点v所能（经由后向边）连通的最高祖先（highest connected ancestor, HCA）hca[v]，即可及时认定关节点，并报告对应的双连通域。

6.9.4 实现

根据以上分析，基于DFS搜索框架的双连通域分解算法，可实现如代码6.6所示。

```
1 template <typename Tv, typename Te> void Graph<Tv, Te>::bcc ( int s ) { //基于DFS的BCC分解算法
2    reset(); int clock = 0; int v = s; Stack<int> S; //栈S用以记录已访问的顶点
3    do
4       if ( UNDISCOVERED == status ( v ) ) { //一旦发现未发现的顶点（新连通分量）
5          BCC ( v, clock, S ); //即从该顶点出发启动一次BCC
6          S.pop(); //遍历返回后，弹出栈中最后一个顶点——当前连通域的起点
7       }
8    while ( s != ( v = ( ++v % n ) ) );
9 }
10 #define hca(x) (fTime(x)) //利用此处闲置的fTime[]充当hca[]
11 template <typename Tv, typename Te> //顶点类型、边类型
12 void Graph<Tv, Te>::BCC ( int v, int& clock, Stack<int>& S ) { //assert: 0 <= v < n
13    hca ( v ) = dTime ( v ) = ++clock; status ( v ) = DISCOVERED; S.push ( v ); //v被发现并入栈
14    for ( int u = firstNbr ( v ); -1 < u; u = nextNbr ( v, u ) ) //枚举v的所有邻居u
15       switch ( status ( u ) ) { //并视u的状态分别处理
16          case UNDISCOVERED:
17             parent ( u ) = v; type ( v, u ) = TREE; BCC ( u, clock, S ); //从顶点u处深入
18             if ( hca ( u ) < dTime ( v ) ) //遍历返回后，若发现u（通过后向边）可指向v的真祖先
19                hca ( v ) = min ( hca ( v ), hca ( u ) ); //则v亦必如此
20             else { //否则，以v为关节点（u以下即是一个BCC，且其中顶点此时正集中于栈S的顶部）
21                while ( v != S.pop() ); //依次弹出当前BCC中的节点，亦可根据实际需求转存至其它结构
22                S.push ( v ); //最后一个顶点（关节点）重新入栈——分摊不足一次
23             }
24             break;
25          case DISCOVERED:
26             type ( v, u ) = BACKWARD; //标记(v, u)，并按照“越小越高”的准则
27             if ( u != parent ( v ) ) hca ( v ) = min ( hca ( v ), dTime ( u ) ); //更新hca[v]
28             break;
29          default: //VISITED (digraphs only)
30             type ( v, u ) = ( dTime ( v ) < dTime ( u ) ) ? FORWARD : CROSS;
31             break;
32       }
33    status ( v ) = VISITED; //对v的访问结束
34 }
35 #undef hca
```

代码6.6 基于DFS搜索框架实现双连通域分解算法

由于处理的是无向图，故DFS搜索在顶点v的孩子u处返回之后，通过比较hca[u]与dTime[v]的大小，即可判断v是否关节点。

这里将闲置的fTime[]用作hca[]。故若hca[u] ≥ dTime[v]，则说明u及其后代无法通过后向边与v的真祖先连通，故v为关节点。既然栈S存有搜索过的顶点，与该关节点相对应的双连通域内的顶点，此时都应集中存放于S顶部，故可依次弹出这些顶点。v本身必然最后弹出，作为多个连通域的联接枢纽，它应重新进栈。

反之若hca[u] < dTime[v]，则意味着u可经由后向边连通至v的真祖先。果真如此，则这一性质对v同样适用，故有必要将hca[v]，更新为hca[v]与hca[u]之间的更小者。

当然，每遇到一条后向边(v, u)，也需要及时地将hca[v]，更新为hca[v]与dTime[u]之间的更小者，以保证hca[v]能够始终记录顶点v可经由后向边向上连通的最高祖先。

同样地，为便于与基本的DFS搜索算法相对比，代码6.6也保留了代码6.4的通用框架。因此，通过清理与双连通域分解无关的操作并精简代码，也可降低时间复杂度的常系数（习题[6-20]）。

6.9.5 实例

图6.17以一个包含10个顶点和12条边的无向图为例，详细给出了以上算法的完整计算过程。

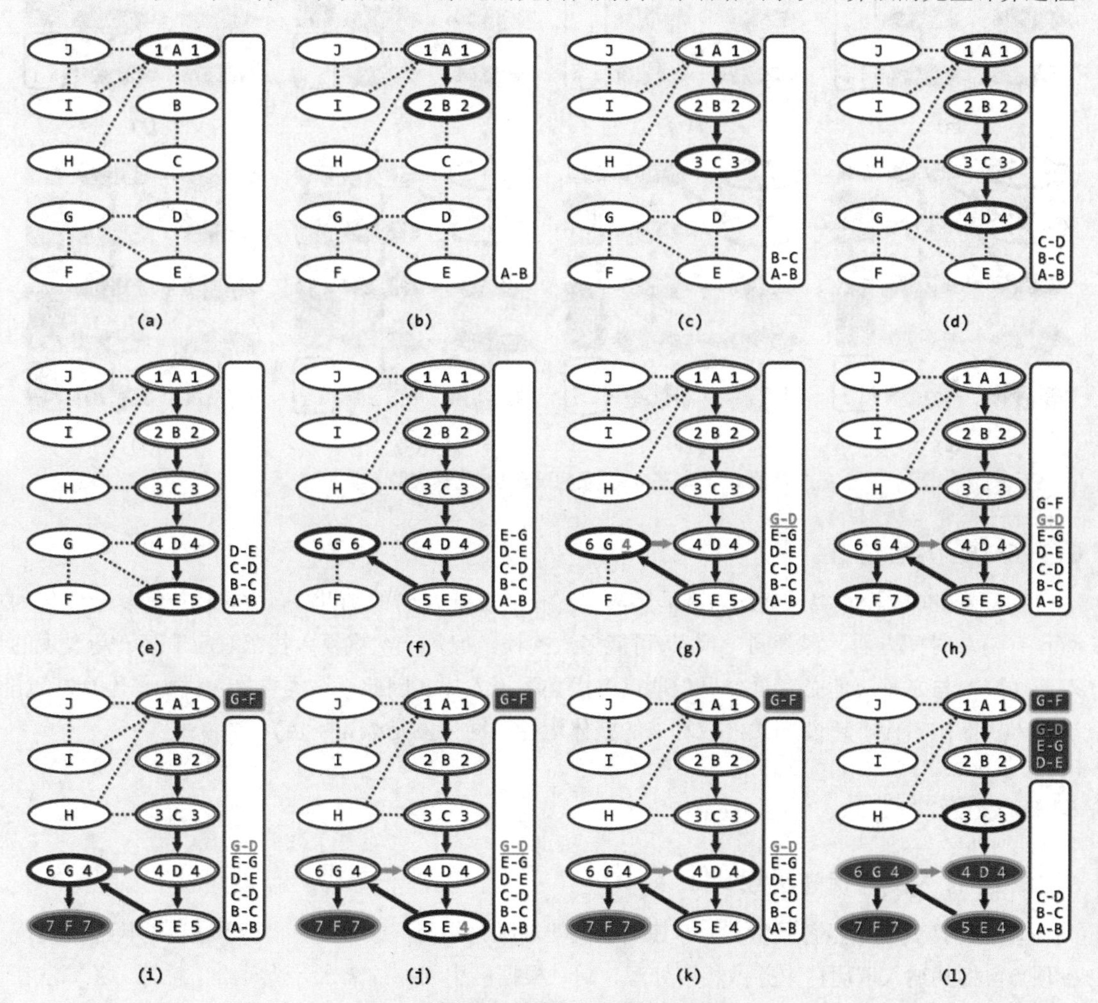

图6.17 基于DFS搜索的双连通域分解实例

（细边框白色、双边框白色和黑色分别示意处于UNDISCOVERED、DISCOVERED和VISITED状态的顶点，粗边框白色示意当前顶点；dTime和fTime（hca）标签分别标注于各顶点的左、右）

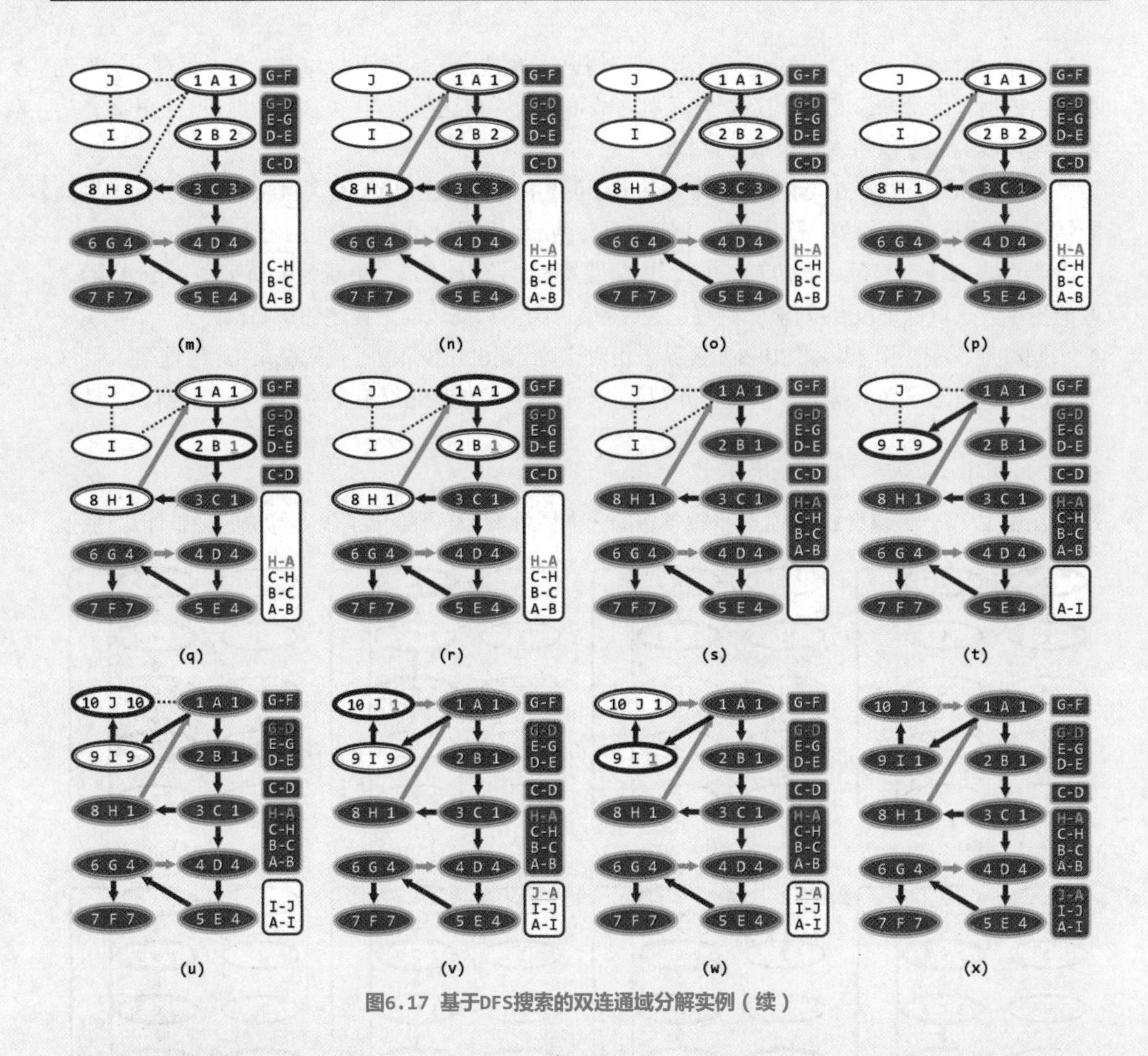

图6.17 基于DFS搜索的双连通域分解实例（续）

6.9.6 复杂度

与基本的DFS搜索算法相比，这里只增加了一个规模$\mathcal{O}(n)$的辅助栈，故整体空间复杂度仍为$\mathcal{O}(n + e)$。时间方面，尽管同一顶点v可能多次入栈，但每一次重复入栈都对应于某一新发现的双连通域，与之对应地必有至少另一顶点出栈且不再入栈。因此，这类重复入栈操作不会超过n次，入栈操作累计不超过2n次，故算法的整体运行时间依然是$\mathcal{O}(n + e)$。

§6.10 优先级搜索

6.10.1 优先级与优先级数

以上图搜索应用虽各具特点，但其基本框架却颇为相似。总体而言，都需通过迭代逐一发现各顶点，将其纳入遍历树中并做相应处理，同时根据应用问题的需求，适时给出解答。各算法在功能上的差异，主要体现为每一步迭代中对新顶点的选取策略不同。比如，BFS搜索会优先考查更早被发现的顶点，而DFS搜索则恰好相反，会优先考查最后被发现的顶点。

每一种选取策略都等效于，给所有顶点赋予不同的优先级，而且随着算法的推进不断调整；而每一步迭代所选取的顶点，都是当时的优先级最高者。按照这种理解，包括BFS和DFS在内的几乎所有图搜索，都可纳入统一的框架。鉴于优先级在其中所扮演的关键角色，故亦称作优先级搜索（priority-first search, PFS），或最佳优先搜索（best-first search, BFS）。

为落实以上理解与构思，图ADT（表6.2和代码6.1）提供了priority()接口，以支持对顶点优先级数（priority number）的读取和修改。在实际应用中，引导优化方向的指标，往往对应于某种有限的资源或成本（如光纤长度、通讯带宽、机票价格等），故这里不妨约定优先级数越大（小）顶点的优先级越低（高）。相应地，在算法的初始化阶段（如代码6.1中的reset()），通常都将顶点的优先级数统一置为最大（比如对于int类型，可采用INT_MAX）——或等价地，优先级最低。

6.10.2 基本框架

按照上述思路，优先级搜索算法的框架可具体实现如代码6.7所示。

```
1 template <typename Tv, typename Te> template <typename PU> //优先级搜索（全图）
2 void Graph<Tv, Te>::pfs ( int s, PU prioUpdater ) { //assert: 0 <= s < n
3    reset(); int v = s; //初始化
4    do //逐一检查所有顶点
5       if ( UNDISCOVERED == status ( v ) ) //一旦遇到尚未发现的顶点
6          PFS ( v, prioUpdater ); //即从该顶点出发启动一次PFS
7    while ( s != ( v = ( ++v % n ) ) ); //按序号检查，故不漏不重
8 }
9
10 template <typename Tv, typename Te> template <typename PU> //顶点类型、边类型、优先级更新器
11 void Graph<Tv, Te>::PFS ( int s, PU prioUpdater ) { //优先级搜索（单个连通域）
12    priority ( s ) = 0; status ( s ) = VISITED; parent ( s ) = -1; //初始化，起点s加至PFS树中
13    while ( 1 ) { //将下一顶点和边加至PFS树中
14       for ( int w = firstNbr ( s ); -1 < w; w = nextNbr ( s, w ) ) //枚举s的所有邻居w
15          prioUpdater ( this, s, w ); //更新顶点w的优先级及其父顶点
16       for ( int shortest = INT_MAX, w = 0; w < n; w++ )
17          if ( UNDISCOVERED == status ( w ) ) //从尚未加入遍历树的顶点中
18             if ( shortest > priority ( w ) ) //选出下一个
19                { shortest = priority ( w ); s = w; } //优先级最高的顶点s
20       if ( VISITED == status ( s ) ) break; //直至所有顶点均已加入
21       status ( s ) = VISITED; type ( parent ( s ), s ) = TREE; //将s及与其父的联边加入遍历树
22    }
23 } //通过定义具体的优先级更新策略prioUpdater，即可实现不同的算法功能
```

代码6.7 优先级搜索算法框架

可见，PFS搜索的基本过程和功能与常规的图搜索算法一样，也是以迭代方式逐步引入顶点和边，最终构造出一棵遍历树（或者遍历森林）。如上所述，每次都是引入当前优先级最高（优先级数最小）的顶点s，然后按照不同的策略更新其邻接顶点的优先级数。

这里借助函数对象prioUpdater，使算法设计者得以根据不同的问题需求，简明地描述和实现对应的更新策略。具体地，只需重新定义prioUpdater对象即可，而不必重复实现公共部分。比如，此前的BFS搜索和DFS搜索都可按照此模式统一实现（习题[6-21]）。

下面，以最小支撑树和最短路径这两个经典的图算法为例，深入介绍这一框架的具体应用。

6.10.3 复杂度

PFS搜索由两重循环构成，其中内层循环又含并列的两个循环。若采用邻接表实现方式，同时假定prioUpdater()只需常数时间，则前一内循环的累计时间应取决于所有顶点的出度总和，即$\mathcal{O}(e)$；后一内循环固定迭代n次，累计$\mathcal{O}(n^2)$时间。两项合计总体复杂度为$\mathcal{O}(n^2)$。

实际上，借助稍后第10章将要介绍的优先级队列等结构，PFS搜索的效率还有进一步提高的余地（习题[10-16]和[10-17]）。

§6.11 最小支撑树

6.11.1 支撑树

如图6.18所示，连通图G的某一无环连通子图T若覆盖G中所有的顶点，则称作G的一棵支撑树或生成树（spanning tree）。

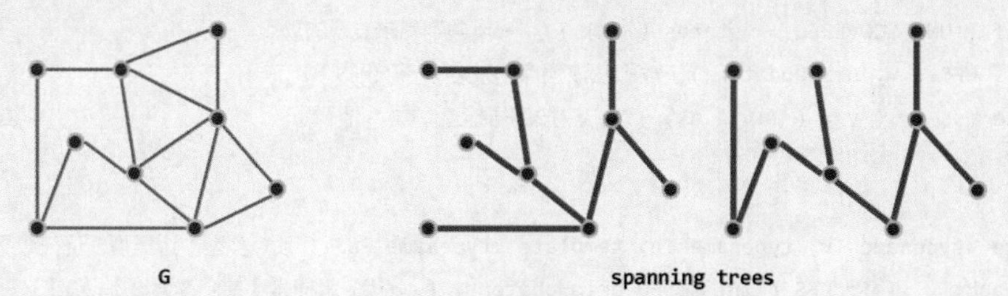

图6.18 支撑树

就保留原图中边的数目而言，支撑树既是“禁止环路”前提下的极大子图，也是“保持连通”前提下的最小子图。在实际应用中，原图往往对应于由一组可能相互联接（边）的成员（顶点）构成的系统，而支撑树则对应于该系统最经济的联接方案。确切地，尽管同一幅图可能有多棵支撑树，但由于其中的顶点总数均为n，故其采用的边数也均为n - 1。

6.11.2 最小支撑树

若图G为一带权网络，则每一棵支撑树的成本（cost）即为其所采用各边权重的总和。在G的所有支撑树中，成本最低者称作最小支撑树（minimum spanning tree, MST）。

聚类分析、网络架构设计、VLSI布线设计等诸多实际应用问题，都可转化并描述为最小支撑树的构造问题。在这些应用中，边的权重大多对应于某种可量化的成本，因此作为对应优化问题的基本模型，最小支撑树的价值不言而喻。另外，最小支撑树构造算法也可为一些NP问题提供足够快速、足够接近的近似解法（习题[6-22]）。正因为受到来自众多应用和理论领域的需求推动，最小支撑树的构造算法也发展得较为成熟。

6.11.3 歧义性

尽管同一带权网络通常都有多棵支撑树，但总数毕竟有限，故必有最低的总体成本。然而，总体成本最低的支撑树却未必唯一。以包含三个顶点的完全图为例，若三条边的权重相等，则其中任意两条边都构成总体成本最低的一棵支撑树。

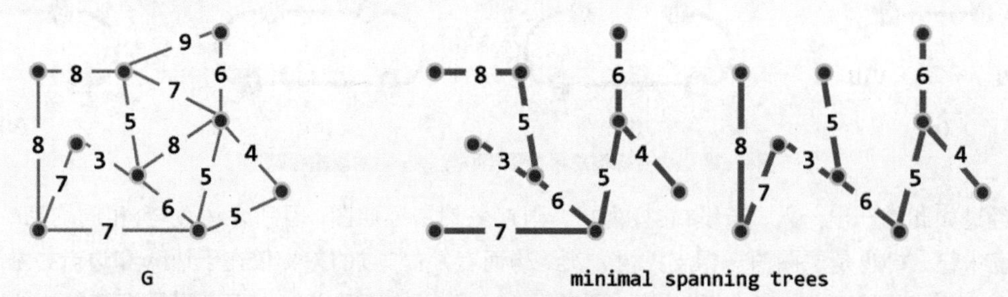

图6.19 极小支撑树与最小支撑树

更一般的例子如图6.19所示，对应于左侧的带权网络，有两棵支撑树的总体成本均达到最低（44）。故严格说来，此类支撑树应称作极小支撑树（minimal spanning tree）。当然，通过强制附加某种次序即可消除这种歧义性（习题[6-23]），故不妨仍称之为最小支撑树。

6.11.4 蛮力算法

由最小支撑树的定义，可直接导出蛮力算法大致如下：逐一考查G的所有支撑树并统计其成本，从而挑选出其中的最低者。然而根据Cayley公式，由n个互异顶点组成的完全图共有n^{n-2}棵支撑树，即便忽略掉构造所有支撑树所需的成本，仅为更新最低成本的记录就需要$\mathcal{O}(n^{n-2})$时间。

事实上基于PFS搜索框架，并采用适当的顶点优先级更新策略，即可得出如下高效的最小支撑树构造算法。

6.11.5 Prim算法

为更好地理解这一算法的原理，以下先从最小支撑树的性质入手。为简化起见，不妨假定各边的权重互异。实际上，为将最小支撑树的以下性质及其构造算法的正确性等结论推广到允许多边等权的退化情况，还需补充更为严格的分析与证明（习题[6-25]、[6-26]和[6-27]）。

■ 割与极短跨越边

图G = (V; E)中，顶点集V的任一非平凡子集U及其补集V\U都构成G的一个割（cut），记作(U : V\U)。若边uv满足u∈U且v∉U，则称作该割的一条跨越边（crossing edge）。因此类边联接于V及其补集之间，故亦形象地称作该割的一座桥（bridge）。

Prim算法[②]的正确性基于以下事实：最小支撑树总是会采用联接每一割的最短跨越边。

否则，如图6.20(a)所示假设uv是割(U : V\U)的最短跨越边，而最小支撑树T并未采用该边。于是由树的连通性，如图(b)所示在T中必有至少另一跨边st联接该割（有可能s = u或t =

② 由R. C. Prim于1956年发明

v，尽管二者不能同时成立）。同样由树的连通性，T中必有分别联接于u和s、v和t之间的两条通路。由于树是极大的无环图，故倘若将边uv加至T中，则如图(c)所示，必然出现穿过u、v、t和s的唯一环路。接下来，只要再删除边st，则该环路必然随之消失。

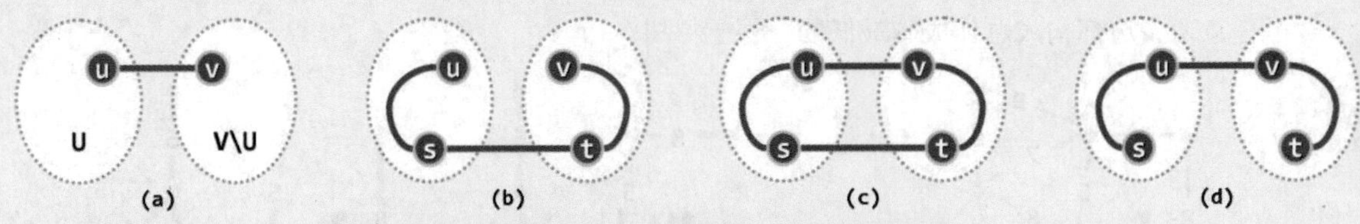

图6.20 最小支撑树总是会采用联接每一割的最短跨越边

经过如此的一出一入，若设T转换为T'，则T'依然是连通图，且所含边数与T相同均为n - 1。这就意味着，T'也是原图的一棵支撑树。就结构而言，T'与T的差异仅在于边uv和边st，故二者的成本之差就是这两条边的权重之差。不难看出，边st的权重必然大于身为最短跨越边的uv，故T'的总成本低于T——这与T总体权重最小的前提矛盾。

注意，以上性质并不意味着同一割仅能为最小支撑树贡献一条跨越边（习题[6-17]）。

■ 贪心迭代

由以上性质，可基于贪心策略导出一个迭代式算法。每一步迭代之前，假设已经得到最小支撑树T的一棵子树T_k = (V_k; E_k)，其中V_k包含k个顶点，E_k包含k - 1条边。于是，若将V_k及其补集视作原图的一个割，则在找到该割的最短跨越边e_k = (v_k, u_k)（$v_k \in V_k$且$u_k \notin V_k$）之后，即可将T_k扩展为一棵更大的子树T_{k+1} = (V_{k+1}; E_{k+1})，其中V_{k+1} = $V_k \cup \{u_k\}$，E_{k+1} = $E_k \cup \{e_k\}$。最初的T_1不含边而仅含单个顶点，故可从原图的顶点中任意选取。

■ 实例

图6.21以一个含8个顶点和15条边的无向图G（图(a)）为例，给出了Prim算法的执行过程。

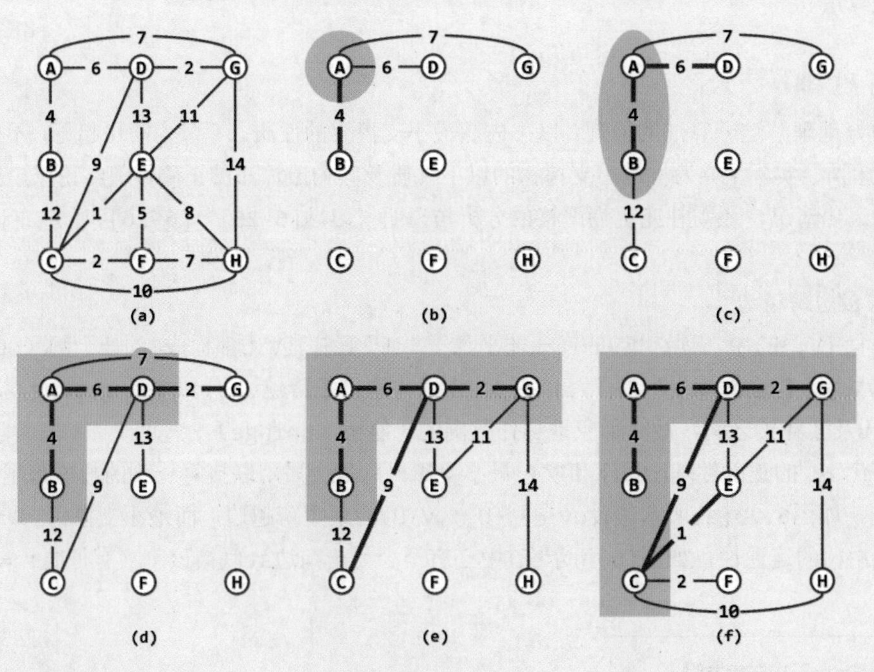

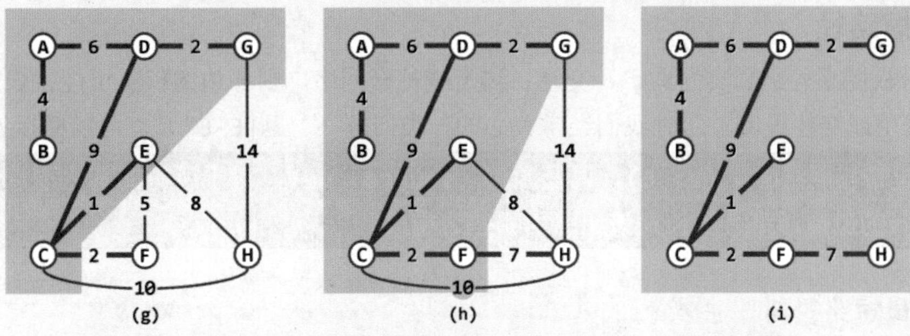

图6.21 Prim算法示例（阴影区域示意不断扩展的子树T_k，粗线示意树边）

首先如图(b)所示，任选一个顶点A作为初始的子树T_1 = ({ A }; ∅)。此时，T_1所对应的割共有AB、AD和AG三条跨越边，故选取其中最短者AB，如图(c)所示将T_1扩充至T_2 = ({ A, B }; { AB })。此时，T_2所对应的割共有BC、AD和AG三条跨越边，依然选取其中最短者AD，如图(d)所示将T_2扩充至T_3 = ({ A, B, D }; { AB, AD })。

如此反复，直至最终如图(i)所示得到：

T_8 = ({ A, B, D, G, C, E, F, H }; { AB, AD, DG, DC, CE, CF, FH })

此即原图的最小支撑树。

可以证明，即便出现多条极短跨越边共存的退化情况，以上方法依然可行（习题[6-27]）。

■ 实现

以上Prim算法完全可以纳入6.10.2节的优先级搜索算法框架。为此，每次由T_k扩充至T_{k+1}时，可以将V_k之外每个顶点u到V_k的距离视作u的优先级数。如此，每一最短跨越边e_k对应的顶点u_k都会因拥有最小的优先级数（即最高的优先级）而自然地被选中。

```
1 template <typename Tv, typename Te> struct PrimPU { //针对Prim算法的顶点优先级更新器
2    virtual void operator() ( Graph<Tv, Te>* g, int uk, int v ) {
3       if ( UNDISCOVERED == g->status ( v ) ) //对于uk每一尚未被发现的邻接顶点v
4          if ( g->priority ( v ) > g->weight ( uk, v ) ) { //按Prim策略做松弛
5             g->priority ( v ) = g->weight ( uk, v ); //更新优先级（数）
6             g->parent ( v ) = uk; //更新父节点
7          }
8    }
9 };
```

代码6.8 Prim算法的顶点优先级更新器

那么，u_k和e_k加入T_k之后，应如何快速更新V_{k+1}以外顶点的优先级数呢？实际上，与u_k互不关联的顶点都无需考虑，故只需遍历u_k的每一邻居v，若边u_kv的权重小于v当前的优先级数，则将后者更新为前者。这一思路可具体落实为如代码6.8所示的优先级更新器。

■ 复杂度

不难看出，以上顶点优先级更新器只需常数的运行时间，故由6.10.3节对优先级搜索算法性能的分析结论，以上Prim算法的时间复杂度为$\mathcal{O}(n^2)$。作为PFS搜索的特例，Prim算法的效率也可借助优先级队列进一步提高（习题[10-16]和[10-17]）。

§6.12 最短路径

若以带权图来表示真实的通讯、交通、物流或社交网络，则各边的权重可能代表信道成本、交通运输费用或交往程度。此时我们经常关心的一类问题（习题[6-8]），可以概括为：

> 给定带权网络G = (V, E)，以及源点（source）s∈V，对于所有的其它顶点v，s到v的最短通路有多长？该通路由哪些边构成？

6.12.1 最短路径树

■ 单调性

如图6.22所示，设顶点s到v的最短路径为ρ。于是对于该路径上的任一顶点u，若其在ρ上对应的前缀为σ，则σ也必是s到u的最短路径（之一）。否则，若从s到u还有另一严格更短的路径τ，则易见ρ不可能是s到v的最短路径。

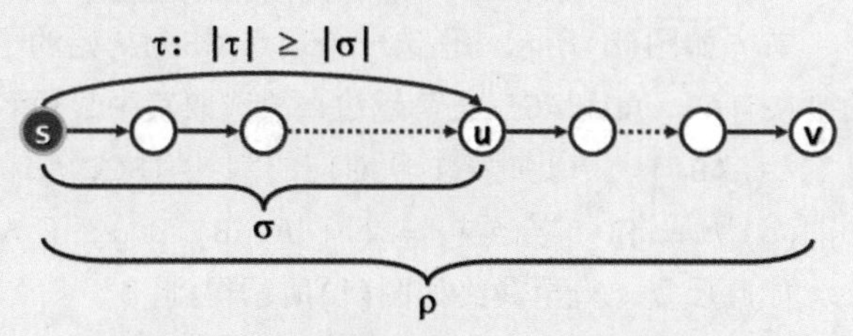

图6.22 最短路径的任一前缀也是最短路径

■ 歧义性

较之最小支撑树，最短路径的歧义性更难处理。首先，即便各边权重互异，从s到v的最短路径也未必唯一（习题[6-31]）。另外，当存在非正权重的边，并导致某个环路的总权值非正时，最短路径甚至无从定义。因此以下不妨假定，带权网络G内各边权重均大于零。

■ 无环性

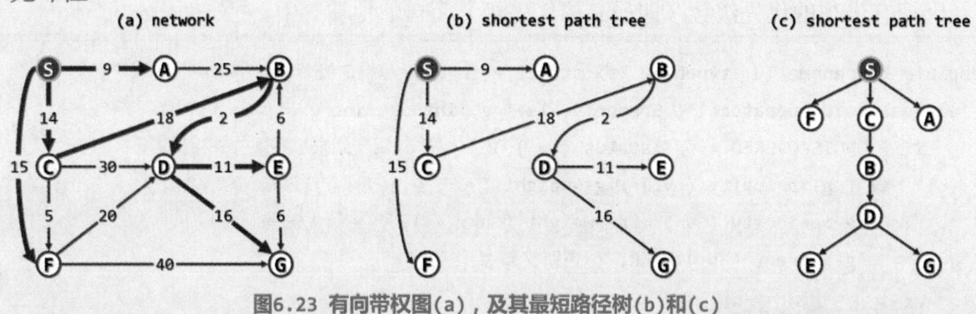

图6.23 有向带权图(a)，及其最短路径树(b)和(c)

在如图6.23(a)所示的任意带权网络中，考查从源点到其余顶点的最短路径（若有多条，任选其一）。于是由以上单调性，这些路径的并集必然不含任何（有向）回路。这就意味着，它们应如图(b)和图(c)所示，构成所谓的最短路径树（shortest-path tree）。

6.12.2 Dijkstra[③]算法

■ 最短路径子树序列

将顶点u_i到起点s的距离记作：$d_i = dist(s, u_i)$，$1 \le i \le n$。不妨设d_i按非降序排列，即$d_i \le d_j$当且仅当$i \le j$。于是与s自身相对应地必有：$u_1 = s$。

[③] E. W. Dijkstra（1930/05/11-2002/08/06），杰出的计算机科学家，1972年图灵奖得主

在从最短路径树T中删除顶点{ u_{k+1}, u_{k+2}, ..., u_n }及其关联各边之后，将残存的子图记作T_k。于是T_n = T，T_1仅含单个顶点s。实际上，T_k必为一棵树。为验证这一点，只需归纳证明T_k是连通的。为从T_{k+1}转到T_k而删除的顶点u_{k+1}，在T_{k+1}中必是叶节点。而根据最短路径的单调性，作为T_{k+1}中距离最远的顶点，u_{k+1}不可能拥有后代。

于是，如上定义的子树{ T_1, T_2, ..., T_n }，便构成一个最短路径子树序列。

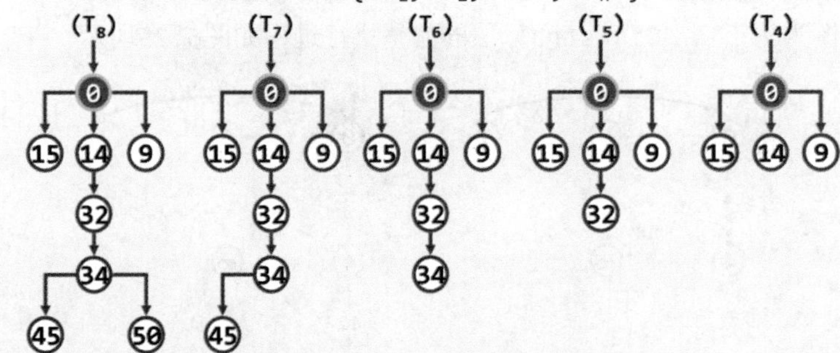

图6.24 最短路径子树序列

仍以图6.23中的最短路径树为例，最后五棵最短路径子树，如图6.24所示。

为便于相互比对，其中每个顶点都注有其到s的距离。可见，只需从T_{k+1}中删除距离最远的顶点u_{k+1}，即可将T_{k+1}转换至T_k。

■ 贪心迭代

颠倒上述思路可知，只要能够确定u_{k+1}，便可反过来将T_k扩展为T_{k+1}。如此，便可按照到s距离的非降次序，逐一确定各个顶点{ u_1, u_2, ..., u_n }，同时得到各棵最短路径子树，并得到最终的最短路径树T = T_n。现在，问题的关键就在于：

如何才能高效地找到u_{k+1}？

实际上，由最短路径子树序列的上述性质，每一个顶点u_{k+1}都是在T_k之外，距离s最近者。若将此距离作为各顶点的优先级数，则与最小支撑树的Prim算法类似，每次将u_{k+1}加入T_k并将其拓展至T_{k+1}后，需要且只需要更新那些仍在T_{k+1}之外，且与T_{k+1}关联的顶点的优先级数。

可见，该算法与Prim算法仅有一处差异：考虑的是u_{k+1}到s的距离，而不再是其到T_k的距离。

■ 实现

与Prim算法一样，Dijkstra算法也可纳入此前6.10.2节的优先级搜索算法框架。

为此，每次由T_k扩展至T_{k+1}时，可将V_k之外各顶点u到V_k的距离看作u的优先级数（若u与V_k内顶点均无联边，则优先级数设为+∞）。如此，每一最短跨越边e_k所对应的顶点u_k，都会因拥有最小的优先级数（或等价地，最高的优先级）而被选中。

```
1 template <typename Tv, typename Te> struct DijkstraPU { //针对Dijkstra算法的顶点优先级更新器
2    virtual void operator() ( Graph<Tv, Te>* g, int uk, int v ) {
3       if ( UNDISCOVERED == g->status ( v ) ) //对于uk每一尚未被发现的邻接顶点v，按Dijkstra策略
4          if ( g->priority ( v ) > g->priority ( uk ) + g->weight ( uk, v ) ) { //做松弛
5             g->priority ( v ) = g->priority ( uk ) + g->weight ( uk, v ); //更新优先级（数）
6             g->parent ( v ) = uk; //并同时更新父节点
7          }
8    }
9 };
```

代码6.9 Dijkstra算法的顶点优先级更新器

唯一需要专门处理的是，在u_k和e_k加入T_k之后，应如何快速地更新V_{k+1}以外顶点的优先级数。实际上，只有与u_k邻接的那些顶点，才有可能在此后降低优先级数。因此与Prim算法一样，也可遍历u_k的每一个邻居v，只要边$u_k v$的权重加上u_k的优先级数，小于v当前的优先级数，即可将后者更新为前者。具体地，这一思路可落实为如代码6.9所示的优先级更新器。

实例

依然以图6.21(a)中无向图为例，一次Dijkstra算法的完整执行过程如图6.25所示。

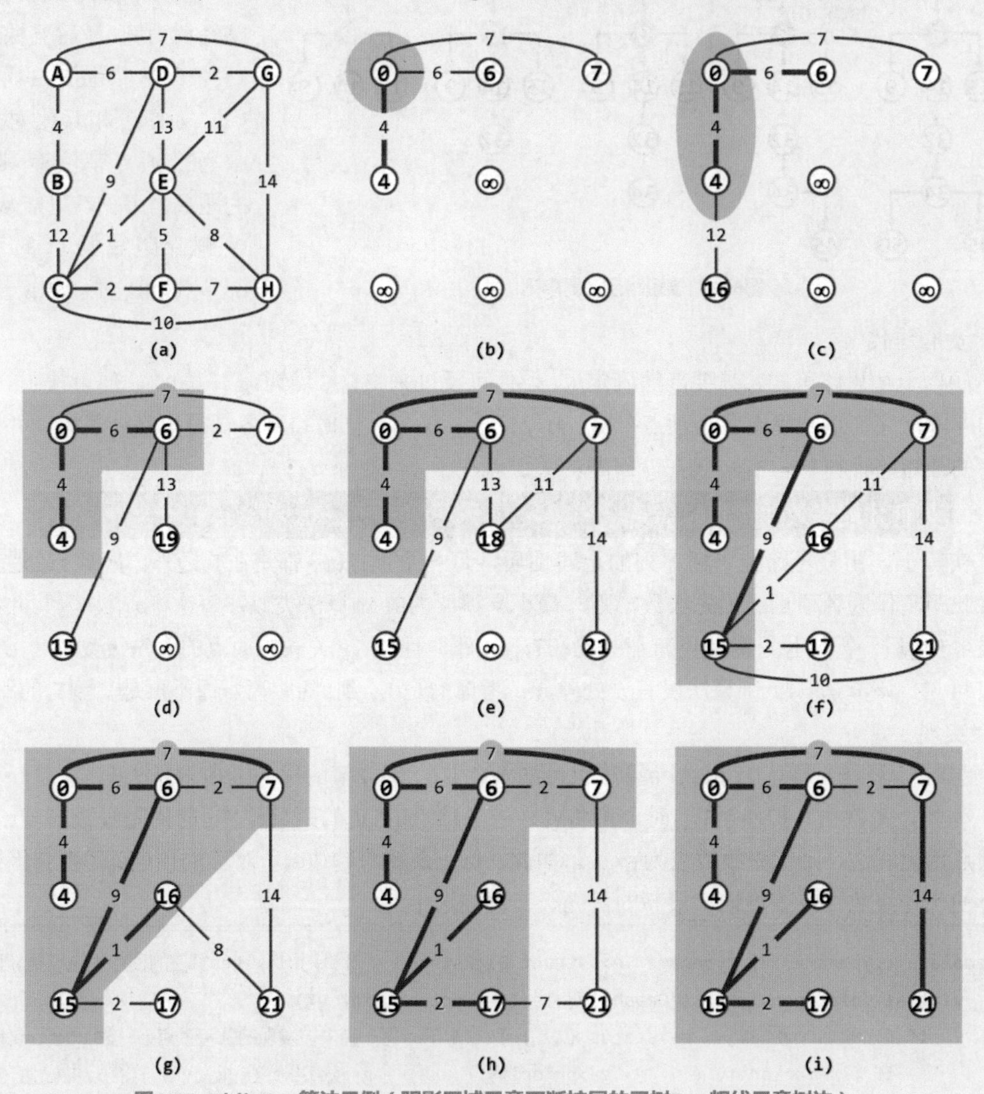

图6.25 Dijkstra算法示例（阴影区域示意不断扩展的子树T_k，粗线示意树边）

复杂度

不难看出，以上顶点优先级更新器只需常数运行时间。同样根据6.10.3节对PFS搜索性能的分析结论，Dijkstra算法这一实现版本的时间复杂度为$O(n^2)$。

作为PFS搜索的特例，Dijkstra算法的效率也可借助优先级队列进一步提高（习题[10-16]和[10-17]）。

第7章

搜索树

从本章开始，讨论的重点将逐步转入查找技术。实际上，此前的若干章节已经就此做过一些讨论，在向量与列表等结构中，甚至已经提供并实现了对应的ADT接口。然而遗憾的是，此前这类接口的总体效率均无法令人满意。

以31页代码2.1中的向量模板类Vector为例，其中针对无序和有序向量的查找，分别提供了find()和search()接口。前者的实现策略只不过是将目标对象与向量内存放的对象逐个比对，故最坏情况下需要运行$O(n)$时间。后者利用二分查找策略尽管可以确保在$O(\log n)$时间内完成单次查找，但一旦向量本身需要修改，无论是插入还是删除，在最坏情况下每次仍需$O(n)$时间。而就代码3.2中的列表模板类List（70页）而言，情况反而更糟：即便不考虑对列表本身的修改，无论find()或search()接口，在最坏情况或平均情况下都需要线性的时间。另外，基于向量或列表实现的栈和队列，一般地甚至不提供对任意成员的查找接口。总之，若既要求对象集合的组成可以高效率地动态调整，同时也要求能够高效率地查找，则以上线性结构均难以胜任。

那么，高效率的动态修改和高效率的静态查找，究竟能否同时兼顾？如有可能，又应该采用什么样的数据结构？接下来的两章，将逐步回答这两个层次的问题。

因为这部分内容所涉及的数据结构变种较多，它们各具特色、各有所长，也有其各自的适用范围，故按基本和高级两章分别讲解，相关内容之间的联系如图7.1所示。

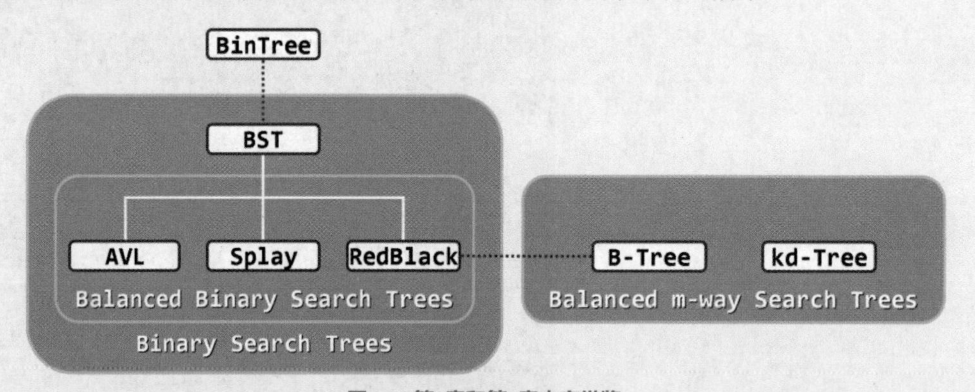

图7.1 第7章和第8章内容纵览

本章将首先介绍树式查找的总体构思、基本算法以及数据结构，通过对二分查找策略的抽象与推广，定义并实现二叉搜索树结构。尽管就最坏情况下的渐进时间复杂度而言，这一方法与此前相比并无实质的改进，但这部分内容依然十分重要——基于半线性的树形结构的这一总体构思，正是后续内容的立足点和出发点。比如，本章的后半部分将据此提出理想平衡和适度平衡等概念，并相应地引入和实现AVL树这一典型的平衡二叉搜索树。借助精巧的平衡调整算法，AVL树可以保证，即便是在最坏情况下，单次动态修改和静态查找也均可以在$O(\log n)$时间内完成。这样，以上关于兼顾动态修改与静态查找操作效率的问题，就从正面得到了较为圆满的回答。接下来的第8章将在此基础上，针对更为具体的应用需求和更为精细的性能指标，介绍平衡搜索树家族的其它典型成员。

§7.1 查找

7.1.1 循关键码访问

所谓的查找或搜索（search），指从一组数据对象中找出符合特定条件者，这是构建算法的一种基本而重要的操作。其中的数据对象，统一地表示和实现为词条（entry）的形式；不同词条之间，依照各自的关键码（key）彼此区分。根据身份证号查找特定公民，根据车牌号查找特定车辆，根据国际统一书号查找特定图书，均属于根据关键码查找特定词条的实例。

请注意，与此前的“循秩访问”和“循位置访问”等完全不同，这一新的访问方式，与数据对象的物理位置或逻辑次序均无关。实际上，查找的过程与结果，仅仅取决于目标对象的关键码，故这种方式亦称作循关键码访问（call-by-key）。

7.1.2 词条

一般地，查找集内的元素，均可视作如代码7.1所示词条模板类Entry的实例化对象。

```
1 template <typename K, typename V> struct Entry { //词条模板类
2    K key; V value; //关键码、数值
3    Entry ( K k = K(), V v = V() ) : key ( k ), value ( v ) {}; //默认构造函数
4    Entry ( Entry<K, V> const& e ) : key ( e.key ), value ( e.value ) {}; //基于克隆的构造函数
5    bool operator< ( Entry<K, V> const& e ) { return key <  e.key; }  //比较器：小于
6    bool operator> ( Entry<K, V> const& e ) { return key >  e.key; }  //比较器：大于
7    bool operator== ( Entry<K, V> const& e ) { return key == e.key; } //判等器：等于
8    bool operator!= ( Entry<K, V> const& e ) { return key != e.key; } //判等器：不等于
9 }; //得益于比较器和判等器，从此往后，不必严格区分词条及其对应的关键码
```

代码7.1 词条模板类Entry

词条对象拥有成员变量key和value。前者作为特征，是词条之间比对和比较的依据；后者为实际的数据。若词条对应于商品的销售记录，则key为其条形扫描码，value可以是其单价或库存量等信息。设置词条类只为保证查找算法接口的统一，故不必过度封装。

7.1.3 序与比较器

由代码7.1可见，通过重载对应的操作符，可将词条的判等与比较等操作转化为关键码的判等与比较（故在不致歧义时，往往无需严格区分词条及其关键码）。当然，这里隐含地做了一个假定——所有词条构成一个全序关系，可以相互比对和比较。需指出的是，这一假定条件不见得总是满足。比如在人事数据库中，作为姓名的关键码之间并不具有天然的大小次序。另外，在任务相对单纯但更加讲求效率的某些场合，并不允许花费过多时间来维护全序关系，只能转而付出有限的代价维护一个偏序关系。后者的一个实例，即第10章将要介绍的优先级队列——根据其ADT接口规范，只需高效地跟踪全局的极值元素，其它元素一般无需直接访问。

实际上，任意词条之间可相互比较大小，也是此前（2.6.5节至2.6.8节）有序向量得以定义，以及二分查找算法赖以成立的基本前提。以下将基于同样的前提，讨论如何将二分查找的技巧融入二叉树结构，进而借助二叉搜索树以实现高效的查找。

§7.2 二叉搜索树

7.2.1 顺序性

若二叉树中各节点所对应的词条之间支持大小比较，则在不致歧义的情况下，我们可以不必严格区分树中的节点、节点对应的词条以及词条内部所存的关键码。

如图7.2所示，在所谓的二叉搜索树（binary search tree）中，处处都满足顺序性：

任一节点r的左（右）子树中，所有节点（若存在）均不大于（不小于）r

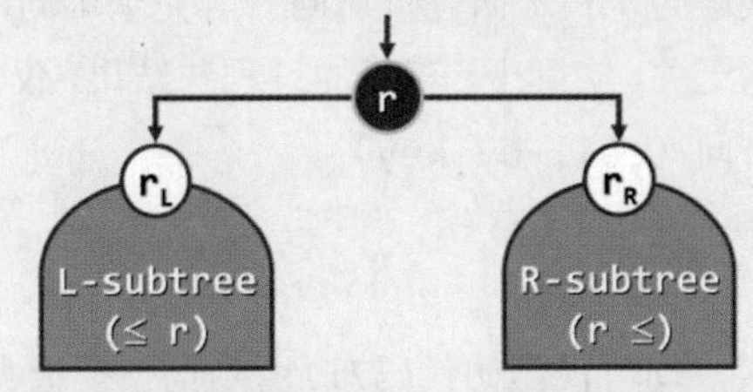

图7.2 二叉搜索树即处处满足顺序性的二叉树

为回避边界情况，这里不妨暂且假定所有节点互不相等。于是，上述顺序性便可简化表述为：

任一节点r的左（右）子树中，所有节点（若存在）均小于（大于）r

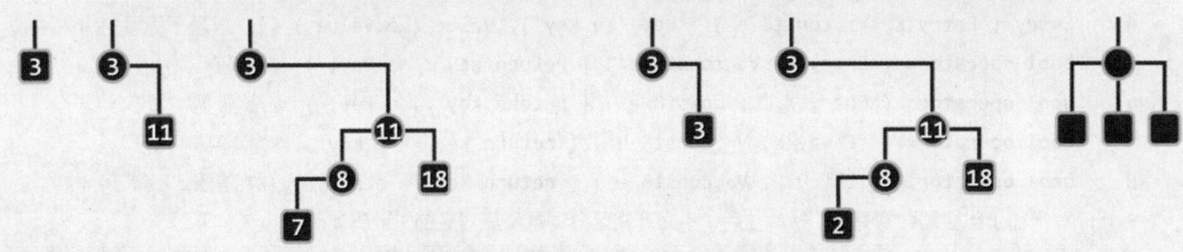

图7.3 二叉搜索树的三个实例（左），以及三个反例（右）

当然，在实际应用中，对相等元素的禁止既不自然也不必要。读者可在本书所给代码的基础上继续扩展，使得二叉搜索树的接口支持相等词条的同时并存（习题[7-10]）。比如，在去除掉这一限制之后，图7.3中原先的第一个反例，将转而成为合法的二叉搜索树。

7.2.2 中序遍历序列

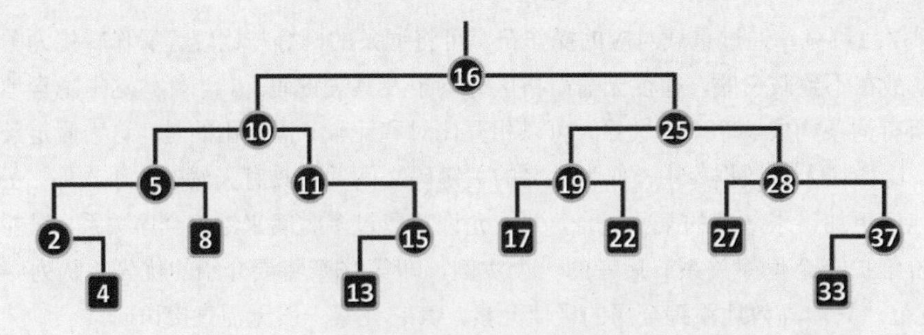

2 4 5 8 10 11 13 15 16 17 19 22 25 27 28 33 37

图7.4 二叉搜索树（上）的中序遍历序列（下），必然单调非降

顺序性是一项很强的条件。实际上，搜索树中节点之间的全序关系，已完全“蕴含”于这一条件之中。以如图7.4所示的二叉搜索树为例，只需采用5.4.3节的算法对该树做一次中序遍历，即可将该树转换为一个线性序列，且该序列中的节点严格按照其大小次序排列。

这一现象，并非巧合。借助数学归纳法，可以证明更具一般性的结论（习题[7-1]）：

任何一棵二叉树是二叉搜索树，当且仅当其中序遍历序列单调非降

7.2.3 BST模板类

既然二叉搜索树属于二叉树的特例，故自然可以基于BinTree模板类（121页代码5.5），派生出如代码7.2所示的BST模板类。

```
1 #include "../BinTree/BinTree.h" //引入BinTree
2
3 template <typename T> class BST : public BinTree<T> { //由BinTree派生BST模板类
4 protected:
5    BinNodePosi(T) _hot; //“命中”节点的父亲
6    BinNodePosi(T) connect34 ( //按照“3 + 4”结构，联接3个节点及四棵子树
7       BinNodePosi(T), BinNodePosi(T), BinNodePosi(T),
8       BinNodePosi(T), BinNodePosi(T), BinNodePosi(T), BinNodePosi(T) );
9    BinNodePosi(T) rotateAt ( BinNodePosi(T) x ); //对x及其父亲、祖父做统一旋转调整
10 public: //基本接口：以virtual修饰，强制要求所有派生类（BST变种）根据各自的规则对其重写
11    virtual BinNodePosi(T) & search ( const T& e ); //查找
12    virtual BinNodePosi(T) insert ( const T& e ); //插入
13    virtual bool remove ( const T& e ); //删除
14 };
```

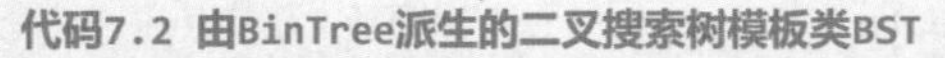

代码7.2 由BinTree派生的二叉搜索树模板类BST

可见，在继承原模板类BinTree的同时，BST内部也继续沿用了二叉树节点模板类BinNode。

按照二叉搜索树的接口规范定义，这里新增了三个标准的对外接口search()、insert()和remove()，分别对应于基本的查找、插入和删除操作。这三个标准接口的调用参数，都是属于元素类型T的对象引用——这正是此类结构“循关键码访问”方式的具体体现。

另外，既然这些操作接口的语义均涉及词条的大小和相等关系，故这里也假定基本元素类型T或者直接支持比较和判等操作，或者已经重载过对应的操作符。

本章以及下一章还将以BST为基类，进一步派生出二叉搜索树的多个变种。无论哪一变种，既必须支持上述三个基本接口，同时在内部的具体实现方式又有所不同。因此，它们均被定义为虚成员函数，从而强制要求派生的所有变种，根据各自的规则对其重写。

7.2.4 查找算法及其实现

■ 算法

二叉搜索树的查找算法，亦采用了减而治之的思路与策略，其执行过程可描述为：

从树根出发，逐步地缩小查找范围，直到发现目标（成功）或缩小至空树（失败）

例如，在图7.5中查找关键码22的过程如下。

首先，经与根节点16比较确认目标关键码更大，故深入右子树25递归查找；经比较发现目标关键码更小，故继续深入左子树19递归查找；经再次比较确认目标关键码更大后，深入右子树22递归查找；最终在节点22处匹配，查找成功。

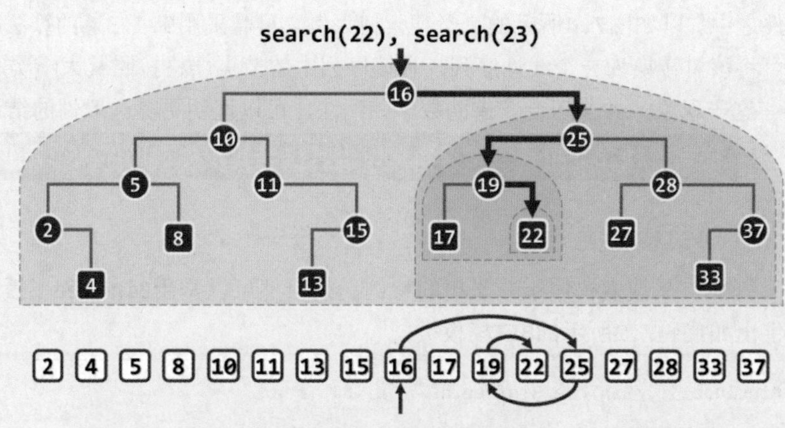

图7.5 二叉搜索树的查找过程（查找所经过的通路，以粗线条示意）

实际上，针对16、25、19的查找，也将经过该路径的某一前缀，成功终止于对应的节点。

当然，查找未必成功。比如针对关键码20的查找也会经过同一查找通路并抵达节点22，但在因目标关键码更小而试图继续向左深入时发现左子树为空①，至此即可确认查找失败。

一般地，在上述查找过程中，一旦发现当前节点为NULL，即说明查找范围已经缩小至空，查找失败；否则，视关键码比较结果，向左（更小）或向右（更大）深入，或者报告成功（相等）。

对照中序遍历序列可见，整个过程与有序向量的二分查找过程等效，故可视作后者的推广。

■ searchIn()算法与search()接口

一般地，在子树v中查找关键码e的过程，可实现为如代码7.3所示的算法searchIn()。

```
1 template <typename T> //在以v为根的（AVL、SPLAY、rbTree等）BST子树中查找关键码e
2 static BinNodePosi(T) & searchIn ( BinNodePosi(T) & v, const T& e, BinNodePosi(T) & hot ) {
3    if ( !v || ( e == v->data ) ) return v; //递归基：在节点v（或假想的通配节点）处命中
4    hot = v; //一般情况：先记下当前节点，然后再
5    return searchIn ( ( ( e < v->data ) ? v->lc : v->rc ), e, hot ); //深入一层，递归查找
6 } //返回时，返回值指向命中节点（或假想的通配哨兵），hot指向其父亲（退化时为初始值NULL）
```

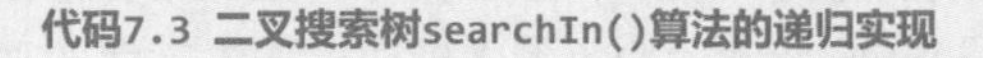

代码7.3 二叉搜索树searchIn()算法的递归实现

节点的插入和删除操作，都需要首先调用查找算法，并根据查找结果确定后续的处理方式。因此，这里以引用方式传递（子）树根节点，以为后续操作提供必要的信息。

如代码7.4所示，通过调用searchIn()算法，即可实现二叉搜索树的标准接口search()。

```
1 template <typename T> BinNodePosi(T) & BST<T>::search ( const T& e ) //在BST中查找关键码e
2 { return searchIn ( _root, e, _hot = NULL ); } //返回目标节点位置的引用，以便后续插入、删除操作
```

代码7.4 二叉搜索树search()接口

① 此类空节点通常对应于空孩子指针或引用，也可假想地等效为“真实”节点，后一方式不仅可简化算法描述以及退化情况的处理，也可直观地解释（B-树之类）纵贯多级存储层次的搜索树。故在后一场合，空节点也称作外部节点（external node），并等效地当作叶节点的“孩子”。这里暂采用前一方式，故空节点不在插图中出现。

■ 语义约定

以上查找算法之所以如此实现，是为了统一并简化后续不同搜索树的各种操作接口的实现。其中的技巧，主要体现于返回值和hot变量（即BinTree对象内部的_hot变量）的语义约定。

若查找成功，则searchIn()以及search()的返回值都将如图7.6(a)所示，指向一个关键码为e且真实存在的节点；若查找失败，则返回值的数值虽然为NULL，但是它作为引用将如图(b)所示，指向最后一次试图转向的空节点。对于后一情况，不妨假想地将此空节点转换为一个数值为e的哨兵节点——如此，无论成功与否，查找的返回值总是等效地指向“命中节点”。

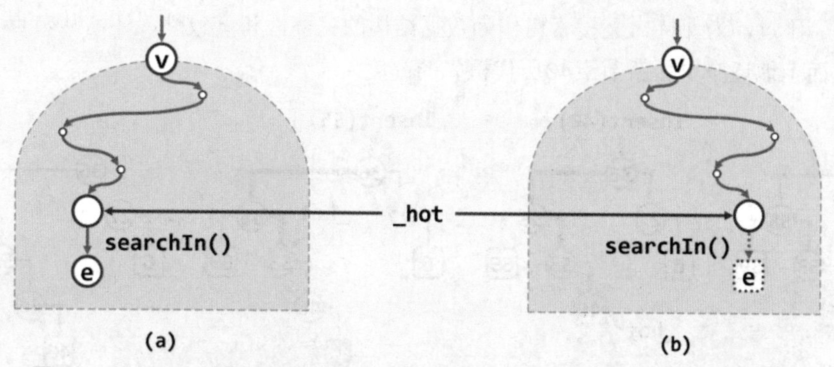

图7.6 searchIn()算法对返回值和_hot的语义定义：(a) 查找成功；(b) 查找失败

在调用searchIn()算法之前，search()接口首先将内部变量_hot初始化为NULL，然后作为引用型参数hot传递给searchIn()。在整个查找的过程中，hot变量始终指向当前节点的父亲。因此在算法返回时，按照如上定义，_hot亦将统一指向“命中节点”的父亲。

请注意，_hot节点是否拥有另一个孩子，与查找成功与否无关。查找成功时，节点e可能是叶子，也可能是内部节点；查找失败时，假想的哨兵e等效于叶节点，但可能有兄弟。

同时也请读者对照代码7.3验证，即便在退化的情况下（比如查找终止并返回于树根处），算法searchIn()的输出依然符合以上语义约定。

在7.2.6节将要介绍的删除操作中，也首先要进行查找（不妨设查找成功）。按照如上语义，命中节点必然就是待摘除节点；该节点与其父亲_hot，联合指示了删除操作的位置。7.2.5节将要介绍的插入操作，亦首先需做查找（不妨设查找失败）。按照如上语义，假想的“命中节点”也就是待插入的新节点；_hot所指向的，正是该节点可行的接入位置。

■ 效率

在二叉搜索树的每一层，查找算法至多访问一个节点，且只需常数时间，故总体所需时间应线性正比于查找路径的长度，或最终返回节点的深度。在最好情况下，目标关键码恰好出现在树根处（或其附近），此时只需$\mathcal{O}(1)$时间。然而不幸的是，对于规模为n的二叉搜索树，深度在最坏情况下可达$\Omega(n)$。比如，当该树退化为（接近于）一条单链时，发生此类情况的概率将很高。此时的单次查找可能需要线性时间并不奇怪，因为实际上这样的一棵“二分”搜索树，已经退化成了一个不折不扣的一维有序列表，而此时的查找则等效于顺序查找。

由此我们可得到启示：若要控制单次查找在最坏情况下的运行时间，须从控制二叉搜索树的高度入手。后续章节将要讨论的平衡二叉搜索树，正是基于这一思路而做的改进。

7.2.5 插入算法及其实现

■ 算法

为了在二叉搜索树中插入一个节点，首先需要利用查找算法search()确定插入的位置及方向，然后才能将新节点作为叶子插入。

以如图7.7(a)所示的二叉搜索树为例。若欲插入关键码40，则在执行search(40)之后，如图(b)所示，_hot将指向比较过的最后一个节点46，同时返回其左孩子（此时为空）的位置。于是接下来如图(c)所示，只需创建新节点40，并将其作为46的左孩子接入，拓扑意义上的节点插入即告完成。不过，为保持二叉搜索树作为数据结构的完整性和一致性，还需从节点_hot（46）出发，自底而上地逐个更新新节点40历代祖先的高度。

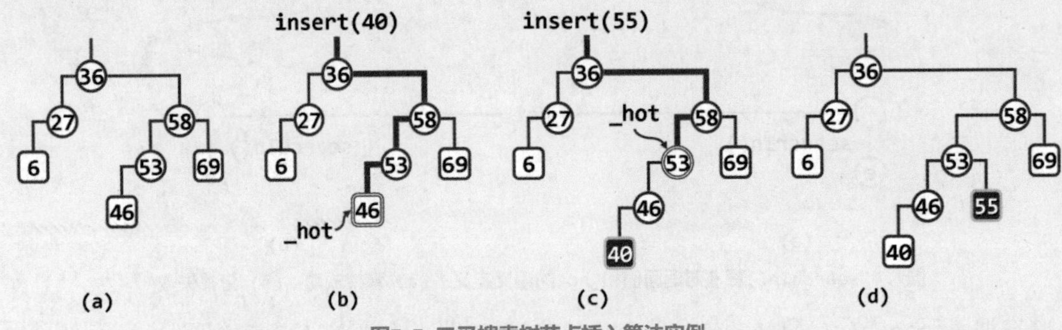

图7.7 二叉搜索树节点插入算法实例

接下来若欲插入关键码55，则在执行search(55)之后如图(c)所示，_hot将指向比较过的最后一个节点53，同时返回其右孩子（此时为空）的位置。于是如图(d)所示，创建新节点55，并将其作为53的右孩子接入。当然，此后同样需从节点_hot出发，逐代更新祖先的高度。

■ insert()接口的实现

一般地，在二叉搜索树中插入新节点e的过程，可描述为代码7.5中的函数insert()。

```
1 template <typename T> BinNodePosi(T) BST<T>::insert ( const T& e ) { //将关键码e插入BST树中
2    BinNodePosi(T) & x = search ( e ); if ( x ) return x; //确认目标不存在（留意对_hot的设置）
3    x = new BinNode<T> ( e, _hot ); //创建新节点x：以e为关键码，以_hot为父
4    _size++; //更新全树规模
5    updateHeightAbove ( x ); //更新x及其历代祖先的高度
6    return x; //新插入的节点，必为叶子
7 } //无论e是否存在于原树中，返回时总有x->data == e
```

代码7.5 二叉搜索树insert()接口

首先调用search()查找e。若返回位置x非空，则说明已有雷同节点，插入操作失败。否则，x必是_hot节点的某一空孩子，于是创建这个孩子并存入e。此后，更新全树的规模记录，并调用代码5.6中的updateHeightAbove()更新x及其历代祖先的高度。

注意，按照以上实现方式，无论插入操作成功与否，都会返回一个非空位置，且该处的节点与拟插入的节点相等。如此可以确保一致性，以简化后续的操作。另外，也请对照代码7.3和代码7.4中的查找算法，体会这里对“首个节点插入空树”等特殊情况的处理手法。

■ 效率

由上可见，节点插入操作所需的时间，主要消耗于对算法search()及updateHeightAbove()的调用。后者与前者一样，在每一层次至多涉及一个节点，仅消耗$O(1)$时间，故其时间复杂度也同样取决于新节点的深度，在最坏情况下不超过全树的高度。

7.2.6 删除算法及其实现

为从二叉搜索树中删除节点，首先也需要调用算法BST::search()，判断目标节点是否的确存在于树中。若存在，则需返回其位置，然后方能相应地具体实施删除操作。

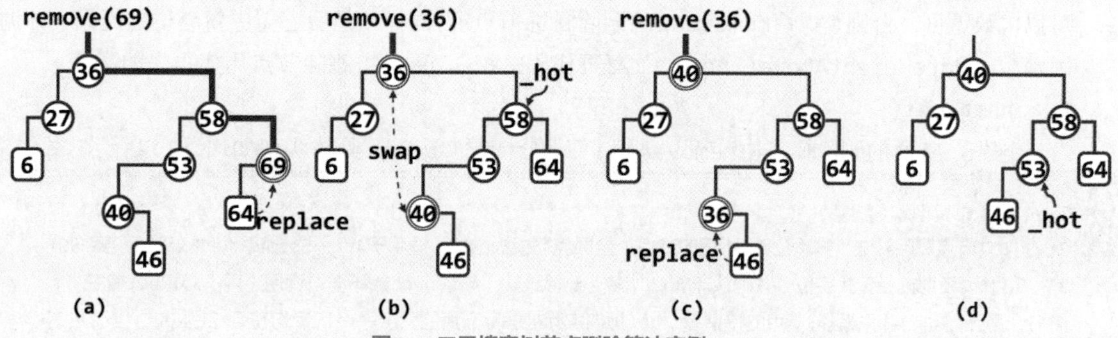

图7.8 二叉搜索树节点删除算法实例

■ 单分支情况

以如图7.8(a)所示二叉搜索树为例。若欲删除节点69，需首先通过search(69)定位待删除节点（69）。因该节点的右子树为空，故只需如图(b)所示，将其替换为左孩子（64），则拓扑意义上的节点删除即告完成。当然，为保持二叉搜索树作为数据结构的完整性和一致性，还需更新全树的规模记录，释放被摘除的节点（69），并自下而上地逐个更新替代节点（64）历代祖先的高度。注意，首个需要更新高度的祖先（58），恰好由_hot指示。

不难理解，对于没有左孩子的目标节点，也可以对称地予以处理。当然，以上同时也已涵盖了左、右孩子均不存在（即目标节点为叶节点）的情况。

那么，当目标节点的左、右孩子双全时，删除操作又该如何实施呢？

■ 双分支情况

继续上例，设拟再删除二度节点36。如图7.8(b)所示，首先调用BinNode::succ()算法，找到该节点的直接后继（40）。然后，只需如图(c)所示交换二者的数据项，则可将后继节点等效地视作待删除的目标节点。不难验证，该后继节点必无左孩子，从而相当于转化为此前相对简单的情况。于是最后可如图(d)所示，将新的目标节点（36）替换为其右孩子（46）。

请注意，在中途互换数据项之后，这一局部如图(c)所示曾经一度并不满足顺序性。但这并不要紧——不难验证，在按照上述方法完成整个删除操作之后，全树的顺序性必然又将恢复。

同样地，除了更新全树规模记录和释放被摘除节点，此时也要更新一系列祖先节点的高度。不难验证，此时首个需要更新高度的祖先（53），依然恰好由_hot指示。

■ remove()

一般地，删除关键码e的过程，可描述为如代码7.6所示的函数remove()。

```
1 template <typename T> bool BST<T>::remove ( const T& e ) { //从BST树中删除关键码e
2    BinNodePosi(T) & x = search ( e ); if ( !x ) return false; //确认目标存在（留意_hot的设置）
3    removeAt ( x, _hot ); _size--; //实施删除
4    updateHeightAbove ( _hot ); //更新_hot及其历代祖先的高度
5    return true;
6 } //删除成功与否，由返回值指示
```

代码7.6 二叉搜索树remove()接口

首先调用search()查找e。若返回位置x为空，则说明树中不含目标节点，故删除操作随即可以失败返回。否则，调用removeAt()删除目标节点x。同样，此后还需更新全树的规模，并调用函数updateHeightAbove(_hot)（121页代码5.6），更新被删除节点历代祖先的高度。

■ removeAt()

这里，实质的删除操作由removeAt()负责分情况实施，其具体实现如代码7.7所示。

```
1 /******************************************************************************************
2  * BST节点删除算法：删除位置x所指的节点（全局静态模板函数，适用于AVL、Splay、RedBlack等各种BST）
3  * 目标x在此前经查找定位，并确认非NULL，故必删除成功；与searchIn不同，调用之前不必将hot置空
4  * 返回值指向实际被删除节点的接替者，hot指向实际被删除节点的父亲——二者均有可能是NULL
5  ******************************************************************************************/
6 template <typename T>
7 static BinNodePosi(T) removeAt ( BinNodePosi(T) & x, BinNodePosi(T) & hot ) {
8    BinNodePosi(T) w = x; //实际被摘除的节点，初值同x
9    BinNodePosi(T) succ = NULL; //实际被删除节点的接替者
10   if ( !HasLChild ( *x ) ) //若*x的左子树为空，则可
11      succ = x = x->rc; //直接将*x替换为其右子树
12   else if ( !HasRChild ( *x ) ) //若右子树为空，则可
13      succ = x = x->lc; //对称地处理——注意：此时succ != NULL
14   else { //若左右子树均存在，则选择x的直接后继作为实际被摘除节点，为此需要
15      w = w->succ(); //（在右子树中）找到*x的直接后继*w
16      swap ( x->data, w->data ); //交换*x和*w的数据元素
17      BinNodePosi(T) u = w->parent;
18      ( ( u == x ) ? u->rc : u->lc ) = succ = w->rc; //隔离节点*w
19   }
20   hot = w->parent; //记录实际被删除节点的父亲
21   if ( succ ) succ->parent = hot; //并将被删除节点的接替者与hot相联
22   release ( w->data ); release ( w ); return succ; //释放被摘除节点，返回接替者
23 }
```

代码7.7 二叉搜索树removeAt()算法

■ 效率

删除操作所需的时间，主要消耗于对search()、succ()和updateHeightAbove()的调用。在树中的任一高度，它们至多消耗$O(1)$时间。故总体的渐进时间复杂度，亦不超过全树的高度。

§7.3 平衡二叉搜索树

7.3.1 树高与性能

根据7.2节对二叉搜索树的实现与分析，search()、insert()和remove()等主要接口的运行时间，均线性正比于二叉搜索树的高度。而在最坏情况下，二叉搜索树可能彻底地退化为列表，此时的查找效率甚至会降至$\mathcal{O}(n)$，线性正比于数据集的规模。因此，若不能有效地控制树高，则就实际的性能而言，较之此前的向量和列表，二叉搜索树将无法体现出明显优势。

那么，出现上述最坏（或较坏）情况的概率有多大？或者，至少从平均复杂度的角度来看，二叉搜索树的性能是否还算令人满意？

以下，将按照两种常用的随机统计口径，就二叉搜索树的平均性能做一比较。

■ 随机生成

不妨设各节点对应于n个互异关键码{ e_1, e_2, ..., e_n }。于是按照每一排列：

$$\sigma = (e_{i_1}, e_{i_2}, \ldots, e_{i_n})$$

只要从空树开始，通过依次执行insert(e_{i_k})，即可得到这n个关键码的一棵二叉搜索树T(σ)。与随机排列σ如此相对应的二叉搜索树T(σ)，称作由σ“随机生成”（randomly generated）。

图7.9以三个关键码{ 1, 2, 3 }为例，列出了由其所有排列所生成的二叉搜索树。

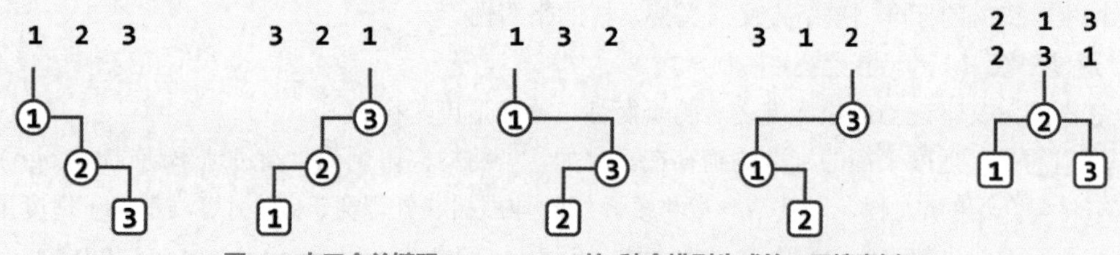

图7.9 由三个关键码{ 1, 2, 3 }的6种全排列生成的二叉搜索树

显然，任意的n个互异关键码，都可以构成n!种全排列。若各排列作为输入序列的概率均等，则只要将它们各自所生成二叉搜索树的平均查找长度进行平均，即可在一定程度上反映二叉搜索树的平均查找性能。可以证明[29][30]，在这一随机意义下，二叉搜索树的平均高度为$\Theta(\log n)$。

■ 随机组成

另一随机策略是，假定n个互异节点同时给定，然后在遵守顺序性的前提下，随机确定它们之间的拓扑联接。如此，称二叉搜索树由这组节点“随机组成”（randomly composed）。

实际上，由n个互异节点组成的二叉搜索树，总共可能有(2n)!/n!/(n + 1)!棵（习题[7-2]）。若这些树出现的概率均等，则通过对其高度做平均可知[30]，平均查找长度为$\Theta(\sqrt{n})$。

■ 比较

前一口径的$\Theta(\log n)$与后一口径的$\Theta(\sqrt{n})$之间，就渐进意义而言有实质的差别。原因何在？

读者也许已经发现，同一组关键码的不同排列所生成的二叉搜索树，未必不同。仍以图7.9为例，排列(2, 1, 3)与(2, 3, 1)生成的，实际上就是同一棵二叉搜索树。而在按照前一口径估计平均树高时，这棵树被统计了两次。实际上一般而言，越是平衡的树，被统计的次数亦越多。从这个角度讲，前一种平均的方式，在无形中高估了二叉搜索树的平均性能。因此相对而言，按照后一口径所得的估计值更加可信。

■ 树高与平均树高

实际上，即便按照以上口径统计出平均树高，仍不足以反映树高的随机分布情况。实际上，树高较大情况的概率依然可能很大。另外，理想的随机并不常见，实际应用中的情况恰恰相反，一组关键码往往会按照（接近）单调次序出现，因此频繁出现极高的搜索树也不足为怪。

另外，若removeAt()操作的确如代码7.7所示，总是固定地将待删除的二度节点与其直接后继交换，则随着操作次数的增加，二叉搜索树向左侧倾斜的趋势将愈发明显（习题[7-9]）。

7.3.2 理想平衡与适度平衡

■ 理想平衡

既然二叉搜索树的性能主要取决于高度，故在节点数目固定的前提下，应尽可能地降低高度。相应地，应尽可能地使兄弟子树的高度彼此接近，即全树尽可能地平衡。当然，包含n个节点的二叉树，高度不可能小于$\lfloor \log_2 n \rfloor$（习题[7-3]）。若树高恰好为$\lfloor \log_2 n \rfloor$，则称作理想平衡树。例如，如图5.26所示的完全二叉树，甚至如图5.27所示的满二叉树，均属此列。

遗憾的是，完全二叉树“叶节点只能出现于最底部两层”的限制过于苛刻。略做简单的组合统计不难发现，相对于二叉树所有可能的形态，此类二叉树所占比例极低；而随着二叉树规模的增大，这一比例还将继续锐减（习题[7-2]）。由此可见，从算法可行性的角度来看，有必要依照某种相对宽松的标准，重新定义二叉搜索树的平衡性。

■ 适度平衡

在渐进意义下适当放松标准之后的平衡性，称作适度平衡。

幸运的是，适度平衡的标准的确存在。比如，若将树高限制为“渐进地不超过$\mathcal{O}(\log n)$”，则下节将要介绍的AVL树，以及下一章将要介绍的伸展树、红黑树、kd-树等，都属于适度平衡。这些变种，因此也都可归入平衡二叉搜索树（balanced binary search tree, BBST）之列。

7.3.3 等价变换

■ 等价二叉搜索树

如图7.10所示，若两棵二叉搜索树的中序遍历序列相同，则称它们彼此等价；反之亦然。

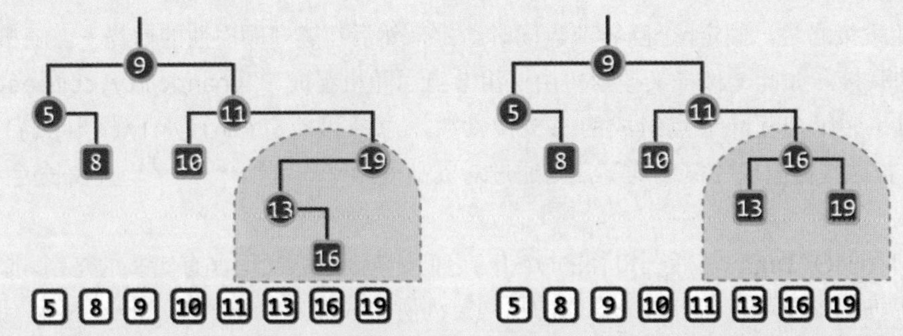

图7.10 由同一组共11个节点组成，相互等价的两棵二叉搜索树（二者在拓扑上的差异，以阴影圈出）

由该图也不难看出，虽然等价二叉搜索树中各节点的垂直高度可能有所不同，但水平次序完全一致。这一特点可概括为“上下可变，左右不乱”，它也是以下等价变换的基本特性。

■ 局部性

平衡二叉搜索树的适度平衡性，都是通过对树中每一局部增加某种限制条件来保证的。比如，在红黑树中，从树根到叶节点的通路，总是包含一样多的黑节点；在AVL树中，兄弟节点的高度相差不过1。事实上，这些限制条件设定得非常精妙，除了适度平衡性，还具有如下局部性：

1）经过单次动态修改操作后，至多只有$O(\log n)$处局部不再满足限制条件
2）可在$O(\log n)$时间内，使这$O(\log n)$处局部（以至全树）重新满足限制条件

这就意味着：刚刚失去平衡的二叉搜索树，必然可以迅速转换为一棵等价的平衡二叉搜索树。等价二叉搜索树之间的上述转换过程，也称作等价变换。

这里的局部性至关重要。比如，尽管任何二叉搜索树都可等价变换至理想平衡的完全二叉树，然而鉴于二者的拓扑结构可能相去甚远，在最坏情况下我们为此将不得不花费$O(n)$时间。反观图7.10中相互等价的两棵二叉搜索树，右侧属于AVL树，而左侧不是。鉴于二者的差异仅限于某一局部（阴影区域），故可轻易地将后者转换为前者。

那么，此类局部性的失衡，具体地可以如何修复？如何保证修复的速度？

7.3.4 旋转调整

最基本的修复手段，就是通过围绕特定节点的旋转，实现等价前提下的局部拓扑调整。

■ zig和zag

如图7.11(a)所示，设c和Z是v的左孩子、右子树，X和Y是c的左、右子树。所谓以v为轴的zig旋转，即如图(b)所示，重新调整这两个节点与三棵子树的联接关系：将X和v作为c的左子树、右孩子，Y和Z分别作为v的左、右子树。

可见，尽管局部结构以及子树根均有变化，但中序遍历序列仍是{ ..., X, c, Y, v, Z, ... }，故zig旋转属于等价变换。

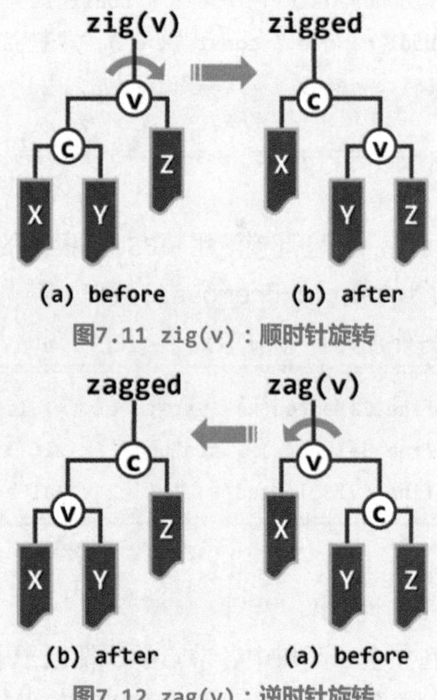

图7.11 zig(v)：顺时针旋转

图7.12 zag(v)：逆时针旋转

对称地如图7.12(a)所示，设X和c是v的左子树、右孩子，Y和Z分别是c的左、右子树。所谓以v为轴的zag旋转，即如图(b)所示，重新调整这两个节点与三棵子树的联接关系：将v和Z作为c的左孩子、右子树，X和Y分别作为v的左、右子树。

同样地，旋转之后中序遍历序列依然不变，故zag旋转亦属等价变换。

■ 效率与效果

zig和zag旋转均属局部操作，仅涉及常数个节点及其之间的联接关系，故均可在常数时间内完成。正因如此，在后面实现各种二叉搜索树平衡化算法时，它们都是支撑性的基本操作。

就与树相关的指标而言，经一次zig或zag旋转之后，节点v的深度加一，节点c的深度减一；这一局部子树（乃至全树）的高度可能发生变化，但上、下幅度均不超过一层。

§7.4 AVL树

通过合理设定适度平衡的标准，并借助以上等价变换，AVL树（AVL tree）[②]可以实现近乎理想的平衡。在渐进意义下，AVL树可始终将其高度控制在$O(\log n)$以内，从而保证每次查找、插入或删除操作，均可在$O(\log n)$的时间内完成。

7.4.1 定义及性质

■ 平衡因子

任一节点v的平衡因子（balance factor）定义为“其左、右子树的高度差”，即

balFac(v) = height(lc(v)) - height(rc(v))

请注意，本书中空树高度取-1，单节点子树（叶节点）高度取0，与以上定义没有冲突。

所谓AVL树，即平衡因子受限的二叉搜索树——其中各节点平衡因子的绝对值均不超过1。

■ 接口定义

基于BST模板类（185页代码7.2），可直接派生出AVL模板类如代码7.8所示。

```
1 #include "../BST/BST.h" //基于BST实现AVL树
2 template <typename T> class AVL : public BST<T> { //由BST派生AVL树模板类
3 public:
4    BinNodePosi(T) insert ( const T& e ); //插入（重写）
5    bool remove ( const T& e ); //删除（重写）
6 // BST::search()等其余接口可直接沿用
7 };
```

代码7.8 基于BST定义的AVL树接口

可见，这里直接沿用了BST模板类的search()等接口，并根据AVL树的重平衡规则与算法，重写了insert()和remove()接口，其具体实现将在后续数节陆续给出。

另外，为简化对节点平衡性的判断，算法实现时可借用以下宏定义：

```
1 #define Balanced(x) ( stature( (x).lc ) == stature( (x).rc ) ) //理想平衡条件
2 #define BalFac(x) ( stature( (x).lc ) - stature( (x).rc ) ) //平衡因子
3 #define AvlBalanced(x) ( ( -2 < BalFac(x) ) && ( BalFac(x) < 2 ) ) //AVL平衡条件
```

代码7.9 用于简化AVL树算法描述的宏

■ 平衡性

在完全二叉树中各节点的平衡因子非0即1，故完全二叉树必是AVL树；不难举例说明，反之不然。完全二叉树的平衡性可以自然保证（习题[7-3]），那AVL树的平衡性又如何呢？可以证明，高度为h的AVL树至少包含fib(h + 3) - 1个节点。为此需做数学归纳。

作为归纳基，当h = 0时，T中至少包含fib(3) - 1 = 2 - 1 = 1个节点，命题成立；当h = 1时，T中至少包含fib(4) - 1 = 3 - 1 = 2个节点，命题也成立。

---

② 由G. M. Adelson-Velsky和E. M. Landis与1962年发明[36]，并以他们名字的首字母命名

假设对于高度低于h的任何AVL树，以上命题均成立。现考查高度为h的所有AVL树，并取S为其中节点最少的任何一棵（请注意，这样的S可能不止一棵）。

如图7.13，设S的根节点为r，r的左、右子树分别为S_L和S_R，将其高度记作h_L和h_R，其规模记作$|S_L|$和$|S_R|$。于是就有：

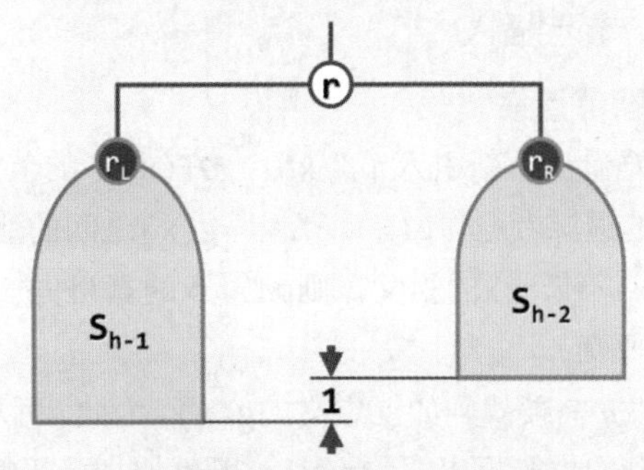

图7.13 在高度固定为h的前提下，节点最少的AVL树

$$|S| = 1 + |S_L| + |S_R|$$

作为S的子树，S_L和S_R也都是AVL树，而且高度不超过h - 1。进一步地，在考虑到AVL树有关平衡因子的要求的同时，既然S中的节点数最少，故S_L和S_R的高度只能是一个为h - 1，另一个为h - 2不失一般性，设h_L = h - 1，h_R = h - 2。而且，在所有高度为h_L（h_R）的AVL树中，S_L（S_R）中包含的节点也应该最少。因此，根据归纳假设，可得如下关系：

$$|S| = 1 + (fib(h + 2) - 1) + (fib(h + 1) - 1)$$

根据Fibonacci数列的定义，可得：

$$|S| = fib(h + 2) + fib(h + 1) - 1 = fib(h + 3) - 1$$

总而言之，高度为h的AVL树的确至少包含fib(h + 3) - 1个节点。于是反过来，包含n个节点的AVL树的高度应为$\mathcal{O}$(logn)。因此就渐进意义而言，AVL树的确是平衡的。

■ 失衡与重平衡

AVL树与常规的二叉搜索树一样，也应支持插入、删除等动态修改操作。但经过这类操作之后，节点的高度可能发生变化，以致于不再满足AVL树的条件。

以插入操作为例，考查图7.14(b)中的AVL树，其中的关键码为字符类型。现按代码7.5中二叉搜索树的通用算法BST::insert()插入关键码'M'，于是如图(c)所示，节点'N'、'R'和'G'都将失衡。类似地，按代码7.6中二叉搜索树的通用算法BST::remove()摘除关键码'Y'之后，也会如图(a)所示导致节点'R'的失衡。

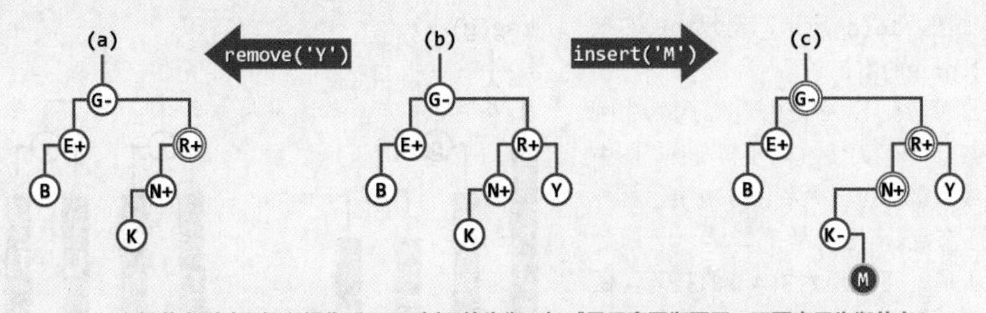

图7.14 经节点删除和插入操作后，AVL树可能失衡（加减号示意平衡因子，双圈表示失衡节点）

如此因节点x的插入或删除而暂时失衡的节点，构成失衡节点集，记作UT(x)。请注意，若x为被摘除的节点，则UT(x)仅含单个节点；但若x为被引入的节点，则UT(x)可能包含多个节点（习题[7-13]）。由以上实例，也可验证这一性质。

以下，我们从对UT(x)的分析入手，分别介绍使失衡搜索树重新恢复平衡的调整算法。

7.4.2 节点插入

■ 失衡节点集

不难看出，新引入节点x后，UT(x)中的节点都是x的祖先，且高度不低于x的祖父。以下，将其中的最深者记作g(x)。在x与g(x)之间的通路上，设p为g(x)的孩子，v为p的孩子。注意，既然g(x)不低于x的祖父，则p必是x的真祖先。

■ 重平衡

首先，需要找到如上定义的g(x)。为此，可从x出发沿parent指针逐层上行并核对平衡因子，首次遇到的失衡祖先即为g(x)。既然原树是平衡的，故这一过程只需$\mathcal{O}$(logn)时间。

请注意，既然g(x)是因x的引入而失衡，则p和v的高度均不会低于其各自的兄弟。因此，借助如代码7.10所示的宏tallerChild()，即可反过来由g(x)找到p和v。

```
1 /******************************************************************************************
2  * 在左、右孩子中取更高者
3  * 在AVL平衡调整前，借此确定重构方案
4  ******************************************************************************************/
5 #define tallerChild(x) ( \
6    stature( (x)->lc ) > stature( (x)->rc ) ? (x)->lc : ( /*左高*/ \
7    stature( (x)->lc ) < stature( (x)->rc ) ? (x)->rc : ( /*右高*/ \
8    IsLChild( * (x) ) ? (x)->lc : (x)->rc /*等高：与父亲x同侧者（zIg-zIg或zAg-zAg）优先*/ \
9    ) \
10   ) \
11 )
```

代码7.10 恢复平衡的调整方案，决定于失衡节点的更高孩子、更高孙子节点的方向

这里并未显式地维护各节点的平衡因子，而是在需要时通过比较子树的高度直接计算。

以下，根据节点g(x)、p和v之间具体的联接方向，将采用不同的局部调整方案。分述如下。

■ 单旋

如图7.15(a)所示，设v是p的右孩子，且p是g的右孩子。

这种情况下，必是由于在子树v中刚插入某节点x，而使g(x)不再平衡。图中以虚线联接的每一对灰色方块中，其一对应于节点x，另一为空。

此时，可采用7.3.4节的技巧，做逆时针旋转zag(g(x))，得到如图(b)所示的另一棵等价二叉搜索树。

可见，经如此调整之后，g(x)必将恢复平衡。不难验证，通过zig(g(x))可以处理对称的失衡。

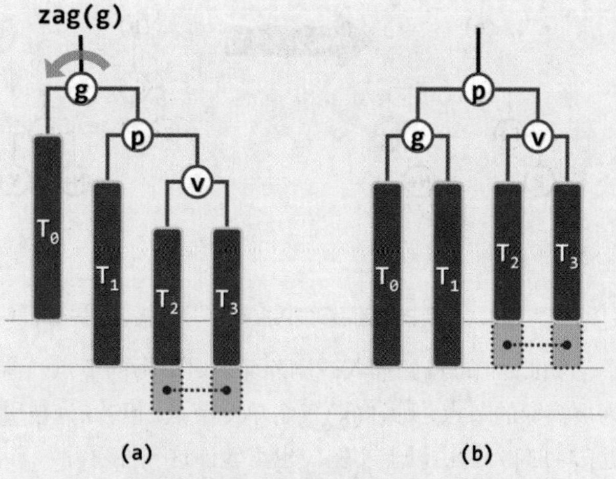

图7.15 节点插入后，通过单旋操作使AVL树重新平衡

■ 双旋

如图7.16(a)所示，设节点v是p的左孩子，而p是g(x)的右孩子。

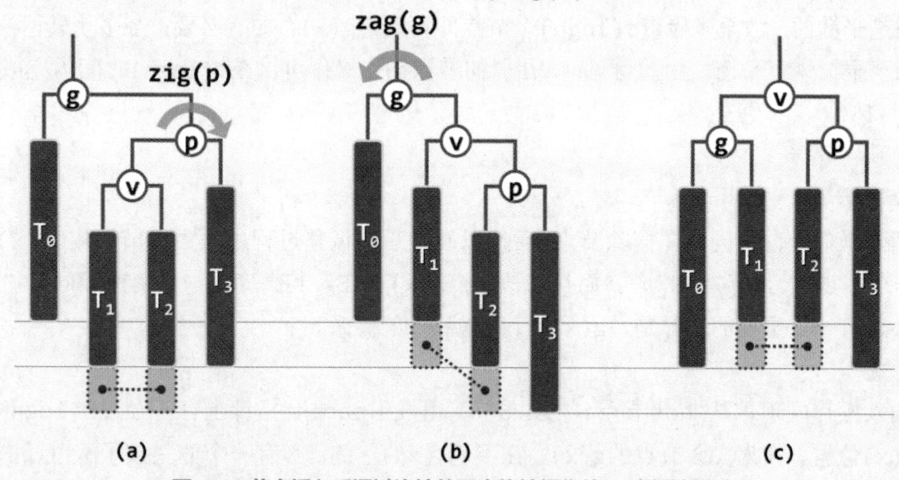

图7.16 节点插入后通过连续的两次旋转操作使AVL树重新平衡

这种情况，也必是由于在子树v中插入了新节点x，而致使g(x)不再平衡。同样地，在图中以虚线联接的每一对灰色方块中，其一对应于新节点x，另一为空。

此时，可先做顺时针旋转zig(p)，得到如图(b)所示的一棵等价二叉搜索树。再做逆时针旋转zag(g(x))，得到如图(c)所示的另一棵等价二叉搜索树。

此类分别以父子节点为轴、方向互逆的连续两次旋转，合称"双旋调整"。可见，经如此调整之后，g(x)亦必将重新平衡。不难验证，通过zag(p)和zig(g(x))可以处理对称的情况。

■ 高度复原

纵观图7.15和图7.16可见，无论单旋或双旋，经局部调整之后，不仅g(x)能够重获平衡，而且局部子树的高度也必将复原。这就意味着，g(x)以上所有祖先的平衡因子亦将统一地复原——换而言之，在AVL树中插入新节点后，仅需不超过两次旋转，即可使整树恢复平衡。

■ 实现

```
1 template <typename T> BinNodePosi(T) AVL<T>::insert ( const T& e ) { //将关键码e插入AVL树中
2    BinNodePosi(T) & x = search ( e ); if ( x ) return x; //确认目标节点不存在
3    BinNodePosi(T) xx = x = new BinNode<T> ( e, _hot ); _size++; //创建新节点x
4 // 此时，x的父亲_hot若增高，则其祖父有可能失衡
5    for ( BinNodePosi(T) g = _hot; g; g = g->parent ) { //从x之父出发向上，逐层检查各代祖先g
6       if ( !AvlBalanced ( *g ) ) { //一旦发现g失衡，则（采用"3 + 4"算法）使之复衡，并将子树
7          FromParentTo ( *g ) = rotateAt ( tallerChild ( tallerChild ( g ) ) ); //重新接入原树
8          break; //g复衡后，局部子树高度必然复原；其祖先亦必如此，故调整随即结束
9       } else //否则（g依然平衡），只需简单地
10         updateHeight ( g ); //更新其高度（注意：即便g未失衡，高度亦可能增加）
11   } //至多只需一次调整；若果真做过调整，则全树高度必然复原
12   return xx; //返回新节点位置
13 } //无论e是否存在于原树中，总有AVL::insert(e)->data == e
```

代码7.11 AVL树节点的插入

■ 效率

如代码7.11所示，该算法首先按照二叉搜索树的常规算法，在$O(\log n)$时间内插入新节点x。既然原树是平衡的，故至多检查$O(\log n)$个节点即可确定g(x)；如有必要，至多旋转两次，即可使局部乃至全树恢复平衡。由此可见，AVL树的节点插入操作可以在$O(\log n)$时间内完成。

7.4.3 节点删除

■ 失衡节点集

与插入操作十分不同，在摘除节点x后，以及随后的调整过程中，失衡节点集UT(x)始终至多只含一个节点（习题[7-13]）。而且若该节点g(x)存在，其高度必与失衡前相同。

另外还有一点重要的差异是，g(x)有可能就是x的父亲。

■ 重平衡

与插入操作同理，从_hot节点（7.2.6节）出发沿parent指针上行，经过$O(\log n)$时间即可确定g(x)位置。作为失衡节点的g(x)，在不包含x的一侧，必有一个非空孩子p，且p的高度至少为1。于是，可按以下规则从p的两个孩子（其一可能为空）中选出节点v：若两个孩子不等高，则v取作其中的更高者；否则，优先取v与p同向者（亦即，v与p同为左孩子，或者同为右孩子）。

以下不妨假定失衡后g(x)的平衡因子为+2（为-2的情况完全对称）。根据祖孙三代节点g(x)、p和v的位置关系，通过以g(x)和p为轴的适当旋转，同样可以使得这一局部恢复平衡。

■ 单旋

如图7.17(a)所示，由于在T_3中删除了节点而致使g(x)不再平衡，但p的平衡因子非负时，通过以g(x)为轴顺时针旋转一次即可恢复局部的平衡。平衡后的局部子树如图(b)所示。

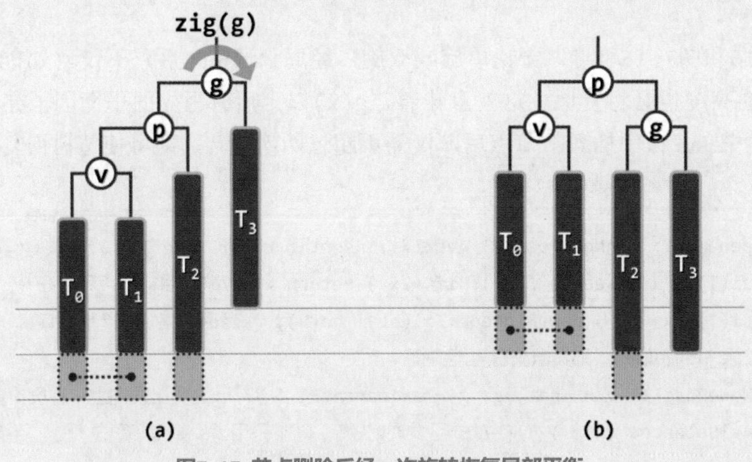

图7.17 节点删除后经一次旋转恢复局部平衡

同样地这里约定，图中以虚线联接的灰色方块所对应的节点，不能同时为空；T_2底部的灰色方块所对应的节点，可能为空，也可能非空。

■ 双旋

如图7.18(a)所示，g(x)失衡时若p的平衡因子为-1，则经过以p为轴的一次逆时针旋转之后（图(b)），即可转化为图7.17(a)的情况。

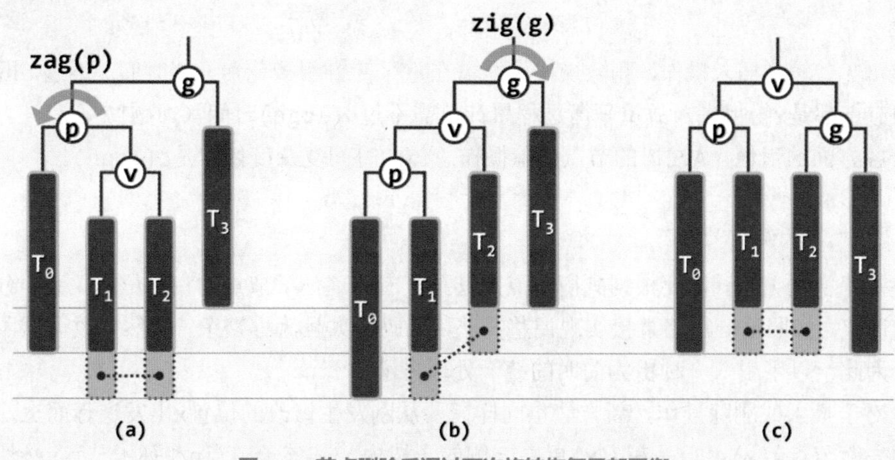

图7.18 节点删除后通过两次旋转恢复局部平衡

接着再套用上一情况的处理方法，以g(x)为轴顺时针旋转，即可恢复局部平衡（图(c)）。

■ 失衡传播

与插入操作不同，在删除节点之后，尽管也可通过单旋或双旋调整使局部子树恢复平衡，但复平衡之后，局部子树的高就全局而言，依然可能再次失衡。若能仔细观察图7.17(b)和图7.18(c)，则不难发现：g(x)恢度却可能降低。这与引入节点之后的重平衡后完全不同——在上一节我们已看到，后者不仅能恢复子树的平衡性，也同时能恢复子树的高度。

设g(x)复衡之后，局部子树的高度的确降低。此时，若g(x)原本属于某一更高祖先的更短分支，则因为该分支现在又进一步缩短，从而会致使该祖先失衡。在摘除节点之后的调整过程中，这种由于低层失衡节点的重平衡而致使其更高层祖先失衡的现象，称作“失衡传播”。

请注意，失衡传播的方向必然自底而上，而不致于影响到后代节点。在此过程中的任一时刻，至多只有一个失衡的节点；高层的某一节点由平衡转为失衡，只可能发生在下层失衡节点恢复平衡之后。因此，可沿parent指针逐层遍历所有祖先，每找到一个失衡的祖先节点，即可套用以上方法使之恢复平衡（习题[7-19]）。

■ 实现

以上算法过程，可描述并实现如代码7.12所示。

```
1 template <typename T> bool AVL<T>::remove ( const T& e ) { //从AVL树中删除关键码e
2    BinNodePosi(T) & x = search ( e ); if ( !x ) return false; //确认目标存在（留意_hot的设置）
3    removeAt ( x, _hot ); _size--; //先按BST规则删除之（此后，原节点之父_hot及其祖先均可能失衡）
4    for ( BinNodePosi(T) g = _hot; g; g = g->parent ) { //从_hot出发向上，逐层检查各代祖先g
5       if ( !AvlBalanced ( *g ) ) //一旦发现g失衡，则（采用“3 + 4”算法）使之复衡，并将该子树联至
6          g = FromParentTo ( *g ) = rotateAt ( tallerChild ( tallerChild ( g ) ) ); //原父亲
7       updateHeight ( g ); //并更新其高度（注意：即便g未失衡，高度亦可能降低）
8    } //可能需做Omega(logn)次调整——无论是否做过调整，全树高度均可能降低
9    return true; //删除成功
10 } //若目标节点存在且被删除，返回true；否则返回false
```

代码7.12 AVL树节点的删除

■ 效率

由上可见，较之插入操作，删除操作可能需在重平衡方面多花费一些时间。不过，既然需做重平衡的节点都是x的祖先，故重平衡过程累计只需不过$O(\log n)$时间（习题[7-17]）。

综合各方面的消耗，AVL树的节点删除操作总体的时间复杂度依然是$O(\log n)$。

7.4.4 统一重平衡算法

上述重平衡的方法，需要根据失衡节点及其孩子节点、孙子节点的相对位置关系，分别做单旋或双旋调整。按照这一思路直接实现调整算法，代码量大且流程繁杂，必然导致调试困难且容易出错。为此，以下引入一种更为简明的统一处理方法。

无论对于插入或删除操作，新方法也同样需要从刚发生修改的位置x出发逆行而上，直至遇到最低的失衡节点g(x)。于是在g(x)更高一侧的子树内，其孩子节点p和孙子节点v必然存在，而且这一局部必然可以g(x)、p和v为界，分解为四棵子树——按照图7.15至图7.18中的惯例，将它们按中序遍历次序重命名为T_0至T_3。

若同样按照中序遍历次序，重新排列g(x)、p和v，并将其命名为a、b和c，则这一局部的中序遍历序列应为：

$\{ T_0, a, T_1, b, T_2, c, T_3 \}$

这就意味着，这一局部应等价于如图7.19所示的子树。更重要的是，纵观图7.15至图7.18可见，这四棵子树的高度彼此相差不超过一层，故只需如图7.19所示，将这三个节点与四棵子树重新“组装”起来，恰好即是一棵AVL树！

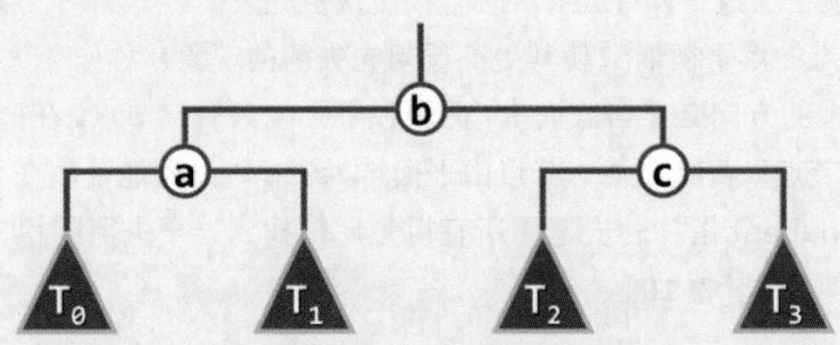

图7.19 节点插入后的统一重新平衡

实际上，这一理解涵盖了此前两节所有的单旋和双旋情况。相应的重构过程，仅涉及局部的三个节点及其四棵子树，故称作“3 + 4”重构。

该重构算法可能的一种实现方式，如代码7.13所示。

```
1 /******************************************************************************************
2  * 按照“3 + 4”结构联接3个节点及其四棵子树，返回重组之后的局部子树根节点位置（即b）
3  * 子树根节点与上层节点之间的双向联接，均须由上层调用者完成
4  * 可用于AVL和RedBlack的局部平衡调整
5  ******************************************************************************************/
6 template <typename T> BinNodePosi(T) BST<T>::connect34 (
7    BinNodePosi(T) a, BinNodePosi(T) b, BinNodePosi(T) c,
8    BinNodePosi(T) T0, BinNodePosi(T) T1, BinNodePosi(T) T2, BinNodePosi(T) T3
9 ) {
```

```
10    a->lc = T0; if ( T0 ) T0->parent = a;
11    a->rc = T1; if ( T1 ) T1->parent = a; updateHeight ( a );
12    c->lc = T2; if ( T2 ) T2->parent = c;
13    c->rc = T3; if ( T3 ) T3->parent = c; updateHeight ( c );
14    b->lc = a; a->parent = b;
15    b->rc = c; c->parent = b; updateHeight ( b );
16    return b; //该子树新的根节点
17 }
```

代码7.13 “3 + 4”重构

利用以上connect34()算法，即可视不同情况，按如下具体方法完成重平衡：

```
1 /******************************************************************************************
2  * BST节点旋转变换统一算法（3节点 + 4子树），返回调整之后局部子树根节点的位置
3  * 注意：尽管子树根会正确指向上层节点（如果存在），但反向的联接须由上层函数完成
4  ******************************************************************************************/
5 template <typename T> BinNodePosi(T) BST<T>::rotateAt ( BinNodePosi(T) v ) { //v为非空孙辈节点
6    BinNodePosi(T) p = v->parent; BinNodePosi(T) g = p->parent; //视v、p和g相对位置分四种情况
7    if ( IsLChild ( *p ) ) /* zig */
8       if ( IsLChild ( *v ) ) { /* zig-zig */
9          p->parent = g->parent; //向上联接
10         return connect34 ( v, p, g, v->lc, v->rc, p->rc, g->rc );
11      } else { /* zig-zag */
12         v->parent = g->parent; //向上联接
13         return connect34 ( p, v, g, p->lc, v->lc, v->rc, g->rc );
14      }
15   else  /* zag */
16      if ( IsRChild ( *v ) ) { /* zag-zag */
17         p->parent = g->parent; //向上联接
18         return connect34 ( g, p, v, g->lc, p->lc, v->lc, v->rc );
19      } else { /* zag-zig */
20         v->parent = g->parent; //向上联接
21         return connect34 ( g, v, p, g->lc, v->lc, v->rc, p->rc );
22      }
23 }
```

代码7.14 AVL树的统一重平衡

将图7.19与图7.15至图7.18做一比对即可看出，统一调整算法的效果，的确与此前的单旋、双旋算法完全一致。

另外不难验证，新算法的复杂度也依然是$O(1)$。

第8章

高级搜索树

除了AVL树，本章将按照如图7.1所示的总体框架，继续介绍平衡二叉搜索树家族中的其它成员。首先，鉴于数据访问的局部性在实际应用中普遍存在，将按照“最常用者优先”的启发策略，引入并实现伸展树。尽管最坏情况下其单次操作需要$O(n)$时间，但分摊而言仍在$O(\log n)$以内。构思巧妙，实现简洁，加上适用广泛，这些特点都使得伸展树具有别样的魅力。

接下来，通过对平衡二叉搜索树的推广，引入平衡多路搜索树，并着重讨论作为其中典型代表的B-树。借助此类结构，可以有效地弥合不同存储级别之间，在访问速度上的巨大差异。

对照4阶B-树，还将引入并实现红黑树。红黑树不仅能保持全树的适度平衡，从而有效地控制单次操作的时间成本，而且可以将每次重平衡过程执行的结构性调整，控制在常数次数以内。后者也是该树有别于其它变种的关键特性，它不仅保证了红黑树更高的实际计算效率，更为持久性结构（persistent structure）之类高级数据结构的实现，提供了直接而有效的方法。

最后，将针对平面范围查询应用，介绍基于平面子区域正交划分的kd-树结构。该结构是对四叉树（quadtree）和八叉树（octree）等结构的一般性推广，它也为计算几何类应用问题的求解，提供了一种基本的模式和有效的方法。

§8.1 伸展树

与前一章的AVL树一样，伸展树（splay tree）①也是平衡二叉搜索树的一种形式。相对于前者，后者的实现更为简捷。伸展树无需时刻都严格地保持全树的平衡，但却能够在任何足够长的真实操作序列中，保持分摊意义上的高效率。伸展树也不需要对基本的二叉树节点结构，做任何附加的要求或改动，更不需要记录平衡因子或高度之类的额外信息，故适用范围更广。

8.1.1 局部性

信息处理的典型模式是，将所有数据项视作一个集合，并将其组织为某种适宜的数据结构，进而借助操作接口高效访问。本书介绍的搜索树、词典和优先级队列等，都可归于此类。

为考查和评价各操作接口的效率，除了从最坏情况的角度出发，也可假定所有操作彼此独立、次序随机且概率均等，并从平均情况的角度出发。然而，后一尺度所依赖的假定条件，往往并不足以反映真实的情况。实际上，通常在任意数据结构的生命期内，不仅执行不同操作的概率往往极不均衡，而且各操作之间具有极强的相关性，并在整体上多呈现出极强的规律性。其中最为典型的，就是所谓的“数据局部性”（data locality），这包括两个方面的含义：

> 1）刚刚被访问过的元素，极有可能在不久之后再次被访问到
> 2）将被访问的下一元素，极有可能就处于不久之前被访问过的某个元素的附近

充分利用好此类特性，即可进一步地提高数据结构和算法的效率。比如习题[3-6]中的自调

---

① 由D. D. Sleator和R. E. Tarjan于1985年发明[41]

整列表，就是通过“即用即前移”的启发式策略，将最为常用的数据项集中于列表的前端，从而使得单次操作的时间成本大大降低。同样地，类似的策略也可应用于二叉搜索树。

就二叉搜索树而言，数据局部性具体表现为：

1）刚刚被访问过的节点，极有可能在不久之后再次被访问到
2）将被访问的下一节点，极有可能就处于不久之前被访问过的某个节点的附近

因此，只需将刚被访问的节点，及时地“转移”至树根（附近），即可加速后续的操作。当然，转移前后的搜索树必须相互等价，故为此仍需借助7.3.4节中等价变换的技巧。

8.1.2 逐层伸展

■ 简易伸展树

一种直接方式是：每访问过一个节点之后，随即反复地以它的父节点为轴，经适当的旋转将其提升一层，直至最终成为树根。以图8.1为例，若深度为3的节点E刚被访问——无论查找或插入，甚至“删除”——都可通过3次旋转，将该树等价变换为以E为根的另一棵二叉搜索树。

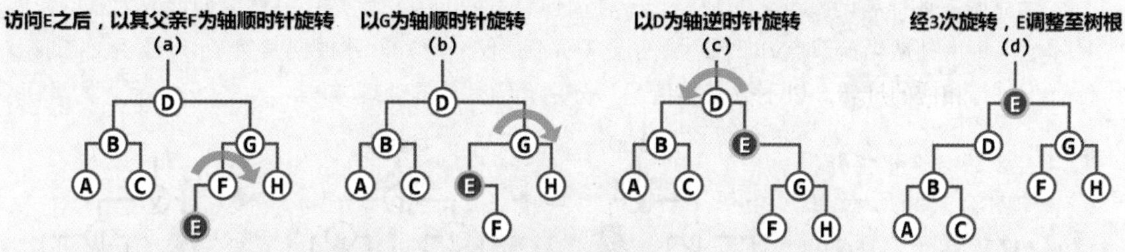

图8.1 通过自下而上的一系列等价变换，可使任一节点上升至树根

随着节点E的逐层上升，两侧子树的结构也不断地调整，故这一过程也形象地称作伸展（splaying），而采用这一调整策略的二叉搜索树也因此得名。不过，为实现真正意义上的伸展树，还须对以上策略做点微妙而本质的改进。之所以必须改进，是因为目前的策略仍存在致命的缺陷——对于很多访问序列，单次访问的分摊时间复杂度在极端情况下可能高达$\Omega(n)$。

■ 最坏情况

不难验证，若从空树开始依次插入关键码{ 1, 2, 3, 4, 5 }，且其间采用如上调整策略，则可得到如图8.2(a)所示的二叉搜索树。

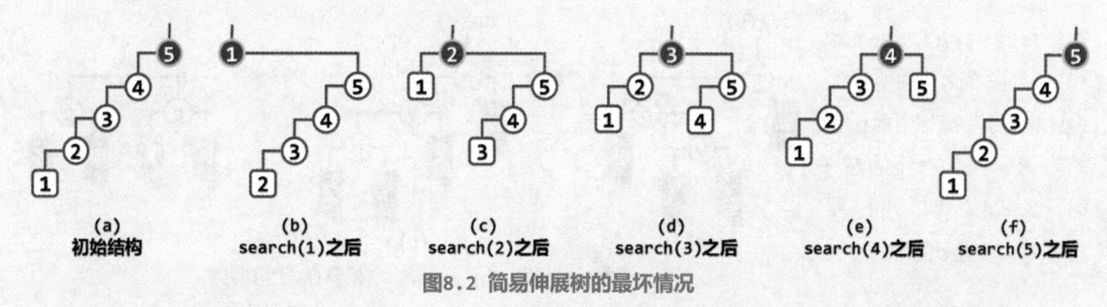

图8.2 简易伸展树的最坏情况

接下来，若通过search()接口，再由小到大地依次访问各节点一次，则该树在各次访问之后的结构形态将如图(b~f)所示。

可见，在各次访问之后，为将对应节点伸展调整至树根，分别需做4、4、3、2和1次旋转。

一般地，若节点总数为n，则旋转操作的总次数应为：

$$(n - 1) + \{ (n - 1) + (n - 2) + ... + 1 \}$$
$$= (n^2 + n - 2)/2 = \Omega(n^2)$$

如此分摊下来，每次访问平均需要Ω(n)时间。很遗憾，这一效率不仅远远低于AVL树，而且甚至与原始的二叉搜索树的最坏情况相当。而事实上，问题还远不止于此。

稍做比对即不难发现，图8.2(a)与(f)中二叉搜索树的结构完全相同。也就是说，经过以上连续的5次访问之后，全树的结构将会复原！这就意味着，以上情况可以持续地再现。

当然，这一实例，完全可以推广至规模任意的二叉搜索树。于是对于规模为任意n的伸展树，只要按关键码单调的次序，周期性地反复进行查找，则无论总的访问次数m >> n有多大，就分摊意义而言，每次访问都将需要Ω(n)时间！

那么，这类最坏的访问序列能否回避？具体地，又应该如何回避？

8.1.3 双层伸展

为克服上述伸展调整策略的缺陷，一种简便且有效的方法就是：将逐层伸展改为双层伸展。具体地，每次都从当前节点v向上追溯两层（而不是仅一层），并根据其父亲p以及祖父g的相对位置，进行相应的旋转。以下分三类情况，分别介绍具体的处理方法。

■ zig-zig/zag-zag

如图8.3(a)所示，设v是p的左孩子，且p也是g的左孩子；设W和X分别是v的左、右子树，Y和Z分别是p和g的右子树。

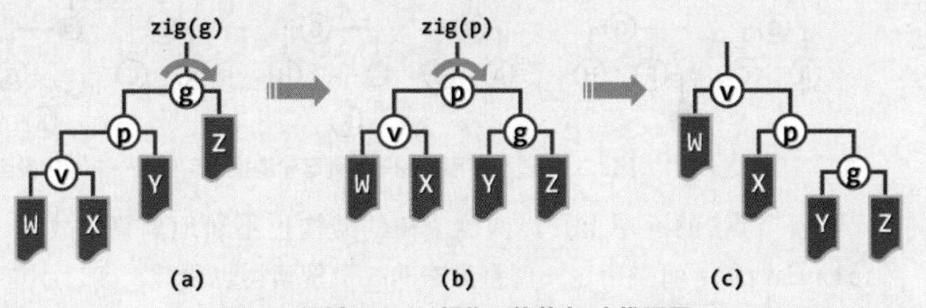

图8.3 通过zig-zig操作，将节点v上推两层

针对这种情况，首先以节点g为轴做顺时针旋转zig(g)，其效果如图(b)所示。然后，再以p为轴做顺时针旋转zig(p)，其效果如图(c)所示。如此连续的两次zig旋转，合称zig-zig调整。

自然地，另一完全对称的情形——v是p的右孩子，且p也是g的右孩子——则可通过连续的两次逆时针旋转实现调整，合称zag-zag操作。这一操作的具体过程，请读者独立绘出。

■ zig-zag/zag-zig

如图8.4(a)所示，设v是p的左孩子，而p是g的右孩子；设W是g的左子树，X和Y分别是v的左、右子树，Z是p的右子树。

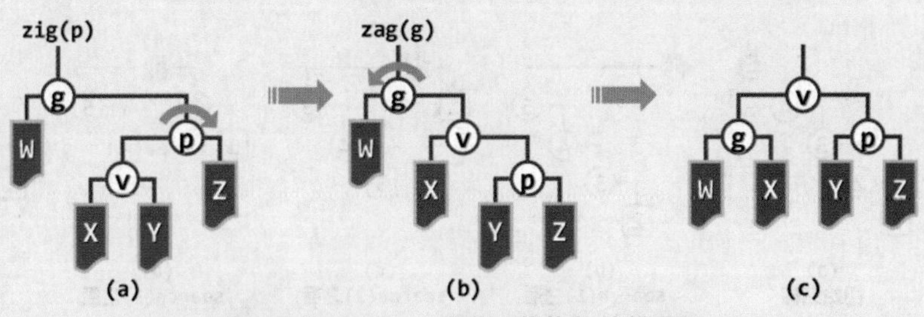

图8.4 通过zig-zag操作，将节点v上推两层

针对这种情况，首先以节点p为轴做顺时针旋转zig(p)，其效果如(b)所示。然后，再以g为轴做逆时针旋转zag(g)，其效果如图(c)所示。如此zig旋转再加zag旋转，合称zig-zag调整。

同样地，另一完全对称的情形——v是p的右孩子，而p是g的左孩子——则可通过zag旋转再加zig旋转实现调整，合称zag-zig操作。这一操作的具体过程，请读者独立绘出。

■ **zig/zag**

如图8.5(a)所示，若v最初的深度为奇数，则经过若干次双层调整至最后一次调整时，v的父亲p即是树根r。将v的左、右子树记作X和Y，节点p = r的另一子树记作Z。

此时，只需围绕p = r做顺时针旋转zig(p)，即可如图(b)所示，使v最终攀升至树根，从而结束整个伸展调整的过程。

zag调整与之对称，其过程请读者独立绘出。

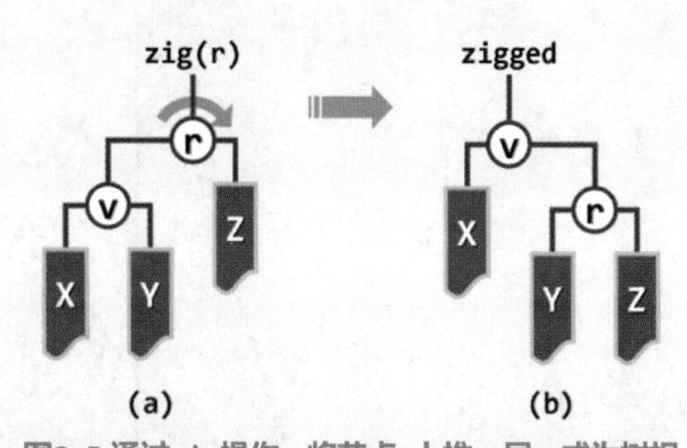

图8.5 通过zig操作，将节点v上推一层，成为树根

■ **效果与效率**

综合以上各种情况，每经过一次双层调整操作，节点v都会上升两层。若v的初始深度depth(v)为偶数，则最终v将上升至树根。若depth(v)为奇数，则当v上升至深度为1时，不妨最后再相应地做一次zig或zag单旋操作。无论如何，经过depth(v)次旋转后，v最终总能成为树根。

重新审视图8.2的最坏实例不难发现，这一访问序列导致$\Omega(n)$平均单次访问时间的原因，可以解释为：在这一可持续重复的过程中，二叉搜索树的高度始终不小于$\lfloor n/2 \rfloor$；而且，至少有一半的节点在接受访问时，不仅没有如最初设想的那样靠近树根，而且反过来恰恰处于最底层。从树高的角度看，问题根源也可再进一步地解释为：在持续访问的过程中，树高依算术级数逐步从n - 1递减至$\lfloor n/2 \rfloor$，然后再逐步递增回到n - 1。那么，采用上述双层伸展的策略将每一刚被访问过的节点推至树根，可否避免如图8.2所示的最坏情况呢？

稍作对比不难看出，就调整之后的局部结构而言，zig-zag和zag-zig调整与此前的逐层伸展完全一致（亦等效于AVL树的双旋调整），而zig-zig和zag-zag调整则有所不同。事实上，后者才是双层伸展策略优于逐层伸展策略的关键所在。

以如图8.6(b)所示的二叉搜索树为例，在find(1)操作之后，采用逐层调整策略与双层调整策略的效果，分别如图(a)和图(c)所示。

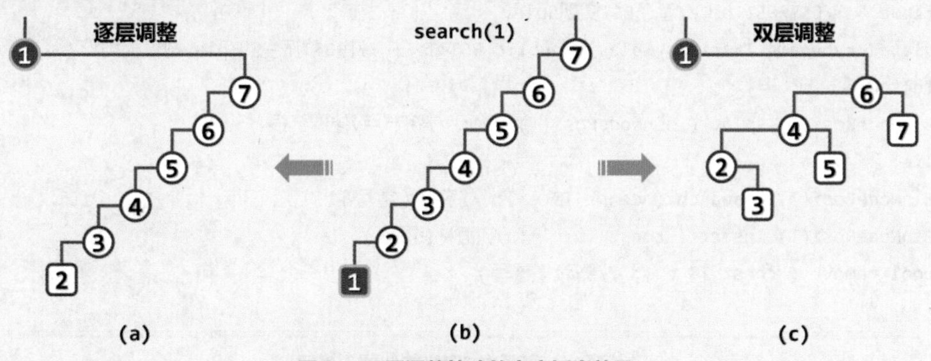

图8.6 双层调整策略的高度折半效果

可见，最深节点（1）被访问之后再经过双层调整，不仅同样可将该节点伸展至树根，而且同时可使树的高度接近于减半。就树的形态而言，双层伸展策略可“智能”地“折叠”被访问的子树分支，从而有效地避免对长分支的连续访问。这就意味着，即便节点v的深度为$\Omega(n)$，双层伸展策略既可将v推至树根，亦可令对应分支的长度以几何级数（大致折半）的速度收缩。

图8.7则给出了一个节点更多、更具一般性的例子，从中可更加清晰地看出这一效果。

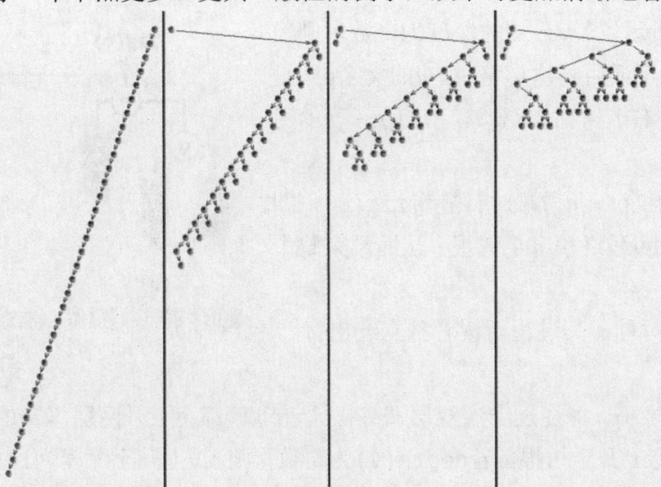

图8.7 伸展树中较深的节点一旦被访问到，对应分支的长度将随即减半

尽管在任一时刻伸展树中都可能存在很深的节点，但与含羞草类似地，一旦这类“坏”节点被“碰触”到，经过随后的双层伸展，其对应的分支都会收缩至长度大致折半。于是，即便每次都“恶意地”试图访问最底层节点，最坏情况也不会持续发生。可见，伸展树虽不能杜绝最坏情况的发生，却能有效地控制最坏情况发生的频度，从而在分摊意义下保证整体的高效率。

更准确地，Tarjan等人[41]采用势能分析法（potential analysis）业已证明，在改用“双层伸展”策略之后，伸展树的单次操作均可在分摊的$\mathcal{O}(\log n)$时间内完成（习题[8-2]）。

8.1.4 伸展树的实现

■ 伸展树接口定义

基于BST类，可定义伸展树模板类Splay如代码8.1所示。

```
1 #include "../BST/BST.h" //基于BST实现Splay
2 template <typename T> class Splay : public BST<T> { //由BST派生的Splay树模板类
3 protected:
4    BinNodePosi(T) splay ( BinNodePosi(T) v ); //将节点v伸展至根
5 public:
6    BinNodePosi(T) & search ( const T& e ); //查找（重写）
7    BinNodePosi(T) insert ( const T& e ); //插入（重写）
8    bool remove ( const T& e ); //删除（重写）
9 };
```

代码8.1 基于BST定义的伸展树接口

可见，这里直接沿用二叉搜索树类，并根据伸展树的平衡规则，重写了三个基本操作接口search()、insert()和remove()，另外，针对伸展调整操作，设有一个内部保护型接口splay()。

这些接口的具体实现将在以下数节陆续给出。需强调的是，与一般的二叉搜索树不同，伸展树的查找也会引起整树的结构调整，故search()操作也需重写。

■ 伸展算法的实现

8.1.3节所述的伸展调整方法，可具体实现如代码8.2所示。

```
1 template <typename NodePosi> inline //在节点*p与*lc（可能为空）之间建立父（左）子关系
2 void attachAsLChild ( NodePosi p, NodePosi lc ) { p->lc = lc; if ( lc ) lc->parent = p; }
3
4 template <typename NodePosi> inline //在节点*p与*rc（可能为空）之间建立父（右）子关系
5 void attachAsRChild ( NodePosi p, NodePosi rc ) { p->rc = rc; if ( rc ) rc->parent = p; }
6
7 template <typename T> //Splay树伸展算法：从节点v出发逐层伸展
8 BinNodePosi(T) Splay<T>::splay ( BinNodePosi(T) v ) { //v为因最近访问而需伸展的节点位置
9    if ( !v ) return NULL; BinNodePosi(T) p; BinNodePosi(T) g; //*v的父亲与祖父
10   while ( ( p = v->parent ) && ( g = p->parent ) ) { //自下而上，反复对*v做双层伸展
11      BinNodePosi(T) gg = g->parent; //每轮之后*v都以原曾祖父（great-grand parent）为父
12      if ( IsLChild ( *v ) )
13         if ( IsLChild ( *p ) ) { //zig-zig
14            attachAsLChild ( g, p->rc ); attachAsLChild ( p, v->rc );
15            attachAsRChild ( p, g ); attachAsRChild ( v, p );
16         } else { //zig-zag
17            attachAsLChild ( p, v->rc ); attachAsRChild ( g, v->lc );
18            attachAsLChild ( v, g ); attachAsRChild ( v, p );
19         }
20      else if ( IsRChild ( *p ) ) { //zag-zag
21         attachAsRChild ( g, p->lc ); attachAsRChild ( p, v->lc );
22         attachAsLChild ( p, g ); attachAsLChild ( v, p );
23      } else { //zag-zig
24         attachAsRChild ( p, v->lc ); attachAsLChild ( g, v->rc );
25         attachAsRChild ( v, g ); attachAsLChild ( v, p );
26      }
27      if ( !gg ) v->parent = NULL; //若*v原先的曾祖父*gg不存在，则*v现在应为树根
28      else //否则，*gg此后应该以*v作为左或右孩子
29         ( g == gg->lc ) ? attachAsLChild ( gg, v ) : attachAsRChild ( gg, v );
30      updateHeight ( g ); updateHeight ( p ); updateHeight ( v );
31   } //双层伸展结束时，必有g == NULL，但p可能非空
32   if ( p = v->parent ) { //若p果真非空，则额外再做一次单旋
33      if ( IsLChild ( *v ) ) { attachAsLChild ( p, v->rc ); attachAsRChild ( v, p ); }
34      else                   { attachAsRChild ( p, v->lc ); attachAsLChild ( v, p ); }
35      updateHeight ( p ); updateHeight ( v );
36   }
37   v->parent = NULL; return v;
38 } //调整之后新树根应为被伸展的节点，故返回该节点的位置以便上层函数更新树根
```

代码8.2 伸展树节点的调整

■ 查找算法的实现

在伸展树中查找任一关键码e的过程，可实现如代码8.3所示。

```
1 template <typename T> BinNodePosi(T) & Splay<T>::search ( const T& e ) { //在伸展树中查找e
2    BinNodePosi(T) p = searchIn ( _root, e, _hot = NULL );
3    _root = splay ( p ? p : _hot ); //将最后一个被访问的节点伸展至根
4    return _root;
5 } //与其它BST不同，无论查找成功与否，_root都指向最后被访问的节点
```

代码8.3 伸展树节点的查找

首先，调用二叉搜索树的通用算法searchIn()（代码7.3）尝试查找具有关键码e的节点。无论查找是否成功，都继而调用splay()算法，将查找终止位置处的节点伸展到树根。

■ 插入算法的实现

为将节点插至伸展树中，固然可以调用二叉搜索树的标准插入算法BST::insert()（188页代码7.5），再通过双层伸展，将新插入的节点提升至树根。

然而，以上接口Splay::search()已集成了splay()伸展功能，故查找返回后，树根节点要么等于查找目标（查找成功），要么就是_hot，而且恰为拟插入节点的直接前驱或直接后继（查找失败）。因此，不妨改用如下方法实现Splay::insert()接口。

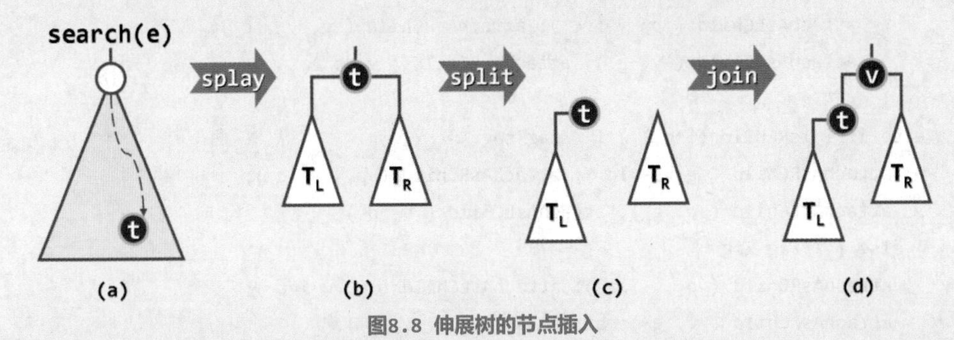

图8.8 伸展树的节点插入

如图8.8所示，为将关键码e插至伸展树T中，首先调用伸展树查找接口Splay::search(e)，查找该关键码（图(a)）。于是，其中最后被访问的节点t，将通过伸展被提升为树根，其左、右子树分别记作T_L和T_R（图(b)）。

接下来，根据e与t的大小关系（不妨排除二者相等的情况），以t为界将T分裂为两棵子树。比如，不失一般性地设e大于t。于是，可切断t与其右孩子之间的联系（图(c)），再将以e为关键码的新节点v作为树根，并以t作为其左孩子，以T_R作为其右子树（图(d)）。

v小于t的情况与此完全对称，请读者独立做出分析。

上述算法过程，可具体实现如代码8.4所示。

```
1 template <typename T> BinNodePosi(T) Splay<T>::insert ( const T& e ) { //将关键码e插入伸展树中
2    if ( !_root ) { _size++; return _root = new BinNode<T> ( e ); } //处理原树为空的退化情况
3    if ( e == search ( e )->data ) return _root; //确认目标节点不存在
4    _size++; BinNodePosi(T) t = _root; //创建新节点。以下调整<=7个指针以完成局部重构
```

```
5     if ( _root->data < e ) { //插入新根，以t和t->rc为左、右孩子
6        t->parent = _root = new BinNode<T> ( e, NULL, t, t->rc ); //2 + 3个
7        if ( HasRChild ( *t ) ) { t->rc->parent = _root; t->rc = NULL; } //<= 2个
8     } else { //插入新根，以t->lc和t为左、右孩子
9        t->parent = _root = new BinNode<T> ( e, NULL, t->lc, t ); //2 + 3个
10       if ( HasLChild ( *t ) ) { t->lc->parent = _root; t->lc = NULL; } //<= 2个
11    }
12    updateHeightAbove ( t ); //更新t及其祖先（实际上只有_root一个）的高度
13    return _root; //新节点必然置于树根，返回之
14 } //无论e是否存在于原树中，返回时总有_root->data == e
```

代码8.4 伸展树节点的插入

尽管伸展树并不需要记录和维护节点高度，为与其它平衡二叉搜索树的实现保持统一，这里还是对节点的高度做了及时的更新。出于效率的考虑，实际应用中可视情况，省略这类更新。

■ **删除算法的实现**

为从伸展树中删除节点，固然也可以调用二叉搜索树标准的节点删除算法BST::remove()（190页代码7.6），再通过双层伸展，将该节点此前的父节点提升至树根。

然而同样地，在实施删除操作之前，通常都需要调用Splay::search()定位目标节点，而该接口已经集成了splay()伸展功能，从而使得在成功返回后，树根节点恰好就是待删除节点。因此，亦不妨改用如下策略，以实现Splay::remove()接口。

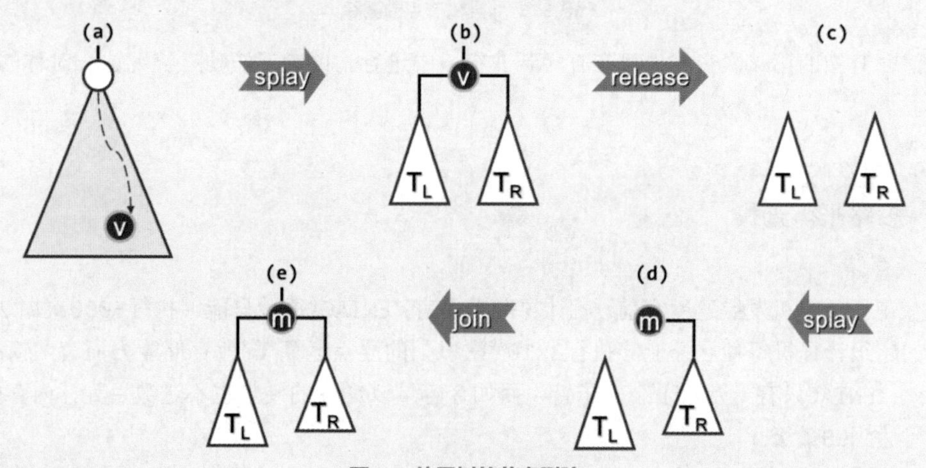

图8.9 伸展树的节点删除

如图8.9所示，为从伸展树T中删除关键码为e的节点，首先亦调用接口Splay::search(e)，查找该关键码，且不妨设命中节点为v（图(a)）。于是，v将随即通过伸展被提升为树根，其左、右子树分别记作T_L和T_R（图(b)）。接下来，将v摘除（图(c)）。然后，在T_R中再次查找关键码e。尽管这一查找注定失败，却可以将T_R中的最小节点m，伸展提升为该子树的根。

得益于二叉搜索树的顺序性，此时节点m的左子树必然为空；同时，T_L中所有节点都应小于m（图(d)）。于是，只需将T_L作为左子树与m相互联接，即可得到一棵完整的二叉搜索树（图(e)）。如此不仅删除了v，而且既然新树根m在原树中是v的直接后继，故数据局部性也得到了利用。

上述算法过程，可具体实现如代码8.5所示。

```
1 template <typename T> bool Splay<T>::remove ( const T& e ) { //从伸展树中删除关键码e
2    if ( !_root || ( e != search ( e )->data ) ) return false; //若树空或目标不存在，则无法删除
3    BinNodePosi(T) w = _root; //assert: 经search()后节点e已被伸展至树根
4    if ( !HasLChild ( *_root ) ) { //若无左子树，则直接删除
5       _root = _root->rc; if ( _root ) _root->parent = NULL;
6    } else if ( !HasRChild ( *_root ) ) { //若无右子树，也直接删除
7       _root = _root->lc; if ( _root ) _root->parent = NULL;
8    } else { //若左右子树同时存在，则
9       BinNodePosi(T) lTree = _root->lc;
10      lTree->parent = NULL; _root->lc = NULL; //暂时将左子树切除
11      _root = _root->rc; _root->parent = NULL; //只保留右子树
12      search ( w->data ); //以原树根为目标，做一次（必定失败的）查找
13 ///// assert: 至此，右子树中最小节点必伸展至根，且（因无雷同节点）其左子树必空，于是
14      _root->lc = lTree; lTree->parent = _root; //只需将原左子树接回原位即可
15   }
16   release ( w->data ); release ( w ); _size--; //释放节点，更新规模
17   if ( _root ) updateHeight ( _root ); //此后，若树非空，则树根的高度需要更新
18   return true; //返回成功标志
19 } //若目标节点存在且被删除，返回true；否则返回false
```

代码8.5 伸展树节点的删除

当然，其中的第二次查找也可在T_L（若非空）中进行。读者不妨独立实现这一对称的版本。

§8.2 B-树

8.2.1 多路平衡查找

■ 分级存储

现代电子计算机发展速度空前。就计算能力而言，ENIAC[②]每秒只能够执行5000次加法运算，而今天的超级计算机每秒已经能够执行3×10^{16}次以上的浮点运算[③]。就存储能力而言，情况似乎也是如此：ENIAC只有一万八千个电子管，而如今容量以TB计的硬盘也不过数百元，内存的常规容量也已达到GB量级。

然而从实际应用的需求来看，问题规模的膨胀却远远快于存储能力的增长。以数据库为例，在20世纪80年代初，典型数据库的规模为10~100 MB，而三十年后的今天，典型数据库的规模已需要以TB为单位来计量。计算机存储能力提高速度相对滞后，是长期存在的现象，而且随着时间的推移，这一矛盾将日益凸显。鉴于在同等成本下，存储器的容量越大（小）则访问速度越慢（快），因此一味地提高存储器容量，亦非解决这一矛盾的良策。

② 第一台电子计算机，1946年2月15日诞生于美国宾夕法尼亚大学工学院

③ 2013年6月，天河-2以此运算速度，荣登世界超级计算机500强榜首

实践证明，分级存储才是行之有效的方法。在由内存与外存（磁盘）组成的二级存储系统中，数据全集往往存放于外存中，计算过程中则可将内存作为外存的高速缓存，存放最常用数据项的复本。借助高效的调度算法，如此便可将内存的“高速度”与外存的“大容量”结合起来。

两个相邻存储级别之间的数据传输，统称I/O操作。各级存储器的访问速度相差悬殊，故应尽可能地减少I/O操作。仍以内存与磁盘为例，其单次访问延迟大致分别在纳秒（ns）和毫秒（ms）级别，相差5至6个数量级。也就是说，对内存而言的一秒/一天，相当于磁盘的一星期/两千年。因此，为减少对外存的一次访问，我们宁愿访问内存百次、千次甚至万次。也正因为此，在衡量相关算法的性能时，基本可以忽略对内存的访问，转而更多地关注对外存的访问次数。

■ 多路搜索树

当数据规模大到内存已不足以容纳时，常规平衡二叉搜索树的效率将大打折扣。其原因在于，查找过程对外存的访问次数过多。例如，若将10^9个记录在外存中组织为AVL树，则每次查找大致需做30次外存访问。那么，如何才能有效减少外存操作呢？

为此，需要充分利用磁盘之类外部存储器的另一特性：就时间成本而言，读取物理地址连续的一千个字节，与读取单个字节几乎没有区别。既然外部存储器更适宜于批量式访问，不妨通过时间成本相对极低的多次内存操作，来替代时间成本相对极高的单次外存操作。相应地，需要将通常的二叉搜索树，改造为多路搜索树——在中序遍历的意义下，这也是一种等价变换。

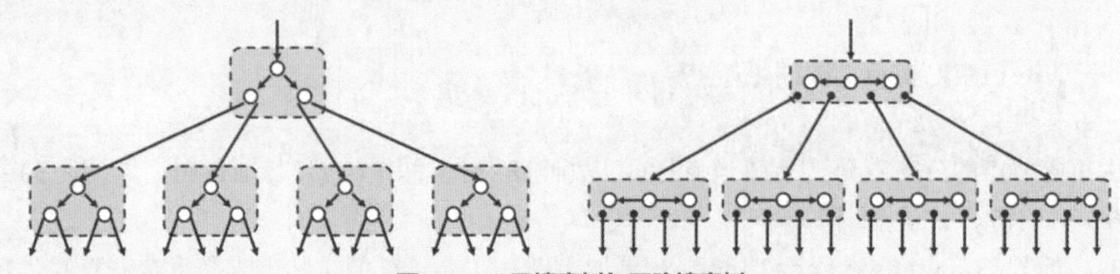

图8.10 二叉搜索树与四路搜索树

具体地如图8.10所示，比如可以两层为间隔，将各节点与其左、右孩子合并为“大节点”：原节点及其孩子的共三个关键码予以保留；孩子节点原有的四个分支也予以保留并按中序遍历次序排列；节点到左、右孩子的分支转化为“大节点”内部的搜索，在图中表示为水平分支。如此改造之后，每个“大节点”拥有四个分支，故称作四路搜索树。

这一策略还可进一步推广，比如以三层为间隔，将各节点及其两个孩子、四个孙子合并为含有七个关键码、八个分支的“大节点”，进而得到八路搜索树。一般地，以k层为间隔如此重组，可将二叉搜索树转化为等价的2^k路搜索树，统称多路搜索树（multi-way search tree）。

不难验证，多路搜索树同样支持查找等操作，且效果与原二叉搜索树完全等同；然而重要的是，其对外存的访问方式已发生本质变化。实际上，在此时的搜索每下降一层，都以“大节点”为单位从外存读取一组（而不再是单个）关键码。更为重要的是，这组关键码在逻辑上与物理上都彼此相邻，故可以批量方式从外存一次性读出，且所需时间与读取单个关键码几乎一样。

当然，每组关键码的最佳数目，取决于不同外存的批量访问特性。比如旋转式磁盘的读写操作多以扇区为单位，故可根据扇区的容量和关键码的大小，经换算得出每组关键码的最佳规模。例如若取k = 8，则每个“大节点”将拥有255个关键码和256个分支，此时同样对于1G个记录，每次查找所涉及的外存访问将减至4~5次。

■ 多路平衡搜索树

所谓m阶B-树[④]（B-tree），即m路平衡搜索树（m ≥ 2），其宏观结构如图8.11所示。

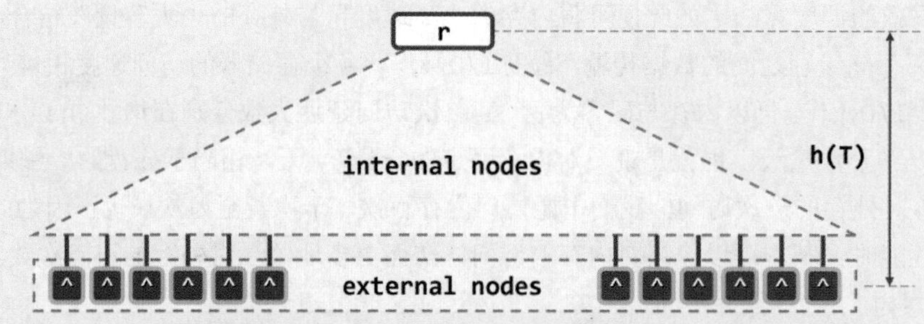

图8.11 B-树的宏观结构（外部节点以深色示意，深度完全一致，且都同处于最底层）

其中，所有外部节点均深度相等。同时，每个内部节点都存有不超过m - 1个关键码，以及用以指示对应分支的不超过m个引用。具体地，存有n ≤ m - 1个关键码：

$$K_1 < K_2 < K_3 < K_4 < ... < K_n$$

的内部节点，同时还配有n + 1 ≤ m个引用：

$$A_0 < A_1 < A_2 < A_3 < A_4 < ... < A_n$$

反过来，各内部节点的分支数也不能太少。具体地，除根以外的所有内部节点，都应满足：

$$n + 1 \geq \lceil m/2 \rceil$$

而在非空的B-树中，根节点应满足：

$$n + 1 \geq 2$$

由于各节点的分支数介于⌈m/2⌉至m之间，故m阶B-树也称作(⌈m/2⌉, m)-树，如(2, 3)-树、(3, 6)-树或(7, 13)-树等。

B-树的外部节点（external node）更加名副其实——它们实际上未必意味着查找失败，而可能表示目标关键码存在于更低层次的某一外部存储系统中，顺着该节点的指示，即可深入至下一级存储系统并继续查找。正因为如此，不同于常规的搜索树，如图8.11所示，在计算B-树高度时，还需要计入其最底层的外部节点。

例如，图8.12(a)即为一棵由9个内部节点、15个外部节点以及14个关键码组成的4阶B-树，其高度h = 3，其中每个节点包含1~3个关键码，拥有2~4个分支。

作为与二叉搜索树等价的“扁平化”版本，B-树的宽度（亦即最底层外部节点的数目）往往远大于其高度。因此在以图形描述B-树的逻辑结构时，我们往往需要简化其中分支的画法，并转而采用如图(b)所示的紧凑形式。

另外，既然外部节点均同处于最底层，且深度完全一致，故在将它们省略之后，通常还不致造成误解。因此，还可以将B-树的逻辑结构，进一步精简为如图(c)所示的最紧凑形式。

由这种最紧凑的表示形式，也可同时看出，B-树叶节点（即最深的内部节点）的深度也必然完全一致，比如[7]、[19, 22]、[28]、[37, 40, 41]、[46]和[52]。

④ 由R. Bayer和E. McCreight于1970年合作发明[43]

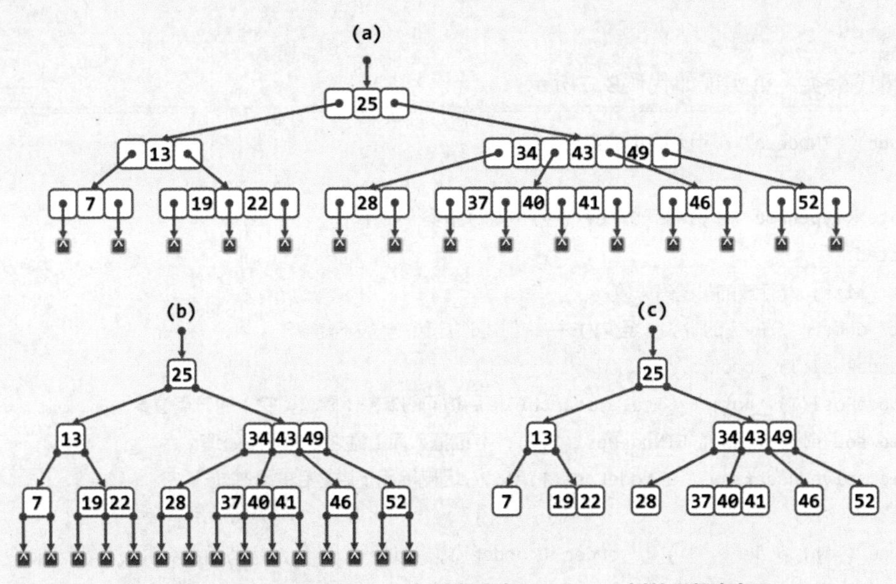

图8.12 (a) 4阶B-树；(b) B-树的紧凑表示；(c) B-树的最紧凑表示

8.2.2 ADT接口及其实现

按照以上定义，可以模板类的形式描述并实现B-树节点以及B-树结构本身如下。

■ 节点

B-树节点BTNode类，可实现如代码8.6所示。

```
1 #include "../vector/vector.h"
2 #define BTNodePosi(T) BTNode<T>* //B-树节点位置
3
4 template <typename T> struct BTNode { //B-树节点模板类
5 // 成员（为简化描述起见统一开放，读者可根据需要进一步封装）
6    BTNodePosi(T) parent; //父节点
7    Vector<T> key; //关键码向量
8    Vector<BTNodePosi(T)> child; //孩子向量（其长度总比key多一）
9 // 构造函数（注意：BTNode只能作为根节点创建，而且初始时有0个关键码和1个空孩子指针）
10    BTNode() { parent = NULL; child.insert ( 0, NULL ); }
11    BTNode ( T e, BTNodePosi(T) lc = NULL, BTNodePosi(T) rc = NULL ) {
12       parent = NULL; //作为根节点，而且初始时
13       key.insert ( 0, e ); //只有一个关键码，以及
14       child.insert ( 0, lc ); child.insert ( 1, rc ); //两个孩子
15       if ( lc ) lc->parent = this; if ( rc ) rc->parent = this;
16    }
17 };
```

代码8.6 B-树节点

这里，同一节点的所有孩子组织为一个向量，各相邻孩子之间的关键码也组织为一个向量。当然，按照B-树的定义，孩子向量的实际长度总是比关键码向量多一。

■ B-树

B-树模板类，可实现如代码8.7所示。

```
1 #include "BTNode.h" //引入B-树节点类
2
3 template <typename T> class BTree { //B-树模板类
4 protected:
5     int _size; //存放的关键码总数
6     int _order; //B-树的阶次，至少为3——创建时指定，一般不能修改
7     BTNodePosi(T) _root; //根节点
8     BTNodePosi(T) _hot; //BTree::search()最后访问的非空（除非树空）的节点位置
9     void solveOverflow ( BTNodePosi(T) ); //因插入而上溢之后的分裂处理
10    void solveUnderflow ( BTNodePosi(T) ); //因删除而下溢之后的合并处理
11 public:
12    BTree ( int order = 3 ) : _order ( order ), _size ( 0 ) //构造函数：默认为最低的3阶
13    { _root = new BTNode<T>(); }
14    ~BTree() { if ( _root ) release ( _root ); } //析构函数：释放所有节点
15    int const order() { return _order; } //阶次
16    int const size() { return _size; } //规模
17    BTNodePosi(T) & root() { return _root; } //树根
18    bool empty() const { return !_root; } //判空
19    BTNodePosi(T) search ( const T& e ); //查找
20    bool insert ( const T& e ); //插入
21    bool remove ( const T& e ); //删除
22 }; //BTree
```

代码8.7 B-树

后面将会看到，B-树的关键码插入操作和删除操作，可能会引发节点的上溢和下溢。因此，这里设有内部接口solveOverflow()和solveUnderflow()，分别用于修正此类问题。在稍后的8.2.6节和8.2.8节中，将分别讲解其具体原理及实现。

8.2.3 关键码查找

■ 算法

如前述，B-树结构非常适宜于在相对更小的内存中，实现对大规模数据的高效操作。

一般地如图8.13所示，可以将大数据集组织为B-树并存放于外存。对于活跃的B-树，其根节点会常驻于内存；此外，任何时刻通常只有另一节点（称作当前节点）留驻于内存。

B-树的查找过程，与二叉搜索树的查找过程基本类似。

首先以根节点作为当前节点，然后再逐层深入。若在当前节点（所包含的一组关键码）中能够找到目标关键码，则成功返回。否则（在当前节点中查找“失败”），则必可在当前节点中确定某一个引用（“失败”位置），并通过它转至逻辑上处于下一层的另一节点。若该节点不是外部节点，则将其载入内存，并更新为当前节点，然后继续重复上述过程。

整个过程如图8.13所示，从根节点开始，通过关键码的比较不断深入至下一层，直到某一关键码命中（查找成功），或者到达某一外部节点（查找失败）。

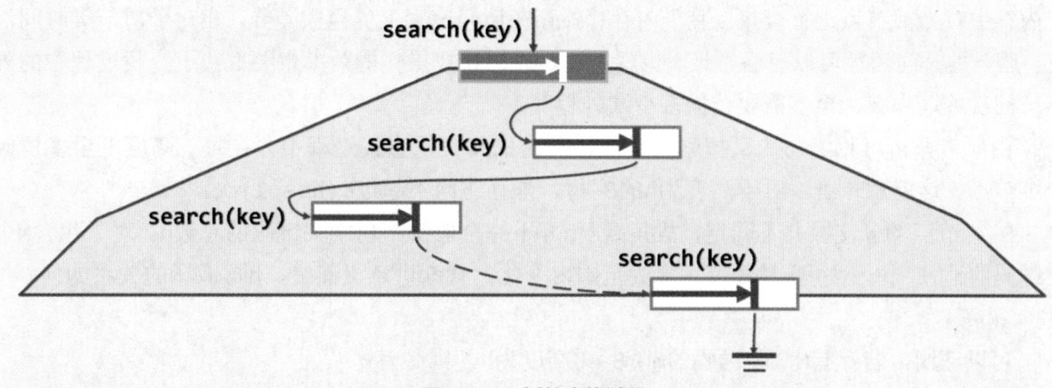

图8.13 B-树的查找过程

与二叉搜索树的不同之处在于，因此时各节点内通常都包含多个关键码，故有可能需要经过（在内存中的）多次比较，才能确定应该转向下一层的哪个节点并继续查找。

仍以如图8.12所示的4阶B-树为例，查找关键码41的过程大致如下：在根节点处经过一次关键码比较（25）之后，即可确定应转入第2个分支；再经过两次比较（34, 43）之后，确定转入第2个分支；最后经过三次比较（37, 40, 41）之后，才成功地找到目标关键码。查找关键码42的过程与之类似，只是在最底层的内部节点内，需要经过三次关键码比较（37, 40, 41）之后，才确定应转入关键码41右侧的外部节点，从而最终确定查找失败。

可见，只有在切换和更新当前节点时才会发生I/O操作，而在同一节点内部的查找则完全在内存中进行。因内存的访问速度远远高于外存，再考虑到各节点所含关键码数量通常在128~512之间，故可直接使用顺序查找策略，而不必采用二分查找之类的复杂策略。

■ 实现

如代码8.8所示，为简化代码，节点内部的查找直接借用了有序向量的search()接口。

```
1 template <typename T> BTNodePosi(T) BTree<T>::search ( const T& e ) { //在B-树中查找关键码e
2    BTNodePosi(T) v = _root; _hot = NULL; //从根节点出发
3    while ( v ) { //逐层查找
4       Rank r = v->key.search ( e ); //在当前节点中，找到不大于e的最大关键码
5       if ( ( 0 <= r ) && ( e == v->key[r] ) ) return v; //成功：在当前节点中命中目标关键码
6       _hot = v; v = v->child[r + 1]; //否则，转入对应子树（_hot指向其父）——需做I/O，最费时间
7    } //这里在向量内是二分查找，但对通常的_order可直接顺序查找
8    return NULL; //失败：最终抵达外部节点
9 }
```


代码8.8 B-树关键码的查找

与二叉搜索树的实现类似，这里也约定查找结果由返回的节点位置指代：成功时返回目标关键码所在的节点，上层调用过程可在该节点内进一步查找以确定准确的命中位置；失败时返回对应外部节点，其父节点则由变量_hot指代。

8.2.4 性能分析

由上可见，B-树查找操作所需的时间不外乎消耗于两个方面：将某一节点载入内存，以及在内存中对当前节点进行查找。鉴于内存、外存在访问速度上的巨大差异，相对于前一类时间消耗，后一类时间消耗可以忽略不计。也就是说，B-树查找操作的效率主要取决于查找过程中的外存访问次数。那么，至多需要访问多少次外存呢？

由前节分析可见，与二叉搜索树类似，B-树的每一次查找过程中，在每一高度上至多访问一个节点。这就意味着，对于高度为h的B-树，外存访问不超过$\mathcal{O}(h - 1)$次。

B-树节点的分支数并不固定，故其高度h并不完全取决于树中关键码的总数n。对于包含N个关键码的m阶B-树，高度h具体可在多大范围内变化？就渐进意义而言，h与m及N的关系如何？

■ 树高

可以证明，若存有N个关键码的m阶B-树高度为h，则必有：

$$\log_m(N + 1) \le h \le \log_{\lceil m/2 \rceil} \lfloor (N + 1) / 2 \rfloor + 1 \quad \text{（式8-1）}$$

首先证明$h \le \log_{\lceil m/2 \rceil} \lfloor (N+1)/2 \rfloor + 1$。关键码总数固定时，为使B-树更高，各内部节点都应包含尽可能少的关键码。于是按照B-树的定义，各高度层次上节点数目至少是：

$$n_0 = 1$$
$$n_1 = 2$$
$$n_2 = 2 \times \lceil m / 2 \rceil$$
$$n_3 = 2 \times \lceil m / 2 \rceil^2$$
$$\ldots$$
$$n_{h-1} = 2 \times \lceil m / 2 \rceil^{h-2}$$
$$n_h = 2 \times \lceil m / 2 \rceil^{h-1}$$

现考查外部节点。这些节点对应于失败的查找，故其数量n_h应等于失败查找可能情形的总数，即应比成功查找可能情形的总数恰好多1，而后者等于关键码的总数N。于是有

$$N + 1 = n_h \ge 2 \times (\lceil m / 2 \rceil)^{h-1}, \quad h \ge 1$$

即 $$h \le 1 + \log_{\lceil m/2 \rceil} \lfloor (N + 1) / 2 \rfloor = \mathcal{O}(\log_m N)$$

再来证明$h \ge \log_m(N + 1)$。同理，关键码总数固定时，为使B-树更矮，每个内部节点都应该包含尽可能多的关键码。按照B-树的定义，各高度层次上的节点数目至多是：

$$n_0 = 1$$
$$n_1 = m$$
$$n_2 = m^2$$
$$\ldots$$
$$n_{h-1} = m^{h-1}$$
$$n_h = m^h$$

与上同理，有

$$N + 1 = n_h \le m^h$$

即 $$h \ge \log_m(N + 1) = \Omega(\log_m N)$$

总之，式8-1必然成立。也就是说，存有N个关键码的m阶B-树的高度$h = \Theta(\log_m N)$。

■ 复杂度

因此，每次查找过程共需访问$\mathcal{O}(\log_m N)$个节点，相应地需要做$\mathcal{O}(\log_m N)$次外存读取操作。由此可知，对存有N个关键码的m阶B-树的每次查找操作，耗时不超过$\mathcal{O}(\log_m N)$。

需再次强调的是，尽管没有渐进意义上的改进，但相对而言极其耗时的I/O操作的次数，却已大致缩减为原先的$1/\log_2 m$。鉴于m通常取值在256至1024之间，较之此前大致降低一个数量级，故使用B-树后，实际的访问效率将有十分可观的提高。

8.2.5 关键码插入

B-树的关键码插入算法，可实现如代码8.9所示。

```
1 template <typename T> bool BTree<T>::insert ( const T& e ) { //将关键码e插入B树中
2    BTNodePosi(T) v = search ( e ); if ( v ) return false; //确认目标节点不存在
3    Rank r = _hot->key.search ( e ); //在节点_hot的有序关键码向量中查找合适的插入位置
4    _hot->key.insert ( r + 1, e ); //将新关键码插至对应的位置
5    _hot->child.insert ( r + 2, NULL ); //创建一个空子树指针
6    _size++; //更新全树规模
7    solveOverflow ( _hot ); //如有必要，需做分裂
8    return true; //插入成功
9 }
```

代码8.9 B-树关键码的插入

为在B-树中插入一个新的关键码e，首先调用search(e)在树中查找该关键码。若查找成功，则按照“禁止重复关键码”的约定不予插入，操作即告完成并返回false。

否则，按照代码8.8的出口约定，查找过程必然终止于某一外部节点v，且其父节点由变量_hot指示。当然，此时的_hot必然指向某一叶节点（可能同时也是根节点）。接下来，在该节点中再次查找目标关键码e。尽管这次查找注定失败，却可以确定e在其中的正确插入位置r。最后，只需将e插至这一位置。

至此，_hot所指的节点中增加了一个关键码。若该节点内关键码的总数依然合法（即不超过m - 1个），则插入操作随即完成。否则，称该节点发生了一次上溢（overflow），此时需要通过适当的处理，使该节点以及整树重新满足B-树的条件。由代码8.9可见，这项任务将借助调整算法solveOverflow(_hot)来完成。

8.2.6 上溢与分裂

■ 算法

一般地，刚发生上溢的节点，应恰好含有m个关键码。若取$s = \lfloor m/2 \rfloor$，则它们依次为：

$$\{ k_0, \ ..., \ k_{s-1}; \quad k_s; \quad k_{s+1}, \ ..., \ k_{m-1} \}$$

可见，以k_s为界，可将该节点分前、后两个子节点，且二者大致等长。于是，可令关键码k_s上升一层，归入其父节点（若存在）中的适当位置，并分别以这两个子节点作为其左、右孩子。这一过程，称作节点的分裂（split）。

不难验证，如此分裂所得的两个孩子节点，均符合m阶B-树关于节点分支数的条件。

■ 可能的情况

以如图8.14(a1)所示的6阶B-树局部为例，其中节点{ 17, 20, 31, 37, 41, 56 }，因所含关键码增至6个而发生上溢。为完成修复，可以关键码37为界，将该节点分裂为{ 17, 20, 31 }和{ 41, 56 }；关键码37则上升一层，并以分裂出来的两个子节点作为左、右孩子。

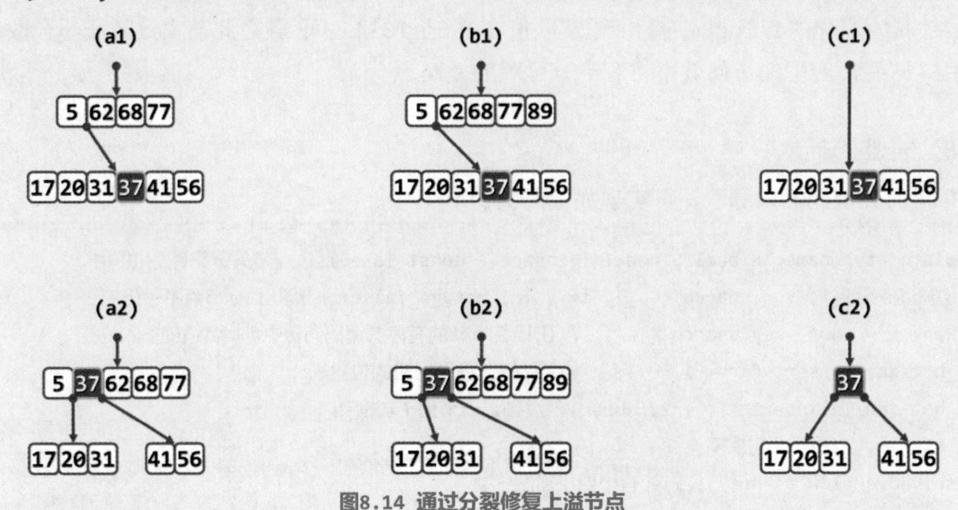

图8.14 通过分裂修复上溢节点

被提升的关键码，可能有三种进一步的处置方式。首先如图(a1)所示，设原上溢节点的父节点存在，且足以接纳一个关键码。此种情况下，只需将被提升的关键码（37）按次序插入父节点中，修复即告完成，修复后的局部如图(a2)所示。

其次如图(b1)所示，尽管上溢节点的父节点存在，但业已处于饱和状态。此时如图(b2)，在强行将被提升的关键码插入父节点之后，尽管上溢节点也可得到修复，却会导致其父节点继而发生上溢——这种现象称作上溢的向上传递。好在每经过一次这样的修复，上溢节点的高度都必然上升一层。这意味着上溢的传递不至于没有尽头，最远不至超过树根。

最后如图(c1)所示，若上溢果真传递至根节点，则可令被提升的关键码（37）自成一个节点，并作为新的树根。于是如图(c2)所示，至此上溢修复完毕，全树增高一层。可见，整个过程中所做分裂操作的次数，必不超过全树的高度——根据8.2.4节结论，即$\mathcal{O}(\log_m N)$。

■ 实现

以上针对上溢的处理算法，可实现如代码8.10所示。

```
1 template <typename T> //关键码插入后若节点上溢，则做节点分裂处理
2 void BTree<T>::solveOverflow ( BTNodePosi(T) v ) {
3    if ( _order >= v->child.size() ) return; //递归基：当前节点并未上溢
4    Rank s = _order / 2; //轴点（此时应有_order = key.size() = child.size() - 1）
5    BTNodePosi(T) u = new BTNode<T>(); //注意：新节点已有一个空孩子
6    for ( Rank j = 0; j < _order - s - 1; j++ ) { //v右侧_order-s-1个孩子及关键码分裂为右侧节点u
7       u->child.insert ( j, v->child.remove ( s + 1 ) ); //逐个移动效率低
8       u->key.insert ( j, v->key.remove ( s + 1 ) ); //此策略可改进
9    }
10   u->child[_order - s - 1] = v->child.remove ( s + 1 ); //移动v最靠右的孩子
```

```
11    if ( u->child[0] ) //若u的孩子们非空，则
12       for ( Rank j = 0; j < _order - s; j++ ) //令它们的父节点统一
13          u->child[j]->parent = u; //指向u
14    BTNodePosi(T) p = v->parent; //v当前的父节点p
15    if ( !p ) { _root = p = new BTNode<T>(); p->child[0] = v; v->parent = p; } //若p空则创建之
16    Rank r = 1 + p->key.search ( v->key[0] ); //p中指向u的指针的秩
17    p->key.insert ( r, v->key.remove ( s ) ); //轴点关键码上升
18    p->child.insert ( r + 1, u );  u->parent = p; //新节点u与父节点p互联
19    solveOverflow ( p ); //上升一层，如有必要则继续分裂——至多递归O(logn)层
20 }
```

代码8.10 B-树节点的上溢处理

请特别留意上溢持续传播至根的情况：原树根分裂之后，新创建的树根仅含单关键码。由此也可看出，就B-树节点分支数的下限要求而言，树根节点的确应该作为例外。

■ 实例

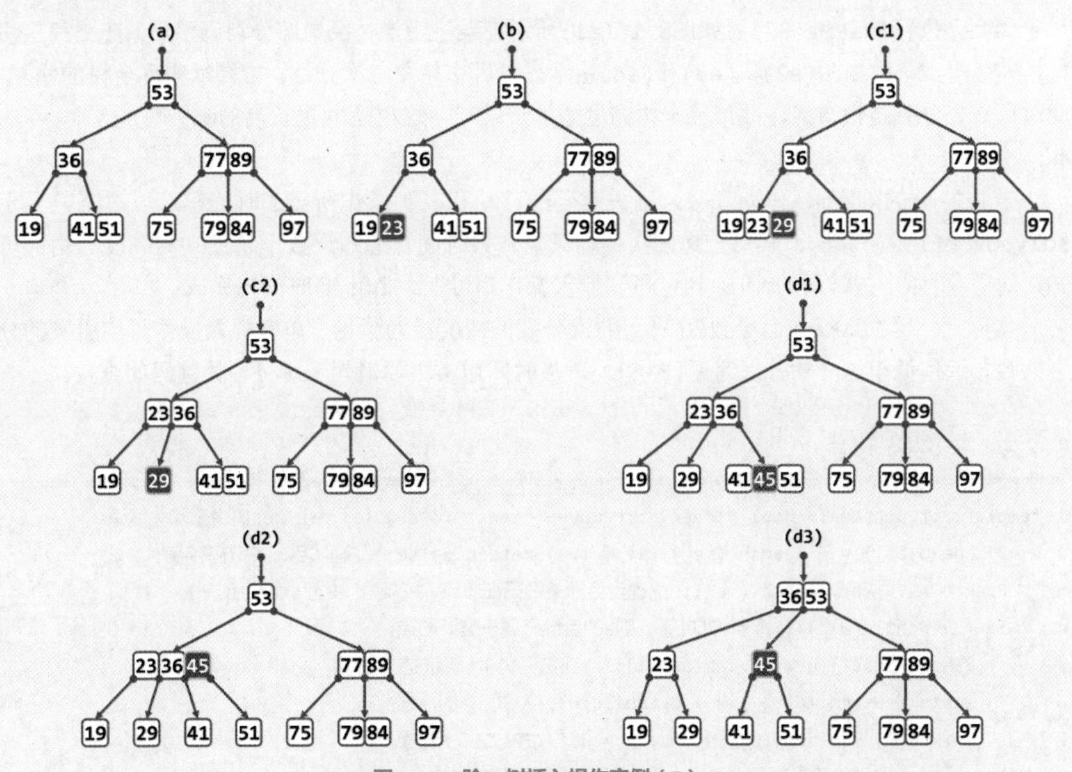

图8.15 3阶B-树插入操作实例（I）

考查如图8.15(a)所示的3阶B-树。执行insert(23)后未发生任何上溢；如(b)所示不必做任何调整。接下来执行insert(29)后，如图(c1)所示发生上溢；经一次分裂即完全修复，结果如图(c2)所示。继续执行insert(45)后，如图(d1)所示发生上溢；经分裂做局部修复之后，如图(d2)所示上一层再次发生上溢；经再次分裂后，方得以实现全树的修复，结果如图(d3)所示。

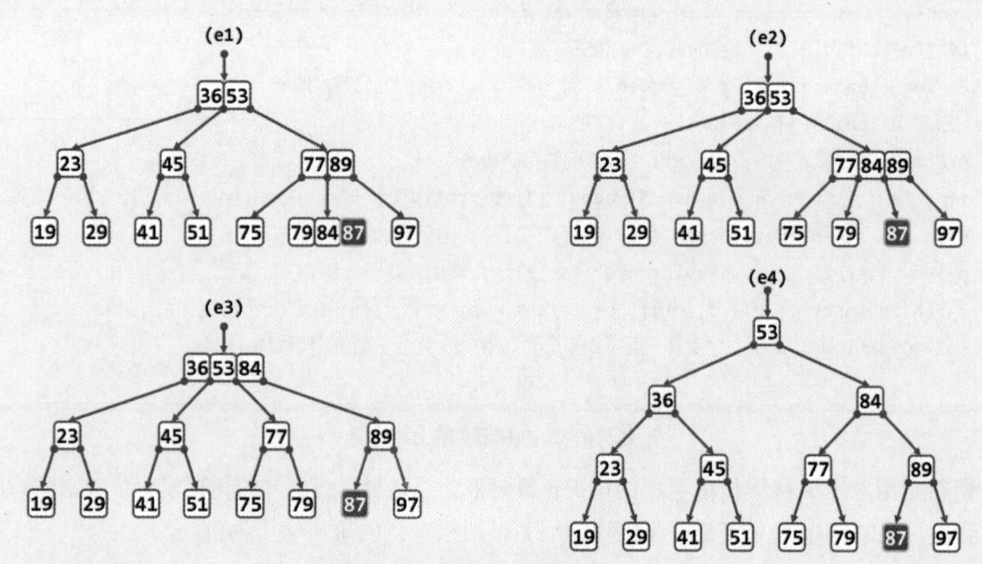

图8.16 3阶B-树插入操作实例（II）

最后，执行insert(87)后如图8.16(e1)所示亦发生上溢；经局部分裂调整后，在更高层将持续发生上溢，故如图(e2)、(e3)和(e4)所示，先后总共经三次分裂，方得以实现全树的修复。此时因一直分裂至根节点，故最终全树高度增加一层——这也是B-树长高的唯一可能。

■ 复杂度

若将B-树的阶次m视作为常数，则关键码的移动和复制操作所需的时间都可以忽略。至于solveOverflow()算法，其每一递归实例均只需常数时间，递归层数不超过B-树高度。由此可知，对于存有N个关键码的m阶B-树，每次插入操作都可在$\mathcal{O}(\log_m N)$时间内完成。

实际上，因插入操作而导致$\Omega(\log_m N)$次分裂的情况极为罕见，单次插入操作平均引发的分裂次数，远远低于这一估计（习题[8-6]），故时间通常主要消耗于对目标关键码的查找。

8.2.7 关键码删除

```
1 template <typename T> bool BTree<T>::remove ( const T& e ) { //从BTree树中删除关键码e
2    BTNodePosi(T) v = search ( e ); if ( !v ) return false; //确认目标关键码存在
3    Rank r = v->key.search ( e ); //确定目标关键码在节点v中的秩（由上，肯定合法）
4    if ( v->child[0] ) { //若v非叶子，则e的后继必属于某叶节点
5       BTNodePosi(T) u = v->child[r+1]; //在右子树中一直向左，即可
6       while ( u->child[0] ) u = u->child[0]; //找出e的后继
7       v->key[r] = u->key[0]; v = u; r = 0; //并与之交换位置
8    } //至此，v必然位于最底层，且其中第r个关键码就是待删除者
9    v->key.remove ( r ); v->child.remove ( r + 1 ); _size--; //删除e，以及其下两个外部节点之一
10   solveUnderflow ( v ); //如有必要，需做旋转或合并
11   return true;
12 }
```

代码8.11 B-树关键码的删除

B-树的关键码删除算法的实现如代码8.11所示。

为从B-树中删除关键码e，也首先需要调用search(e)查找e所属的节点。倘若查找失败，则说明关键码e尚不存在，删除操作即告完成；否则按照代码8.8的出口约定，目标关键码所在的节点必由返回的位置v指示。此时，通过顺序查找，即可进一步确定e在节点v中的秩r。

不妨假定v是叶节点——否则，e的直接前驱（后继）在其左（右）子树中必然存在，而且可在$\mathcal{O}$(height(v))时间内确定它们的位置，其中height(v)为节点v的高度。此处不妨选用直接后继。于是，e的直接后继关键码所属的节点u必为叶节点，且该关键码就是其中的最小者u[0]。既然如此，只要令e与u[0]互换位置，即可确保待删除的关键码e所属的节点v是叶节点。

于是，接下来可直接将e（及其左侧的外部空节点）从v中删去。如此，节点v中所含的关键码以及（空）分支将分别减少一个。

此时，若该节点所含关键码的总数依然合法（即不少于$\lceil m/2 \rceil - 1$），则删除操作随即完成。否则，称该节点发生了下溢（underflow），并需要通过适当的处置，使该节点以及整树重新满足B-树的条件。由代码8.11可见，这项任务将借助调整算法solveUnderflow(v)来完成。

8.2.8 下溢与合并

由上，在m阶B-树中，刚发生下溢的节点V必恰好包含$\lceil m/2 \rceil - 2$个关键码和$\lceil m/2 \rceil - 1$个分支。以下将根据其左、右兄弟所含关键码的数目，分三种情况做相应的处置。

- V的左兄弟L存在，且至少包含$\lceil m/2 \rceil$个关键码

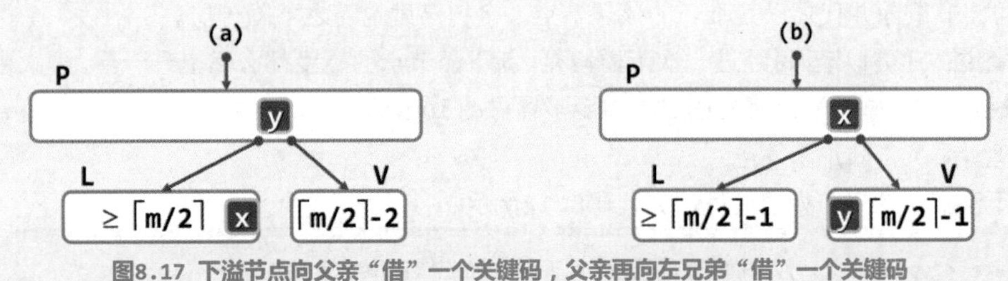

图8.17 下溢节点向父亲“借”一个关键码，父亲再向左兄弟“借”一个关键码

如图8.17(a)所示，不妨设L和V分别是其父节点P中关键码y的左、右孩子，L中最大关键码为x（$x \leq y$）。此时可如图(b)所示，将y从节点P转移至节点V中（作为最小关键码），再将x从L转移至P中（取代原关键码y）。至此，局部乃至整树都重新满足B-树条件，下溢修复完毕。

- V的右兄弟R存在，且至少包含$\lceil m/2 \rceil$个关键码

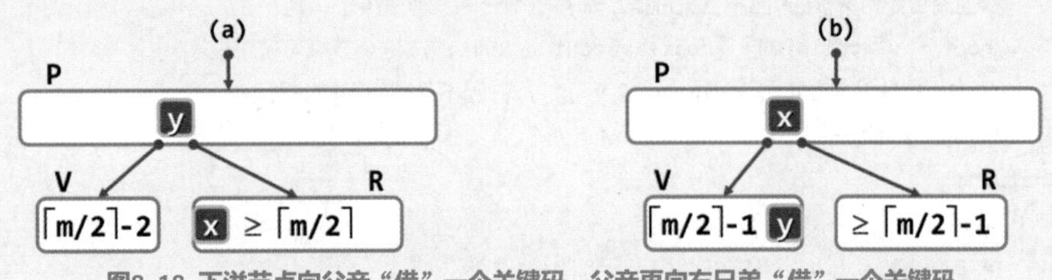

图8.18 下溢节点向父亲“借”一个关键码，父亲再向右兄弟“借”一个关键码

如图8.18所示，可参照前一情况对称地修复，不再赘述。

■　V的左、右兄弟L和R或者不存在，或者其包含的关键码均不足⌈m/2⌉个

实际上，此时的L和R不可能同时不存在。如图8.19(a)所示，不失一般性地设左兄弟节点L存在。当然，此时节点L应恰好包含⌈m/2⌉ - 1个关键码。

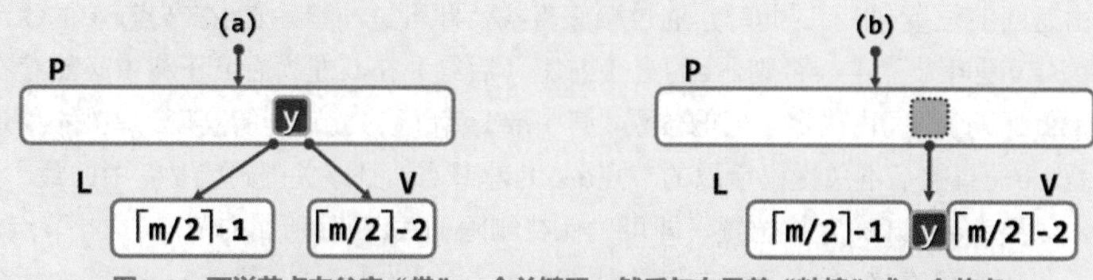

图8.19 下溢节点向父亲"借"一个关键码，然后与左兄弟"粘接"成一个节点

于是为修复节点V的下溢缺陷，可如图(b)所示，从父节点P中抽出介于L和V之间的关键码y，并通过该关键码将节点L和V"粘接"成一个节点——这一过程称作节点的合并（merge）。注意，在经如此合并而得新节点中，关键码总数应为：

$$(\lceil m/2 \rceil - 1) + 1 + (\lceil m/2 \rceil - 2) = 2\times\lceil m/2 \rceil - 2 \leq m - 1$$

故原节点V的下溢缺陷得以修复，而且同时也不致于反过来引发上溢。

接下来，还须检查父节点P——关键码y的删除可能致使该节点出现下溢。好在，即便如此，也尽可套用上述三种方法继续修复节点P。当然，修复之后仍可能导致祖父节点以及更高层节点的下溢——这种现象称作下溢的传递。特别地，当下溢传递至根节点且其中不再含有任何关键码时，即可将其删除并代之以其唯一的孩子节点，全树高度也随之下降一层。

与上溢传递类似地，每经过一次下溢修复，新下溢节点的高度都必然上升一层。再次由8.2.4节的式8-1可知，整个下溢修复的过程中至多需做$\mathcal{O}(\log_m N)$次节点合并操作。

■　实现

对下溢节点的整个处理过程，如代码8.12所示。

```
1 template <typename T> //关键码删除后若节点下溢，则做节点旋转或合并处理
2 void BTree<T>::solveUnderflow ( BTNodePosi(T) v ) {
3    if ( ( _order + 1 ) / 2 <= v->child.size() ) return; //递归基：当前节点并未下溢
4    BTNodePosi(T) p = v->parent;
5    if ( !p ) { //递归基：已到根节点，没有孩子的下限
6       if ( !v->key.size() && v->child[0] ) {
7          //但倘若作为树根的v已不含关键码，却有（唯一的）非空孩子，则
8          _root = v->child[0]; _root->parent = NULL; //这个节点可被跳过
9          v->child[0] = NULL; release ( v ); //并因不再有用而被销毁
10      } //整树高度降低一层
11      return;
12   }
13   Rank r = 0; while ( p->child[r] != v ) r++;
14   //确定v是p的第r个孩子——此时v可能不含关键码，故不能通过关键码查找
15   //另外，在实现了孩子指针的判等器之后，也可直接调用Vector::find()定位
16 // 情况1：向左兄弟借关键码
```

```
17      if ( 0 < r ) { //若v不是p的第一个孩子，则
18         BTNodePosi(T) ls = p->child[r - 1]; //左兄弟必存在
19         if ( ( _order + 1 ) / 2 < ls->child.size() ) { //若该兄弟足够“胖”，则
20            v->key.insert ( 0, p->key[r - 1] ); //p借出一个关键码给v（作为最小关键码）
21            p->key[r - 1] = ls->key.remove ( ls->key.size() - 1 ); //ls的最大关键码转入p
22            v->child.insert ( 0, ls->child.remove ( ls->child.size() - 1 ) );
23            //同时ls的最右侧孩子过继给v
24            if ( v->child[0] ) v->child[0]->parent = v; //作为v的最左侧孩子
25            return; //至此，通过右旋已完成当前层（以及所有层）的下溢处理
26         }
27      } //至此，左兄弟要么为空，要么太“瘦”
28 // 情况2：向右兄弟借关键码
29      if ( p->child.size() - 1 > r ) { //若v不是p的最后一个孩子，则
30         BTNodePosi(T) rs = p->child[r + 1]; //右兄弟必存在
31         if ( ( _order + 1 ) / 2 < rs->child.size() ) { //若该兄弟足够“胖”，则
32            v->key.insert ( v->key.size(), p->key[r] ); //p借出一个关键码给v（作为最大关键码）
33            p->key[r] = rs->key.remove ( 0 ); //ls的最小关键码转入p
34            v->child.insert ( v->child.size(), rs->child.remove ( 0 ) );
35            //同时rs的最左侧孩子过继给v
36            if ( v->child[v->child.size() - 1] ) //作为v的最右侧孩子
37               v->child[v->child.size() - 1]->parent = v;
38            return; //至此，通过左旋已完成当前层（以及所有层）的下溢处理
39         }
40      } //至此，右兄弟要么为空，要么太“瘦”
41 // 情况3：左、右兄弟要么为空（但不可能同时），要么都太“瘦”——合并
42      if ( 0 < r ) { //与左兄弟合并
43         BTNodePosi(T) ls = p->child[r - 1]; //左兄弟必存在
44         ls->key.insert ( ls->key.size(), p->key.remove ( r - 1 ) ); p->child.remove ( r );
45         //p的第r - 1个关键码转入ls，v不再是p的第r个孩子
46         ls->child.insert ( ls->child.size(), v->child.remove ( 0 ) );
47         if ( ls->child[ls->child.size() - 1] ) //v的最左侧孩子过继给ls做最右侧孩子
48            ls->child[ls->child.size() - 1]->parent = ls;
49         while ( !v->key.empty() ) { //v剩余的关键码和孩子，依次转入ls
50            ls->key.insert ( ls->key.size(), v->key.remove ( 0 ) );
51            ls->child.insert ( ls->child.size(), v->child.remove ( 0 ) );
52            if ( ls->child[ls->child.size() - 1] ) ls->child[ls->child.size() - 1]->parent = ls;
53         }
54         release ( v ); //释放v
55      } else { //与右兄弟合并
56         BTNodePosi(T) rs = p->child[r + 1]; //右兄度必存在
57         rs->key.insert ( 0, p->key.remove ( r ) ); p->child.remove ( r );
58         //p的第r个关键码转入rs，v不再是p的第r个孩子
59         rs->child.insert ( 0, v->child.remove ( v->child.size() - 1 ) );
```

```
60        if ( rs->child[0] ) rs->child[0]->parent = rs; //v的最左侧孩子过继给ls做最右侧孩子
61        while ( !v->key.empty() ) { //v剩余的关键码和孩子，依次转入rs
62           rs->key.insert ( 0, v->key.remove ( v->key.size() - 1 ) );
63           rs->child.insert ( 0, v->child.remove ( v->child.size() - 1 ) );
64           if ( rs->child[0] ) rs->child[0]->parent = rs;
65        }
66        release ( v ); //释放v
67     }
68     solveUnderflow ( p ); //上升一层，如有必要则继续分裂——至多递归O(logn)层
69     return;
70  }
```

代码8.12 B-树节点的下溢处理

如前所述，若下溢现象持续传播至树根，且树根当时仅含一个关键码。于是，在其仅有的两个孩子被合并、仅有的一个关键码被借出之后，原树根将退化为单分支节点。对这一特殊情况，需删除该树根，并以刚合并而成的节点作为新的树根——整树高度也随之降低一层。

■ 实例

考查如图8.20(a)所示的3阶B-树。

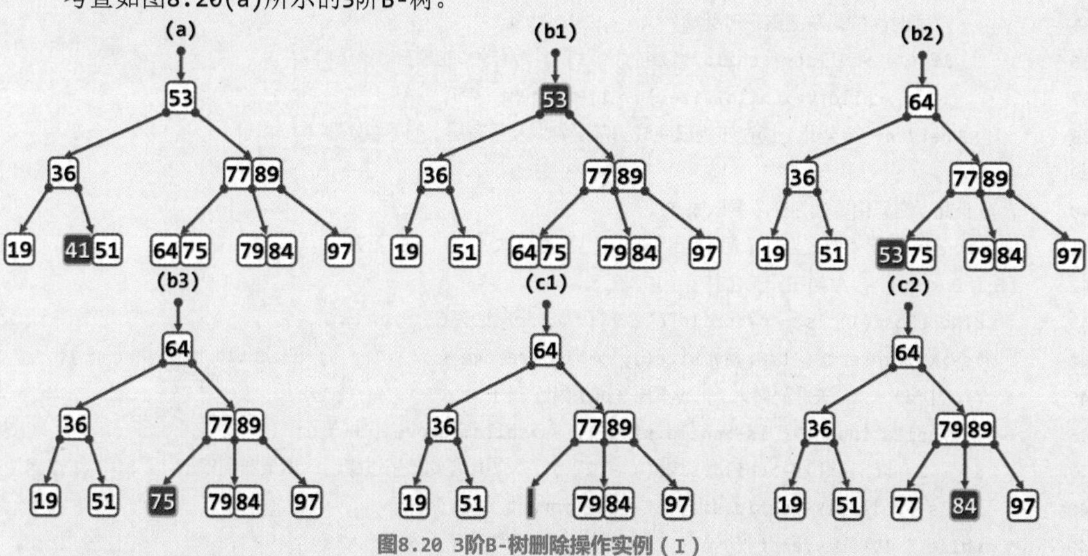

图8.20 3阶B-树删除操作实例（I）

首先执行remove(41)：因关键码41来自底层叶节点，且从中删除该关键码后未发生下溢，故无需修复，结果如图(b1)所示。接下来执行remove(53)：因关键码53并非来自底层叶节点，故在将该关键码与其直接后继64交换位置之后，如图(b2)所示关键码，53必属于某底层叶节点；在删除该关键码之后，其所属节点并未发生下溢，故亦无需修复，结果如图(b3)所示。

然后执行remove(75)：关键码75来自底层叶节点，故被直接删除后其所属节点如图(c1)所示发生下溢；在经父节点中转，从右侧兄弟间接借得一个关键码之后，结果如图(c2)所示。

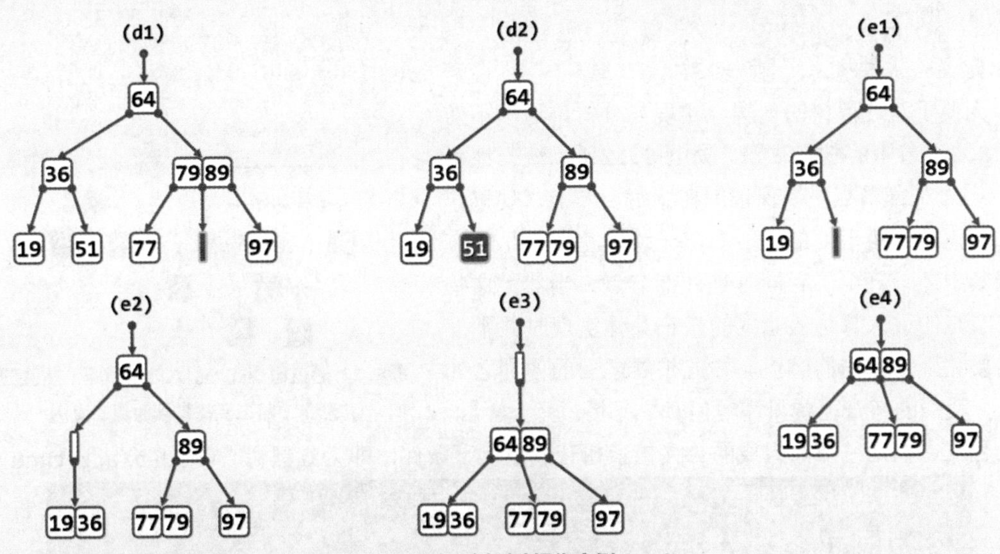

图8.21 3阶B-树删除操作实例（II）

继续执行remove(84)：同样地，删除关键码84后，其原属底层叶节点如以图8.21(d1)所示发生下溢；此时左、右兄弟均无法借出关键码，故在从父节点借得关键码79后，该下溢节点可与其左侧兄弟合并；父节点借出一个关键码之后尚未下溢，故结果如图(d2)所示。

最后执行remove(51)：删除关键码51后，其原属底层叶节点如图(e1)所示发生下溢；从父节点借得关键码36后，该节点可与左侧兄弟合并，但父节点如图(e2)所示因此发生下溢；从祖父（根）节点借得关键码64后，父节点可与其右侧兄弟合并，但祖父节点如图(e3)所示因此发生下溢。此时已抵达树根，故直接删除空的根节点，如图(e4)所示全树高度降低一层。

■ 复杂度

与插入操作同理，在存有N个关键码的m阶B-树中的每次关键码删除操作，都可以在$\mathcal{O}(\log_m N)$时间内完成。另外同样地，因某一关键码的删除而导致$\Omega(\log_m N)$次合并操作的情况也极为罕见，单次删除操作过程中平均只需做常数次节点的合并。

§8.3 *红黑树

平衡二叉搜索树的形式多样，且各具特色。比如，8.1节的伸展树实现简便、无需修改节点结构、分摊复杂度低，但可惜最坏情况下的单次操作需要$\Omega(n)$时间，故难以适用于核电站、医院等对可靠性和稳定性要求极高的场合。反之，7.4节的AVL树尽管可以保证最坏情况下的单次操作速度，但需在节点中嵌入平衡因子等标识；更重要的是，删除操作之后的重平衡可能需做多达$\Omega(\log n)$次旋转，从而频繁地导致全树整体拓扑结构的大幅度变化。

红黑树即是针对后一不足的改进。通过为节点指定颜色，并巧妙地动态调整，红黑树可保证：在每次插入或删除操作之后的重平衡过程中，全树拓扑结构的更新仅涉及常数个节点。尽管最坏情况下需对多达$\Omega(\log n)$个节点重染色，但就分摊意义而言仅为$\mathcal{O}(1)$个（习题[8-14]）。

当然，为此首先需在AVL树“适度平衡”标准的基础上，进一步放宽条件。实际上，红黑树所采用的“适度平衡”标准，可大致表述为：**任一节点左、右子树的高度，相差不得超过两倍。**

8.3.1 概述

■ 定义与条件

为便于对红黑树的理解、实现与分析，这里不妨仿照8.2.1节中B-树的做法，如图8.22所示统一地引入n + 1个外部节点，以保证原树中每一节点（现称作内部节点，八角形）的左、右孩子均非空——尽管有可能其中之一甚至二者同时是外部节点。当然，这些外部节点的引入只是假想式的，在具体实现时并不一定需要兑现为真实的节点。如此扩展之后的便利之处在于，我们的考查范围只需覆盖真二叉树。

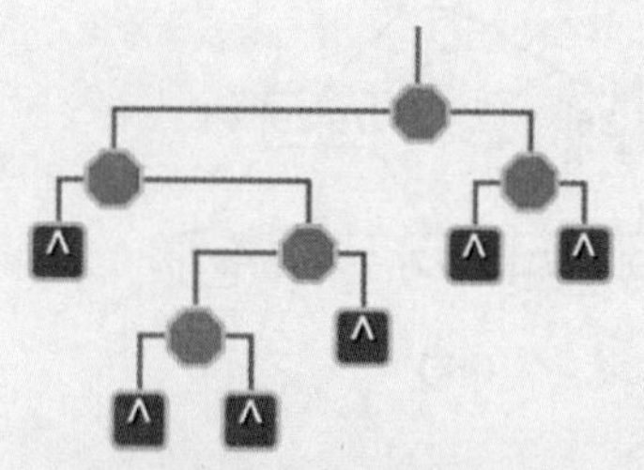

图8.22 通过假想式地引入外部节点（黑色正方形），将二叉树扩展为真二叉树

由红、黑两色节点组成的二叉搜索树若满足以下条件，即为红黑树[⑤]（red-black tree）：

(1) 树根始终为黑色
(2) 外部节点均为黑色
(3) 其余节点若为红色，则其孩子节点必为黑色
(4) 从任一外部节点到根节点的沿途，黑节点的数目相等

其中，条件(1)和(2)意味着红节点均为内部节点，且其父节点及左、右孩子必然存在。另外，条件(3)意味着红节点之父必为黑色，因此树中任一通路都不含相邻的红节点。

由此可知，在从根节点通往任一节点的沿途，黑节点都不少于红节点。除去根节点本身，沿途所经黑节点的总数称作该节点的黑深度（black depth）——根节点的黑深度为0，其余依此类推。故条件(4)亦可等效地理解和描述为“所有外部节点的黑深度统一”。

由条件(4)可进一步推知，在从任一节点通往其任一后代外部节点的沿途，黑节点的总数亦必相等。除去（黑色）外部节点，沿途所经黑节点的总数称作该节点的黑高度（black height）。如此，所有外部节点的黑高度均为0，其余依此类推。

特别地，根节点的黑高度亦称作全树的黑高度，在数值上与外部节点的黑深度相等。

■ (2,4)-树

红黑树的上述定义，不免令人困惑和费解。幸运的是，借助此前已掌握的概念，我们完全可以清晰地理解和把握红黑树的定义，及其运转过程。为此，需注意到如下有趣的事实：在红黑树与8.2节的4阶B-树之间，存在极其密切的联系；经适当转换之后，二者相互等价！

具体地，自顶而下逐层考查红黑树各节点。每遇到一个红节点，都将对应的子树整体提升一层，从而与其父节点（必黑）水平对齐，二者之间的联边则相应地调整为横向。

如此转换之后，横向边或向左或向右，但由红黑树的条件(3)，同向者彼此不会相邻；即便不考虑联边的左右方向，沿水平方向相邻的边至多两条（向左、右各一条），涉及的节点至多三个（一个黑节点加上零到两个红节点）。此时，若将原红黑树的节点视作关键码，沿水平方向相邻的每一组（父子至多三个）节点即恰好构成4阶B-树的一个节点。

⑤ 其雏形由R. Bayer于1972年发明[44]，命名为对称二叉B-树（symmetric binary B-tree）后由L. J. Guibas与R. Sedgewick于1978年做过改进[45]，并定名为红黑树（red-black tree）

图8.23针对所有可能的四种情况，分别给出了具体的转换过程。可见，按照上述对应关系，每棵红黑树都等价于一棵(2,4)-树；前者的每一节点都对应于后者的一个关键码。通往黑节点的边，对黑高度有贡献，并在(2,4)-树中得以保留；通往红节点的边对黑高度没有贡献，在(2,4)-树中对应于节点内部一对相邻的关键码。在本节的插图中，这两类边将分别以实线、虚线示意。

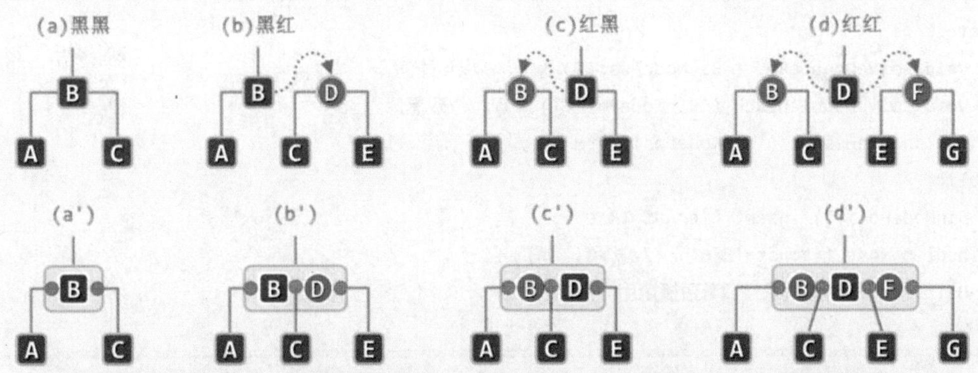

图8.23 红黑树到4阶B-树的等价转换（为便于辨识，除了采用不同的颜色，本书还同时约定，分别以圆形、正方形和八角形表示红黑树的红节点、黑节点和颜色未定节点，以扁平长方形表示B-树节点）

为使讲解简洁，在不致引起歧义的前提下，以下将不再严格区分红黑树中的节点及其在(2,4)-树中对应的关键码。当然，照此理解，此时的关键码也被赋予了对应的颜色。对照红黑树的条件，(2,4)-树中的每个节点应包含且仅包含一个黑关键码，同时红关键码不得超过两个。而且，若某个节点果真包含两个红关键码，则黑关键码的位置必然居中。

■ 平衡性

与所有二叉搜索树一样，红黑树的性能首先取决于其平衡性。那么，红黑树的高度又可以在多大的范围以内浮动变化呢？

实际上，即便计入扩充的外部节点，包含n个内部节点的红黑树T的高度h也不致超过$\mathcal{O}$(logn)。更严格地有：

$$log_2(n+1) \leq h \leq 2 \cdot log_2(n+1)$$

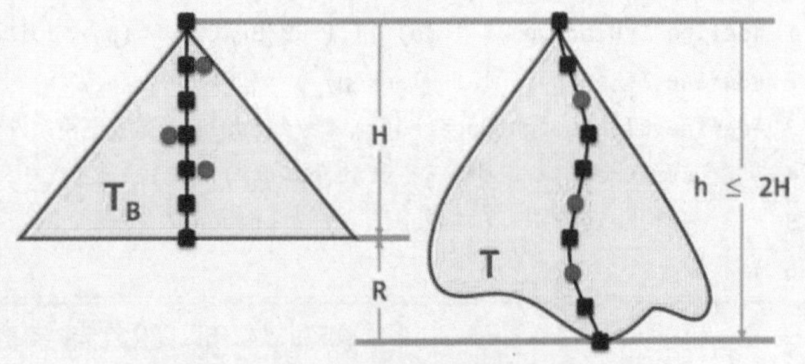

图8.24 红黑树的黑高度不低于高度的一半；反之，高度不超过黑高度的两倍

左侧的"≤"显然成立，故以下只需证明右侧的"≤"也成立。

如图8.24所示，若将T的黑高度记作H，则H也是T所对应(2,4)-树T_B的高度，故由8.2.4节关于B-树高度与所含关键码总数关系的结论，有：

$$H \ \leq \ 1 + log_{\lceil \frac{4}{2} \rceil} \lfloor \tfrac{n+1}{2} \rfloor \ \leq \ 1 + log_2 \lfloor \tfrac{n+1}{2} \rfloor \ \leq \ log_2(n+1)$$

另一方面，既然任一通路都不含相邻的红节点，故必有：

$$h \ \leq \ 2H \ \leq \ 2 \cdot log_2(n+1) \ = \ \mathcal{O}(logn)$$

也就是说，尽管红黑树不能如完全树那样可做到理想平衡，也不如AVL树那样可做到较严格的适度平衡，但其高度仍控制在最小高度的两倍以内（习题[8-11]），从渐进的角度看仍是$\mathcal{O}$(logn)，依然保证了适度平衡——这正是红黑树可高效率支持各种操作的基础。

8.3.2 红黑树接口定义

基于185页代码7.2中的BST模板类，可派生出RedBlack模板类如代码8.13所示。

```
1 #include "../BST/BST.h" //基于BST实现RedBlack
2 template <typename T> class RedBlack : public BST<T> { //RedBlack树模板类
3 protected:
4    void solveDoubleRed ( BinNodePosi(T) x ); //双红修正
5    void solveDoubleBlack ( BinNodePosi(T) x ); //双黑修正
6    int updateHeight ( BinNodePosi(T) x ); //更新节点x的高度
7 public:
8    BinNodePosi(T) insert ( const T& e ); //插入（重写）
9    bool remove ( const T& e ); //删除（重写）
10 // BST::search()等其余接口可直接沿用
11 };
```

代码8.13 基于BST定义的红黑树接口

可见，这里直接沿用了二叉搜索树标准的查找算法search()，并根据红黑树的重平衡规则与算法，重写了insert()和remove()接口；新加的两个内部功能接口solveDoubleRed()和solveDoubleBlack()，分别用于在节点插入或删除之后恢复全树平衡。其具体实现稍后介绍。

另外，这里还需使用此前二叉树节点模板类BinNode（117页代码5.1）中预留的两个成员变量height和color。如代码8.14所示，仿照AVL树的实现方式，可借助辅助宏来检查节点的颜色以及判定是否需要更新（黑）高度记录，如此可大大简化相关算法的描述。

```
1 #define IsBlack(p) ( ! (p) || ( RB_BLACK == (p)->color ) ) //外部节点也视作黑节点
2 #define IsRed(p) ( ! IsBlack(p) ) //非黑即红
3 #define BlackHeightUpdated(x) ( /*RedBlack高度更新条件*/ \
4    ( stature( (x).lc ) == stature( (x).rc ) ) && \
5    ( (x).height == ( IsRed(& x) ? stature( (x).lc ) : stature( (x).lc ) + 1 ) ) \
6 )
```

代码8.14 用以简化红黑树算法描述的宏

可见，这里的确并未真正地实现图8.22中所引入的外部节点，而是将它们统一地直接判定为黑“节点”——尽管它们实际上只不过是NULL。其余节点，则一概视作红节点。

```
1 template <typename T> int RedBlack<T>::updateHeight ( BinNodePosi(T) x ) { //更新节点高度
2    x->height = max ( stature ( x->lc ), stature ( x->rc ) ); //孩子一般黑高度相等，除非出现双黑
3    return IsBlack ( x ) ? x->height++ : x->height; //若当前节点为黑，则计入黑深度
4 } //因统一定义stature(NULL) = -1，故height比黑高度少一，好在不致影响到各种算法中的比较判断
```

代码8.15 红黑树节点的黑高度更新

此处的height已不再是指常规的树高，而是红黑树的黑高度。故如代码8.15所示，节点黑高度需要更新的情况共分三种：或者左、右孩子的黑高度不等；或者作为红节点，黑高度与其孩子不相等；或者作为黑节点，黑高度不等于孩子的黑高度加一。

8.3.3 节点插入算法

节点插入与双红现象

如代码8.16所示，不妨假定经调用接口search(e)做查找之后，确认目标节点尚不存在。于是，在查找终止的位置x处创建节点，并随即将其染成红色（除非此时全树仅含一个节点）。现在，对照红黑树的四项条件，唯有(3)未必满足——亦即，此时x的父亲也可能是红色。

```
1 template <typename T> BinNodePosi(T) RedBlack<T>::insert ( const T& e ) { //将e插入红黑树
2    BinNodePosi(T) & x = search ( e ); if ( x ) return x; //确认目标不存在（留意对_hot的设置）
3    x = new BinNode<T> ( e, _hot, NULL, NULL, -1 ); _size++; //创建红节点x：以_hot为父，黑高度-1
4    solveDoubleRed ( x ); return x ? x : _hot->parent; //经双红修正后，即可返回
5 } //无论e是否存在于原树中，返回时总有x->data == e
```

代码8.16 红黑树insert()接口

因新节点的引入，而导致父子节点同为红色的此类情况，称作“双红”（double red）。为修正双红缺陷，可调用solveDoubleRed(x)接口。每引入一个关键码，该接口都可能迭代地调用多次。在此过程中，当前节点x的兄弟及两个孩子（初始时都是外部节点），始终均为黑色。

将x的父亲与祖父分别记作p和g。既然此前的红黑树合法，故作为红节点p的父亲，g必然存在且为黑色。g作为内部节点，其另一孩子（即p的兄弟、x的叔父）也必然存在，将其记作u。以下，视节点u的颜色不同，分两类情况分别处置。

双红修正（RR-1）

首先，考查u为黑色的情况。此时，x的兄弟、两个孩子的黑高度，均与u相等。图8.25(a)和(b)即为此类情况的两种可能（另有两种对称情况，请读者独立补充）。

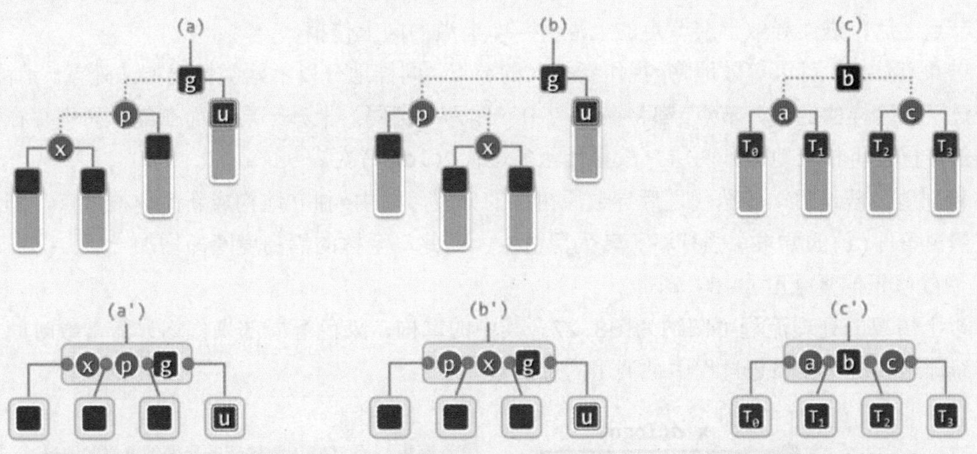

图8.25 双红修正第一种情况（RR-1）及其调整方法（上方、下方分别为红黑树及其对应B-树的局部）

此时红黑树条件(3)的违反，从B-树角度等效地看，即同一节点不应包含紧邻的红色关键码。故如图8.25(c')所示，只需令黑色关键码与紧邻的红色关键码互换颜色。从图(c)红黑树的角度看，这等效于按中序遍历次序，对节点x、p和g及其四棵子树，做一次局部“3 + 4”重构。

不难验证，如此调整之后，局部子树的黑高度将复原，这意味着全树的平衡也必然得以恢复。同时，新子树的根节点b为黑色，也不致引发新的双红现象。至此，整个插入操作遂告完成。

双红修正（RR-2）

再考查节点u为红色的情况。此时，u的左、右孩子非空且均为黑色，其黑高度必与x的兄弟以及两个孩子相等。图8.26(a)和(b)给出了两种可能的此类情况（另两种对称情况，请读者独立补充）。此时红黑树条件(3)的违反，从B-树角度等效地看，即该节点因超过4度而发生上溢。

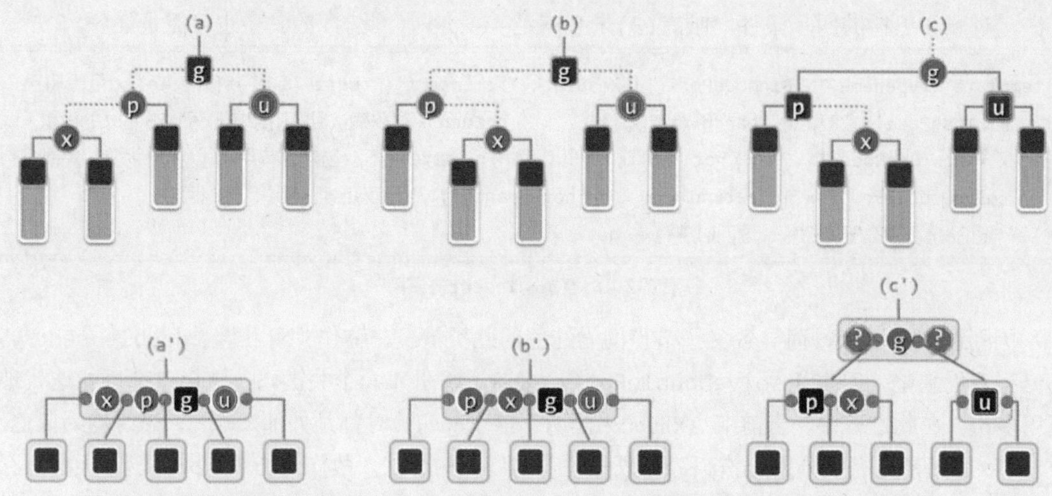

图8.26 双红修正第二种情况（RR-2）及其调整方法（带问号的关键码可能存在，且颜色不定）

以图8.26(b)为例。从图(c)红黑树的角度来看，只需将红节点p和u转为黑色，黑节点g转为红色，x保持红色。从图(c')B-树的角度来看，等效于上溢节点的一次分裂。

不难验证，如此调整之后局部子树的黑高度复原。然而，子树根节点g转为红色之后，有可能在更高层再次引发双红现象。从图8.26(c')B-树的角度来看，对应于在关键码g被移出并归入上层节点之后，进而导致上层节点的上溢——即上溢的向上传播。

若果真如此，可以等效地将g视作新插入的节点，同样地分以上两类情况如法处置。请注意，每经过一次这样的迭代，节点g都将在B-树中（作为关键码）上升一层，而在红黑树中存在双红缺陷的位置也将相应地上升两层，故累计至多迭代$\mathcal{O}(\log n)$次。

特别地，若最后一步迭代之后导致原树根的分裂，并由g独立地构成新的树根节点，则应遵照红黑树条件(1)的要求，强行将其转为黑色——如此，全树的黑高度随即增加一层。

双红修正的复杂度

以上情况的处理流程可归纳为图8.27。其中的重构、染色等局部操作均只需常数时间，故只需统计这些操作在修正过程中被调用的总次数。

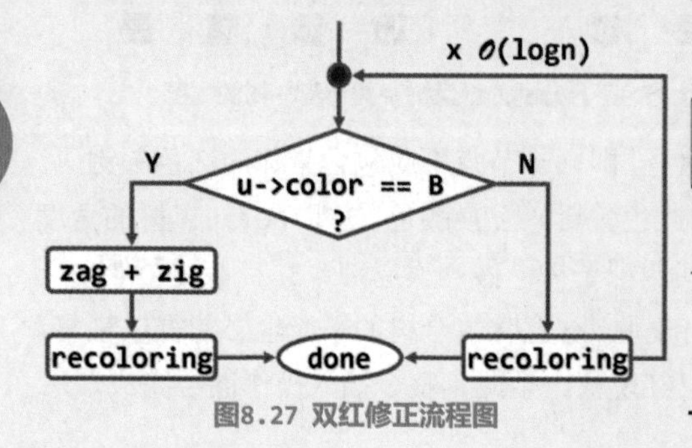

图8.27 双红修正流程图

表8.1 双红修正算法所涉及局部操作的统计

情况		#旋转	#染色	单轮修正之后
RR-1	u为黑	1 ~ 2	2	调整随即完成
RR-2	u为红	0	3	或再次双红 但必上升两层

具体统计，可归纳为表8.1。可见，对于前一种情况，只需做一轮修正；后一种情况虽有可能需要反复修正，但由于修正位置的高度会严格单调上升，故总共也不过$O(\log n)$轮。另外从该表也可看出，每一轮修正只涉及到常数次的节点旋转或染色操作。

因此，节点插入之后的双红修正，累计耗时不会超过$O(\log n)$。即便计入此前的关键码查找以及节点接入等操作，红黑树的每次节点插入操作，都可在$O(\log n)$时间内完成。

需要特别指出的是，只有在RR-1修复时才需做1~2次旋转；而且一旦旋转后，修复过程必然随即完成。故就全树拓扑结构而言，每次插入后仅涉及常数次调整；而且稍后将会看到，红黑树的节点删除操作亦是如此——回顾7.4节的AVL树，却只能保证前一点。

■ 双红修正算法的实现

以上针对双红缺陷的各种修正方法，可以概括并实现如代码8.17所示。

```
1 /******************************************************************************************
2  * RedBlack双红调整算法：解决节点x与其父均为红色的问题。分为两大类情况：
3  *    RR-1：2次颜色翻转，2次黑高度更新，1~2次旋转，不再递归
4  *    RR-2：3次颜色翻转，3次黑高度更新，0次旋转，需要递归
5  ******************************************************************************************/
6 template <typename T> void RedBlack<T>::solveDoubleRed ( BinNodePosi(T) x ) { //x当前必为红
7    if ( IsRoot ( *x ) ) //若已（递归）转至树根，则将其转黑，整树黑高度也随之递增
8       {  _root->color = RB_BLACK; _root->height++; return;  } //否则，x的父亲p必存在
9    BinNodePosi(T) p = x->parent; if ( IsBlack ( p ) ) return; //若p为黑，则可终止调整。否则
10   BinNodePosi(T) g = p->parent; //既然p为红，则x的祖父必存在，且必为黑色
11   BinNodePosi(T) u = uncle ( x ); //以下，视x叔父u的颜色分别处理
12   if ( IsBlack ( u ) ) { //u为黑色（含NULL）时
13      if ( IsLChild ( *x ) == IsLChild ( *p ) ) //若x与p同侧（即zIg-zIg或zAg-zAg），则
14         p->color = RB_BLACK; //p由红转黑，x保持红
15      else //若x与p异侧（即zIg-zAg或zAg-zIg），则
16         x->color = RB_BLACK; //x由红转黑，p保持红
17      g->color = RB_RED; //g必定由黑转红
18 ///// 以上虽保证总共两次染色，但因增加了判断而得不偿失
19 ///// 在旋转后将根置黑、孩子置红，虽需三次染色但效率更高
20      BinNodePosi(T) gg = g->parent; //曾祖父（great-grand parent）
21      BinNodePosi(T) r = FromParentTo ( *g ) = rotateAt ( x ); //调整后的子树根节点
22      r->parent = gg; //与原曾祖父联接
23   } else { //若u为红色
24      p->color = RB_BLACK; p->height++; //p由红转黑
25      u->color = RB_BLACK; u->height++; //u由红转黑
26      if ( !IsRoot ( *g ) ) g->color = RB_RED; //g若非根，则转红
27      solveDoubleRed ( g ); //继续调整g（类似于尾递归，可优化为迭代形式）
28   }
29 }
```

代码8.17 双红修正solveDoubleRed()

8.3.4 节点删除算法

■ 节点删除与双黑现象

```
1 template <typename T> bool RedBlack<T>::remove ( const T& e ) { //从红黑树中删除关键码e
2    BinNodePosi(T) & x = search ( e ); if ( !x ) return false; //确认目标存在（留意_hot的设置）
3    BinNodePosi(T) r = removeAt ( x, _hot ); if ( ! ( --_size ) ) return true; //实施删除
4 // assert: _hot某一孩子刚被删除，且被r所指节点（可能是NULL）接替。以下检查是否失衡，并做必要调整
5    if ( ! _hot ) //若刚被删除的是根节点，则将其置黑，并更新黑高度
6       { _root->color = RB_BLACK; updateHeight ( _root ); return true; }
7 // assert: 以下，原x（现r）必非根，_hot必非空
8    if ( BlackHeightUpdated ( *_hot ) ) return true; //若所有祖先的黑深度依然平衡，则无需调整
9    if ( IsRed ( r ) ) //否则，若r为红，则只需令其转黑
10      { r->color = RB_BLACK; r->height++; return true; }
11 // assert: 以下，原x（现r）均为黑色
12   solveDoubleBlack ( r ); return true; //经双黑调整后返回
13 } //若目标节点存在且被删除，返回true；否则返回false
```

代码8.18 红黑树remove()接口

如代码8.18所示，为删除关键码e，首先调用标准接口BST::search(e)进行查找。若查找成功，则调用内部接口removeAt(x)实施删除。按照7.2.6节对该接口所约定的语义，x为实际被摘除者，其父亲为p = _hot，其接替者为r，而r的兄弟为外部节点w = NULL。

因随后的复衡调整位置可能逐层上升，故不妨等效地理解为：w系与r黑高度相等的子红黑树，且随其父亲x一并被摘除。如此，可将x统一视作双分支节点，从而更为通用地描述以下算法。

不难验证，此时红黑树的前两个条件继续满足，但后两个条件却未必。当然，若x原为树根，则无论r颜色如何，只需将其置为黑色并更新黑高度即可。因此不妨假定，x的父亲p存在。

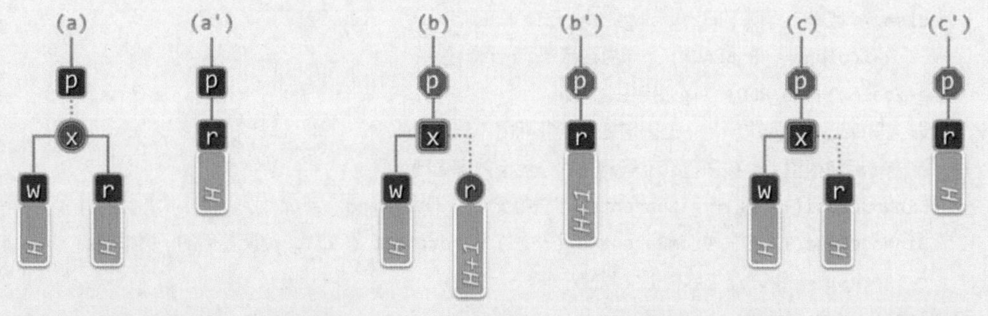

图8.28 删除节点x之后，红黑树条件(4)：(a)或依然满足，(b)或经重染色后重新满足，(c)或不再满足

若如图8.28(a)所示x为红色，则在摘除子树w，并将x替换为r之后，如图(a')所示局部子树的黑高度即可复原。即便x为黑色，只要如图(b)所示r为红色，则如图(b')所示，只需在删除操作之后将r翻转为黑色，亦可使局部子树的黑高度复原。然而如图(c)所示，若x与r均为黑色，则在删除操作之后，如图(c')所示局部子树的黑高度将会降低一个单位。

被删除节点x及其替代者r同为黑色的此类情况，称作“双黑”（double black）。此时，需调用solveDoubleBlack(r)算法予以修正。为此，需考查原黑节点x的兄弟s（必然存在，但可能是外部节点），并视s和p颜色的不同组合，按四种情况分别处置。

■ 双黑修正（BB-1）

既然节点x的另一孩子w = NULL，故从B-树角度（图8.29(a')）看节点x被删除之后的情况，可以等效地理解为：关键码x原所属的节点发生下溢；此时，t和s必然属于B-树的同一节点，且该节点就是下溢节点的兄弟。故可参照B-树的调整方法，下溢节点从父节点借出一个关键码（p），然后父节点从向下溢节点的兄弟节点借出一个关键码（s），调整后的效果如图(b')。

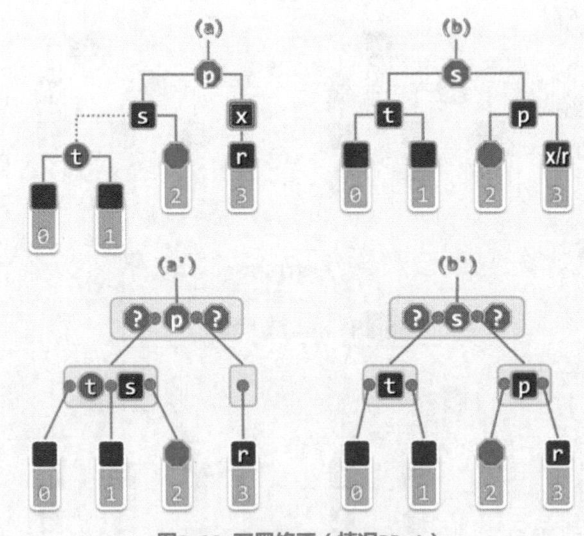

图8.29 双黑修正（情况BB-1）
（带问号的关键码可能存在，且颜色不定）

从红黑树的角度（图(b)）来看，上述调整过程等效于，对节点t、s和p实施“3 + 4”重构。

此外，根据红黑树与B-树的对应关系不难理解，若这三个节点按中序遍历次序重命名为a、b和c，则还需将a和c染成黑色，b则继承p此前的颜色。就图8.29的具体实例而言，也就是将t和p染成黑色，s继承p此前的颜色。注意，整个过程中节点r保持黑色不变。

由图8.29(b)（及其对称情况）不难验证，经以上处理之后，红黑树的所有条件，都在这一局部以及全局得到恢复，故删除操作遂告完成。

■ 双黑修正（BB-2-R）

节点s及其两个孩子均为黑色时，视节点p颜色的不同，又可进一步分为两种情况。

首先考虑p为红色的情况。如图8.30(a)所示，即为一种典型的此类情况（与之对称的情况，请读者独立补充）。

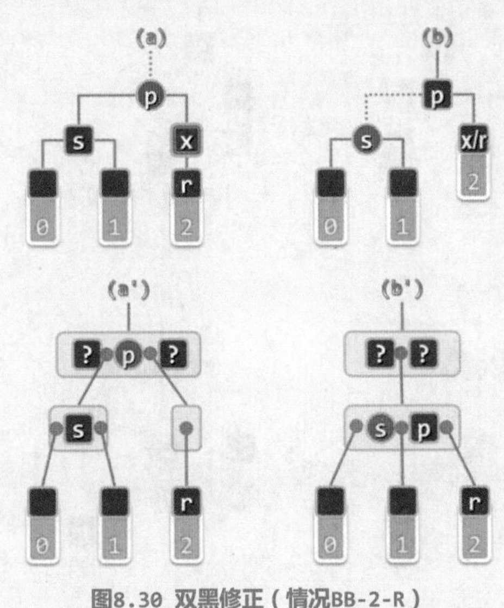

图8.30 双黑修正（情况BB-2-R）
（带问号的黑关键码可能存在，但不会同时存在）

与BB-1类似，在对应的B-树中，关键码x的删除导致其所属的节点下溢。但因此时关键码s所在节点只有两个分支，故下溢节点无法从父节点借出关键码（p）。

按照8.2.8节的B-树平衡算法，此时应如图(b')所示，将关键码p取出并下降一层，然后以之为“粘合剂”，将原左、右孩子合并为一个节点。从红黑树角度看，这一过程可如图(b)所示等效地理解为：s和p颜色互换。

由图8.30(b)（及其对称情况）可知，经过以上处理，红黑树的所有条件都在此局部得以恢复。另外，由于关键码p原为红色，故如图8.30(a')所示，在关键码p所属节点中，其左或右必然还有一个黑色关键码（当然，不可能左、右兼有）——这意味着，在关键码p从其中取出之后，不致引发新的下溢。至此，红黑树条件亦必在全局得以恢复，删除操作即告完成。

■ 双黑修正（BB-2-B）

接下来，再考虑节点s、s的两个孩子以及节点p均为黑色的情况。

如图8.31(a)所示，即为一种典型的此类情况（与之对称的情况，请读者独立补充）。此时与BB-2-R类似，在对应的B-树中，因关键码x的删除，导致其所属节点发生下溢。

故可如图(b')所示，将下溢节点与其兄弟合并。从红黑树的角度来看，这一过程可如图(b)所示等效地理解为：节点s由黑转红。

由图8.31(b)（及其对称情况）可知，经过以上处理之后，红黑树的所有条件都将在此局部得到恢复。

然而，既然s和x在此之前均为黑色，故如图8.31(a')所示，p原所属的B-树节点必然仅含p这一个关键码。于是在p被借出之后，该节点必将继而发生下溢，从而有待于后续的进一步修正。

从红黑树的角度来看，此时的状态则可等效地理解为：节点p的（黑色）父亲刚被删除。当然，可以按照本节所介绍的算法，视具体的情况继续调整。

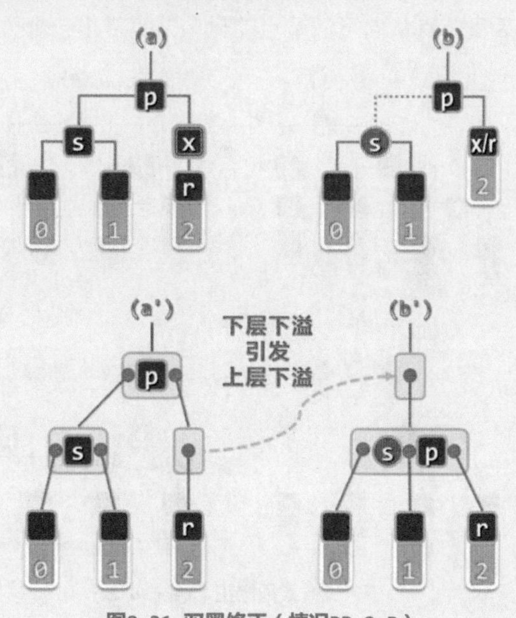

图8.31 双黑修正（情况BB-2-B）

实际上稍后总结时将会看出，这也是双黑修正过程中，需要再次迭代的唯一可能。幸运的是，尽管此类情况可能持续发生，但下溢的位置必然会不断上升，故至多迭代$\mathcal{O}(\log n)$次后必然终止。

■ 双黑修正（BB-3）

最后，考虑节点s为红色的情况。

如图8.32(a)所示，即为一种典型的此类情况（与之对称的情况类似）。此时，作为红节点s的父亲，节点p必为黑色；同时，s的两个孩子也应均为黑色。

于是从B-树的角度来看，只需如图(b')所示，令关键码s与p互换颜色，即可得到一棵与之完全等价的B-树。而从红黑树的角度来看，这一转换对应于以节点p为轴做一次旋转，并交换节点s与p的颜色。

至此你可能会发现，经过如此处理之后，双黑缺陷依然存在（子树r的黑高度并未复原），而且缺陷位置的高度也并未上升。

既然如此，这一步调整的意义又何在呢？

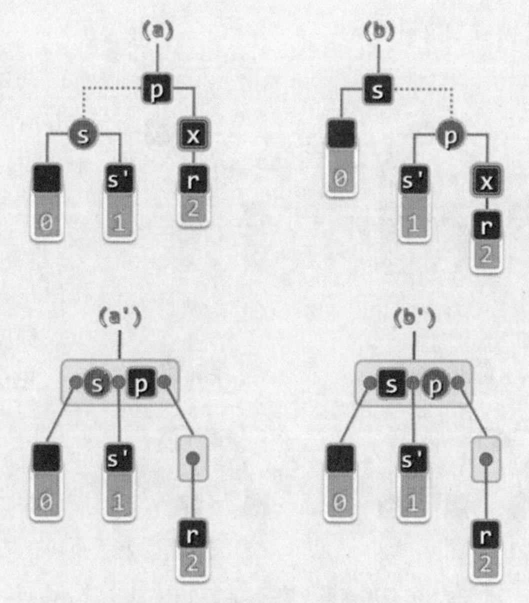

图8.32 双黑修正（情况BB-3）

实际上，经过这一转换之后，情况已经发生了微妙而本质的变化。仔细观察图(b)不难发现，在转换之后的红黑树中，被删除节点x（及其替代者节点r）有了一个新的兄弟s'——与此前的兄弟s不同，s'必然是黑的！这就意味着，接下来可以套用此前所介绍其它情况的处置方法，继续并最终完成双黑修正。

还有一处本质的变化，同样需要注意：现在的节点p，也已经黑色转为红色。因此接下来即便需要继续调整，必然既不可能转换回此前的情况BB-3，也不可能转入可能需要反复迭代的情况BB-2-B。实际上反过来，此后只可能转入更早讨论过的两类情况——BB-1或BB-2-R。这就意味着，接下来至多再做一步迭代调整，整个双黑修正的任务即可大功告成。

■ 双黑修正的复杂度

以上各种情况的处理流程，可以归纳为图8.33。

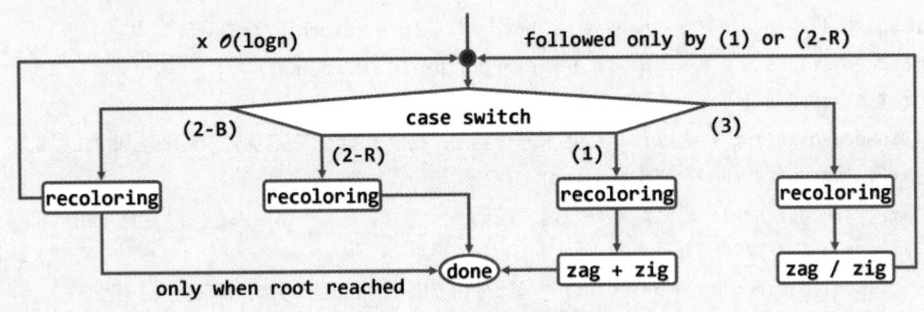

图8.33 双黑修正流程图

其中涉及的重构、染色等局部操作，均可在常数时间内完成，故为了估计整个双黑修正过程的时间复杂度，也只需统计这些操作各自的累计执行次数。具体统计可归纳为表8.2。

表8.2 双黑修正算法所涉及局部操作的统计

情况		#旋转	#染色	单轮修正之后
BB-1	黑s有红子t	1 ~ 2	3	调整随即完成
BB-2-R	黑s无红子，p红	0	2	调整随即完成
BB-2-B	黑s无红子，p黑	0	1	必然再次双黑，但将上升一层
BB-3	红s	1	2	转为(BB-1)或(BB-2-R)

可见，前两种情况各自只需做一轮修正，最后一种情况亦不过两轮。

情况BB-2-B虽可能需要反复修正，但由于待修正位置的高度严格单调上升，累计也不致过O(logn)轮，故双黑修正过程总共耗时不超过O(logn)。即便计入此前的关键码查找和节点摘除操作，红黑树的节点删除操作总是可在O(logn)时间内完成。

纵览各种情况，不难确认：一旦在某步迭代中做过节点的旋转调整，整个修复过程便会随即完成。因此与双红修正一样，双黑修正的整个过程，也仅涉及常数次的拓扑结构调整操作。

这一有趣的特性同时也意味着，在每此插入操作之后，拓扑联接关系有所变化的节点绝不会超过常数个——这一点与AVL树（的删除操作）完全不同，也是二者之间最本质的一项差异。

■ 双黑修正算法的实现

以上针对双黑缺陷的各种修正方法，可以概括并实现如代码8.19所示。

```
1 /******************************************************************************************
2  * RedBlack双黑调整算法：解决节点x与被其替代的节点均为黑色的问题
3  * 分为三大类共四种情况：
4  *    BB-1 ：2次颜色翻转，2次黑高度更新，1~2次旋转，不再递归
5  *    BB-2R：2次颜色翻转，2次黑高度更新，0次旋转，不再递归
6  *    BB-2B：1次颜色翻转，1次黑高度更新，0次旋转，需要递归
7  *    BB-3 ：2次颜色翻转，2次黑高度更新，1次旋转，转为BB-1或BB2R
8  ******************************************************************************************/
9 template <typename T> void RedBlack<T>::solveDoubleBlack ( BinNodePosi(T) r ) {
10    BinNodePosi(T) p = r ? r->parent : _hot; if ( !p ) return; //r的父亲
11    BinNodePosi(T) s = ( r == p->lc ) ? p->rc : p->lc; //r的兄弟
12    if ( IsBlack ( s ) ) { //兄弟s为黑
13       BinNodePosi(T) t = NULL; //s的红孩子（若左、右孩子皆红，左者优先；皆黑时为NULL）
14       if ( IsRed ( s->rc ) ) t = s->rc; //右子
15       if ( IsRed ( s->lc ) ) t = s->lc; //左子
16       if ( t ) { //黑s有红孩子：BB-1
17          RBColor oldColor = p->color; //备份原子树根节点p颜色，并对t及其父亲、祖父
18       // 以下，通过旋转重平衡，并将新子树的左、右孩子染黑
19          BinNodePosi(T) b = FromParentTo ( *p ) = rotateAt ( t ); //旋转
20          if ( HasLChild ( *b ) ) { b->lc->color = RB_BLACK; updateHeight ( b->lc ); } //左子
21          if ( HasRChild ( *b ) ) { b->rc->color = RB_BLACK; updateHeight ( b->rc ); } //右子
22          b->color = oldColor; updateHeight ( b ); //新子树根节点继承原根节点的颜色
23       } else { //黑s无红孩子
24          s->color = RB_RED; s->height--; //s转红
25          if ( IsRed ( p ) ) { //BB-2R
26             p->color = RB_BLACK; //p转黑，但黑高度不变
27          } else { //BB-2B
28             p->height--; //p保持黑，但黑高度下降
29             solveDoubleBlack ( p ); //递归上溯
30          }
31       }
32    } else { //兄弟s为红：BB-3
33       s->color = RB_BLACK; p->color = RB_RED; //s转黑，p转红
34       BinNodePosi(T) t = IsLChild ( *s ) ? s->lc : s->rc; //取t与其父s同侧
35       _hot = p; FromParentTo ( *p ) = rotateAt ( t ); //对t及其父亲、祖父做平衡调整
36       solveDoubleBlack ( r ); //继续修正r处双黑——此时的p已转红，故后续只能是BB-1或BB-2R
37    }
38 }
```

代码8.19 双黑修正solveDoubleBlack()

§8.4 *kd-树

8.4.1 范围查询

■ 一维范围查询

如图8.34所示，许多实际应用问题，都可归结为如下形式的查询：给定直线L上的点集P = { p_0, ..., p_{n-1} }，对于任一区间R = [x_1, x_2]，P中的哪些点落在其中？

图8.34 一维范围查询

比如，在校友数据库中查询1970至2000级的学生，或者查询IP介于166.111.68.1至166.111.68.255之间的在线节点等，此类问题统称为一维范围查询（range query）。

■ 蛮力算法

表面看来，一维范围查询问题并不难解决。比如，只需遍历点集P，并逐个地花费$\mathcal{O}(1)$时间判断各点是否落在区间R内——如此总体运行时间为Θ(n)。这一效率甚至看起来似乎还不差——毕竟在最坏情况下，的确可能有多达Ω(n)个点命中，而直接打印报告也至少需要Ω(n)时间。

然而，当我们试图套用以上策略来处理更大规模的输入点集时，就会发现这种方法显得力不从心。实际上，蛮力算法的效率还有很大的提升空间，这一点可从以下角度看出。

首先，当输入点集的规模大到需要借助外部存储器时，遍历整个点集必然引发大量I/O操作。正如8.2.1节所指出的，此类操作往往是制约算法实际效率提升的最大瓶颈，应尽量予以避免。

另外，当数据点的坐标分布范围较大时，通常的查询所命中的点，在整个输入点集中仅占较低甚至极低的比例。此时，“查询结果的输出需要Ω(n)时间”的借口，已难以令人信服。

■ 预处理

在典型的范围查询应用中，输入点集数据与查询区域的特点迥异。一方面，输入点集P通常会在相当长的时间内保持相对固定——数据的这种给出及处理方式，称作批处理（batch）或离线（offline）方式。同时，对于同一输入点集，往往需要针对大量的随机定义的区间R，反复地进行查询——数据的这种给出及处理方式，称作在线（online）方式。

因此，只要通过适当的预处理，将输入点集P提前整理和组织为某种适当的数据结构，就有可能进一步提高此后各次查询操作的效率。

■ 有序向量

最为简便易行的预处理方法，就是在$\mathcal{O}(n\log n)$时间内，将点集P组织为一个有序向量。

图8.35 通过预先排序，高效地解决一维范围查询问题（p_{-1}为假想着引入的哨兵，数值等于-∞）

如图8.35所示，此后对于任何R = [x_1, x_2]，首先利用有序向量的查找算法（代码2.20），在$\mathcal{O}(\log n)$时间内找到不大于x_2的最大点p_t。然后从p_t出发，自右向左地遍历向量中的各点，直至第一个离开查询区间的点p_s。其间经过的所有点，既然均属于区间范围，故可直接输出。

如此，在每一次查询中，p_t的定位需要$\mathcal{O}(\log n)$时间。若接下来的遍历总共报告出r个点，则总体的查询时间成本为$\mathcal{O}(r + \log n)$。

请注意，此处估计时间复杂度的方法，不免有点特别。这里，需要同时根据问题的输入规模和输出规模进行估计。一般地，时间复杂度可以这种形式给出的算法，也称作输出敏感的（output sensitive）算法。从以上实例可以看出，与此前较为粗略的最坏情况估计法相比，这种估计方法可以更加准确和客观地反映算法的实际效率。

■ 二维范围查询

接下来的难点和挑战在于，在实际应用中，往往还需要同时对多个维度做范围查找。以人事数据库为例，诸如“年龄介于某个区间，而且工资介于某个区间”之类的组合查询十分普遍。

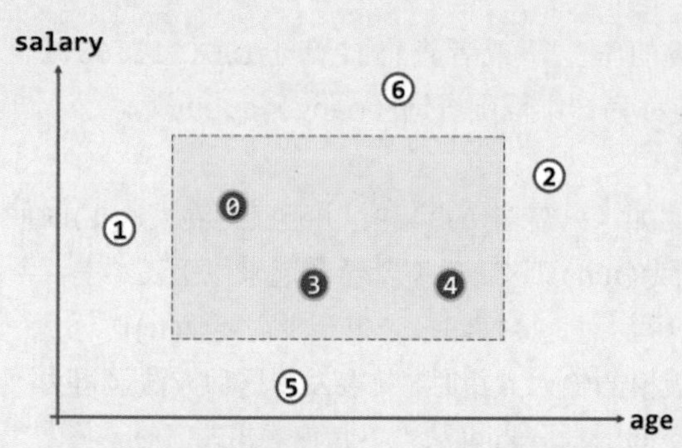

图8.36 平面范围查询（planar range query）

如图8.36所示，若将年龄与工资分别表示为两个正交维度，则人事数据库中的记录，将对应于二维平面上（第一象限内）的点。于是相应地，这类查询都可以抽象为在二维平面上，针对某一相对固定的点集的范围查询，其查询范围可描述为矩形$R = [x_1, x_2] \times [y_1, y_2]$。

很遗憾，上述基于二分查找的方法并不能直接推广至二维情况，更不用说更高维的情况了，因此必须另辟蹊径，尝试其它策略。

■ 平衡二叉搜索树

我们还是回到该问题的一维版本，并尝试其它可以推广至二维甚至更高维版本的方法。比如，不妨在$\mathcal{O}(n\log n)$时间内，将输出点集组织并转化为如图8.37所示的一棵平衡二叉搜索树。

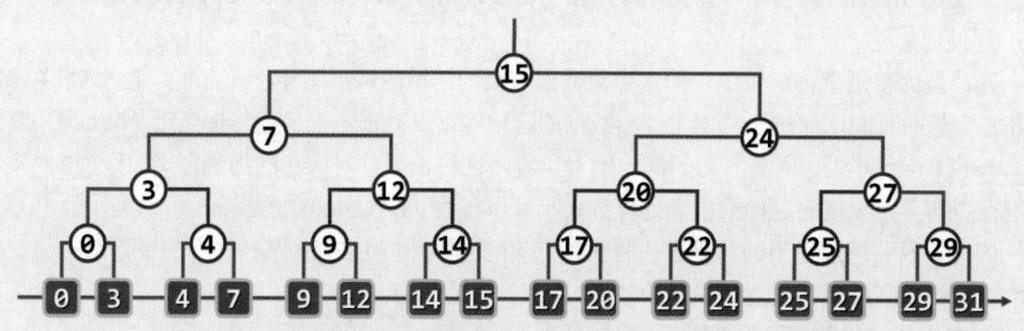

图8.37 平衡二叉搜索树：叶节点存放输入点，内部节点等于左子树中的最大者

请注意，其中各节点的关键码可能重复。不过，如此并不致于增加渐进的空间和时间复杂度：每个关键码至多重复一次，总体依然只需$\mathcal{O}(n)$空间；尽管相对于常规二叉搜索树仅多出一层，但树高依然是$\mathcal{O}(\log n)$。

如此在空间上所做的些许牺牲，可以换来足够大的收益：查找的过程中，在每一节点处，至多只需做一次（而不是两次）关键码的比较。当然另一方面，无论成功与否，每次查找因此都必然终止于叶节点——不小于目标关键码的最小叶节点。

不难验证，就接口和功能而言，此类形式二叉搜索树，完全对应于和等价于2.6.8节所介绍二分查找算法的版本C（代码2.24）。

■ 查询算法

借助上述形式的平衡二叉搜索树，如何高效地解决一维范围查询问题呢？

仍然继续上例，如图8.38所示，设查询区间为[1, 23]。

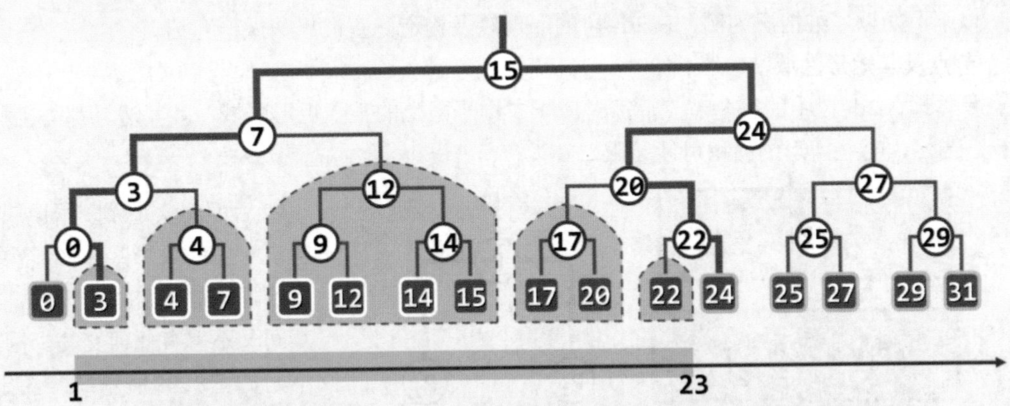

图8.38 借助平衡二叉搜索树解决一维范围查询问题（针对区间端点的两条查找路径加粗示意）

首先，在树中分别查找这一区间的左、右端点1和23，并分别终止于叶节点3和24。

接下来，考查这两个叶节点共同祖先中的最低者，即所谓的最低共同祖先（lowest common ancestor, LCA），具体地亦即

lca(3, 24) = 15

然后，从这一共同祖先节点出发，分别重走一遍通往节点3和24的路径（分别记作path(3)和path(24)）。在沿着path(3)/path(24)下行的过程中，忽略所有的右转/左转；而对于每一次左转/右转，都需要遍历对应的右子树/左子树（图中以阴影示意），并将其中的叶节点悉数报告出来。就本例而言，沿path(3)被报告出来的叶节点子集，依次为：

{ 9, 12, 14, 15 }、{ 4, 7 }、{ 3 }

沿path(24)被报告出来的叶节点子集，依次为：

{ 17, 20 }、{ 22 }

■ 正确性

不难看出，如此分批报告出来的各组节点，都属于查询输出结果的一部分，且它们相互没有重叠。另一方面，除了右侧路径的终点24需要单独地判断一次，其余的各点都必然落在查询范围以外。因此，该算法所报告的所有点，恰好就是所需的查询结果。

■ 效率

在每一次查询过程中，针对左、右端点的两次查找及其路径的重走，各自不过$\mathcal{O}(\log n)$时间（实际上，这些操作还可进一步合并精简）。

在树中的每一层次上，两条路径各自至多报告一棵子树，故累计不过$\mathcal{O}(\log n)$棵。幸运的是，根据习题[5-11]的结论，为枚举出这些子树中的点，对它们的遍历累计不超过$\mathcal{O}(r)$的时间，其中r为实际报告的点数。

综合以上分析，每次查询都可在$\mathcal{O}(r + \log n)$时间内完成。该查询算法的运行时间也与输出规模相关，故同样属于输出敏感的算法。

新算法的效率尽管并不高于基于有序向量的算法，却可以便捷地推广至二维甚至更高维。

8.4.2 kd-树

循着上一节采用平衡二叉搜索树实现一维查询的构思，可以将待查询的二维点集组织为所谓的kd-树（kd-tree）⑥结构。在任何的维度下，kd-树都是一棵递归定义的平衡二叉搜索树。

以下不妨以二维情况为例，就2d-树的原理以及构造和查询算法做一介绍。

■ 节点及其矩形区域

具体地，2d-树中的每个节点，都对应于二维平面上的某一矩形区域，且其边界都与坐标轴平行。当然，有些矩形的面积可能无限。

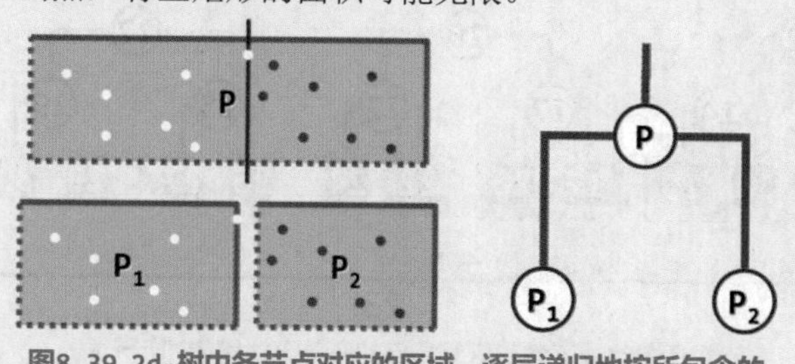

图8.39 2d-树中各节点对应的区域，逐层递归地按所包含的输入点数均衡切分

后面将会看到，同层节点各自对应的矩形区域，经合并之后恰好能够覆盖整个平面，同时其间又不得有任何交叠。因此，不妨如图8.39所示统一约定，每个矩形区域的左边和底边开放，右边和顶边封闭。

■ 构造算法

作为以上条件的特例，树根自然对应于整个平面。一般地如图8.39所示，若P为输入点集与树中当前节点所对应矩形区域的交集（即落在其中的所有点），则可递归地将该矩形区域切分为两个子矩形区域，且各包含P中的一半点。

若当前节点深度为偶（奇）数，则沿垂直（水平）方向切分，所得子区域随同包含的输入点分别构成左、右孩子。如此不断，直至子区域仅含单个输入点。每次切分都在中位点（median point）——按对应的坐标排序居中者——处进行，以保证全树高度不超过$\mathcal{O}(\log n)$。

具体地，2d-树的整个构造过程，可形式化地递归描述如算法8.1所示。

```
1 KdTree* buildKdTree(P, d) { //在深度为d的层次，构造一棵对应于（子）集合P的（子）2d-树
2    if (P == {p}) return CreateLeaf(p); //递归基
3    root = CreateKdNode(); //创建（子）树根
4    root->splitDirection = Even(d) ? VERTICAL : HORIZONTAL; //确定划分方向
5    root->splitLine = FindMedian(root->splitDirection, P); //确定中位点
6    (P1, P2) = Divide(P, root->splitDirection, root->splitLine); //子集划分
7    root->lc = buildKdTree(P1, d + 1); //在深度为d + 1的层次，递归构造左子树
8    root->rc = buildKdTree(P2, d + 1); //在深度为d + 1的层次，递归构造右子树
9    return root; //返回（子）树根
10 }
```

算法8.1 构造2d-树

⑥ 由J. L. Bentley于1975年发明[46]，其名字来源于“k-dimensional tree”的缩写
适用于任意指定维度的欧氏空间，并视具体的维度，相应地分别称作2d-树、3d-树、...，等
故上节所介绍的一维平衡二叉搜索树，也可称作1d-树

■ 实例

以图8.40(a)为例，首先创建树根节点，并指派以整个平面以及全部7个输入点。

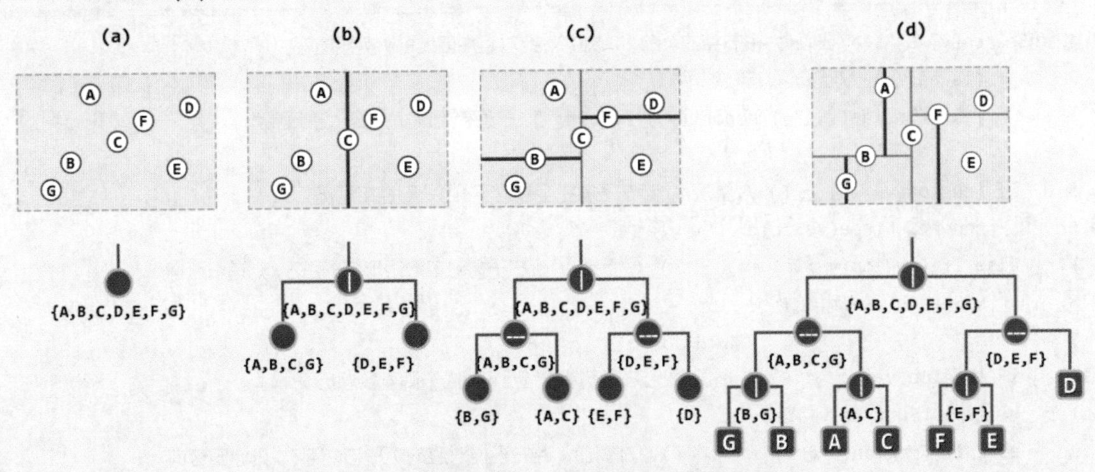

图8.40 2d-树的构造过程，就是对平面递归划分的过程

第一轮切分如图(b)所示。以水平方向的中位点C为界，将整个平面分作左、右两半，点集P也相应地被划分为子集{ A, B, C, G }和{ D, E, F }，它们随同对应的半平面，被分别指派给深度为1的两个节点。

第二轮切分如图(c)所示。对于左半平面及其对应的子集{ A, B, C, G }，以垂直方向的中位点B为界，将其分为上、下两半，并分别随同子集{B, G}和{A, C}，指派给深度为2的一对节点；对于右半平面及其对应的子集{ D, E, F }，以垂直方向的中位点F为界，将其分为上、下两半，并分别随同子集{ E, F }和{ D }，指派给深度为2的另一对节点。

最后一轮切分如图(d)所示。对树中仍含有至少两个输入点的三个深度为2的节点，分别沿其各自水平方向的中位点，将它们分为左、右两半，并随同对应的子集分配给三对深度为3的节点。至此，所有叶节点均只包含单个输入点，对平面的整个划分过程遂告完成，同时与原输入点集P对应的一棵2d-树也构造完毕。

8.4.3 基于2d-树的范围查询

■ 过程

经过如上预处理，将待查询点集P转化为一棵2d-树之后，对于任一矩形查询区域R，范围查询的过程均从树根节点出发，按如下方式递归进行。因为不致歧义，以下叙述将不再严格区分2d-树节点及其对应的矩形子区域和输入点子集。

在任一节点v处，若子树v仅含单个节点，则意味着矩形区域v中仅覆盖单个输入点，此时可直接判断该点是否落在R内。否则，不妨假定矩形区域v中包含多个输入点。

此时，视矩形区域v与查询区域R的相对位置，无非三种情况：

情况A：若矩形区域v完全包含于R内，则其中所有的输入点亦均落在R内，于是只需遍历一趟子树v，即可报告这部分输入点。

情况B：若二者相交，则有必要分别深入到v的左、右子树中，继续递归地查询。

情况C：若二者彼此分离，则子集v中的点不可能落在R内，对应的递归分支至此即可终止。

■ 算法

以上查询过程，可递归地描述如算法8.2所示。

```
1 kdSearch(v, R) { //在以v为根节点的(子)2d-树中，针对矩形区域R做范围查询
2    if (isLeaf(v) //若抵达叶节点，则
3       { if (inside(v, R)) report(v); return; } //直接判断，并终止递归
4
5    if (region(v->lc) ⊆ R) //情况A：若左子树完全包含于R内，则直接遍历
6       reportSubtree(v->lc);
7    else if (region(v->lc) ∩ R ≠ ∅) //情况B：若左子树对应的矩形与R相交，则递归查询
8       kdSearch(v->lc, R);
9
10   if (region(v->rc) ⊆ R) //情况A：若右子树完全包含于R内，则直接遍历
11      reportSubtree(v->rc);
12   else if (region(v->rc) ∩ R ≠ ∅) //情况B：若右子树对应的矩形与R相交，则递归查询
13      kdSearch(v->rc, R);
14 }
```

算法8.2 基于2d-树的平面范围查询

可见，递归只发生于情况B；对于其余两种情况，递归都会随即终止。特别地，情况C只需直接返回，故在算法中并无与之对应的显式语句。

■ 实例

考查图8.41中的2d-树，设采用kdSearch()算法，对阴影区域进行查询。

不难验证，递归调用仅发生于黑色节点（情况B）；而在灰色节点处，并未发生递归调用（情况C或父节点属情况A）。

命中的节点共分两组：{ C }作为叶节点经直接判断后确定；{ F, H }则因其所对应区域完全包含于查询区域内部（情况A），经遍历悉数输出（习题[8-17]）。

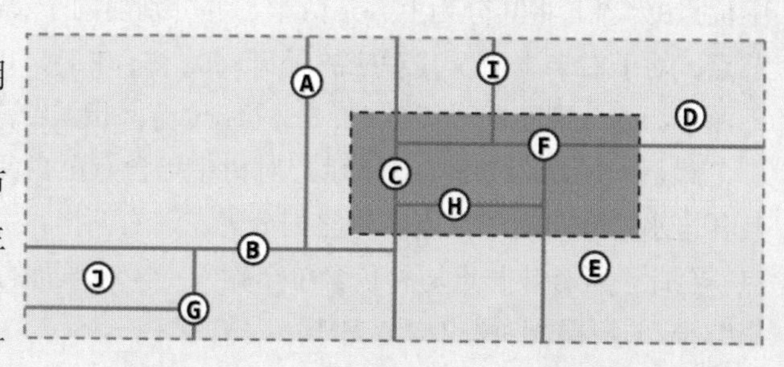

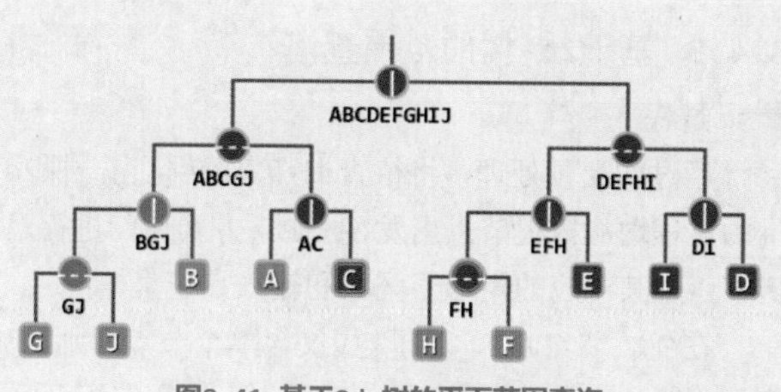

图8.41 基于2d-树的平面范围查询

（A～J共计10个输入点；命中子树的根节点，以双线圆圈示意）

■ 正确性

由上可见，凡被忽略的子树，其对应的矩形区域均完全落在查询区域之外，故该算法不致漏报。反之，凡被报告的子树，其对应的矩形区域均完全包含在查询区域以内（且互不相交），故亦不致误报。

■ 复杂度

平面范围查询与一维情况不同，在同一深度上可能递归两次以上，并报告出多于两棵子树。但更精细的分析（习题[8-16]）表明，被报告的子树总共不超过$O(\sqrt{n})$棵，累计耗时$O(\sqrt{n})$。

第9章

词典

借助数据结构来表示和组织的数字信息，可将所有数据视作一个整体统筹处理，进而提高信息访问的规范性及其处理的效率。例如，借助关键码直接查找和访问数据元素的形式，已为越来越多的数据结构所采用，这也成为现代数据结构的一个重要特征。

词典（dictionary）结构，即是其中最典型的例子。逻辑上的词典，是由一组数据构成的集合，其中各元素都是由关键码和数据项合成的词条（entry）。映射（map）结构与词典结构一样，也是词条的集合。二者的差别仅仅在于，映射要求不同词条的关键码互异，而词典则允许多个词条拥有相同的关键码[①]。除了静态查找，映射和词典都支持动态更新，二者统称作符号表（symbol table）。实际上，"是否允许雷同关键码"应从语义层面，而非ADT接口的层面予以界定，故本章将不再过分强调二者的差异，而是笼统地称作词典，并以跳转表和散列表为例，按照"允许雷同"和"禁止雷同"的语义，分别实现其统一的接口。

尽管此处词典和映射中的数据元素，仍表示和实现为词条形式，但这一做法并非必须。与第7章和第8章的搜索树相比，符号表并不要求词条之间能够根据关键码比较大小；与稍后第10章的优先级队列相比，其查找对象亦不仅限于最大或最小的词条。在符号表的内部，甚至也不需要按照大小次序来组织数据项——即便各数据项之间的确定义有某种次序。实际上，以散列表为代表的符号表结构，将转而依据数据项的数值，直接做逻辑查找和物理定位。也就是说，对于此类结构，在作为基本数据单位的词条内部，关键码（key）与数值（value）的地位等同，二者不必加以区分。此类结构所支持的这种新的数据访问方式，即所谓的循值访问（call-by-value）。相对于此前各种方式，这一方式更为自然，适用范围也更广泛。

有趣的是，对这种"新的"数据访问方式，在程序设计方面已有一定基础的读者，往往会或多或少地有些抵触的倾向；而刚刚涉足这一领域的读者，却反过来会有似曾相识的亲切之感，并更乐于接受。究其原因在于，循值访问方式与我们头脑中原本对数据集合组成的理解最为接近；不幸的是，在学习C/C++之类高级程序语言的过程中，我们思考问题的出发点和方向都已逐步被这些语言所同化并强化，而一些与生俱来的直觉与思路则逐渐为我们所淡忘。比如，在孩子们的头脑中，班级的概念只不过是同伴们的一组笑脸；随着学习内容的持续深入和思维方式的反复塑化，这一概念将逐渐被一组姓名所取代；甚至可能进而被抽象为一组学号。

既已抛开大小次序的概念，采用循值访问方式的计算过程，自然不再属于CBA式算法的范畴，此前关于CBA式算法下界的结论亦不再适用，比如在9.4节我们将看到，散列式排序算法将不再服从2.7节所给的复杂度下界。一条通往高效算法的崭新大道，由此在我们面前豁然展开。

当然，为支持循值访问的方式，在符号表的内部，仍然必须强制地在数据对象的数值与其物理地址之间建立某种关联。而所谓散列，正是在兼顾空间与时间效率的前提下，讨论和研究赖以设计并实现这种关联的一般性原则、技巧与方法，这些方面也是本章的核心与重点。

---

① 事实上，某些文献中所定义的词典和映射结构，可能与此约定恰好相反

§9.1 词典ADT

9.1.1 操作接口

除通用的接口之外，词典结构主要的操作接口可归纳为表9.1。

表9.1 词典ADT支持的标准操作接口

操作接口	功能描述
get(key)	若词典中存在以key为关键码的词条，则返回该词条的数据对象；否则，返回NULL
put(key, value)	插入词条(key, value)，并报告是否成功
remove(key)	若词典中存在以key为关键码的词条，则删除之并返回true；否则，返回false

实际上，包括Snobol4、MUMPS、SETL、Rexx、Awk、Perl、Ruby、PHP、Java和Python等在内，许多编程语言都以各自不同形式，支持类似于以上词典或映射ADT接口功能的基本数据结构，有的甚至将它们作为基本的数据类型，统称作关联数组（associative array）。

9.1.2 操作实例

比如，可如图9.1所示，将三国名将所对应的词条组织为一个词典结构。其中的每一词条，都由人物的字（style）和姓名（name）构成，分别作为词条的关键码和数据项。

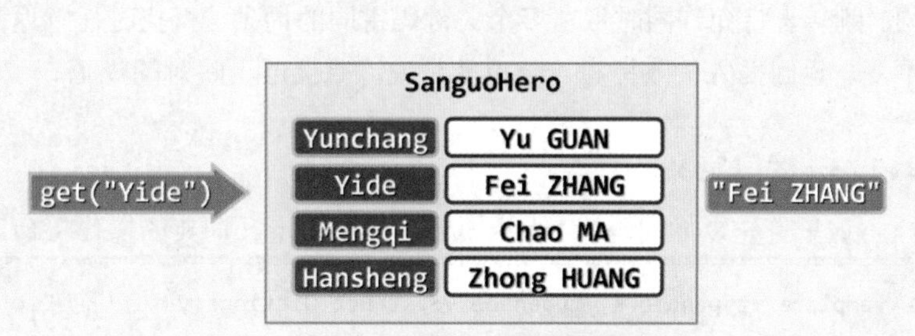

图9.1 三国人物的词典结构

以初始包含关、张、马、黄四将的词典为例，在依次执行一系列操作的过程中，该词典结构内容的变化以及对应的输出如表9.2所示。

表9.2 词典结构操作实例

操作	词典结构	输出
size()	("Yunchang", "Yu GUAN") ("Yide", "Fei ZHANG") ("Mengqi", "Chao MA") ("Hansheng", "Zhong HUANG")	4
put("Bofu", "Ce SUN")	("Yunchang", "Yu GUAN") ("Yide", "Fei ZHANG") ("Mengqi", "Chao MA") ("Hansheng", "Zhong HUANG") ("Bofu", "Ce SUN")	true
size()	[unchanged]	5
get("Yide")	[unchanged]	"Fei ZHANG"
get("Zilong")	[unchanged]	NULL

表9.2 词典结构操作实例（续）

操作	词典结构	输出
put("Yide", "Fei CHANG")	("Yunchang", "Yu GUAN") ("Yide", "Fei CHANG") ("Mengqi", "Chao MA") ("Hansheng", "Zhong HUANG") ("Bofu", "Ce SUN")	true
size()	[unchanged]	5
get("Yide")	[unchanged]	"Fei CHANG"
remove("Mengqi")	("Yunchang", "Yu GUAN") ("Yide", "Fei CHANG") ("Hansheng", "Zhong HUANG") ("Bofu", "Ce SUN")	"Chao MA"
size()	[unchanged]	4

请特别留意以上第二次put()操作，其拟插入词条的关键码"Yide"，在该词典中已经存在。由该实例可见，插入效果等同于用新词条替换已有词条；相应地，put()操作也必然会成功。这一处理方式被包括Python和Perl在内的众多编程语言普遍采用，但本章采用的约定与此略有不同。跳转表将允许同时保留多个关键码雷同的词条，查找时任意返回其一；散列表则维持原词条不变，返回插入失败标志——也就是说，更接近于映射的规范。

9.1.3 接口定义

这里首先以如代码9.1所示模板类的形式定义词典的操作接口。

```
1 template <typename K, typename V> struct Dictionary { //词典Dictionary模板类
2    virtual int size() const = 0; //当前词条总数
3    virtual bool put ( K, V ) = 0; //插入词条（禁止雷同词条时可能失败）
4    virtual V* get ( K k ) = 0; //读取词条
5    virtual bool remove ( K k ) = 0; //删除词条
6 };
```

代码9.1 词典结构的操作接口规范

其中，所有操作接口均以虚函数形式给出，留待在派生类中予以具体实现。

另外，正如此前所述，尽管词条关键码类型可能支持大小比较，但这并非词典结构的必要条件，Dictionary模板类中的Entry类只需支持判等操作。

9.1.4 实现方法

不难发现，基于此前介绍的任何一种平衡二叉搜索树，都可便捷地实现词典结构。比如，Java语言的java.util.TreeMap类即是基于红黑树实现的词典结构。然而这类实现方式都在不经意中假设“关键码可以比较大小”，故其所实现的并非严格意义上的词典结构。

以下以跳转表和散列表为例介绍词典结构的两种实现方法。尽管它们都在底层引入了某种“序”，但这类“序”只是内部的一种约定；从外部接口来看，依然只有“相等”的概念。

§9.2 *跳转表

第2章所介绍的有序向量和第3章所介绍的有序列表，各有所长：前者便于静态查找，但动态维护成本较高；后者便于增量式的动态维护，但只能支持顺序查找。为结合二者的优点，同时弥补其不足，第7章和第8章逐步引入了平衡二叉搜索树，其查找、插入和删除操作均可在$O(\log n)$时间内完成。尽管如此，这些结构的相关算法往往较为复杂，代码实现和调试的难度较大，其正确性、鲁棒性和可维护性也很难保证。

设计并引入跳转表[②]（skip list）结构的初衷，正是在于试图找到另外一种简便直观的方式，来完成这一任务。具体地，跳转表是一种高效的词典结构，它的定义与实现完全基于第3章的有序列表结构，其查询和维护操作在平均的意义下均仅需$O(\log n)$时间。

9.2.1 Skiplist模板类

跳转表结构以模板类形式定义的接口，如代码9.2所示。

```
1 #include "../List/List.h" //引入列表
2 #include "../Entry/Entry.h" //引入词条
3 #include "Quadlist.h" //引入Quadlist
4 #include "../Dictionary/Dictionary.h" //引入词典
5
6 template <typename K, typename V> //key、value
7 //符合Dictionary接口的Skiplist模板类（但隐含假设元素之间可比较大小）
8 class Skiplist : public Dictionary<K, V>, public List<Quadlist<Entry<K, V>>*> {
9 protected:
10    bool skipSearch (
11       ListNode<Quadlist<Entry<K, V>>*>* &qlist,
12       QuadlistNode<Entry<K, V>>* &p,
13       K& k );
14 public:
15    int size() const { return empty() ? 0 : last()->data->size(); } //底层Quadlist的规模
16    int level() { return List::size(); } //层高 == #Quadlist，不一定要开放
17    bool put ( K, V ); //插入（注意与Map有别——Skiplist允许词条重复，故必然成功）
18    V* get ( K k ); //读取
19    bool remove ( K k ); //删除
20 };
```

代码9.2 Skiplist模板类

可见，借助多重继承（multiple inheritance）机制，由Dictionary和List共同派生而得的Skiplist模板类，同时具有这两种结构的特性；此外，这里还重写了在Dictionary抽象类（代码9.1）中，以虚函数形式定义的get()、put()和remove()等接口。

② 由W. Pugh于1989年发明[52]

9.2.2 总体逻辑结构

跳转表的宏观逻辑结构如图9.2所示。其内部由沿横向分层、沿纵向相互耦合的多个列表{ S_0, S_1, S_2, ..., S_h }组成，h称作跳转表的高度。

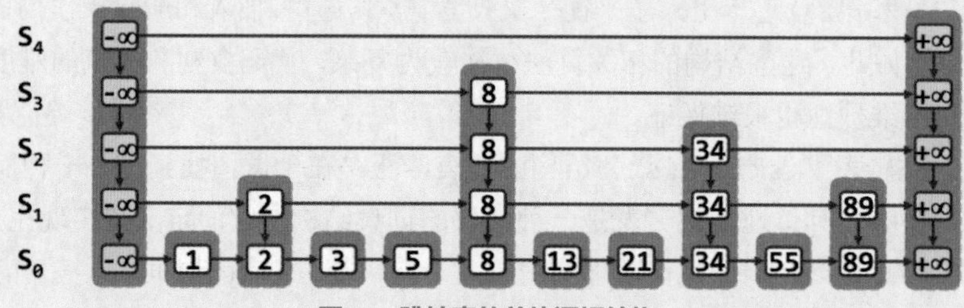

图9.2 跳转表的总体逻辑结构

每一水平列表称作一层（level），其中S_0和S_h分别称作底层（bottom）和顶层（top）。与通常的列表一样，同层节点之间可定义前驱与后继关系。为便于查找，同层节点都按关键码排序。需再次强调的是，这里的次序只是内部的一种约定；对外部而言，各词条之间仍然只需支持判等操作即可。为简化算法实现，每层列表都设有头、尾哨兵节点。

层次不同的节点可能沿纵向组成塔（tower），同一塔内的节点以高度为序也可定义前驱与后继关系。塔与词典中的词条一一对应。尽管塔内的节点相互重复，但正如随后将要看到的，这种重复不仅可以加速查找，而且只要策略得当，也不至造成空间的实质浪费。

高层列表总是低层列表的子集，其中特别地，S_0包含词典中的所有词条，而S_h除头、尾哨兵外不含任何实质的词条。不难看出，跳转表的层高h必然决定于最大的塔高。

9.2.3 四联表

按上述约定，跳转表内各节点沿水平和垂直方向都可定义前驱和后继，支持这种联接方式的表称作四联表（quadlist），它也是代码9.2中Skiplist模板类的底层实现方式。

Quadlist模板类

四联表结构可如代码9.3所示，以模板类的形式定义接口。

```
1 #include "QuadlistNode.h" //引入Quadlist节点类
2 template <typename T> class Quadlist { //Quadlist模板类
3 private:
4    int _size; QlistNodePosi(T) header; QlistNodePosi(T) trailer; //规模、头哨兵、尾哨兵
5 protected:
6    void init(); //Quadlist创建时的初始化
7    int clear(); //清除所有节点
8 public:
9 // 构造函数
10   Quadlist() { init(); } //默认
11 // 析构函数
12   ~Quadlist() { clear(); delete header; delete trailer; } //删除所有节点，释放哨兵
13 // 只读访问接口
```

```
14    Rank size() const { return _size; } //规模
15    bool empty() const { return _size <= 0; } //判空
16    QlistNodePosi(T) first() const { return header->succ; } //首节点位置
17    QlistNodePosi(T) last() const { return trailer->pred; } //末节点位置
18    bool valid ( QlistNodePosi(T) p ) //判断位置p是否对外合法
19    { return p && ( trailer != p ) && ( header != p ); }
20 // 可写访问接口
21    T remove ( QlistNodePosi(T) p ); //删除（合法）位置p处的节点，返回被删除节点的数值
22    QlistNodePosi(T) //将*e作为p的后继、b的上邻插入
23    insertAfterAbove ( T const& e, QlistNodePosi(T) p, QlistNodePosi(T) b = NULL );
24 // 遍历
25    void traverse ( void (* ) ( T& ) ); //遍历各节点，依次实施指定操作（函数指针，只读或局部修改）
26    template <typename VST> //操作器
27    void traverse ( VST& ); //遍历各节点，依次实施指定操作（函数对象，可全局性修改节点）
28 }; //Quadlist
```

代码9.3 Quadlist模板类

此处定义的接口包括：定位首节点、末节点，在全表或某一区间查找具有特定关键码的节点，删除特定节点，以及插入特定节点。通过它们的相互组合，即可实现跳转表相应的接口功能。

■ 四联表节点

作为四联表的基本组成元素，节点QuadlistNode模板类可定义如代码9.4所示。

```
1 #include "../Entry/Entry.h"
2 #define QlistNodePosi(T)  QuadlistNode<T>* //跳转表节点位置
3
4 template <typename T> struct QuadlistNode { //QuadlistNode模板类
5    T entry; //所存词条
6    QlistNodePosi(T) pred;  QlistNodePosi(T) succ; //前驱、后继
7    QlistNodePosi(T) above; QlistNodePosi(T) below; //上邻、下邻
8    QuadlistNode //构造器
9    ( T e = T(), QlistNodePosi(T) p = NULL, QlistNodePosi(T) s = NULL,
10     QlistNodePosi(T) a = NULL, QlistNodePosi(T) b = NULL )
11     : entry ( e ), pred ( p ), succ ( s ), above ( a ), below ( b ) {}
12   QlistNodePosi(T) insertAsSuccAbove //插入新节点，以当前节点为前驱，以节点b为下邻
13   ( T const& e, QlistNodePosi(T) b = NULL );
14 };
```

代码9.4 QuadlistNode模板类

为简化起见，这里并未做严格封装。对应于水平的前驱与后继，这里为每个节点设置了一对指针pred和succ；垂直方向的上邻和下邻则对应于above和below。主要的操作接口只有insertAsSuccAbove()，它负责创建新节点，并将其插入于当前节点之后、节点b之上。

■ 初始化与构造

由代码9.3可见，四联表的构造，实际上是通过调用如下init()函数完成的。

```
1 template <typename T> void Quadlist<T>::init() { //Quadlist初始化，创建Quadlist对象时统一调用
2    header = new QuadlistNode<T>; //创建头哨兵节点
3    trailer = new QuadlistNode<T>; //创建尾哨兵节点
4    header->succ = trailer; header->pred = NULL; //沿横向联接哨兵
5    trailer->pred = header; trailer->succ = NULL; //沿横向联接哨兵
6    header->above = trailer->above = NULL; //纵向的后继置空
7    header->below = trailer->below = NULL; //纵向的前驱置空
8    _size = 0; //记录规模
9 } //如此构造的四联表，不含任何实质的节点，且暂时与其它四联表相互独立
```

代码9.5 Quadlist对象的创建

9.2.4 查找

查找是跳转表至关重要和最实质的操作，词条的插入和删除等其它操作均以之为基础，其实现效率也将直接影响到跳转表结构的整体性能。

■ get()

在跳转表中查找关键码k的具体过程，如代码9.6所示。

```
1 template <typename K, typename V> V* Skiplist<K, V>::get ( K k ) { //跳转表词条查找算法
2    if ( empty() ) return NULL;
3    ListNode<Quadlist<Entry<K, V>>*>* qlist = first(); //从顶层Quadlist的
4    QuadlistNode<Entry<K, V>>* p = qlist->data->first(); //首节点开始
5    return skipSearch ( qlist, p, k ) ? & ( p->entry.value ) : NULL; //查找并报告
6 } //有多个命中时靠后者优先
```

代码9.6 Skiplist::get()查找

■ skipSearch()

由上可见，实质的查找过程，只不过是从某层列表qlist的首节点first()出发，调用如代码9.7所示的内部函数skipSearch()。

```
1 /******************************************************************************************
2  * Skiplist词条查找算法（供内部调用）
3  * 入口：qlist为顶层列表，p为qlist的首节点
4  * 出口：若成功，p为命中关键码所属塔的顶部节点，qlist为p所属列表
5  *       否则，p为所属塔的基座，该塔对应于不大于k的最大且最靠右关键码，qlist为空
6  * 约定：多个词条命中时，沿四联表取最靠后者
7  ******************************************************************************************/
8 template <typename K, typename V> bool Skiplist<K, V>::skipSearch (
9    ListNode<Quadlist<Entry<K, V>>*>* &qlist, //从指定层qlist的
10   QuadlistNode<Entry<K, V>>* &p, //首节点p出发
11   K& k ) { //向右、向下查找目标关键码k
```

```
12     while ( true ) { //在每一层
13        while ( p->succ && ( p->entry.key <= k ) ) //从前向后查找
14           p = p->succ; //直到出现更大的key或溢出至trailer
15        p = p->pred; //此时倒回一步，即可判断是否
16        if ( p->pred && ( k == p->entry.key ) ) return true; //命中
17        qlist = qlist->succ; //否则转入下一层
18        if ( !qlist->succ ) return false; //若已到穿透底层，则意味着失败
19        p = ( p->pred ) ? p->below : qlist->data->first(); //否则转至当前塔的下一节点
20     } //课后：通过实验统计，验证关于平均查找长度的结论
21 }
```

代码9.7 Skiplist::skipSearch()查找

这里利用参数p和qlist，分别指示命中关键码所属塔的顶部节点，及其所属的列表。qlist和p的初始值分别为顶层列表及其首节点，返回后它们将为上层的查找操作提供必要的信息。

■ 实例

仍以图9.2为例，针对关键码21的查找经过节点{ -∞, -∞, 8, 8, 8, 8, 13 }，最终抵达21后报告成功；针对关键码34的查找经过节点{ -∞, -∞, 8, 8 }，最终抵达34后报告成功；针对关键码1的查找经过节点{ -∞, -∞, -∞, -∞, -∞ }，最终抵达1后报告成功。而针对关键码80的查找经过节点{ -∞, -∞, 8, 8, 34, 34, 34, 55 }，最终抵达89后报告失败；针对关键码0的查找经过节点{ -∞, -∞, -∞, -∞, -∞ }，最终抵达1后报告失败；针对关键码99的查找经过节点{ -∞, -∞, 8, 8, 34, 34, 89 }，最终抵达+∞后报告失败。

9.2.5 空间复杂度

■ "生长概率逐层减半"条件

不难理解，其中各塔高度的随机分布规律（如最大值、平均值等），对跳转表的总体性能至关重要。反之，若不就此作出显式的限定，则跳转表的时间和空间效率都难以保证。

比如，若将最大塔高（亦即跳转表的层高）记作h，则在极端情况下，每个词条所对应塔的高度均有可能接近甚至达到h。果真如此，在查找及更新过程中需要访问的节点数量将难以控制，时间效率注定会十分低下。同时，若词条总数为n，则在此类情况下，跳转表所需的存储空间量也将高达$\Omega(nh)$。

然而幸运的是，若能采用简明而精妙的策略，控制跳转表的生长过程，则在时间和空间方面都可实现足够高的效率。就效果而言，此类控制策略必须满足所谓"生长概率逐层减半"条件：

对于任意$0 \le k < h$，S_k中任一节点在S_{k+1}中依然出现的概率，始终为1/2

也就是说，S_0中任一关键码依然在S_k中出现的概率，等于2^{-k}。这也可等效地理解和模拟为，在各塔自底而上逐层生长的过程中，通过投掷正反面等概率的理想硬币（fair coin），来决定是否继续增长一层——亦即，对应于当前的词条，是否在上一层列表中再插入一个节点。

那么，在插入词条的过程中，应该如何从技术上保证这一条件始终成立呢？具体的方法稍后将在9.2.7节介绍，目前不妨暂且假定这一条件的确成立。

■ **节点总数的期望值**

根据数学归纳法，“生长概率逐层减半”条件同时也意味着，列表S_0中任一节点在列表S_k中依然出现的概率均为$1/2^k = 2^{-k}$。因此，第k层列表所含节点的期望数目为：

$$E(|S_k|) = n \times 2^{-k}$$

亦即，各层列表的规模将随高度上升以50%的比率迅速缩小，故空间总体消耗量的期望值应为：

$$E(\Sigma_k|S_k|) = \Sigma_k E(|S_k|) = n \times (\Sigma_k 2^{-k}) < 2n = \mathcal{O}(n)$$

9.2.6 时间复杂度

在由多层四联表组成的跳转表中进行查找，需访问的节点数目是否会实质性地增加？由以上代码9.7中查找算法skipSearch()可见，单次纵向或横向跳转本身只需常数时间，故查找所需的时间应取决于横向、纵向跳转的总次数。那么，是否会因层次过多而导致横向或纵向的跳转过多呢？以下从概率的角度，分别对其平均性能做出估计，并说明其期望值均不超过$\mathcal{O}(\log n)$。

■ **期望高度与纵向跳转次数**

考查第k层列表S_k。

S_k非空，当且仅当S_0所含的n个节点中，至少有一个会出现在S_k中，相应的概率应为：

$$Pr(|S_k| > 0) \le n \times 2^{-k} = n/2^k$$

反过来，S_k为空的概率即为：

$$Pr(|S_k| = 0) \ge 1 - n/2^k$$

可以看出，这一概率将随着高度k的增加，而迅速上升并接近100%。

以第$k = 3\cdot\log n$层为例。该层列表S_k为空，当且仅当$h < k$，对应的概率为：

$$Pr(h < k) = Pr(|S_k| = 0) \ge 1 - n/2^k = 1 - n/n^3 = 1 - 1/n^2$$

一般地，$k = a\cdot\log n$层列表为空的概率为$1 - 1/n^{a-1}$，$a > 3$后这一概率将迅速地接近100%。这意味着跳转表的高度h有极大的可能不会超过 $3\cdot\log n$，h的期望值应为：

$$E(h) = \mathcal{O}(\log n)$$

按照代码9.7的skipSearch()算法，查找过程中的跳转只能向右或向下（而不能向左倒退或向上爬升），故活跃节点的高度必单调非增，每一高度上的纵向跳转至多一次。因此，整个查找过程中消耗于纵向跳转的期望时间不超过跳转表高度h的期望值$\mathcal{O}(\log n)$。

■ **横向跳转**

skipSearch()算法中的内循环对应于沿同一列表的横向跳转，且此类跳转在同一高度可做多次。那么，横向跳转与上述纵向跳转的这一差异，是否意味着这方面的时间消耗将不受跳转表高度h的控制，并进而对整体的查找时间产生实质性影响？答案是否定的。

进一步观察skipSearch()算法可知，沿同一列表的横向跳转所经过的节点必然依次紧邻，而且它们都应该是各自所属塔的塔顶。若将同层连续横向跳转的次数记作Y，则对于任意的$0 \le k$，Y取值为k对应于“k个塔顶再加最后一个非塔顶”联合事件，故其概率应为：

$$Pr(Y = k) = (1 - p)^k \cdot p$$

这是一个典型的几何分布（geometric distribution），其中$p = 1/2$是塔继续生长的概率。因此，Y的期望值应为：

$$E(Y) = (1 - p) / p = (1 - 1/2) / (1/2) = 1$$

也就是说，在同一高度上，彼此紧邻的塔顶节点数目的期望值为1 + 1 = 2；沿着每条查找路径，在每一高度上平均只做常数次横向跳转。因此，整个查找过程中所做横向跳转的期望次数，应依然线性正比于跳转表的期望高度，亦即$\mathcal{O}(\log n)$。

■ 其它

除以上纵向和横向跳转，skipSearch()还涉及其它一些操作，但总量亦不超过$\mathcal{O}(\log n)$。比如，内层while循环尽管必终止于失败节点（key更大或溢出至trailer），但此类节点在每层至多一个，访问它们所需的时间总量仍不超过跳转表的期望高度E(h) = $\mathcal{O}(\log n)$。

9.2.7 插入

■ put()

将词条(k, v)插入跳转表的具体操作过程，可描述和实现如代码9.8所示。

```
1 template <typename K, typename V> bool Skiplist<K, V>::put ( K k, V v ) { //跳转表词条插入算法
2    Entry<K, V> e = Entry<K, V> ( k, v ); //待插入的词条（将被随机地插入多个副本）
3    if ( empty() ) insertAsFirst ( new Quadlist<Entry<K, V>> ); //插入首个Entry
4    ListNode<Quadlist<Entry<K, V>>*>* qlist = first(); //从顶层四联表的
5    QuadlistNode<Entry<K, V>>* p = qlist->data->first(); //首节点出发
6    if ( skipSearch ( qlist, p, k ) ) //查找适当的插入位置（不大于关键码k的最后一个节点p）
7       while ( p->below ) p = p->below; //若已有雷同词条，则需强制转到塔底
8    qlist = last(); //以下，紧邻于p的右侧，一座新塔将自底而上逐层生长
9    QuadlistNode<Entry<K, V>>* b = qlist->data->insertAfterAbove ( e, p ); //新节点b即新塔基座
10   while ( rand() & 1 ) { //经投掷硬币，若确定新塔需要再长高一层，则
11      while ( qlist->data->valid ( p ) && !p->above ) p = p->pred; //找出不低于此高度的最近前驱
12      if ( !qlist->data->valid ( p ) ) { //若该前驱是header
13         if ( qlist == first() ) //且当前已是最顶层，则意味着必须
14            insertAsFirst ( new Quadlist<Entry<K, V>> ); //首先创建新的一层，然后
15         p = qlist->pred->data->first()->pred; //将p转至上一层Skiplist的header
16      } else //否则，可径自
17         p = p->above; //将p提升至该高度
18      qlist = qlist->pred; //上升一层，并在该层
19      b = qlist->data->insertAfterAbove ( e, p, b ); //将新节点插入p之后、b之上
20   }//课后：调整随机参数，观察总体层高的相应变化
21   return true; //Dictionary允许重复元素，故插入必成功——这与Hashtable等Map略有差异
22 }
```

代码9.8 Skiplist::put()插入

这里通过逻辑表达式“rand() % 2”来模拟投掷硬币，并保证“生长概率逐层减半”条件。也就是说，通过（伪）随机整数的奇偶，近似地模拟一次理想的掷硬币实验。只要（伪）随机数为奇数（等价于掷出硬币正面），新塔就继续生长；一旦取（伪）随机数为偶数（等价于掷出反面），循环随即终止（生长停止），整个插入操作亦告完成。

由此可见，新塔最终的（期望）高度，将取决于此前连续的正面硬币事件的（期望）次数。

■ 实例

考查如图9.2所示的跳转表。将关键码4插入其中的过程，如图9.3(a~d)所示。

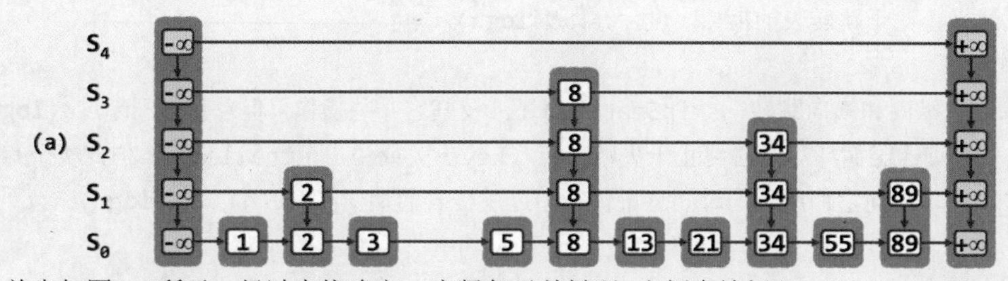

首先如图(a)所示，经过查找确定，应紧邻于关键码3右侧实施插入。

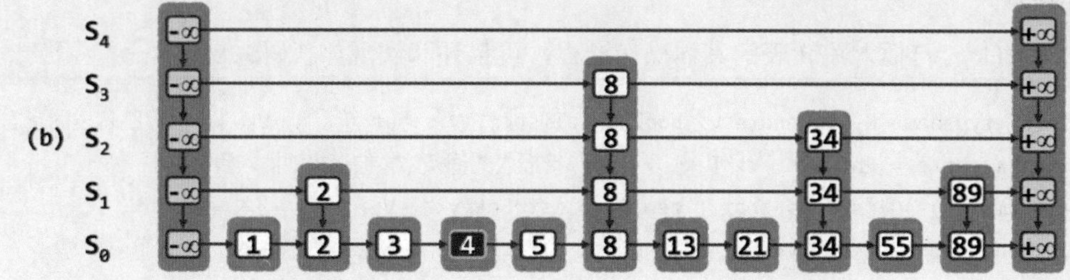

然后如图(b)所示，在底层列表中，创建一个节点作为新塔的基座。

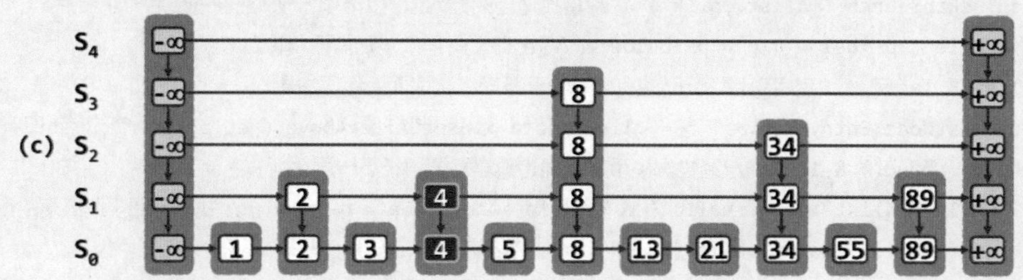

此后，假定随后掷硬币的过程中，前两次为正面，第三次为反面。于是如图(c)和(d)所示，新塔将连续长高两层后停止生长。

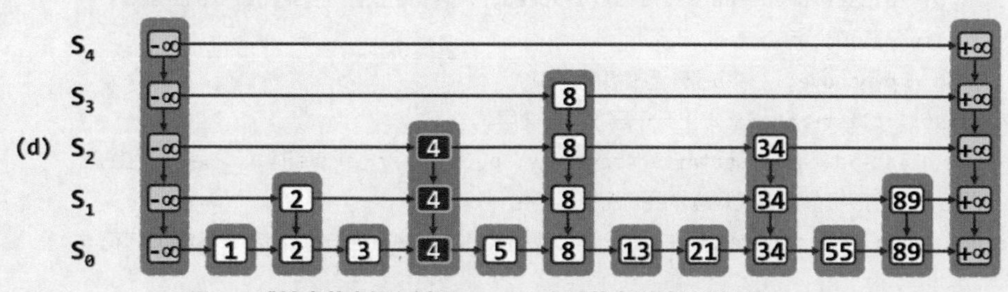

图9.3 跳转表节点插入过程(a~d)，也是节点删除的逆过程(d~a)

新塔每长高一层，塔顶节点除须与原塔纵向联接，还须与所在列表中的前驱与后继横向联接。

■ insertAfterAbove()

可见，QuadlistNode节点总是以塔为单位自底而上地成批插入，且每一节点都是作为当时的新塔顶而插入。也就是说，QuadlistNode节点的插入都属于同一固定的模式：创建关键码为e的新节点，将其作为节点p的后继和节点b（当前塔顶）的上邻“植入”跳转表。

因此，代码9.3只需提供统一的接口insertAfterAbove()，其具体实现如代码9.9所示。

```
1 template <typename T> QlistNodePosi(T) //将e作为p的后继、b的上邻插入Quadlist
2 Quadlist<T>::insertAfterAbove ( T const& e, QlistNodePosi(T) p, QlistNodePosi(T) b = NULL )
3 {  _size++; return p->insertAsSuccAbove ( e, b );  } //返回新节点位置（below = NULL）
```

代码9.9 Quadlist::insertAfterAbove()插入

■ insertAsSuccAbove()

上述接口的实现，需转而调用节点p的insertAsSuccAbove()接口，如代码9.10所示完成节点插入的一系列实质性操作。

```
1 template <typename T> QlistNodePosi(T) //将e作为当前节点的后继、b的上邻插入Quadlist
2 QuadlistNode<T>::insertAsSuccAbove ( T const& e, QlistNodePosi(T) b = NULL ) {
3    QlistNodePosi(T) x = new QuadlistNode<T> ( e, this, succ, NULL, b ); //创建新节点
4    succ->pred = x; succ = x; //设置水平逆向链接
5    if ( b ) b->above = x; //设置垂直逆向链接
6    return x; //返回新节点的位置
7 }
```

代码9.10 QuadlistNode::insertAsSuccAbove()插入

具体过程如图9.4(a)所示，插入前节点b的上邻总是为空。

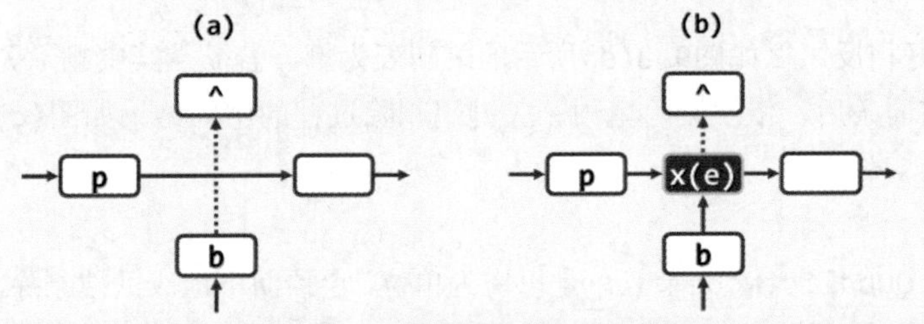

图9.4 四联表节点插入过程

首先，创建一个关键码为e的节点，其前驱和后继分别设为当前节点（p）及其后继（p->succ），上邻和下邻分别设为NULL和节点b。然后，沿水平和垂直方向设置好逆向的链接。最终结果如图(b)所示。

因这里允许关键码雷同，故在插入之前无需查找确认是否已有某个词条的关键码为e。

■ 时间复杂度

新塔每长高一层，都要紧邻于该层的某一节点p之后创建新的塔顶节点。准确地，在不大于新关键码的所有节点中，节点p为最大者；若这样的节点有多个，则按约定，p应取其中最靠后者。然而，若在每一层都从首节点开始，通过扫描确认p的位置，则最坏情况下可能每一层四联表都几乎需要遍历，耗时量将高达$\Omega(n)$。然而实际上，各层四联表中的位置p之间自底而上存在很强的关联性，利用这一性质即可保证高效而精准地确定各高度上的插入位置p。

具体地如代码9.8所示，每次都从当前节点p的前驱出发，先上升一层，然后自右向左依次移动，直到发现新节点在新高度上的前驱。接下来，只需将p更新为该前驱的位置，并将新塔顶节点插入于p之后，新塔顶节点的插入即告完成。实际上，新塔每增长一层，都可重复上述过程完成新塔顶节点的插入。

整个过程中p所经过的路径，与关键码的查找路径恰好方向相反。由9.2.6节的结论，被访问节点的期望总数不超过$\mathcal{O}(\log n)$，因此这也是插入算法运行时间期望值的上界。

9.2.8 删除

■ **Skiplist::remove()**

从跳转表中删除关键码为k词条的具体操作过程，如描述为代码9.11。

```
1 template <typename K, typename V> bool Skiplist<K, V>::remove ( K k ) { //跳转表词条删除算法
2   if ( empty() ) return false; //空表情况
3   ListNode<Quadlist<Entry<K, V>>*>* qlist = first(); //从顶层Quadlist的
4   QuadlistNode<Entry<K, V>>* p = qlist->data->first(); //首节点开始
5   if ( !skipSearch ( qlist, p, k ) ) return false; //目标词条不存在，直接返回
6   do { //若目标词条存在，则逐层拆除与之对应的塔
7      QuadlistNode<Entry<K, V>>* lower = p->below; //记住下一层节点，并
8      qlist->data->remove ( p ); //删除当前层节点，再
9      p = lower; qlist = qlist->succ; //转入下一层
10  } while ( qlist->succ ); //如上不断重复，直到塔基
11  while ( !empty() && first()->data->empty() ) //逐一地
12     List::remove ( first() ); //清除已可能不含词条的顶层Quadlist
13  return true; //删除操作成功完成
14 }
```

代码9.11 Skiplist::remove()删除

这一过程的次序，与插入恰好相反。以如图9.3(d)所示的跳转表为例，若欲从其中删除关键码为4的词条，则在查找定位该词条后，依次删除塔顶。关键码删除过程的中间结果如图(c)和(b)所示，最终结果如图(a)。

■ **Quadlist::remove()**

在基于四联表实现跳转表中，QuadlistNode节点总是以塔为单位，自顶而下地成批被删除，其中每一节点的删除，都按照如下固定模式进行：节点p为当前的塔顶，将它从所属横向列表中删除；其下邻（若存在）随后将成为新塔顶，并将在紧随其后的下一次删除操作中被删除。

Quadlist模板类（代码9.3）为此定义了接口remove()，其具体实现如代码9.12所示。

```
1 template <typename T> //删除Quadlist内位置p处的节点，返回其中存放的词条
2 T Quadlist<T>::remove ( QlistNodePosi(T) p ) { //assert: p为Quadlist中的合法位置
3   p->pred->succ = p->succ; p->succ->pred = p->pred; _size--;//摘除节点
4   T e = p->entry; delete p; //备份词条，释放节点
5   return e; //返回词条
6 }
7
8 template <typename T> int Quadlist<T>::clear() { //清空Quadlist
9   int oldSize = _size;
10  while ( 0 < _size ) remove ( header->succ ); //逐个删除所有节点
11  return oldSize;
12 }
```

代码9.12 Quadlist::remove()删除

这里各步迭代中的操作次序，与图9.4(a)和(b)基本相反。略微不同之处在于，因必然是整塔删除，故可省略纵向链接的调整。

其中clear()接口用以删除表中所有节点，在代码9.3中也是析构过程中的主要操作。

■ **时间复杂度**

如代码9.11所示，词条删除算法所需的时间，不外乎消耗于两个方面。

首先是查找目标关键码，由9.2.6节的结论可知，这部分时间的期望值不过$\mathcal{O}$(logn)。其次是拆除与目标关键码相对应的塔，这是一个自顶而下逐层迭代的过程，故累计不超过h步；另外，由代码9.12可见，各层对应节点的删除仅需常数时间。

综合以上分析可知，跳转表词条删除操作所需的时间不超过$\mathcal{O}$(h) = $\mathcal{O}$(logn)。

§9.3 散列表

散列作为一种思想既朴素亦深刻，作为一种技术则虽古老却亦不失生命力，因而在数据结构及算法中占据独特而重要地位。此类方法以最基本的向量作为底层支撑结构，通过适当的散列函数在词条的关键码与向量单元的秩之间建立起映射关系。理论分析和实验统计均表明，只要散列表、散列函数以及冲突排解策略设计得当，散列技术可在期望的常数时间内实现词典的所有接口操作。也就是说，就平均时间复杂度的意义而言，可以使这些操作所需的运行时间与词典的规模基本无关。尤为重要的是，散列技术完全摒弃了“关键码有序”的先决条件，故就实现词典结构而言，散列所特有的通用性和灵活性是其它方式无法比拟的。

以下将围绕散列表、散列函数以及冲突排解三个主题，逐层深入地展开介绍。

9.3.1 完美散列

■ **散列表**

散列表（hashtable）是散列方法的底层基础，逻辑上由一系列可存放词条（或其引用）的单元组成，故这些单元也称作桶（bucket）或桶单元；与之对应地，各桶单元也应按其逻辑次序在物理上连续排列。因此，这种线性的底层结构用向量来实现再自然不过。为简化实现并进一步提高效率，往往直接使用数组，此时的散列表亦称作桶数组（bucket array）。若桶数组的容量为R，则其中合法秩的区间[0, R)也称作地址空间（address space）。

■ **散列函数**

一组词条在散列表内部的具体分布，取决于所谓的散列（hashing）方案——事先在词条与桶地址之间约定的某种映射关系，可描述为从关键码空间到桶数组地址空间的函数：

hash() : key → hash(key)

这里的hash()称作散列函数（hash function）。反过来，hash(key)也称作key的散列地址（hashing address），亦即与关键码key相对应的桶在散列表中的秩。

■ **实例**

以学籍库为例。若某高校2011级共计4000名学生的学号为2011-0000至2011-3999，则可直接使用一个长度为4000的散列表A[0~3999]，并取

hash(key) = key - 20110000

从而将学号为x的学生学籍词条存放于桶单元A[hash(x)]。

如此散列之后，根据任一合法学号，都可在$O(1)$时间内确定其散列地址，并完成一次查找、插入或删除。空间性能方面，每个桶恰好存放一个学生的学籍词条，既无空余亦无重复。这种在时间和空间性能方面均达到最优的散列，也称作完美散列（perfect hashing）。

实际上，Bitmap结构（习题[2-34]）也可理解为完美散列的一个实例。其中，为每个可能出现的非负整数，各分配了一个比特位，作为判定它是否属于当前集合的依据；散列函数也再简单不过——各比特位在内部向量中的秩，就是其所对应整数的数值。

遗憾的是，以上实例都是在十分特定的条件下才成立的，完美散列实际上并不常见。而在更多的应用环境中，为兼顾空间和时间效率，无论散列表或散列函数都需要经过更为精心的设计。以下就是一个更具一般性的实例。

9.3.2 装填因子与空间利用率

■ 电话查询系统

假设某大学拟建立一个电话簿查询系统，覆盖教职员工和学生所使用的共约25000门固定电话。以下，主要考查其中反查功能的实现，即如何高效地由电话号码获取机主的信息。

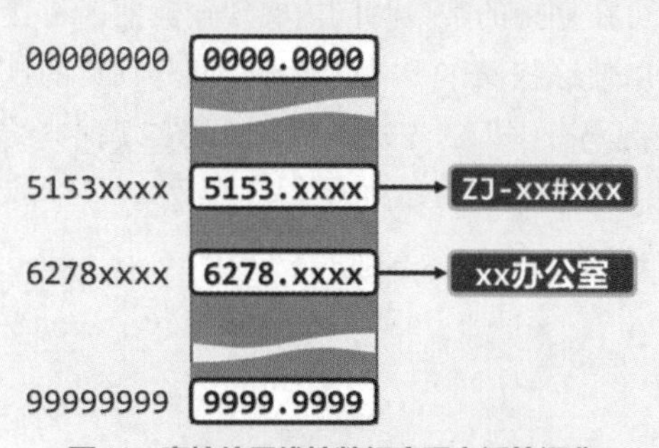

图9.5 直接使用线性数组实现电话簿词典

这一任务从数据结构的角度可理解为，设计并实现一个词典结构，以电话号码为词条关键码，支持根据这种关键码的高效查询。若考虑到开机、撤机和转机等情况，还应支持词条的插入和删除等动态操作。仿照学籍库的例子，可如图9.5引入向量，将电话号码为x 的词条存放在秩为x的单元。如此，不仅词条与桶单元一一对应，而且无论是静态的查找还是动态的插入和删除，每次操作仅需常数时间！

然而进一步分析之后不难发现，这一方案在此情况下并不现实。从理论上讲，在使用8位编号系统时，整个城市固定电话最多可能达到10^8门。尽管该校人员所涉及的固定电话仅有25000门，但号码却可能随机分布在[0000-0000, 9999-9999]的整个范围内。这就意味着，上述方案所使用数组的长度大致应与10^8相当。每个词条占用的空间即便按100字节估计，该数组也至少需要占用10GB的空间。也就是说，此时的空间有效利用率仅为 25000 / 10^8 = 0.025%，绝大部分的空间实际上处于闲置状态。

■ IP节点查询

另一个类似的例子是，根据IP地址获取对应的域名信息。按照32bit地址的协议，理论上可能的IP地址共有$2^{32} = 4\times10^9$个，故此时若直接套用以上方法采用最简单的散列表和散列函数，将动辄征用100~1000GB的空间。另一方面，尽管大多数IP并没有指定域名，但任一IP都有可能具有域名，故这种方法的空间利用率也仅为5%左右[③]。而在未来采用IPv6协议之后，尽管实际运

③ 据威瑞信（VeriSign）公司2010年11月发布的《2010年第三季度域名行业报告》，截至2010年第三季度底，全球顶级域名（Top Level Domain, TLD）的注册总数已达到2.02亿，平均约每20个IP中才有一个IP具有域名

行中的节点数目在短时间内不会有很大的变化，但允许使用的IP地址将多达2^128 = 256×10^{36}个——如此庞大的地址空间根本无法直接使用数组表示和存放[④]；即便有如此规模的存储介质，其空间利用率依然极低。

■ 兼顾空间利用率与速度

此类问题在实际应用中十分常见，其共同的特点可归纳为：尽管词典中实际需要保存的词条数N（比如25000门）远远少于可能出现的词条数R（10^8门），但R个词条中的任何一个都有可能出现在词典中。仿照2.4.1节针对向量空间利用率的度量方法，这里也可以将散列表中非空桶的数目与桶单元总数的比值称作装填因子（load factor）。从这一角度来看，上述问题的实质在于散列表的装填因子太小，从而导致空间利用率过低。

无论如何，散列方法的查找和更新速度实在诱人，也的确可以完美地适用于学籍库之类的应用。那么，能否在保持优势的前提下，克服其在存储空间利用率方面的不足呢？答案是肯定的，但需要运用一系列的技巧，其中首先就是散列函数的设计。

9.3.3 散列函数

9.3.10节将介绍一般类型关键码到整数的转换方法，故不妨先假定关键码均为[0, R)范围内的整数。将词典中的词条数记作N，散列表长度记作M，于是通常有：

R >> M > N

如图9.6所示，散列函数hash()的作用可理解为，将关键码空间[0, R)压缩为散列地址空间[0, M)。

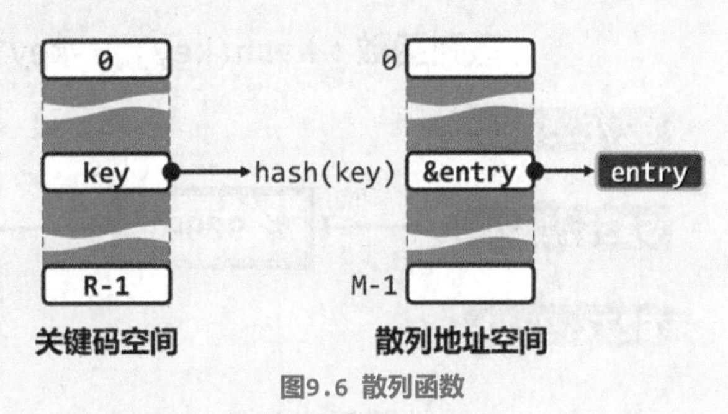

图9.6 散列函数

■ 设计原则

作为好的散列函数，hash()应具备哪些条件呢？首先，必须具有确定性。无论所含的数据项如何，词条E在散列表中的映射地址hash(E.key)必须完全取决于其关键码E.key。其次，映射过程自身不能过于复杂，唯此方能保证散列地址的计算可快速完成，从而保证查询或修改操作整体的$\mathcal{O}(1)$期望执行时间。再次，所有关键码经映射后应尽量覆盖整个地址空间[0, M)，唯此方可充分利用有限的散列表空间。也就是说，函数hash()最好是满射。

当然，因定义域规模R远远大于取值域规模M，hash()不可能是单射。这就意味着，关键码不同的词条被映射到同一散列地址的情况——称作散列冲突（collision）——难以彻底避免。尽管9.3.5节将会介绍解决冲突的办法，但若能在设计和选择散列函数阶段提前做些细致而充分的考量，便能尽可能地降低冲突发生的概率。

在此，最为重要的一条原则就是，关键码映射到各桶的概率应尽量接近于1/M——若关键码均匀且独立地随机分布，这也是任意一对关键码相互冲突的概率。就整体而言，这等效于将关键码空间“均匀地”映射到散列地址空间，从而避免导致极端低效的情况——比如，因大部分关键

[④] 截至2010年，人类拥有的数字化数据总量为1.2ZB（1ZB = 2^{70} = 10^{21}字节），预计到2020年可达35ZB

码集中分布于某一区间，而加剧散列冲突；或者反过来，因某一区间仅映射有少量的关键码，而导致空间利用率低下。

总而言之，随机越强、规律性越弱的散列函数越好。当然，完全符合上述条件的散列函数并不存在，我们只能通过先验地消除可能导致关键码分布不均匀的因素，最大限度地模拟理想的随机函数，尽最大可能降低发生冲突的概率。

■ 除余法（division method）

符合上述要求的一种最简单的映射办法，就是将散列表长度M取作为素数，并将关键码key映射至key关于M整除的余数：

```
hash(key)  =  key mod M
```

仍以校园电话簿为例，若取M = 90001，则以下关键码：

```
{ 6278-5001, 5153-1876, 6277-0211 }
```

将如图9.7所示分别映射至

```
{ 54304, 51304, 39514 }
```

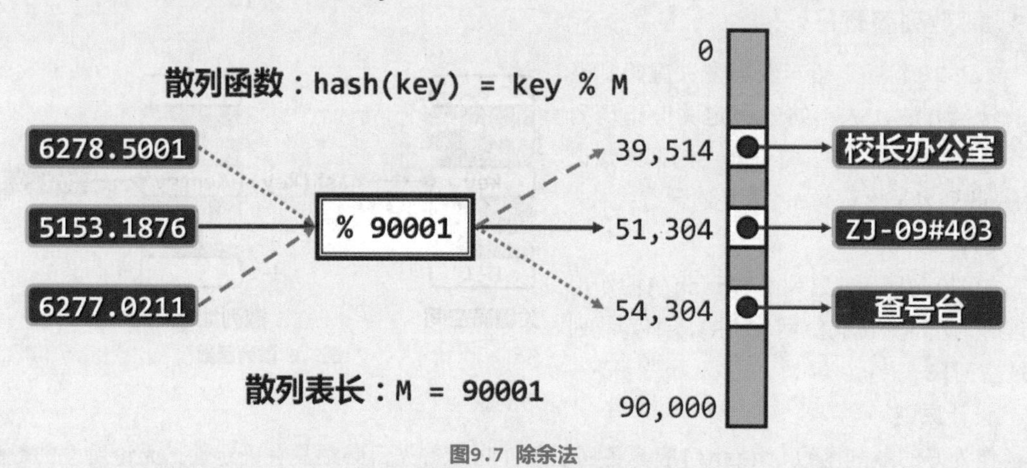

图9.7 除余法

请注意，采用除余法时必须将M选作素数，否则关键码被映射至[0, M)范围内的均匀度将大幅降低，发生冲突的概率将随M所含素因子的增多而迅速加大。

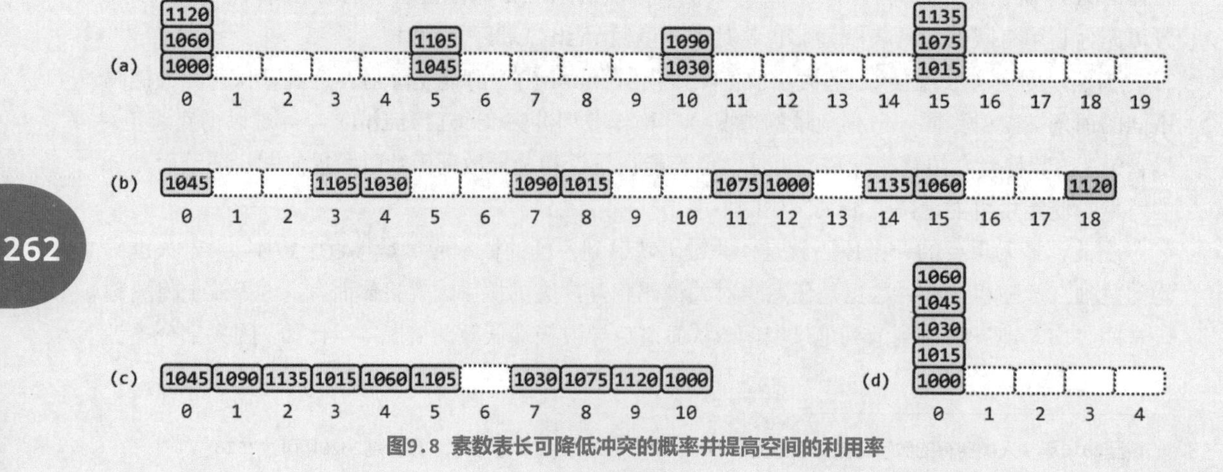

图9.8 素数表长可降低冲突的概率并提高空间的利用率

在实际应用中，对同一词典内词条的访问往往具有某种周期性，若其周期与M具有公共的素因子，则冲突的概率将急剧攀升。试考查一例：某散列表从全空的初始状态开始，插入的前10个词条对应的关键码是等差数列{ 1000, 1015, 1030, ..., 1135 }。

如图9.8(a)所示，若散列表长度取作M = 20，则其中每一关键码，都与另外一或两个关键码相冲突；而反过来，散列表中80%的桶，此时却处于空闲状态。

词条集中到散列表内少数若干桶中（或附近）的现象，称作词条的聚集（clustering）。显然，好的散列函数应尽可能此类现象，而采用素数表长则是降低聚集发生概率的捷径。

一般地，散列表的长度M与词条关键码间隔T之间的最大公约数越大，发生冲突的可能性也将越大（习题[9-6]）。因此，若M取素数，则简便对于严格或大致等间隔的关键码序列，也不致出现冲突激增的情况，同时提高空间效率。

比如若改用表长M = 19，则如图9.8(b)所示没有任何冲突，且空间利用率提高至50%以上。再如，若如图9.8(c)所示取表长M = 11，则同样不致发生任何冲突，且仅有一个桶空闲。

当然，若T本身足够大而且恰好可被M整除，则所有被访问词条都将相互冲突。例如，若如图9.8(d)所示将表长取作素数M = 5且只考虑原插入序列中的前5个关键码，则所有关键码都将聚集于一个桶内。不难理解，相对而言，发生这种情况的概率极低。

■ MAD法（multiply-add-divide method）

以素数为表长的除余法尽管可在一定程度上保证词条的均匀分布，但从关键码空间到散列地址空间映射的角度看，依然残留有某种连续性。比如，相邻关键码所对应的散列地址，总是彼此相邻；极小的关键码，通常都被集中映射到散列表的起始区段——其中特别地，0值居然是一个“不动点”，其散列地址总是0，而与散列表长度无关。

图9.9 MAD法可消除散列过程的连续性

例如，在如图9.9(a)所示，将关键码：

{ 2011, 2012, 2013, 2014, 2015, 2016 }

插入长度为M = 17的空散列表后，这组词条将存放至地址连续的6个桶中。尽管这里没有任何关键码的冲突，却具有就“更高阶”的均匀性。

为弥补这一不足，可采用所谓的MAD法将关键码key映射为：

$(a \times key + b)$ mod M，其中M仍为素数，$a > 0$，$b > 0$，且a mod $M \neq 0$

此类散列函数需依次执行乘法、加法和除法（模余）运算，故此得名。

尽管运算量略有增加，但只要常数a和b选取得当，MAD法可以很好地克服除余法原有的连续性缺陷。仍以上述插入序列为例，当取a = 31和b = 2时，按MAD法的散列结果将图9.9(b)所示，各关键码散列的均匀性相对于图9.9(a)有了很大的改善。

实际上，此前所介绍的除余法，也可以看做是MAD法取a = 1和b = 0的特殊情况。从这一角度来看，导致除余法连续性缺陷的根源，也可理解为这两个常数未发挥实质的作用。

■ 更多的散列函数

散列函数种类繁多，不一而足。数字分析法（selecting digits）从关键码key特定进制的展开中抽取出特定的若干位，构成一个整型地址。比如，若取十进制展开中的奇数位，则有

hash(1~~2~~3~~4~~5~~6~~7~~8~~9)　=　13579

又如所谓平方取中法（mid-square），从关键码key的平方的十进制或二进制展开中取居中的若干位，构成一个整型地址。比如，若取平方后十进制展开中居中的三位，则有

hash(123)　=　~~1~~512~~9~~　=　512

hash(1234567)　=　~~15241~~556~~77489~~　=　556

再如所谓折叠法（folding），是将关键码的十进制或二进制展开分割成等宽的若干段，取其总和作为散列地址。比如，若以三个数位为分割单位，则有

hash(123456789)　=　123 + 456 + 789　=　1368

分割后各区段的方向也可以是往复折返式的，比如

hash(123456789)　=　123 + 654 + 789　=　1566

还有如所谓位异或法（xor），是将关键码的二进制展开分割成等宽的若干段，经异或运算得到散列地址。比如，仍以三个数位为分割单位，则有

hash(411)　=　hash(110011011_b)　=　110 ^ 011 ^ 011　=　110_b　=　6

同样地，分割后各区段的方向也可以是往复折返式的，比如

hash(411)　=　hash(110011011_b)　=　110 ^ 110 ^ 011　=　011_b　=　3

当然，为保证上述函数取值落在合法的散列地址空间以内，通常都还需要对散列表长度M再做一次取余运算。

■ （伪）随机数法

上述各具特点的散列函数，验证了我们此前的判断：越是随机、越是没有规律，就越是好的散列函数。按照这一标准，任何一个（伪）随机数发生器，本身即是一个好的散列函数。比如，可直接使用C/C++语言提供的rand()函数，将关键码key映射至桶地址：

rand(key)　mod　M

其中rand(key)为系统定义的第key个（伪）随机数。

这一策略的原理也可理解为，将“设计好散列函数”的任务，转换为“设计好的（伪）随机数发生器”的任务。幸运的是，二者的优化目标几乎是一致的。

需特别留意的是，由于不同计算环境所提供的（伪）随机数发生器不尽相同，故在将某一系统中生成的散列表移植到另一系统时，必须格外小心。

9.3.4 散列表

■ Hashtable模板类

按照词典的标准接口，可以模板类的形式，定义Hashtable类如代码9.13所示。

```
1 #include "../Dictionary/Dictionary.h" //引入词典ADT
2 #include "../Bitmap/Bitmap.h" //引入位图
3
```

```
4 template <typename K, typename V> //key、value
5 class Hashtable : public Dictionary<K, V> { //符合Dictionary接口的Hashtable模板类
6 private:
7    Entry<K, V>** ht; //桶数组，存放词条指针
8    int M; //桶数组容量
9    int N; //词条数量
10   Bitmap* lazyRemoval; //懒惰删除标记
11 #define lazilyRemoved(x)  (lazyRemoval->test(x))
12 #define markAsRemoved(x)  (lazyRemoval->set(x))
13 protected:
14   int probe4Hit ( const K& k ); //沿关键码k对应的查找链，找到词条匹配的桶
15   int probe4Free ( const K& k ); //沿关键码k对应的查找链，找到首个可用空桶
16   void rehash(); //重散列算法：扩充桶数组，保证装填因子在警戒线以下
17 public:
18   Hashtable ( int c = 5 ); //创建一个容量不小于c的散列表（为测试暂时选用较小的默认值）
19   ~Hashtable(); //释放桶数组及其中各（非空）元素所指向的词条
20   int size() const { return N; } // 当前的词条数目
21   bool put ( K, V ); //插入（禁止雷同词条，故可能失败）
22   V* get ( K k ); //读取
23   bool remove ( K k ); //删除
24 };
```

代码9.13 基于散列表实现的映射结构

作为词典结构的统一接口，put()、get()和remove()等操作的具体实现稍后介绍。

这里还基于Bitmap结构（习题[2-34]），维护了一张与散列表等长的懒惰删除标志表lazyRemoval[]，稍后的9.3.6节将介绍其原理与作用。

■ 散列表构造

散列表的初始化过程如代码9.14所示。

```
1 template <typename K, typename V> Hashtable<K, V>::Hashtable ( int c ) { //创建散列表，容量为
2    M = primeNLT ( c, 1048576, "../../_input/prime-1048576-bitmap.txt" ); //不小于c的素数M
3    N = 0; ht = new Entry<K, V>*[M]; //开辟桶数组（还需核对申请成功），初始装填因子为N/M = 0%
4    memset ( ht, 0, sizeof ( Entry<K, V>* ) *M ); //初始化各桶
5    lazyRemoval = new Bitmap ( M ); //懒惰删除标记比特图
6 }
```

代码9.14 散列表构造

为了加速素数的选取，这里不妨借鉴习题[2-36]中的技巧，事先计算出不超过1,048,576的所有素数，并存放于文件中备查。于是在创建散列表（或者重散列）时，对于在此范围内任意给定的长度下限c，都可通过调用primeNLT()，迅速地从该查询表中找到不小于c的最小素数M作为散列表长度，并依此为新的散列表申请相应数量的空桶；同时创建一个同样长度的位图结构，作为懒惰删除标志表。

```
1 int primeNLT ( int c, int n, char* file ) { //根据file文件中的记录，在[c, n)内取最小的素数
2    Bitmap B ( file, n ); //file已经按位图格式，记录了n以内的所有素数，因此只要
3    while ( c < n ) //从c开始，逐位地
4       if ( B.test ( c ) ) c++; //测试，即可
5       else return c; //返回首个发现的素数
6    return c; //若没有这样的素数，返回n（实用中不能如此简化处理）
7 }
```

代码9.15 确定散列表的素数表长

如代码9.15所示，从长度下限c开始，逐个测试对应的标志位，直到第一个足够大的素数。

■ 散列表析构

```
1 template <typename K, typename V> Hashtable<K, V>::~Hashtable() { //析构前释放桶数组及非空词条
2    for ( int i = 0; i < M; i++ ) //逐一检查各桶
3       if ( ht[i] ) release ( ht[i] ); //释放非空的桶
4    release ( ht ); //释放桶数组
5    release ( lazyRemoval ); //释放懒惰删除标记
6 }
```

代码9.16 散列表析构

在销毁散列表之前，如代码9.16所示，需在逐一释放各桶中的词条（如果存在）之后，释放整个散列表ht[]以及对应的懒惰删除表lazyRemoval[]。

9.3.5 冲突及其排解

■ 冲突的普遍性

散列表的基本构思，可以概括为：

> 开辟物理地址连续的桶数组ht[]，借助散列函数hash()，将词条关键码key映射为桶地址hash(key)，从而快速地确定待操作词条的物理位置。

然而遗憾的是，无论散列函数设计得如何巧妙，也不可能保证不同的关键码之间互不冲突。比如，若试图在如图9.7所示的散列表中插入电话号码6278-2001，便会与已有的号码5153-1876相冲突。而在实际应用中，不发生任何冲突的概率远远低于我们的想象。

考查如下问题：某课堂的所有学生中，是否有某两位生日（birthday，而非date of birth）相同？这种情况也称作生日巧合。那么，发生生日巧合事件的概率是多少？

若将全年各天视作365个桶，并将学生视作词条，则可按生日将他们组织为散列表。如此，上述问题便可转而表述为：若长度为365的散列表中存有n个词条，则至少发生一次冲突的概率$P_{365}(n)$有多大？不难证明（习题[9-8]），只要学生人数$n \geq 23$，即有$P_{365}(n) > 50\%$。请注意，此时的装填因子仅为$\lambda = 23/365 = 6.3\%$。

不难理解，对于更长的散列表，只需更低的装填因子，即有50%的概率会发生一次冲突。鉴于实际问题中散列表的长度M往往远大于365，故“不会发生冲突”只是一厢情愿的幻想。因此，我们必须事先制定一整套有效的对策，以处理和排解时常发生的冲突。

■ 多槽位（multiple slots）法

最直截了当的一种对策是，将彼此冲突的每一组词条组织为一个小规模的子词典，分别存放于它们共同对应的桶单元中。比如一种简便的方法是，统一将各桶细分为更小的称作槽位（slot）的若干单元，每一组槽位可组织为向量或列表。

0	1	2	3	4	5	6	7	8	9	10	11	12	13	14	15	16	17	18	19
~	~	~	~	~	~	~	~	~	~	~	~	~	~	~	~	~	~	~	~
1120	~	~	~	~	~	~	~	~	~	~	~	~	~	~	1135	~	~	~	~
1060	~	~	~	~	1105	~	~	~	~	1090	~	~	~	~	1075	~	~	~	~
1000	~	~	~	~	1045	~	~	~	~	1030	~	~	~	~	1015	~	~	~	~

图9.10 通过槽位细分排解散列冲突

例如，对于如图9.8(a)所示的冲突散列表，可以如图9.10所示，将各桶细分为四个槽位。只要相互冲突的各组关键码不超过4个，即可分别保存于对应桶单元内的不同槽位。

按照这一思路，针对关键码key的任一操作都将转化为对一组槽位的操作。比如put(key, value)操作，将首先通过hash(key)定位对应的桶单元，并在其内部的一组槽位中，进一步查找key。若失败，则创建新词条(key, value)，并将其插至该桶单元内的空闲槽位（如果的确还有的话）中。get(key)和remove(key)操作的过程，与此类似。

多槽位法的缺陷，显而易见。首先由图9.10可见，绝大多数的槽位通常都处于空闲状态。准确地讲，若每个桶被细分为k个槽位，则当散列表总共存有N个词条时，装填因子

$$\lambda' = N/(kM) = \lambda/k$$

将降低至原先的1/k。

其次，很难在事先确定槽位应细分到何种程度，方可保证在任何情况下都够用。比如在极端情况下，有可能所有（或接近所有）的词条都冲突于单个桶单元。此时，尽管几乎其余所有的桶都处于空闲状态，该桶却会因冲突过多而溢出。

■ 独立链（separate chaining）法

冲突排解的另一策略与多槽位（multiple slots）法类似，也令相互冲突的每组词条构成小规模的子词典，只不过采用列表（而非向量）来实现各子词典。

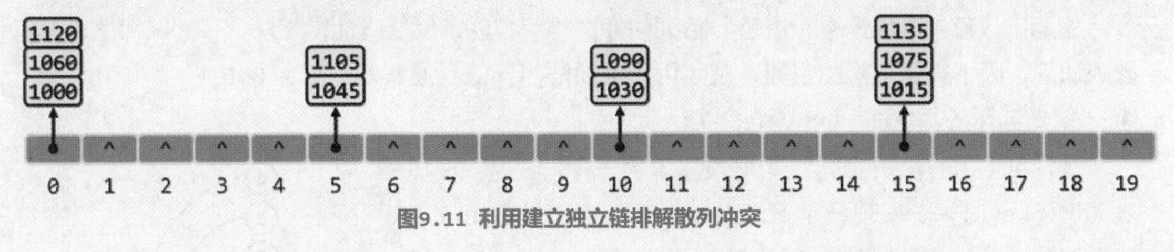

图9.11 利用建立独立链排解散列冲突

仍以图9.8(a)中的冲突为例，可如图9.11所示令各桶内相互冲突的词条串接成一个列表，该方法也因此得名。

既然好的散列函数已能保证通常不致发生极端的冲突，故各子词典的规模往往都不是很大，大多数往往只含单个词条或者甚至是空的。因此，采用第3章的基本列表结构足矣。

相对于多槽位法，独立链法可更为灵活地动态调整各子词典的容量和规模，从而有效地降低空间消耗。但在查找过程中一旦发生冲突，则需要遍历整个列表，导致查找成本的增加。

■ 公共溢出区法

公共溢出区（overflow area）法的思路如图9.12所示，在原散列表（图(a)）之外另设一个词典结构$D_{overflow}$（图(b)），一旦在插入词条时发生冲突就将该词条转存至$D_{overflow}$中。就效果而言，$D_{overflow}$相当于一个存放冲突词条的公共缓冲池，该方法也因此得名。

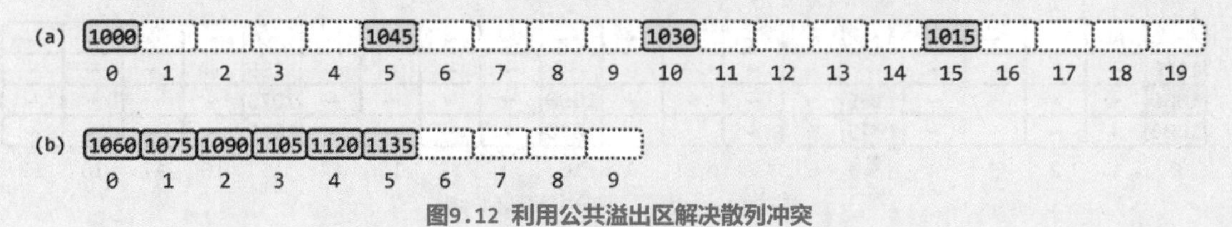

图9.12 利用公共溢出区解决散列冲突

这一策略构思简单、易于实现，在冲突不甚频繁的场合不失为一种好的选择。同时，既然公共溢出区本身也是一个词典结构，不妨直接套用现有的任何一种实现方式——因此就整体结构而言，此时的散列表也可理解为是一种递归形式的散列表。

9.3.6 闭散列策略

尽管就逻辑结构而言，独立链等策略便捷而紧凑，但绝非上策。比如，因需要引入次级关联结构，实现相关算法的代码自身的复杂程度和出错概率都将加大大增加。反过来，因不能保证物理上的关联性，对于稍大规模的词条集，查找过程中将需做更多的I/O操作。

实际上，仅仅依靠基本的散列表结构，且就地排解冲突，反而是更好的选择。也就是说，若新词条与已有词条冲突，则只允许在散列表内部为其寻找另一空桶。如此，各桶并非注定只能存放特定的一组词条；从理论上讲，每个桶单元都有可能存放任一词条。因为散列地址空间对所有词条开放，故这一新的策略亦称作开放定址（open addressing）；同时，因可用的散列地址仅限于散列表所覆盖的范围之内，故亦称作闭散列（closed hashing）。相应地，此前的策略亦称作封闭定址（closed addressing）或开散列（open hashing）。

当然，仅仅能够为冲突的词条选择一个可用空桶还不足够；更重要地，在后续的查找过程中应能正确地找到这个（些）词条。为此，须在事先约定好某种具体可行的查找方案。

实际上，开放定址策略涵盖了一系列的冲突排解方法，包括线性试探法、平方试探法以及再散列法等。因不得使用附加空间，装填因子需要适当降低，通常都取$\lambda \leq 0.5$。

■ 线性试探（linear probing）法

如图9.13所示，开放定址策略最基本的一种形式是：在插入关键码key时，若发现桶单元ht[hash(key)]已被占用，则转而试探桶单元ht[hash(key) + 1]；若ht[hash(key) + 1]也被占用，则继续试探ht[hash(key) + 2]；...；如此不断，直到发现一个可用空桶。当然，为确保桶地址的合法，最后还需统一对M取模。因此准确地，第i次试探的桶单元应为：

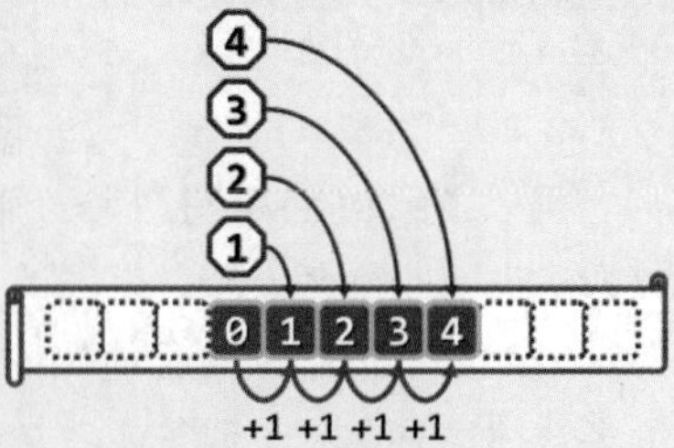

ht[(hash(key) + i) mod M], i = 1, 2, 3, ...

图9.13 线性试探法

如此，被试探的桶单元在物理空间上依次连贯，其地址构成等差数列，该方法由此得名。

■ 查找链

采用开放地址策略时，散列表中每一组相互冲突的词条都将被视作一个有序序列，对其中任何一员的查找都需借助这一序列。对应的查找过程，可能终止于三种情况：

（1）在当前桶单元命中目标关键码，则成功返回；

（2）当前桶单元非空，但其中关键码与目标关键码不等，则须转入下一桶单元继续试探；

（3）当前桶单元为空，则查找以失败返回。

考查如图9.14所示长度为M = 17的散列表，设采用除余法定址，采用线性试探法排解冲突。

图9.14 线性试探法对应的查找链

若从空表开始，依次插入5个相互冲突的关键码{ 2011, 2028, 2045, 2062, 2079 }，则结果应如图(a)所示。此后，针对其中任一关键码的查找都将从：

```
ht[hash(key)] = ht[5]
```

出发，试探各相邻的桶单元。可见，与这组关键码对应的桶单元ht[5, 10)构成一个有序序列，对其中任一关键码的查找都将沿该序列顺序进行，故该序列亦称作查找链（probing chain）。类似地，另一组关键码{ 2014, 2031, 2048, 2065, 2082 }对应的查找链，如图(b)所示。

可见，沿查找链试探的过程，与对应关键码此前的插入过程完全一致。因此对于长度为n的查找链，失败查找长度就是n + 1；在等概率假设下，平均成功查找长度为$\lceil n/2 \rceil$。

需强调的是，尽管相互冲突的关键码必属于同一查找链，但反过来，同一查找链中的关键码却未必相互冲突。仍以上述散列表为例，若将以上两组关键码合并，并按从小到大的次序逐一插入空散列表，结果将如图(c)所示。可见，对于2079或2082等关键码而言，查找链中的关键码未必与它们冲突。究其原因在于，多组各自冲突的关键码所对应的查找链，有可能相互交织和重叠。此时，各组关键码的查找长度将会进一步增加。仍以这两组关键码为例，在图(c)状态下，失败查找长度分别为为11和8，而在等概率假设下的平均成功查找长度分别为：

```
( 1 + 2 + 3 + 7 + 9 ) / 5  =  4.4
( 1 + 2 + 3 + 5 + 7 ) / 5  =  3.6
```

■ 局部性

由上可见，线性试探法中组成各查找链的词条，在物理上保持一定的连贯性，具有良好的数据局部性，故系统缓存的作用可以充分发挥，查找过程中几乎无需I/O操作。尽管闭散列策略同时也会在一定程度上增加冲突发生的可能，但只要散列表的规模不是很小，装填因子不是很大，则相对于I/O负担的降低而言，这些问题都将微不足道。也正因为此，相对于独立链等开散列策略，闭散列策略的实际应用更为广泛。

■ 懒惰删除

查找链中任何一环的缺失，都会导致后续词条因无法抵达而丢失，表现为有时无法找到实际已存在的词条。因此若采用开放定址策略，则在执行删除操作时，需同时做特别的调整。

仍以图9.14(c)为例，若为删除词条ht[9] = 2031而如图9.15(a)所示，按常规方法简单地将其清空，则该桶的缺失将导致对应的查找链“断裂”，从而致使五个后继词条“丢失”——尽管它们在词典中的确存在，但查找却会失败。

图9.15 通过设置懒惰删除标记，无需大量词条的重排即可保证查找链的完整

为保持查找链的完整，一种直观的构想是将后继词条悉数取出，然后再重新插入。很遗憾，如此将导致删除操作的复杂度增加，故并不现实。简明而有效的方法是，为每个桶另设一个标志位，指示该桶尽管目前为空，但此前确曾存放过词条。

在Hashtable模板类（代码9.13）中，名为lazyRemoval的Bitmap对象（习题[2-34]）扮演的就是这一角色。具体地，为删除词条，只需将对应的桶ht[r]标志为lazilyRemoved(r)。如此，该桶虽不存放任何实质的词条，却依然是查找链上的一环。如图9.15(b)所示，在将桶ht[9]作此标记（以X示意）之后，对后继词条的查找仍可照常进行，而不致中断。这一方法既可保证查找链的完整，同时所需的时间成本也极其低廉，称作懒惰删除（lazy removal）法。

请注意，设有懒惰删除标志位的桶，应与普通的空桶一样参与插入操作。比如在图9.15(b)基础上，若拟再插入关键码2096，则应从ht[hash(2096)] = ht[5]出发，沿查找链经5次试探抵达桶ht[9]，并如图(c)所示将关键码2096置入其中。需特别说明的是，此后不必清除该桶的懒惰删除标志——尽管按照软件工程的规范，最好如此。

■ 两类查找

采用“懒惰删除”策略之后，get()、put()和remove()等操作中的查找算法，都需要做相应的调整。这里共分两种情况。

其一，在删除等操作之前对某一目标词条的查找。此时，对成功的判定条件基本不变，但对失败的判定条件需兼顾懒惰删除标志。在查找过程中，只有在当前桶单元为空，且不带懒惰删除标记时，方可报告“查找失败”；否则，无论该桶非空，或者带有懒惰删除标志，都将沿着查找链继续试探。这一查找过程probe4Hit()，可具体描述和实现如代码9.18所示。

其二，在插入等操作之前沿查找链寻找空桶。此时对称地，无论当前桶为空，还是带有懒惰删除标记，均可报告“查找成功”；否则，都将沿查找链继续试探。这一查找过程probe4Free()，可具体描述和实现如代码9.21所示。

9.3.7 查找与删除

■ **get()**

```
1 template <typename K, typename V> V* Hashtable<K, V>::get ( K k ) //散列表词条查找算法
2 {  int r = probe4Hit ( k ); return ht[r] ? & ( ht[r]->value ) : NULL;  } //禁止词条的key值雷同
```

代码9.17 散列表的查找

词条查找操作接口，可实现如代码9.17所示。可见，其实质的过程只不过是调用以下的probe4Hit(k)算法，沿关键码k所对应的查找链顺序查找。

■ **probe4Hit()**

借助如代码9.18所示的probe4Hit()算法，可确认散列表是否包含目标词条。

```
1 /******************************************************************************************
2  * 沿关键码k对应的查找链，找到与之匹配的桶（供查找和删除词条时调用）
3  * 试探策略多种多样，可灵活选取；这里仅以线性试探策略为例
4  ******************************************************************************************/
5 template <typename K, typename V> int Hashtable<K, V>::probe4Hit ( const K& k ) {
6    int r = hashCode ( k ) % M; //从起始桶（按除余法确定）出发
7    while ( ( ht[r] && ( k != ht[r]->key ) ) || ( !ht[r] && lazilyRemoved ( r ) ) )
8       r = ( r + 1 ) % M; //沿查找链线性试探：跳过所有冲突的桶，以及带懒惰删除标记的桶
9    return r; //调用者根据ht[r]是否为空，即可判断查找是否成功
10 }
```

代码9.18 散列表的查找probe4Hit()

首先采用除余法确定首个试探的桶单元，然后按线性试探法沿查找链逐桶试探。请注意，这里共有两种试探终止的可能：在一个非空的桶内找到目标关键码（成功），或者遇到一个不带懒惰删除标记的空桶（失败）。否则，无论是当前桶中词条的关键码与目标关键码不等，还是当前桶为空但带有懒惰删除标记，都意味着有必要沿着查找链前进一步继续查找。该算法统一返回最后被试探桶的秩，上层调用者只需核对该桶是否为空，即可判断查找是否失败。

可见，借助懒惰删除标志，的确可以避免查找链的断裂。当然，在此类查找中，也可将懒惰标志，等效地视作一个与任何关键码都不相等的特殊关键码。

■ **remove()**

词条删除操作接口可实现如代码9.19所示。

```
1 template <typename K, typename V> bool Hashtable<K, V>::remove ( K k ) { //散列表词条删除算法
2    int r = probe4Hit ( k ); if ( !ht[r] ) return false; //对应词条不存在时，无法删除
3    release ( ht[r] ); ht[r] = NULL; markAsRemoved ( r ); N--; return true;
4    //否则释放桶中词条，设置懒惰删除标记，并更新词条总数
5 }
```

代码9.19 散列表元素删除（采用懒惰删除策略）

这里首先调用probe4Hit(k)算法，沿关键码k对应的查找链顺序查找。若在某桶单元命中，则释放其中的词条，为该桶单元设置懒惰删除标记，并更新词典的规模。

9.3.8 插入

■ put()

```
1 template <typename K, typename V> bool Hashtable<K, V>::put ( K k, V v ) { //散列表词条插入
2    if ( ht[probe4Hit ( k ) ] ) return false; //雷同元素不必重复插入
3    int r = probe4Free ( k ); //为新词条找个空桶（只要装填因子控制得当，必然成功）
4    ht[r] = new Entry<K, V> ( k, v ); ++N; //插入（注意：懒惰删除标记无需复位）
5    if ( N * 2 > M ) rehash(); //装填因子高于50%后重散列
6    return true;
7 }
```

代码9.20 散列表元素插入

词条插入操作的过程，可描述和实现如代码9.20所示。调用以下probe4Free(k)算法，若沿关键码k所属查找链能找到一个空桶，则在其中创建对应的词条，并更新词典的规模。

■ probe4Free()

如代码9.21所示，借助probe4Free()算法可在散列表中找到一个空桶。

```
1 /******************************************************************************************
2  * 沿关键码k对应的查找链，找到首个可用空桶（仅供插入词条时调用）
3  * 试探策略多种多样，可灵活选取；这里仅以线性试探策略为例
4  ******************************************************************************************/
5 template <typename K, typename V> int Hashtable<K, V>::probe4Free ( const K& k ) {
6    int r = hashCode ( k ) % M; //从起始桶（按除余法确定）出发
7    while ( ht[r] ) r = ( r + 1 ) % M; //沿查找链逐桶试探，直到首个空桶（无论是否带有懒惰删除标记）
8    return r; //为保证空桶总能找到，装填因子及散列表长需要合理设置
9 }
```

代码9.21 散列表的查找probe4Free()

采用除余法确定起始桶单元之后，沿查找链依次检查，直到发现一个空桶。

与在probe4Hit()过程中一样，懒惰标志在此也等效于一个特殊的关键码；不同之处在于，在probe4Free()查找过程中，假想的该关键码与任何关键码都相等。

■ 装填因子

就对散列表性能及效率的影响而言，装填因子λ = N / M是最为重要的一个因素。随着λ的上升，词条在散列表中聚集的程度亦将迅速加剧。若同时还采用基本的懒惰删除法，则不带懒惰删除标记的桶单元必将持续减少，这也势必加剧查找成本的进一步攀升。尽管可以采取一些弥补的措施（习题[9-16]），但究其本质而言，都等效于将懒惰删除法所回避的调整操作推迟实施，而且其编码实现的复杂程度之高，必将将令懒惰删除法的简洁性丧失殆尽。

实际上，理论分析和实验统计均一致表明，只要能将装填因子λ控制在适当范围以内，闭散列策略的平均效率，通常都可保持在较为理想的水平。比如，一般的建议是保持λ < 0.5。这一原则也适用于其它的定址策略，比如对独立链法而言，建议的装填因子上限为0.9。当前主流的编程语言大多提供了散列表接口，其内部装填因子的阈值亦多采用与此接近的阈值。

■ 重散列（rehashing）

其实，将装填因子控制在一定范围以内的方法并不复杂，重散列即是常用的一种方法。

回顾代码9.20中的Hashtable::put()算法可见，一旦装填因子上升到即将越界（这里采用阈值50%），则可调用如代码9.22所示的rehash()算法。

```
1 /******************************************************************************************
2  * 重散列算法：装填因子过大时，采取“逐一取出再插入”的朴素策略，对桶数组扩容
3  * 不可简单地（通过memcpy()）将原桶数组复制到新桶数组（比如前端），否则存在两个问题：
4  * 1）会继承原有冲突；2）可能导致查找链在后端断裂——即便为所有扩充桶设置懒惰删除标志也无济于事
5  ******************************************************************************************/
6 template <typename K, typename V> void Hashtable<K, V>::rehash() {
7    int old_capacity = M; Entry<K, V>** old_ht = ht;
8    M = primeNLT ( 2 * M, 1048576, "../../_input/prime-1048576-bitmap.txt" ); //容量至少加倍
9    N = 0; ht = new Entry<K, V>*[M]; memset ( ht, 0, sizeof ( Entry<K, V>* ) * M ); //新桶数组
10   release ( lazyRemoval ); lazyRemoval = new Bitmap ( M ); //新开懒惰删除标记比特图
11   for ( int i = 0; i < old_capacity; i++ ) //扫描原桶数组
12      if ( old_ht[i] ) //将非空桶中的词条逐一
13         put ( old_ht[i]->key, old_ht[i]->value ); //插入至新的桶数组
14   release ( old_ht ); //释放原桶数组——由于其中原先存放的词条均已转移，故只需释放桶数组本身
15 }
```

代码9.22 散列表的重散列

可见，重散列的效果，只不过是将原词条集，整体“搬迁”至容量至少加倍的新散列表中。与可扩充向量同理，这一策略也可使重散列所耗费的时间，在分摊至各次操作后可以忽略不计。

9.3.9 更多闭散列策略

■ 聚集现象

线性试探法虽然简明紧凑，但各查找链均由物理地址连续的桶单元组成，因而会加剧关键码的聚集趋势。例如，采用除余法，将7个关键码{ 2011, 2012, 2013, 2014, 2015, 2016, 2017 }依次插入长度M = 17的散列表，则如图9.16(a)所示将形成聚集区段ht[5, 12)。

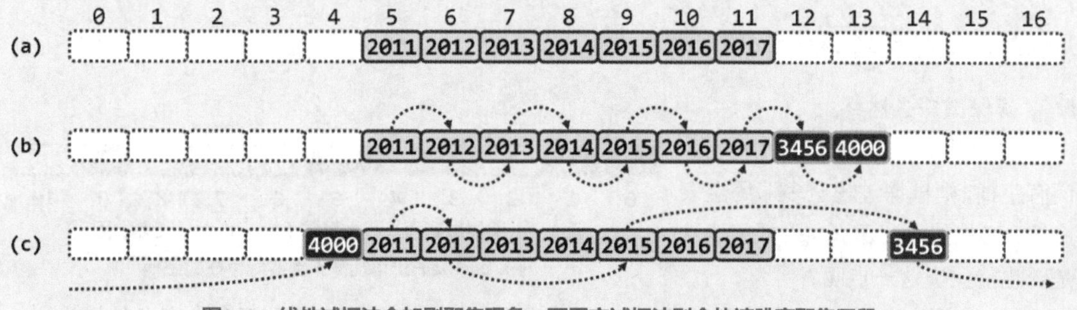

图9.16 线性试探法会加剧聚集现象，而平方试探法则会快速跳离聚集区段

接下来，设拟插入关键码3456和4000。由除余法，hash(3456) = hash(4000) = hash(2011) = 5，故对二者的试探都将起始于桶单元ht[5]。以下按照线性试探法，分别经8次和9次试探后，

它们将被插入于紧邻原聚集区段右侧的位置。结果如图9.16(b)所示，其中的虚弧线示意试探过程。可见，聚集区段因此扩大，而且对这两个关键码的后续查找也相应地十分耗时（分别需做8次和9次试探）。如果再考虑到聚集区段的生长还会加剧不同聚集区段之间的相互交叠，查找操作平均效率的下降程度将会更加严重。

■ 平方试探（quadratic probing）法

采用9.3.3节的MAD法，可在一定程度上缓解上述聚集现象。而平方试探法，则是更为有效的一种方法。具体地，在试探过程中若连续发生冲突，则按如下规则确定第j次试探的桶地址：

$$(hash(key) + j^2) \bmod M, \quad j = 0, 1, 2, \ldots$$

如图9.17所示，各次试探的位置到起始位置的距离，以平方速率增长，该方法因此得名。

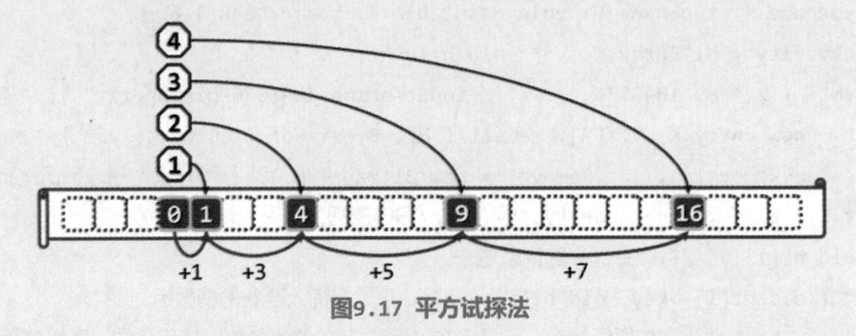

图9.17 平方试探法

仍以图9.16(a)为例。为插入3456，将依次试探秩为5、6、9、14的桶单元，最终将其插至ht[14]。接下来为插入4000，将依次试探秩为5、6、9、14、21 ≡ 4的桶单元，并最终将其插至ht[4]。最终的结果如图9.16(c)所示。

■ 局部性

可见，聚集区段并未扩大，同时针对这两个关键码的后续查找，也分别只需3次和4次试探，速度得以提高至两倍以上。平方试探法之所以能够有效地缓解聚集现象，是因为充分利用了平方函数的特点——顺着查找链，试探位置的间距将以线性（而不再是常数1的）速度增长。于是，一旦发生冲突，即可“聪明地”尽快“跳离”关键码聚集的区段。

反过来，细心的读者可能会担心，试探位置加速地“跳离”起点，将会导致数据局部性失效。然而幸运的是，鉴于目前常规的I/O页面规模已经足够大，只有在查找链极长的时候，才有可能引发额外的I/O操作。仍以由内存与磁盘构成的二级存储系统为例，典型的缓存规模约为KB量级，足以覆盖长度为$\sqrt{1024/4} \approx 16$的查找链。

■ 确保试探必然终止

线性试探法中，只要散列表中尚有空桶，则试探过程至多遍历全表一遍，必然终止。那么，平方试探法是否也能保证这一点呢？

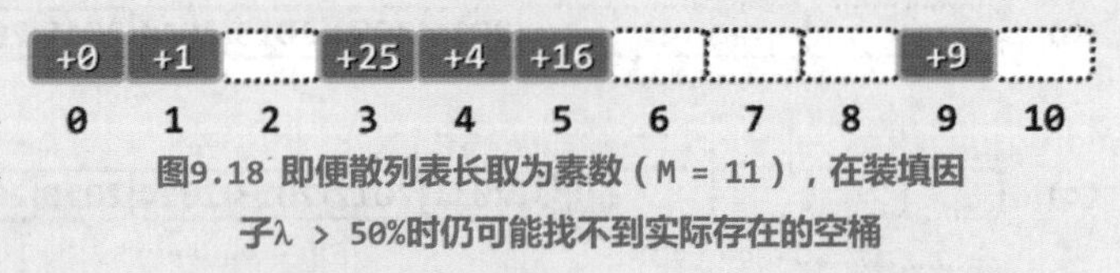

图9.18 即便散列表长取为素数（M = 11），在装填因子λ > 50%时仍可能找不到实际存在的空桶

考查如图9.18所示的实例。这里取M = 11为素数，黑色的桶已存有词条，白色的桶为空。现假设拟插入一个与ht[0]冲突的词条，并从ht[0]出发做平方试探。因为任何整数的平方关于11的余数，恰好只可能来自集合{ 0, 1, 3, 4, 5, 9 }，故所有试探必将局限于这6个非空桶，

从而出现“明明存在空桶却永远无法抵达”的奇特现象。

好消息是：只要散列表长度M为素数且装填因子$\lambda \leq 50\%$，则平方试探迟早必将终止于某个空桶（习题[9-14]）。照此反观前例，之所以会出现试探无法终止的情况，原因在于当前的装填因子$\lambda = 6/11 > 50\%$。当然，读者也可从另一角度对上述结论做一验证（习题[9-15]）。

■ **（伪）随机试探（pseudo-random probing）法**

既然在排解冲突时也需尽可能保证试探位置的随机和均匀分布，自然也可仿照9.3.3节的思路，借助（伪）随机数发生器来确定试探位置。具体地，第j次试探的桶地址取作：

rand(j) mod M ....（rand(i)为系统定义的第j个（伪）随机数）

同样地，在跨平台协同的场合，出于兼容性的考虑，这一策略也须慎用。

■ **再散列（double hashing）法**

再散列也是延缓词条聚集趋势的一种有效办法。为此，需要选取一个适宜的二级散列函数$hash_2()$，一旦在插入词条(key, value)时发现ht[hash(key)]已被占用，则以$hash_2(key)$为偏移增量继续尝试，直到发现一个空桶。如此，被尝试的桶地址依次应为：

$[hash(key) + 1 \times hash_2(key)] \% M$

$[hash(key) + 2 \times hash_2(key)] \% M$

$[hash(key) + 3 \times hash_2(key)] \% M$

...

可见，再散列法是对此前各方法的概括。比如取$hash_2(key) = 1$时即是线性试探法。

9.3.10 散列码转换

作为词典的散列表结构，既不能假定词条关键码所属的类型天然地支持大小比较，更不应将关键码仅限定为整数类型。为扩大散列技术的适用范围，散列函数hash()必须能够将任意类型的关键码key映射为地址空间[0, M)内的一个整数hash(key)，以便确定key所对应的散列地址。由关键码到散列地址的映射，如图9.19所示通常可分解为两步。

首先，利用某一种散列码转换函数hashCode()，将关键码key统一转换为一个整数——称作散列码（hash code）；然后，再利用散列函数将散列码映射为散列地址。

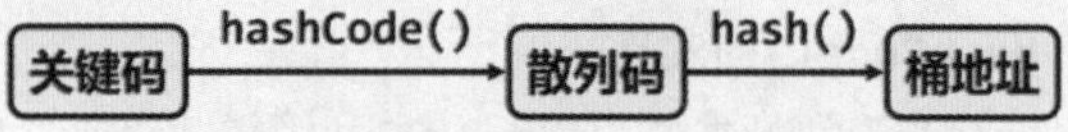

关键码 —hashCode()→ 散列码 —hash()→ 桶地址

图9.19 分两步将任意类型的关键码，映射为桶地址

那么，这里的散列码转换函数hashCode()应具备哪些条件呢？

首先，为支持后续尺度不同的散列空间，以及种类各异的散列函数，作为中间桥梁的散列码，取值范围应覆盖系统所支持的最大整数范围。其次，各关键码经hashCode()映射后所得的散列码，相互之间的冲突也应尽可能减少——否则，这一阶段即已出现的冲突，后续的hash()函数注定无法消除。最后，hashCode()也应与判等器保持一致。也就是说，被判等器判定为相等的词条，对应的散列码应该相等；反之亦然（习题[9-20]）。

以下针对一些常见的数据类型，列举若干对应的散列码转换方法。

■ **强制转换为整数**

对于byte、short、int和char等本身即可表示为不超过32位整数的数据类型，可直接将它们的这种表示作为其散列码。比如，可通过类型强制将它们转化为32位的整数。

■ 对成员对象求和

long long和double之类长度超过32位的基本类型，不宜强制转换为整数。否则，将因原有数位的丢失而引发大量冲突。可行的办法是，将高32位和低32位分别看作两个32位整数，将二者之和作为散列码。这一方法，可推广至由任意多个整数构成的组合对象。比如，可将其成员对象各自对应的整数累加起来，再截取低32位作为散列码。

■ 多项式散列码

与一般的组合对象不同，字符串内各字符之间的次序具有特定含义，故在做散列码转换时，务必考虑它们之间的次序。以英文为例，同一组字母往往可组成意义完全不同的多个单词，比如"stop"和"tops"等。而玩过“Swipe & Spell”之类组词游戏的读者，对此应该理解更深。

若简单地将各字母分别对应到整数（比如1 ~ 26），并将其总和作为散列码，则很多单词都将相互冲突。即便是对于句子等更长的字符串，这一问题也很突出，且此时发生冲突的可能性远高于直观想象。比如依照此法，以下三个字符串均相互冲突：

```
"I am Lord Voldemort"
"Tom Marvolo Riddle"
"He's Harry Potter"
```

以下则是此类冲突的另一实例：

```
"Key to improving your programming skill"
"Learning Tsinghua Data Structure and Algorithm"
```

为计入各字符的出现次序，可取常数$a \geq 2$，并将字符串"$x_0x_1...x_{n-1}$"的散列码取作：

$$x_0a^{n-1} + x_1a^{n-2} + ... + x_{n-2}a^1 + x_{n-1}$$

这一转换等效于，依次将字符串中的各个字符，视作一个多项式的各项系数，故亦称作多项式散列码（polynomial hash code）。其中的常数a非常关键，为尽可能多地保留原字符串的信息以减少冲突，其低比特位不得全为零。另外，针对不同类型的字符串，应通过实验确定a的最佳取值。实验表明，对于英语单词之类的字符串，a = 33、37、39或41都是不错的选择。

■ hashCode()的实现

针对若干常见类型，代码9.23利用重载机制，实现了散列码的统一转换方法hashCode()。

```
1 static size_t hashCode ( char c ) { return ( size_t ) c; } //字符
2 static size_t hashCode ( int k ) { return ( size_t ) k; } //整数以及长长整数
3 static size_t hashCode ( long long i ) { return ( size_t ) ( ( i >> 32 ) + ( int ) i ); }
4 static size_t hashCode ( char s[] ) { //生成字符串的循环移位散列码（cyclic shift hash code）
5    int h = 0; //散列码
6    for ( size_t n = strlen ( s ), i = 0; i < n; i++ ) //自左向右，逐个处理每一字符
7       { h = ( h << 5 ) | ( h >> 27 ); h += ( int ) s[i]; } //散列码循环左移5位，再累加当前字符
8    return ( size_t ) h; //如此所得的散列码，实际上可理解为近似的“多项式散列码”
9 } //对于英语单词，"循环左移5位"是实验统计得出的最佳值
```

代码9.23 散列码转换函数hashCode()

读者可视具体应用的需要，在此基础之上继续补充、扩展和尝试更多的关键码类型。

§9.4 *散列应用

9.4.1 桶排序

■ 简单情况

考查如下问题：给定[0, M)内的n个互异整数（n ≤ M），如何高效地对其排序？

自然，2.8节向量排序器或3.5节列表排序器中的任一排序算法，均可完成这一任务。但正如2.7.5节所指出的，CBA式排序算法注定在最坏情况下需要Ω(nlogn)时间。实际上，针对数值类型和取值范围特定的这一具体问题，完全可在更短的时间内完成排序。

为此，引入长度为M的散列表。比如，图9.20即为取M = 10和n = 5的一个实例。

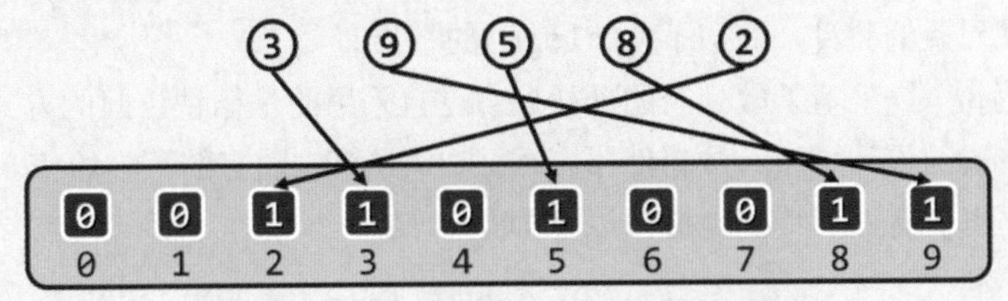

图9.20 利用散列表对一组互异整数排序

接下来，使用最简单的散列函数hash(key) = key，将这些整数视作关键码并逐一插入散列表中。最后，顺序遍历一趟该散列表，依次输出非空桶中存放的关键码，即可得到原整数集合的排序结果。

该算法借助一组桶单元实现对一组关键码的分拣，故称作桶排序（bucketsort）。

该算法所用散列表共占$\mathcal{O}$(M)空间。散列表的创建和初始化耗时$\mathcal{O}$(M)，将所有关键码插入散列表耗时$\mathcal{O}$(n)，依次读出非空桶中的关键码耗时$\mathcal{O}$(M)，故总体运行时间为$\mathcal{O}$(n + M)。

■ 一般情况

若将上述问题进一步推广：若允许输入整数重复，又该如何高效地实现排序？

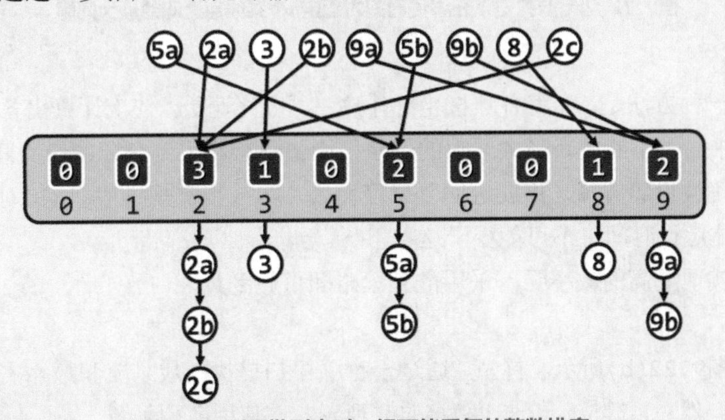

图9.21 利用散列表对一组可能重复的整数排序

依然可以沿用以上构思，只不过这次需要处理散列冲突。具体地如图9.21所示，不妨采用独立链法排解冲突。在将所有整数作为关键码插入散列表之后，只需一趟顺序遍历将各非空桶中的独立链依次串接起来，即可得到完整的排序结果。而且只要在串联时留意链表方向，甚至可以确保排序结果的稳定，故如此实现的桶排序算法属于稳定算法。

如此推广之后的桶排序算法，依然只需为维护散列表而使用$\mathcal{O}$(M)的额外空间；算法各步骤所耗费的时间也与前一算法相同，总体运行时间亦为$\mathcal{O}$(n + M)。

其实，这一问题十分常见，它涵盖了众多实际应用中的具体需求。此类问题往往还具有另一特点，即n >> M。比如，若对清华大学2011级本科生按生日排序，则大致有n = 3300和M = 365。而在人口普查之后若需对全国人口按生日排序，则大致有：

$$n > 1,300,000,000 \quad 和 \quad M < 365 \times 100 = 36,500$$

再如，尽管邮局每天需要处理的往来信函和邮包不计其数，但因邮政编码不过6位，故分拣系统若使用"散列表"，其长度至多不过10^6。

参照此前的分析可知，在n >> M的场合，桶排序算法的运行时间将是：

$$\mathcal{O}(n + M) = \mathcal{O}(\max(n, M)) = \mathcal{O}(n)$$

线性正比于待排序元素的数目，突破了Ω(nlogn)的下界！

其实这不足为奇。以上基于散列表的桶排序算法，采用的是循秩访问的方式，摒弃了以往基于关键码大小比较式的设计思路，故自然不在受到CBA式算法固有的下界约束。正因为此，桶排序在算法设计方面也占有其独特的地位，以下即是一例。

9.4.2 最大间隙

试考查如下问题：任意n个互异点都将实轴切割为n + 1段，除去最外侧无界的两段，其余有界的n - 1段中何者最大？若将相邻点对之间的距离视作间隙，则该问题可直观地表述为，找出其中的最大间隙（maximum gap）。比如，图9.22(a)就是n = 7的实例。

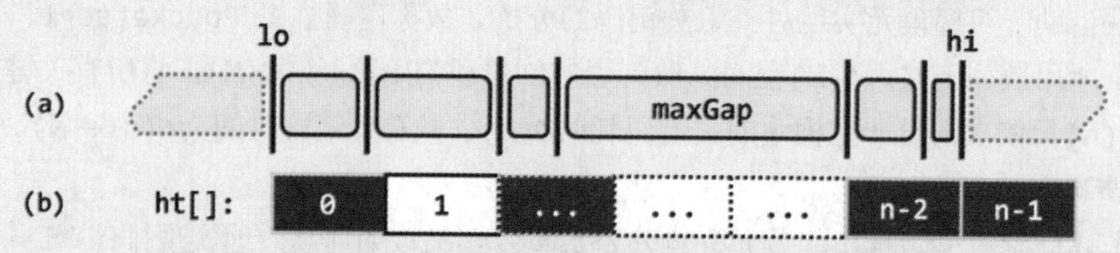

图9.22 利用散列法，在线性时间内确定n个共线点之间的最大间隙

■ 平凡算法

显而易见的一种方法是：先将各点按坐标排序；再顺序遍历，依次计算出各相邻点对之间的间隙；遍历过程中只需不断更新最大间隙的记录，则最终必将得到全局的最大间隙。

该算法的正确性毋庸置疑，但就时间复杂度而言，第一步常规排序即需Ω(n**log**n)时间，故在最坏情况下总体运行时间将不可能少于这一下界。

那么，能否实现更高的效率呢？采用散列策略即可做到！

■ 散列

具体方法如图9.22(b)所示。首先，通过一趟顺序扫描找到最靠左和最靠右的点，将其坐标分别记作lo和hi；然后，建立一个长度为n的散列表，并使用散列函数

$$hash(x) = \lfloor (n - 1) * (x - lo) / (hi - lo) \rfloor$$

将各点分别插入对应的桶单元，其中x为各点的坐标值，hash(x)为对应的桶编号。其效果相当于：将有效区间[lo, hi)均匀地划分为宽度w = (hi - lo) / (n - 1)的n - 1个左闭右开区

间，分别对应于第0至n - 2号桶单元；另外，hi独自占用第n - 1号桶。

然后，对散列表做一趟遍历，在每个非空桶（黑色）内部确定最靠左和最靠右的点，并删除所有的空桶（白色）。最后，只需再顺序扫描一趟散列表，即可确定相邻非空桶之间的间隙，记录并报告其中的最大者，即为全局的最大间隙。

■ 正确性

该算法的正确性基于以下事实：n - 1个间隙中的最宽者，绝不可能窄于这些间隙的平均宽度，而后者同时也是各桶单元所对应区间的宽度，故有：

$$maxGap \geq w = (hi - lo) / (n - 1)$$

这就意味着，最大间隙的两个端点绝不可能落在同一个桶单元内。进一步地，它们必然来自两个不同的非空桶（当然，它们之间可能会还有若干个空桶），且左（右）端点在前一（后一）非空桶中应该最靠右（左）——故在散列过程中只需记录各桶中的最左、最右点。

■ 复杂度

空间方面，除了输入本身这里只需维护一个散列表，共占用$\mathcal{O}(n)$的辅助空间。

无论是生成散列表、找出各桶最左和最右点，还是计算相邻非空桶之间的间距，并找出其中的最大者，该算法的每一步均耗时$\mathcal{O}(n)$。故即便在最坏情况下，累计运行时间也不超过$\mathcal{O}(n)$。

9.4.3 基数排序

■ 字典序

正如9.3.10节所指出的，实际应用环境中词条的关键码，未必都是整数。比如，一种常见的情形是，关键码由多个域（字段）组合而成，并采用所谓的字典序（lexicographical order）确定大小次序：任意两个关键码之间的大小关系，取决于它们第一个互异的域。

请注意，同一关键码内各字段的类型也未必一致。例如日期型关键码，可分解为year（年）、month（月）和day（日）三个整数字段，并按常规惯例，以“年-月-日”的优先级定义字典序。

再如扑克牌所对应的关键码，可以分解为枚举型的suite（花色）和整型的number（点数）。于是，若按照桥牌的约定，以“花色-点数”为字典序，则每副牌都可按大小排列为：

♠A > ♠K > ♠Q > ♠J > ♠10 > … > ♠2 >
♥A > ♥K > ♥Q > ♥J > ♥10 > … > ♥2 >
♦A > ♦K > ♦Q > ♦J > ♦10 > … > ♦2 >
♣A > ♣K > ♣Q > ♣J > ♣10 > … > ♣2

一般地，对于任意一组此类关键码，又该如何高效地排序呢？

■ 低位优先的多趟桶排序

这里不妨假定，各字段类型所对应的比较器均已就绪，以将精力集中于如何高效实现依字典序的排序。实际上通过重写比较器，以下算法完全可以推广至一般情况。

假设关键码由t个字段{ k_t, k_{t-1}, ..., k_1 }组成，其中字段k_t（k_1）的优先级最高（低）。

于是，以其中任一字段k_i为关键码，均可调用以上桶排序算法做一趟排序。稍后我们将证明，只需按照优先级递增的次序（从k_1到k_t）针对每一字段各做一趟桶排序，即可实现按整个关键码字典序的排序。

这一算法称作基数排序（radixsort），它采用了低位字段优先（least significant digit

first）的策略。其中所做桶排序的趟数，取决于组成关键码的字段数。

■ 实例

表9.3给出了一个基数排序的实例，其中待排序的7个关键码均可视作由百位、十位和个位共三个数字字段组成。

表9.3 基数排序实例

输入序列	441	276	320	214	698	280	112
以个位排序	320	280	441	112	214	276	698
以十位排序	112	214	320	441	276	280	698
以百位排序	112	214	276	280	320	441	698

可见，在分别针对个位、十位和百位做过一趟桶排序之后，最终的确得到了正确的排序结果。这一成功绝非偶然或幸运，整个算法的正确性可用数学归纳法证明。

■ 正确性与稳定性

我们以如下命题作为归纳假设：在经过基数排序的前i趟桶排序之后，所有词条均已按照关键码最低的i个字段有序排列。

作为归纳的起点，在i = 1时这一假设不证自明。现在假定该命题对于前i - 1趟均成立，继续考查第i趟桶排序做过之后的情况。

任取一对词条，并比较其关键码的第i个字段，无非两种情况。其一，二者的这一字段不等。此时，由于刚刚针对该字段做过一趟桶排序，故二者的排列次序不致颠倒。其二，二者的这一字段相等。此时，二者的大小实际上取决于最低的i - 1个字段。若采用9.4.1节所实现的桶排序算法，则得益于其稳定性，由归纳假设可知这对词条在前一趟桶排序后正确的相对次序将得以延续。整个基数排序算法的正确性由此得证。

由以上分析也可发现，如此实现的基数排序算法同样也是稳定的。

■ 复杂度

根据以上基数排序的流程，总体运行时间应等于其中各趟桶排序所需时间的总和。

设各字段取值范围为$[0, M_i)$，$1 \le i \le t$。若记

$$M = \max\{ m_1, m_2, \ldots, m_t \}$$

则总体运行时间不超过：

$$\mathcal{O}(n + M_1) + \mathcal{O}(n + M_2) + \ldots + \mathcal{O}(n + M_t)$$
$$= \mathcal{O}(t * (n + M))$$

第10章

优先级队列

此前的搜索树结构和词典结构，都支持覆盖数据全集的访问和操作。也就是说，其中存储的每一数据对象都可作为查找和访问目标。为此，搜索树结构需要在所有元素之间定义并维护一个显式的全序（full order）关系；而词典结构中的数据对象之间，尽管不必支持比较大小，但在散列表之类的具体实现中，都从内部强制地在对象的数值与其对应的秩之间，建立起某种关联（尽管实际上这种关联通常越“随机”越好），从而隐式地定义了一个全序次序。

就对外接口的功能而言，本章将要介绍的优先级队列，较之此前的数据结构反而有所削弱。具体地，这类结构将操作对象限定于当前的全局极值者。比如，在全体北京市民中，查找年龄最长者；或者在所有鸟类中，查找种群规模最小者，等等。这种根据数据对象之间相对优先级对其进行访问的方式，与此前的访问方式有着本质区别，称作循优先级访问（call-by-priority）。

当然，“全局极值”本身就隐含了“所有元素可相互比较”这一性质。然而，优先级队列并不会也不必忠实地动态维护这个全序，却转而维护一个偏序（partial order）关系。其高明之处在于，如此不仅足以高效地支持仅针对极值对象的接口操作，更可有效地控制整体计算成本。正如我们将要看到的，对于常规的查找、插入或删除等操作，优先级队列的效率并不低于此前的结构；而对于数据集的批量构建及相互合并等操作，其性能却更胜一筹。作为不失高效率的轻量级数据结构，优先级队列在许多领域都是扮演着不可替代的角色。

§10.1 优先级队列ADT

10.1.1 优先级与优先级队列

除了作为存放数据的容器，数据结构还应能够按某种约定的次序动态地组织数据，以支持高效的查找和修改操作。比如4.5节的队列结构，可用以描述和处理日常生活中的很多问题：在银行排队等候接受服务的客户，提交给网络打印机的打印任务等，均属此列。在这类问题中，无论客户还是打印任务，接受服务或处理的次序完全取决于其出现的时刻——先到的客户优先接受服务，先提交的打印任务优先执行——此即所谓“先进先出”原则。

然而在更多实际应用环境中，这一简单公平的原则并不能保证整体效率必然达到最高。试想，若干病人正在某所医院的门诊处排队等候接受治疗，忽然送来一位骨折的病人。要是固守“先进先出”的原则，那么他只能咬牙坚持到目前已经到达的每位病人都已接受过治疗之后。显然，那样的话该病人将承受更长时间的痛苦，甚至贻误治疗的最佳时机。因此，医院在此时都会灵活变通，优先治疗这位骨折的病人。同理，若此时又送来一位心脏病突发的患者，那么医生肯定也会暂时把骨折病人放在一边（如果没有更多医生的话），转而优先抢救心脏病人。

由此可见，在决定病人接受治疗次序时，除了他们到达医院的先后次序，更应考虑到病情的轻重缓急，优先治疗病情最为危重的病人。在数据结构与算法设计中，类似的例子也屡见不鲜。在3.5.3节的选择排序算法中，每一步迭代都要调用selectMax()，从未排序区间选出最大者。在5.5.3节的Huffman编码算法中，每一步迭代都要调用minHChar()，从当前的森林中选出权重最小的超字符。在基于空间扫描策略的各种算法中，每一步迭代都要根据到当前扫描线的距离，取出并处理最近的下一个事件点。

从数据结构的角度看，无论是待排序节点的数值、超字符的权重，还是事件的发生时间，数据项的某种属性只要可以相互比较大小，则这种大小关系即可称作优先级（priority）。而按照事先约定的优先级，可以始终高效查找并访问优先级最高数据项的数据结构，也统称作优先级队列（priority queue）。

10.1.2 关键码、比较器与偏序关系

仿照词典结构，我们也将优先级队列中的数据项称作词条（entry）；而与特定优先级相对应的数据属性，也称作关键码（key）。不同应用中的关键码，特点不尽相同：有时限定词条的关键码须互异，有时则允许词条的关键码雷同；有些词条的关键码一成不变，有些则可动态修改；有的关键码只是一个数字、一个字符或一个字符串，而复杂的关键码则可能由多个基本类型组合而成；多数关键码都取作词条内部的某一成员变量，而有的关键码则并非词条的天然属性。

无论具体形式如何，作为确定词条优先级的依据，关键码之间必须可以比较大小——注意，这与词典结构完全不同，后者仅要求关键码支持判等操作。因此对于优先级队列，必须以比较器的形式兑现对应的优先级关系。出于简化的考虑，与此前各章一样，本章依然假定关键码或者可直接比较，或者已重载了对应的操作符。

需特别留意的另一点是，尽管定义了明确的比较器即意味着在任何一组词条之间定义了一个全序关系，但正如2.7节所指出的，严格地维护这样一个全序关系必将代价不菲。实际上，优先级队列作为一类独特数据结构的意义恰恰在于，通过转而维护词条集的一个偏序关系。如此，不仅依然可以支持对最高优先级词条的动态访问，而且可将相应的计算成本控制在足以令人满意的范围之内。

10.1.3 操作接口

优先级队列接口的定义说明如表10.1所示。

表10.1 优先级队列ADT支持的操作接口

操作接口	功能描述
size()	报告优先级队列的规模，即其中词条的总数
insert()	将指定词条插入优先级队列
getMax()	返回优先级最大的词条（若优先级队列非空）
delMax()	删除优先级最大的词条（若优先级队列非空）

需要说明的是，本章允许在同一优先级队列中出现关键码雷同的多个词条，故insert()操作必然成功，因此该接口自然不必返回操作成功标志。

10.1.4 操作实例：选择排序

即便仍不清楚其具体实现，我们也已经可以按照以上ADT接口，基于优先级队列描述和实现各种算法。比如，实现和改进3.5.3节所介绍的选择排序算法。

具体的构思如下：将待排序的词条组织为一个优先级队列，然后反复调用delMax()接口，即可按关键码由大而小的次序逐一输出所有词条，从而得到全体词条的排序序列。

例如，针对某7个整数的这一排序过程，如表10.2所示。

表10.2 优先级队列操作实例：选择排序（当前的最大元素以方框示意）

操 作	优 先 级 队 列	输 出
initialization	{ 441, 276, 320, 214, [698], 280, 112 }	
size()	[unchanged]	7
delMax()	{ [441], 276, 320, 214, 280, 112 }	698
size()	[unchanged]	6
delMax()	{ 276, [320], 214, 280, 112 }	441
delMax()	{ 276, 214, [280], 112 }	320
delMax()	{ [276], 214, 112 }	280
delMax()	{ [214], 112 }	276
delMax()	{ [112] }	214
size()	[unchanged]	1
delMax()	{ }	112
size()	[unchanged]	0

10.1.5 接口定义

如代码10.1所示，这里以模板类PQ的形式给出以上优先级队列的操作接口定义。

```
1 template <typename T> struct PQ { //优先级队列PQ模板类
2    virtual void insert ( T ) = 0; //按照比较器确定的优先级次序插入词条
3    virtual T getMax() = 0; //取出优先级最高的词条
4    virtual T delMax() = 0; //删除优先级最高的词条
5 };
```

代码10.1 优先级队列标准接口

因为这一组基本的ADT接口可能有不同的实现方式，故这里均以虚函数形式统一描述这些接口，以便在不同的派生类中具体实现。

10.1.6 应用实例：Huffman编码树

回到5.4节Huffman编码的应用实例。实际上，基于以上优先级队列的标准接口，即可实现统一的Huffman编码算法——无论优先级队列的具体实现方式如何。

■ 数据结构

为利用统一的优先级队列接口实现Huffman编码并对不同方法进行对比，不妨继续沿用代码5.29至代码5.33所定义的Huffman超字符、Huffman树、Huffman森林、Huffman编码表、Huffman二进制编码串等数据结构。

■ 比较器

若将Huffman森林视作优先级队列，则其中每一棵树（每一个超字符）即是一个词条。为保证词条之间可以相互比较，可如代码5.29（145页）所示重载对应的操作符。进一步地，因超字符的优先级可度量为其对应权重的负值，故不妨将大小关系颠倒过来，令小权重超字符的优先级更高，以便于操作接口的统一。

这一技巧也可运用于其它场合。仍以10.1.4节的选择排序为例，在将大小的定义颠倒之后，无需修改其它代码，即可实现反方向的排序。

■ 编码算法

经上述准备，代码10.2即可基于统一优先级队列接口给出通用的Huffman编码算法。

```
1 /******************************************************************************************
2  * Huffman树构造算法：对传入的Huffman森林forest逐步合并，直到成为一棵树
3  ******************************************************************************************
4  * forest基于优先级队列实现，此算法适用于符合PQ接口的任何实现方式
5  * 为Huffman_PQ_List、Huffman_PQ_ComplHeap和Huffman_PQ_LeftHeap共用
6  * 编译前对应工程只需设置相应标志：DSA_PQ_List、DSA_PQ_ComplHeap或DSA_PQ_LeftHeap
7  ******************************************************************************************/
8 HuffTree* generateTree ( HuffForest* forest ) {
9    while ( 1 < forest->size() ) {
10      HuffTree* s1 = forest->delMax(); HuffTree* s2 = forest->delMax();
11      HuffTree* s = new HuffTree();
12      s->insertAsRoot ( HuffChar ( '^', s1->root()->data.weight + s2->root()->data.weight ) );
13      s->attachAsLC ( s->root(), s1 ); s->attachAsRC ( s->root(), s2 );
14      forest->insert ( s ); //将合并后的Huffman树插回Huffman森林
15   }
16   HuffTree* tree = forest->delMax(); //至此，森林中的最后一棵树
17   return tree; //即全局Huffman编码树
18 }
```

代码10.2 利用统一的优先级队列接口，实现通用的Huffman编码

■ 效率分析

相对于如代码5.36（147页）所示的版本，这里只不过将minHChar()替换为PQ::delMax()标准接口。正如我们很快将要看到的，优先级队列的所有ADT操作均可在$\mathcal{O}(\log n)$时间内完成，故generateTree()算法也相应地可在$\mathcal{O}(n\log n)$时间内构造出Huffman编码树——较之原版本，改进显著。同理，通过引入优先级队列，将如代码3.20（81页）所示的selectMax()替换为PQ::delMax()标准接口，也可自然地将选择排序的性能由$\mathcal{O}(n^2)$改进至$\mathcal{O}(n\log n)$。

自然地，这一结论可以推广至任一需要反复选取优先级最高元素的应用问题，并可直接改进相关算法的时间效率。那么，作为基础性数据结构的优先级队列，是否的确可以保证getMax()、delMax()和insert()等接口效率均为$\mathcal{O}(\log n)$？具体地，又应如何实现？

实际上，借助无序列表、有序列表、无序向量或有序向量，都难以同时兼顾insert()和delMax()操作的高效率（习题[10-1]）。因此，必须另辟蹊径，寻找更为高效的实现方法。

§10.2 堆

基于列表或向量等结构的实现方式，之所以无法同时保证insert()和delMax()操作的高效率，原因在于其对优先级的理解过于机械，以致始终都保存了全体词条之间的全序关系。实际上，尽管优先级队列的确隐含了“所有词条可相互比较”这一条件，但从操作接口层面来看，并不需要真正地维护全序关系。比如执行delMax()操作时，只要能够确定全局优先级最高的词条即可；至于次高者、第三高者等其余词条，目前暂时不必关心。

有限偏序集的极值必然存在，故此时借助堆（heap）结构维护一个偏序关系即足矣。堆有多种实现形式，以下首先介绍其中最基本的一种形式——完全二叉堆（complete binary heap）。

10.2.1 完全二叉堆

■ 结构性与堆序性

如图10.1实例所示，完全二叉堆应满足两个条件。

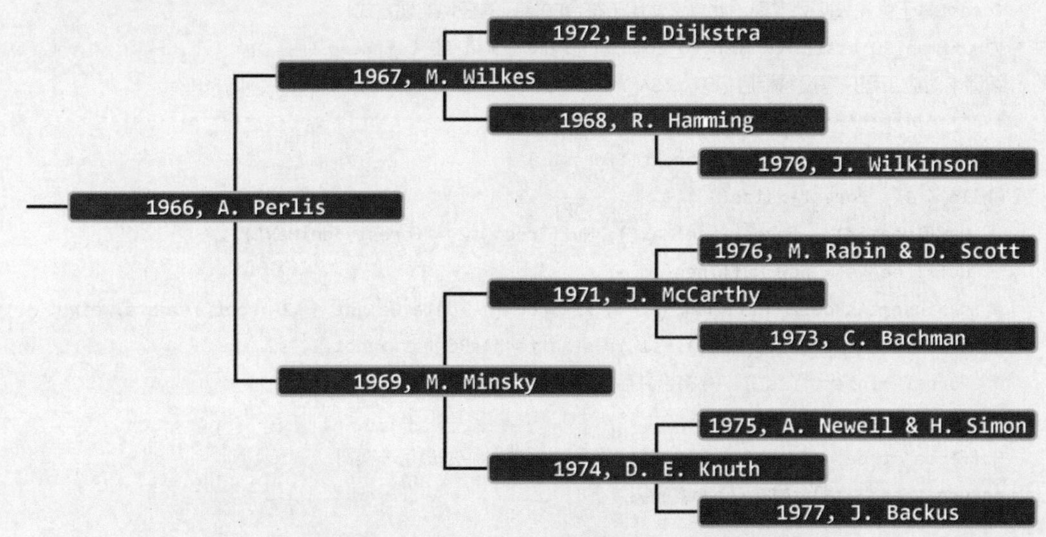

图10.1 以获奖先后为优先级，由前12届图灵奖得主构成的完全二叉堆

首先，其逻辑结构须等同于完全二叉树，此即所谓的“结构性”。如此，堆节点将与词条一一对应，故此后凡不致引起误解时，我们将不再严格区分“堆节点”与“词条”。其次，就优先级而言，堆顶以外的每个节点都不高（大）于其父节点，此即所谓的“堆序性”。

■ 大顶堆与小顶堆

由堆序性不难看出，堆中优先级最高的词条必然始终处于堆顶位置。因此，堆结构的getMax()操作总是可以在$O(1)$时间内完成。

堆序性也可对称地约定为“堆顶以外的每个节点都不低（小）于其父节点”，此时同理，优先级最低的词条，必然始终处于堆顶位置。为以示区别，通常称前（后）者为大（小）顶堆。

小顶堆和大顶堆是相对的，而且可以相互转换。实际上，我们不久之前刚刚见过这样的一个实例——在代码5.29中重载Huffman超字符的比较操作符时，通过对超字符权重取负，颠倒优先级关系，使之与算法的实际语义及需求相吻合。

■ 高度

结构等同于完全二叉树的堆，必然不致太高。具体地，由5.5.2节的分析结论，n个词条组成的堆的高度h = $\lfloor \log_2 n \rfloor$ = $\mathcal{O}(\log n)$。稍后我们即将看到，insert()和delMax()操作的时间复杂度将线性正比于堆的高度h，故它们均可在$\mathcal{O}(\log n)$的时间内完成。

■ 基于向量的紧凑表示

尽管二叉树不属于线性结构，但作为其特例的完全二叉树，却与向量有着紧密的对应关系。

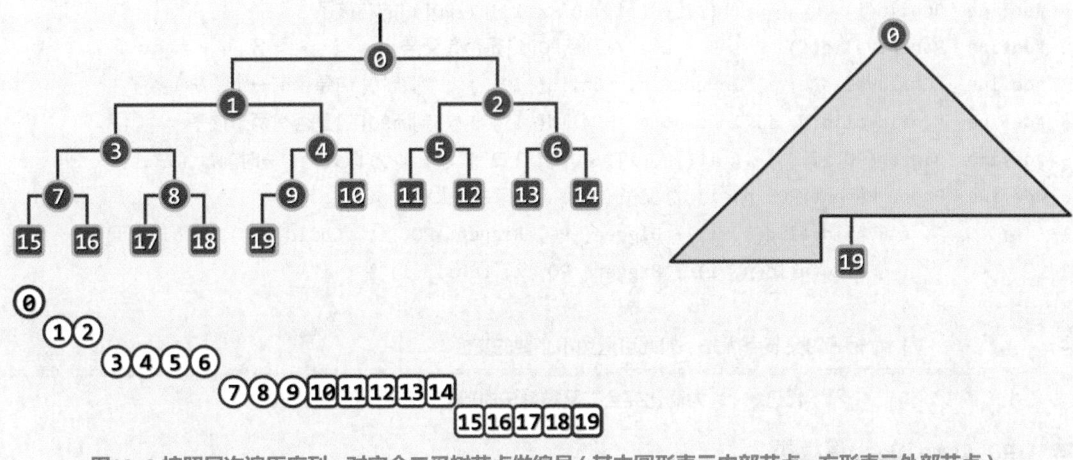

图10.2 按照层次遍历序列，对完全二叉树节点做编号（其中圆形表示内部节点，方形表示外部节点）

由图10.2可见，完全二叉堆的拓扑联接结构，完全由其规模n确定。按照层次遍历的次序，每个节点都对应于唯一的编号；反之亦然。故若将所有节点组织为一个向量，则堆中各节点（编号）与向量各单元（秩）也将彼此一一对应！

这一实现方式的优势首先体现在，各节点在物理上连续排列，故总共仅需$\mathcal{O}(n)$空间。而更重要地是，利用各节点的编号（或秩），也可便捷地判别父子关系。

具体地，若将节点v的编号（秩）记作i(v)，则根节点及其后代节点的编号分别为：

```
i(root)  =  0
i(lchild(root))  =  1
i(rchild(root))  =  2
i(lchild(lchild(root))  =  3
...
```

更一般地，不难验证，完全二叉堆中的任意节点v，必然满足：

1）若v有左孩子，则i(lchild(v)) = $2 \cdot i(v) + 1$；
2）若v有右孩子，则i(rchild(v)) = $2 \cdot i(v) + 2$；
3）若v有父节点，则i(parent(v)) = $\lfloor (i(v) - 1)/2 \rfloor$ = $\lceil i(v)/2 \rceil - 1$

最后，由于向量支持低分摊成本的扩容调整，故随着堆的规模和内容不断地动态调整，除标准接口以外的操作所需的时间可以忽略不计。

所有这些良好的性质，不仅为以下基于向量实现堆结构提供了充足的理由，同时也从基本的原理和方法的层面提供了有力的支持。

■ 宏

为简化后续算法的描述及实现，可如代码10.3所示预先设置一系列的宏定义。

```
1 #define InHeap(n, i)      ( ( ( -1 ) < ( i ) ) && ( ( i ) < ( n ) ) ) //判断PQ[i]是否合法
2 #define Parent(i)         ( ( i - 1 ) >> 1 ) //PQ[i]的父节点（floor((i-1)/2)，i无论正负）
3 #define LastInternal(n)   Parent( n - 1 ) //最后一个内部节点（即末节点的父亲）
4 #define LChild(i)         ( 1 + ( ( i ) << 1 ) ) //PQ[i]的左孩子
5 #define RChild(i)         ( ( 1 + ( i ) ) << 1 ) //PQ[i]的右孩子
6 #define ParentValid(i)    ( 0 < i ) //判断PQ[i]是否有父亲
7 #define LChildValid(n, i) InHeap( n, LChild( i ) ) //判断PQ[i]是否有一个（左）孩子
8 #define RChildValid(n, i) InHeap( n, RChild( i ) ) //判断PQ[i]是否有两个孩子
9 #define Bigger(PQ, i, j)  ( lt( PQ[i], PQ[j] ) ? j : i ) //取大者（等时前者优先）
10 #define ProperParent(PQ, n, i) /*父子（至多）三者中的大者*/ \
11             ( RChildValid(n, i) ? Bigger( PQ, Bigger( PQ, i, LChild(i) ), RChild(i) ) : \
12             ( LChildValid(n, i) ? Bigger( PQ, i, LChild(i) ) : i \
13             ) \
14             ) //相等时父节点优先，如此可避免不必要的交换
```

代码10.3 为简化完全二叉堆算法的描述及实现而定义的宏

■ PQ_ComplHeap模板类

按照以上思路，可以借助多重继承的机制，定义完全二叉堆模板类如代码10.4所示。

```
1 #include "../Vector/Vector.h" //借助多重继承机制，基于向量
2 #include "../PQ/PQ.h" //按照优先级队列ADT实现的
3 template <typename T> class PQ_ComplHeap : public PQ<T>, public Vector<T> { //完全二叉堆
4 protected:
5    Rank percolateDown ( Rank n, Rank i ); //下滤
6    Rank percolateUp ( Rank i ); //上滤
7    void heapify ( Rank n ); //Floyd建堆算法
8 public:
9    PQ_ComplHeap() { } //默认构造
10   PQ_ComplHeap ( T* A, Rank n ) { copyFrom ( A, 0, n ); heapify ( n ); } //批量构造
11   void insert ( T ); //按照比较器确定的优先级次序，插入词条
12   T getMax(); //读取优先级最高的词条
13   T delMax(); //删除优先级最高的词条
14 }; //PQ_ComplHeap
```

代码10.4 完全二叉堆接口

■ getMax()

既然全局优先级最高的词条总是位于堆顶，故如代码10.5所示，只需返回向量的首单元，即可在$\mathcal{O}(1)$时间内完成getMax()操作。

```
1 template <typename T> T PQ_ComplHeap<T>::getMax() {  return _elem[0];  } //取优先级最高的词条
```

代码10.5 完全二叉堆getMax()接口

10.2.2 元素插入

本节介绍插入操作insert()的实现。因堆中的节点与其中所存词条以及词条的关键码完全对应，故沿用此前的习惯，在不致歧义的前提下，以下对它们将不再严格区分。

■ 算法

如代码10.6所示，插入算法分为两个步骤。

```
1 template <typename T> void PQ_ComplHeap<T>::insert ( T e ) { //将词条插入完全二叉堆中
2    Vector<T>::insert ( e ); //首先将新词条接至向量末尾
3    percolateUp ( _size - 1 ); //再对该词条实施上滤调整
4 }
```

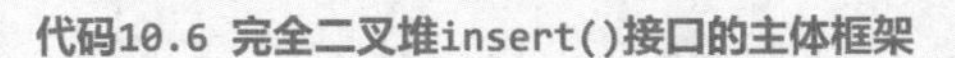

代码10.6 完全二叉堆insert()接口的主体框架

首先，调用向量的标准插入接口，将新词条接至向量的末尾。得益于向量结构良好的封装性，这里无需关心这一步骤的具体细节，尤其是无需考虑溢出扩容等特殊情况。

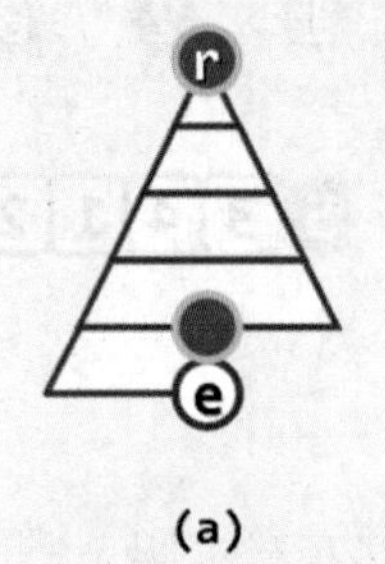

(a)

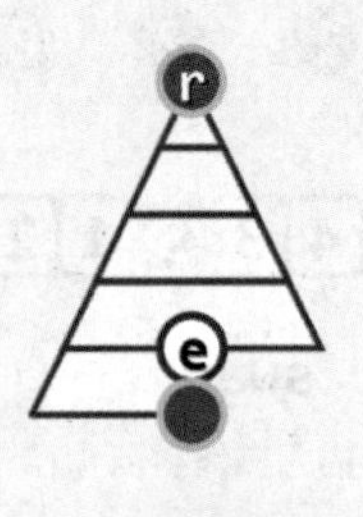

(b)

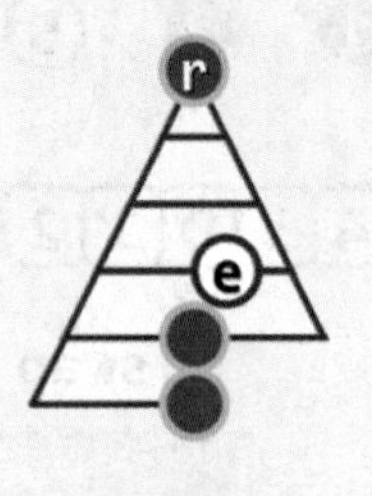

(c)

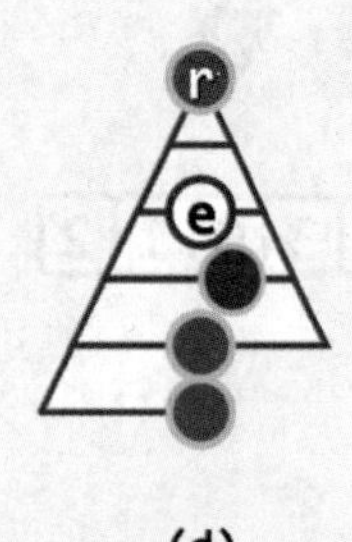

(d)

图10.3 完全二叉堆词条插入过程

尽管此时如图10.3(a)所示，新词条的引入并未破坏堆的结构性，但只要新词条e不是堆顶，就有可能与其父亲违反堆序性。

当然，其它位置的堆序性依然满足。故以下将调用percolateUp()函数，对新接入的词条做适当调整，在保持结构性的前提下恢复整体的堆序性。

■ 上滤

不妨假定原堆非空，于是新词条e的父亲p（深色节点）必然存在。根据e在向量中对应的秩，可以简便地确定词条p对应的秩，即$i(p) = \lfloor (i(e) - 1)/2 \rfloor$。

此时，若经比较判定$e \le p$，则堆序性在此局部以至全堆均已满足，插入操作因此即告完成。反之，若$e > p$，则可在向量中令e和p互换位置。如图10.3(b)所示，如此不仅全堆的结构性依然满足，而且e和p之间的堆序性也得以恢复。

当然，此后e与其新的父亲，可能再次违背堆序性。若果真如此，不妨继续套用以上方法，如图10.3(c)所示令二者交换位置。当然，只要有必要，此后可以不断重复这种交换操作。

每交换一次，新词条e都向上攀升一层，故这一过程也形象地称作上滤（percolate up）。当然，e至多上滤至堆顶。一旦上滤完成，则如图10.3(d)所示，全堆的堆序性必将恢复。

由上可见，上滤调整过程中交换操作的累计次数，不致超过全堆的高度$\lfloor \log_2 n \rfloor$。而在向量中，每次交换操作只需常数时间，故上滤调整乃至整个词条插入算法整体的时间复杂度，均为$O(\log n)$。这也是从一个方面，兑现了10.1节末尾就优先级队列性能所做的承诺。

■ 最坏情况与平均情况

当然，不难通过构造实例说明，新词条有时的确需要一直上滤至堆顶。然而实际上，此类最坏情况通常极为罕见。以常规的随机分布而言，新词条平均需要爬升的高度，要远远低于直觉的估计（习题[10-6]）。在此类场合中，优先级队列相对于其它数据结构的性能优势，也因这一特性得到了进一步的巩固。

■ 实例

通过上滤调整实现插入操作的一个实例，如图10.4所示。图中上方为完全堆的拓扑联接结构，下方为物理上与之对应的线性存储结构。

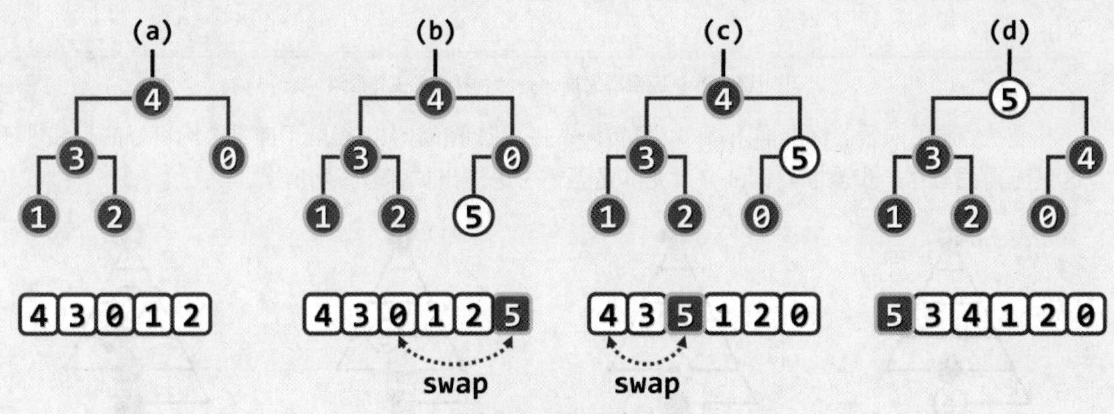

图10.4 完全二叉堆词条插入操作实例

在如图(a)所示由5个元素组成的初始完全堆中，现拟插入关键码为5的新元素。为此，首先如图(b)所示，将该元素置于向量的末尾。此时，新元素5与其父节点0逆序，故如图(c)所示，经一次交换之后，新元素5上升一层。此后，新元素5与其新的父节点4依然逆序，故如图(d)所示，经一次交换后再上升一层。此时因已抵达堆顶，插入操作完毕，故算法终止。

■ 实现

以上调整在向量中的具体操作过程，可描述和实现如代码10.7所示。

```
1 //对向量中的第i个词条实施上滤操作，i < _size
2 template <typename T> Rank PQ_ComplHeap<T>::percolateUp ( Rank i ) {
3    while ( ParentValid ( i ) ) { //只要i有父亲（尚未抵达堆顶），则
4       Rank j = Parent ( i ); //将i之父记作j
5       if ( lt ( _elem[i], _elem[j] ) ) break; //一旦当前父子不再逆序，上滤旋即完成
6       swap ( _elem[i], _elem[j] ); i = j; //否则，父子交换位置，并继续考查上一层
7    } //while
8    return i; //返回上滤最终抵达的位置
9 }
```

代码10.7 完全二叉堆的上滤

其中为简化描述而使用的Parent()、ParentValid()等快捷方式，均以宏的形式定义如代码10.3所示。

需说明的是，若仅考虑插入操作，则因被调整词条的秩总是起始于n - 1，故无需显式地指定输入参数i。然而，考虑到上滤调整可能作为一项基本操作用于其它场合（习题[10-12]），届时被调整词条的秩可能任意，故为保持通用性，这里不妨保留一项参数以指定具体的起始位置。

■ 改进

在如代码10.7所示的版本中，最坏情况下在每一层次都要调用一次swap()，该操作通常包含三次赋值。实际上，只要注意到，参与这些操作的词条之间具有很强的相关性，则不难改进为平均每层大致只需一次赋值（习题[10-3]）；而若能充分利用内部向量“循秩访问”的特性，则大小比较操作的次数甚至可以更少(习题[10-4])。

10.2.3 元素删除

■ 算法

下面再来讨论delMax()方法的实现。如代码10.8所示，删除算法也分为两个步骤。

```
1 template <typename T> T PQ_ComplHeap<T>::delMax() { //删除非空完全二叉堆中优先级最高的词条
2    T maxElem = _elem[0]; _elem[0] = _elem[ --_size ]; //摘除堆顶（首词条），代之以末词条
3    percolateDown ( _size, 0 ); //对新堆顶实施下滤
4    return maxElem; //返回此前备份的最大词条
5 }
```

代码10.8 完全二叉堆delMax()接口的主体框架

首先，既然待删除词条r总是位于堆顶，故可直接将其取出并备份。此时如图10.5(a)所示，堆的结构性将被破坏。为修复这一缺陷，可如图(b)所示，将最末尾的词条e转移至堆顶。

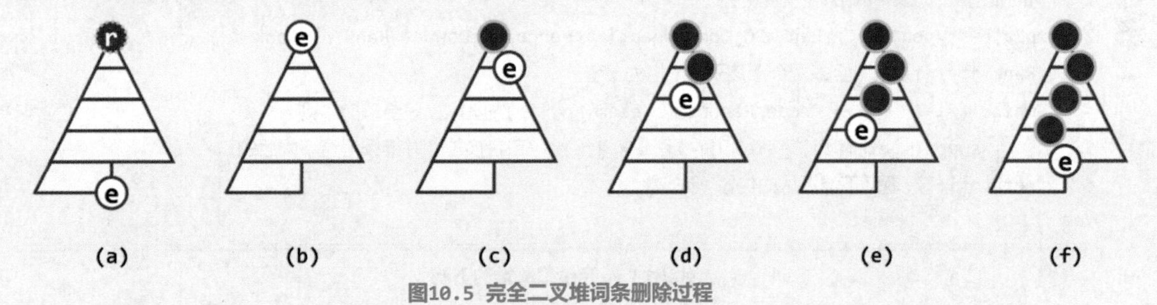

图10.5 完全二叉堆词条删除过程

当然，新的堆顶可能与其孩子（们）违背堆序性——尽管其它位置的堆序性依然满足。故以下调用percolateDown()函数调整新堆顶，在保持结构性的前提下，恢复整体的堆序性。

■ 下滤

若新堆顶e不满足堆序性，则可如图10.5(c)所示，将e与其（至多）两个孩子中的大者（图中深色节点）交换位置。与上滤一样，由于使用了向量来实现堆，根据词条e的秩可便捷地确定其孩子的秩。此后，堆中可能的缺陷依然只能来自于词条e——它与新孩子可能再次违背堆序性。若果真如此，不妨继续套用以上方法，将e与新孩子中的大者交换，结果如图(d)所示。实际上，只要有必要，此后可如图(e)和(f)不断重复这种交换操作。

因每经过一次交换，词条e都会下降一层，故这一调整过程也称作下滤（percolate down）。与上滤同理，这一过程也必然终止。届时如图(f)所示，全堆的堆序性必将恢复；而且，下滤乃至整个删除算法的时间复杂度也为$\mathcal{O}(\log n)$——同样，这从另一方面兑现了此前的承诺。

■ 实例

通过下滤变换实现删除操作的一个实例，如图10.6所示。同样地，图中上方和下方分别为完全堆的拓扑结构以及对应的线性存储结构。

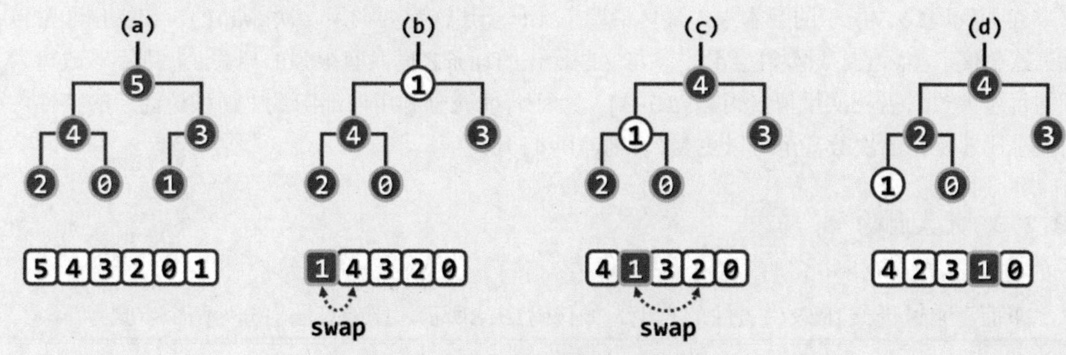

图10.6 完全二叉堆词条删除操作实例

从如图(a)所示由6个元素组成的完全堆中，现拟删除堆顶元素5。为此，首先如图(b)所示将该元素摘除，并将向量的末元素1转入首单元，权作堆顶。此后，1与其孩子节点均逆序。故如图(c)所示，在与其孩子中的大者4交换之后，1下降一层。此后，1与其新的孩子2依然逆序，故如图(d)所示经又一次交换后再下降一层。此时因1已抵达底层，删除操作完毕，算法成功终止。

■ 实现

以上调整在向量中的具体操作过程，可描述和实现如代码10.9所示。

```
1 //对向量前n个词条中的第i个实施下滤，i < n
2 template <typename T> Rank PQ_ComplHeap<T>::percolateDown ( Rank n, Rank i ) {
3    Rank j; //i及其（至多两个）孩子中，堪为父者
4    while ( i != ( j = ProperParent ( _elem, n, i ) ) ) //只要i非j，则
5       { swap ( _elem[i], _elem[j] ); i = j; } //二者换位，并继续考查下降后的i
6    return i; //返回下滤抵达的位置（亦i亦j）
7 }
```

代码10.9 完全二叉堆的下滤

这里为简化算法描述使用了宏ProperParent()，其定义如288页代码10.3所示。

出于与上滤操作同样的考虑（习题[10-12]），这里也可通过输入参数i，灵活地指定起始位置。此前针对上滤操作所建议的改进方法，有的也同样适用于下滤操作（习题[10-3]），但有的却不再适用（习题[10-4]）。

10.2.4 建堆

很多算法中输入词条都是成批给出，故在初始化阶段往往需要解决一个共同问题：给定一组词条，高效地将它们组织成一个堆。这一过程也称作“建堆”（heapification）。本节就以完全二叉堆为例介绍相关的算法。当然，以下算法同样也适用其它类型的堆。

■ 蛮力算法

乍看起来，建堆似乎并不成其为一个问题。既然堆符合优先级队列ADT规范，那么从空堆起反复调用标准insert()接口，即可将输入词条逐一插入其中，并最终完成建堆任务。很遗憾，尽管这一方法无疑正确，但其消耗的时间却过多。具体地，若共有n个词条，则共需迭代n次。由10.2.2节的结论，第k轮迭代耗时$\mathcal{O}(\log k)$，故累计耗时间量应为：

$$\mathcal{O}(\log 1 + \log 2 + \ldots + \log n) = \mathcal{O}(\log n!) = \mathcal{O}(n\log n)$$

或许对某些具体问题而言，后续操作所需的时间比这更多（或至少不更少），以致建堆操作是否优化对总体复杂度无实质影响。但换个角度看，如此多的时间本来足以对所有词条做全排序，而在这里花费同样多时间所生成的堆却只能提供一个偏序。这一事实在某种程度上也暗示着，或许存在某种更快的建堆算法。此外，的确有些算法的总体时间复杂度主要取决于堆初始化阶段的效率，因此探索并实现复杂度为$o(n\log n)$的建堆算法也十分必要。

■ 自上而下的上滤

尽管蛮力算法的效率不尽如人意，其实现过程仍值得分析和借鉴。在将所有输入词条纳入长为n的向量之后，首单元处的词条本身即可视作一个规模为1的堆。接下来，考查下一单元中的词条。不难看出，为将该词条插入当前堆，只需针对调用percolateUp()对其上滤。此后，前两个单元将构成规模为2的堆。以下同理，若再对第三个词条上滤，则前三个单元将构成规模为3的堆。实际上，这一过程可反复进行，直到最终得到规模为n的堆。

这一过程可归纳为：对任何一棵完全二叉树，只需自顶而下、自左向右地针对其中每个节点实施一次上滤，即可使之成为完全二叉堆。在此过程中，为将每个节点纳入堆中，所需消耗的时间量将线性正比于该节点的深度。不妨考查高度为h、规模为$n = 2^{h+1} - 1$的满二叉树，其中高度为i的节点共有2^i个，因此整个算法的总体时间复杂度应为：

$$\sum_{i=0}^{h}(i \cdot 2^i) = (d - 1) \times 2^{d+1} + 2 = (\log_2(n + 1) - 2)\cdot(n + 1) + 2 = \mathcal{O}(n\log n)$$

与上面的分析结论一致。

■ Floyd算法

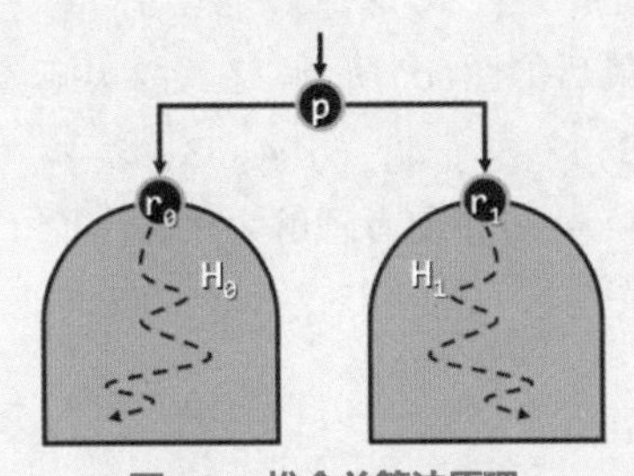

图10.7 堆合并算法原理

为得到更快的建堆算法，先考查一个相对简单的问题：任给堆H_0和H_1，以及另一独立节点p，如何高效地将$H_0 \cup \{p\} \cup H_1$转化为堆？从效果来看，这相当于以p为中介将堆H_0和H_1合二为一，故称作堆合并操作。

如图10.7，首先为满足结构性，可将这两个堆当作p的左、右子树，联接成一棵完整的二叉树。此时若p与孩子r_0和r_1满足堆序性，则该二叉树已经就是一个不折不扣的堆。

实际上，此时的场景完全等效于，在delMax()操作中摘除堆顶，再将末位词条（p）转移至堆顶。故仿照10.2.3节的方法，以下只需对p实施下滤操作，即可将全树转换为堆。

如果将以上过程作为实现堆合并的一个通用算法，则在将所有词条组织为一棵完全二叉树后，只需自底而上地反复套用这一算法，即可不断地将处于下层的堆捉对地合并成更高一层的堆，并最终得到一个完整的堆。按照这一构思，即可实现Floyd建堆算法①。

① 由R. W. Floyd于1964年发明[57]

■ 实现

上述Floyd算法，可以描述和实现如代码10.10所示。

```
1 template <typename T> void PQ_ComplHeap<T>::heapify ( Rank n ) { //Floyd建堆算法，O(n)时间
2   for ( int i = LastInternal ( n ); InHeap ( n, i ); i-- ) //自底而上，依次
3     percolateDown ( n, i ); //下滤各内部节点
4 }
```

代码10.10 Floyd建堆算法

可见，该算法的实现十分简洁：只需自下而上、由深而浅地遍历所有内部节点，并对每个内部节点分别调用一次下滤算法percolateDown()（代码10.9）。

■ 实例

图10.8为Floyd算法的一个实例。首先如图(a)所示，将9个词条组织为一棵完全二叉树。多数情况下，输入词条集均以向量形式给出，故除了通过各单元的秩明确对应的父子关系外，并不需要做任何实质的操作。

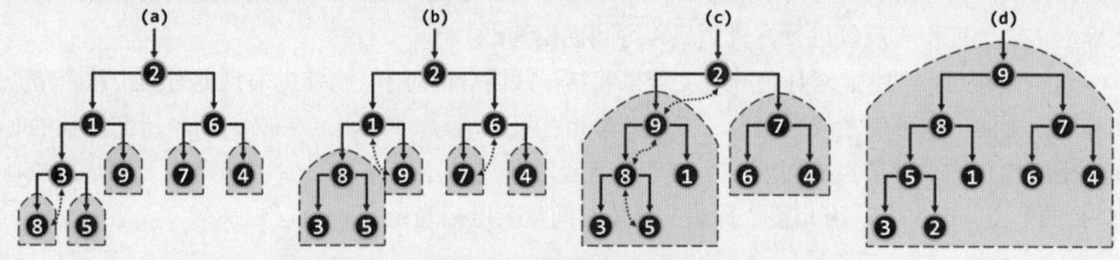

图10.8 Floyd算法实例（虚线示意下滤过程中的交换操作）

此时，所有叶节点各自即是一个堆——尽管其规模仅为1。以下，自底而上地逐层合并。

首先如图(b)所示，在对3实施下滤调整之后，{ 8 }和{ 5 }合并为{ 8, 3, 5 }。接下来如图(c)所示，在对1实施下滤调整之后，{ 8, 3, 5 }与{ 9 }合并为{ 9, 8, 1, 3, 5 }；在对6实施下滤调整之后，{ 7 }与{ 4 }合并为{ 7, 6, 4 }；最后如图(d)所示，在对2实施下滤调整之后，{ 9, 8, 1, 3, 5 }与{ 7, 6, 4 }合并为{ 9, 8, 7, 5, 1, 6, 4, 3, 2 }。

从算法推进的方向来看，前述蛮力算法与Floyd算法恰好相反——若将前者理解为“自上而下的上滤”，则后者即是“自下而上的下滤”。那么，这一细微的差异，是否会对总体时间复杂度产生实质的影响呢？

■ 复杂度

由代码10.10可见，算法依然需做n步迭代，以对所有节点各做一次下滤。这里，每个节点的下滤所需的时间线性正比于其高度，故总体运行时间取决于各节点的高度总和。

不妨仍以高度为h、规模为$n = 2^{h+1} - 1$的满二叉树为例做一大致估计，运行时间应为：

$$\sum_{i=0}^{h}((d - i)\cdot 2^i) = 2^{d+1} - (d + 2) = n - \log_2(n + 1) = \mathcal{O}(n)$$

由于在遍历所有词条之前，绝不可能确定堆的结构，故以上已是建堆操作的最优算法。

由此反观，蛮力算法低效率的根源，恰在于其“自上而下的上滤”策略。如此，各节点所消耗的时间线性正比于其深度——而在完全二叉树中，深度小的节点，远远少于高度小的节点。

10.2.5 就地堆排序

本节讨论完全二叉堆的另一具体应用：对于向量中的n个词条，如何借助堆的相关算法，实现高效的排序。相应地，这类算法也称作堆排序（heapsort）算法。

既然此前归并排序等算法的渐进复杂度已达到理论上最优的$\mathcal{O}$(nlogn)，故这里将更关注于如何降低复杂度常系数——在一般规模的应用中，此类改进的实际效果往往相当可观。同时，我们也希望空间复杂度能够有所降低，最好是除输入本身以外只需$\mathcal{O}$(1)辅助空间。

若果真如此，则不妨按照1.3.1节的定义称之为就地堆排序（in-place heapsort）算法。

■ 原理

算法的总体思路和策略与选择排序算法（3.5.3节）基本相同：将所有词条分成未排序和已排序两类，不断从前一类中取出最大者，顺序加至后一类中。算法启动之初，所有词条均属于前一类；此后，后一类不断增长；当所有词条都已转入后一类时，即完成排序。

这里的待排序词条既然已组织为向量，不妨将其划分为前缀H和与之互补的后缀S，分别对应于上述未排序和已排序部分。与常规选择排序算法一样，在算法启动之初H覆盖所有词条，而S为空。新算法的不同之处在于，整个排序过程中，无论H包含多少词条，始终都组织为一个堆。另外，整个算法过程始终满足如下不变性：H中的最大词条不会大于S中的最小词条——除非二者之一为空，比如算法的初始和终止时刻。算法的迭代过程如图10.9所示。

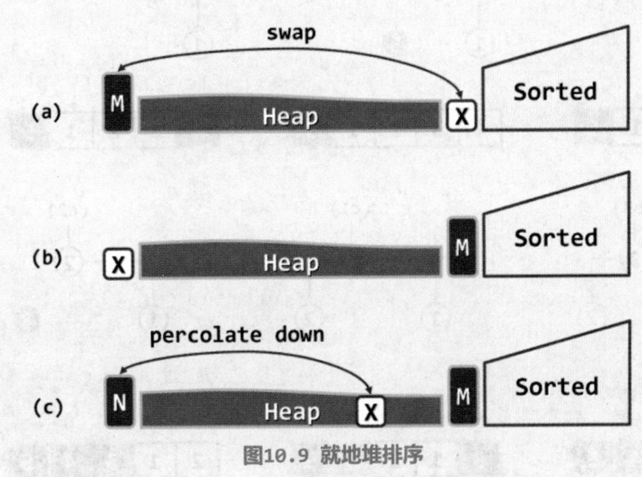

图10.9 就地堆排序

首先如图(a)，取出首单元词条M，将其与末单元词条X交换。M既是当前堆中的最大者，同时根据不变性也不大于S中的任何词条，故如此交换之后M必处于正确的排序位置。故如图(b)，此时可等效地认为S向前扩大了一个单元，H相应地缩小了一个单元。请注意，如此重新分界之后的H和S依然满足以上不变性。至此，唯一尚未解决的问题是，词条X通常不能“胜任”堆顶的角色。

好在这并非难事。仿照此前的词条删除算法（代码10.8），只需对X实施一次下滤调整，即可使H整体的堆序性重新恢复，结果如图(c)所示。

■ 复杂度

在每一步迭代中，交换M和X只需常数时间，对x的下滤调整不超过$\mathcal{O}$(logn)时间。因此，全部n步迭代累计耗时不超过$\mathcal{O}$(nlogn)。即便使用蛮力算法而不是Floyd算法来完成H的初始化，整个算法的运行时间也不超过$\mathcal{O}$(nlogn)。纵览算法的整个过程，除了用于支持词条交换的一个辅助单元，几乎不需要更多的辅助空间，故的确属于就地算法。

得益于向量结构的简洁性，几乎所有以上操作都可便捷地实现，因此该算法不仅可简明地编码，其实际运行效率也因此往往要高于其它$\mathcal{O}$(nlogn)的算法。高运行效率、低开发成本以及低资源消耗等诸多优点的完美结合，若离开堆这一精巧的数据结构实在难以想象。

■ 实例

试考查利用以上算法，对向量{ 4, 2, 5, 1, 3 }的堆排序过程。首先如图10.10所示，采用Floyd算法将该向量整理为一个完全二叉堆。其中虚线示意下滤过程中的词条交换操作。

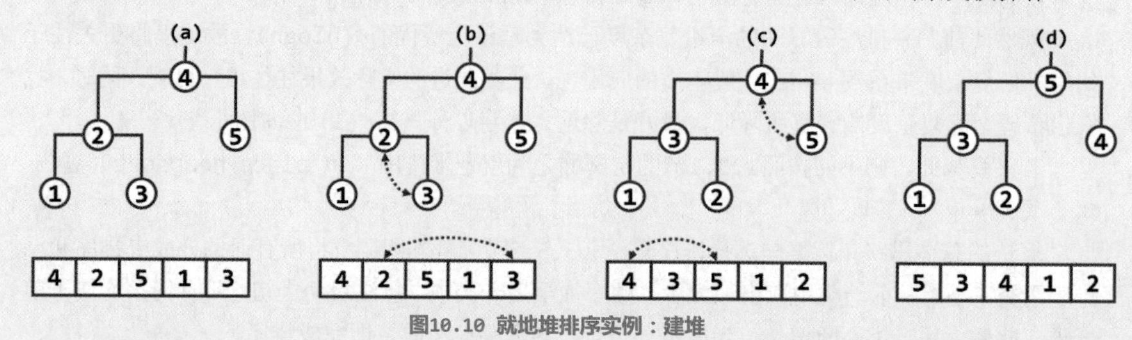

图10.10 就地堆排序实例：建堆

以下如图10.11所示共需5步迭代。请对照以上算法描述，验证各步迭代的具体过程。

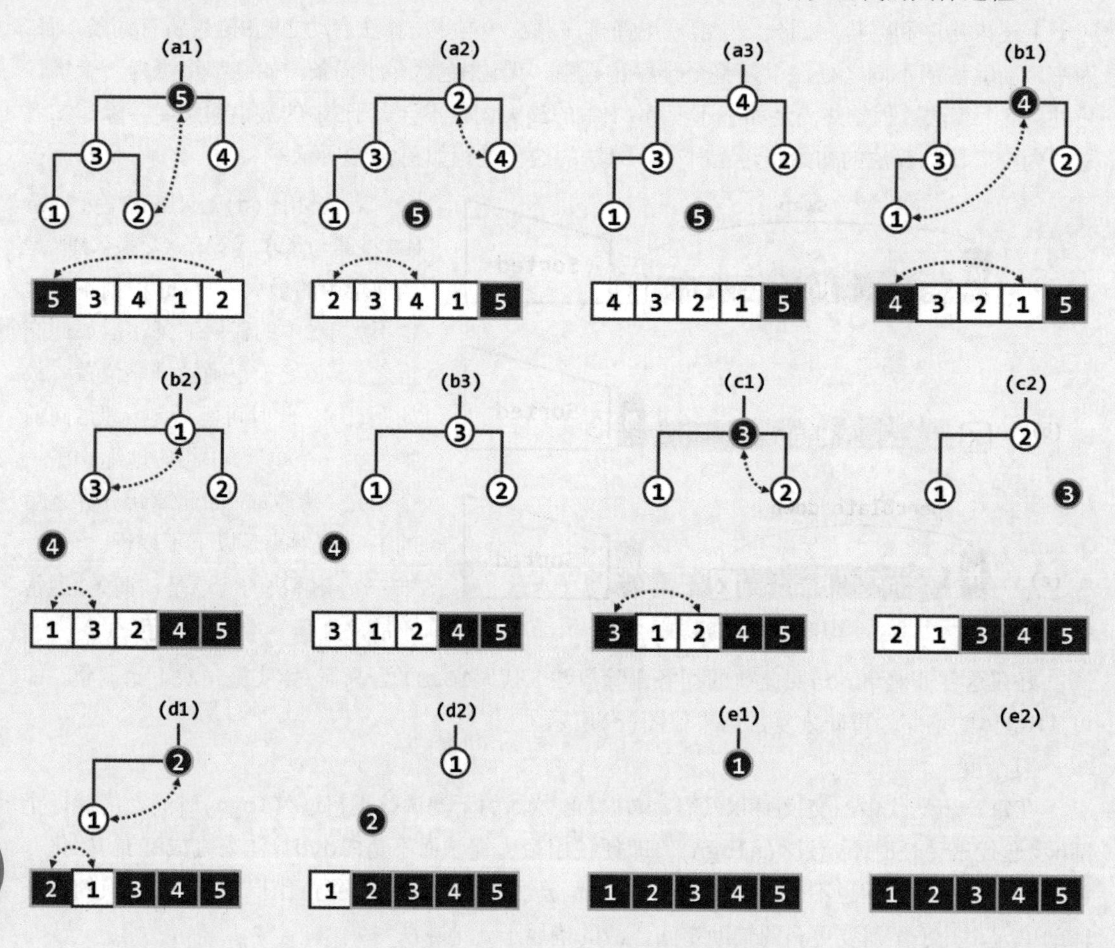

图10.11 就地堆排序实例：迭代

■ 实现

按照以上思路，可基于向量排序器的统一规范，实现就地堆排序算法如代码10.11所示。

```
1 template <typename T> void Vector<T>::heapSort ( Rank lo, Rank hi ) { //0 <= lo < hi <= size
2    PQ_ComplHeap<T> H ( _elem + lo, hi - lo ); //将待排序区间建成一个完全二叉堆，O(n)
3    while ( !H.empty() ) //反复地摘除最大元并归入已排序的后缀，直至堆空
4       _elem[--hi] = H.delMax(); //等效于堆顶与末元素对换后下滤
5 }
```

代码10.11 基于向量的就地堆排序

遵照向量接口的统一规范（60页代码2.25），这里允许在向量中指定待排序区间[lo, hi)，从而作为通用排序算法具有更好的灵活性。

§10.3 *左式堆

10.3.1 堆合并

除了标准的插入和删除操作，堆结构在实际应用中的另一常见操作即为合并。如图10.12，这一操作可描述为：任给堆A和堆B，如何将二者所含的词条组织为一个堆。

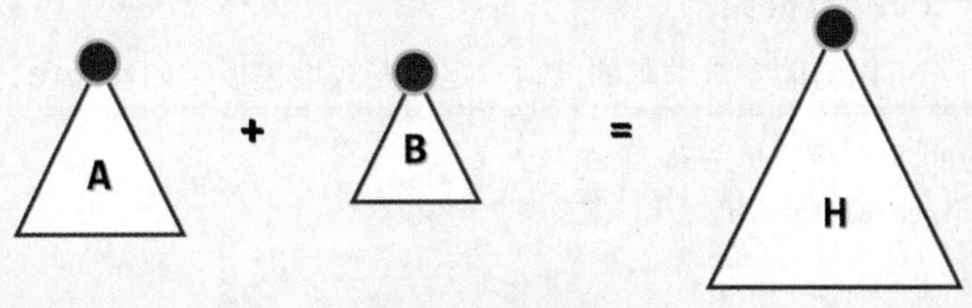

图10.12 堆合并

直接借助已有的接口不难完成这一任务。比如，首先易想到的一种方法是：反复取出堆B的最大词条并插入堆A中；当堆B为空时，堆A即为所需的堆H。这一过程可简洁地描述为：

```
1 while ( ! B.empty() )
2    A.insert( B.delMax() );
```

将两个堆的规模分别记作n和m，且$n \geq m$。每一步迭代均需做一次删除操作和一次插入操作，分别耗时$\mathcal{O}(\log m)$和$\mathcal{O}(\log(n + m))$。因共需做m步迭代，故总体运行时间应为：

$$m \times [\mathcal{O}(\log m) + \mathcal{O}(\log(n + m))] = \mathcal{O}(m\log(n + m)) = \mathcal{O}(m\log n)$$

另一容易想到的方法是：将两个堆中的词条视作彼此独立的对象，从而可以直接借助Floyd算法，将它们组织为一个新的堆H。由10.2.4节的结论，该方法的运行时间应为：

$$\mathcal{O}(n + m) = \mathcal{O}(n)$$

尽管其性能稍优于前一方法，但仍无法令人满意。实际上我们注意到，既然所有词条已分两组各自成堆，则意味着它们已经具有一定的偏序性；而一组相互独立的词条，谈不上具有什么偏序性。按此理解，由前者构建一个更大的偏序集，理应比由后者构建偏序集更为容易。

以上尝试均未奏效的原因在于，不能保证合并操作所涉及的节点足够少。为此，不妨首先打破此前形成的错觉并大胆质疑：堆是否也必须与二叉搜索树一样，尽可能地保持平衡？值得玩味的是，对于堆来说，为控制合并操作所涉及的节点数，反而需要保持某种意义上的“不平衡”！

10.3.2 单侧倾斜

左式堆[②]（leftist heap）是优先级队列的另一实现方式，可高效地支持堆合并操作。其基本思路是：在保持堆序性的前提下附加新的条件，使得在堆的合并过程中，只需调整很少量的节点。具体地，需参与调整的节点不超过$\mathcal{O}(\log n)$个，故可达到极高的效率。

具体地如图10.13所示，左式堆的整体结构呈单侧倾斜状；依照惯例，其中节点的分布均偏向左侧。也就是说，左式堆将不再如完全二叉堆那样满足结构性。

这也不难理解，毕竟堆序性才是堆结构的关键条件，而结构性只不过是堆的一项附加条件。正如稍后将要看到的，在将平衡性替换为左倾性之后，左式堆结构的merge()操作乃至insert()和delMax()操作均可以高效地实现。

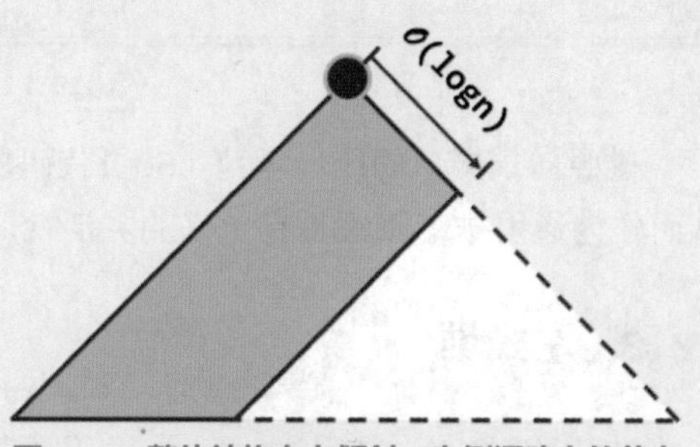

图10.13 整体结构向左倾斜，右侧通路上的节点不超过$\mathcal{O}(\log n)$个

10.3.3 PQ_LeftHeap模板类

按照以上思路，可以借助多重继承的机制，定义左式堆模板类如代码10.12所示。

```
1 #include "../PQ/PQ.h" //引入优先级队列ADT
2 #include "../BinTree/BinTree.h" //引入二叉树节点模板类
3
4 template <typename T>
5 class PQ_LeftHeap : public PQ<T>, public BinTree<T> { //基于二叉树，以左式堆形式实现的PQ
6 public:
7    PQ_LeftHeap() { } //默认构造
8    PQ_LeftHeap ( T* E, int n ) //批量构造：可改进为Floyd建堆算法
9    {  for ( int i = 0; i < n; i++ ) insert ( E[i] );  }
10   void insert ( T ); //按照比较器确定的优先级次序插入元素
11   T getMax(); //取出优先级最高的元素
12   T delMax(); //删除优先级最高的元素
13 }; //PQ_LeftHeap
```

代码10.12 左式堆PQ_LeftHeap模板类定义

可见，PQ_LeftHeap模板类借助多重继承机制，由PQ和BinTree结构共同派生而得。

这意味着，PQ_LeftHeap首先继承了优先级队列对外的标准ADT接口。另外，既然左式堆的逻辑结构已不再等价于完全二叉树，墨守成规地沿用此前基于向量的实现方法，必将难以控制空间复杂度。因此，改用紧凑性稍差、灵活性更强的二叉树结构，将更具针对性。

其中蛮力式批量构造方法耗时$\mathcal{O}(n\log n)$，利用Floyd算法可改进至$\mathcal{O}(n)$（习题[10-13]）。

② 由C. A. Crane于1972年发明[58]，后由D. E. Knuth于1973年修订并正式命名[3]

10.3.4 空节点路径长度

左式堆的倾斜度，应该控制在什么范围？又该如何控制？为此，可借鉴AVL树和红黑树的技巧，为各节点引入所谓的“空节点路径长度”指标，并依此确定相关算法的执行方向。

节点x的空节点路径长度（null path length），记作npl(x)。若x为外部节点，则约定npl(x) = npl(null) = 0。反之若x为内部节点，则npl(x)可递归地定义为：

npl(x) = 1 + min(npl(lc(x)), npl(rc(x)))

也就是说，节点x的npl值取决于其左、右孩子npl值中的小者。

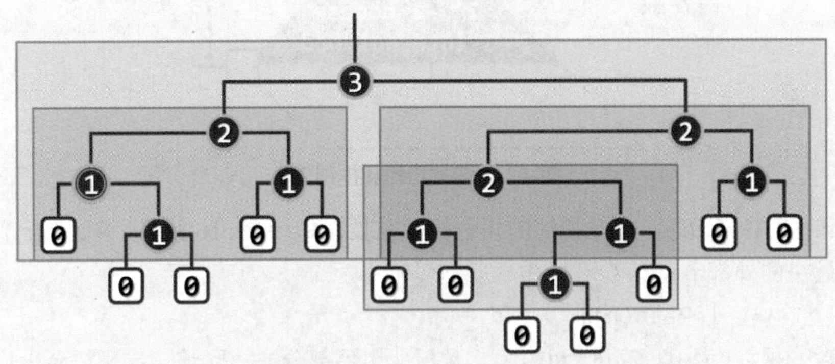

图10.14 空节点路径长度（其中有个节点违反左倾性，以双圈标出）

对照如图10.14所示的实例不难验证：npl(x)既等于x到外部节点的最近距离（该指标由此得名），同时也等于以x为根的最大满子树（图中以矩形框出）的高度。

10.3.5 左倾性与左式堆

左式堆是处处满足“左倾性”的二叉堆，即任一内部节点x都满足

npl(lc(x)) ≥ npl(rc(x))

也就是说，就npl指标而言，任一内部节点的左孩子都不小于其右孩子。

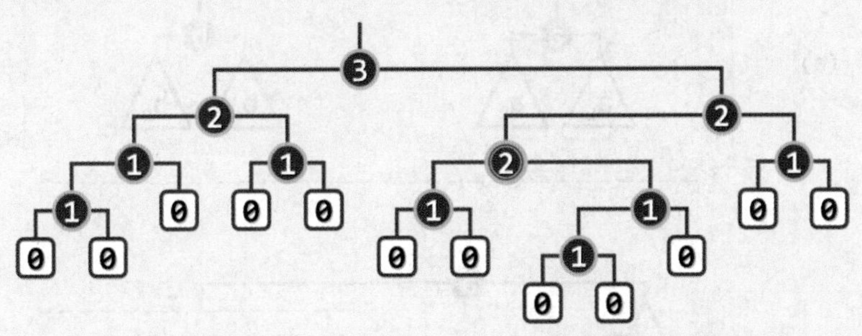

图10.15 左式堆：左孩子的npl值不小于右孩子，而前者的高度却可能小于后者

照此标准不难验证，如图10.15所示的二叉堆即是左式堆，而图10.14中的二叉堆不是。

由npl及左倾性的定义不难发现，左式堆中任一内节点x都应满足：

npl(x) = 1 + npl(rc(x))

也就是说，左式堆中每个节点的npl值，仅取决于其右孩子。

请注意，“左孩子的npl值不小于右孩子”并不意味着“左孩子的高度必不小于右孩子”。图10.15中的双圈节点即为一个反例，其左子堆和右子堆的高度分别为1和2。

10.3.6 最右侧通路

从x出发沿右侧分支一直前行直至空节点，经过的通路称作其最右侧通路（rightmost path），记作rPath(x)。在左式堆中，尽管右孩子高度可能大于左孩子，但由“各节点npl值均决定于其右孩子”这一事实不难发现，每个节点的npl值，应恰好等于其最右侧通路的长度。

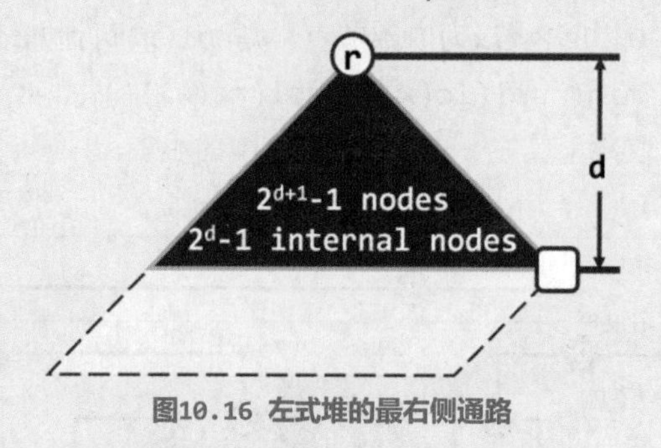

图10.16 左式堆的最右侧通路

根节点r的最右侧通路，在此扮演的角色极其重要。如图10.16所示，rPath(r)的终点必为全堆中深度最小的外部节点。若记：

$$npl(r) = |rPath(r)| = d$$

则该堆应包含一棵以r为根、高度为d的满二叉树（黑色部分），且该满二叉树至少应包含2^{d+1} - 1个节点、2^d - 1个内部节点——这也是堆的规模下限。反之，在包含n个节点的左式堆中，最右侧通路必然不会长于

$$\lfloor \log_2(n + 1) \rfloor - 1 = \mathcal{O}(\log n)$$

10.3.7 合并算法

假设待合并的左式堆如图10.17(a)所示分别以a和b为堆顶，且不失一般性地a ≥ b。

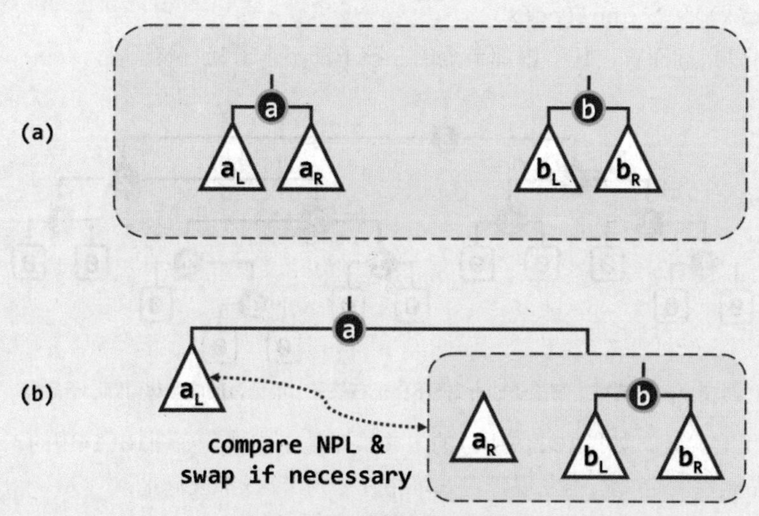

图10.17 左式堆合并算法原理

于是如图(b)，可递归地将a的右子堆a_R与堆b合并，然后作为节点a的右孩子替换原先的a_R。当然，为保证依然满足左倾性条件，最后还需要比较a左、右孩子的npl值——如有必要还需将二者交换，以保证左孩子的npl值不低于右孩子。

10.3.8 实例

如图10.18(a)所示，考查对左式堆17与15的合并。

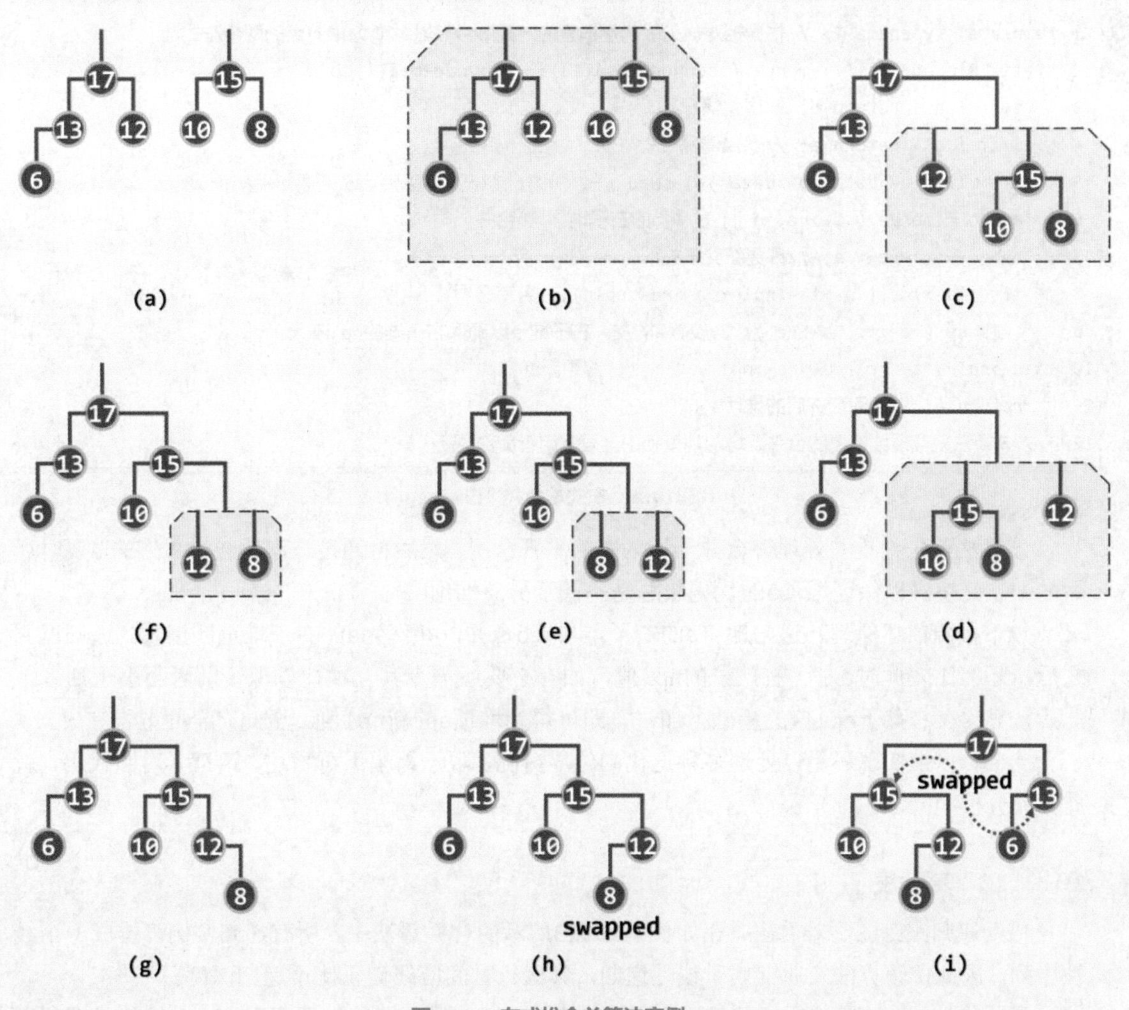

图10.18 左式堆合并算法实例

首先如图(b)所示，经过优先级比对确定，无需交换待合并的堆。于是应如图(c)所示，将堆17的右子堆（12）与堆15合并后，作为节点17新的右子堆。为完成这一合并，再经优先级对比可确定，应如图(d)所示交换堆12与堆15；并如图(e)所示，将堆15的右子堆（8）与堆12合并后，作为节点15新的右子堆。为此以下同理，也需如图(f)所示，交换堆8和堆12；并将节点12的右子堆（空）与堆8合并——这属于最终的平凡情况，结果如图(g)所示。

至此，就结构性而言的堆合并任务业已完成。但为了保证左倾性依然处处满足，在沿左侧链逐级递归返回的过程中，还需及时比较各对左、右兄弟的npl值，如有必要还应令其交换位置。

仍继续上例，当如图(g)所示在节点12处递归返回时，发现右子堆8及其兄弟（空）的npl值分别为1和0，故需如图(h)所示令其互换位置。以下继而在节点15处返回时，左子堆（10）和右子堆（12）的npl均为1，故无需交换。最后在根节点17处返回时，左子堆（13）和右子堆（15）的npl分别为1和2，故亦需令其互换，最终结果如图(i)所示。

10.3.9 合并操作的实现

按照以上思路，左式堆合并算法可具体描述和实现如代码10.13所示。

```
1 template <typename T> //根据相对优先级确定适宜的方式，合并以a和b为根节点的两个左式堆
2 static BinNodePosi(T) merge ( BinNodePosi(T) a, BinNodePosi(T) b ) {
3    if ( ! a ) return b; //退化情况
4    if ( ! b ) return a; //退化情况
5    if ( lt ( a->data, b->data ) ) swap ( a, b ); //一般情况：首先确保b不大
6    a->rc = merge ( a->rc, b ); //将a的右子堆，与b合并
7    a->rc->parent = a; //并更新父子关系
8    if ( !a->lc || a->lc->npl < a->rc->npl ) //若有必要
9       swap ( a->lc, a->rc ); //交换a的左、右子堆，以确保右子堆的npl不大
10   a->npl = a->rc ? a->rc->npl + 1 : 1; //更新a的npl
11   return a; //返回合并后的堆顶
12 } //本算法只实现结构上的合并，堆的规模须由上层调用者负责更新
```

代码10.13 左式堆合并接口merge()

该算法首先判断并处理待合并子堆为空的平凡情况。然后再通过一次比较，以及在必要时所做的一次交换，以保证堆顶a的优先级总是不低于另一堆顶b。

以下按照前述原理，递归地将a的右子堆与堆b合并，并作为a的右子堆重新接入。递归返回之后，还需比较此时a左、右孩子的npl值，如有必要还需令其互换，以保证前者不小于后者。此后，只需在右孩子npl值的基础上加一，即可得到堆顶a的新npl值。至此，合并方告完成。

当然，以上实现还足以处理多种退化的边界情况，限于篇幅不再赘述，请读者对照代码，就此独立分析和验证。

10.3.10 复杂度

借助递归跟踪图不难看出，在如代码10.13所示的合并算法中，所有递归实例可排成一个线性序列。因此，该算法实质上属于线性递归，其运行时间应线性正比于递归深度。

进一步地，由该算法原理及代码实现不难看出，递归只可能发生于两个待合并堆的最右侧通路上。根据10.3.6节的分析结论，若待合并堆的规模分别为n和m，则其两条最右侧通路的长度分别不会超过$\mathcal{O}(\log n)$和$\mathcal{O}(\log m)$，因此合并算法总体运行时间应不超过：

$$\mathcal{O}(\log n) + \mathcal{O}(\log m) = \mathcal{O}(\log n + \log m) = \mathcal{O}(\log(\max(n, m)))$$

可见，这一效率远远高于10.3.1节中的两个直觉算法。当然，与多数算法一样，若将以上递归版本改写为迭代版本（习题[10-15]），还可从常系数的意义上进一步提高效率。

10.3.11 基于合并的插入和删除

若将merge()操作当作一项更为基本的操作，则可以反过来实现优先级队列标准的插入和删除等操作。事实上，得益于merge()操作自身的高效率，如此实现的插入和删除操作，在时间效率方面毫不逊色于常规的实现方式。加之其突出的简洁性，使得这一实现方式在实际应用中受到更多的青睐。

■ delMax()

基于merge()操作实现delMax()算法，原理如图10.19所示。考查堆顶x及其子堆H_L和H_R。

在摘除x之后，H_L和H_R即可被视作为两个彼此独立的待合并的堆。于是，只要通过merge()操作将它们合并起来，则其效果完全等同于一次常规的delMax()删除操作。

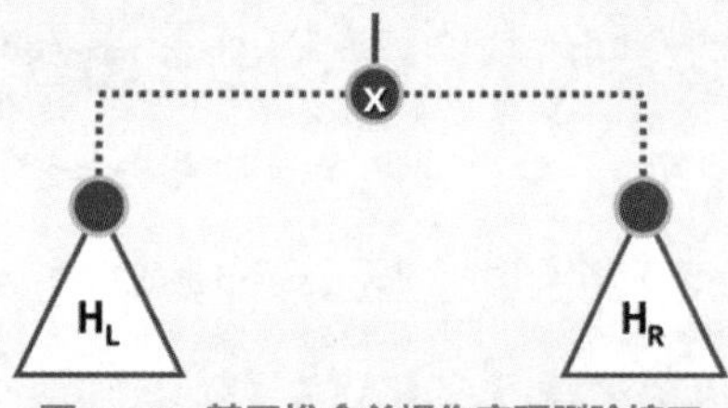

图10.19 基于堆合并操作实现删除接口

照此思路，即可基于merge()操作实现delMax()接口如代码10.14所示。

```
1 template <typename T> T PQ_LeftHeap<T>::delMax() { //基于合并操作的词条删除算法（当前队列非空）
2    BinNodePosi(T) lHeap = _root->lc; //左子堆
3    BinNodePosi(T) rHeap = _root->rc; //右子堆
4    T e = _root->data; delete _root; _size--; //删除根节点
5    _root = merge ( lHeap, rHeap ); //原左右子堆合并
6    if ( _root ) _root->parent = NULL; //若堆非空，还需相应设置父子链接
7    return e; //返回原根节点的数据项
8 }
```

代码10.14 左式堆节点删除接口delMax()

时间成本主要消耗于对merge()的调用，故由此前的分析结论，总体依然不超过$O(\log n)$。

■ insert()

基于merge()操作实现insert()接口的原理如图10.20所示。假设拟将词条x插入堆H中。

实际上，只要将x也视作（仅含单个节点的）堆，则通过调用merge()操作将该堆与堆H合并之后，其效果即完全等同于完成了一次词条插入操作。

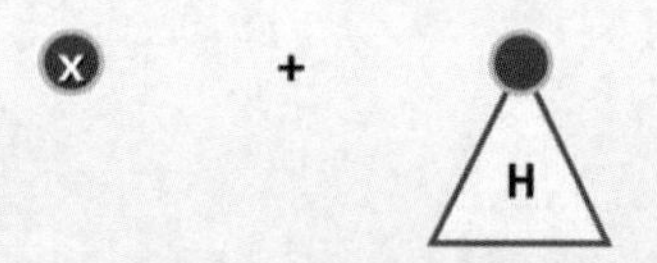

图10.20 基于堆合并操作实现词条插入算法

照此思路，即可基于merge()操作实现insert()接口如代码10.15所示。

```
1 template <typename T> void PQ_LeftHeap<T>::insert ( T e ) { //基于合并操作的词条插入算法
2    BinNodePosi(T) v = new BinNode<T> ( e ); //为e创建一个二叉树节点
3    _root = merge ( _root, v ); //通过合并完成新节点的插入
4    _root->parent = NULL; //既然此时堆非空，还需相应设置父子链接
5    _size++; //更新规模
6 }
```

代码10.15 左式堆节点插入接口insert()

同样，时间成本主要也是消耗于对merge()的调用，总体依然不超过$O(\log n)$。

第11章

串

串或字符串（string）属于线性结构，自然地可直接利用向量或列表等序列结构加以实现。但字符串作为数据结构，特点也极其鲜明，这可归纳为：结构简单，规模庞大，元素重复率高。

所谓结构简单，是指字符表本身的规模不大，甚至可能极小。以生物信息序列为例，参与蛋白质（文本）合成的常见氨基酸（字符）只有20种，而构成DNA序列（文本）的碱基（字符）仅有4种。尽管就规模而言，地球系统模式的单个输出文件长达1~100GB，微软Windows系统逾4000万行的源代码长度累计达到40GB，但它们都只不过是由ASCII字符，甚至是可打印字符组成的。因此，以字符串形式表示的海量文本数据的高效处理技术，一直都是相关领域的研究重点。

鉴于字符串结构的上述特点，本章将直接利用C++本身所提供的字符数组，并转而将讲述的重点，集中于各种串匹配算法indexOf()的基本原理与高效实现。

§11.1 串及串匹配

11.1.1 串

■ 字符串

一般地，由n个字符构成的串记作：

$$S = "a_0\ a_1\ \ldots\ a_{n-1}",\quad 其中，a_i \in \Sigma,\ 0 \le i < n$$

这里的Σ是所有可用字符的集合，称作字符表（alphabet），例如二进制比特集Σ = { 0, 1 }、ASCII字符集、Unicode字符集、构成DNA序列的所有碱基、组成蛋白质的所有氨基酸，等等。

字符串S所含字符的总数n，称作S的长度，记作|S| = n。这里只考虑长度有限的串，n < ∞。特别地，长度为零的串称作空串（null string）。请注意，空串并非由空格字符'□'组成的串，二者完全不同。

■ 子串

字符串中任一连续的片段，称作其子串（substring）。具体地，对于任意的0 ≤ i ≤ i + k < n，由字符串S中起始于位置i的连续k个字符组成的子串记作：

$$S.substr(i, k) = "a_i\ a_{i+1}\ \ldots\ a_{i+k-1}" = S[i, i + k)$$

有两种特殊子串：起始于位置0、长度为k的子串称为前缀（prefix），而终止于位置n - 1、长度为k的子串称为后缀（suffix），分别记作：

$$prefix(S, k) = S.substr(0, k) = S[0, k)$$

$$suffix(S, k) = S.substr(n - k, k) = S[n - k, n)$$

由上述定义可直接导出以下结论：空串是任何字符串的子串，也是任何字符串的前缀和后缀；任何字符串都是自己的子串，也是自己的前缀和后缀。此类子串、前缀和后缀分别称作平凡子串（trivial substring）、平凡前缀（trivial prefix）和平凡后缀（trivial suffix）。反之，字符串本身之外的所有非空子串、前缀和后缀，分别称作真子串（proper substring）、真前缀（proper prefix）和真后缀（proper suffix）。

■ 判等

最后，字符串S[0, n)和T[0, m)称作相等，当且仅当二者长度相等（n = m），且对应的字符分别相同（对任何0 ≤ i < n都有S[i] = T[i]）。

■ ADT

串结构主要的操作接口可归纳为表11.1。

表11.1 串ADT支持的操作看接口

操作接口	功能
length()	查询串的长度
charAt(i)	返回第i个字符
substr(i, k)	返回从第i个字符起、长度为k的子串
prefix(k)	返回长度为k的前缀
suffix(k)	返回长度为k的后缀
equal(T)	判断T是否与当前字符串相等
concat(T)	将T串接在当前字符串之后
indexOf(P)	若P是当前字符串的一个子串，则返回该子串的起始位置；否则返回-1

比如，依次对串S = "data structures"执行如下操作，结果依次如表11.2所示。

表11.2 串操作实例

操作	输出	字符串S
length()	15	"data structures"
charAt(5)	's'	"data structures"
prefix(4)	"data"	"data structures"
suffix(10)	"structures"	"data structures"
concat("and algorithms")		"data structures and algorithms"
equal("data structures")	false	"data structures and algorithms"
equal("data structures and algorithms")	true	"data structures and algorithms"
indexOf("string")	-1	"data structures and algorithms"
indexOf("algorithm")	20	"data structures and algorithms"

11.1.2 串匹配

■ 应用与问题

在涉及字符串的众多实际应用中，模式匹配是最常使用的一项基本操作。比如UNIX Shell的grep工具（General Regular Expression Parser）和DOS的find命令，基本功能都是在指定的字符串中查找[①]特定模式的字符串。又如生物信息处理领域，也经常需要在蛋白质序列中

[①] 这两个命令都是以文件形式来指定待查找的文本串，具体格式分别是：

```
% grep <pattern> <file>
c:\> find "pattern" <file>
```

寻找特定的氨基酸模式，或在DNA序列中寻找特定的碱基模式。再如，邮件过滤器也需根据事先定义的特征串，通过扫描电子邮件的地址、标题及正文来识别垃圾邮件。还有，反病毒系统也会扫描刚下载的或将要执行的程序，并与事先提取的特征串相比对，以判定其中是否含有病毒。

上述所有应用问题，本质上都可转化和描述为如下形式：

> 如何在字符串数据中，检测和提取以字符串形式给出的某一局部特征

这类操作都属于串模式匹配（string pattern matching）范畴，简称串匹配。一般地，即：

> 对基于同一字符表的任何文本串T（|T| = n）和模式串P（|P| = m）：
> 　　判定T中是否存在某一子串与P相同
> 　　若存在（匹配），则报告该子串在T中的起始位置

串的长度n和m本身通常都很大，但相对而言n更大，即满足2 << m << n。比如，若：

```
T  =  "Now is the time for all good people to come"
P  =  "people"
```

则匹配的位置应该是T.indexOf(P) = 29。

■ 问题分类

根据具体应用的要求不同，串匹配问题可以多种形式呈现。

有些场合属于模式检测（pattern detection）问题：我们只关心是否存在匹配而不关心具体的匹配位置，比如垃圾邮件的检测。有些场合属于模式定位（pattern location）问题：若经判断的确存在匹配，则还需确定具体的匹配位置，比如带毒程序的鉴别与修复。有些场合属于模式计数（pattern counting）问题：若有多处匹配，则统计出匹配子串的总数，比如网络热门词汇排行榜的更新。有些场合则属于模式枚举（pattern enumeration）问题：在有多处匹配时，报告出所有匹配的具体位置，比如网络搜索引擎。

11.1.3 测评标准与策略

串模式匹配是一个经典的问题，有名字的算法已不下三十种。鉴于串结构自身的特点，在设计和分析串模式匹配算法时也必须做特殊的考虑。其中首先需要回答的一个问题就是，如何对任一串匹配算法的性能作出客观的测量和评估。

多数读者首先会想到采用评估算法性能的常规口径和策略：以时间复杂度为例，假设文本串T和模式串P都是随机生成的，然后综合其各种组合从数学或统计等角度得出结论。很遗憾，此类构思并不适用于这一问题。

以基于字符表Σ = { 0, 1 }的二进制串为例。任给长度为n的文本串，其中长度为m的子串不过n - m + 1个（m << n时接近于n个）。另一方面，长度为m的随机模式串多达2^m个，故匹配成功的概率为n / 2^m。以n = 100,000、m = 100为例，这一概率仅有

$$100,000 / 2^{100} < 10^{-25}$$

对于更长的模式串、更大的字符表，这一概率还将更低。因此，这一策略并不能有效地覆盖成功匹配的情况，所得评测结论也无法准确地反映算法的总体性能。

实际上，有效涵盖成功匹配情况的一种简便策略是，随机选取文本串T，并从T中随机取出长度为m的子串作为模式串P。这也是本章将采用的评价标准。

§11.2 蛮力算法

11.2.1 算法描述

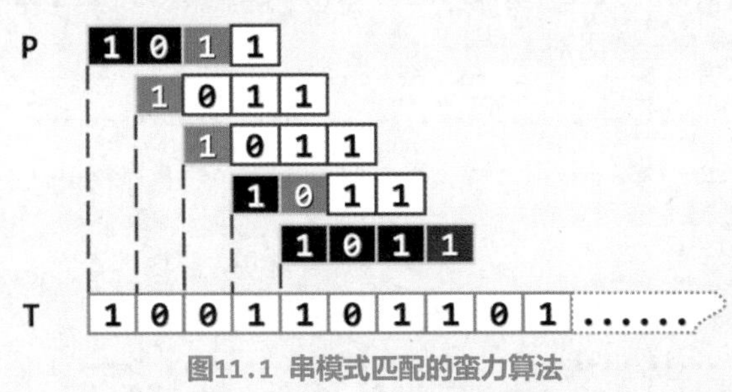

图11.1 串模式匹配的蛮力算法

蛮力串匹配是最直接最直觉的方法。如图11.1所示，可假想地将文本串和模式串分别写在两条印有等间距方格的纸带上，文本串对应的纸带固定，模式串纸带的首字符与文本串纸带的首字符对齐，二者都沿水平方向放置。于是，只需将P与T中长度为m的n - m + 1个子串逐一比对，即可确定可能的匹配位置。

不妨按自左向右的次序考查各子串。在初始状态下，T的前m个字符将与P的m个字符两两对齐。接下来，自左向右检查相互对齐的这m对字符：若当前字符对相互匹配，则转向下一对字符；反之一旦失配，则说明在此位置文本串与模式串不可能完全匹配，于是可将P对应的纸带右移一个字符，然后从其首字符开始与T中对应的新子串重新对比。图中，模式串P的每一黑色方格对应于字符对的一次匹配，每一灰色方格对应于一次失配，白色方格则对应于未进行的一次比对。若经过检查，当前的m对字符均匹配，则意味着整体匹配成功，从而返回匹配子串的位置。

蛮力算法的正确性显而易见：既然只有在某一轮的m次比对全部成功之后才成功返回，故不致于误报；反过来，所有对齐位置都会逐一尝试，故亦不致漏报。

11.2.2 算法实现

以下给出蛮力算法的两个实现版本。二者原理相同、过程相仿，但分别便于引入后续的不同改进算法，故在此先做一比较。

```
1 /******************************************************************************************
2  * Text     :  0   1   2   .   .   .   i-j .   .   .   .   i   .   .   n-1
3  *             ------------------------|-------------------|------------
4  * Pattern  :                          0   .   .   .   .   j   .   .
5  *                                     |-------------------|
6  ******************************************************************************************/
7 int match ( char* P, char* T ) { //串匹配算法（Brute-force-1）
8    size_t n = strlen ( T ), i = 0; //文本串长度、当前接受比对字符的位置
9    size_t m = strlen ( P ), j = 0; //模式串长度、当前接受比对字符的位置
10   while ( j < m && i < n ) //自左向右逐个比对字符
11      if ( T[i] == P[j] ) //若匹配
12         { i ++;  j ++; } //则转到下一对字符
13      else //否则
14         { i -= j - 1; j = 0; } //文本串回退、模式串复位
15   return i - j; //如何通过返回值，判断匹配结果？
16 }
```

代码11.1 蛮力串匹配算法（版本一）

如代码11.1所示的版本借助整数i和j，分别指示T和P中当前接受比对的字符T[i]与P[j]。若当前字符对匹配，则i和j同时递增以指向下一对字符。一旦j增长到m则意味着发现了匹配，即可返回P相对于T的对齐位置i - j。一旦当前字符对失配，则i回退并指向T中当前对齐位置的下一字符，同时j复位至P的首字符处，然后开始下一轮比对。

```
 1 /******************************************************************************************
 2  * Text     :  0   1   2   .   .   .   i   i+1  .   .   .   i+j  .   .   n-1
 3  *              ------------------------|-------------------|------------
 4  * Pattern  :                           0   1   .   .   .   j   .   .
 5  *                                      |-------------------|
 6  ******************************************************************************************/
 7 int match ( char* P, char* T ) { //串匹配算法（Brute-force-2）
 8    size_t n = strlen ( T ), i = 0; //文本串长度、与模式串首字符的对齐位置
 9    size_t m = strlen ( P ), j; //模式串长度、当前接受比对字符的位置
10    for ( i = 0; i < n - m + 1; i++ ) { //文本串从第i个字符起，与
11       for ( j = 0; j < m; j++ ) //模式串中对应的字符逐个比对
12          if ( T[i + j] != P[j] ) break; //若失配，模式串整体右移一个字符，再做一轮比对
13       if ( j >= m ) break; //找到匹配子串
14    }
15    return i; //如何通过返回值，判断匹配结果？
16 }
```

代码11.2 蛮力串匹配算法（版本二）

如代码11.2所示的版本，借助整数i指示P相对于T的对齐位置，且随着i不断递增，对齐的位置逐步右移。在每一对齐位置i处，另一整数j从0递增至m - 1，依次指示当前接受比对的字符为T[i + j]与P[j]。因此，一旦发现匹配，即可直接返回当前的对齐位置i。

11.2.3 时间复杂度

从理论上讲，蛮力算法至多迭代n - m + 1轮，且各轮至多需进行m次比对，故总共只需做不超过(n - m + 1)·m次比对。那么，这种最坏情况的确会发生吗？答案是肯定的。

考查如图11.2所示的实例。无论采用上述哪个版本的蛮力算法，都需做n - m + 1轮迭代，且各轮都需做m次比对。因此，整个算法共需做m·(n - m - 1)次字符比对，其中成功的和失败的各有(m - 1)·(n - m - 1) + 1和n - m - 2次。因m << n，渐进的时间复杂度应为$\mathcal{O}$(n·m)。

0 0 0 0 0 0 0 0 0 0 0 0 0 ... 0 0 1
0 0 0 0 1

图11.2 蛮力算法的最坏情况
（也是基于坏字符策略BM算法的最好情况）

0 0 0 0 0 0 0 0 0 0 0 0 0 ... 0 0 0
1 0 0 0 0

图11.3 蛮力算法的最好情况
（也是基于坏字符策略BM算法的最坏情况）

当然，蛮力算法的效率也并非总是如此低下。如图11.3所示，若将模式串P左右颠倒，则每经一次比对都可排除文本串中的一个字符，故此类情况下的运行时间将为$\mathcal{O}$(n)。实际上，此类最好（或接近最好）情况出现的概率并不很低，尤其是在字符表较大时（习题[11-9]）。

§11.3 KMP算法

11.3.1 构思

上一节的分析表明，蛮力算法在最坏情况下所需时间，为文本串长度与模式串长度的乘积，故无法应用于规模稍大的应用环境，很有必要改进。为此，不妨从分析以上最坏情况入手。

稍加观察不难发现，问题在于这里存在大量的局部匹配：每一轮的m次比对中，仅最后一次可能失配。而一旦发现失配，文本串、模式串的字符指针都要回退，并从头开始下一轮尝试。

实际上，这类重复的字符比对操作没有必要。既然这些字符在前一轮迭代中已经接受过比对并且成功，我们也就掌握了它们的所有信息。那么，如何利用这些信息，提高匹配算法的效率呢？

以下以蛮力算法的前一版本（代码11.1）为基础进行改进。

■ 简单示例

如图11.4所示，用T[i]和P[j]分别表示当前正在接受比对的一对字符。

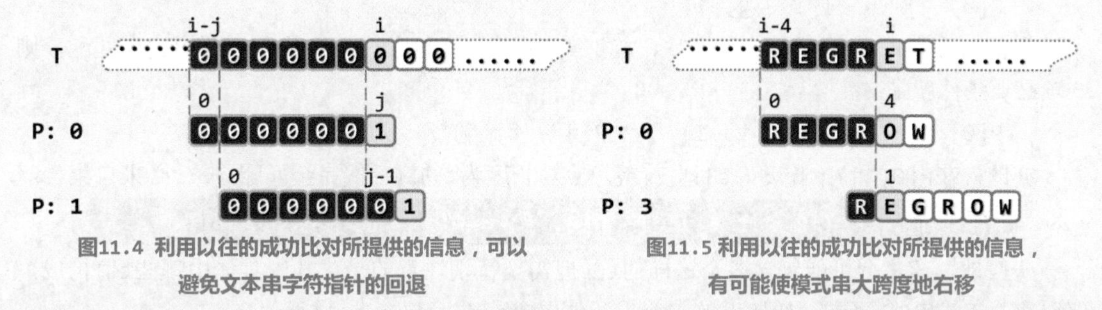

图11.4 利用以往的成功比对所提供的信息，可以避免文本串字符指针的回退

图11.5 利用以往的成功比对所提供的信息，有可能使模式串大跨度地右移

当本轮比对进行到最后一对字符并发现失配后，蛮力算法会令两个字符指针同步回退（即令i = i - j + 1和j = 0），然后再从这一位置继续比对。然而事实上，指针i完全不必回退。

■ 记忆 = 经验 = 预知力

经过前一轮比对，我们已经清楚地知道，子串T[i - j, i)完全由'0'组成。记住这一性质便可预测出：在回退之后紧接着的下一轮比对中，前j - 1次比对必然都会成功。因此，可直接令i保持不变，令j = j - 1，然后继续比对。如此，下一轮只需1次比对，共减少j - 1次！

上述“令i保持不变、j = j - 1”的含义，可理解为“令P相对于T右移一个单元，然后从前一失配位置继续比对”。实际上这一技巧可推而广之：利用以往的成功比对所提供的信息（记忆），不仅可避免文本串字符指针的回退，而且可使模式串尽可能大跨度地右移（经验）。

■ 一般实例

如图11.5所示，再来考查一个更具一般性的实例。

本轮比对进行到发现T[i] = 'E' ≠ 'O' = P[4]失配后，在保持i不变的同时，应将模式串P右移几个单元呢？有必要逐个单元地右移吗？不难看出，在这一情况下移动一个或两个单元都是徒劳的。事实上，根据此前的比对结果，此时必然有

T[i - 4, i) = P[0, 4) = "REGR"

若在此局部能够实现匹配，则至少紧邻于T[i]左侧的若干字符均应得到匹配——比如，当P[0]与T[i - 1]对齐时，即属这种情况。进一步地，若注意到i - 1是能够如此匹配的最左侧位置，即可直接将P右移4 - 1 = 3个单元（等效于i保持不变，同时令j = 1），然后继续比对。

11.3.2 next表

一般地，如图11.6假设前一轮比对终止于T[i] ≠ P[j]。按以上构想，指针i不必回退，而是将T[i]与P[t]对齐并开始下一轮比对。那么，t准确地应该取作多少呢？

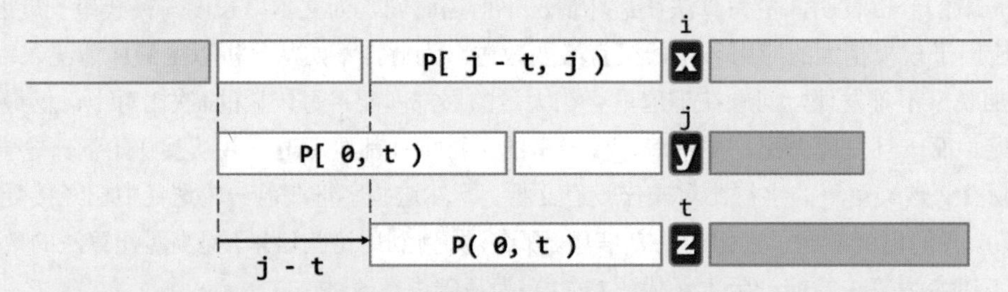

图11.6 利用此前成功比对所提供的信息，在安全的前提下尽可能大跨度地右移模式串

由图可见，经过此前一轮的比对，已经确定匹配的范围应为：

P[0, j) = T[i - j, i)

于是，若模式串P经适当右移之后，能够与T的某一（包含T[i]在内的）子串完全匹配，则一项必要条件就是：

P[0, t) = T[i - t, i) = P[j - t, j)

亦即，在P[0, j)中长度为t的真前缀，应与长度为t的真后缀完全匹配，故t必来自集合：

N(P, j) = { 0 ≤ t < j | P[0, t) = P[j - t, j) }

一般地，该集合可能包含多个这样的t。但需要特别注意的是，其中具体由哪些t值构成，仅取决于模式串P以及前一轮比对的首个失配位置P[j]，而与文本串T无关！

从图11.6还可看出，若下一轮比对将从T[i]与P[t]的比对开始，这等效于将P右移j - t个单元，位移量与t成反比。因此，为保证P与T的对齐位置（指针i）绝不倒退，同时又不致遗漏任何可能的匹配，应在集合N(P, j)中挑选最大的t。也就是说，当有多个值得试探的右移方案时，应该保守地选择其中移动距离最短者。于是，若令

next[j] = max(N(P, j))

则一旦发现P[j]与T[i]失配，即可转而将P[next[j]]与T[i]彼此对准，并从这一位置开始继续下一轮比对。

既然集合N(P, j)仅取决于模式串P以及失配位置j，而与文本串无关，作为其中的最大元素，next[j]也必然具有这一性质。于是，对于任一模式串P，不妨通过预处理提前计算出所有位置j所对应的next[j]值，并整理为表格以便此后反复查询——亦即，将“记忆力”转化为“预知力”。

11.3.3 KMP算法

上述思路可整理为代码11.3，即著名的KMP算法②。

这里，假定可通过buildNext()构造出模式串P的next表。对照代码11.1的蛮力算法，只是在else分支对失配情况的处理手法有所不同，这也是KMP算法的精髓所在。

---

② Knuth和Pratt师徒，与Morris几乎同时发明了这一算法。他们稍后联合署名发表[60]该算法，并以其姓氏首字母命名

```
1 int match ( char* P, char* T ) {  //KMP算法
2    int* next = buildNext ( P ); //构造next表
3    int n = ( int ) strlen ( T ), i = 0; //文本串指针
4    int m = ( int ) strlen ( P ), j = 0; //模式串指针
5    while ( j < m  && i < n ) //自左向右逐个比对字符
6       if ( 0 > j || T[i] == P[j] ) //若匹配，或P已移出最左侧（两个判断的次序不可交换）
7          { i ++;  j ++; } //则转到下一字符
8       else //否则
9          j = next[j]; //模式串右移（注意：文本串不用回退）
10   delete [] next; //释放next表
11   return i - j;
12 }
```

代码11.3 KMP主算法（待改进版）

11.3.4 next[0] = -1

不难看出，只要j > 0则必有0 ∈ N(P, j)。此时N(P, j)非空，从而可以保证“在其中取最大值”这一操作的确可行。但反过来，若j = 0，则即便集合N(P, j)可以定义，也必是空集。此种情况下，又该如何定义next[j = 0]呢？

表11.3 next表实例：假想地附加一个通配符P[-1]

rank	-1	0	1	2	3	4	5	6	7	8	9
P[]	*	C	H	I	N	C	H	I	L	L	A
next[]	N/A	-1	0	0	0	0	1	2	3	0	0

反观串匹配的过程。若在某一轮比对中首对字符即失配，则应将P直接右移一个字符，然后启动下一轮比对。因此如表11.3所示，不妨假想地在P[0]的左侧“附加”一个P[-1]，且该字符与任何字符都是匹配的。就实际效果而言，这一处理方法完全等同于“令next[0] = -1”。

11.3.5 next[j + 1]

那么，若已知next[0, j]，如何才能递推地计算出next[j + 1]？是否有高效方法？

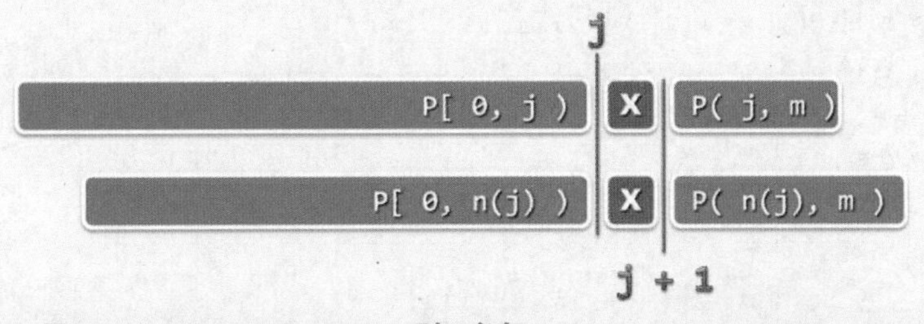

图11.7 P[j] = P[next[j]]时，必有next[j + 1] = next[j] + 1

若next[j] = t，则意味着在P[0, j)中，自匹配的真前缀和真后缀的最大长度为t，故必有next[j + 1] ≤ next[j] + 1——而且特别地，当且仅当P[j] = P[t]时如图11.7取等号。

那么一般地，若P[j] ≠ P[t]，又该如何得到next[j + 1]？

此种情况下如图11.8，由next表的功能定义，next[j + 1]的下一候选者应该依次是

next[next[j]] + 1, next[next[next[j]]] + 1, ...

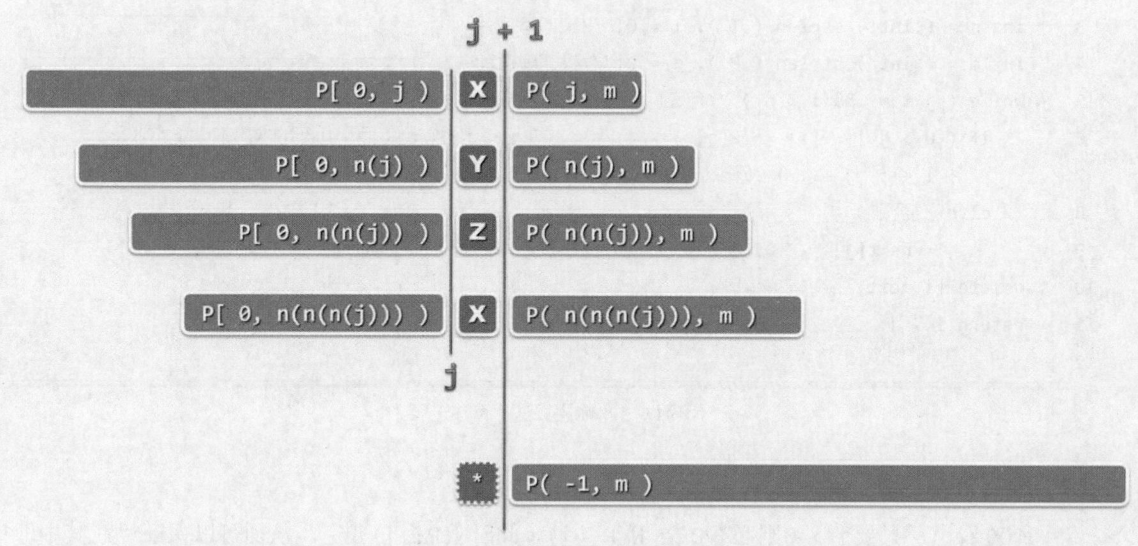

图11.8 P[j] ≠ P[next[j]]时，必有next[j + 1] = next[... next[j] ...] + 1

因此，只需反复用next[t]替换t（即令t = next[t]），即可按优先次序遍历以上候选者；一旦发现P[j]与P[t]匹配（含与P[t = -1]的通配），即可令next[j + 1] = next[t] + 1。

既然总有next[t] < t，故在此过程中t必然严格递减；同时，即便t降低至0，亦必然会终止于通配的next[0] = -1，而不致下溢。如此，该算法的正确性完全可以保证。

11.3.6 构造next表

按照以上思路，可实现next表构造算法如代码11.4所示。

```
1 int* buildNext ( char* P ) { //构造模式串P的next表
2    size_t m = strlen ( P ), j = 0; // “主”串指针
3    int* N = new int[m]; //next表
4    int t = N[0] = -1; //模式串指针
5    while ( j < m - 1 )
6       if ( 0 > t || P[j] == P[t] ) { //匹配
7          j ++; t ++;
8          N[j] = t; //此句可改进...
9       } else //失配
10         t = N[t];
11   return N;
12 }
```

代码11.4 next表的构造

可见，next表的构造算法与KMP算法几乎完全一致。实际上按照以上分析，这一构造过程完全等效于模式串的自我匹配，因此两个算法在形式上的近似亦不足为怪。

11.3.7 性能分析

由上可见，KMP算法借助next表可避免大量不必要的字符比对操作，但这意味着渐进意义上的时间复杂度会有实质改进吗？这一点并非一目了然，甚至乍看起来并不乐观。比如就最坏情况而言，共有$\Omega(n)$个对齐位置，而且在每一对齐位置都有可能需要比对多达$\Omega(m)$次。

如此说来，难道在最坏情况下，KMP算法仍可能共需执行$\Omega(nm)$次比对？不是的。以下更为精确的分析将证明，即便在最坏情况下，KMP算法也只需运行线性的时间！

为此，请留意代码11.3中用作字符指针的变量i和j。若令k = 2i - j并考查k在KMP算法过程中的变化趋势，则不难发现：while循环每迭代一轮，k都会严格递增。

实际上，对应于while循环内部的if-else分支，无非两种情况：若转入if分支，则i和j同时加一，于是k = 2i - j必将增加；反之若转入else分支，则尽管i保持不变，但在赋值j = next[j]之后j必然减小，于是k = 2i - j也必然会增加。

纵观算法的整个过程：启动时有i = j = 0，即k = 0；算法结束时i ≤ n且j ≥ 0，故有k ≤ 2n。在此期间尽管整数k从0开始持续地严格递增，但累计增幅不超过2n，故while循环至多执行2n轮。另外，while循环体内部不含任何循环或调用，故只需$\mathcal{O}(1)$时间。因此，若不计构造next表所需的时间，KMP算法本身的运行时间不超过$\mathcal{O}(n)$。也就是说，尽管可能有$\Omega(n)$个对齐位置，但就分摊意义而言，在每一对齐位置仅需$\mathcal{O}(1)$次比对（习题[11-4]）。

既然next表构造算法的流程与KMP算法并无实质区别，故仿照上述分析可知，next表的构造仅需$\mathcal{O}(m)$时间。综上可知，KMP算法的总体运行时间为$\mathcal{O}(n + m)$。

11.3.8 继续改进

尽管以上KMP算法已可保证线性的运行时间，但在某些情况下仍有进一步改进的余地。

考查模式串P = "000010"。按照11.3.2节的定义，其next表应如表11.4所示。

表11.4 next表仍有待优化的实例

rank	-1	0	1	2	3	4	5
P[]	*	0	0	0	0	1	0
next[]	N/A	-1	0	1	2	3	0

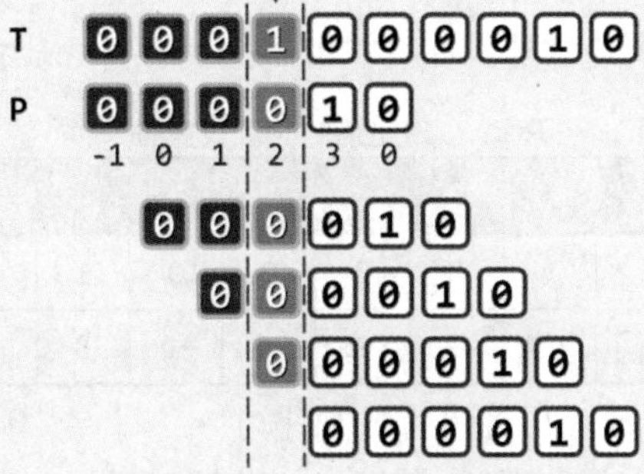

在KMP算法过程中，假设如图11.9前一轮比对因T[i] = '1' ≠ '0' = P[3]失配而中断。于是按照以上的next表，接下来KMP算法将依次将P[2]、P[1]和P[0]与T[i]对准并做比对。

图11.9 按照此前定义的next表，仍有可能进行多次本不必要的字符比对操作

从图11.9可见，这三次比对都报告“失配”。那么，这三次比对的失败结果属于偶然吗？进一步地，这些比对能否避免？

实际上，即便说P[3]与T[i]的比对还算必要，后续的这三次比对却都是不必要的。实际上，它们的失败结果早已注定。

只需注意到P[3] = P[2] = P[1] = P[0] = '0'，就不难看出这一点——既然经过此前的比对已发现T[i] ≠ P[3]，那么继续将T[i]和那些与P[3]相同的字符做比对，既重蹈覆辙，更徒劳无益。

■ 记忆 = 教训 = 预知力

就算法策略而言，11.3.2节引入next表的实质作用，在于帮助我们利用以往成功比对所提供的“经验”，将记忆力转化为预知力。然而实际上，此前已进行过的比对还远不止这些，确切地说还包括那些失败的比对——作为“教训”，它们同样有益，但可惜此前一直被忽略了。

依然以图11.9为例，以往所做的失败比对，实际上已经为我们提供了一条极为重要的信息——T[i] ≠ P[4]——可惜我们却未能有效地加以利用。原算法之所以会执行后续四次本不必要的比对，原因也正在于未能充分汲取教训。

■ 改进

为把这类“负面”信息引入next表，只需将11.3.2节中集合N(P, j)的定义修改为：

N(P, j) = { 0 ≤ t < j | P[0, t) = P[j - t, j) 且 P[t] ≠ P[j] }

也就是说，除“对应于自匹配长度”以外，t只有还同时满足“当前字符对不匹配”的必要条件，方能归入集合N(P, j)并作为next表项的候选。

相应地，原next表构造算法（代码11.4）也需稍作修改，调整为如下改进版本。

```
 1 int* buildNext ( char* P ) { //构造模式串P的next表（改进版本）
 2    size_t m = strlen ( P ), j = 0; //“主”串指针
 3    int* N = new int[m]; //next表
 4    int t = N[0] = -1; //模式串指针
 5    while ( j < m - 1 )
 6       if ( 0 > t || P[j] == P[t] ) { //匹配
 7          j ++; t ++;
 8          N[j] = ( P[j] != P[t] ? t : N[t] ); //注意此句与未改进之前的区别
 9       } else //失配
10          t = N[t];
11    return N;
12 }
```

代码11.5 改进的next表构造算法

由代码11.5可见，改进后的算法与原算法的唯一区别在于，每次在P[0, j)中发现长度为t的真前缀和真后缀相互匹配之后，还需进一步检查P[j]是否等于P[t]。唯有在P[j] ≠ P[t]时，才能将t赋予next[j]；否则，需转而代之以next[t]。

仿照11.3.7节的分析方法易知，改进后next表的构造算法同样只需$\mathcal{O}(m)$时间。

■ 实例

仍以P = "000010"为例，改进之后的next表如表11.5所示。读者可参照图11.9，就计算效率将新版本与原版本（表11.4）做一对比。

表11.5 改进后的next表实例

rank	-1	0	1	2	3	4	5
P[]	*	0	0	0	0	1	0
next[]	N/A	-1	-1	-1	-1	3	-1

利用新的next表针对图11.9中实例重新执行KMP算法，在首轮比对因T[i] = '1' ≠ '0' = P[3]失配而中断之后，将随即以P[next[3]] = P[-1]（虚拟通配符）与T[i]对齐，并启动下一轮比对。将其效果而言，等同于聪明且安全地跳过了三个不必要的对齐位置。

§11.4 *BM算法

11.4.1 思路与框架

■ 构思

KMP算法的思路可概括为：当前比对一旦失配，即利用此前的比对（无论成功或失败）所提供的信息，尽可能长距离地移动模式串。其精妙之处在于，无需显式地反复保存或更新比对的历史，而是独立于具体的文本串，事先根据模式串预测出所有可能出现的失配情况，并将这些信息“浓缩”为一张next表。就其总体思路而言，本节将要介绍的BM算法[③]与KMP算法类似，二者的区别仅在于预测和利用“历史”信息的具体策略与方法。

BM算法中，模式串P与文本串T的对准位置依然“自左向右”推移，而在每一对准位置却是“自右向左”地逐一比对各字符。具体地，在每一轮自右向左的比对过程中，一旦发现失配，则将P右移一定距离并再次与T对准，然后重新一轮自右向左的扫描比对。为实现高效率，BM算法同样需要充分利用以往的比对所提供的信息，使得P可以“安全地”向后移动尽可能远的距离。

■ 主体框架

BM算法的主体框架，可实现如代码11.6所示。

```
1 int match ( char* P, char* T ) { //Boyer-Morre算法（完全版，兼顾Bad Character与Good Suffix）
2    int* bc = buildBC ( P ); int* gs = buildGS ( P ); //构造BC表和GS表
3    size_t i = 0; //模式串相对于文本串的起始位置（初始时与文本串左对齐）
4    while ( strlen ( T ) >= i + strlen ( P ) ) { //不断右移（距离可能不止一个字符）模式串
5       int j = strlen ( P ) - 1; //从模式串最末尾的字符开始
6       while ( P[j] == T[i + j] ) //自右向左比对
7          if ( 0 > --j ) break;
8       if ( 0 > j ) //若极大匹配后缀 == 整个模式串（说明已经完全匹配）
9          break; //返回匹配位置
10      else //否则，适当地移动模式串
11         i += __max ( gs[j], j - bc[ T[i + j] ] ); //位移量根据BC表和GS表选择大者
12   }
13   delete [] gs; delete [] bc; //销毁GS表和BC表
14   return i;
15 }
```

代码11.6 BM主算法

可见，这里采用了蛮力算法后一版本（310页代码11.2）的方式，借助整数i和j指示文本串中当前的对齐位置T[i]和模式串中接受比对的字符P[j]。不过，一旦局部失配，这里不再是机械地令i += 1并在下一字符处重新对齐，而是采用了两种启发式策略确定最大的安全移动距离。为此，需经过预处理，根据模式串P整理出坏字符和好后缀两类信息。

与KMP一样，算法过程中指针i始终单调递增；相应地，P相对于T的位置也绝不回退。

③ 由R. S. Boyer和J. S. Moore于1977年发明[61]

11.4.2 坏字符策略

■ 坏字符

如图11.10(a)和(b)所示，若模式串P当前在文本串T中的对齐位置为i，且在这一轮自右向左将P与substr(T, i, m)的比对过程中，在P[j]处首次发现失配：

T[i + j] = 'X' ≠ 'Y' = P[j]

则将'X'称作坏字符（bad character）。问题是：

接下来应该选择P中哪个字符对准T[i + j]，然后开始下一轮自右向左的比对？

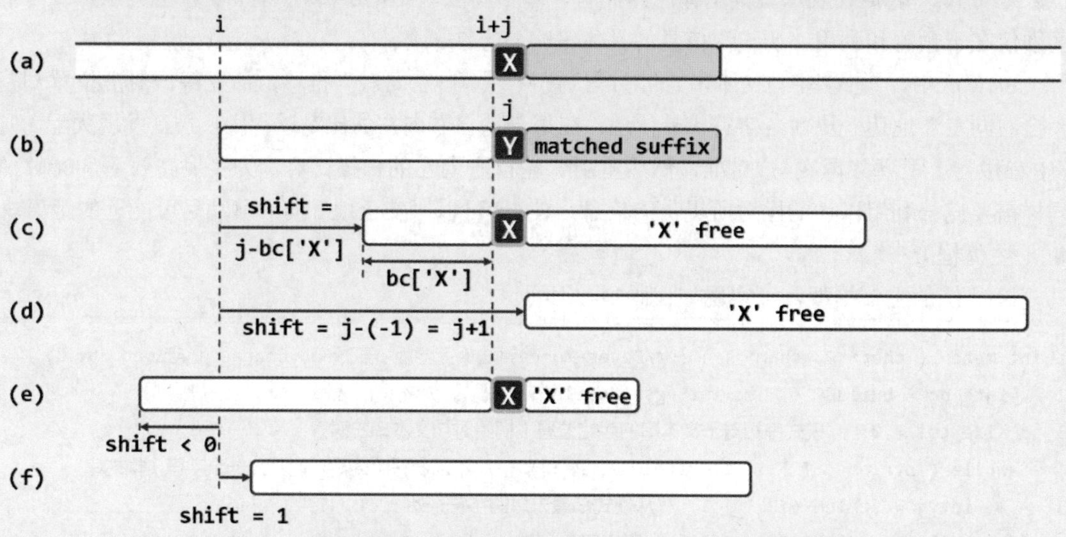

图11.10 坏字符策略：通过右移模式串P，使T[i + j]重新得到匹配

若P与T的某一（包括T[i + j]在内的）子串匹配，则必然在T[i + j] = 'X'处匹配；反之，若与T[i + j]对准的字符不是'X'，则必然失配。故如图11.10(c)所示，只需找出P中的每一字符 'X'，分别与T[i + j] = 'X'对准，并执行一轮自右向左的扫描比对。不难看出，对应于每个这样的字符'X'，P的位移量仅取决于原失配位置j，以及'X'在P中的秩，而与T和i无关！

■ bc[]表

若P中包含多个'X'，则是否真地有必要逐一尝试呢？实际上，这既不现实——如此将无法确保文本串指针i永不回退——更不必要。一种简便而高效的做法是，仅尝试P中最靠右的字符'X'（若存在）。与KMP算法类似，如此便可在确保不致遗漏匹配的前提下，始终单向地滑动模式串。具体如图11.10(c)所示，若P中最靠右的字符'X'为P[k] = 'X'，则P的右移量即为j - k。

同样幸运的是，对于任一给定的模式串P，k值只取决于字符T[i + j] = 'X'，因此可将其视作从字符表到整数（P中字符的秩）的一个函数：

$$bc(c) = \begin{cases} k & （若P[k] = c，且对所有的i > k都有P[i] \neq c） \\ -1 & （若P[]中不含字符c） \end{cases}$$

故如代码11.6所示，如当前对齐位置为i，则一旦出现坏字符P[j] = 'Y'，即重新对齐于：

i += j - bc[T[i + j]]

并启动下一轮比对。为此可仿照KMP算法，预先将函数bc()整理为一份查询表，称作BC表。

■ 特殊情况

可用的BC表，还应足以处理各种特殊情况。比如，若P根本就不含坏字符'X'，则如图11.10(d)所示，应将该串整体移过失配位置T[i + j]，用P[0]对准T[i + j + 1]，再启动下一轮比对。实际上，上述对bc()函数的定义已给出了应对方法——将BC表中此类字符的对应项置为-1。这种处理手法与KMP算法类似，其效果也等同于在模式串的最左端，增添一个通配符。

另外，即使P串中含有坏字符'X'，但其中最靠右者的位置也可能太靠右，以至于k = bc['X'] ≥ j。此时的j - k不再是正数，故若仍以此距离右移模式串，则实际效果将如图11.10(e)所示等同于左移。显然，这类移动并不必要——匹配算法若果真能够进行至此，则此前左侧的所有位置都已被显式或隐式地否定排除了。因此，这种情况下不妨如图11.10(f)所示，简单地将P串右移一个字符，然后启动下一轮自右向左的比对。

■ bc[]表实例

以由大写英文字母和空格组成的字符表$\Sigma = \{ '\textvisiblespace', 'A', 'B', 'C', ..., 'Z' \}$为例。按照以上定义，与模式串"$DATA\textvisiblespace STRUCTURES$"相对应的BC表应如表11.6所示。

表11.6 模式串P = "DATA STRUCTURES"及其对应的BC表

rank	-1	0	1	2	3	4	5	6	7	8	9	10	11	12	13	14
P[]	*	D	A	T	A	␣	S	T	R	U	C	T	U	R	E	S

char	□	A	B	C	D	E	F	G	H	I	J	K	L	M	N	O	P	Q	R	S	T	U	V	W	X	Y	Z
bc[]	4	3	-1	9	0	13	-1	-1	-1	-1	-1	-1	-1	-1	-1	-1	-1	-1	12	14	10	11	-1	-1	-1	-1	-1

其中，字符'A'在秩为1和3处出现了两次，bc['A']取作其中的大者3；字符'T'则在秩为2、6和10处出现了三次，bc['T']取作其中的最大者10。在该字符串中并未出现的字符，对应的BC表项均统一取作-1，等效于指向在字符串最左端假想着增添的通配符。

■ bc[]表构造算法

按照上述思路，BC表的构造算法可实现如代码11.7所示。

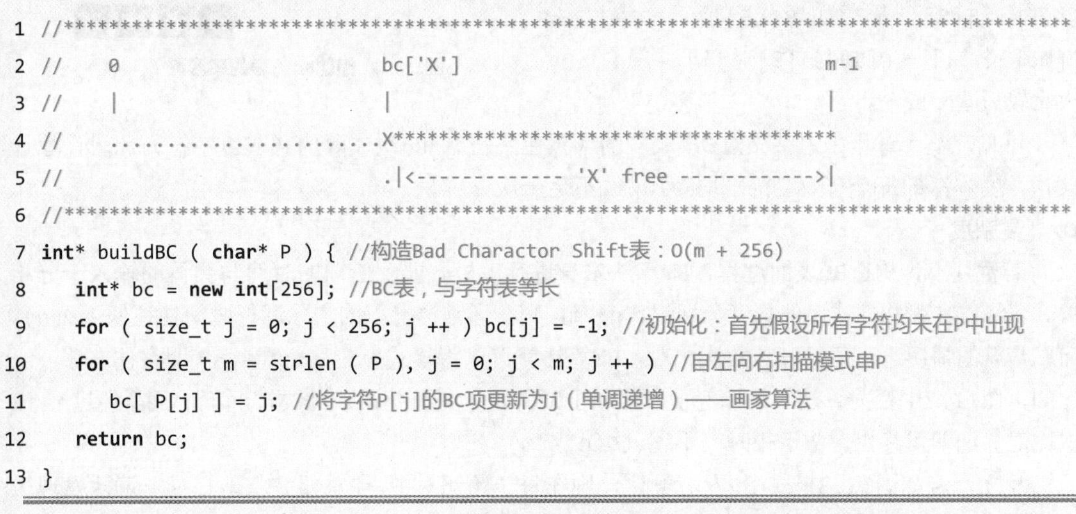

```
1 //****************************************************************************************
2 //    0                        bc['X']                                  m-1
3 //    |                        |                                        |
4 //    ........................X****************************************
5 //                            .|<------------- 'X' free ------------->|
6 //****************************************************************************************
7 int* buildBC ( char* P ) { //构造Bad Charactor Shift表：O(m + 256)
8    int* bc = new int[256]; //BC表，与字符表等长
9    for ( size_t j = 0; j < 256; j ++ ) bc[j] = -1; //初始化：首先假设所有字符均未在P中出现
10   for ( size_t m = strlen ( P ), j = 0; j < m; j ++ ) //自左向右扫描模式串P
11      bc[ P[j] ] = j; //将字符P[j]的BC项更新为j（单调递增）——画家算法
12   return bc;
13 }
```

代码11.7 BC表的构造

该算法在对BC初始化之后，对模式串P做一遍线性扫描，并不断用当前字符的秩更新BC表中的对应项。因为是按秩递增的次序从左到右扫描，故只要字符c在P中出现过，则最终的bc[c]必将如我们的所期望的那样，记录下其中最靠右者的秩。

若将BC表比作一块画布，则其中各项的更新过程，就犹如画家在不同位置堆积不同的油彩。而画布上各处最终的颜色，仅取决于在对应位置所堆积的最后一笔——这类算法，也因此称作“画家算法”（painter's algorithm）。

代码11.7的运行时间可划分为两部分，分别消耗于其中的两个循环。前者是对字符表Σ中的每个字符分别做初始化，时间量不超过$\mathcal{O}(|\Sigma|)$。后一循环对模式串P做一轮扫描，其中每个字符消耗$\mathcal{O}(1)$时间，故共需$\mathcal{O}(m)$时间。由此可知，BC表可在$\mathcal{O}(|\Sigma| + m)$时间内构造出来，其中|Σ|为字符表的规模，m为模式串的长度。

■ 匹配实例

一次完整的查找过程，如图11.11所示。这里的文本串T长度为12(b)，模式串P长度为4(a)。模式串P中各字符所对应的bc[]表项，如图(a)所示。

因这里的字符表涵盖常用的汉字，规模很大，故为节省篇幅，除了模式串所含的四个字符，其余大量字符的bc[]表项均默认统一为-1，在此不再逐个标出。

以下，首先如图(c1)所示，在第一个对齐位置，经1次后比较发现P[3] = '常' ≠ '非' = T[3]。于是如图(c2)所示，将P[bc['非']] = P[2]与T[3]对齐，并经3次比较后发现P[1] = '名' ≠ '道' = T[2]。于是如图(c3)所示，将P[bc['道']] = P[-1]与T[2]对齐，并经1次比较发现P[3] = '常' ≠ '名' = T[6]。于是如图(c4)所示，将P[bc['名']] = P[1]与T[6]对齐，并经过1次比较发现P[3] = '常' ≠ '名' = T[8]。最后如图(c5)所示，将P[bc['名']] = P[1]与T[8]对齐，并经4次比较后匹配成功。

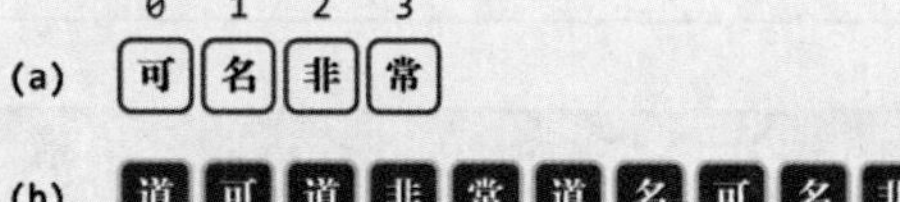

图11.11 借助bc[]表的串匹配

可见，整个过程中总共做过6次成功的（黑色字符）和4次失败的（灰色字符）比较，累计10次，文本串的每个有效字符平均为10/11不足一次。

■ 复杂度

若暂且不计构造BC表的过程，BM算法本身进行串模式匹配所需的时间与具体的输入十分相关。若将文本串和模式串的长度分别记作n和m，则在通常情况下的实际运行时间往往低于$\mathcal{O}(n)$。而在最好的情况下，每经过常数次比对，BM算法就可以将模式串右移m个字符（即整体右移）。比如，图11.2中蛮力算法的最坏例子，却属于BM算法的最好情况。此类情况下，只需经过n / m次比对算法即可终止，故运行时间不超过$\mathcal{O}(n / m)$。

反之，若如图11.3模式串P左右颠倒，则在每一轮比对中，P总要完整地扫描一遍才发现失配并向右移动一个字符。此类情况下的总体运行时间将为$\mathcal{O}(n \times m)$，属于最坏情况。

11.4.3 好后缀策略

■ 构思

上述基于坏字符的启发策略，充分体现了“将教训转化为预知力”的构思：一旦发现P[j]与T[i + j]失配，就将P与T重新对齐于至少可使T[i + j]恢复匹配（含通配）的位置。然而正如上例所揭示的，这一策略有时仍显得不够“聪明”，计算效率将退化为几乎等同于蛮力算法。

参照KMP算法的改进思路不难发现，坏字符策略仅利用了此前（最后一次）失败比对所提供的“教训”。而实际上在此之前，还做过一系列成功的比对，而这些“经验”却被忽略了。

回到如图11.3所示的最坏情况，每当在P[0] = '1' ≠ '0'处失配，自然首先应该考虑将其替换为字符'0'（或通配符）。但既然本轮比对过程中已有大量字符'0'的成功匹配，则无论将P[0]对准其中的任何一个都注定会失配。故此时更明智地，应将P整体“滑过”这段区间，直接以P[0]对准T中尚未接受比对的首个字符。果真如此，算法的运行时间将有望降回至$\mathcal{O}$(n)！

■ 好后缀

每轮比对中的若干次（连续的）成功匹配，都对应于模式串P的一个后缀，称作“好后缀”（good suffix）。按照以上分析，必须充分利用好好后缀所提供的“经验”。

一般地，如图11.12(a)和(b)所示，设本轮自右向左的扫描终止于失配位置：

    T[i + j] = 'X' ≠ 'Y' = P[j]

若分别记

    W = substr(T, i + j + 1, m - j - 1) = T[i + j + 1, m + i)
    U = suffix(P, m - j - 1) = P[j + 1, m)

则U即为当前的好后缀，W为T中与之匹配的子串。

好后缀U长度为m - j - 1，故只要j ≤ m - 2，则U必非空，且有U = W。此时具体地：

> 根据好后缀所提供的信息应如何确定，P中有哪个（哪些）字符值得与上一失配字符T[i + j]对齐，然后启动下一轮比对呢？

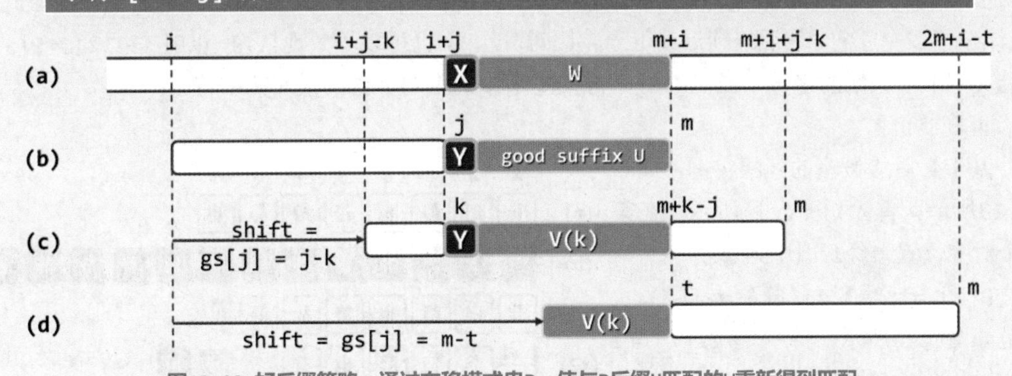

图11.12 好后缀策略：通过右移模式串P，使与P后缀U匹配的W重新得到匹配

如图11.12(c)所示，设存在某一整数k，使得在将P右移j - k个单元，并使P[k]与T[i + j]相互对齐之后，P能够与文本串T的某一（包含T[m + i - 1]在内的）子串匹配，亦即：

    P = substr(T, i + j - k, m) = T[i + j - k, m + i + j - k)

于是，若记：

    V(k) = substr(P, k + 1, m - j - 1) = P[k + 1, m - j + k)

则必然有：

V(k) = W = U

也就是说，若值得将P[k]与T[i + j]对齐并做新的一轮比对，则P的子串V(k)首先必须与P自己的后缀U相互匹配——这正是从好后缀中“挖掘”出来的“经验”。

此外，还有另一必要条件：P中这两个自匹配子串的前驱字符不得相等，即P[k] ≠ P[j]。否则，与第11.3.8节KMP算法的改进同理，在此对齐位置也注定不会出现与P的整体匹配。

当然，若模式串P中同时存在多个满足上述必要条件的子串V(k)，则不妨选取其中最靠右者（对应于最大的k、最小的右移距离j - k）。这一处理手法的原理，依然与KMP算法类似——如此既不致遗漏匹配位置，亦可保证始终单向地“滑动”模式串，而不致回退。

■ gs[]表

如图11.12(c)所示，若满足上述必要条件的子串V(k)起始于P[k + 1]，则模式串对应的右移量应就是j - k。表面上，此右移量同时取决于失配位置j以及k；然而实际上，k本身（也因此包括位移量j - k）仅取决于模式串P以及j值。因此可以仿照KMP算法的做法，通过预处理，将模式串P事先转换为另一张查找表gs[0, m)，其中gs[j] = j - k分别记录对应的位移量。

如图11.12(d)所示，若P中没有任何子串V(k)可与好后缀U完全匹配呢？此时需从P的所有前缀中，找出可与U的某一（真）后缀相匹配的最长者，作为V(k)，并取gs[j] = m - |V(k)|。

表11.7 模式串P = "ICED RICE PRICE"对应的GS表

j	0	1	2	3	4	5	6	7	8	9	10	11	12	13	14
P[j]	I	C	E	D	□	R	I	C	E	□	P	R	I	C	E
gs[j]	12	12	12	12	12	12	12	12	12	12	6	12	15	15	1

考查如表11.7所示的实例。其中的gs[10] = 6可理解为：一旦在P[10] = 'P'处发生失配，则应将模式串P右移6个字符，即用P[10 - 6] = P[4] = '□'对准文本串T的失配字符，然后启动下一轮比对。类似地，gs[5] = 12意味着：一旦在P[5] = 'R'处发生失配，则应将模式串P整体右移12个字符，然后继续启动下一轮比对。当然，也可以等效地认为，以P[5 - 12] = P[-7]对准文本串中失配的字符，或以P[0]对准文本串中尚未对准过的最左侧字符。

■ 匹配实例

基于好后缀策略的匹配实例，如图11.13所示。首先如图(c1)所示，在第一个对齐位置，经1次比较发现：

P[7] = '也' ≠ '静' = T[7]

于是如图(c2)所示，将P右移gs[7] = 1位，经3次比较发现：

P[5] = '故' ≠ '曰' = T[6]

于是如图(c3)所示，将P右移gs[5] = 4位，经8次比较后匹配成功。

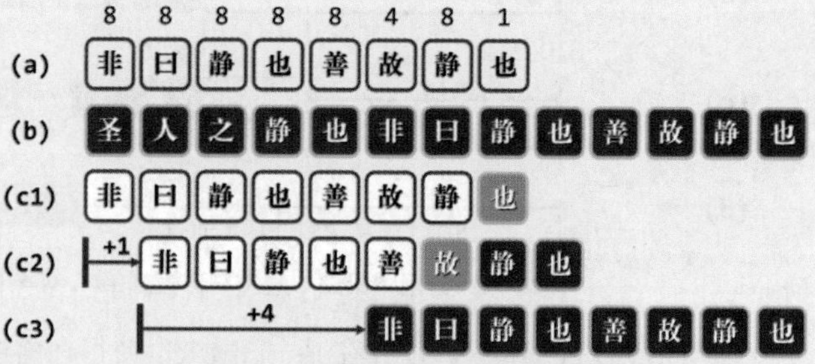

图11.13 借助gs[]表的串匹配：
(a) 模式串P及其gs[]表；(b) 文本串T

可见，整个过程中总共做10次成功的（黑色字符）和2次失败的（灰色字符）比较，累计12次比较。文本串的每个字符，平均（12/13）不足一次。

■ 复杂度

如317页代码11.6所示，可以同时结合以上BC表和GS表两种启发策略，加快模式串相对于文本串的右移速度。可以证明，对于匹配失败的情况，总体比对的次数不致超过$\mathcal{O}$(n)[60][62][63]。

若不排除完全匹配的可能，则该算法在最坏情况下的效率，有可能退化至与蛮力算法相当。所幸，只要做些简单的改进，依然能够保证总体的比对次数不超过线性（习题[11-7]）。

综上所述，在兼顾了坏字符与好后缀两种策略之后，BM算法的运行时间为$\mathcal{O}$(n + m)。

11.4.4 gs[]表构造算法

■ 蛮力算法

根据以上定义，不难直接导出一个构造gs[]表的“算法”：对于每个好后缀P(j, m)，按照自后向前（k从j - 1递减至0）的次序，将其与P的每个子串P(k, m + k - j)逐一对齐，并核对是否出现如图11.12(c~d)所示的匹配。一旦发现匹配，对应的位移量即是gs[j]的取值。

然而遗憾的是，这里共有$\mathcal{O}$(m)个好后缀，各需与$\mathcal{O}$(m)个子串对齐，每次对齐后在最坏情况下都需要比对$\mathcal{O}$(m)次，因此该“算法”可能需要$\mathcal{O}(m^3)$的时间。

实际上，仅需线性的时间即可构造出gs[]表（习题[11-6]）。为此，我们需要引入ss[]表。

■ MS[]串与ss[]表

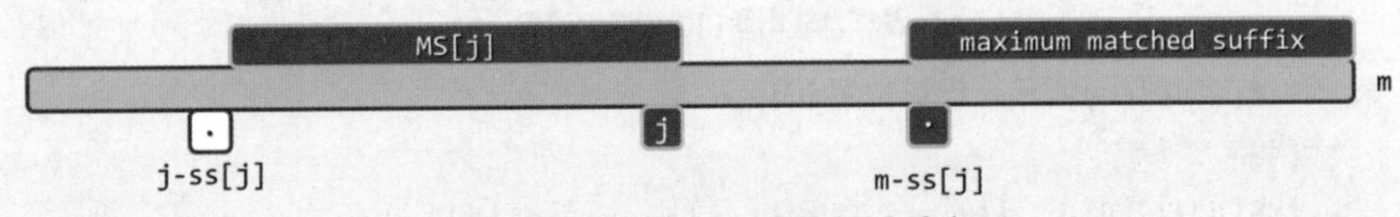

图11.14 MS[j]和ss[j]表的定义与含义

如图11.14所示，对于任一整数j ∈ [0, m)，在P[0, j]的所有后缀中，考查那些与P的某一后缀匹配者。若将其中的最长者记作MS[j]，则ss[j]就是该串的长度|MS[j]|。特别地，当MS[j]不存在时，取ss[j] = 0。

综上所述，可定义ss[j]如下：

ss[j] = max{ 0 ≤ s ≤ j + 1 | P(j - s, j] = P[m - s, m) }

特别地，当j = m - 1时，必有s = m——此时，有P(-1, m - 1] = P[0, m)。

■ 实例

表11.8 模式串P = "ICED RICE PRICE"对应的SS表

i	0	1	2	3	4	5	6	7	8	9	10	11	12	13	14
P[i]	I	C	E	D	□	R	I	C	E	□	P	R	I	C	E
ss[i]	0	0	3	0	0	0	0	0	4	0	0	0	0	0	15

仍以表11.7中的模式串P为例，按照如上定义，P所对应的ss[]表应如表11.8所示。

比如，其中之所以有ss[8] = 4，是因为若取j = 8和s = 4，则有：

P(8 - 4, 8] = P(4, 8] = "RICE" = P[11, 15) = P[15 - 4, 15)

实际上，ss[]表中蕴含了gs[]表的所有信息，由前者足以便捷地构造出后者。

■ 由ss[]表构造gs[]表

如图11.15所示，任一字符P[j]所对应的ss[j]值，可分两种情况提供有效的信息。

第一种情况如图(a)所示，设该位置j满足：

ss[j] = j + 1

也就是说，MS[j]就是整个前缀P[0, j]。此时，对于P[m - j - 1]左侧的每个字符P[i]而言，对应于如图11.12(d)所示的情况，m - j - 1都应该是gs[i]取值的一个候选。

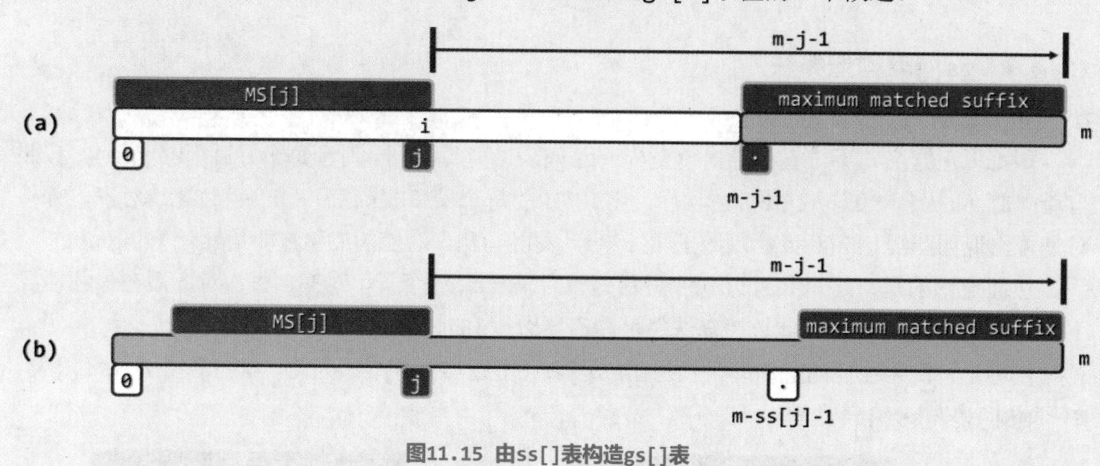

图11.15 由ss[]表构造gs[]表

第二种情况如图(b)所示，设该位置j满足：

ss[j] ≤ j

也就是说，MS[j]只是P[0, j]的一个真后缀。同时，既然MS[j]是极长的，故必有：

P[m - ss[j] - 1] ≠ P[j - ss[j]]

这就意味着，此时的字符P[m - ss[j] - 1]恰好对应于如图11.12(c)所示的情况，因此m - j - 1也应是gs[m - ss[j] - 1]取值的一个候选。

反过来，根据此前所做的定义，每一位置i所对应的gs[i]值只可能来自于以上候选。进一步地，既然gs[i]的最终取值是上述候选中的最小（最安全）者，故仿照构造bc[]表的画家算法，累计用时将不超过$\mathcal{O}(m)$（习题[11-6]）。

■ ss[]表的构造

由上可见，ss[]表的确是构造gs[]表的基础与关键。同样地，若采用蛮力策略，则对每个字符P[j]都需要做一趟扫描对比，直到出现失配。如此，累计需要$\mathcal{O}(m^2)$时间。

为了提高效率，我们不妨自后向前地逆向扫描，并逐一计算出各字符P[j]对应的ss[j]值。如图11.16所示，因此时必有P[j] = P[m - hi + j - 1]，故可利用此前已计算出的ss[m - hi + j - 1]，分两种情况快速地导出ss[j]。在此期间，只需动态地记录当前的极长匹配后缀：

P(lo, hi] = P[m - hi + lo, m)

第一种情况如图(a)所示，设：

ss[m - hi + j - 1] ≤ j - lo

此时，ss[m - hi + j - 1]也是ss[j]可能的最大取值，于是便可直接得到：

ss[j] = ss[m - hi + j - 1]

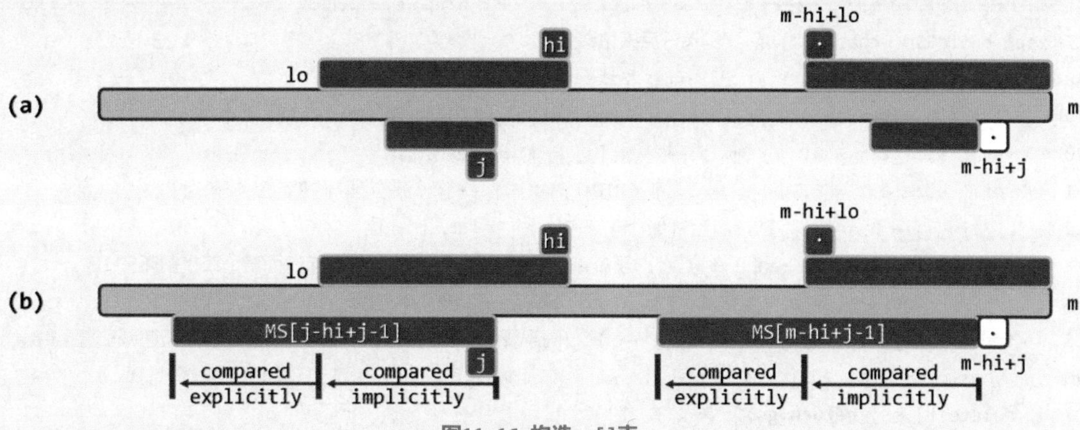

图11.16 构造ss[]表

第二种情况如图(b)所示，设：

    j - lo < ss[m - hi + j - 1]

此时，至少仍有：

    P(lo, j] = P[m - hi + lo, m - hi + j)

故只需将

    P(j - ss[m - hi + j - 1], lo]

与

    P[m - hi + j - ss[m - hi + j - 1], m - hi + lo)

做一比对，也可确定ss[j]。当然，这种情况下极大匹配串的边界lo和hi也需相应左移（递减）。

同样地，以上构思只要实现得当，也只需$\mathcal{O}$(m)时间即可构造出ss[]表（习题[11-6]）。

■ 算法实现

按照上述思路，GS表的构造算法可实现如代码11.8所示。

```
1 int* buildSS ( char* P ) { //构造最大匹配后缀长度表：O(m)
2    int m = strlen ( P ); int* ss = new int[m]; //Suffix Size表
3    ss[m - 1]  =  m; //对最后一个字符而言，与之匹配的最长后缀就是整个P串
4 // 以下，从倒数第二个字符起自右向左扫描P，依次计算出ss[]其余各项
5    for ( int lo = m - 1, hi = m - 1, j = lo - 1; j >= 0; j -- )
6       if ( ( lo < j ) && ( ss[m - hi + j - 1] <= j - lo ) ) //情况一
7          ss[j] =  ss[m - hi + j - 1]; //直接利用此前已计算出的ss[]
8       else { //情况二
9          hi = j; lo = __min ( lo, hi );
10         while ( ( 0 <= lo ) && ( P[lo] == P[m - hi + lo - 1] ) ) //二重循环？
11            lo--; //逐个对比处于(lo, hi]前端的字符
12         ss[j] = hi - lo;
13      }
14   return ss;
15 }
16
```

```
17 int* buildGS ( char* P ) { //构造好后缀位移量表：O(m)
18    int* ss = buildSS ( P ); //Suffix Size table
19    size_t m = strlen ( P ); int* gs = new int[m]; //Good Suffix shift table
20    for ( size_t j = 0; j < m; j ++ ) gs[j] = m; //初始化
21    for ( size_t i = 0, j = m - 1; j < UINT_MAX; j -- ) //逆向逐一扫描各字符P[j]
22       if ( j + 1 == ss[j] ) //若P[0, j] = P[m - j - 1, m)，则
23          while ( i < m - j - 1 ) //对于P[m - j - 1]左侧的每个字符P[i]而言（二重循环？）
24             gs[i++] = m - j - 1; //m - j - 1都是gs[i]的一种选择
25    for ( size_t j = 0; j < m - 1; j ++ ) //画家算法：正向扫描P[]各字符，gs[j]不断递减，直至最小
26       gs[m - ss[j] - 1] = m - j - 1; //m - j - 1必是其gs[m - ss[j] - 1]值的一种选择
27    delete [] ss; return gs;
28 }
```

代码11.8 GS表的构造

11.4.5 算法纵览

■ **时间效率的变化范围**

以上我们针对串匹配问题，依次介绍了蛮力、KMP、基于BC表、综合BC表与GS表等四种典型算法，其渐进复杂度的跨度范围，可概括如图11.17所示。

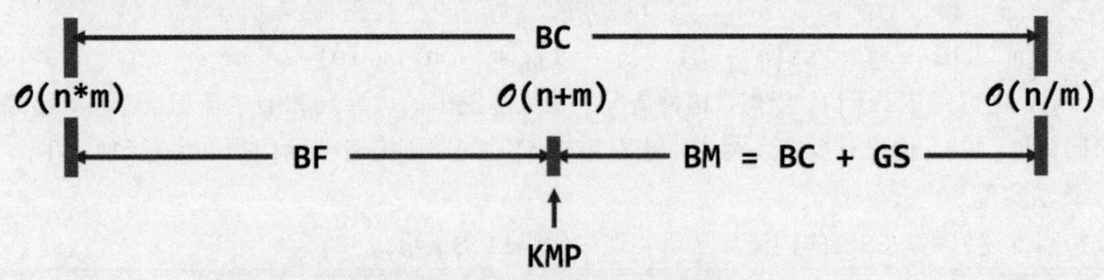

图11.17 典型串匹配算法的复杂度概览

其中，蛮力（BF）算法的时间效率介于$\mathcal{O}$(n * m)至$\mathcal{O}$(n + m)之间，而且其最好情况与KMP算法相当！当然，后者的优势在于，无论何种情况，时间效率均稳定在$\mathcal{O}$(n + m)。因此在蛮力算法效率接近或达到最坏的$\mathcal{O}$(n * m)时，KMP算法的优势才会十分明显。

仅采用坏字符启发策略（BC）的BM算法，时间效率介于$\mathcal{O}$(n * m)至$\mathcal{O}$(n / m)之间。可见，其最好情况与最坏情况相差悬殊。结合了好后缀启发策略（BC + GS）后的BM算法，则介于$\mathcal{O}$(n + m)和$\mathcal{O}$(n / m)之间。可见，在改进最低效率的同时，保持了最高效率的优势。

■ **单次比对成功概率**

饶有意味的是，单次比对成功的概率，是决定串匹配算法时间效率的一项关键因素。

纵观以上串匹配算法，在每一对齐位置所进行的一轮比对中，仅有最后一次可能失败；反之，此前的所有比对（若的确进行过）必然都是成功的。反观诸如图11.2、图11.3的实例可见，各种算法的最坏情况均可概括为：因启发策略不够精妙甚至不当，在每一对齐位置都需进行多达Ω(m)次成功的比对（另加最后一次失败的比对）。

若将单次比对成功的概率记作Pr，则以上算法的时间性能随Pr的变化趋势，大致如图11.18

所示。其中纵坐标为运行时间，分为$O(n / m)$、$O(n + m)$和$O(n * m)$三档——当然，此处只是大致示意，实际的增长趋势未必是线性的。

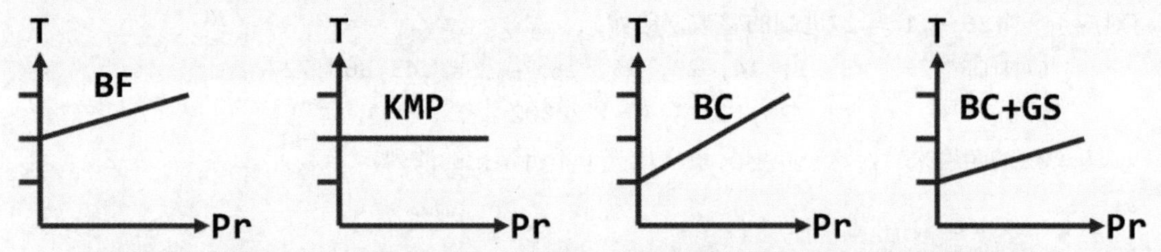

图11.18 随着单次比对成功概率（横轴）的提高，串匹配算法的运行时间（纵轴）通常亦将增加

可见，对于同一算法，计算时间与Pr具有单调正相关关系——这一点不难理解，正如以上分析，消耗于每一对齐位置的平均时间成本随Pr的提高而增加。

■ 字符表长度

实际上，在所有字符均等概率出现的情况下，Pr的取值将主要决定于字符表的长度|Σ|，并与之成反比关系：字符表越长，其中任何一对字符匹配的概率越低。

这一性质可用以解释：在通常的情况下，蛮力算法实际的运行效率并不算太低（习题[11-9]）；不同的串匹配算法，因何各自有其适用的场合（习题[11-10]）。

§11.5 *Karp-Rabin算法

11.5.1 构思

■ 凡物皆数

早在公元前500年，先贤毕达哥拉斯及其信徒即笃信"凡物皆数"④。近世以来，以克罗内克⑤为代表的构造主义数学家曾坚定地认为，唯有可直接构造的自然数才是万物的本源。而此后无论是康托⑥还是哥德尔⑦，都以他们杰出的发现，为这一思想添加了生动的注脚。

其实，即便是限于本书所涉及和讨论的计算机科学领域，循着这一思路也可导出优美、简洁和高效的数据结构及算法。比如，细细品味第9章后不难领悟到，散列技术亦可视作为这一思想的产物。从这一角度来看，散列之所以可实现极高的效率，正在于它突破了通常对关键码的狭义理解——允许操作对象不必支持大小比较——从而在一般类型的对象（词条）与自然数（散列地址）之间，建立起直接的联系。

那么，这一构思与技巧，可否转而运用于本章讨论的主题呢？答案是肯定的。

■ 串亦为数

为此，可以效仿康托的思路，将任一有限长度的整数向量视作自然数，进而在字符串与自然数之间建立联系。

④ "All things are numbers.", Pythagoras (570 ~ 495 B.C.)

⑤ "God made the integers; all else is the work of man.", L. Kronecker (1823 ~ 1891)

⑥ Georgr Cantor (1845 ~ 1918)

⑦ Kurt Godel (1906 ~ 1978)

若字母表规模|Σ| = d，则任一字符串都将对应于一个d + 1进制[⑧]的整数。以由大写英文字母组成的字母表为例，若将这些字符依次映射为[1, 26]内的自然数，则每个这样的字符串都将对应于一个26 + 1 = 27进制的整数，比如：

"CANTOR" = $\langle 3, 1, 14, 20, 15, 18\rangle_{(27)}$ = $43{,}868{,}727_{(10)}$

"DATA" = $\langle 4, 1, 20, 1\rangle_{(27)}$ = $80002_{(10)}$

从算法的角度来看，这一映射关系就是一个不折不扣的散列。

11.5.2 算法与实现

■ 算法

以上散列并非满射，但不含'0'的任一d + 1进制值自然数，均唯一地对应于某个字符串，故它几乎已是一个完美的算法。字符串经如此转换所得的散列码，称作其指纹（fingerprint）。

按照这一理解，"判断模式串P是否与文本串T匹配"的问题，可以转化为"判断T中是否有某个子串与模式串P拥有相同的指纹"的问题。具体地，只要逐一取出T中长度为m的子串，并将其对应的指纹与P所对应的指纹做一比对，即可确定是否存在匹配位置——这已经可以称作一个串匹配算法了，并以其发明者姓氏命名为Karp-Rabin算法。

该算法相关的预定义如代码11.9所示。这里仅考虑了阿拉伯数字串，故每个串的指纹都已一个R = 10进制数。同时，使用64位整数的散列码。

```
1 #define M 97 //散列表长度：既然这里并不需要真地存储散列表，不妨取更大的素数，以降低误判的可能
2 #define R 10 //基数：对于二进制串，取2；对于十进制串，取10；对于ASCII字符串，取128或256
3 #define DIGIT(S, i) ( (S)[i] - '0' )  //取十进制串S的第i位数字值（假定S合法）
4 typedef __int64 HashCode; //用64位整数实现散列码
5 bool check1by1 ( char* P, char* T, size_t i );
6 HashCode prepareDm ( size_t m );
7 void updateHash ( HashCode& hashT, char* T, size_t m, size_t k, HashCode Dm );
```

代码11.9 Karp-Rabin算法相关的预定义

算法的主体结构如代码11.10所示。除了预先计算模式串指纹hash(P)等预处理，至多包含|T| - |P| = n - m轮迭代，每轮都需计算当前子串的指纹，并与目标指纹比对。

```
1 int match ( char* P, char* T ) { //串匹配算法（Karp-Rabin）
2    size_t m = strlen ( P ), n = strlen ( T ); //assert: m <= n
3    HashCode Dm = prepareDm ( m ), hashP = 0, hashT = 0;
4    for ( size_t i = 0; i < m; i++ ) { //初始化
5       hashP = ( hashP * R + DIGIT ( P, i ) ) % M; //计算模式串对应的散列值
6       hashT = ( hashT * R + DIGIT ( T, i ) ) % M; //计算文本串（前m位）的初始散列值
7    }
8    for ( size_t k = 0; ; ) { //查找
```


[⑧] 之所以取d + 1而不是d，是为了回避'0'字符以保证这一映射是单射
否则若字符串中存在由'0'字符组成的前缀，则无论该前缀长度任何，都不会影响对应的整数取值

```
 9        if ( hashT == hashP )
10           if ( check1by1 ( P, T, k ) ) return k;
11        if ( ++k > n - m ) return k; //assert: k > n - m，表示无匹配
12        else updateHash ( hashT, T, m, k, Dm ); //否则，更新子串散列码，继续查找
13     }
14 }
```

代码11.10 Karp-Rabin算法主体框架

请注意，这里并不需要真正地设置一个散列表，故空间复杂度与表长M无关。

■ 数位与字长

然而就效率而言，将上述方法称作算法仍嫌牵强。首先，直接计算各子串的指纹十分耗时。仍以上述大写英文字符母表为例，稍长的字符串就可能对应于数值很大的指纹，比如：

"HASHING" = $\langle 8, 1, 19, 8, 9, 14, 7\rangle_{(27)}$ = $3,123,974,608_{(10)}$

"KARPRABIN" = $\langle 11, 1, 18, 16, 18, 1, 2, 9, 14\rangle_{(27)}$ = $3,124,397,993,144_{(10)}$

另一方面，随着字母表规模d的增大，指纹的位数也将急剧膨胀。以d = 128 = 2^7的ASCII字符集为例，只要模式串长度m = |P| ≥ 10，其指纹的长度就会达到$m \cdot \log_2 d$ = 70个比特，从而超出目前通常支持的32 ~ 64位字长。这就意味着，若指纹持续加长，即便不考虑存储所需的空间字长而仅就时间成本而言，无论是指纹的计算还是指纹的比对，都无法在$\mathcal{O}(1)$时间内完成。确切地说，这些操作所需的时间都将线性正比于模式串长度m。于是整个“算法”的时间复杂度将高达$\mathcal{O}(n * m)$——退回到11.2节的蛮力算法。

■ 散列压缩

不妨暂且搁置指纹的快速计算问题，首先讨论指纹的快速比对。既然上述指纹完全等效于字符串的散列码，上述问题也就与我们在9.3.2节中所面临的困境类似——若不能对整个散列空间进行有效的压缩，则以上方法将仅停留于朴素的构思，而将无法兑现为实用的算法。

仿照9.3.3节的思路和方法，这里不妨以除余法为示例，通过散列函数hash(key) = key % M，将指纹的数值压缩至一个可以接受的范围。以十进制数字串为例，字母表规模d = 10。

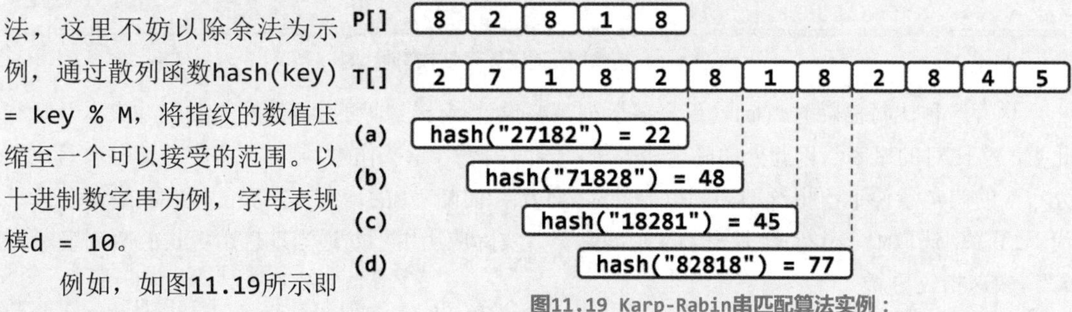

图11.19 Karp-Rabin串匹配算法实例：模式串指纹hash("82818") = 82,818 % 97 = 77

例如，如图11.19所示即为散列表长选作M = 97时，一次完整的匹配过程。

首先经预处理，提前计算出模式串P的指纹hash("82818") = 77。

此后，自左向右地依次取出文本串T中长度为m的各个子串，计算其指纹并与上述指纹对比。由图11.19可见，经过三次比对失败，最终确认匹配于substr(T, 3, 5) = P。

可见，经散列压缩之后，指纹比对所需的时间将仅取决于散列表长M，而与模式串长m无关。

■　散列冲突

压缩散列空间的同时，必然引起冲突。就Karp-Rabin算法而言这体现为，文本串中不同子串的指纹可能相同，甚至恰好都与模式串的指纹相同。

仍考查以上实例，但如图11.20所示改换为P = "18284"，其指纹hash("18284") = 48。

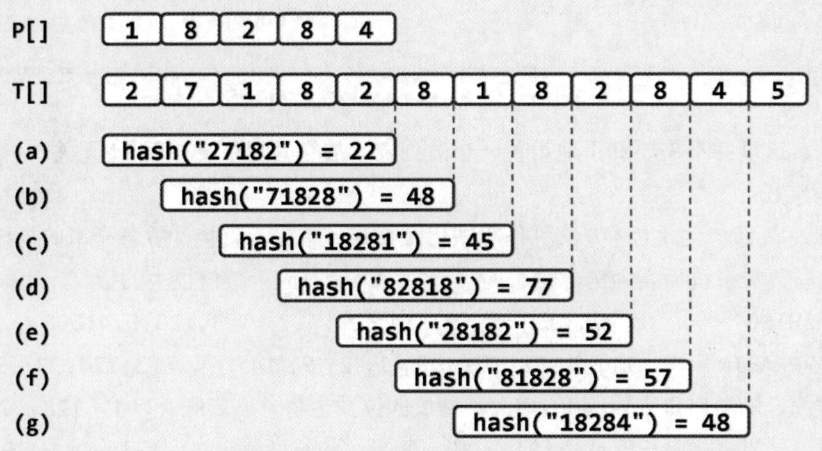

图11.20 Karp-Rabin串匹配算法实例：模式串指纹hash("18284") = 18,284 % 97 = 48

于是，尽管在第二次指纹比对时（图(b)）即发现hash("71828") = 48，与模式串的指纹相同，但真正的匹配却应该在第七次比对后（图(g)）才能确认。

既然指纹相同并不是匹配的充分条件，故在发现指纹相等之后，还必须如代码11.11所示，对原字符串做一次严格的逐位比对。

```
1 bool check1by1 ( char* P, char* T, size_t i ) { //指纹相同时，逐位比对以确认是否真正匹配
2    for ( size_t m = strlen ( P ), j = 0; j < m; j++, i++ ) //尽管需要O(m)时间
3       if ( P[j] != T[i] ) return false; //但只要散列得当，调用本例程并返回false的概率将极低
4    return true;
5 }
```

代码11.11 指纹相同时还需逐个字符地比对

尽管这种比对需耗时$O(m)$，但只要散列策略设计得当，即可有效地控制发生冲突以及执行此类严格比对的概率。以此处的除余法为例，若散列表容量选作M，则在“各字符皆独立且均匀分布”的假定条件下，指纹相同的可能性应为1/M；而随着M的增大，冲突的概率将急速下降。代码11.9中选取M = 97完全是出于演示的需要，实际应用中不妨适当地选用更长的散列表。

■　快速指纹更新

最后，讨论快速指纹计算的实现。对图11.20等实例细加观察不难发现，按照自左向右的次序，任何两次相邻比对所对应的子串之间存在极强的相关性，子串的指纹亦是如此。

实际上，二者仅在首、末字符处有所出入。准确地如图11.21所示，前一子串删除首字符之后的后缀，与后一子串删除末字符之后的前缀完全相同。

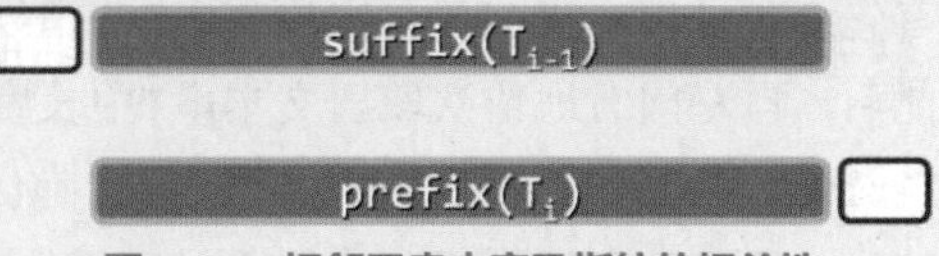

图11.21 相邻子串内容及指纹的相关性

利用这种相关性，可以根据前一子串的指纹，在常数时间内得到后一子串的指纹。也就是说，整个算法过程中消耗于子串指纹计算的时间，平均每次仅为$\mathcal{O}(1)$。

该算法的具体实现，如代码11.12所示。

```
1 // 子串指纹快速更新算法
2 void updateHash ( HashCode& hashT, char* T, size_t m, size_t k, HashCode Dm ) {
3    hashT = ( hashT - DIGIT ( T, k - 1 ) * Dm ) % M; //在前一指纹基础上，去除首位T[k - 1]
4    hashT = ( hashT * R + DIGIT ( T, k + m - 1 ) ) % M; //添加末位T[k + m - 1]
5    if ( 0 > hashT ) hashT += M; //确保散列码落在合法区间内
6 }
```

代码11.12 串指纹的快速更新

这里，前一子串最高位对指纹的贡献量应为P[0] × M^{m-1}。只要注意到其中的M^{m-1}始终不变，即可考虑如代码11.13所示，通过预处理提前计算出其对应的模余值。

为此尽管可采用代码1.8中的快速幂算法power2()，但考虑到此处仅需调用一次，同时兼顾算法的简洁性，故不妨直接以蛮力累乘的形式实现。

```
1 HashCode prepareDm ( size_t m ) { //预处理：计算R^(m - 1) % M （仅需调用一次，不必优化）
2    HashCode  Dm = 1;
3    for ( size_t i = 1; i < m; i++ ) Dm = ( R * Dm ) % M; //直接累乘m - 1次，并取模
4    return Dm;
5 }
```

代码11.13 提前计算M^(m-1)

第12章

排序

此前各章已结合具体的数据结构，循序渐进地介绍过多种基本的排序算法：2.8节和3.5节分别针对向量和列表，统一以排序器的形式实现过起泡排序、归并排序、插入排序以及选择排序等算法；9.4.1节也曾按照散列的思路与手法，实现过桶排序算法；9.4.3节还将桶排序推广至基数排序算法；10.2.5节也曾完美地利用完全二叉堆的特长，实现过就地堆排序算法。

本章着重于高级排序算法。与以上基本算法一样，其构思与技巧各具特色，在不同应用中的效率也各有千秋。因此在学习过程中，唯有更多地关注不同算法之间细微而本质的差异，留意体会其优势与不足，方能做到运用自如，并结合实际问题的需要，合理取舍与并适当改造。

§12.1 快速排序

12.1.1 分治策略

与归并排序算法一样，快速排序（quicksort）算法[①]也是分治策略的典型应用，但二者之间也有本质区别。2.8.3节曾指出，归并排序的计算量主要消耗于有序子向量的归并操作，而子向量的划分却几乎不费时间。快速排序恰好相反，它可以在$\mathcal{O}(1)$时间内，由子问题的解直接得到原问题的解；但为了将原问题划分为两个子问题，却需要$\mathcal{O}(n)$时间。

快速排序算法虽然能够确保，划分出来的子任务彼此独立，并且其规模总和保持渐进不变，却不能保证两个子任务的规模大体相当——实际上，甚至有可能极不平衡。因此，该算法并不能保证最坏情况下的$\mathcal{O}(n\log n)$时间复杂度。尽管如此，它仍然受到人们的青睐，并在实际应用中往往成为首选的排序算法。究其原因在于，快速排序算法易于实现，代码结构紧凑简练，而且对于按通常规律随机分布的输入序列，快速排序算法实际的平均运行时间较之同类算法更少。

下面结合向量介绍该算法的原理，并针对实际需求相应地给出不同的实现版本。

12.1.2 轴点

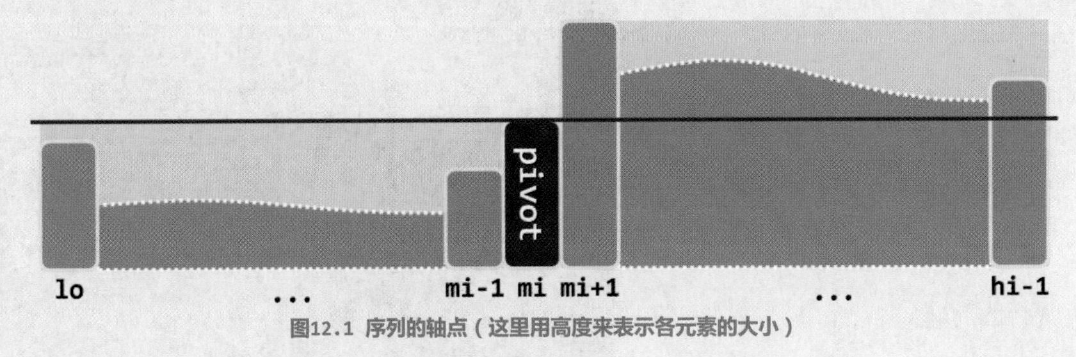

图12.1 序列的轴点（这里用高度来表示各元素的大小）

① 由英国计算机科学家、1980年图灵奖得主C. A. R. Hoare爵士于1960年发明[64]

如图12.1所示，考查任一向量区间S[lo, hi)。对于任何lo ≤ mi < hi，以元素S[mi]为界，都可分割出前、后两个子向量S[lo, mi)和S(mi, hi)。若S[lo, mi)中的元素均不大于S[mi]，且S(mi, hi)中的元素均不小于S[mi]，则元素S[mi]称作向量S的一个轴点（pivot）。

设向量S经排序可转化为有序向量S'。不难看出，轴点位置mi必然满足如下充要条件：

a) S[mi] = S'[mi]
b) S[lo, mi)和S'[lo, mi)的成员完全相同
c) S(mi, hi)和S'(mi, hi)的成员完全相同

因此，不仅以轴点S[mi]为界，前、后子向量的排序可各自独立地进行，而且更重要的是，一旦前、后子向量各自完成排序，即可立即（在$\mathcal{O}(1)$时间内）得到整个向量的排序结果。

采用分治策略，递归地利用轴点的以上特性，便可完成原向量的整体排序。

12.1.3 快速排序算法

按照以上思路，可作为向量的一种排序器，实现快速排序算法如代码12.1所示。

```
1 template <typename T> //向量快速排序
2 void Vector<T>::quickSort ( Rank lo, Rank hi ) { //0 <= lo < hi <= size
3    if ( hi - lo < 2 ) return; //单元素区间自然有序，否则...
4    Rank mi = partition ( lo, hi - 1 ); //在[lo, hi - 1]内构造轴点
5    quickSort ( lo, mi ); //对前缀递归排序
6    quickSort ( mi + 1, hi ); //对后缀递归排序
7 }
```

代码12.1 向量的快速排序

可见，轴点的位置一旦确定，则只需以轴点为界，分别递归地对前、后子向量实施快速排序；子向量的排序结果就地返回之后，原向量的整体排序即告完成。算法的核心与关键在于：

轴点构造算法partition()应如何实现？可以达到多高的效率？

12.1.4 快速划分算法

■ 反例

事情远非如此简单，我们首先遇到的困难就是，并非每个向量都必然含有轴点。以如图12.2所示长度为9的向量为例，不难验证，其中任何元素都不是轴点。

1	2	3	4	5	6	7	8	0
0	1	2	3	4	5	6	7	8

图12.2 有序向量经循环左移一个单元后，将不含任何轴点

事实上根据此前的分析，任一元素作为轴点的必要条件之一是，其在初始向量S与排序后有序向量S'中的秩应当相同。因此反过来一般地，只要向量中所有元素都是错位的——即所谓的错排序列——则任何元素都不可能是轴点。

由上可见，若保持原向量的次序不变，则不能保证总是能够找到轴点。因此反过来，唯有通过适当地调整向量中各元素的位置，方可“人为地”构造出一个轴点。

■ 思路

为在区间[lo, hi]内构造出一个轴点，首先需要任取某一元素m作为“培养对象”。

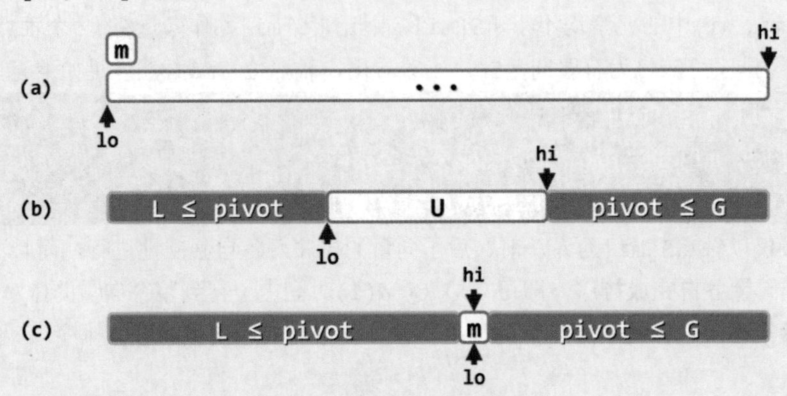

图12.3 轴点构造算法的构思

如图12.3(a)所示，不妨取首元素m = S[lo]作为候选，将其从向量中取出并做备份，腾出的空闲单元便于其它元素的位置调整。然后如图(b)所示，不断试图移动lo和hi，使之相互靠拢。当然，整个移动过程中，需始终保证lo（hi）左侧（右侧）的元素均不大于（不小于）m。

最后如图(c)所示，当lo与hi彼此重合时，只需将原备份的m回填至这一位置，则S[lo = hi] = m便成为一个名副其实的轴点。

以上过程在构造出轴点的同时，也按照相对于轴点的大小关系，将原向量划分为左、右两个子向量，故亦称作快速划分（quick partitioning）算法。

■ 实现

按照以上思路，快速划分算法可实现如代码12.2所示。

```
1 template <typename T> //轴点构造算法：通过调整元素位置构造区间[lo, hi]的轴点，并返回其秩
2 Rank Vector<T>::partition ( Rank lo, Rank hi ) { //版本A：基本形式
3    swap ( _elem[lo], _elem[lo + rand() % ( hi - lo + 1 ) ] ); //任选一个元素与首元素交换
4    T pivot = _elem[lo]; //以首元素为候选轴点——经以上交换，等效于随机选取
5    while ( lo < hi ) { //从向量的两端交替地向中间扫描
6       while ( ( lo < hi ) && ( pivot <= _elem[hi] ) ) //在不小于pivot的前提下
7          hi--; //向左拓展右端子向量
8       _elem[lo] = _elem[hi]; //小于pivot者归入左侧子序列
9       while ( ( lo < hi ) && ( _elem[lo] <= pivot ) ) //在不大于pivot的前提下
10         lo++; //向右拓展左端子向量
11      _elem[hi] = _elem[lo]; //大于pivot者归入右侧子序列
12   } //assert: lo == hi
13   _elem[lo] = pivot; //将备份的轴点记录置于前、后子向量之间
14   return lo; //返回轴点的秩
15 }
```

代码12.2 轴点构造算法（版本A）

为便于和稍后的改进版本进行比较，不妨称作版本A。

■ 过程

可见，算法的主体框架为循环迭代；主循环的内部，通过两轮迭代交替地移动lo和hi。

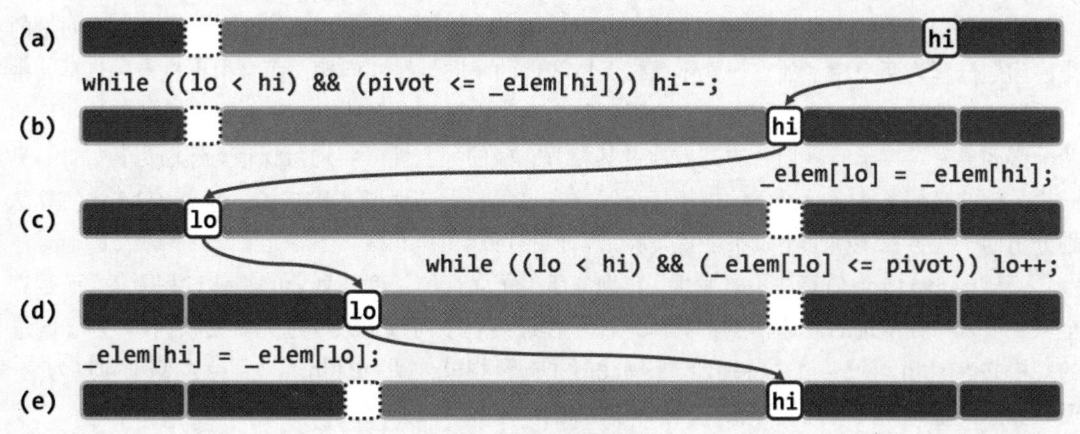

图12.4 轴点构造过程

各迭代的初始状态如图12.4(a)所示。反复地将候选轴点pivot与当前的_elem[hi]做比较，只要前者不大于后者，就不断向左移动hi（除非hi即将越过lo）。hi无法移动继续时，当如图(b)所示。于是接下来如图(c)所示，将_elem[hi]转移至_elem[lo]，并归入左侧子向量。

随后对称地，将_elem[lo]与pivot做比较，只要前者不大于后者，就不断向右移动lo（除非lo即将越过hi）。lo无法继续移动时，当如图(d)所示。于是接下来如图(e)所示，将_elem[lo]转移至_elem[hi]，并归入右侧子向量。

每经过这样的两轮移动，lo与hi的间距都会缩短，故该算法迟早会终止。当然，若如图(e)所示lo与hi仍未重合，则可再做两轮移动。不难验证，在任一时刻，在以lo和hi为界的三个子向量中，左、右子向量分别满足12.1.2节所列的轴点充要条件b)和c)。而随着算法的持续推进，中间子向量的范围则不断压缩。当主循环退出时lo和hi重合，充要条件a)也随即满足。至此，只需将pivot“镶嵌”于左、右子向量之间，即实现了对原向量的一次轴点划分。

该算法的运行时间线性正比于被移动元素的数目，线性正比于原向量的规模$\mathcal{O}$(hi - lo)。

■ 实例

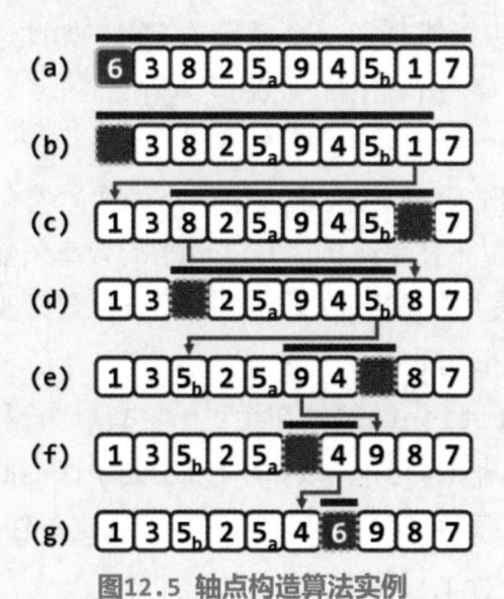

图12.5 轴点构造算法实例

快速划分算法的一次完整运行过程，如图12.5所示。输入序列A如图(a)长度为10，选择A[0] = 6作为轴点候选。以下，hi和lo的第一趟交替移动的过程及结果如图(b~c)所示，第二趟交替移动的过程及结果如图(d~e)所示，最后一趟交替移动的过程及结果如图(f~g)所示。

由于lo和hi的移动方向相反，故原处于向量右（左）端较小（大）的元素将按颠倒的次序转移至左（右）端；特别地，重复的元素也将按颠倒的次序转移至相对的一端，因而不再保持其原有的相对次序。由此可见，如此实现的快速排序算法并不稳定。从图12.5实例中数值为5的两个元素的移动过程与最终效果，不难看出这一点。

12.1.5 复杂度

■ **最坏情况**

上节的分析结论指出，采用代码12.2中的partition()算法，可在线性时间内将原向量的排序问题分解为两个相互独立、总体规模保持线性的子向量排序问题；而且根据轴点的性质，由各自排序后的子向量，可在常数时间内得到整个有序向量。也就是说，分治策略得以高效实现的两个必要条件——子问题划分的高效性及其相互之间的独立性——均可保证。然而尽管如此，另一项关键的必要条件——子任务规模接近——在这里却无法保证。事实上，由partition()算法划分出的子任务在规模上不仅不能保证接近，而且可能相差悬殊。

反观partition()算法不难发现，其划分所得子序列的长度与划分的具体过程无关，而是完全取决于入口处所选的候选轴点。具体地，若在最终有序向量中该候选元素的秩为r，则子向量的规模必为r和n - r - 1。特别地，r = 0时子向量规模分别为0和n - 1——左侧子向量为空，而右侧子向量与原向量几乎等长。当然，对称的r = n - 1亦属最坏情况。

更糟糕的是，这类最坏情况可能持续发生。比如，若每次都是简单地选择最左端元素_elem[lo]作为候选轴点，则对于完全（或几乎完全）有序的输入向量，每次（或几乎每次）划分的结果都是如此。这种情况下，若将快速排序算法处理规模为n的向量所需的时间记作T(n)，则如下递推关系始终成立：

$$T(n) = T(0) + T(n - 1) + \mathcal{O}(n) = T(n - 1) + \mathcal{O}(n)$$

综合考虑到其常数复杂度的递归基，与以上递推关系联立即可解得：

$$T(n) = T(n - 2) + 2\cdot\mathcal{O}(n) = \ldots = T(0) + n\cdot\mathcal{O}(n) = \mathcal{O}(n^2)$$

也就是说，其效率居然低到与起泡排序相近。

■ **降低最坏情况概率**

那么，如何才能降低上述最坏情况出现的概率呢？读者可能已注意到，代码12.2的partition()算法在入口处增加了swap()一句，在区间内任选一个元素与_elem[lo]交换。就其效果而言，这使得后续的处理等同于随机选择一个候选轴点，从而在一定程度上降低上述最坏情况出现的概率。这种方法称作随机法。

类似地，也可采用所谓三者取中法：从待排序向量中任取三个元素，将数值居中者作为候选轴点。理论分析及实验统计均表明，较之固定选取某个元素或随机选取单个元素的策略，如此选出的轴点在最终有序向量中秩过小或过大的概率更低——尽管还不能彻底杜绝最坏情况。

■ **平均运行时间**

以上关于最坏情况下效率仅为$\mathcal{O}(n^2)$的结论不免令人沮丧，难道快速排序名不副实？实际上，更为细致的分析与实验统计都一致地显示，在大多数情况下，快速排序算法的平均效率依然可以达到$\mathcal{O}(n\log n)$；而且较之其它排序算法，其时间复杂度中的常系数更小。以下就以最常见的场景为例，对采用随机法确定候选轴点的快速排序算法的平均效率做一估算。

假设待排序的元素服从独立均匀随机分布。于是，partition()算法在经过n - 1次比较和至多n + 1次移动操作之后，对规模为n的向量的划分结果无非n种可能，划分所得左侧子序列的长度分别是0, 1, ..., n - 1，分别决定于所取候选元素在最终有序序列中的秩。按假定条件，每种情况的概率均为1/n，故若将算法的平均运行时间记作$\hat{T}(n)$，则有：

$$\hat{T}(n) = (n + 1) + (1/n) \times \sum_{k=1}^{n}[\hat{T}(k - 1) + \hat{T}(n - k)]$$

$$= (n + 1) + (2/n) \times \sum_{k=1}^{n}\hat{T}(k - 1)$$

等式两侧同时乘以n，则有：

$$n\cdot\hat{T}(n) = (n + 1)\cdot n + 2\cdot\sum_{k=1}^{n}\hat{T}(k - 1)$$

以及同理：

$$(n - 1)\cdot\hat{T}(n - 1) = (n - 1)\cdot n + 2\cdot\sum_{k=1}^{n-1}\hat{T}(k - 1)$$

以上两式相减，即得：

$$n\cdot\hat{T}(n) - (n - 1)\cdot\hat{T}(n - 1) = 2n + 2\cdot\hat{T}(n - 1)$$

$$n\cdot\hat{T}(n) = (n + 1)\cdot\hat{T}(n - 1) + 2n$$

$$\begin{aligned}\hat{T}(n)/(n + 1) &= \hat{T}(n - 1)/n + 2/(n + 1)\\ &= \hat{T}(n - 2)/(n - 1) + 2/(n + 1) + 2/n\\ &= \hat{T}(n - 3)/(n - 2) + 2/(n + 1) + 2/n + 2/(n - 1)\\ &= \ldots\\ &= \hat{T}(0)/1 + 2/(n + 1) + 2/n + 2/(n - 1) + \ldots + 2/2\\ &= 2\cdot\sum_{k=1}^{n+1}(1/k) - 1\end{aligned}$$

$$=^{②} \mathcal{O}(2\cdot\ln n) = \mathcal{O}(2\cdot\ln 2\cdot\log_2 n) = \mathcal{O}(1.386\cdot\log_2 n)$$

正因为其良好的平均性能，加上其形象直观和易于实现的特点，快速排序算法自诞生起就一直受到人们的青睐，并被集成到Linux和STL等环境中。

12.1.6 应对退化

■ 重复元素

图12.6 partition()算法的退化情况，也是最坏情况

考查所有（或几乎所有）元素均重复的退化情况。对照代码12.2不难发现，partition()算法的版本A对此类输入的处理完全等效于此前所举的最坏情况。事实上对于此类向量，主循环内部前一子循环的条件中“pivot <= _elem[hi]”形同虚设，故该子循环将持续执行，直至“lo < hi”不再满足。当然，在此之后另一内循环及主循环也将随即结束。

如图12.6所示，如此划分的结果必然是以最左端元素为轴点，原向量被分为极不对称的两个子向量。更糟糕的是，这一最坏情况还可能持续发生，从而使整个算法过程等效地退化为线性递归，递归深度为$\mathcal{O}(n)$，导致总体运行时间高达$\mathcal{O}(n^2)$。

② 若记$h(n) = 1 + 1/2 + 1/3 + \ldots + 1/n$，则有$\ln(n+1) = \int_{i=1}^{n+1}(1/x) < h(n) < 1 + \int_{i=1}^{n}(1/x) = 1 + \ln n$

当然，可以在每次深入递归之前做统一核验，若确属退化情况，则无需继续递归而直接返回。但在重复元素不多时，如此不仅不能改进性能，反而会增加额外的计算量，总体权衡后得不偿失。

■ 改进

轴点构造算法可行的一种改进方案如代码12.3所示。为与如代码12.2所示同名算法版本A相区别，不妨称作版本B。

```
1 template <typename T> //轴点构造算法：通过调整元素位置构造区间[lo, hi]的轴点，并返回其秩
2 Rank Vector<T>::partition ( Rank lo, Rank hi ) { //版本B：可优化处理多个关键码雷同的退化情况
3    swap ( _elem[lo], _elem[lo + rand() % ( hi - lo + 1 ) ] ); //任选一个元素与首元素交换
4    T pivot = _elem[lo]; //以首元素为候选轴点——经以上交换，等效于随机选取
5    while ( lo < hi ) { //从向量的两端交替地向中间扫描
6       while ( lo < hi )
7          if ( pivot < _elem[hi] ) //在大于pivot的前提下
8             hi--; //向左拓展右端子向量
9          else //直至遇到不大于pivot者
10            { _elem[lo++] = _elem[hi]; break; } //将其归入左端子向量
11      while ( lo < hi )
12         if ( _elem[lo] < pivot ) //在小于pivot的前提下
13            lo++; //向右拓展左端子向量
14         else //直至遇到不小于pivot者
15            { _elem[hi--] = _elem[lo]; break; } //将其归入右端子向量
16   } //assert: lo == hi
17   _elem[lo] = pivot; //将备份的轴点记录置于前、后子向量之间
18   return lo; //返回轴点的秩
19 }
```

代码12.3 轴点构造算法（版本B）

较之版本A，版本B主要是调整了两个内循环的终止条件。以前一内循环为例，原条件

```
pivot <= _elem[hi]
```

在此更改为：

```
pivot < _elem[hi]
```

也就是说，一旦遇到重复元素，右端子向量随即终止拓展，并将右端重复元素转移至左端。因此，若将版本A的策略归纳为“勤于拓展、懒于交换”，版本B的策略则是“懒于拓展、勤于交换”。

■ 效果及性能

对照代码12.3不难验证，对于由重复元素构成的输入向量，以上版本B将交替地将右（左）侧元素转移至左（右）侧，并最终恰好将轴点置于正中央的位置。这就意味着，退化的输入向量能够始终被均衡的切分，如此反而转为最好情况，排序所需时间为O(nlogn)。

当然，以上改进并非没有代价。比如，单趟partition()算法需做更多的元素交换操作。好在这并不影响该算法的线性复杂度。另外，版本B倾向于反复交换重复的元素，故它们在原输入向量中的相对次序更难保持，快速排序算法稳定性的不足更是雪上加霜。

§12.2 *选取与中位数

12.2.1 概述

■ k-选取

考查如下问题：

在任意一组可比较大小的元素中，如何找出由小到大次序为k者？

如图12.7(a)所示，也就是要从与这组元素对应的有序序列S中，找出秩为k的元素S[k]，故称作选取（selection）问题。若将目标元素的秩记作k，则亦称作k-选取（k-selection）问题。以无序向量A = { 3, 13, 2, 5, 8 }为例，对应的有序向量为S = { 2, 3, 5, 8, 13 }，其中的元素依次与k = { 0, 1, 2, 3, 4 }相对应。

(a) 0 ...... k n-1

(b) 0 ...... n/2 ...... n-1

图12.7 选取与中位数

作为k-选取问题的特例，0-选取即通常的最小值问题，而(n - 1)-选取问题即通常的最大值问题。这两个问题都有平凡的最优解，例如List::selectMax()（82页代码3.21）。

在允许元素重复的场合，秩为k的元素可能同时存在多个副本。此时不妨约定，其中任何一个都可作为解答输出。

■ 中位数

如图12.7(b)所示，在长度为n的有序序列S中，位序居中的元素S[⌊n/2⌋]称作中值或中位数（median）。例如，有序序列S = { 2, 3, 5, 8, 13 }的中位数，为S[⌊5/2⌋] = S[2] = 5；而有序序列S = { 2, 3, 5, 8, 13, 21 }的中位数，则为S[⌊6/2⌋] = S[3] = 8。

即便对于尚未排序的序列，也可定义中位数——也就是在对原数据集排序之后，对应的有序序列的中位数。例如，无序序列A = { 3, 13, 2, 5, 8 }的中位数为元素A[3] = 5。

由于中位数可将原数据集（原问题）划分为大小明确、规模相仿且彼此独立的两个子集（子问题），故能否高效地确定中位数，将直接关系到采用分治策略的算法能否高效地实现。

■ 蛮力算法

由中位数的定义，可直接得到查找中位数的如下直觉算法：对所有元素做排序，将其转换为有序序列S；于是，S[⌊n/2⌋]便是所要找的中位数。然而根据2.7.5节的结论，该算法在最坏情况下需要Ω(nlogn)时间。于是，基于该算法的任何分治算法，时间复杂度都会不低于：

$$T(n) = n\log n + 2\cdot T(n/2) = \mathcal{O}(n\log^2 n)$$

这一效率难以令人接受。

综上可见，中位数查找问题的挑战恰恰就在于：

如何在避免全排序的前提下，在𝒪(nlogn)时间内找出中位数？

不难看出，所谓中位数查找问题，也可以理解为是选取问题在k = ⌊n/2⌋时的特例。稍后我们将看到，中位数查找问题既是选取问题的特例，同时也是选取问题中的难度最大者。

以下先结合若干特定情况讨论中位数的定位算法，然后再回到一般性的选取问题。

12.2.2 众数

■ 问题

为达到热身的目的，不妨先来讨论中位数问题的一个简化版本。在任一无序向量A中，若有一半以上元素的数值同为m，则将m称作A的众数（majority）。例如，向量{ 5, 3, 9, 3, 3, 2, 3, 3 }的众数为3；而虽然3在向量{ 5, 3, 9, 3, 1, 2, 3, 3 }中最多，确非众数。

那么，任给无序向量，如何快速判断其中是否存在众数，并在存在时将其找出？尽管只是以整数向量为例，以下算法不难推广至元素类型支持判等和比较操作的任意向量。

■ 必要性与充分性

不难理解但容易忽略的一个事实是：若众数存在，则必然同时也是中位数。否则，在对应的有序向量中，总数超过半数的众数必然被中位数分隔为非空的两组——与向量的有序性相悖。

```
1 template <typename T> bool majority ( Vector<T> A, T& maj ) { //众数查找算法：T可比较可判等
2    maj = majEleCandidate ( A ); //必要性：选出候选者maj
3    return majEleCheck ( A, maj ); //充分性：验证maj是否的确当选
4 }
```

代码12.4 众数查找算法主体框架

因此可如代码12.4所示，通过调用majEleCandidate()，从向量A中找到中位数maj（如果的确可以高效地查找到的话），并将其作为众数的唯一候选者。

然后再如代码12.5所示，调用majEleCheck()在线性时间内扫描一遍向量，通过统计该中位数出现的次数，即可验证其作为众数的充分性，从而最终判断向量A的众数是否的确存在。

```
1 template <typename T> bool majEleCheck ( Vector<T> A, T maj ) { //验证候选者是否确为众数
2    int occurrence = 0; //maj在A[]中出现的次数
3    for ( int i = 0; i < A.size(); i++ ) //逐一遍历A[]的各个元素
4       if ( A[i] == maj ) occurrence++; //每遇到一次maj，均更新计数器
5    return 2 * occurrence > A.size(); //根据最终的计数值，即可判断是否的确当选
6 }
```

代码12.5 候选众数核对算法

那么，在尚未得到高效的中位数查找算法之前，又该如何解决众数问题呢？

■ 减而治之

关于众数的另一重要事实，如图12.8所示：

> 设P为向量A中长度为2m的前缀。若元素x在P中恰好出现m次，则A有众数仅当后缀A-P拥有众数，且A-P的众数就是A的众数。

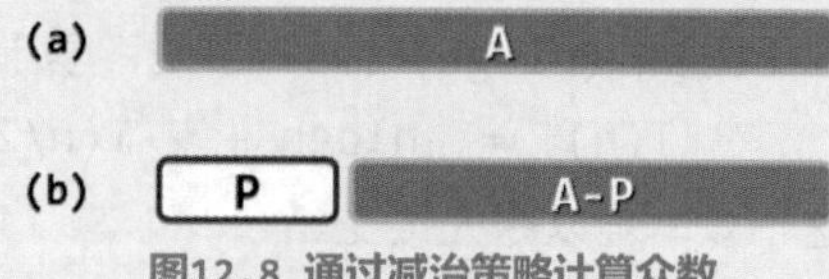

图12.8 通过减治策略计算众数

既然最终总会针对充分性另作一次核对，故不必担心A不含众数的情况，而只需验证A的确拥有众数的两种情况。若A的众数就是x，则在剪除前缀P之后，x与非众数均减少相同的数目，二者数目的差距在后缀A-P中保持不变。反过来，若A的众数为y ≠ x，则在剪除前缀P之后，y减少的数目也不致多于非众数减少的数目，二者数目的差距在后缀A-P中也不会缩小。

■ 实现

以上减而治之策略，可以实现为如代码12.6所示的majEleCandidate()算法。利用该算法，自左向右地扫描一遍整个向量，即可唯一确定满足如上必要条件的某个候选者。

```
1 template <typename T> T majEleCandidate ( Vector<T> A ) { //选出具备必要条件的众数候选者
2    T maj; //众数候选者
3 // 线性扫描：借助计数器c，记录maj与其它元素的数量差额
4    for ( int c = 0, i = 0; i < A.size(); i++ )
5       if ( 0 == c ) { //每当c归零，都意味着此时的前缀P可以剪除
6          maj = A[i]; c = 1; //众数候选者改为新的当前元素
7       } else //否则
8          maj == A[i] ? c++ : c--; //相应地更新差额计数器
9    return maj; //至此，原向量的众数若存在，则只能是maj —— 尽管反之不然
10 }
```

代码12.6 候选众数选取算法

其中，变量maj始终为当前前缀中出现次数不少于一半的某个元素；c则始终记录该元素与其它元素的数目之差。一旦c归零，则意味着如图12.8(b)所示，在当前向量中找到了一个可剪除的前缀P。在剪除该前缀之后，问题范围将相应地缩小至A-P。此后，只需将maj重新初始化为后缀A-P的首元素，并令c = 1，即可继续重复上述迭代过程。

对于向量的每个秩i，该算法迭代且仅迭代一步。故其运行时间，因线性正比于向量规模。

12.2.3 归并向量的中位数

■ 问题

本节继续讨论中位数问题的另一简化版本。考查如下问题：

任给有序向量S_1和S_2，如何找出它们归并后所得有序向量$S = S_1 \cup S_2$的中位数？

■ 蛮力算法

```
1 // 中位数算法蛮力版：效率低，仅适用于max(n1, n2)较小的情况
2 template <typename T> //子向量S1[lo1, lo1 + n1)和S2[lo2, lo2 + n2)分别有序，数据项可能重复
3 T trivialMedian ( Vector<T>& S1, int lo1, int n1, Vector<T>& S2, int lo2, int n2 ) {
4    int hi1 = lo1 + n1, hi2 = lo2 + n2;
5    Vector<T> S; //将两个有序子向量归并为一个有序向量
6    while ( ( lo1 < hi1 ) && ( lo2 < hi2 ) ) {
7       while ( ( lo1 < hi1 ) && S1[lo1] <= S2[lo2] ) S.insert ( S1[lo1 ++] );
8       while ( ( lo2 < hi2 ) && S2[lo2] <= S1[lo1] ) S.insert ( S2[lo2 ++] );
9    }
10   while ( lo1 < hi1 ) S.insert ( S1[lo1 ++] );
11   while ( lo2 < hi2 ) S.insert ( S1[lo2 ++] );
12   return S[ ( n1 + n2 ) / 2]; //直接返回归并向量的中位数
13 }
```

代码12.7 中位数蛮力查找算法

诚然，有序向量S中的元素$S[\lfloor(n_1 + n_2)/2\rfloor]$即为中位数，但若果真按代码12.7中蛮力算法trivialMedian()将二者归并，则需花费$\mathcal{O}(n_1 + n_2)$时间。这一效率虽不算太低，但毕竟未能充分利用“两个子向量已经有序”的条件。那么，能否更快地完成这一任务呢？

以下首先讨论S_1和S_2长度同为n的情况，稍后再推广至不等长的情况。

■ 减而治之

如图12.9所示，考查S_1的中位数$m_1 = S_1[\lfloor n/2\rfloor]$和$S_2$的逆向中位数$m_2 = S_2[\lceil n/2\rceil - 1] = S_2[\lfloor(n - 1)/2\rfloor]$，并比较其大小。n为偶数和奇数的情况，分别如图(a)和图(b)所示。

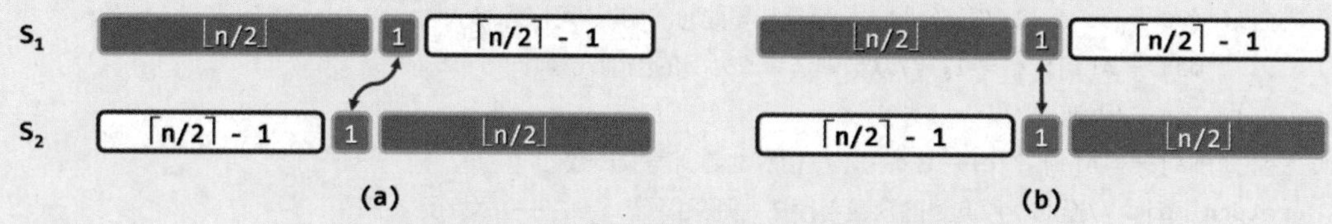

图12.9 采用减治策略，计算等长有序向量归并后的中位数

若$m_1 = m_2$，则在$S = S_1 \cup S_2$中，各有$\lfloor n/2\rfloor + (\lceil n/2\rceil - 1) = n - 1$个元素不大于和不小于它们，故$m_1$和$m_2$就是S的中位数。若$m_1 < m_2$，则意味着在S中各有$\lfloor n/2\rfloor$个元素（图中以灰色示意）不大于和不小于它们。可见，这些元素或者不是S的中位数，或者与m_1或m_2同为S的中位数。无论如何，在清除这些元素之后，S中位数的数值均保持不变。$m_1 > m_2$的对称情况，与此类似。

综合以上分析，只需进行一次比较，即可将原问题的规模缩减大致一半。利用这一性质，如此反复递归，问题的规模将持续地以1/2为比例，按几何级数的速度递减，直至平凡的递归基。

整个算法呈线性递归的形式，递归深度不超过$\log_2 n$，每一递归实例仅需常数时间，故总体时间复杂度仅为$\mathcal{O}(\log n)$——这一效率远远高于蛮力算法。

■ 实现

以上减而治之策略，可以实现为如代码12.8所示的median()算法。

```
1 template <typename T> //序列S1[lo1, lo1 + n)和S2[lo2, lo2 + n)分别有序，n > 0，数据项可能重复
2 T median ( Vector<T>& S1, int lo1, Vector<T>& S2, int lo2, int n ) { //中位数算法（高效版）
3    if ( n < 3 ) return trivialMedian ( S1, lo1, n, S2, lo2, n ); //递归基
4    int mi1 = lo1 + n / 2, mi2 = lo2 + ( n - 1 ) / 2; //长度（接近）减半
5    if ( S1[mi1] < S2[mi2] )
6       return median ( S1, mi1, S2, lo2, n + lo1 - mi1 ); //取S1右半、S2左半
7    else if ( S1[mi1] > S2[mi2] )
8       return median ( S1, lo1, S2, mi2, n + lo2 - mi2 ); //取S1左半、S2右半
9    else
10      return S1[mi1];
11 }
```

代码12.8 等长有序向量归并后中位数算法

在向量长度小于3之后，即调用蛮力算法trivialMedian直接计算中位数。否则，分别取出m_1和m_2，并分三种情况继续线性递归。请体会“循秩访问”方式在此所起的关键性作用。

因属于尾递归，故不难将该算法改写为迭代形式（习题[12-6]）。

■ 一般情况

以上算法可如代码12.9所示推广至一般情况，即允许有序向量S_1和S_2的长度不等。

```
1 template <typename T> //向量S1[lo1, lo1 + n1)和S2[lo2, lo2 + n2)分别有序，数据项可能重复
2 T median ( Vector<T>& S1, int lo1, int n1, Vector<T>& S2, int lo2, int n2 ) { //中位数算法
3    if ( n1 > n2 ) return median ( S2, lo2, n2, S1, lo1, n1 ); //确保n1 <= n2
4    if ( n2 < 6 ) //递归基：1 <= n1 <= n2 <= 5
5       return trivialMedian ( S1, lo1, n1, S2, lo2, n2 );
6    ////////////////////////////////////////////////////////////////////////
7    //               lo1               lo1 + n1/2       lo1 + n1 - 1
8    //                |                   |                  |
9    //                X >>>>>>>>>>>>>>>>> X >>>>>>>>>>>>>>>>> X
10   // Y .. trimmed .. Y >>>>>>>>>>>>>>>>> Y >>>>>>>>>>>>>>>>> Y .. trimmed .. Y
11   // |              |                   |                  |                |
12   // lo2     lo2 + (n2-n1)/2        lo2 + n2/2      lo2 + (n2+n1)/2    lo2 + n2 -1
13   ////////////////////////////////////////////////////////////////////////
14   if ( 2 * n1 < n2 ) //若两个向量的长度相差悬殊，则长者（S2）的两翼可直接截除
15      return median ( S1, lo1, n1, S2, lo2 + ( n2 - n1 - 1 ) / 2, n1 + 2 - ( n2 - n1 ) % 2 );
16   ////////////////////////////////////////////////////////////////////////
17   //    lo1                    lo1 + n1/2                  lo1 + n1 - 1
18   //     |                         |                           |
19   //     X >>>>>>>>>>>>>>>>>>>>>>> X >>>>>>>>>>>>>>>>>>>>>>>>> X
20   //                               |
21   //                              m1
22   ////////////////////////////////////////////////////////////////////////
23   //                              mi2b
24   //                               |
25   // lo2 + n2 - 1           lo2 + n2 - 1 - n1/2
26   //     |                         |
27   //     Y <<<<<<<<<<<<<<<<<<<<<<< Y ...
28   //                                   .
29   //                                  .
30   //                                 .
31   //                                .
32   //                               .
33   //                              .
34   //                             .
35   //                           ... Y <<<<<<<<<<<<<<<<<<<<<<< Y
36   //                               |                          |
37   //                       lo2 + (n1-1)/2                    lo2
38   //                               |
39   //                              mi2a
40   ////////////////////////////////////////////////////////////////////////
```

```
41    int mi1  = lo1 + n1 / 2;
42    int mi2a = lo2 + ( n1 - 1 ) / 2;
43    int mi2b = lo2 + n2 - 1 - n1 / 2;
44    if ( S1[mi1] > S2[mi2b] ) //取S1左半、S2右半
45       return median ( S1, lo1, n1 / 2 + 1, S2, mi2a, n2 - ( n1 - 1 ) / 2 );
46    else if ( S1[mi1] < S2[mi2a] ) //取S1右半、S2左半
47       return median ( S1, mi1, ( n1 + 1 ) / 2, S2, lo2, n2 - n1 / 2 );
48    else //S1保留，S2左右同时缩短
49       return median ( S1, lo1, n1, S2, mi2a, n2 - ( n1 - 1 ) / 2 * 2 );
50 }
```

代码12.9 不等长有序向量归并后中位数算法

这一算法与代码12.8中同名算法的思路基本一致，请参照注释分析和验证其功能。

这里也采用了减而治之的策略，可使问题的规模大致按几何级数递减，故总体复杂度亦为$\mathcal{O}(\log(n_1 + n_2))$。更精确地，其复杂度应为$\mathcal{O}(\log(\min(n_1, n_2)))$（习题[12-7]）——也就是说，子向量长度相等或接近时，此类问题的难度更大。

12.2.4 基于优先级队列的选取

■ 信息量与计算成本

回到一般性的选取问题。蛮力算法的效率之所以无法令人满意，可以解释为："一组元素中第k大的元素"所包含的信息量，远远少于经过全排序后得到的整个有序序列。

花费足以全排序的计算成本，却仅得到了少量的局部信息，未免得不偿失。由此看来，既然只需获取原数据集的局部信息，为何不采用更适宜于这类计算需求的优先级队列结构呢？

■ 堆

以堆结构为例。如图12.10所示，基于堆结构的选取算法大致有三种。

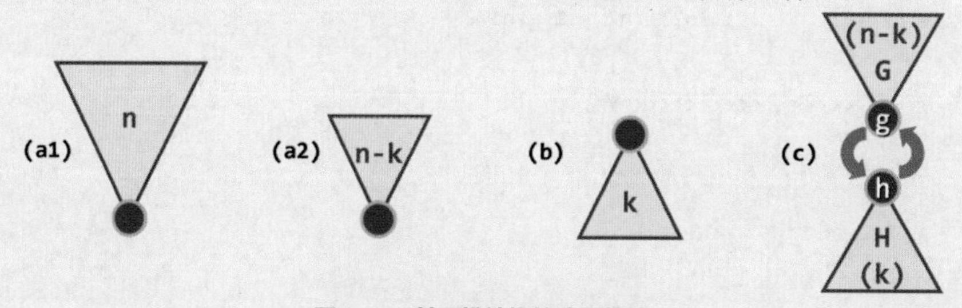

图12.10 基于堆结构的选取算法

第一种算法如图(a1)所示。首先，花费$\mathcal{O}(n)$时间将全体元素组织为一个小顶堆；然后，经过k次delMin()操作，则如图(a2)所示得到位序为k的元素。这一算法的运行时间为：

$$\mathcal{O}(n) + k\cdot\mathcal{O}(\log n) = \mathcal{O}(n + k\log n)$$

另一算法如图(b)所示。任取k个元素，并在$\mathcal{O}(k)$时间以内将其组织为大顶堆。然后将剩余的n - k个元素逐个插入堆中；每插入一个，随即删除堆顶，以使堆的规模恢复为k。待所有元素处理完毕之后，堆顶即为目标元素。该算法的运行时间为：

$$\mathcal{O}(k) + 2(n - k)\cdot\mathcal{O}(\log k) = \mathcal{O}(k + 2(n - k)\log k)$$

最后一种方法如图(c)。首先将全体元素分为两组，分别构建一个规模为$n - k$的小顶堆G和一个规模为k的大顶堆H。接下来，反复比较它们的堆顶g和h，只要$g < h$，则将二者交换，并重新调整两个堆。如此，G的堆顶g将持续增大，H的堆顶h将持续减小。当$g \geq h$时，h即为所要找的元素。这一算法的运行时间为：

$$\mathcal{O}(n - k) + \mathcal{O}(k) + \min(k, n - k)\cdot 2\cdot(\mathcal{O}(\log k + \log(n - k)))$$

在目标元素的秩很小或很大（即$|n/2 - k| \approx n/2$）时，上述算法的性能都还不错。比如，$k \approx 0$时，前两种算法均只需$\mathcal{O}(n)$时间。然而很遗憾，当$k \approx n/2$时，以上算法的复杂度均退化至蛮力算法的$\mathcal{O}(n\log n)$。因此，我们不得不转而从其它角度寻找突破口。

12.2.5 基于快速划分的选取

■ 秩、轴点与快速划分

选取问题所查找元素的位序k，就是其在对应的有序序列中的秩。就这一性质而言，该元素与轴点颇为相似。尽管12.1.4节的快速划分算法只能随机地构造一个轴点，但若反复应用这一算法，应该可以逐步逼近目标k。

■ 逐步逼近

以上构思可细化如下。首先，调用算法partition()构造向量A的一个轴点A[i] = x。若i = k，则该轴点恰好就是待选取的目标元素，即可直接将其返回。

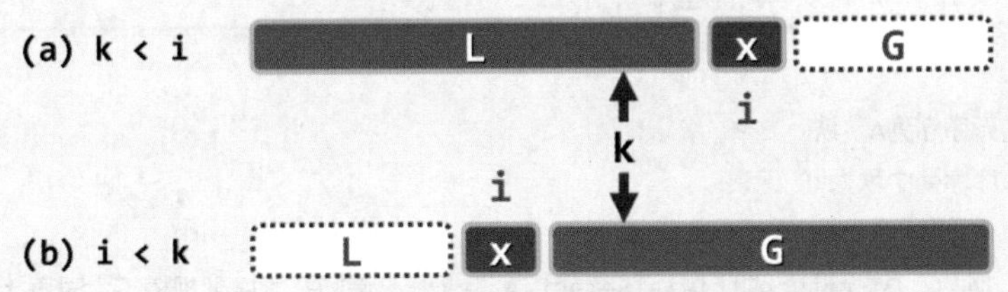

图12.11 基于快速划分算法逐步逼近选取目标元素

反之，若如图12.11所示$i \neq k$，则无非两种情况。若如图(a)，$k < i$，则选取的目标元素不可能（仅）来自于处于x右侧、不小于x的子向量（白色）G中。此时，不妨将子向量G剪除，然后递归地在剩余区间继续做k-选取。反之若如图(b)，$i < k$，则选取的目标元素不可能（仅）来自于处于x左侧、不大于x的子向量（白色）L中。同理，此时也可将子向量L剪除，然后递归地在剩余区间继续做$(k - i)$-选取。

■ 实现

基于以上减而治之、逐步逼近的思路，可实现quickSelect()算法如代码12.10所示。

```
1 template <typename T> void quickSelect ( Vector<T> & A, Rank k ) { //基于快速划分的k选取算法
2    for ( Rank lo = 0, hi = A.size() - 1; lo < hi; ) {
3       Rank i = lo, j = hi; T pivot = A[lo];
4       while ( i < j ) { //O(hi - lo + 1) = O(n)
5          while ( ( i < j ) && ( pivot <= A[j] ) ) j--; A[i] = A[j];
6          while ( ( i < j ) && ( A[i] <= pivot ) ) i++; A[j] = A[i];
7       } //assert: i == j
8       A[i] = pivot;
```

```
9        if ( k <= i ) hi = i - 1;
10       if ( i <= k ) lo = i + 1;
11    } //A[k] is now a pivot
12 }
```

代码12.10 基于快速划分的k-选取算法

该算法的流程，与代码12.2中的partition()算法（版本A）如出一辙。每经过一步主迭代，都会构造出一个轴点A[i]，然后lo和hi将彼此靠拢，查找范围将收缩至A[i]的某一侧。当轴点的秩i恰为k时，算法随即终止。如此，A[k]即是待查找的目标元素。

尽管内循环仅需$\mathcal{O}$(hi - lo + 1)时间，但很遗憾，外循环的次数却无法有效控制。与快速排序算法一样，最坏情况下外循环需执行Ω(n)次（习题[12-11]），总体运行时间为$\mathcal{O}(n^2)$。

12.2.6 k-选取算法

以上从多个角度所做的尝试尽管有所收获，但就k-选取问题在最坏情况下的求解效率这一最终指标而言，均无实质性的突破。本节将延续以上quickSelect()算法的思路，介绍一个在最坏情况下运行时间依然为$\mathcal{O}(n)$的k-选取算法。

■ 算法

该方法的主要计算流程，可描述如算法12.1所示。

```
1 select(A, k)
2 输入：规模为n的无序序列A，秩k ≥ 0
3 输出：A所对应有序序列中秩为k的元素
4 {
5    0) if (n = |A| < Q) return trivialSelect(A, k); //递归基：序列规模不大时直接使用蛮力算法
6    1) 将A均匀地划分为n/Q个子序列，各含Q个元素; //Q为一个不大的常数，其具体数值稍后给出
7    2) 各子序列分别排序，计算中位数，并将这些中位数组成一个序列; //可采用任何排序算法，比如选择排序
8    3) 通过递归调用select()，计算出中位数序列的中位数，记作M;
9    4) 根据其相对于M的大小，将A中元素分为三个子集：L（小于）、E（相等）和G（大于）;
10   5) if (|L| ≥ k) return select(L, k);
11      else if (|L| + |E| ≥ k) return M;
12      else return select(G, k - |L| - |E|);
13 }
```

算法12.1 线性时间的k-选取

■ 正确性

该算法正确性的关键，在于其中第5)步中所涉及的递归。

实际上如图12.12所示，在第4)步依据全局中位数M对所有元素做过分类之后，可以假想地将三个子序列L、E和G按照大小次序自左向右排列。尽管这三个子集都有可能是空集，但无论如何，k-选取目标元素的位置无非三种可能。

其一如图(a)，子序列L足够长（|L| ≥ k）。此时，子序列E和G的存在与否与k-选取的结果无关，故可将它们剪除，并在L中继续做递归的k-选取。

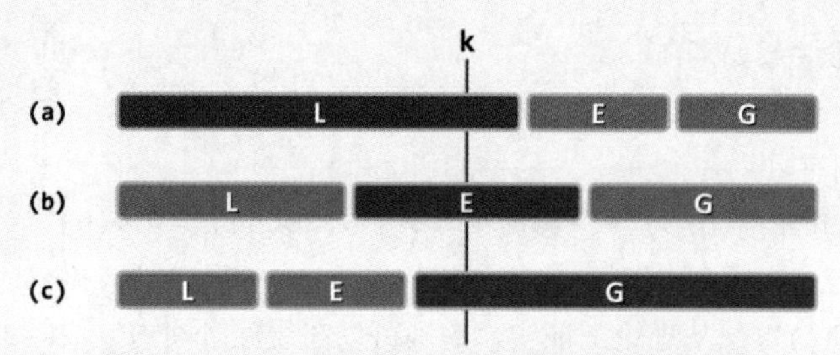

图12.12 k-选取目标元素所处位置的三种可能情况

其次如图(b)，子序列L长度不足k，但在加入子序列E之后可以覆盖k。此时，E中任何一个元素（均等于全局中位数M）都是所要查找的目标元素，故可直接返回M。

最后如图(c)，子序列L和E的长度总和仍不足k。此时，目标元素必然落在子序列G中，故可将L和E剪除，并在G中继续做递归的(k - |L| - |E|)-选取。

■ 复杂度

将该select()算法在最坏情况下的运行时间记作T(n)，其中n为输入序列A的规模。

显然，第1)步只需$\mathcal{O}(n)$时间。既然Q为常数，故在第2)步中，每一子序列的排序及中位数的计算只需常数时间，累计不过$\mathcal{O}(n)$。第3)步为递归调用，因子序列长度为n/Q，故经过T(n/Q)时间即可得到全局的中位数M。第4)步依据M对所有元素做分类，为此只需做一趟线性遍历，累计亦不过$\mathcal{O}(n)$时间。

那么，第5)步需要运行多少时间呢？考查第2)步所得各子序列的中位数。若按照这n/Q个中位数（标记为m）的大小次序，将其所属子序列顺序排列，大致应如图12.13所示。在这些中位数中的居中者，即为第3)步计算出的全局中位数M。

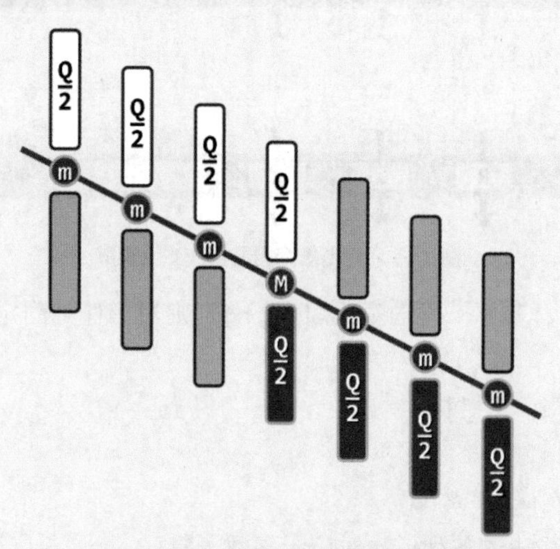

图12.13 各子序列的中位数以及全局中位数

由该图不难发现，至少有一半的子序列中，有半数的元素不小于M（在图中以白色示意）。同理，也至少有一半的子序列中，有半数的元素不大于M（在图中以黑色示意）。反过来，这两条性质也意味着，严格大于（小于）M的元素在全体元素中所占比例不会超过75%。

由此可知，子序列L与G的规模均不超过3n/4。也就是说，算法的第5)步尽管会发生递归，但需进一步处理的序列的规模，绝不致超过原序列的3/4。

综上，可得递推关系如下：

T(n) = cn + T(n/Q) + T(3n/4)，c为常数

若取Q = 5，则有

T(n) = cn + T(n/5) + T(3n/4) = $\mathcal{O}$(20cn) = $\mathcal{O}$(n)

■ 综合评价

上述selection()算法从理论上证实，的确可以在线性时间内完成k-选取。然而很遗憾，其线性复杂度中的常系数项过大，以致在通常规模的应用中难以真正体现出效率的优势。

该算法的核心技巧在于第2)和3)步，通过高效地将元素分组，分别计算中位数，并递归计算出这些中位数的中位数M，使问题的规模得以按几何级数的速度递减，从而实现整体的高性能。

由此也可看出，中位数算法在一般性k-选取问题的求解过程中扮演着关键性角色，尽管前者只不过是后者的一个特例，但反过来也是其中难度最大者。

§12.3 *希尔排序

12.3.1 递减增量策略

■ 增量

希尔排序[③]（Shellsort）算法首先将整个待排序向量A[]等效地视作一个二维矩阵B[][]。

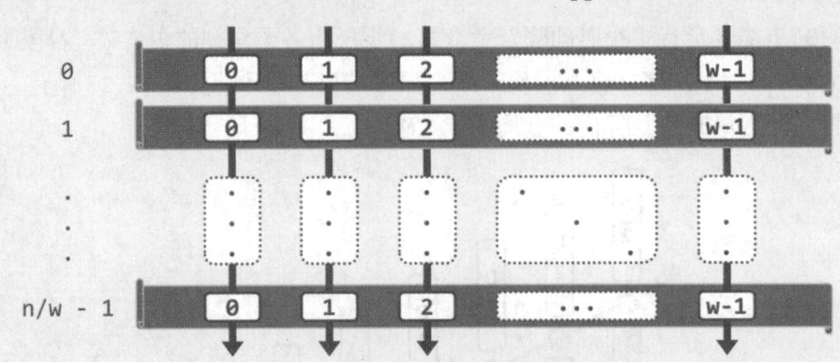

图12.14 将待排序向量视作二维矩阵

于是如图12.14所示，若原一维向量为A[0, n)，则对于任一固定的矩阵宽度w，A与B中元素之间总有一一对应关系：

B[i][j] = A[iw + j]

或

A[k] = B[k / w][k % w]

从秩的角度来看，矩阵B的各列依次对应于整数子集[0, n)关于宽度w的某一同余类。这也等效于从上到下、自左而右地将原向量A中的元素，依次填入矩阵B的各个单元。

为简化起见，以下不妨假设w整除n。如此，B中同属一列的元素自上而下依次对应于A中以w为间隔的n/w个元素。因此，矩阵的宽度w亦称作增量（increment）。

③ 最初版本由D. L. Shell于1959年发明[65]

■ 算法框架

希尔排序的算法框架，可以扼要地描述如下：

```
1 Shellsort(A, n)
2 输入：规模为n的无序向量A
3 输出：A对应的有序向量
4 {
5    取一个递增的增量序列：H = { w₁ = 1, w₂, w₃, ..., wₖ, ... }
6    设k = max{i | wᵢ < n}，即wₖ为增量序列H中小于n的最后一项
7    for (t = k; t > 0; t--) {
8       将向量A视作以wₜ为宽度的矩阵Bₜ
9       对Bₜ的每一列分别排序：Bₜ[i]，i = 0, 1, ..., wₜ - 1
10    }
11 }
```

算法12.2 希尔排序

■ 增量序列

如图12.15所示，希尔排序是个迭代式重复的过程。

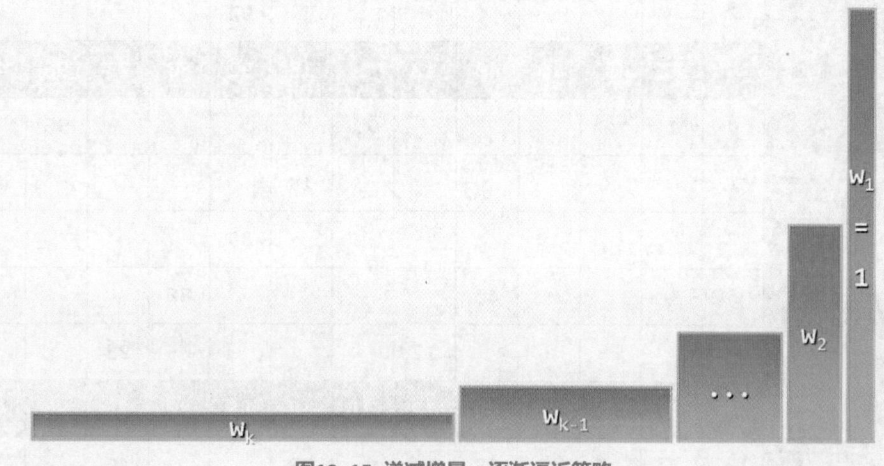

图12.15 递减增量、逐渐逼近策略

每一步迭代中，都从事先设定的某个整数序列中取出一项，并以该项为宽度，将输入向量重排为对应宽度的二维矩阵，然后逐列分别排序。当然，各步迭代并不需要真地从物理上重排原向量。事实上，借助以上一一对应关系，即可便捷地从逻辑上根据其在B[][]中的下标，访问统一保存于A[]中的元素。

不过，为便于对算法的理解，以下我们不妨仍然假想地进行这一重排转换。

因为增量序列中的各项是逆向取出的，所以各步迭代中矩阵的宽度呈缩减的趋势，直至最终使用$w_1 = 1$。矩阵每缩减一次并逐列排序一轮，向量整体的有序性就得以进一步改善。当增量缩减至1时，如图12.15最右侧所示，矩阵退化为单独的一列，故最后一步迭代中的“逐列排序”等效于对整个向量执行一次排序。这种通过不断缩减矩阵宽度而逐渐逼近最终输出的策略，称作递减增量（diminishing increment）算法，这也是希尔排序的另一名称。

以长度为13的向量：

{ 80, 23, 19, 40, 85, 1, 18, 92, 71, 8, 96, 46, 12 }

为例，对应的希尔排序过程及结果如图12.16所示。

秩k	列号	0	1	2	3	4	5	6	7	8	9	10	11	12
元素A[k]		80	23	19	40	85	1	18	92	71	8	96	46	12
分8列逐列排序之后	0	71								80				
	1		8								23			
	2			19								96		
	3				40								46	
	4					12								85
	5						1							
	6							18						
	7								92					
		71	8	19	40	12	1	18	92	80	23	96	46	85
分5列逐列排序之后	0	1					71					96		
	1		8					18					46	
	2			19					85					92
	3				40					80				
	4					12					23			
		1	8	19	40	12	71	18	85	80	23	96	46	92
分3列逐列排序之后	0	1			18			23			40			92
	1		8			12			85			96		
	2			19			46			71			80	
		1	8	19	18	12	46	23	85	71	40	96	80	92
分2列逐列排序之后	0	1		12		19		23		71		92		96
	1		8		18		40		46		80		85	
		1	8	12	18	19	40	23	46	71	80	92	85	96
分1列逐列排序之后		1	8	12	18	19	23	40	46	71	80	85	92	96

图12.16 希尔排序实例：采用增量序列{ 1, 2, 3, 5, 8, 13, 21, ... }

■ 底层算法

最后一轮迭代等效于向量的整体排序，故无论此前各步如何迭代，最终必然输出有序向量，希尔排序的正确性毋庸置疑。然而反过来，我们却不禁有个疑问：既然如此，此前各步迭代中的逐列排序又有何必要？为何不直接做最后一次排序呢？这涉及到底层排序算法的特性。能够有效支持希尔排序的底层排序算法，必须是输入敏感的，比如3.5.2节所介绍的插入排序算法。

尽管该算法在最坏情况下需要运行$\mathcal{O}(n^2)$时间，但随着向量的有序性不断提高（即逆序对的不断减少），运行时间将会锐减。具体地，根据习题[3-11]的结论，当逆序元素的间距均不超过k时，插入排序仅需$\mathcal{O}(kn)$的运行时间。仍以图12.16为例，最后一步迭代（整体排序）之前，向量仅含两对逆序元素（40和23、92和85），其间距为1，故该步迭代仅需线性时间。

正是得益于这一特性，各步迭代对向量有序性的改善效果，方能不断积累下来，后续各步迭代的计算成本也能得以降低，并最终将总体成本控制在足以令人满意的范围。

12.3.2 增量序列

如算法12.2所示，希尔排序算法的主体框架已经固定，唯一可以调整的只是增量序列的设计与选用。事实上这一点也的确十分关键，不同的增量序列对插入排序以上特性的利用程度各异，算法的整体效率也相应地差异极大。以下将介绍几种典型的增量序列。

■ Shell序列

首先考查Shell本人在提出希尔算法之初所使用的序列：

$$\mathcal{H}_{shell} = \{ 1, 2, 4, 8, 16, 32, ..., 2^k, ... \}$$

我们将看到，若使用这一序列，希尔排序算法在最坏情况下的性能并不好。

不妨取$[0, 2^N)$内所有的$n = 2^N$个整数，将其分为$[0, 2^{N-1})$和$[2^{N-1}, 2^N)$两组，再分别打乱次序后组成两个随机子向量，最后将两个子向量逐项交替地归并为一个向量。比如$N = 4$时，得到的向量可能如下（为便于区分，这里及以下，对两个子向量的元素分别做了提升和下移）：

$$^{11}\ _{4}\ ^{14}\ _{3}\ ^{10}\ _{0}\ ^{15}\ _{1}\ ^{9}\ _{6}\ ^{8}\ _{7}\ ^{13}\ _{2}\ ^{12}\ _{5}$$

请注意，在$\mathcal{H}_{shell}$中，首项之外的其余各项均为偶数。因此，在最后一步迭代之前，这两组元素的秩依然保持最初的奇偶性不变。如果把它们分别比作井水与河水，则尽管井水与河水各自都在流动，但毕竟“井水不犯河水”。

特别地，在经过倒数第二步迭代（$w_2 = 2$）之后，尽管两组元素已经分别排序，但二者依然恪守各自的秩的奇偶性。仍以$N = 4$为例，此时向量中各元素应排列如下：

$$^{8}\ _{0}\ ^{9}\ _{1}\ ^{10}\ _{2}\ ^{11}\ _{3}\ ^{12}\ _{4}\ ^{13}\ _{5}\ ^{14}\ _{6}\ ^{15}\ _{7}$$

准确地，此时元素k的秩为$(2k + 1) \% (2^N + 1)$。对于每一$1 \leq k \leq 2^{N-1}$，与其在最终有序向量中相距k个单元的元素各有2个，故最后一轮插入排序所做比较操作次数共计：

$$2 \times (1 + 2 + 3 + ... + 2^{N-1}) = 2^{N-1} \cdot (2^{N-1} + 1) = \mathcal{O}(n^2)$$

反观这一实例可见，导致最后一轮排序低效的直接原因在于，此前的各步迭代尽管可以改善两组元素各自内部的有序性，但对二者之间有序性的改善却于事无补。究其根源在于，序列$\mathcal{H}_{shell}$中除首项外各项均被2整除。由此我们可以得到启发——为改进希尔排序的总体性能，首先必须尽可能减少不同增量值之间的公共因子。为此，一种彻底的方法就是保证它们之间两两互素。

不过，为更好地理解和分析如此设计的其它增量序列，需要略做一番准备。

■ 邮资问题

考查如下问题：

> 假设在某个国家，邮局仅发行面值分别为4分和13分的两种邮票，那么
> 1）准备邮寄平信的你，可否用这两种邮票组合出对应的50分邮资？
> 2）准备邮寄明信片的你，可否用这两种邮票组合出对应的35分邮资？

略作思考，即不难给出前一问的解答：使用六张4分面值的邮票，另加两张13分的。但对于后一问题，无论你如何绞尽脑汁，也不可能给出一种恰好的组合方案。

■ 线性组合

用数论的语言，以上问题可描述为：4m + 13n = 35是否存在自然数（非负整数）解？

对于任意自然数g和h，只要m和n也是自然数，则f = mg + nh都称作g和h的一个组合（combination）。我们将不能由g和h组合生成出来的最大自然数记作x(g, h)。

这里需要用到数论的一个基本结论：如果g和h互素，则必有

$$x(g, h) = (g - 1)\cdot(h - 1) - 1 = gh - g - h$$

就以上邮资问题而言，g = 4与h = 13互素，故有

$$x(4, 13) = 3 \times 12 - 1 = 35$$

也就是说，35恰为无法由4和13组合生成的最大自然数。

■ h-有序与h-排序

在向量S[0, n)中，若S[i] ≤ S[i + h]对任何0 ≤ i < n - h均成立，则称该向量h-有序（h-ordered）。也就是说，其中相距h个单元的每对元素之间均有序。

考查希尔排序中对应于任一增量h的迭代。如前所述，该步迭代需将原向量“折叠”成宽度为h的矩阵，并对各列分别排序。就效果而言，这等同于在原向量中以h为间隔排序，故这一过程称作h-排序（h-sorting）。不难看出，经h-排序之后的向量必然h-有序。

关于h-有序和h-排序，Knuth[3]给出了一个重要结论（习题[12-12]和[12-13]）：

> 已经g-有序的向量，再经h-排序之后，依然保持g-有序

也就是说，此时该向量既是g-有序的，也是h-有序的，称作(g, h)-有序。

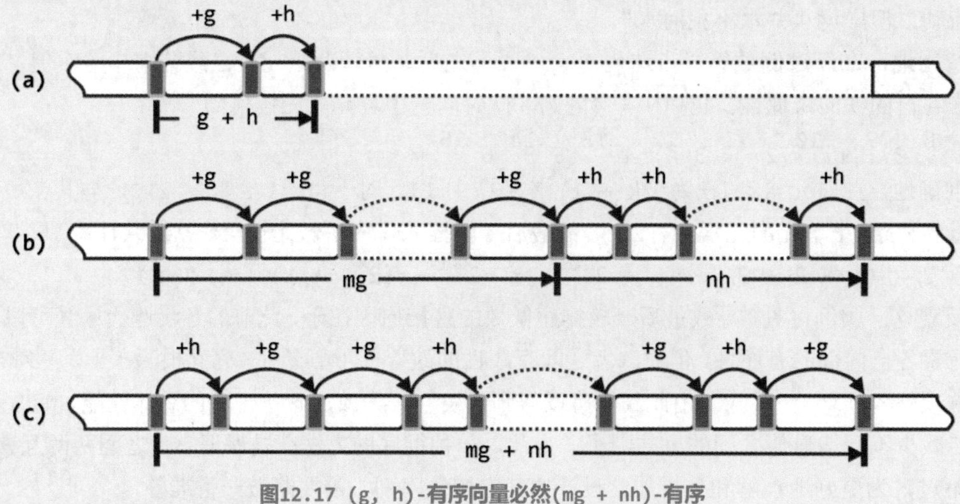

图12.17 (g, h)-有序向量必然(mg + nh)-有序

考查(g, h)-有序的任一向量S。如图12.17(a)所示，借助有序性的传递律可知，相距g + h的任何一对元素都必有序，故S必然(g + h)-有序。推而广之，如图(b)和(c)所示可知，对于任意非负整数m和n，相距mg + nh的任何一对元素都必有序，故S必然(mg + nh)-有序。

■ 有序性的保持与加强

根据以上Knuth所指出的性质，随着h不断递减，h-有序向量整体的有序性必然逐步改善。特别地，最终1-有序的向量，即是全局有序的向量。

为更准确地验证以上判断，可如图12.18所示，考查与任一元素S[i]构成逆序对（习题[3-11]）的后继元素。

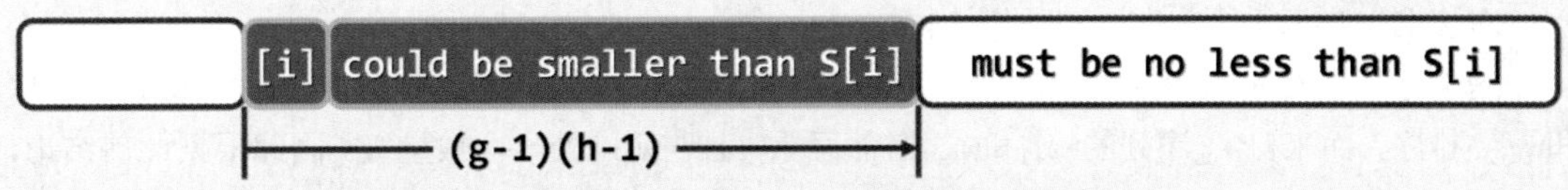

图12.18 经多步迭代，逆序元素可能的范围必然不断缩小

在分别做过g-排序与h-排序之后，根据Knuth的结论可知该向量必已(g, h)-有序。由以上分析，对于g和h的任一线性组合mg + nh，该向量也应(mg + nh)-有序。因此反过来，逆序对的间距必不可能是g和h的组合。而根据此前所引数论中的结论，只要g和h互素，则如图12.18所示，逆序对的间距就绝不可能大于(g - 1)·(h - 1)。

由此可见，希尔排序过程中向量的有序性之所以会不断积累并改善，其原因可解释为，向量中每个元素所能参与构成的逆序对持续减少，整个向量所含逆序对的总数也持续减少。与此同时，随着逆序对的减少，底层所采用的插入排序算法的实际执行时间，也将不断减少，从而提高希尔排序的整体效率。以下结合具体的增量序列，就此做出定量的估计。

■ (g, h)-有序与排序成本

设某向量S已属(g, h)-有序，且假设g和h的数值均处于$\mathcal{O}$(d)数量级，以下考查对该向量做d-排序所需的时间成本。

据其定义，d-排序需将S等间距地划分为长度各为$\mathcal{O}$(n / d)的d个子向量，并分别排序。由以上分析，在(g, h)-有序的向量中，逆序对的间距不超过

(g - 1)·(h - 1)

故就任何一个子向量的内部而言，逆序对的间距应不超过

(g - 1)·(h - 1) / d = $\mathcal{O}$(d)

再次根据习题[3-11]的结论，采用插入排序算法可在：

$\mathcal{O}$(d)·(n / d) = $\mathcal{O}$(n)

的时间内，完成每一子向量的排序；于是，所有子向量的排序总体消耗的时间应不超过$\mathcal{O}$(dn)。

■ Papernov-Stasevic序列

现在，可以回到增量序列的优化设计问题。按照此前“尽力避免增量值之间公共因子”的思路，Papernov和Stasevic于1965年提出了另一增量序列：

$\mathcal{H}_{ps}$ = { 1, 3, 7, 15, 31, 63, ..., 2^k - 1, ... }

不难看出，其中相邻各项的确互素。我们将看到，采用这一增量序列，希尔排序算法的性能可以改进至$\mathcal{O}(n^{3/2})$，其中n为待排序向量的规模。

在序列$\mathcal{H}_{ps}$的各项中，设w_t为与$n^{1/2}$最接近者，亦即$w_t = \Theta(n^{1/2})$。以下将希尔排序算法过程中的所有迭代分为两类，分别估计其运行时间。

首先，考查在w_t之前执行的各步迭代。

这类迭代所对应的增量均满足$w_k > w_t$，或等价地，$k > t$。在每一次这类迭代中，矩阵共有w_k列，各列包含$\mathcal{O}(n/w_k)$个元素。因此，若采用插入排序算法，各列分别耗时$\mathcal{O}((n/w_k)^2)$，所有列共计耗时$\mathcal{O}(n^2/w_k)$。于是，此类迭代各自所需的时间$\mathcal{O}(n^2/w_k)$构成一个大致以2为比例的几何级数，其总和应线性正比于其中最大的一项，亦即不超过

$$\mathcal{O}(2 \cdot n^2/w_t) = \mathcal{O}(n^{3/2})$$

对称地，再来考查w_t之后的各步迭代。

这类迭代所对应的增量均满足$w_k < w_t$，或等价地，$k < t$。考虑到此前刚刚完成w_{k+1}-排序和w_{k+2}-排序，而来自$\mathcal{H}_{ps}$序列的w_{k+1}和w_{k+2}必然互素，且与w_k同处一个数量级。因此根据此前结论，每一次这样的迭代至多需要$\mathcal{O}(n \cdot w_k)$时间。同样地，这类迭代所需的时间$\mathcal{O}(n \cdot w_k)$也构成一个大致以2为比例的几何级数，其总和也应线性正比于其中最大的一项，亦即不超过

$$\mathcal{O}(2 \cdot n \cdot w_t) = \mathcal{O}(n^{3/2})$$

综上可知，采用$\mathcal{H}_{ps}$序列的希尔排序算法，在最坏情况下的运行时间不超过$\mathcal{O}(n^{3/2})$。

■ **Pratt序列**

Pratt于1971年也提出了自己的增量序列：

$$\mathcal{H}_{pratt} = \{ 1, 2, 3, 4, 6, 8, 9, 12, 16, ..., 2^p 3^q, ... \}$$

可见，其中各项除2和3外均不含其它素因子。

可以证明，采用$\mathcal{H}_{pratt}$序列，希尔排序算法至多运行$\mathcal{O}(n\log^2 n)$时间（习题[12-14]）。

■ **Sedgewick序列**

尽管Pratt序列的效率较高，但因其中各项的间距太小，会导致迭代趟数过多。为此，Sedgewick[66]综合Papernov-Stasevic序列与Pratt序列的优点，提出了以下增量序列：

$$\mathcal{H}_{sedgewick} = \{ 1, 5, 19, 41, 109, 209, 505, 929, 2161, 3905, 8929, ... \}$$

其中各项，均为：

$$9 \cdot 4^k - 9 \cdot 2^k + 1$$

或

$$4^k - 3 \cdot 2^k + 1$$

的形式。

如此改进之后，希尔排序算法在最坏情况下的时间复杂度为$\mathcal{O}(n^{4/3})$，平均复杂度为$\mathcal{O}(n^{7/6})$。更重要的是，在通常的应用环境中，这一增量序列的综合效率最佳。

附录

参考文献

[1] D. E. Knuth. The Art of Computer Programming, Volume 1: Fundamental Algorithms (3rd edn.). Addison-Wesley (1997), ISBN:0-201-89683-1

[2] D. E. Knuth. The Art of Computer Programming, Volume 2: Seminumerical Algorithms (3rd edn.). Addison-Wesley (1997), ISBN:0-201-89684-8

[3] D. E. Knuth. The Art of Computer Programming, Volume 3: Sorting and Searching (2nd edn.). Addison-Wesley (1998), ISBN:0-201-89685-0

[4] A. V. Aho, J. E.Hopcroft, J. D. Ullman. The Design and Analysis of Computer Algorithms (1st edn.). Addison-Wesley (1974), ISBN:0-201-00029-0

[5] J. Bentley. Writing Efficient Programs. Prentice-Hall (1982), ISBN:0-139-70251-2

[6] J. Bentley. More Programming Pearls: Confessions of a Coder. Addison Wesley (1988), ISBN:0-201-11889-0

[7] R. L. Graham, D. E. Knuth, O. Patashnik. Concrete Mathematics: A Foundation for Computer Science (2nd edn.). Addison-Wesley (1994), ISBN:0-201-55802-5

[8] 严蔚敏 等. 数据结构（C语言版）. 北京：清华大学出版社, 1997年4月第1版, ISBN:7-302-02368-9

[9] J. Bentley. Programming Pearls (2nd edn.). Addison-Wesley (2000), ISBN:0-201-65788-0

[10] T. Budd. Classic Data Structures in Java. Addison-Wesley (2000), ISBN:0-201-70002-6

[11] J. Hromkovic. Design And Analysis Of Randomized Algorithms: Introduction to Design Paradigms. Springer-Verlag (2005), ISBN:3-540-23949-9

[12] H. Samet. Foundations of Multidimensional and Metric Data Structures. Morgan Kaufmann (2006), ISBN:0-123-69446-9

[13] M. A. Weiss. Data Structures and Algorithm Analysis in C++ (3rd edn.). Addison Wesley (2006), ISBN:0-321-44146-1

[14] E. Horowitz, S. Sahni, D. Mehta. Fundamentals of Data Structures in C++ (2nd edn.). Silicon Press (2006), ISBN:0-929-30637-6

[15] A. Drozdek. Data Structures and Algorithms in C++ (2nd edn.). Thomson Press (2006), ISBN:8-131-50115-9

[16] 殷人昆 等. 数据结构（C++语言描述）. 北京：清华大学出版社, 2007年6月第2版, ISBN:7-302-14811-1

[17] P. Brass. Advanced Data Structures. Cambridge University Press, ISBN:0-521-88037-8

[18] J. Edmonds. How to Think about Algorithms. Cambridge University Press (2008), ISBN:0-521-61410-8

[19] K. Mehlhorn & P. Sanders. Algorithms and Data Structures: The Basic Tools. Springer (2008), ISBN:3-540-77977-9

[20] T. H. Cormen, C. E. Leiserson, R. L. Rivest, C. Stein. Introduction to Algorithms (3rd edn.). MIT Press (2009), ISBN:0-262-03384-4

[21] R. Bird. Pearls of Functional Algorithm Design. Cambridge University Press (2010), ISBN:0-521-51338-8

[22] M. L. Hetland. Python Algorithms: Mastering Basic Algorithms in the Python Language. Apress (2010), ISBN:1-430-23237-4

[23] M. T. Goodrich, R. Tamassia, D. M. Mount. Data Structures and Algorithms in C++ (2nd edn.). John Wiley & Sons (2011), ISBN:0-470-38327-5

[24] R. Sedgewick & K. Wayne. Algorithms (4th edn.). Addison-Wesley (2011), ISBN:0-321-57351-X

[25] Y. Perl, A. Itai and H. Avni, Interpolation Search: A log(log(n)) Search, Commun. ACM, 21 (1978), pp. 550-553

[26] A. C. Yao & F. F. Yao. The Complexity of Searching an Ordered Random Table. 17th Annual Symposium on Foundations of Computer Science (1976), 173-177

[27] A. C. Yao & J. M. Steele. Lower Bounds to Algebraic Decision Trees. Journal of Algorithms (1982), 3:1-8

[28] A. C. Yao. Lower Bounds for Algebraic Computation Trees with Integer Inputs. SIAM J. On Computing (1991), 20:655-668

[29] L. Devroye. A Note on the Height of Binary Search Trees. J. of ACM (1986), 33(3):489-498

[30] P. Flajolet & A. Odlyzko. The Average Height of Binary Trees and Other Simple Trees. Journal of Computer and System Sciences (1982), 25(2):171-213

[31] J. B. Kruskal. On the Shortest Spanning Subtree of a Graph and the Traveling Salesman Problem. Proc. of the American Mathematical Society, 7(1):48-50

[32] B. W. Arden, B. A. Galler, R. M. Graham. An Algorithm for Equivalence Declarations. Communications ACM (1961), 4:310-314

[33] B. A. Galler, M. J. Fisher. An Improved Equivalence Algorithm. Communications ACM (1964), 7:301-303

[34] R. E. Tarjan. Efficiency of a Good but not Linear Set Union Algorithm. Journal of the ACM (1975), 22:215-225

[35] R. Seidel & M. Sharir. Top-Down Analysis of Path Compression. SIAM Journal Computing (2005), 34:515-525

[36] G. Adelson-Velskii & E. M. Landis. An Algorithm for the Organization of Information. Proc. of the USSR Academy of Sciences (1962), 146:263-266

[37] D. S. Hirschberg. An Insertion Technique for One-Sided Heightbalanced Trees. Comm. ACM (1976), 19(8):471-473

[38] S. H. Zweben & M. A. McDonald. An Optimal Method for Deletion in One-Sided Height-Balanced Trees. Commun. ACM (1978), 21(6):441-445

[39] K. Culik, T. Ottman, D. Wood. Dense Multiway Trees. ACM Transactions on Database Systems (1981), 6:486-512

[40] E. Gudes & S. Tsur. Experiments with B-tree Reorganization. SIGMOD (1980), 200-206

[41] D. D. Sleator & R. E. Tarjan. Self-Adjusting Binary Trees. JACM (1985), 32:652-686

[42] R. E. Tarjan. Amortized Computational Complexity. SIAM. J. on Algebraic and Discrete Methods 6(2):306-318

[43] R. Bayer & E. McCreight. Organization and Maintenance of Large Ordered Indexes. Acta Informatica (1972), 1(3):173-189

[44] R. Bayer. Symmetric Binary B-Trees: Data Structure and Maintenance Algorithms. Acta Informatica (1972), 1(4):290-306

[45] L. J. Guibas & R. Sedgewick. A Dichromatic Framework for Balanced Trees. Proc. of the 19th Annual Symposium on Foundations of Computer Science (1978), 8-21

[46] J. L. Bentley. Multidimensional Binary Search Trees Used for Associative Searching. Communications of the ACM (1975), 18(9):509-517

[47] H. J. Olivie. A New Class of Balanced Search Trees: Half Balanced Binary Search Trees. ITA (1982), 16(1):51–71

[48] J. L. Bentley. Decomposable Searching Problems. Information Processing Letters (1979), 8:244-251

[49] J. H. Hart. Optimal Two-Dimensional Range Queries Using Binary Range Lists. Technical Report 76-81, Department of Computer Science, University of Kentucky (1981)

[50] D. E. Willard. New Data Structures for Orthogonal Range Queries. SIAM Journal on Computing (1985), 14:232–253

[51] H. Samet, An Overview of Quadtrees, Octrees, and Related Hierarchical Data Structures, in R. Earnshaw, ed., Theoretical Foundations of Computer Graphics and Cad, Springer Berlin Heidelberg, 1988, pp. 51-68

[52] W. Pugh. Skip Lists: a Probabilistic Alternative to Balanced Trees. Lecture Notes in Computer Science (1989), 382:437-449

[53] R. de la Briandais. File Searching Using Variable Length Keys. Proc. of the Western Joint Computer Conference 1959, 295-298

[54] E. H. Sussenguth. Use of Tree Structures for Processing Files. Communications of the ACM (1963), 6:272-279

[55] D. R. Morrison. PATRICIA - Practical Algorithm to Retrieve Information Coded in Alphanumeric. Journal of the ACM (1968), 15:514-534

[56] J. L. Bentley & R. Sedgewick. Fast Algorithms for Sorting and Searching Strings. Proc. of 8th ACM-SIAM Symposium on Discrete Algorithms (1997), 360-369

[57] R. W. Floyd. Algorithm 113: Treesort. Communications of the ACM (1962), 5:434

[58] C. A. Crane. Linear Lists and Priority Queues as Balanced Binary Trees. PhD thesis, Stanford University (1972)

[59] E. M. McCreight. Priority Search Trees. SIAM J. Comput. (1985), 14(2):257-276

[60] D. E. Knuth, J. H. Morris, V. R. Pratt. Fast Pattern Matching in Strings. SIAM Journal of Computing (1977), 6(2):323-350

[61] R. S. Boyer & J. S. Moore. A Fast String Searching Algorithm. Communications of the ACM (1977), 20:762-772

[62] L. J. Guibas & A. M. Odlyzko. A New Proof of the Linearity of the Boyer-Moore String Search Algorithm. SIAM Journal on Computing (1980), 9(4):672-682

[63] R. Cole. Tight Bounds on the Complexity of the Boyer-Moore Pattern Matching Algorithm. SIAM Journal on Computing 23(5):1075-1091

[64] C. A. R. Hoare. Quicksort. Computer Journal (1962), 5(1):10-15

[65] D. L. Shell. A High-Speed Sorting Procedure. Communications of the ACM (1959), 2(7):30-32

[66] R. Sedgewick, A New Upper Bound for Shellsort, J. Algorithms, 7 (1986), pp. 159-173

插图索引

表格索引

算法索引

代码索引

关键词索引

（按关键词中各汉字的声母及各英文单词的首字母排序，比如“大O记号”对应于“DOJH”）

A

B

C

D

E

F

G

H

J

K

L

M

N

O

P

Q

R

S

T

W

X

Y

Z